中国农业标准经典收藏系列

中国农业行业标准汇编

（2021）

畜牧兽医分册

标准质量出版分社　编

中国农业出版社
农村设物出版社
北　京

图书在版编目（CIP）数据

中国农业行业标准汇编．2021．畜牧兽医分册／标准质量出版分社编．—北京：中国农业出版社，2021.1
（中国农业标准经典收藏系列）
ISBN 978-7-109-27414-3

Ⅰ．①中… Ⅱ．①标… Ⅲ．①农业－标准－汇编－中国②畜牧业－行业标准－汇编－中国③兽医学－行业标准－汇编－中国 Ⅳ．①S-65

中国版本图书馆 CIP 数据核字（2020）第 188324 号

中国农业出版社出版
地址：北京市朝阳区麦子店街 18 号楼
邮编：100125
责任编辑：刘 伟 冀 刚
责任校对：周丽芳
印刷：北京印刷一厂
版次：2021 年 1 月第 1 版
印次：2021 年 1 月北京第 1 次印刷
发行：新华书店北京发行所
开本：880mm×1230mm 1/16
印张：41.5
字数：1000 千字
定价：420.00 元

主　　编：刘　伟

副 主 编：冀　刚　杜　然

编写人员（按姓氏笔画排序）：

冯英华　刘　伟　杜　然

杨桂华　胡烨芳　廖　宁

冀　刚

出 版 说 明

近年来，我们陆续出版了多版《中国农业标准经典收藏系列》标准汇编，已将2004—2018年由我社出版的4 400多项标准单行本汇编成册，得到了广大读者的一致好评。无论从阅读方式还是从参考使用上，都给读者带来了很大方便。

为了加大农业标准的宣贯力度，扩大标准汇编本的影响，满足和方便读者的需要，我们在总结以往出版经验的基础上策划了《中国农业行业标准汇编（2021）》。本次汇编对2019年出版的226项农业标准进行了专业细分与组合，根据专业不同分为种植业、畜牧兽医、植保、农机、综合和水产6个分册。

本书收录了畜禽养殖场档案规范、品质测定技术规程、家畜遗传资源保种场保种技术规范、遗传评估技术规范、畜禽病诊断技术、抗体检测方法、畜禽屠宰加工设备、畜禽屠宰操作规程、饲料原料产品标准、饲料成分测定标准、食品中兽药最大残留限量等方面的农业标准68项，并在书后附有2019年发布的6个标准公告供参考。

特别声明：

1. 汇编本着尊重原著的原则，除明显差错外，对标准中所涉及的有关量、符号、单位和编写体例均未做统一改动。

2. 从印制工艺的角度考虑，原标准中的彩色部分在此只给出黑白图片。

3. 本辑所收录的个别标准，由于专业交叉特性，故同时归于不同分册当中。

本书可供农业生产人员、标准管理干部和科研人员使用，也可供有关农业院校师生参考。

标准质量出版分社

2020年9月

目　录

第三部分 饲料类标准

第四部分 屠宰类标准

附录

第一部分

畜牧类标准

ICS 67.050
X 04

中华人民共和国农业行业标准

NY/T 821—2019
代替 NY/T 821—2004

猪肉品质测定技术规程

Technical code of practice for pork quality assessment

2019-08-01 发布　　2019-11-01 实施

中华人民共和国农业农村部 发布

前　　言

本标准按照 GB/T 1.1—2009 给出的规则起草。

本标准代替 NY/T 821—2004《猪肌肉品质测定技术规范》。与 NY/T 821—2004 相比，除编辑性修改外主要技术变化如下：

——删除了术语和定义中的“系水潜能、可榨出水、肌肉品质、酸肉”(2004 年版的 3.3.1、3.3.2、3.6 和 3.9)；

——将“宰前处理与屠宰条件、取样”修订为“要求”(见 4，2004 年版的 4 和 5)；

——将“比色板评分法和光学测定法”修订为“仪器法和评分法”(见 5.1.1 和 5.1.2，2004 年版的 6.1.1.1 和 6.1.1.2)；

——将“肌肉 pH”修订为“肉块测定法和肉糜测定法”(见 5.2.1 和 5.2.2，2004 年版的 6.2)；

——将“系水力测定方法中的滴水损失法”修订为滴水损失(见 5.3，2004 年版的 6.3.1.1)；

——将“大理石纹评分法” 修订为“大理石纹”(见 5.5，2004 年版的 6.4.2.1)；

——将“内脂肪含量测定法” 修订为“索氏浸提法和快速测定法”(见 5.6.3.1 和 5.6.3.2，2004 年版的 6.4.1.2)；

——将“水分”修订为“直接干燥法和快速测定法”(见 5.7.3.1 和 5.7.3.2，2004 年版的 6.5)；

——将“猪肌肉品质判定”修订为“结果评判”(见 5.1.3、5.2.3 和 5.3.4，2004 年版的 7)；

——增加了“猪肉品质测定样品切取顺序与长度示意图和肉色与大理石纹评分示意图”(见附录 A 和附录 B)。

本标准由农业农村部畜牧兽医局提出。

本标准由全国畜牧业标准化技术委员会 (SA/TC 274) 归口。

本标准起草单位：华中农业大学、农业农村部种猪质量监督检验测试中心(武汉)、农业农村部种猪质量监督检验测试中心(重庆)、农业农村部种猪质量监督检验测试中心(广州)。

本标准主要起草人：倪德斌、赵书红、胡军勇、刘望宏、白小青、雷明刚、李新云、陈迎丰、王可甜、陈亚静、夏欣、付雪林。

本标准所代替标准的历次版本发布情况为：

——NY/T 821—2004。

猪肉品质测定技术规程

1 范围

本标准规定了猪肉品质测定的要求、取样和测定方法。

本标准适用于猪肉品质的测定。

2 规范性引用文件

下列文件对于本文件的应用是必不可少的。凡是注日期的引用文件,仅注日期的版本适用于本文件。凡是不注日期的引用文件,其最新版本(包括所有的修改单)适用于本文件。

NY/T 825 瘦肉型猪胴体性状测定技术规范

NY/T 1180 肉嫩度的测定 剪切力测定法

3 术语和定义

下列术语和定义适用于本文件。

3.1

肉色 meat color,MC

宰后规定时间内,肌肉横断面的颜色。

3.2

pH pH value

宰后规定时间内,肌肉酸碱度的测定值。

3.3

系水力 water holding capacity,WHC

在特定外力作用下,肌肉在规定时间内保持其内含水的能力。

3.4

滴水损失 drip loss,DL

在无外力作用下,肌肉在特定条件和规定时间内流失或渗出液体的量。

3.5

大理石纹 marbling,MD

肌肉横截面可见脂肪与结缔组织的分布情况。

3.6

肌内脂肪 intramuscular fat,IMF

肌肉组织内的脂肪含量。

3.7

PSE 肉 pale, soft and exudative,PSE

宰后规定时间内,肌肉出现颜色灰白、质地松软和切面汁液外渗现象的肌肉。

3.8

DFD 肉 dark, firm and dry,DFD

宰后规定时间内,肌肉出现颜色深暗、质地紧硬和切面干燥现象的肌肉。

4 要求

4.1 测定项目

包括肉色、pH、滴水损失、系水力、大理石纹、肌内脂肪、水分和嫩度。

4.2 测定用水

pH 5.5～7.5，电导率≤0.50 mS/m，可氧化物质（以 O 计）≤0.4 mg/L，蒸发残渣[（105±2）℃]≤2.0 mg/L。

4.3 测定试剂

若无特别说明，测定试剂均为分析纯（AR）。

4.4 样品来源

应从按照 NY/T 825 规定屠宰的左半胴体中取样。

4.5 取样

4.5.1 取样时间

宰后 40 min 以内。

4.5.2 取样部位

背最长肌（*longissimus dorsi*，LD），从倒数第三胸椎前端向后延伸，直至满足测定项目所需的样品长度与重量。猪肉品质测定样品切取顺序与长度参见附录 A。

4.5.3 操作步骤

操作步骤如下：

a） 剥离取样部位的皮脂层，剔除 LD 筋膜外的脂肪；

b） 横断 LD，沿倒数第三胸椎前端向后剥离 LD 与棘突，直至满足测定项目所需的样品长度与重量；

c） 称量并记录所切取的样品重；

d） 标注所切取样品的前端与后端，放入可自封的样品袋中；

e） 将样品的相关信息包括个体号、品种、放血时间、取样时间、样品重、取样人等标注在样品袋上，送入实验室。

5 测定方法

5.1 肉色

5.1.1 仪器法（推荐法）

5.1.1.1 测定时间

宰后 45 min～60 min 内完成测定，用肉色 1 表示；肉色 1 测定后，0℃～4℃保存至宰后 24 h±15 min 测定，用肉色 2 表示。

5.1.1.2 操作步骤

操作步骤如下：

a） 参照附录 A 切取厚 2 cm～3 cm 的肉块，逢中一分为二，新鲜切面朝上，置于瓷盘内；

b） 采用色差计（D_{65}光源）测定，应按仪器使用要求预热和校准（正）；

c） 按仪器使用要求，选择 Lab 模式进行测量，记录显示值；

d） 每个样品测定 2 个肉片，每个肉片测定 3 个不同点，用 L 值的平均值表述测定结果；

e） 同一样品测定结果的相对偏差应小于 5%。

5.1.1.3 计算结果

按式（1）计算，计算结果保留 2 位小数。

$$MC=(\sum n_i/3+\sum n_j/3)/2 \quad (1)$$

式中：

MC ——肉色 L 值的测定结果；

$\sum n_i$——肉片 1 测定的 L 值，$i=1$～3；

$\sum n_j$——肉片 2 测定的 L 值，$j=1$～3。

5.1.2 评分法

5.1.2.1 评定时间

同5.1.1.1。

5.1.2.2 评定条件

评定条件如下：

a) 样品评定区域的颜色应为非彩色，以白色或浅灰色为宜；

b) 光照度宜为1 000 lx～1 500 lx，避免阳光直射，并排除干扰评定人员视觉的色彩、物体和光照；

c) 评定人员应具有正常色觉，无色盲或色弱。

5.1.2.3 操作步骤

操作步骤如下：

a) 样品制备同5.1.1.2 a)；

b) 参照附录B中的B.1进行评分；

c) 评定时，允许评定人员移动肉片和肉色评分示意图，以获得最佳评定条件；

d) 评分宜在切开肉样30 min内完成；

e) 每个样品评定2个试样，每个试样给出1个评分值，两个整数之间可设0.5分档；

f) 用平均值表示评定结果；

g) 同一样品评定结果的相对偏差应小于5%。

5.1.2.4 计算结果

按式(2)计算，计算结果保留1位小数。

$$MC=(n_1+n_2)/2 \tag{2}$$

式中：

MC ——肉色的评定结果，单位为分；

n_1 ——肉片1的肉色评分值，单位为分；

n_2 ——肉片2的肉色评分值，单位为分。

5.1.3 结果评判

结果评判如下：

a) L 值≥60，对应肉色评分值1分，PSE肉；

b) L 值为53～59，对应肉色评分值2分，趋近于PSE肉；

c) L 值为37～52，对应肉色评分值3分～4分，正常肉色；

d) L 值为31～36，对应肉色评分值5分，趋近于DFD肉；

e) L 值≤30，对应肉色评分值6分，DFD肉。

5.2 pH

5.2.1 肉块测定法(推荐法)

5.2.1.1 测定时间

宰后45 min～60 min内测定，记为pH_1；pH_1测定后，0℃～4℃保存至宰后24 h±10 min测定，记为pH_{24}。

5.2.1.2 操作步骤

操作步骤如下：

a) 参照附录A切取试样，置于瓷盘内；

b) 按仪器使用要求使用至少2种(如pH=4.00和pH=7.00)pH标准缓冲液进行校准(正)；

c) 测量肉样温度，并按仪器使用要求进行温度补偿；

d) 将电极直接插入试样一端的任意一个测量点，等待约30 s，读取并记录显示值；

e) 抽出电极，用水淋洗并吸干，再次插入试样一端的另一测量点，等待约30 s，读取并记录显示值；

f) 重复d)和e)操作直至测定完毕；

g） 同一试样的 2 端分别测量 2 个不同的点，用平均值表示测定结果；

h） 同一样品测定结果的相对偏差应小于 5%。

5.2.1.3 计算结果

按式(3)计算，计算结果保留 2 位小数。

$$pH=(\sum pH_i/2+\sum pH_j/2)/2 \quad (3)$$

式中：

pH ——肌肉 pH 的测定结果；

$\sum pH_i$ ——肉块 1 的测定结果，$i=1\sim2$；

$\sum pH_j$ ——肉块 2 的测定结果，$j=1\sim2$。

5.2.2 肉糜测定法

5.2.2.1 测定时间

同 5.2.1.1。

5.2.2.2 操作步骤

操作步骤如下：

a） 参照附录 A 切取试样，剔除外周肌膜，切成条块状并绞成肉糜，分装于 2 个容器中(高度约占容器的 2/3)，压实至无可见的空隙；

b） 按仪器使用要求使用至少 2 种(如 pH=4.00 和 pH=7.00)pH 标准缓冲液进行校准(正)；

c） 测量肉样温度，并按仪器使用要求进行温度补偿；

d） 将电极插入试样的任意一个测量点，等待约 30 s，读取并记录显示值；

e） 抽出电极，用水淋洗电极后吸干，再次插入另一测量点，等待约 30 s，读取并记录显示值；

f） 重复 d)与 e)操作直至测定完毕；

g） 每个样品测定 2 个试样，每个试样测定 2 个不同点，用平均值表述测定结果；

h） 同一样品测定结果的相对偏差应小于 5%。

5.2.2.3 计算结果

同 5.2.1.3。

5.2.3 结果评判

结果评判如下：

a） pH_1 5.9～6.5 或 pH_{24} 5.6～6.0，正常肉 pH；

b） $pH_1<5.9$ 或 $pH_{24}<5.6$，PSE 肉 pH；

c） $pH_1>6.5$ 或 $pH_{24}>6.0$，DFD 肉 pH。

5.3 滴水损失

5.3.1 测定时间

宰后 2 h 以内。

5.3.2 操作步骤

操作步骤如下：

a） 参照附录 A 切取厚约 8 cm 肉块；

b） 剔除肉块外周肌膜，顺肉块肌纤维走向修整成 4 个大小为 2 cm ×2 cm ×2 cm 的试样；

c） 将 EZ-测定管编号，放入试管架中；

d） 称量试样放入前的质量(精确至 0.001 g)，记为 m_1；

e） 将试样顺肌纤维走向放入 EZ-测定管，记录其编号，放入冷藏箱，保持冷藏箱的温度为 2℃～4℃，记录试样的放入时间；

f） 当试样的放入时间达 48 h，取出试样，用滤纸吸干试验表层残留的液体(不宜挤压或按压)，称重试样放入后的质量(精确至 0.001 g)，记为 m_2；

g） 同一样品测定 4 个试样，用平均值表述测定结果；

h) 同一样品测定结果的相对偏差应小于15%。

5.3.3 计算结果

按式(4)计算,计算结果保留2位小数。

$$DL=[(m_1-m_2)/m_1]\times 100 \quad (4)$$

式中:

DL ——48 h滴水损失测定结果,单位为百分率(%);

m_1 ——同一试样放入前称量的质量,单位为克(g);

m_2 ——同一试样放入冷藏箱48 h后称量的质量,单位为克(g)。

5.3.4 结果评判

结果评判如下:

a) 滴水损失1.5%~5.0%,正常肉;

b) 滴水损失>5.0%,PSE肉;

c) 滴水损失<1.5%,DFD肉。

5.4 系水力

5.4.1 测定时间

同5.3.1。

5.4.2 操作步骤

操作步骤如下:

a) 采用压力仪测定,应按仪器使用要求进行操作;

b) 参照附录A切取厚1 cm肉块,用ϕ25 mm取样器在肉块的中部斩取1个试样;

c) 称量试样加压前的质量(精确至0.001 g),记为m_3;

d) 在试样的上下各垫1块纱布、8层滤纸和1块硬质板,置于仪器加压平台上;

e) 加压至35 kg开始计时,保持35 kg压力至5 min,撤除压力,取出试样,清除试样表层的残留物;

f) 称重试样加压后的质量(精确至0.001 g),记为m_4;

g) 同一样品测定2个试样,用平均值表述测定结果;

h) 同一样品测定结果的相对偏差应小于10%。

5.4.3 计算结果

按式(5)计算,计算结果保留2位小数。

$$WHC=[(m_3\times W)-(m_3-m_4)/(m_3\times W)]\times 100 \quad (5)$$

式中:

WHC ——系水力的测定结果,单位为百分率(%);

m_3 ——同一试样加压前的质量,单位为克(g);

m_4 ——同一试样加压后的质量,单位为克(g);

W ——同一样品的肌肉水分含量,单位为百分率(%)。

5.5 大理石纹

5.5.1 评定时间

宰后24 h后。

5.5.2 评定条件

同5.1.2.2。

5.5.3 操作步骤

操作步骤如下:

a) 将肉色1测定的样品装入自封袋,编号,0℃~4℃保存24 h±15 min,取出,从中间一分为二,置于瓷盘内;

b) 参照B.2大理石纹评分示意图进行评定;

c) 评定时，允许评定人员移动肉片和大理石纹评分示意图，以获得最佳评定条件；

d) 评分宜在切开肉样 30 min 内完成；

e) 每个样品评定 2 个试样，每个试样给出 1 个评分值，两个整数之间可设 0.5 分档；

f) 用平均值表示评定结果；

g) 同一样品评定结果的相对偏差应小于 5%。

5.5.4 **计算结果。**

按式(6)计算，计算结果保留 1 位小数。

$$MB=(n_3+n_4)/2 \qquad (6)$$

式中：

MB——大理石纹评定结果，单位为分；

n_3 ——试样 1 大理石纹的评分值，单位为分；

n_4 ——试样 2 大理石纹的评分值，单位为分。

5.5.5 **评定结果**

结果评判如下：

a) 几乎看不见大理石纹，1 分，肌内脂肪含量约 1.0%；

b) 可见少量的大理石纹，2 分，肌内脂肪含量约 2.0%；

c) 大理石纹分布较稀疏，3 分，肌内脂肪含量约 3.0%；

d) 大理石纹分布较明显，4 分，肌内脂肪含量约 4.0%；

e) 大理石纹分布明显，5 分，肌内脂肪含量约 5.0%；

f) 大理石纹分布明显且浓密，6 分，肌内脂肪含量约 6.0%以上。

5.6 肌内脂肪

5.6.1 测定时间

肉样制备完毕 2 h 内测定为宜。如不能，应将制备的试样装入自封袋或密封容器内，并注明试样的编号、制备时间、制备人等信息，冷冻保存，但保存时间不宜超过 72 h。

5.6.2 样品制备

操作步骤如下：

a) 参照附录 A 切取约 200 g 的肉样；

b) 剔除肉样外周的筋膜，切为肉条并绞为肉糜；

c) 将肉糜置于瓷盘内摊平，取对角线的一部分作为测定试样，另一部分作为备用样品装入自封袋或密封容器内，并注明试样的编号、制备时间、制备人等信息，冷冻保存。

5.6.3 测定方法

5.6.3.1 索氏浸提法(推荐法)

操作步骤如下：

a) 称取约 10 g 的试样(若为冷冻样品，则应解冻并混匀)，精确至 0.000 1 g，记为 m_0；

b) 将试样放入 250 mL 锥形瓶中，加入 2 mol/L 盐酸溶液 120 mL，搅拌均匀，放入 70℃～80℃水浴锅中水解约 1 h，期间每隔 15 min 搅拌一次；

c) 将水解试样过滤，用 70℃～80℃热水少量多次冲洗锥形瓶，洗液一并过滤，直至无残留；

d) 取出滤纸与滤渣，放入(103±2)℃干燥箱内烘 1 h，取出，置干燥器中冷却至室温，放入滤纸筒内，用脱脂棉封实；

e) 将接收瓶放入(103±2)℃干燥箱内烘 1 h，取出，放入干燥器中冷却至室温，称重(精确至 0.000 1 g)，记为 m_5；

f) 采用索氏浸提仪器测定，应按仪器使用要求进行检查，并调控回流速度；

g) 按仪器使用要求加入石油醚、开机浸提，浸提完毕，回收石油醚，关机；

h) 取出接收瓶，放入(103±2)℃干燥箱内烘 2 h，取出，置干燥器中冷却至室温，称重(精确至

0.000 1 g),直至恒重(连续 2 次称量结果之差小于 5 mg),记为 m_6;

i) 同一样品测定 2 个平行样,用平均值表述测定结果;

j) 同一样品 2 次独立测定结果的相对偏差应小于 10%;

k) 按式(7)计算,计算结果保留 2 位小数。

$$IMF=[(m_6-m_5)/m_0]\times 100 \quad (7)$$

式中:

IMF ——肌内脂肪含量的测定结果,单位为百分率(%);

m_0 ——试样的质量,单位为克(g);

m_5 ——抽提前称量的接收瓶质量,单位为克(g);

m_6 ——抽提后称量的接收瓶质量,单位为克(g)。

5.6.3.2 快速测定法

操作步骤如下:

a) 初次使用前应按索氏浸提法(5.6.3.1)进行校准;

b) 测定试样前,应按仪器使用要求进行预热和校准;

c) 按仪器使用要求制备样品,若为冷冻样品则应解冻并混合均匀;

d) 将制备的样品放入仪器进行测定,记录显示值;

e) 同一样品测定 2 个试样,用平均值表述测定结果;

f) 同一样品 2 次独立测定结果的相对偏差应小于 10%;

g) 按式(8)计算,计算结果保留 2 位小数。

$$IMF=(n_5+n_6)/2 \quad (8)$$

式中:

IMF ——肌内脂肪含量的测定结果,单位为百分率(%);

n_5 ——第一次测定的显示值,单位为百分率(%);

n_6 ——第二次测定的显示值,单位为百分率(%)。

5.7 水分

5.7.1 测定时间

同 5.6.1。

5.7.2 样品制备

同 5.6.2。

5.7.3 测定方法

5.7.3.1 直接干燥法(推荐法)

操作步骤如下:

a) 取约 15 g 石英砂(粒度为 16 目~60 目,不挥发物≤0.2%,灼烧失重≤1.5%,氯化物≤0.015%,铁≤0.005%)倒入称量瓶中,置于(103±2)℃干燥箱中烘 1h,取出,置于干燥器中冷却 1 h,称重,直至恒重(连续 2 次称量结果之差小于 1 mg),记为 m'_0;

b) 取约 10 g 试样(若为冷冻样品则应解冻并混匀)置于称量瓶中,将试样与石英砂混拌均匀,称重(精确至 0.000 1 g),记为 m_7;

c) 取 95%乙醇约 8 mL 倒入称量瓶中,搅拌混合,置于加热板上;

d) 调控加热板的温度,使乙醇缓慢挥发,直至乙醇全部挥发后取出,置于(103±2)℃干燥箱内烘 3 h;

e) 取出称量瓶,置于干燥器中冷却至室温,称重(精确至 0.000 1 g),直至恒重(连续 2 次称量结果之差小于 5 mg),记为 m_8;

f) 同一样品测定 2 个试样,用平均值表述测定结果;

g) 同一样品,2 次独立测定结果的相对偏差应小于 5%;

h) 按式(9)计算,计算结果保留 2 位小数。

$$W = [(m_7 - m_8)/(m_7 - m'_0)] \times 100 \quad \cdots\cdots (9)$$

式中：

W ——水分含量的测定结果，单位为百分率（%）；

m'_0——称量的称量瓶＋石英砂质量，单位为克（g）；

m_7 ——称量的称量瓶＋石英砂＋烘干前试样的质量，单位为克（g）；

m_8 ——称量的称量瓶＋石英砂＋烘干后试样的质量，单位为克（g）。

5.7.3.2 快速测定法

操作步骤如下：

a） 初次使用前，应按直接干燥法（5.7.3.1）进行校准；

b） 测定试样前，应按仪器使用要求预热和校准；

c） 按仪器使用要求制备样品，若为冷冻保存样品则应解冻并搅拌均匀；

d） 将制备的测定样品置于测量区，读取并记录测定结果；

e） 同一样品测定 2 个试样，用平均值表述测定结果；

f） 同一样品，2 次独立测定结果的相对偏差应小于 5%；

g） 按式（10）计算，计算结果保留 2 位小数。

$$W = (n_7 + n_8)/2 \quad \cdots\cdots (10)$$

式中：

W ——水分含量的测定结果，单位为百分率（%）；

n_7 ——试样一的测定结果，单位为百分率（%）；

n_8 ——试样二的测定结果，单位为百分率（%）。

5.8 嫩度

按 NY/T 1180 的规定执行。

附录 A
（资料性附录）
猪肉品质测定样品切取顺序与长度

A.1 切取顺序

按如下流程顺序切取样品，样品切取示意图见图 A.1。

系水力→滴水损失→pH→肉色与大理石纹→嫩度→肌内脂肪和水分。

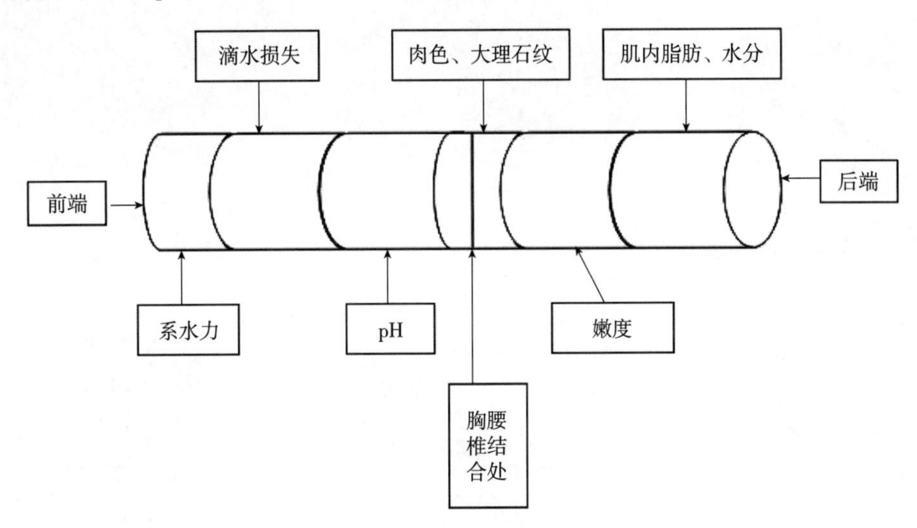

图 A.1 样品切取顺序示意图

A.2 切取长度

A.2.1 系水力

从前端(图 A.1)开始，连续切取 2 片，每片厚约 1 cm。

A.2.2 滴水损失

继系水力之后切取，厚约 8 cm。

A.2.3 pH

继滴水损失之后切取，厚约 5 cm。

A.2.4 肉色、大理石纹

继 pH 之后切取，厚约 2 cm。

A.2.5 嫩度

继肉色大理石纹之后切取，厚约 10 cm。

A.2.6 肌内脂肪、水分

上述样品切取之后的剩余部分，样品总量应大于 200 g。

附录 B
（资料性附录）
肉色与大理石纹评分示意图

B.1 肉色评分示意图

肉色评分见图 B.1～图 B.6。

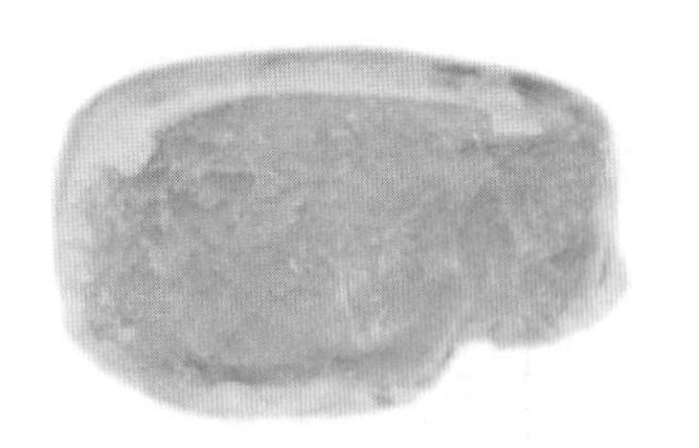
图 B.1 淡灰粉色至白色，1 分

图 B.2 灰粉色，2 分

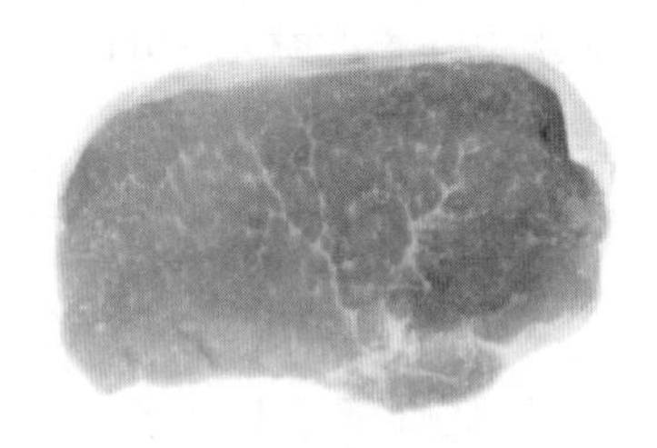
图 B.3 亮红或鲜红色，3 分

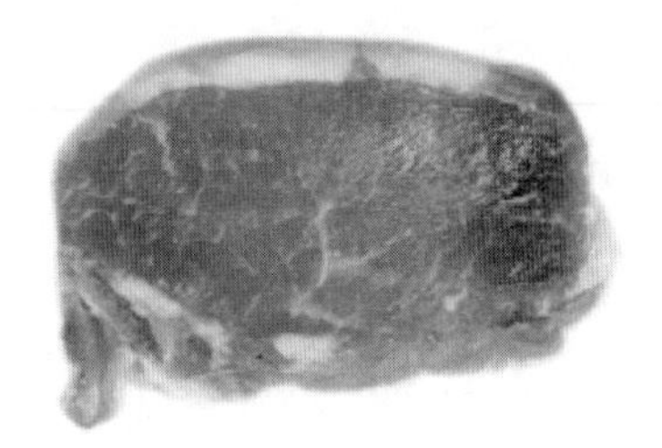
图 B.4 深红色，4 分

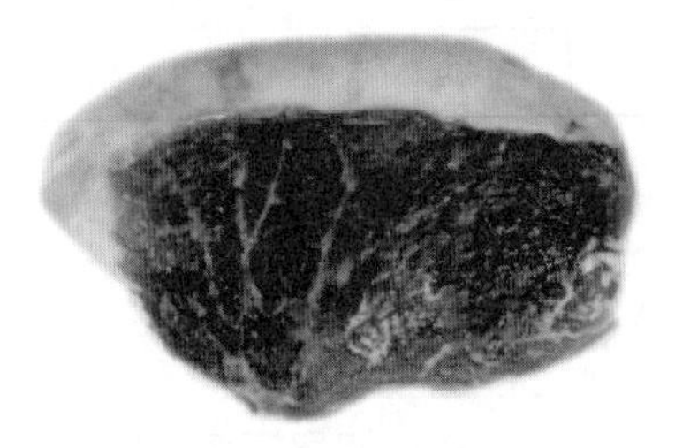
图 B.5 紫红色，5 分

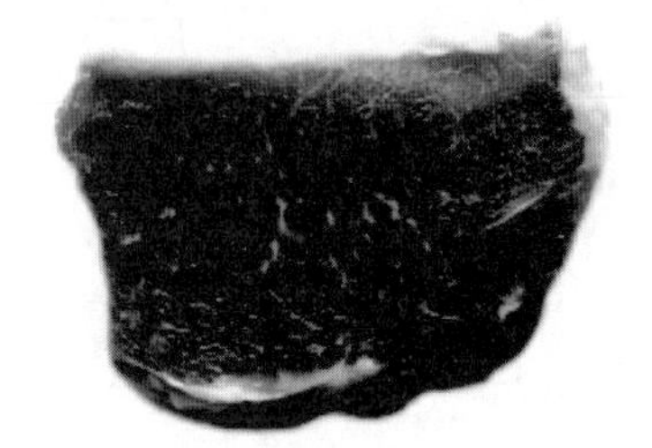
图 B.6 暗紫红色，6 分

B.2 大理石纹评分示意图

肉色评分见图 B.7～图 B.12。

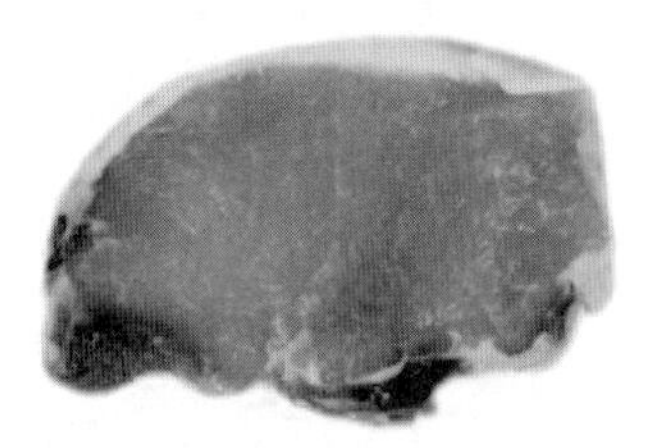
图 B.7 可见极少量大理石纹，1 分

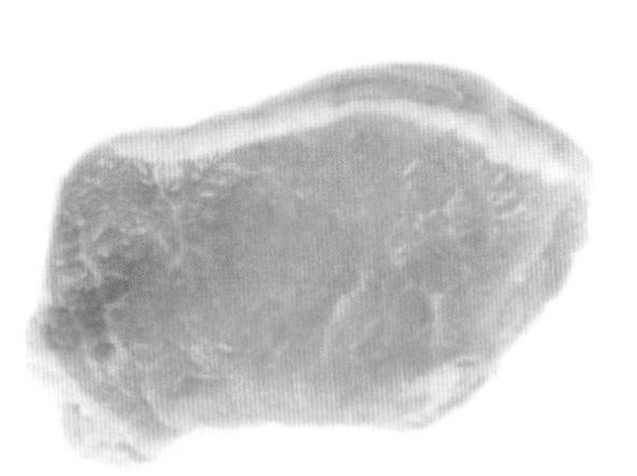
图 B.8 可见少量大理石纹，2 分

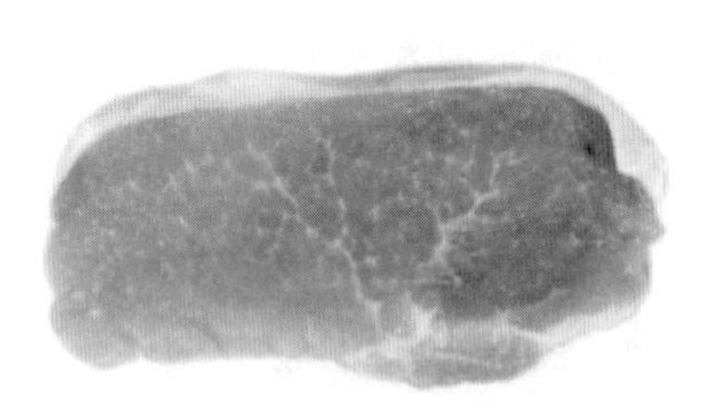
图 B.9 大理石纹稀疏，3 分

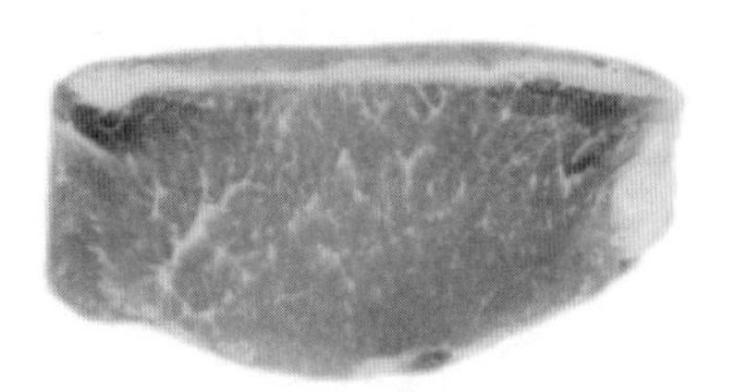
图 B.10 大理石纹较明显，4 分

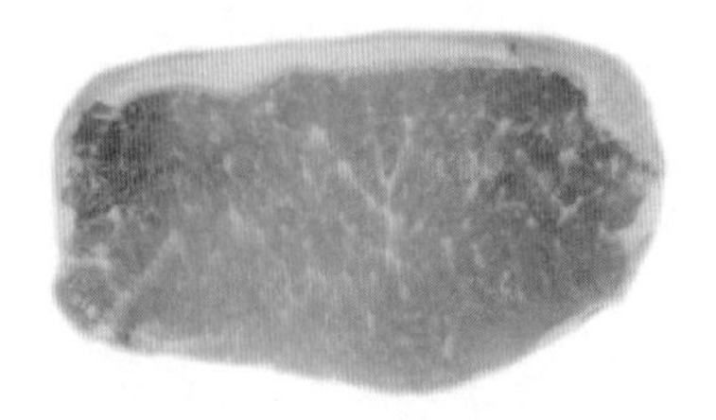
图 B.11 大理石纹明显，5 分

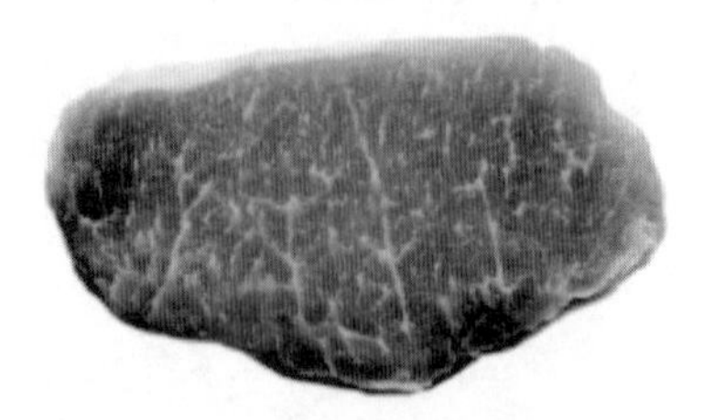
图 B.12 大理石纹很明显，6 分

ICS 65.020.30
B 40

中华人民共和国农业行业标准

NY/T 822—2019
代替 NY/T 822—2004

种猪生产性能测定规程

Code of practice for performance testing of breeding pig

2019-08-01 发布 2019-11-01 实施

中华人民共和国农业农村部 发布

前　言

本标准按照 GB/T 1.1—2009 给出的规则起草。

本标准代替 NY/T 822—2004《种猪生产性能测定规程》。与 NY/T 822—2004 相比，除编辑性修改外主要技术变化如下：

——增加了术语和定义(见第 3 章)；

——将“基本条件和受测猪的选择”修订为“要求”(见第 4 章，2004 年版的第 3 章和第 4 章)；

——将“测定项目”修订为“生长性能、繁殖性能、胴体性状和肉质性状”(见 5.1、5.2、5.3 和 5.4，2004 年版的第 5 章)；

——将“测定方法”修订为“生长性能、繁殖性能、胴体性状和肉质性状”(见 6.1、6.2、6.3 和 6.4，2004 年版的第 5 章)；

——将“30 kg～100 kg 平均日增重及背膘厚校准方法”修订为“式(2)和式(3)”(见 6.1.2.3 和 6.1.2.4，2004 年版附录 A)；

——删除了评定方法、检测报告和检验报告格式(见 2004 年版的第 7 章、第 8 章和附录 B)；

——增加了测定猪日粮的营养水平(见附录 A)。

本标准由农业农村部畜牧兽医局提出。

本标准由全国畜牧业标准化技术委员会(SA/TC 274)归口。

本标准起草单位：全国畜牧总站、农业农村部种猪质量监督检验测试中心(武汉)、农业农村部种猪质量监督检验测试中心(广州)、农业农村部种猪质量监督检验测试中心(重庆)、中国农业大学、中山大学。

本标准主要起草人：王志刚、倪德斌、邱小田、杨红杰、赵俊金、赵书红、曹长仁、王金勇、魏霞、王楚端、刘小红。

本标准所代替标准的历次版本发布情况为：

——NY/T 822—2004。

种猪生产性能测定规程

1 范围

本标准规定了种猪生产性能测定的要求、测定项目和测定方法。

本标准适用于瘦肉型猪,其他经济类型猪可参照执行。

2 规范性引用文件

下列文件对于本文件的应用是必不可少的。凡是注日期的引用文件,仅注日期的版本适用于本文件。凡是不注日期的引用文件,其最新版本(包括所有的修改单)适用于本文件。

GB/T 8170 数值修约规则与极限数值的表示和判定

NY/T 820 种猪登记技术规范

NY/T 821 猪肉品质测定技术规范

NY/T 825 瘦肉型猪胴体性状测定技术规范

NY/T 2894 猪活体背膘厚和眼肌面积的测定 B型超声波法

3 术语和定义

下列术语和定义适用于本文件。

3.1

瘦肉型猪 lean-type pig

按照 NY/T 825 的规定进行屠宰测定,胴体瘦肉率(宰前活重 95 kg~105 kg)至少达 55.0%的猪只。

3.2

中心测定 station testing

将不同来源的猪只置于营养水平和环境条件一致的、第三方的测定场所进行饲养,测定其特定体重阶段的生产性能表型值。

3.3

场内测定 on-farm testing

将受测个体置于营养水平和环境条件一致的、本场的测定场所进行饲养,测定其特定阶段的生产性能表型值。

3.4

目标体重 target weight

育种目标所规定的体重。

4 要求

4.1 中心测定要求

4.1.1 测定场所的要求如下:

a) 生长性能:应有独立的饲养场所,且各功能区完备;

b) 胴体性状和肉质性状:应有固定的实验检测场所。

4.1.2 设施设备的要求如下:

a) 生长性能:测定设备应满足日增重、达目标体重日龄、活体背膘厚、活体眼肌面积、饲料转化率等性状测定的需要,其中:

1) 笼秤:称量范围为 0.0 kg~(200.0±0.1)kg;

2) B超:应符合 NY/T 2894 的规定;

3) 自动饲喂系统的料槽:称量范围为 0.0 g~(1 500±2)g;

4) 测定设备应经第三方检验检测机构计量检定或校准合格;

5) 测定舍内应配备有环境调控的设施。

b) 胴体与肉质性状:应满足 NY/T 821、NY/T 825 全项测定的要求,测定设备应经第三方检验检测机构计量检定或校准合格。

4.1.3 测定人员:应配备有固定的专业技术人员,且持证上岗。

4.1.4 送测猪的要求如下:

a) 外貌应符合本品种特征,生长发育良好,无遗传缺陷;

b) 个体编号应符合 NY/T 820 的规定;

c) 体重为 20.0 kg~26.0 kg,且日龄小于 70 d;

d) 送测时,种猪场应提交本场的基本情况、品种品系来源、系谱档案、免疫情况、健康检验检测报告等材料。

4.1.5 测定猪日粮的要求如下:

a) 日粮新鲜,无霉变。日粮的配方应比较稳定,且配制日粮的原材料应无霉变、结块;

b) 日粮的营养水平参见附录 A。

4.2 场内测定的要求

4.2.1 测定场所的要求如下:

a) 生长性能:应满足活体背膘厚、活体眼肌面积、达目标体重日龄等性状测定的需要;

b) 繁殖性能:有比较固定的产房,产房的内环境、产床数应满足繁殖性能测定的需要。

4.2.2 设施设备的要求如下:

a) 生长性能:应满足活体背膘厚、眼肌面积、达目标体重日龄等测定项目的需要,其中:

1) 笼秤:称量范围为 0.0 kg~(200.0±0.1)kg;

2) B超:应符合 NY/T 2894 的规定;

3) 测定设备应经第三方检验检测机构计量检定或校准合格;

4) 测定舍内应配备有环境调控的设施。

b) 繁殖性能:应满足产仔数、初生重、断奶重等测定项目的需要,其中:

1) 测定设备应经第三方检验检测机构计量检定或校准合格;

2) 产房内应配备有环境调控设施,产床内应配备有仔猪保温设备。

4.2.3 人员:应配备有比较稳定的专业技术人员,且持证上岗。

4.3 中心测定流程

4.3.1 生长性能测定

4.3.1.1 测定前的准备工作如下:

a) 清洗消毒测定栏舍;

b) 维护保养测定舍的环境调控设施和测定设备;

c) 清查测定所需的器具,包括猪群转运车、防疫消毒工具、栏舍清扫工具、兽医诊疗器材等;

d) 备齐测定所需的耗材,包括饲料、兽药、疫苗、防疫消毒药剂等。

4.3.1.2 猪群交接流程如下:

a) 对猪群运载车辆进行消毒;

b) 查验检疫证、品种品系来源、系谱档案、免疫情况和健康检验检测报告等材料,查看猪群;

c) 称量体重并记录之,核查其系谱档案;

d) 佩戴测定个体的唯一性标识,送入隔离舍;

e) 填写种猪生产性能测定的委托单或抽样单。

4.3.1.3 隔离观察如下:

a) 隔离观察 10 d ~15 d;

b) 按种猪场提交的免疫情况、健康检验检测报告进行疫苗补注,并抽血进行健康复查;
c) 自由采食、饮水,观察猪群采食、活动情况,发现异常个体应及时对症治疗;
d) 对隔离栏舍进行定期或不定期防疫消毒;
e) 如发现传染病,则应按《动物防疫法》的相关规定进行处置。

4.3.1.4 预试工作如下:
a) 开启自动饲喂测定设备,确认设备运行正常,将测定前期料装入料斗内;
b) 将确认健康的猪只转入测定舍;
c) 打开自动饲喂测定设备的软件,按照软件窗口的提示,输入测定猪只的耳标识别牌号和 ID 号;
d) 查看日采食量,若日采食量到达或接近正常水平,则称量开测体重并记录之。

4.3.1.5 测定流程如下:
a) 将测定猪群的日采食情况传入到设备软件指定的文件夹中,每天至少传入一次;
b) 查看自动饲喂测定设备的运行情况,每天至少 2 次,发现异常应及时排除;
c) 每天应打开设备软件,查看猪只的采食情况,发现某一个体无采食记录,则应查看该个体的耳标识别牌,如果异常则应及时更换;并对日采食量降低 20%的猪只加强观察,发现异常应及时处理;
d) 清洁栏舍,适时换料,适时结测;
e) 测定期内,应观察猪群健康状况,对发病个体治疗 7 d 内未康复且采食不正常,应淘汰;
f) 结测时,如果称量猪只的体重小于 85 kg,且该个体的日龄已达 180 d,应淘汰。

4.3.2 胴体与肉质性状测定

按 NY/T 825 的规定屠宰,测定其胴体性状;按 NY/T 821 的规定取样,测定其肉质性状。

4.4 场内测定流程

4.4.1 生长性能测定

4.4.1.1 测定前的准备工作同 4.3.1.1。

4.4.1.2 猪只交接时,应核查系谱档案与个体健康情况。

4.4.1.3 称量开测体重并记录。

4.4.1.4 测定期内,应清洁栏舍,适时换料,适时结测。

4.4.1.5 测定期内,应观察猪群健康状况,对发病个体治疗 7 d 内未康复,且采食不正常,应淘汰。

4.4.1.6 结测时,如果称量猪只的体重小于 85 kg,且该个体的日龄已达 180 d,应淘汰。

4.4.2 繁殖性能测定

4.4.2.1 实时记录母猪的发情、配种、妊娠等情况。

4.4.2.2 对产房进行清洁消毒,将待产母猪转入产房。

4.4.2.3 按 5.2 的规定进行繁殖性能的记录与测定。

5 测定项目

5.1 生长性能

测定项目宜包括:
a) 达目标体重日龄(d);
b) 测定期日增重(g);
c) 目标体重背膘厚(mm);
d) 目标体重眼肌面积(cm^2);
e) 饲料转化率(kg/kg)。

5.2 繁殖性能

测定项目宜包括:
a) 总产仔数(头/窝);

b） 产活仔数(头/窝)；

c） 初生重(kg/头)；

d） 断奶重(kg/窝)；

e） 断奶仔猪数(头/窝)。

5.3 胴体性状

测定项目宜包括：

a） 宰前活重(kg)；

b） 胴体重(kg)；

c） 胴体长(cm)；

d） 平均背膘厚(mm)；

e） 眼肌面积(cm^2)；

f） 腿臀比例(%)；

g） 胴体瘦肉率(%)；

h） 屠宰率(%)。

5.4 肉质性状

测定项目宜包括：

a） 肉色(分或 L 值)；

b） pH；

c） 滴水损失(%)；

d） 系水力(%)；

e） 大理石纹(分)；

f） 肌内脂肪含量(%)。

6 测定方法

6.1 生长性能

6.1.1 达目标体重日龄

6.1.1.1 记录待测猪只的出生日期。

6.1.1.2 将测定个体赶入笼秤内，按设备操作说明称量并记录。

6.1.1.3 以目标体重 100 kg 为例，按式(1)计算达目标体重日龄，按 GB/T 8170 对计算结果进行修约，测定结果保留 1 位小数。

$$AGE = S_1 + (W_T - W_1) \times \frac{S_1 - A}{W_1} \qquad (1)$$

式中：

AGE——达 100 kg 体重日龄，单位为天(d)；

S_1 ——从出生到称量当天的自然天数，单位为天(d)；

W_T ——目标体重，单位为千克(kg)；

W_1 ——结测当天称量的实际体重，单位为千克(kg)；

A ——校正参数，目标体重为 100 kg 的校正参数见表 1。

表 1 目标体重为 100 kg 的校正参数

品种	公猪	母猪
大白猪	50.775	46.415
长白猪	48.441	51.014
杜洛克猪	55.289	49.361

6.1.2 **测定期日增重**

6.1.2.1 记录待结测猪只的出生日期。

6.1.2.2 将待测定猪只赶入笼秤内，按设备操作说明称量并记录。

6.1.2.3 按式(2)计算达 30 kg 体重日龄，按 GB/T 8170 对计算结果进行修约，测定结果保留 1 位小数。

$$AGE_{30} = S + [30 - W] \times b \quad \cdots\cdots (2)$$

式中：

AGE_{30}——达 30 kg 体重日龄，单位为天(d)；

S ——从出生到开测当天的自然天数，单位为天(d)；

30 ——设定的开测体重，单位为千克(kg)；

W ——开测当天称量的实际重量，单位为千克(kg)；

b ——校正参数，其中，杜洛克猪为 1.536，长白猪为 1.565，大白猪为 1.550。

6.1.2.4 按式(3)计算测定期日增重，测定结果保留 1 位小数(修约规则同 6.1.1.3)。

$$ADG = \frac{70 \times 1000}{(AGE - AGE_{30})} \quad \cdots\cdots (3)$$

式中：

ADG ——测定期日增重，单位为克(g)；

70 ——目标体重(100 kg)与开测体重(30 kg)之差，单位为千克(kg)；

1 000——计量单位由千克换算为克。

6.1.3 **目标体重背膘厚**

6.1.3.1 结测体重同 6.1.1.2。

6.1.3.2 活体背膘厚按照 NY/T 2894 的规定进行测定。

6.1.3.3 以目标体重 100 kg 为例，按式(4)计算，测定结果保留 1 位小数(修约规则同 6.1.1.3)。

$$FAT = BF + (W_T - W_1) \times \frac{BF}{W_1 - B} \quad \cdots\cdots (4)$$

式中：

FAT ——目标体重背膘厚，单位为毫米(mm)；

BF ——活体背膘厚的实际测量值，单位为毫米(mm)；

W_T ——目标体重，单位为千克(kg)；

B ——校正参数，目标体重为 100 kg 的校正参数见表 2。

表 2 目标体重为 100 kg 的校正参数

品种	公猪	母猪
大白猪	−7.277	−9.440
长白猪	−5.623	−3.315
杜洛克猪	−6.240	−4.481

6.1.4 **目标体重眼肌面积**

6.1.4.1 结测体重同 6.1.1.2。

6.1.4.2 活体眼肌面积按照 NY/T 2894 的规定进行测定。

6.1.4.3 以目标体重 100 kg 为例，按式(5)计算，测定结果保留 2 位小数(修约规则同 6.1.1.3)。

$$LEA = M + (W_T - W_1) \times \frac{M}{(M + 155)} \quad \cdots\cdots (5)$$

式中：

LEA ——目标体重眼肌面积，单位为平方厘米(cm^2)；

M ——活体眼肌面积的实际测量值，单位为平方厘米(cm^2)；

W_T ——目标体重，单位为千克(kg)；

155 ——目标体重为 100 kg 的校正参数。

6.1.5 饲料转化率

6.1.5.1 从自动饲喂设备的软件中导出开测当天至结测当天的饲料消耗总量。

6.1.5.2 按式(6)计算，测定结果保留 2 位小数(修约规则 6.1.1.3)。

$$FCR = \frac{\sum TFI}{(W_1 - W)} \quad \cdots\cdots (6)$$

式中：

FCR——饲料转化率，单位为千克每千克(kg/kg)；

TFI ——测定期饲料消耗总量，单位为千克(kg)。

6.2 繁殖性状

6.2.1 总产仔数、产活仔数、初生重等性状按照 NY/T 820 的规定执行。

6.2.2 断奶重：断奶时，将待断奶的仔猪放入笼秤，称量并记录称量结果。

6.2.3 断奶仔猪数：断奶时，清点同窝的仔猪头数，含寄养的仔猪。

6.3 胴体性状

按照 NY/T 825 的规定执行。

6.4 肉质性状

按照 NY/T 821 的规定执行。

附录 A
（资料性附录）
测定猪日粮的营养水平

A.1 测定前期日粮的营养水平

见表 A.1。

表 A.1 测定前期日粮的营养水平

指标	消化能	粗蛋白	赖氨酸	蛋氨酸+胱氨酸	钙	磷
标准	≥13.5 MJ/kg	≥17%	≥1.0%	≥0.6%	0.8%	0.7%
允差	±5%	±5%	±10%	±10%	±10%	±10%

A.2 测定后期日粮的营养水平

见表 A.2。

表 A.2 测定后期日粮的营养水平

指标	消化能	粗蛋白	赖氨酸	蛋氨酸+胱氨酸	钙	磷
标准	≥13.3 MJ/kg	≥16%	≥0.9%	0.5%	0.7%	0.6%
允差	±5%	±5%	±10%	±10%	±10%	±10%

ICS 07.080
B 47

中华人民共和国农业行业标准

NY/T 3421—2019

家蚕核型多角体病毒检测 荧光定量PCR法

Detection of *Bombyx mori* nucleopolyhedrovirus—Real time PCR method

2019-01-17 发布 2019-09-01 实施

中华人民共和国农业农村部 发布

前　言

本标准按照GB/T 1.1—2009给出的规则起草。

本标准由农业农村部种植业管理司提出。

本标准由全国桑蚕业标准化技术委员会(SAC/TC 437)归口。

本标准起草单位:江苏科技大学、西南大学、中国农业科学院蚕业研究所、苏州大学、华南农业大学、农业农村部蚕桑产业产品质量监督检验测试中心(镇江)。

本标准主要起草人:吴萍、潘敏慧、郭锡杰、贡成良、孙京臣、董战旗、陈涛、侯启瑞、商琪。

家蚕核型多角体病毒检测　荧光定量 PCR 法

1　范围

本标准规定了家蚕核型多角体病毒（*Bombyx mori* nucleopolyhedrovirus，BmNPV）的实时荧光定量 PCR 检测方法。

本标准适用于家蚕核型多角体病毒的检测。

2　规范性引用文件

下列文件对于本文件的应用是必不可少的。凡是注日期的引用文件，仅注日期的版本适用于本文件。凡是不注日期的引用文件，其最新版本（包括所有的修改单）适用于本文件。

GB/T 6682　分析实验室用水规格和试验方法

3　术语和定义

下列术语和定义适用于本文件。

3.1

***gp64* 基因　*gp64* gene**

杆状病毒囊膜蛋白基因，编码出芽型病毒粒子囊膜融合蛋白 GP64。

4　缩略语

下列缩略语适用于本文件。

BmNPV：家蚕核型多角体病毒（*Bombyx mori* nucleopolyhedrovirus）

Ct 值：每个反应管内的荧光信号达到设定的阈值时所经历的循环数（Cycle threshold）

dNTPs：脱氧核苷三磷酸混合液（deoxyribonucleoside triphosphates mixture），由 4 种脱氧核糖核苷酸 dATP、dTTP、dGTP 和 dCTP 等量混合而成的溶液

PBS：磷酸缓冲盐溶液（phosphate buffer saline）

PCR：聚合酶链式反应（polymerase chain reaction）

SDS：十二烷基磺酸钠（sodium dodecyl sulfate）

5　原理

利用荧光信号伴随目的 PCR 产物的增加而增强的原理，收集 PCR 扩增过程的荧光信号值，根据 *Ct* 值判断供试样品是否含有家蚕核型多角体病毒。根据 BmNPV *gp64* 基因的保守序列设计特异性 PCR 引物进行 PCR 扩增反应。

6　试剂与材料

6.1　20% SDS：称取 20 g SDS 溶解于 200 mL 烧杯中，加入 80 mL 水，60℃水浴加热并用玻璃棒充分搅拌至溶解，定容至 100 mL。高压灭菌后，置于 4℃冰箱保存备用。

6.2　6 mol/L NaCl：称取 351 g NaCl 放入容量为 1 L 的烧杯中，加入 800 mL 水，玻璃棒充分搅拌至溶解，定容至 1 L。高压灭菌后，置于 4℃冰箱保存备用。

6.3　蛋白酶 K 20 mg/mL：称取 200 mg 蛋白酶 K 加入到 9.5 mL 水中，轻轻摇动，至蛋白酶 K 完全溶解，加水定容至 10 mL，分装成小份置于－20℃冰箱保存备用。

6.4　70%乙醇。

6.5 异丙醇。

6.6 PBS(组分:NaCl 136.89 mmol/L;KCl 2.67 mmol/L;Na_2HPO_4 8.1 mmol/L;KH_2PO_4 1.76 mmol/L;pH=7.2~7.4)。

6.7 苯基硫脲。

6.8 RNase 酶。

6.9 荧光定量 PCR 试剂盒。

6.10 灭菌的枪头和离心管。

注:除另有规定外,所用生化试剂均为分析纯,实验用水应符合 GB/T 6682 一级水的规定。

7 主要仪器设备

7.1 实时荧光定量 PCR 仪。

7.2 紫外分光光度计。

7.3 高速冷冻离心机。

7.4 −20℃冰箱和−80℃冰箱。

7.5 组织研磨器或研钵。

7.6 微量加样器。

8 样品

8.1 样品采集

8.1.1 血液:用灭菌针刺破家蚕幼虫腹足或尾足,在冰上将血液采集于加了少量苯基硫脲的试管中,12 000 *g*,4℃离心 30 min,吸取上清液,−20℃冰箱保存备用。

8.1.2 组织:采集家蚕组织(50 mg~100 mg)后迅速放入液氮中,再转移至−80℃冰箱保存备用。

8.2 样品 DNA 提取

8.2.1 将组织样品放入预冷的研钵中加入液氮,用研杵将待检样品磨成粉末状,研磨过程中保持液氮不挥发干净。亦可用组织匀浆器按操作说明书处理样品。

8.2.2 在血液或按步骤 8.2.1 制备的样品中加入 400 μL 灭菌的 PBS、4 μL 10 mg/mL RNase 酶、40 μL 20% SDS 和 8 μL 20 mg/mL 蛋白酶 K,混合均匀,并将样品置于 55℃~60℃水浴 10 min~15 min,或者放置室温直至溶液澄清。

8.2.3 在 8.2.2 溶液中加入 300 μL 6 mol/L NaCl 溶液,反复颠倒,轻柔混匀。12 000 *g*,4℃离心 10 min,收集上清液。

8.2.4 将上清液转移至新的已灭菌的离心管中,加入等体积的异丙醇或者 2 倍体积的无水乙醇,混合均匀后放置−20℃冰箱 30 min,12 000 *g*,4℃离心 10 min,弃上清液,保留 DNA 沉淀。

8.2.5 加入 500 μL 70%预冷乙醇洗涤沉淀,12 000 *g*,4℃离心 5 min,去乙醇。

8.2.6 将 DNA 沉淀置于室温下自然风干 5 min~10 min,用 30 μL~40 μL 的无菌超纯水常温溶解 DNA。

8.2.7 利用紫外分光光度计测定 DNA 溶液的光密度值。当 A_{260}/A_{280} 值为 1.75~1.85 时,提取的 DNA 质量符合 PCR 的检测要求。调整 DNA 浓度至 50 ng/μL 并置于−20℃冰箱保存备用。

注:以上提供的 DNA 提取方法并非唯一方法。其他提取方法或市售商品化 DNA 提取试剂盒也可使用。

8.3 实时荧光定量 PCR 检测

8.3.1 引物序列

正向引物:5'-CACCATCGTGGAGACGGACTA-3';

反向引物:5'-CCTCGCACTGCTGCCTGA-3'。

荧光定量 PCR 产物信息见附录 A。

8.3.2 对照设置

阳性对照：含有经 8.3.1 引物扩增的 *gp64* 基因片段的重组质粒 DNA，拷贝数为 1.0×10^4 个/μL。阳性质粒制备方法见附录 B。

阴性对照：健康家蚕基因组 DNA，浓度为 50 ng/μL。

空白对照：灭菌超纯水。

8.3.3 PCR 反应体系

反应体系 20 μL：2×SYBR Premix Ex Taq™ 10 μL，10 μmol/L 正、反向引物各 0.4 μL，DNA 模板 1 μL，超纯水 8.2 μL。反应程序：95℃预变性 2 min，95℃ 5 s，60℃ 31 s，共 40 个循环。每个样品重复 3 次。可按照其他市售商品化试剂盒说明书进行荧光定量 PCR 反应。

8.3.4 PCR 反应质量控制

扩增反应结束后，阳性对照出现典型的扩增曲线，空白对照和阴性对照的荧光曲线平直或低于阳性对照荧光值的 15%，表明反应体系工作正常。否则，表明 PCR 反应体系不正常需重新检测。

9 结果判定

在 PCR 反应体系正常工作的前提下，根据收集的荧光曲线和 *Ct* 值判定结果。判定规则如下：

a) 待测样品检测 *Ct* 值小于或等于阳性对照的 *Ct* 值，判定该样品检出家蚕核型多角体病毒；

b) 待测样品检测 *Ct* 值大于或等于阴性对照的 *Ct* 值，判定该样品未检出家蚕核型多角体病毒；

c) 待测样品检测 *Ct* 值大于阳性对照的 *Ct* 值且小于阴性对照的 *Ct* 值，应重新做 PCR 扩增，若重复实验结果出现典型的扩增曲线，*Ct* 值仍然在此范围，判定该样品疑似含有家蚕核型多角体病毒。

附　录　A
（规范性附录）
荧光定量 PCR 产物相关信息

A.1　检测基因

BmNPV *gp64* 基因，Gene ID：1488736。

A.2　扩增产物大小及序列

扩增产物 179 bp。

<u>CACCATCGTGGAGACGGACTA</u>CAACGAAAACGTGATTATTGGCTACAAGGGGTACTACCAG
GCGTATGCGTACAACGGAGGCTCGCTGGATCCCAACACACGCGTCGAAGAATCCATGAAAACGC
TGACTGTGGGCAAAGAAGATTTGCTCATGTGGGGTA<u>TCAGGCAGCAGTGCGAGG</u>

注：划线部分为引物序列。

附 录 B
（规范性附录）
阳性质粒的制备

B.1 以BmNPV的基因组DNA为模板，用*gp64*正向引物和反向引物扩增目的基因片段，PCR反应体系25 μL：10×PCR缓冲液2.5 μL，dNTPs（各10 mmol/L）0.5 μL，正、反向引物（10 μmol/L）各0.6 μL，DNA模板（50 ng）1.0 μL，Taq酶（5 U/μL）0.5 μL，灭菌水19.3 μL。反应条件为：94℃ 2 min；94℃ 30 s，55℃ 40 s，72℃ 40 s，35个循环；72℃延伸10 min。反应结束后，取5 μL PCR产物在2%的琼脂糖凝胶上进行电泳分析。

B.2 PCR产物经电泳鉴定后，按试剂盒说明书进行胶回收纯化目的片段，将目的片段与克隆载体连接，将其转化感受态细胞，提取重组质粒并进行测序验证。

B.3 阳性质粒用碱裂解法进行提纯，根据紫外分光光度计测定OD_{260}的值计算质粒浓度，质粒拷贝数按式（B.1）计算。

$$c = N_A \times \frac{\rho}{w} \quad \text{(B.1)}$$

式中：

c ——质粒拷贝数的数值，单位为每毫升质粒拷贝数（个/mL）；

N_A ——阿伏伽德罗常数，通常表示为6.02×10^{23}，单位为每摩尔物质所含的基本单元（分子或原子）的数量（个/mol）；

ρ ——质粒浓度的数值，单位为克每毫升（g/mL）；

w ——质粒平均分子量的数值，单位为克每摩尔（g/mol）。

B.4 将阳性质粒拷贝数稀释至1.0×10^4个/μL，置于−20℃冰箱保存备用。

ICS 65.080
B 10

中华人民共和国农业行业标准

NY/T 3442—2019

畜禽粪便堆肥技术规范

Technical specification for animal manure composting

2019-01-17 发布　　　　2019-09-01 实施

中华人民共和国农业农村部 发布

前　言

本标准按照 GB/T 1.1—2009 给出的规则起草。

本标准由农业农村部畜牧兽医局提出。

本标准由全国畜牧业标准化技术委员会(SAC/TC 274)归口。

本标准起草单位:中国农业大学、全国畜牧总站、中国农业科学院农业资源与农业区划研究所、农业农村部规划设计研究院、南京农业大学、北京沃土天地生物科技股份有限公司、山东省兽药质量检验所、北京市农林科学院。

本标准主要起草人:李季、杨军香、李国学、赵小丽、王黎文、徐鹏翔、彭生平、李兆君、沈玉君、徐阳春、张陇利、段崇东、李永彬、李有志、李吉进、周海宾。

畜禽粪便堆肥技术规范

1 范围

本标准规定了畜禽粪便堆肥的场地要求、堆肥工艺、设施设备、堆肥质量评价和检测方法。

本标准适用于规模化养殖场和集中处理中心的畜禽粪便及养殖垫料堆肥。

2 规范性引用文件

下列文件对于本文件的应用是必不可少的。凡是注日期的引用文件，仅注日期的版本适用于本文件。凡是不注日期的引用文件，其最新版本(包括所有的修改单)适用于本文件。

GB/T 8576 复混肥料中游离水含量的测定 真空烘箱法

GB/T 17767.1 有机-无机复混肥料的测定方法 第1部分:总氮含量

GB 18596 畜禽养殖业污染物排放标准

GB/T 19524.1 肥料中粪大肠菌群的测定

GB/T 19524.2 肥料中蛔虫卵死亡率的测定

GB/T 23349 肥料中砷、镉、铅、铬、汞生态指标

GB/T 25169—2010 畜禽粪便监测技术规范

GB/T 36195 畜禽粪便无害化处理技术规范

3 术语和定义

下列术语和定义适用于本文件。

3.1

堆肥 composting

在人工控制条件下(水分、碳氮比和通风等)，通过微生物的发酵，使有机物被降解，并生产出一种适宜于土地利用的产物的过程。

3.2

辅料 auxiliary material

用于调节堆肥原料含水率、碳氮比、通透性等的物料。

注:常用辅料有农作物秸秆、锯末、稻壳、蘑菇渣等。

3.3

条垛式堆肥 pile composting

将混合好的物料堆成条垛进行好氧发酵的堆肥工艺。

注:条垛式堆肥包括动态条垛式堆肥、静态条垛式堆肥等。

3.4

槽式堆肥 bed composting

将混合好的物料置于槽式结构中进行好氧发酵的堆肥工艺。

注:槽式堆肥包括连续动态槽式堆肥、序批式动态槽式堆肥和静态槽式堆肥等。

3.5

反应器堆肥 reactor composting

将混合好的物料置于密闭容器中进行好氧发酵的堆肥工艺。

注:反应器堆肥包括筒仓式反应器堆肥、滚筒式反应器堆肥和箱式反应器堆肥等。

3.6

种子发芽指数　germination index

以黄瓜或萝卜种子为试验材料，堆肥浸提液的种子发芽率和种子平均根长的乘积与去离子水种子发芽率和种子平均根长的乘积的比值，用于评价堆肥腐熟度。

4　场地要求

4.1　畜禽粪便堆肥场选址及布局应符合 GB/T 36195 的规定。

4.2　原料存放区应防雨防水防火。畜禽粪便等主要原料应尽快预处理并输送至发酵区，存放时间不宜超过 1 d。

4.3　发酵场地应配备防雨和排水设施。堆肥过程中产生的渗滤液应收集储存，防止渗滤液渗漏。

4.4　堆肥成品存储区应干燥、通风、防晒、防破裂、防雨淋。

5　堆肥工艺

5.1　工艺流程

畜禽粪便堆肥工艺流程包括物料预处理、一次发酵、二次发酵和臭气处理等环节，见图 1。

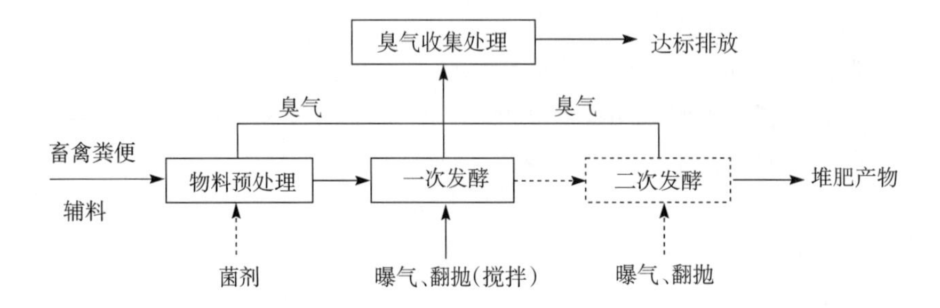

注：实线表示必需步骤，虚线表示可选步骤。

图 1　畜禽粪便堆肥工艺流程

5.2　物料预处理

5.2.1　将畜禽粪便和辅料混合均匀，混合后的物料含水率宜为 45%～65%，碳氮比(C/N)为(20∶1)～(40∶1)，粒径不大于 5 cm，pH 5.5～9.0。

5.2.2　堆肥过程中可添加有机物料腐熟剂，接种量宜为堆肥物料质量的 0.1%～0.2%。腐熟剂应获得管理部门产品登记。

5.3　一次发酵

5.3.1　通过堆体曝气或翻堆，使堆体温度达到 55℃以上，条垛式堆肥维持时间不得少于 15 d、槽式堆肥维持时间不少于 7 d、反应器堆肥维持时间不少于 5 d。堆体温度高于 65℃时，应通过翻堆、搅拌、曝气降低温度。堆体温度测定方法见附录 A。

5.3.2　堆体内部氧气浓度宜不小于 5%，曝气风量宜为 0.05 m^3/min～0.2 m^3/min(以每立方米物料为基准)。

5.3.3　条垛式堆肥和槽式堆肥的翻堆次数宜为每天 1 次；反应器堆肥宜采取间歇搅拌方式(如：开 30 min 停 30 min)。实际运行中可根据堆体温度和出料情况调整搅拌频率。

5.4　二次发酵

堆肥产物作为商品有机肥料或栽培基质时应进行二次发酵，堆体温度接近环境温度时终止发酵过程。

5.5　臭气控制

堆肥过程中产生的臭气应进行有效收集和处理，经处理后的恶臭气体浓度符合 GB 18596 的规定。臭气控制可采用如下方法：

a) 工艺优化法：通过添加辅料或调理剂，调节碳氮比（C/N）、含水率和堆体孔隙度等，确保堆体处于好氧状态，减少臭气产生；

b) 微生物处理法：通过在发酵前期和发酵过程中添加微生物除臭菌剂，控制和减少臭气产生；

c) 收集处理法：通过在原料预处理区和发酵区设置臭气收集装置，将堆肥过程中产生的臭气进行有效收集并集中处理。

6 设施设备

6.1 堆肥设备选择原则

堆肥设备应根据堆肥工艺确定，分为预处理设备、发酵设备和后处理设备。

6.2 预处理设备

预处理设备主要包括粉碎设备和混料设备，混料方式可选择简易铲车混料或专用混料机混料。

6.3 发酵设备

6.3.1 条垛式堆肥设备

条垛式堆肥翻抛设备宜选择自走式或牵引式翻抛机，并根据条垛宽度和处理量选择翻抛机。对于简易垛式堆肥，也可用铲车进行翻抛。

6.3.2 槽式堆肥设备

6.3.2.1 槽式堆肥成套设备包括进出料设备、发酵设备和自控设备等。

6.3.2.2 发酵设备主要包括翻堆设备和通风设备，要求如下：

a) 物料翻堆设备应使用翻堆机，并配备移行车实现翻堆机的换槽功能；

b) 堆体通风设备应使用风机，并根据风压和风量要求，选择单槽单台或多槽分段多台风机。

6.3.3 反应器堆肥设备

6.3.3.1 反应器堆肥设备按进出料方式分为动态反应器和静态反应器。

6.3.3.2 动态反应器主要包括筒仓式、滚筒式和箱式等类型，设备系统特性如下：

a) 筒仓式堆肥反应器是一种立式堆肥设备，从顶部进料底部出料，应配置上料、搅拌、通风、出料、除臭和自控等系统；

b) 滚筒式堆肥反应器是一种卧式堆肥设备，使用滚筒抄板混合和移动物料，应配置上料、通风、出料、除臭和自控等系统；

c) 箱式堆肥反应器是一种卧式堆肥设备，使用箱体内部输送带承载、移动和混合物料，应配置上料、通风、出料、除臭和自控等系统。

6.3.3.3 静态反应器主要包括箱式和隧道式等类型。

6.4 后处理设备

后处理设备主要包括筛分机和包装机等。

7 堆肥质量评价

7.1 堆肥产物质量要求

堆肥产物应符合表 1 的要求。

表 1 堆肥产物质量要求

项 目	指 标
有机质含量(以干基计),%	≥30
水分含量,%	≤45
种子发芽指数(*GI*),%	≥70
蛔虫卵死亡率,%	≥95
粪大肠菌群数,个/g	≤100
总砷(As)(以干基计),mg/kg	≤15
总汞(Hg)(以干基计),mg/kg	≤2
总铅(Pb)(以干基计),mg/kg	≤50
总镉(Cd)(以干基计),mg/kg	≤3
总铬(Cr)(以干基计),mg/kg	≤150

7.2 采样

堆肥产物样品采样方法、样品记录和标识按照GB/T 25169—2010中第5章的规定执行,其中采样过程按照5.3.2的规定执行。样品的保存按照GB/T 25169—2010中第8章的规定执行。

8 检测方法

8.1 水分含量的测定

按照GB/T 8576的规定执行。

8.2 酸碱度的测定

按照附录B的规定执行。

8.3 有机质含量的测定

按照附录C的规定执行。

8.4 总氮的测定

按照GB/T 17767.1的规定执行。

8.5 种子发芽指数的测定

按照附录D的规定执行。

8.6 粪大肠菌群数的测定

按照GB/T 19524.1的规定执行。

8.7 蛔虫卵死亡率的测定

按照GB/T 19524.2的规定执行。

8.8 砷的测定

按照GB/T 23349的规定执行。

8.9 汞的测定

按照GB/T 23349的规定执行。

8.10 铅的测定

按照GB/T 23349的规定执行。

8.11 镉的测定

按照GB/T 23349的规定执行。

8.12 铬的测定

按照GB/T 23349的规定执行。

附　录　A
（规范性附录）
堆体温度测定方法

A.1　适用范围

适用于高温堆肥堆体内温度的测定。

A.2　仪器

选择金属套筒温度计或热敏数显测温装置。

A.3　测定

A.3.1　将堆体自顶层到底层分成4段，自上而下测量每一段中心的温度，取最高温度。测温点示意图见图A.1a)和图A.2a)。

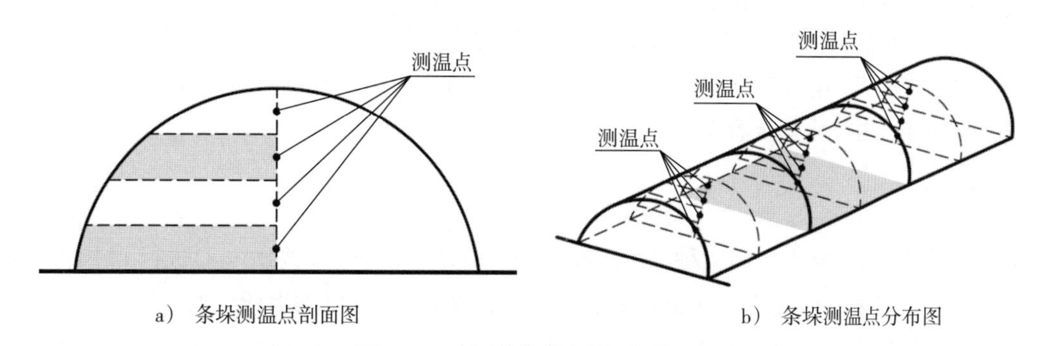

a）　条垛测温点剖面图　　　　b）　条垛测温点分布图

图A.1　条垛堆肥测温示意图

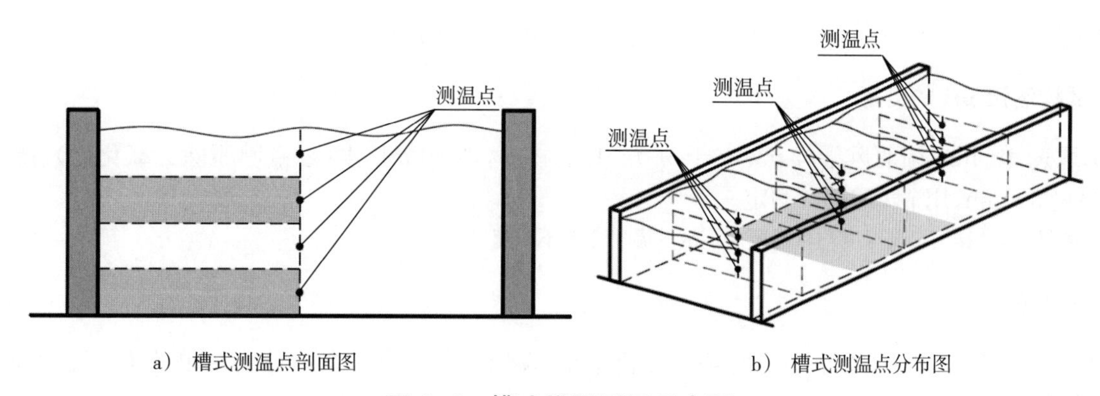

a）　槽式测温点剖面图　　　　b）　槽式测温点分布图

图A.2　槽式堆肥测温示意图

A.3.2　在整个堆体上至少选择3个位置，按A.3.1测出每一部位的最高温度，分布用T_1、T_2、T_3等表示。测温点示意图见图A.1b)和图A.2b)。

A.3.3　堆体温度取T_1、T_2、T_3等测得温度值的平均值。

A.3.4　在堆肥周期内应每天测试温度。

附　录　B
（规范性附录）
酸碱度的测定方法　pH 计法

B.1　方法原理

试样经水浸泡平衡，直接用 pH 酸度计测定。

B.2　仪器

pH 酸度计；玻璃电极或饱和甘汞电极，或 pH 复合电极；振荡机或搅拌器。

B.3　试剂和溶液

B.3.1　pH 4.01 标准缓冲液：称取经 110℃烘 1 h 的邻苯二钾酸氢钾（$KHC_8H_4O_4$）10.21 g，用水溶解，稀释定容至 1 L。

B.3.2　pH 6.87 标准缓冲液：称取经 120℃烘 2 h 的磷酸二氢钾（KH_2PO_4）3.398 g 和经 120℃～130℃烘 2 h 的无水磷酸氢二钠（Na_2HPO_4）3.53 g，用水溶解，稀释定容至 1 L。

B.3.3　pH 9.18 标准缓冲液：称取硼砂（$Na_2B_4O_7 \cdot 10H_2O$）（在盛有蔗糖和食盐饱和溶液的干燥器中平衡一周）3.81 g，用水溶解，稀释定容至 1 L。

B.4　pH 计的校正

B.4.1　依照仪器说明书，至少使用 2 种 pH 标准缓冲溶液（B.3.1、B.3.2、B.3.3）进行 pH 计的校正。

B.4.2　将盛有缓冲溶液并内置搅拌子的烧杯置于磁力搅拌器上，开启磁力搅拌器。

B.4.3　用温度计测量缓冲溶液的温度，并将 pH 计的温度补偿旋钮调节到该温度上。有自动温度补偿功能的仪器，此步骤可省略。

B.4.4　搅拌平稳后将电极插入缓冲溶液中，待读数稳定后读取 pH。

B.5　试样溶液 pH 的测定

称取过 Φ1 mm 筛的风干样 5.0 g 于 100 mL 烧杯中，加 50 mL 水（经煮沸驱除二氧化碳），搅动 15 min，静置 30 min，用 pH 酸度计测定。

注：测量时，试样溶液的温度与标准缓冲溶液的温度之差不应超过 1℃。

B.6　允许差

取平行测定结果的算术平均值为最终分析结果，保留 1 位小数。平行分析结果的绝对差值不大于 0.2 pH 单位。

附　录　C
（规范性附录）
有机质含量的测定　重铬酸钾容量法

C.1　方法原理

用定量的重铬酸钾-硫酸溶液，在加热条件下，使有机肥料中的有机碳氧化，多余的重铬酸钾用硫酸亚铁标准溶液滴定，同时以二氧化硅为添加物作空白试验。根据氧化前后氧化剂消耗量，计算有机碳含量，乘以系数1.724，为有机质含量。

C.2　仪器、设备

水浴锅；分析天平（感量为0.000 1 g）。

C.3　试剂和材料

除非另有说明，在分析中仅使用确认为分析纯的试剂。

C.3.1　二氧化硅：粉末状。

C.3.2　浓硫酸（ρ=1.84 g/cm^3）。

C.3.3　重铬酸钾（$K_2Cr_2O_7$）标准溶液：$c(1/6\ K_2Cr_2O_7)=0.1$ mol/L。

称取经过130℃烘3 h～4 h的重铬酸钾（基准试剂）4.903 1 g，先用少量水溶解，然后转移入1 L容量瓶中，用水稀释至刻度，摇匀备用。

C.3.4　重铬酸钾溶液：$c(1/6\ K_2Cr_2O_7)=0.8$ mol/L。

称取重铬酸钾39.23 g，先用少量水溶解，然后转移入1 L容量瓶中，稀释至刻度，摇匀备用。

C.3.5　硫酸亚铁（$FeSO_4$）标准溶液：$c(FeSO_4)=0.2$ mol/L。

称取（$FeSO_4\cdot 7H_2O$）55.6 g，溶于900 mL水中，加硫酸（C.3.2）20 mL溶解，稀释定容至1 L，摇匀备用（必要时过滤）。此溶液的准确浓度以0.1 mol/L重铬酸钾标准溶液（C.3.3）标定，现用现标定。

$c(FeSO_4)=0.2$ mol/L标准溶液的标定：吸取重铬酸钾标准溶液（C.3.3）20.00 mL加入150 mL三角瓶中，加硫酸（C.3.2）3 mL～5 mL和2滴～3滴邻啡啰啉指示剂（C.3.6），用硫酸亚铁标准溶液（C.3.5）滴定。根据硫酸亚铁标准溶液滴定时的消耗量按式（C.1）计算其准确浓度c。

$$c=\frac{c_1\times V_1}{V_2} \qquad \text{(C.1)}$$

式中：

c_1——重铬酸钾标准溶液的浓度，单位为摩尔每升（mol/L）；

V_1——吸取重铬酸钾标准溶液的体积，单位为毫升（mL）；

V_2——滴定时消耗硫酸亚铁标准溶液的体积，单位为毫升（mL）。

C.3.6　**邻啡啰啉指示剂**

称取硫酸亚铁0.695 g和邻啡啰啉1.485 g溶于100 mL水，摇匀备用。此指示剂易变质，应密闭保存于棕色瓶中。

C.4　试验步骤

称取过Φ1 mm筛的风干样0.2 g～0.5 g（精确至0.000 1 g），置于500 mL的三角瓶中，准确加入

0.8 mol/L重铬酸钾溶液(C.3.4)50.0 mL,再加入 50.0 mL 浓硫酸(C.3.2),加一弯颈小漏斗,置于沸水中,待水沸腾后保持 30 min。取出冷却至室温,用水冲洗小漏斗,洗液承接于三角瓶中。取下三角瓶,将反应物无损转入 250 mL 容量瓶中,冷却至室温,定容,吸取 50.0 mL 溶液于 250 mL 三角瓶内,加水约至 100 mL 左右,加 2 滴～3 滴邻啡啰啉指示剂(C.3.6),用 0.2 mol/L 硫酸亚铁标准溶液(C.3.5)滴定近终点时,溶液由绿色变成暗绿色,再逐滴加入硫酸亚铁标准溶液直至生成砖红色为止。同时,称取 0.2 g(精确至 0.001 g)二氧化硅(C.3.1)代替试样,按照相同分析步骤,使用同样的试剂,进行空白试验。

如果滴定试样所用硫酸亚铁标准溶液的用量不到空白试验所用硫酸亚铁标准溶液用量的 1/3 时,则应减少称样量,重新测定。

C.5 分析结果的表述

有机质含量以肥料的质量分数表示(ω),单位为百分率(%),按式(C.2)计算。

$$\omega = \frac{c(V_0 - V) \times 0.003 \times 100 \times 1.5 \times 1.724 \times D}{m(1 - X_0)} \quad \text{(C.2)}$$

式中:

c ——标定标准溶液的摩尔浓度,单位为摩尔每升(mol/L);

V_0 ——空白试验时,消耗标定标准溶液的体积,单位为毫升(mL);

V ——样品测定时,消耗标定标准溶液的体积,单位为毫升(mL);

0.003 ——1/4 碳原子的摩尔质量,单位为克每摩尔(g/mol);

1.724 ——由有机碳换算为有机质的系数;

1.5 ——氧化校正系数;

m ——风干样质量,单位为克(g);

X_0 ——风干样含水量;

D ——分取倍数,定容体积/分取体积,250/50。

C.6 允许差

取平行分析结果的算术平均值为测定结果。平行测定结果的绝对差值应符合如下要求:

a) 平行测定结果的绝对差值应符合表 C.1 的要求。

表 C.1

有机质(ω),%	绝对差值,%
$\omega \leq 40$	0.6
$40 < \omega < 55$	0.8
$\omega \geq 55$	1.0

b) 不同实验室测定结果的绝对差值应符合表 C.2 的要求。

表 C.2

有机质(ω),%	绝对差值,%
$\omega \leq 40$	1.0
$40 < \omega < 55$	1.5
$\omega \geq 55$	2.0

附 录 D
(规范性附录)
种子发芽指数(*GI*)的测定方法

D.1 主要仪器和试剂

培养皿、滤纸、去离子水(或蒸馏水)、往复式水平振荡机、恒温培养箱。

D.2 试验步骤

D.2.1 称取堆肥样品 10.0 g,置于 250 mL 锥形瓶中,按固液比(质量/体积)1∶10 加入 100 mL 的去离子水或蒸馏水,盖紧瓶盖后垂直固定于往复式水平振荡机上,调节频率不小于 100 次/min,振幅不小于 40 mm,在室温下振荡浸提 1 h,取下静置 0.5 h 后,取上清液于预先安装好滤纸的过滤装置上过滤,收集过滤后的浸提液,摇匀后供分析用。

D.2.2 在 9 cm 培养皿中垫上 2 张滤纸,均匀放入 10 粒大小基本一致、饱满的黄瓜(或萝卜)种子,加入堆肥浸提液 5 mL,盖上皿盖,在 25℃的培养箱中避光培养 48 h,统计发芽率和测量根长。每个样品做 3 个重复,以去离子水或蒸馏水作对照。

D.3 计算

种子发芽指数(GI)按式(D.1)计算。

$$GI=\frac{A_1 \times A_2}{B_1 \times B_2} \times 100 \qquad (D.1)$$

式中:

A_1——堆肥浸提液的种子发芽率,单位为百分率(%);

A_2——堆肥浸提液培养种子的平均根长,单位为毫米(mm);

B_1——去离子水的种子发芽率,单位为百分率(%);

B_2——去离子水培养种子的平均根长,单位为毫米(mm)。

ICS 65.020.30
B 43

中华人民共和国农业行业标准

NY/T 3444—2019

牦牛冷冻精液生产技术规程

Technical code of pratice for yak frozen semen producing

2019-08-01 发布　　　　2019-11-01 实施

中华人民共和国农业农村部　发布

前　言

本标准按照 GB/T 1.1—2009 给出的规则起草。

本标准由农业农村部畜牧兽医局提出。

本标准由全国畜牧业标准化技术委员会(SAC/TC 274)归口。

本标准起草单位:中国农业科学院兰州畜牧与兽药研究所、青海省家畜改良中心、青海省大通种牛场。

本标准主要起草人:阎萍、郭宪、王宏博、冯宇诚、梁春年、马进寿、丁学智、包鹏甲、裴杰、褚敏、吴晓云、薛晓蓉、刘更寿、张国模、王伟、骆正杰、赵寿保、殷满财、李吉叶。

牦牛冷冻精液生产技术规程

1 范围

本标准确定了牦牛冷冻精液生产流程，规定了牦牛冷冻精液生产的器具清洗和消毒、精液采集、精液处理、精液冷冻。

本标准适用于牦牛冷冻精液生产。

2 规范性引用文件

下列文件对于本文件的应用是必不可少的。凡是注日期的引用文件，仅注日期的版本适用于本文件。凡是不注日期的引用文件，其最新版本(包括所有的修改单)适用于本文件。

GB 4143 牛冷冻精液

GB/T 5458 液氮生物容器

GB/T 30396 牛冷冻精液包装、标签、储存和运输

NY/T 1234 牛冷冻精液生产技术规程

3 冷冻精液生产流程

冷冻精液生产过程包括器具清洗和消毒、精液采集、精液处理、精液冷冻，生产流程见图1。

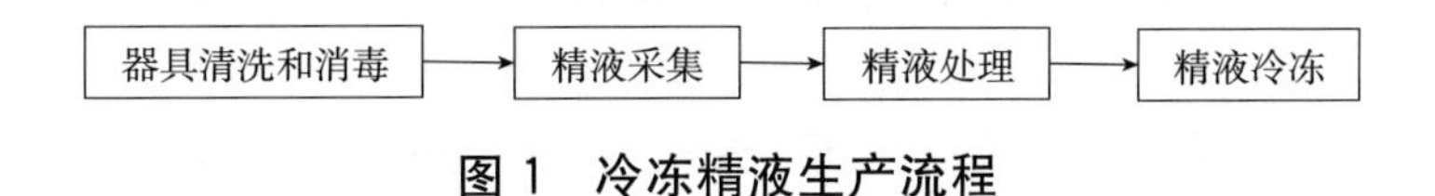

图1 冷冻精液生产流程

4 器具清洗和消毒

4.1 采精器先在加有洗涤剂的温热溶液中刷洗，然后用水冲净，再用蒸馏水或纯净水冲洗，晾干备用。

4.2 玻璃器皿应在热水中加洗涤剂刷洗，再用自来水冲洗，也可用超声波清洗仪清洗，然后放入恒温鼓风干燥箱中160℃恒温90 min～120 min灭菌。

4.3 常用金属器械应使用75%酒精棉球擦拭消毒。冻精细管及纱布袋应使用紫外线消毒。

5 精液采集

5.1 场地

采精场地应宽敞、平坦、安静、清洁，铺有防滑设施，设有采精架。

5.2 种公牛

经过调教且年龄4岁以上，等级评价为特级或一级，无遗传疾病，体质健康。

5.3 季节

采精季节一般为7月～10月。

5.4 采精器安装

采精器内胎及三角漏斗用75%的酒精棉球消毒，然后将三角漏斗安装于采精器上，接上集精管，套上保护套。采精器内可提前注入38℃左右温水，并用消毒纱布包裹好采精器口，放置于预先调整好温度为44℃～46℃的恒温箱内待用。采精前，在采精器内胎的前2/3处用涂抹棒均匀涂擦适量消毒过的润滑剂(凡士林与液体石蜡1∶1混合均匀)，并从活塞孔打气，使采精器有适度(采精器口呈三角形状为宜)的压力。采精时温度控制在38℃～42℃。

5.5 公牛的性准备

通过观察其他采精公牛，嗅闻发情母牛或在台牛尻部涂抹发情母牛的黏液，让公牛进行空爬，利用视觉和嗅觉，诱导公牛性兴奋，待公牛性欲旺盛时采精。

5.6 采精方法

采精员右手持采精器，站在公牦牛右后侧。当公牛跳起、前肢爬上台牛后背上时，迅速向前用左手托着公牛包皮，右手持采精器与台牛呈 40°角，采精器口斜向下方，左右手配合将公牛阴茎自然地引入采精器口内，公牛往前一冲即完成射精动作。公牛随即而下，采精员右手紧握采精器，随公牛阴茎而下。待公牛前肢落地时，顺势把采精器脱出，并立即将采精器口斜向上方。打开活塞放气，使精液尽快地流入集精杯内，然后取下集精杯，迅速送至精液处理室。

5.7 采精频率

每周可采精 2 次～3 次，间隔不少于 1 d。

6 精液处理

6.1 鲜精检测

外观、活力、密度的检测应按照 NY/T 1234 的规定执行。

6.2 鲜精质量要求

外观色泽乳白色或淡黄色，精子活力大于等于 65%，密度大于等于 6×10^8 个/mL。

6.3 精液稀释

6.3.1 稀释液配制

稀释液配方和配制方法参见附录 A，可以使用符合技术要求的商品稀释液。

6.3.2 稀释方法

一次稀释法：先按等量预稀释，10 min 后按精子密度仪测算的稀释量加入。

两次稀释法：将 32℃～34℃的第一液缓慢加入精液中，摇匀，所加第一液的量＝[(所加稀释液总量＋精液量)/2]－精液量，然后与第二液同时放入 3℃～5℃低温柜内降温。冷冻前加入第二液，所加第二液的量＝(所加稀释液总量－所加第一液的量)。

6.3.3 降温和平衡

将稀释后的精液放置在 3℃～5℃低温柜中平衡 3 h～5 h。

6.4 分装和标识

细管冷冻精液剂型为微型 0.25 mL，剂量大于等于 0.18 mL，分装应按照 NY/T 1234 的规定执行。标识应在细管壁上清楚标记生产单位、品种、牛号、生产日期或批次，种公牛的品种代号具体见附录 B。

7 精液冷冻

7.1 上架

平衡、封装后的细管精液，上架码放和冷冻时应把棉塞封口端朝内，超声波封口端朝外。

7.2 冷冻

精液在低温容器中，按预先设定好的程序自动完成冷冻过程。冷冻完成后，打开冷冻容器盖子，细管冻精按照牛号收集放入不同的盛满液氮的专用容器里，放入时将细管棉塞端朝下，超声波封口端朝上，并迅速浸泡在液氮中。

7.3 冷冻精液质量评定

7.3.1 精液解冻

将细管冻精直接置于(38±1)℃水浴解冻，解冻时间 10 s～15 s。

7.3.2 质量评定

检测方法按照 GB 4143 的规定执行。冷冻精液细管无裂痕，两端封口严密。每剂量解冻后精子活力大于等于 35%,前进运动精子数大于等于 800 万个,精子畸形率小于等于 18%,细菌菌落数小于等于 800 个。

7.4 包装和储存

先用专用塑料管分装,再用灭菌纱布袋包装,每一包装量不得超过 100 剂。标签应按照 GB/T 30396 的规定执行。细管冷冻精液应浸没于液氮生物容器的液氮中。液氮生物容器应符合 GB/T 5458 的规定。

附 录 A
(资料性附录)
稀 释 液 配 制

A.1 稀释液配方

一次稀释法配方:12%蔗糖溶液 75 mL、卵黄 20 mL、甘油 5 mL。

两次稀释法配方:

第一液:蒸馏水 100 mL、柠檬酸钠 2.97 g、卵黄 10 mL。

第二液:第一液 45 mL、果糖 2.5 g、甘油 5 mL。

上述稀释液,每 100 mL 加青霉素、链霉素各 5 万~10 万单位。

注:试剂要求分析纯以上。

A.2 配制方法

一次稀释法配方配制方法:准确称取蔗糖 12 g,放入 100 mL 容量瓶内,加入蒸馏水 50 mL,溶解后定容至 100 mL。然后取 12%蔗糖溶液 80 mL 加卵黄 20 mL、甘油 5 mL,用磁力搅拌器充分搅拌均匀后备用。

两次稀释法配方配制方法:

第一液:准确称取柠檬酸钠 2.97 g,放入容量瓶内,加入蒸馏水 50 mL,搅拌溶解后,继续加蒸馏水混匀定容至 100 mL。然后加入卵黄 10 mL,搅拌均匀后备用。

第二液:取第一液 45 mL,加入果糖 2.5 g、甘油 5 mL,搅拌均匀后备用。

上述稀释液,每 100 mL 加青霉素、链霉素各 5 万~10 万单位。

附　录　B
（规范性附录）
种公牛的品种代号

B.1　原则和方法

以牦牛品种汉语名称第一和第二个字的汉语拼音的第一字母组合；涉及品种为多字的，以汉语名称第一、第二和第三个字的汉语拼音的第一字母组合；涉及含有省份为多字的，以该省份第一字和品种第一字、第二字的汉语拼音的第一字母组合。

示例1：甘南牦牛的品种代号以“甘”和“南”两字汉语拼音第一字组合为GN。

示例2：类乌齐牦牛的品种代号以“类”“乌”和“齐”三字汉语拼音第一字组合为LWQ。

示例3：青海高原牦牛以省份第一字“青”和品种第一字“高”、第二字“原”三字汉字拼音组合为QGY。

B.2　种公牛品种代号

见表B.1。

表B.1　种公牛品种代号

公牛品种	品种代号	公牛品种	品种代号
大通牦牛	DT	天祝白牦牛	TZ
九龙牦牛	JL	甘南牦牛	GN
麦洼牦牛	MW	环湖牦牛	HH
木里牦牛	ML	雪多牦牛	XD
昌台牦牛	CT	青海高原牦牛	QGY
娘亚牦牛	NY	西藏高山牦牛	XGS
帕里牦牛	PL	中甸牦牛	ZD
斯布牦牛	SB	巴州牦牛	BZ
类乌齐牦牛	LWQ	金川牦牛	JC

ICS 65.020.30
B 43

中华人民共和国农业行业标准

NY/T 3445—2019

畜禽养殖场档案规范

Specification for livestock farm archives

2019-08-01 发布 2019-11-01 实施

中华人民共和国农业农村部 发布

前　　言

本标准按照 GB/T 1.1—2009 给出的规则起草。

本标准由农业农村部畜牧兽医局提出。

本标准由全国畜牧业标准化技术委员会(SAC/TC 274)归口。

本标准起草单位:中国农业科学院北京畜牧兽医研究所。

本标准主要起草人:佟建明、董晓芳、郝生宏、杨荣芳。

畜禽养殖场档案规范

1 范围

本标准规定了畜禽养殖场档案的术语和定义、基本要求、归档材料、材料整理与归档、档案管理。

本标准适用于畜禽养殖场档案管理。

2 术语和定义

下列术语和定义适用于本文件。

2.1

养殖场档案 farm archives

养殖场在建设、养殖过程中形成的关于经营资质、场区、进出场管理、养殖过程管理、养殖投入品管理、人员管理等历史记录资料。

2.2

养殖投入品 farming inputs

养殖过程中使用的饲料、饲料添加剂、兽药、疫苗、消毒剂等产品。

3 基本要求

3.1 养殖档案应包括经营资质、场区、进出场管理、养殖过程管理、养殖投入品管理、人员管理6项内容。

3.2 每项档案内容记载的信息应当连续、完整、真实。

3.3 应建立档案管理制度,对档案材料的收集、整理、归档进行全过程管理。

4 归档材料

4.1 经营资质

应包括营业执照、税务登记证、土地使用证、租赁合同、畜禽防疫合格证、种畜禽生产经营许可证、备案资料和养殖代码、相关技术力量证明材料,以及企业财务、后勤管理等资料。

4.2 场区

4.2.1 场区材料应包括地理位置图、总体布局平面图、畜禽舍平面图、环境评价报告、养殖场设备。

4.2.2 地理位置图应标明3 km内的村庄、公路、河流、企业、旅游点、风景区、保护区、风向等内容。

4.2.3 总体布局平面图应标明总体面积、生产区、生活区、办公区、污道、净道等内容。

4.2.4 畜禽舍平面图应包括畜禽舍内部和外观照片、设计图纸和竣工图。

4.2.5 环境评价报告应包括畜禽场区域自然环境、社会经济环境、大气、水、土壤的环境评价报告。

4.2.6 养殖场设备应包括设备名称、型号、说明书、价格、购入时间、基本状态、维修保养等信息。

4.3 进出场管理

4.3.1 进出场管理材料应包括品种管理材料、隔离记录材料、种用畜禽材料、出场记录材料、购入或引进畜禽材料。

4.3.2 品种管理材料应包括畜禽品种(代、次)来源、性别、日(月)龄、数量、畜禽身份标识和编号、繁殖记录、进出场日期等信息。

4.3.3 隔离记录材料应包括畜禽品种(代、次)来源、品种、性别、日(月)龄、数量、隔离期、隔离地点、畜禽状态描述等信息。

4.3.4 种用畜禽材料应包括个体的品种(代、次)来源、生产性能记录档案、畜禽系谱档案、繁殖记录、进出场日期等信息。

4.3.5 出场记录材料应包括时间、数量、检疫、检验证明、目的及目的地、出场原因、负责人等交接信息。

4.3.6 购入或引进畜禽材料应包括品种(代、次)来源、检疫证明、车辆消毒证明、种畜禽生产经营许可证复印件、营业执照复印件等资料。

4.4 养殖过程管理

4.4.1 养殖过程管理材料应包括饲养管理规程、生产记录、免疫记录、疫病抗体监测记录、疾病治疗记录、病死畜禽的处理记录、重大突发疫情预案、畜禽养殖管理追溯、污染物监测记录、畜禽粪便处理记录、场区消毒记录,以及灭蚊、蝇、鼠记录。

4.4.2 饲养管理规程应包括畜禽饲养管理全过程实施的标准、规范、规程、程序、制度等信息。

4.4.3 生产记录应包括圈舍号、时间、调入或调出、死淘、存栏数、产品产量、体重、耗料量、配种、妊娠、分娩、孵化、体况评分、性能测定等个体和(或)群体生产性能等信息。

4.4.4 免疫记录应包括免疫时间、圈舍号、存栏数量、疫苗名称、生产厂商、批号、免疫方法、免疫剂量、禁忌、配伍、免疫人员等信息。

4.4.5 疫病抗体监测记录应包括监测目标、时间、防疫员、监测结果等内容。

4.4.6 疾病治疗记录应包括时间、圈舍号、日(月)龄、发病数、病因、诊疗人员、用药名称、用药方法、剂量、停药时间、诊疗结果、休药期等信息。

4.4.7 病死畜禽的处理记录应包括畜禽编号、日期、数量、发病原因、诊疗、死亡、剖检结果、无害化处理方法、操作员等信息。

4.4.8 重大突发疫情预案应包括疫病种类、紧急处置方法等内容。

4.4.9 畜禽养殖管理追溯应包括畜禽品种、身份编号、性别、日(月)龄、数量、饲养地、饲养时间、饲养企业、饲料配方、疾病治疗措施、免疫、运输等信息。

4.4.10 污染物监测记录应包括监测项目、时间、地点、结果、检测员等信息。

4.4.11 畜禽粪便处理记录应包括场所、方法、日期、操作员等信息。

4.4.12 场区消毒记录应包括场所、方法、日期、消毒剂、剂量、消毒员等信息。

4.4.13 灭蚊、蝇、鼠记录应包括场所、方法、日期、药物、剂量、操作员等信息。

4.5 养殖投入品管理

4.5.1 养殖投入品管理材料应包括仓库环境监测记录、养殖投入品入库记录、养殖投入品出库记录、养殖投入品留样记录、投入品供应商资质证明、库存台账。

4.5.2 仓库环境监测记录应包括光照情况、温度、相对湿度、清洁度、记录人等信息。

4.5.3 养殖投入品入库记录应包括品名、产地、批次、数量、入库时间、管理员等信息。

4.5.4 养殖投入品出库记录应包括品名、出库时间、出库数量、领用人、管理员等信息。

4.5.5 养殖投入品留样记录应包括样品名称、数量、样品状态描述、供应方厂名、地址及电话、留样时间、保存条件、保质期、管理员等信息。

4.5.6 养殖投入品供应商资质证明应包括供应商名单,并载明供应商姓名、电话、厂址、产品批准文号,并附产品检验报告和生产经营许可证复印件。

4.5.7 库存台账应包括养殖投入品种类、数量、保存条件、登记时间、记录人等内容。

4.6 人员管理

4.6.1 人员管理材料应包括组织结构图、职业资格证明、人员聘用、人员培训记录、人员流动记录、外来人员和车辆记录。

4.6.2 组织结构图应包括组织结构图及职责分工。

4.6.3 职业资格证明应包括技术岗位职业资格证明。

4.6.4 人员聘用材料应包括人员聘用合同及被聘人员健康证明。

4.6.5 人员培训记录应包括培训时间、培训地点、培训项目、培训人员、考核情况等信息。

4.6.6 人员流动记录应包括从事岗位、工作起止时间、个人基本情况等信息。

4.6.7 外来人员和车辆记录应包括进入时间、事由、来访人和车基本信息(姓名、车牌号等)、离开时间等信息。

5 材料整理与归档

5.1 应及时整理相应的归档材料,注明归档材料负责人、归档材料内容和归档时间。

5.2 对畜禽养殖场归档材料,应定期向本单位档案机构或者档案工作人员移交集中管理,任何个人不应据为己有或者拒绝归档。

6 档案管理

6.1 应建立档案内部审核制度。

6.2 应设立专门档案柜及专门档案管理人员,档案保存地点应具备通风、防盗、防火、防潮、防灾、防鼠、防虫等条件。

6.3 养殖档案保存时间:商品猪、禽为2年,牛为20年,羊为10年,种畜禽长期保存。

6.4 应建立档案借阅、保密制度。

6.5 应建立档案销毁制度。

ICS 65.020.30
B 43

中华人民共和国农业行业标准

NY/T 3447—2019

金 川 牦 牛

Jinchuan yak

2019-08-01 发布

2019-11-01 实施

中华人民共和国农业农村部 发布

前　言

本标准按照 GB/T 1.1—2009 给出的规则起草。

本标准由农业农村部畜牧兽医局提出。

本标准由全国畜牧业标准化技术委员会(SAC/TC 274)归口。

本标准起草单位:四川省畜牧总站、金川县畜牧兽医服务中心、西南民族大学、四川省草原科学研究院、四川省龙日种畜场。

本标准主要起草人:李强、文勇立、侯定超、曹伟、李善容、谢荣清、罗光荣、官久强、安德科、杨嵩、杨舒慧、洪宁。

金 川 牦 牛

1 范围

本标准规定了金川牦牛的原产地及特性、体型外貌、体重体尺、生产性能、等级划分和测定方法。

本标准适用于金川牦牛的品种鉴定和等级评定。

2 规范性引用文件

下列文件对于本文件的应用是必不可少的。凡是注日期的引用文件，仅注日期的版本适用于本文件。凡是不注日期的引用文件，其最新版本(包括所有的修改单)适用于本文件。

NY/T 2766 牦牛生产性能测定技术规范

3 原产地及特性

金川牦牛中心产区位于四川省阿坝藏族羌族自治州金川县毛日、阿科里乡，主要分布在金川县太阳河、俄热、二嘎里、撒瓦脚、卡拉足等乡(镇)。具有15对肋骨的个体在中心产区占52%以上。具有抗逆性强、生长发育快、繁殖率和产肉性能高等优良特性。

4 体型外貌

被毛基础毛色为黑色，白色花斑个体占多数。头部狭长，额宽，公、母牛均有角。颈肩结合良好，鬐甲较高。体躯呈矩形，较长，背腰平直，腹大不下垂。前躯发达，胸深，肋开张，后躯丰满，尻部较宽、平。四肢较短而粗壮，蹄质结实。公牦牛头部粗重，体型高大。母牦牛头部清秀、后躯发达、骨盆较宽。金川牦牛公母牛体型外貌参见附录A。

5 体重体尺

初生、0.5岁、1.5岁、2.5岁和成年的牦牛体尺体重见表1。

表1 初生、0.5岁、1.5岁、2.5岁和成年的牦牛体尺体重

年龄	性别	体重，kg	体高，cm	体斜长，cm	胸围，cm
初生	公	13±1	52±3	50±5	57±5
	母	12±1	51±4	48±5	55±8
0.5岁	公	58±9	78±7	83±7	99±11
	母	57±9	76±5	81±8	98±8
1.5岁	公	115±13	89±6	104±15	124±6
	母	112±16	88±7	99±8	123±9
2.5岁	公	175±14	98±7	115±8	141±10
	母	169±22	96±6	113±6	138±7
成年	公	405±28	123±5	155±7	190±10
	母	250±36	105±7	130±8	160±9

6 生产性能

6.1 产肉性能

在自然放牧条件下，成年公牛屠宰率、净肉率分别为49.0%～54.0%和42.0%～47.5%，成年母牛屠宰率、净肉率分别为46.3%～51.0%和36.7%～45.8%。

6.2 产奶性能

在自然放牧条件下，5月～9月经产母牛153 d的挤奶量为160 kg以上。

6.3 繁殖性能

在自然放牧条件下，公牦牛初配年龄为3.5岁，5岁～10岁为繁殖旺盛期。母牦牛初配年龄为2.5岁，利用年限可以达到12年，发情季节为6月～9月，7月～8月为发情旺季，发情周期为19 d～22 d，发情持续期为48 h～72 h，妊娠期一般为250 d。

7 等级划分

7.1 体型外貌评定

按表2的规定对牦牛的体型外貌进行评分，根据评分按表3确定等级。

表2 体型外貌评分

单位为分

项　目	鉴定要求	评分	
		公牛	母牛
整体结构	外貌特征明显，结构匀称，颈肩结合良好，肌肉着生好，身躯结实。公牛雄悍，头粗重，鬐甲高而丰满。母牛头清秀，骨盆较宽	30	30
体躯	前躯发达，胸深，肋骨开张，背腰平直，腹大不下垂。尻平而宽，臀部肌肉丰满	30	30
生殖器官和乳房	公牛睾丸良好，无脐垂。母牛乳房发育良好，乳头匀称	15	15
肢蹄	四肢强健，肢势端正，蹄质坚实	15	15
被毛	全身被毛丰厚，有光泽	10	10
总分		100	100

表3 体型外貌等级评定

单位为分

项目	评定等级			
	特级	一级	二级	三级
公牛	85～100	80～84	75～79	—
母牛	80～100	75～79	70～74	65～69

7.2 体重评定

按表4的规定评定体重等级。

表4 体重等级评定

单位为千克

年　龄	公牛等级				母牛等级			
	特级	一级	二级	三级	特级	一级	二级	三级
成年	≥440	≥420	≥400	—	≥310	≥280	≥250	≥210
4.5岁	≥300	≥270	≥240	—	≥280	≥250	≥230	≥200
3.5岁	≥270	≥250	≥220	—	≥240	≥230	≥210	≥190
2.5岁	≥200	≥185	≥175	—	≥195	≥180	≥170	≥150

表 4（续）

年　龄	公牛等级				母牛等级			
	特级	一级	二级	三级	特级	一级	二级	三级
1.5 岁	≥135	≥125	≥115	—	≥140	≥120	≥110	≥100
0.5 岁	≥70	≥65	≥60	—	≥65	≥60	≥55	≥45
初生	≥14	≥13	≥12	—	≥13	≥12	≥11	≥10

7.3　体重评定

按表 5 的规定评定体尺等级。

表 5　体尺等级评定

单位为厘米

年　龄	等级	公牛等级			母牛等级		
		体高	体斜长	胸围	体高	体斜长	胸围
成年	特级	≥130	≥165	≥205	≥120	≥145	≥175
	一级	≥125	≥160	≥200	≥115	≥140	≥170
	二级	≥120	≥155	≥190	≥110	≥130	≥160
	三级	—	—	—	≥105	≥120	≥150
4.5 岁	特级	≥120	≥140	≥170	≥115	≥135	≥165
	一级	≥115	≥135	≥165	≥110	≥130	≥160
	二级	≥110	≥130	≥160	≥105	≥125	≥155
	三级	—	—	—	≥100	≥120	≥145
3.5 岁	特级	≥120	≥130	≥160	≥115	≥125	≥155
	一级	≥115	≥125	≥155	≥110	≥120	≥150
	二级	≥105	≥120	≥150	≥100	≥115	≥145
	三级	—	—	—	≥95	≥110	≥140
2.5 岁	特级	≥110	≥125	≥155	≥105	≥120	≥150
	一级	≥105	≥120	≥145	≥100	≥115	≥140
	二	≥100	≥115	≥140	≥95	≥110	≥135
	三	—	—	—	≥90	≥105	≥130
1.5 岁	特	≥100	≥115	≥135	≥95	≥115	≥130
	一	≥95	≥110	≥130	≥90	≥110	≥125
	二	≥90	≥105	≥125	≥85	≥100	≥120
	三	—	—	—	≥80	≥90	≥115
0.5 岁	特	≥90	≥95	≥115	≥85	≥90	≥110
	一	≥85	≥90	≥110	≥80	≥85	≥100
	二	≥80	≥85	≥100	≥75	≥80	≥95
	三	—	—	—	≥70	≥75	≥90
初生	特	≥60	≥60	≥65	≥60	≥60	≥65
	一	≥55	≥55	≥60	≥55	≥55	≥60
	二	≥50	≥50	≥55	≥50	≥50	≥55
	三	—	—	—	≥45	≥45	≥45

7.4　综合评定

以体型外貌、体重、体尺 3 项均等权重进行综合等级评定。两项为特级、一项为一级以上，评为特级；两项为一级、一项为二级以上，评为一级，综合评定应符合表 6 的规定。

表6 综合等级评定

单项等级			综合等级
特级	特级	特级	特级
特级	特级	一级	特级
特级	特级	二级	一级
特级	一级	一级	一级
特级	一级	二级	一级
一级	一级	一级	一级
一级	一级	二级	一级
特级	特级	三级	二级
特级	一级	三级	二级
特级	二级	二级	二级
特级	二级	三级	二级
一级	一级	三级	二级
一级	二级	二级	二级
一级	二级	三级	二级
二级	二级	二级	二级
二级	二级	三级	二级
特级	三级	三级	三级
一级	三级	三级	三级
二级	三级	三级	三级
三级	三级	三级	三级

8 测定方法

体重体尺、产肉性能、产奶性能按照NY/T 2766的规定进行测定。

附 录 A
(资料性附录)
金川牦牛图片

金川牦牛公母牛侧身、头部、尾部图片见图 A.1～图 A.6。

图 **A.**1　金川牦牛公牛侧身

图 **A.**2　金川牦牛母牛侧身

图 **A.**3　金川牦牛公牛头部

图 **A.**4　金川牦牛母牛头部

图 **A.**5　金川牦牛公牛尾部

图 **A.**6　金川牦牛母牛尾部

ICS 65.020.01
B 01

中华人民共和国农业行业标准

NY/T 3448—2019

天然打草场退化分级

Degradation rating of natural hay pasture

2019-08-01 发布　　2019-11-01 实施

中华人民共和国农业农村部　发布

前　言

本标准按照 GB/T 1.1—2009 给出的规则起草。

本标准由农业农村部畜牧兽医局提出。

本标准由全国畜牧业标准化技术委员会(SAC/TC 274)归口。

本标准起草单位:中国农业科学院农业资源与农业区划研究所。

本标准起草人:辛晓平、徐丽君、闫瑞瑞、陈宝瑞、高娃、单玉梅、温超、晔薷罕、杨胜利、齐晓荣、乌兰吐雅、图力古尔、苏布达。

天然打草场退化分级

1 范围

本标准规定了天然打草场退化程度的分级指标和方法。

本标准适用于温性草甸草原、温性草原、山地草甸、低地草甸打草场的退化分级。

2 规范性引用文件

下列文件对于本文件的应用是必不可少的。凡是注日期的引用文件,仅注日期的版本适用于本文件。凡是不注日期的引用文件,其最新版本(包括所有的修改单)适用于本文件。

NY/T 1233—2006 草原资源与生态监测技术规程

3 术语和定义

下列术语和定义适用于本文件。

3.1

天然打草场 natural hay pasture

长期刈割方式利用的天然草地。

3.2

天然打草场退化 natural hay pasture degradation

天然打草场草群出现稀疏低矮、地上生物量减少、牧草品质下降及生境恶化的现象。

3.3

中型禾草 medium grass

在正常水热条件下,植株高度一般达到45cm～80cm的禾本科草类。天然打草场主要中型禾草植物名录参见附录A。

3.4

平均高度 average height

草群的平均自然高度,以cm表示。

3.5

地上生物量 aboveground biomass

单位面积植物地上绿色部分的干物质量,以kg/hm^2表示。

3.6

盖度 coverage

植物地上部分垂直投影面积占地表面积的比例,以%表示。

3.7

凋落物量 litter biomass

单位面积凋落死亡植物体的干物质量,以kg/hm^2表示。

3.8

退化指示植物 degraded indicative plant

具有指示天然打草场质量下降的植物。天然打草场退化的常见指示植物名录参见附录B。

3.9

温性草甸草原 temperate meadow steppe

在温带半湿润地区地带性分布,主要由中旱生多年生丛生禾草及根茎禾草和中旱生、中生杂类草组成的一类草地。

3.10

温性草原　temperate steppe

在温带半干旱气候条件下地带性分布，以典型的旱生多年生丛生禾草及根茎禾草占绝对优势地位的一类草地。

3.11

山地草甸　mountain meadow

温性气候带，温度和降水充沛生境条件下，在山地垂直带上，由丰富的中生草本植物为主发育形成的一类草地。

3.12

低地草甸　lowland meadow

在土壤湿润或地下水丰富的生境条件下，由中生、湿中生多年生草本植物为主形成的一类隐域性草地。

4　天然打草场退化分级评定值计算与指标测定方法

4.1　综合评定值计算

应按4.2获取各天然打草场退化分级指标的测定值，根据指标测定值在表1和表2中查找相对应的赋分值，再按式(1)计算。

表1　天然打草场退化分级正向指标测定值相应赋分

项目		赋分值				
指标	草原类型	100	77.5	55	32.5	10
平均高度 cm	温性草甸草原	≥55	55～47	47～40	40～32	<32
	温性草原	≥46	46～39	39～32	32～25	<25
	山地草甸	≥50	50～43	43～37	37～30	<30
	低地草甸	≥80	80～70	70～59	59～49	<49
地上生物量 kg/hm^2	温性草甸草原	≥1 800	1 800～1 440	1 440～1 080	1 080～720	<720
	温性草原	≥1 200	1 200～960	960～720	720～480	<480
	山地草甸	≥1 600	1 600～1 267	1 267～933	933～600	<600
	低地草甸	≥2 500	2 500～2 000	2 000～1 500	1 500～1 000	<1 000
盖度 %	温性草甸草原	≥85	85～70	70～55	55～40	<40
	温性草原	≥60	60～49	49～37	37～26	<26
	山地草甸	≥90	90～77	77～64	64～51	<51
	低地草甸	≥98	98～86	86～73	73～61	<61
中型禾草比例 %		≥50	50～37	37～23	23～10	<10
凋落物量 kg/hm^2		≥400	400～300	300～200	200～100	<100

表2　天然打草场退化分级负向指标测定值相应赋分

项目	赋分值				
指标	100	−10	−35	−60	−85
退化指示植物比例，%	0～2	2～5	5～8	8～11	≥11
裸斑、盐碱斑比例，%	0～2	2～6	6～10	10～14	≥14

$$S = 0.2X_1 + 0.2X_2 + 0.15X_3 + 0.15X_4 + 0.1X_5 + 0.1X_6 + 0.1X_7 \quad \cdots\cdots (1)$$

式中：

S ——天然打草场退化分级综合评定值；

X_1 ——平均高度测定值的赋分值；

X_2——地上生物量测定值的赋分值；
X_3——盖度测定值的赋分值；
X_4——中型禾草比例值的赋分值；
X_5——凋落物量测定值的赋分值；
X_6——退化指示植物比例的赋分值；
X_7——裸斑、盐碱斑测定比例的赋分值。

4.2 指标测定方法

4.2.1 时间

在降水量正常年份7月15日至8月20日盛草期测定。

4.2.2 样地设置

4.2.2.1 样地要设置在有代表性的地段；每个样地代表面积以不小于100 hm^2为宜；不足100 hm^2的打草场按一个样地处理。

4.2.2.2 采用定位、目视判断和访问调查方法进行描述。天然打草场退化分级样地基本特征描述方法按NY/T 1233—2006中附录D的规定执行，记录参见附录C。

4.2.3 样方布设

在样地内代表性地段设置样线，沿样线以10 m～30 m的间隔布设5～7个1 m^2样方。天然打草场退化分级样方测定参见附录D记录。

4.2.4 测定

4.2.4.1 平均高度：测定从地面至草群顶部的自然高度，每个样方内随机测定7次～10次，计算平均值，以cm表示。

4.2.4.2 地上生物量：各样方内全部植物按中型禾草、退化指示植物、其他植物分别齐地面剪割，称取鲜重，取500 g装袋，鲜重不足500 g的应全部收获带回，带回的样品经80℃～105℃烘干至恒重。按样方数据计算样地单位面积生物量，以kg/hm^2表示。

4.2.4.3 盖度：分植物种用网格法估测1 m^2样方内的植物地上部分垂直投影面积占样方内地表面积的比例，以%表示。

4.2.4.4 中型禾草比例：按4.2.4.2测定的全部植物地上生物量，计算中型禾草地上生物量占全部植物地上生物量的百分比，以%表示。

4.2.4.5 凋落物量：收集各样方内全部凋落物，称取鲜重，取500 g装入袋内，鲜重不足500 g的应全部收获带回，带回的样品经80℃～105℃烘干至恒重。按样方数据计算样地单位面积凋落物量，用kg/hm^2表示。

4.2.4.6 退化指示植物比例：按4.2.4.2测定的全部植物地上生物量，计算退化指示植物地上生物量占全部植物地上生物量的百分比，以%表示。

4.2.4.7 裸斑、盐碱斑比例：采用样线法测定样地内裸斑或盐碱斑的比例。选择有代表性的地段，量取100 m样线(或一定长度)沿线观察裸斑或盐碱斑，量取斑块的长度，样线上裸斑或盐碱斑块长度总和与测线总长度之比，以%表示。

5 天然打草场退化分级

天然打草场退化分级见表3。

表3 天然打草场退化分级

综合指标评定值(S),%	分级
75～100	未退化
50～75	轻度退化
25～50	中度退化
<25	重度退化

附　录　A
（资料性附录）
天然打草场主要中型禾草植物名录

天然打草场主要中型禾草植物名录见表 A.1。

表 A.1　天然打草场主要中型禾草植物名录

中文名	拉丁名
羊草	*Leymus chinensis*
冰草	*Agropyron cristatum*
早熟禾属	*Poa*
无芒雀麦	*Bromus inermis*
野古草	*Arundinella anomala*
拂子茅	*Calamagrostis epigeios*
鸭茅	*Dactylis glomerata*
披碱草	*Elymus dahuricus*
垂穗披碱草	*Elymus nutans*
贝加尔针茅	*Stipa baicalensis*
大针茅	*Stipa grandis*
克氏针茅	*Stipa krylovii*
长芒草	*Stipa bungeana*
赖草	*Leymus secalinus*
星星草	*Puccinellia tenuiflora*
高羊茅	*Festuca elata*

附　录　B
（资料性附录）
天然打草场退化的常见指示植物名录

天然打草场退化的常见指示植物名录见B.1。

表B.1　天然打草场退化的常见指示植物名录

草地类	天然打草场退化的常见指示植物名称
温性草甸草原	冷蒿（*Artemisia frigida*）、糙隐子草（*Cleistogenes squarrosa*）、星毛委陵菜（*Potentilla acaulis*）、寸草苔（*Carex duriuscula*）、狼毒（*Stellera chamaejasme*）、狼毒大戟（*Euphorbia fischeriana*）、披针叶黄华（*Thermopsis lanceolata*）等
温性草原	冷蒿、糙隐子草、寸草苔、星毛委陵菜、狼毒、狼毒大戟等
低地草甸	冷蒿、莲座蓟（*Cirsium esculentum*）、马蔺（*Iris lactea*）、鹅绒委陵菜（*Potentilla anserina*）、车前（*Plantago asiatica*）、寸草苔等
山地草甸	马先蒿属（*Pedicularis*）、黄帚橐吾（*Ligularia virgaurea*）、露蕊乌头（*Aconitum gymnandrum*）、小花草玉梅（*Anemone rivularis* ）、车前、鹅绒委陵菜等

附 录 C
(资料性附录)
天然打草场退化分级样地基本特征

天然打草场退化分级样地基本特征按表 C.1 记录。

表 C.1 天然打草场退化分级样地基本特征

<table>
<tr><td colspan="2">样地号：　　　　　　　　调查日期：　　　　年　　月　　日　记录人：</td></tr>
<tr><td colspan="2">行政区：　　　　　　　　市　　　　县　　　　乡(镇)　　　　　　村　小地名：</td></tr>
<tr><td colspan="2">经度：　　　　　　　　纬度：　　　　　　　　海拔：　　　　m　景观照编号：</td></tr>
<tr><td colspan="2">草地类：　　　　　　　　草地亚类：　　　　　　　　草地型：</td></tr>
<tr><td>地形地貌</td><td>山地(　　)丘陵(　　)高原(　　)平原(　　)盆地(　　)</td></tr>
<tr><td>坡度和坡向</td><td>坡度≤15°(　　)坡度 16°～30°(　　)
阳坡(　　)半阳坡(　　)半阴坡(　　)阴坡(　　)</td></tr>
<tr><td>坡位</td><td>坡顶部(　　)坡上部(　　)坡中部(　　)坡下部(　　)坡脚底部(　　)</td></tr>
<tr><td>土壤质地</td><td>砾石质(　　)沙土(　　)壤土(　　)黏土(　　)</td></tr>
<tr><td>地表特征</td><td>松软(　　)板结(　　)石块(　　)砾石(　　)风蚀(　　)水蚀(　　)</td></tr>
<tr><td>植被外貌</td><td>拔节(　　)分枝(　　)抽穗(　　)现蕾(　　)开花(　　)结实(　　)</td></tr>
<tr><td>打草时间</td><td>打草年限起始时间：　　　　　　　　每年打草时间：</td></tr>
<tr><td>利用强度</td><td>轻度利用(　　)中度利用(　　)强度利用(　　)极度利用(　　)
描述割草制度(如连年割、轮刈)和方式(如人工割、机器割)：</td></tr>
<tr><td>综合评价</td><td>好(　　)中(　　)差(　　)其他(　　)</td></tr>
</table>

附　录　D
（资料性附录）
天然打草场退化分级样方测定

天然打草场退化分级样方测定按表 D.1 记录。

表 D.1　天然打草场退化分级样方测定

<table>
<tr><td colspan="4">样方号：　　　　调查日期：　　年　　月　　日　样方大小：　　m^2　　记录人：</td></tr>
<tr><td colspan="4">经度：　　　　纬度：　　　　海拔：　　　　m
样方全景照片编号：　　　　样方垂直照片编号：</td></tr>
<tr><td colspan="4">草地型：　　　　草群自然高度：　　cm　草群总盖度：　　%</td></tr>
<tr><td>植物名称</td><td>平均自然高度，cm</td><td>分盖度，%</td><td>物候期</td></tr>
<tr><td></td><td></td><td></td><td></td></tr>
<tr><td></td><td></td><td></td><td></td></tr>
<tr><td></td><td></td><td></td><td></td></tr>
<tr><td></td><td></td><td></td><td></td></tr>
<tr><td></td><td></td><td></td><td></td></tr>
<tr><td></td><td></td><td></td><td></td></tr>
<tr><td></td><td></td><td></td><td></td></tr>
<tr><td></td><td></td><td></td><td></td></tr>
<tr><td></td><td></td><td></td><td></td></tr>
<tr><td>生物量</td><td>鲜重，g/m^2</td><td colspan="2">干重，g/m^2</td></tr>
<tr><td>全部植物地上生物量</td><td></td><td colspan="2"></td></tr>
<tr><td>其中：中型禾草生物量</td><td></td><td colspan="2"></td></tr>
<tr><td>退化指示植物生物量</td><td></td><td colspan="2"></td></tr>
<tr><td>其他种类生物量</td><td></td><td colspan="2"></td></tr>
<tr><td>凋落物生物量</td><td></td><td colspan="2"></td></tr>
<tr><td colspan="4">裸斑、盐碱斑占地面比例，%：</td></tr>
</table>

ICS 65.020.30
B 43

中华人民共和国农业行业标准

NY/T 3449—2019

河　曲　马

Hequ horse

2019-08-01 发布　　2019-11-01 实施

中华人民共和国农业农村部　发布

前　言

本标准按照 GB/T 1.1—2009 给出的规则起草。

本标准由农业农村部畜牧兽医局提出。

本标准由全国畜牧业标准化技术委员会(SAC/TC 274)归口。

本标准主要起草单位:中国农业科学院兰州畜牧与兽药研究所、甘南藏族自治州河曲马场、四川省畜禽繁育改良总站、青海省畜牧总站、甘肃省畜牧产业管理局。

本标准主要起草人:梁春年、王宏博、阎萍、卡召加、郭宪、吴晓云、丁学智、褚敏、包鹏甲、裴杰、杨振、傅昌秀、拉环、赵真。

河　曲　马

1　范围

本标准规定了河曲马的品种来源、品种特性、性能测定及等级评定方法。

本标准适用于河曲马的品种鉴定和选育。

2　术语和定义

下列术语和定义适用于本文件。

2.1

鬐甲　withers

以第二至第十二胸椎的棘突为基础，同其两侧的肩胛软骨、肌肉和韧带构成肩部上方的隆起部。第三到第五棘突为最高部位。

2.2

背　back

以第十三至第十八胸椎为基础，自鬐甲后至最后一根肋骨连同两侧肋骨上1/3的体表部位。

2.3

腰　loin

以腰椎为基础，从最后一根肋骨到两腰角前缘连线之间的部位。

2.4

尻　croup

以髋骨和荐骨为基础，两腰角和两臀端4点之间的躯干后上部，前接腰后连尾的部位。

2.5

白章　markings

发生在头与四肢上的白斑。

2.6

失格　unsoundness

马先天性的外形缺陷。

2.7

损征　defect

马后天形成的缺陷。

3　品种来源

产于甘肃、四川、青海3省交界处的黄河第一弯曲部；中心产区位于甘肃省甘南藏族自治州玛曲县、碌曲县西部、夏河县西南部，以及青海省河南蒙古族自治县和四川省若尔盖县部分地区。河曲马分布面广，由于各地区自然生态条件不同，形成了乔科马、索克藏马和柯生马3个类群。

4　品种特性

4.1　外貌特征

头较重，直头居多。颈长中等、颈型稍斜、颈肩结合较好。鬐甲明显，背腰平直、尻宽、略斜，腹型正常。前肢肢势正常，后肢略呈刀状肢势，系长中等。距毛明显，关节强大，筋腱发育充分，蹄大小适中。毛色以黑、青、骝、栗为主，尾毛发达。体质结实，体型匀称，全身结构良好。公马有悍威，母马性情温驯。成年公、母马的体型外貌参见附录 A。

4.2 体尺体重

在终年放牧饲养条件下，成年公、母马平均体尺和体重见表 1。

表 1 成年马平均体尺和体重

性别	体高，cm	体长，cm	胸围，cm	管围，cm	体重，kg
公	139	142	169	20	402
母	134	140	163	18	376

4.3 生产性能

4.3.1 役用性能

驮重 40 kg～50 kg，每小时平均行走 4 km～5 km，最大挽力平均达到自身体重的 80%。

4.3.2 运动性能

骑乘速度：1 000 m 最优成绩为 1 min 15.40 s，平均为 1 min 19.73 s ；2 000 m 最优成绩为 2 min 35.80 s，平均为 3 min 9.85 s。

4.3.3 产肉性能

在终年放牧饲养条件下，成年马体重为 300 kg～400 kg，屠宰率不低于 48%，净肉率不低于 38%。

4.3.4 繁殖性能

24 月龄达到性成熟，初配年龄公马 36 月龄、母马 24 月龄。发情期平均 22 d，妊娠期平均 340 d。自然交配受胎率平均为 67%，繁殖成活率为 61%。

5 体尺体重测定

5.1 体尺

5.1.1 测量用具

测量体高、体长用测杖；测量胸围、管围用软尺。

5.1.2 测量要求

测量时，使马站立在平坦的地面上，四肢端正，头自然前伸。

5.1.3 测量方法

5.1.3.1 体高

鬐甲顶点到地面的垂直距离，单位为厘米(cm)。

5.1.3.2 体长

肩端至臀端的斜直线距离，单位为厘米(cm)。

5.1.3.3 胸围

鬐甲后方，沿肩胛骨后缘，绕体躯一周，单位为厘米(cm)。

5.1.3.4 管围

左前管上 1/3 处，管部最细处的水平周长，单位为厘米(cm)。

5.2 体重

停食停水 12 h 或早晨出牧前空腹称重，连续测定 2 d 取其平均值，单位为千克(kg)。

6 等级评定

6.1 必备条件

体型外貌应符合本品种特征；生殖器官发育正常；无遗传疾病，健康状况良好；马来源及血缘清楚，档案记录系谱齐全。

6.2 评定时间

等级评定在达到配种年龄后进行。

6.3 体型外貌评定

应按附录B给出的评分要求，对外貌特征、体质特征、头颈、躯干和四肢5个方面逐项评分并累计总分后，再按照表2评出外貌等级。

表2 体型外貌等级评定

等级	公马	母马
一级	≥90	≥85
二级	≥85	≥80
三级	≥80	≥75

6.4 体高评定

按照表3评出体高等级。

表3 体高等级评定

等级	公马	母马
一级	≥144	≥139
二级	≥139	≥134
三级	≥134	≥129

6.5 性能评定

应按4.3.1和4.3.2规定的项目和指标评定每只马的役用性能和运动性能，再按照表4评出性能等级。

表4 性能等级评定

等级	公马	母马
一级	显著超过群体平均乘、驮能力	显著超过群体平均乘、驮能力
二级	达到或超过群体平均乘、驮能力	达到或超过群体平均乘、驮能力
三级	达到群体平均乘、驮能力	达到群体平均乘、驮能力

6.6 综合评定

应按体型外貌、体高和性能的等级进行评定，以单项的最低等级为综合评定的等级。

7 种马出场要求

7.1 符合6.1的要求。

7.2 种公马综合评定必须达到二级及以上；种母马综合评定在三级及以上。

7.3 有种马合格证，档案准确齐全，质量评定人员签字。

附　录　A
（资料性附录）
河曲马体型外貌照片

A.1　河曲马侧面照片

见图 A.1 和图 A.2。

图 A.1　公马

图 A.2　母马

A.2　河曲马正面照片

见图 A.3 和图 A.4。

图 A.3　公马

图 A.4　母马

A.3　河曲马后面照片

见图 A.5 和图 A.6。

图 A.5　公马

图 A.6　母马

附　录　B
（规范性附录）
成年河曲马体型外貌鉴定评分

成年河曲马体型外貌鉴定按表B.1进行评分。

表B.1　成年河曲马体型外貌鉴定评分表

<table>
<tr><th colspan="2" rowspan="2">项　　目</th><th rowspan="2">评满分的要求</th><th colspan="2">公马</th><th colspan="2">母马</th></tr>
<tr><th>标准分</th><th>评分</th><th>标准分</th><th>评分</th></tr>
<tr><td colspan="2">外貌特征</td><td>品种特征明显，结构匀称，无失格，无明显损征</td><td>25</td><td></td><td>25</td><td></td></tr>
<tr><td colspan="2">体质特征</td><td>体质粗糙、结实，性情活泼，悍威强，易于调教</td><td>15</td><td></td><td>15</td><td></td></tr>
<tr><td rowspan="2">头颈</td><td>头</td><td>头中等或稍大，重而干燥，直头或微半兔头。耳立且灵活，眼大小适中，明亮有神，鼻孔大</td><td>3</td><td></td><td>3</td><td></td></tr>
<tr><td>颈</td><td>颈宽直、长中等、颈型良好、颈肩结合良好，颈础正常</td><td>2</td><td></td><td>2</td><td></td></tr>
<tr><td rowspan="3">前躯</td><td>肩</td><td>宽而立，与躯干结合紧凑</td><td>2</td><td></td><td>2</td><td></td></tr>
<tr><td>鬐甲</td><td>鬐甲厚实，高低适中，与颈、背部结合良好</td><td>2</td><td></td><td>2</td><td></td></tr>
<tr><td>胸</td><td>胸宽而深度适中</td><td>8</td><td></td><td>6</td><td></td></tr>
<tr><td rowspan="3">中躯</td><td>背腰</td><td>背腰平直，与鬐甲后躯结合良好</td><td>7</td><td></td><td>7</td><td></td></tr>
<tr><td>肋骨</td><td>肋骨开张良好</td><td>5</td><td></td><td>5</td><td></td></tr>
<tr><td>腹部</td><td>腹型正常，不下垂</td><td>5</td><td></td><td>6</td><td></td></tr>
<tr><td rowspan="3">后躯</td><td>尻部</td><td>正尻或倾斜而稍短，肌肉发育良好</td><td>4</td><td></td><td>3</td><td></td></tr>
<tr><td>股臀部</td><td>肌肉发达</td><td>3</td><td></td><td>3</td><td></td></tr>
<tr><td>生殖器官与乳房</td><td>生殖器官无异常。公马睾丸明显，左右对称；阴茎勃起正常。母马乳房发育良好，乳头大小适中，乳房开张良好</td><td>4</td><td></td><td>6</td><td></td></tr>
<tr><td rowspan="3">四肢</td><td>肢</td><td>腕关节、飞节轮廓明显、结实；管部肌腱发育良好；系部长度适中，角度适当</td><td>7</td><td></td><td>7</td><td></td></tr>
<tr><td>蹄</td><td>与马体大小相称，蹄型良好，蹄质坚实</td><td>4</td><td></td><td>4</td><td></td></tr>
<tr><td>步伐</td><td>运步准确、轻快</td><td>4</td><td></td><td>4</td><td></td></tr>
<tr><td colspan="2">总分</td><td></td><td>100</td><td></td><td>100</td><td></td></tr>
</table>

ICS 65.020.30
B 43

中华人民共和国农业行业标准

NY/T 3450—2019

家畜遗传资源保种场保种技术规范 第1部分:总则

Technical specification for conservation of livestock genetic resource in conservation farm—Part 1:General

2019-08-01 发布　　2019-11-01 实施

中华人民共和国农业农村部 发布

前　　言

本标准按照 GB/T 1.1—2009 给出的规则起草。

本标准由农业农村部畜牧兽医局提出。

本标准由全国畜牧业标准化技术委员会(SAC/TC 274)归口。

本标准起草单位:全国畜牧总站、中国农业大学。

本标准主要起草人:刘丑生、杨红杰、张勤、朱芳贤、刘刚、赵俊金、韩旭、孟飞、徐杨、陆健。

家畜遗传资源保种场保种技术规范　第1部分:总则

1　范围

本标准规定了家畜遗传资源保种场的要求、保护对象、保种方式和保种监测等基本准则。

本标准适用于各类家畜遗传资源在保种场中的保护工作。

2　规范性引用文件

下列文件对于本文件的应用是必不可少的。凡是注日期的引用文件,仅注日期的版本适用于本文件。凡是不注日期的引用文件,其最新版本(包括所有的修改单)适用于本文件。

GB/T 1168　畜禽粪便无害化处理技术规范

GB/T 27534.1　畜禽遗传资源调查技术规范　第1部分:总则

GB/T 36195　畜禽粪便无害化处理技术规范

NY/T 1673　畜禽微卫星DNA遗传多样性检测技术规程

NY/T 1898　畜禽线粒体DNA遗传多样性检测技术规程

NY/T 2995　家畜遗传资源濒危等级评定

农医发〔2017〕25号　病死及病害动物无害化处理技术规范

3　术语和定义

下列术语和定义适用于本文件。

3.1

保种场　conservation farm

有固定场所、相应技术人员、设施设备等基本条件,以活体保护为手段,以保护畜禽遗传资源为目的的单位。

3.2

系谱　pedigree

记载种畜及其父母和祖先的编号、名称、出生日期等记录的文件。

3.3

群体有效含量　effective population size

与实际群体有相当近交增量的理想群体大小。

3.4

近交　inbreeding

有共同祖先的个体进行交配。

3.5

近交系数　inbreeding coefficient

由于近交导致任意基因座位的两个等位基因来自同一祖先的概率。

4　要求

4.1　基本要求

4.1.1　场址选择在原产地或与原产地自然生态条件基本一致或相近的区域。

4.1.2　生产区与办公区、生活服务区、防疫区隔离分开。配备相应的设施设备,符合种畜场建设标准,防疫条件应符合《中华人民共和国动物防疫法》等有关规定。

4.2 人员要求

4.2.1 主管生产的技术负责人应具备相关专业大专以上学历或中级以上技术职称。

4.2.2 直接从事保种工作的技术人员应经专业技术培训,掌握家畜遗传资源保护的基本知识和技能。

4.3 技术要求

符合各类家畜保种群的数量要求,制订并执行科学规范的保种方案、管理制度和饲养规程。保种场具体基本信息参照附录A进行登记。各家畜具体技术要求见标准分则其他部分。

5 保护对象

5.1 列入国家级和省级家畜遗传资源保护名录的地方家畜遗传资源。

5.2 未列入保护名录,但濒危程度严重或新发现经过认定的地方家畜遗传资源。

5.3 未经认定的但具有特殊品质或特性的家畜遗传资源。

6 保种方式

活体保种。

7 保种监测

7.1 监测指标

群体的体型外貌特征、数量消长情况、种公畜血统数量、主要生产性能、群体有效含量和群体平均近交系数、群体濒危程度。

7.2 监测频率

不同家畜遗传资源按照2个～3个世代监测一次。

7.3 监测方法

7.3.1 群体的体型外貌特征

按照GB/T 27534.1的规定执行。

7.3.2 数量消长情况

按照GB/T 27534.1的规定执行。

7.3.3 种公畜血统数量

按照GB/T 27534.1的规定执行。

7.3.4 主要生产性能

按照GB/T 27534.1的规定执行。

7.4 群体有效含量和群体平均近交系数

按照附录B的规定计算。保种群体的近交系数不超过12.5%。

7.5 群体濒危程度

按照NY/T 2995的规定进行评定。

7.6 遗传多样性监测

按照NY/T 1898和NY/T 1673的规定执行。

8 生物安全措施

8.1 制定健全严格的消毒、防疫、检疫等生物安全措施。

8.2 病死畜禽和粪污无害化处理按照农医发〔2017〕25号和GB/T 36195的规定执行。

附　录　A
(资料性附录)
家畜遗传资源保种场基本信息登记表

家畜遗传资源保种场基本信息登记表见表 A.1。

表 A.1　家畜遗传资源保种场基本信息登记表

<table>
<tr><td>单位名称</td><td colspan="7"></td></tr>
<tr><td>级别</td><td colspan="5">国家级 □　　　　省级 □</td><td>编号</td><td></td></tr>
<tr><td>主管部门</td><td colspan="7"></td></tr>
<tr><td>地址</td><td colspan="5"></td><td>邮编</td><td></td></tr>
<tr><td>负责人</td><td colspan="2"></td><td colspan="2">电话或传真</td><td></td><td>邮箱或网址</td><td></td></tr>
<tr><td>总人数</td><td colspan="4"></td><td>专业技术人员数量</td><td colspan="2"></td></tr>
<tr><td>保护遗传资源</td><td colspan="7"></td></tr>
<tr><td rowspan="2">种公畜数量</td><td>总数</td><td colspan="2">后备公畜数</td><td colspan="2" rowspan="2">种公畜血统数量</td><td colspan="2" rowspan="2"></td></tr>
<tr><td></td><td colspan="2"></td></tr>
<tr><td rowspan="2">种母畜数量</td><td>总数</td><td colspan="2">后备母畜数</td><td colspan="2" rowspan="2">采用的保种方法</td><td colspan="2" rowspan="2"></td></tr>
<tr><td></td><td colspan="2"></td></tr>
<tr><td>固定资产,万元</td><td colspan="3"></td><td colspan="2">办公室及实验室面积,m^2</td><td colspan="2"></td></tr>
<tr><td>设备总台数,台套</td><td colspan="3"></td><td colspan="2">畜舍及配套设施面积,m^2</td><td colspan="2"></td></tr>
</table>

附 录 B
（规范性附录）
群体平均近交系数与群体有效含量的计算

B.1 近交系数计算

B.1.1 个体近交系数

个体近交系数按式(B.1)计算。

$$F_X = \sum \left(\frac{1}{2}\right)^N \times (1 + F_A) \quad \cdots\cdots (B.1)$$

式中：

F_X ——个体近交系数；

N ——亲本相关通径链中的个体数；

F_A ——亲本近交系数。

B.1.2 群体平均近交系数

B.1.2.1 小畜群

当畜群规模较小时，先求出每个个体的近交系数，再计算其平均值。

B.1.2.2 大畜群

当畜群规模较大时，可随机抽取一定数量的家畜，逐个计算近交系数，然后用样本平均数来代表畜群平均近交系数。

B.1.2.3 闭锁群

对于长期不引进种畜的闭锁随机交配畜群，平均近交系数按式(B.2)和式(B.3)计算。

$$\Delta F = \frac{1}{2N_e} = \frac{1}{8N_S} + \frac{1}{8N_D} \quad \cdots\cdots (B.2)$$

$$F_t = 1 - (1 - \Delta F)^t \quad \cdots\cdots (B.3)$$

式中：

ΔF ——近交系数每代增量；

N_e ——群体有效含量；

N_S ——每代参加配种的公畜数；

N_D ——每代参加配种的母畜数；

t ——世代数；

F_t ——第 t 代近交系数。

如果每代参加配种的公母数不同按式(B.4)进行校正。

$$\Delta F = \frac{1}{2N_e} = \frac{1}{2t}\left[\frac{1}{N_1} + \frac{1}{N_2} + \cdots + \frac{1}{N_t}\right] \quad \cdots\cdots (B.4)$$

式中：

N_t ——连续 t 个世代群体有效含量。

B.2 群体有效含量计算

在一个完全闭锁的实际大小为 N 的群体中，群体有效含量(N_e)的计算如下：

a) **随机留种、随机交配的群体**

群体有效含量(N_e)按式(B.5)计算。

$$N_e \approx \frac{4N_mN_f}{N_m + N_f} \quad \text{(B. 5)}$$

式中：

N_m ——群体内的公畜数量；

N_f ——群体内的母畜数量。

注：当 $N_m = N_f = N/2$ 时，$N_e \approx N$。

b) **各家系等量留种、随机交配群体**

群体有效含量(N_e)按式(B. 6)计算。

$$N_e \approx \frac{16N_m \times N_f}{3N_f + N_m} \quad \text{(B. 6)}$$

注：当 $N_m = N_f = N/2$ 时，$N_e \approx 2N$。

在两种情况下群体实际大小与有效群体含量的关系参见表 B. 1。在家畜保种场中，根据实际群体大小在两种留种方式下直接推算群体有效含量。

表 B. 1 随机交配时实际群体大小与群体有效含量(N_e)的关系

实际群体大小			N_e		实际群体大小			N_e	
♂	♀	公母比例	随机留种	各家系等量留种	♂	♀	公母比例	随机留种	各家系等量留种
10	10	1∶1	20.0	40.0	20	20	1∶1	40.0	80.0
10	30	1∶3	30.0	48.0	20	40	1∶2	53.3	91.4
10	70	1∶7	35.0	50.9	20	60	1∶3	60.0	96.0
10	100	1∶10	36.4	51.6	20	100	1∶5	66.7	100.0
10	150	1∶15	37.5	52.2	20	200	1∶10	72.7	103.2
10	200	1∶20	38.1	52.5	20	300	1∶15	75.0	104.3
10	300	1∶30	38.7	52.7	20	600	1∶30	77.4	105.5
15	15	1∶1	30.0	60.0	30	30	1∶1	60.0	120.0
15	30	1∶2	40.0	68.6	30	60	1∶2	80.0	137.1
15	75	1∶5	50.0	75.0	30	90	1∶3	90.0	144.0
15	105	1∶7	52.5	76.4	30	150	1∶5	100.0	150.0
15	150	1∶10	54.5	77.4	30	300	1∶10	109.1	154.8
15	225	1∶15	56.3	78.3	30	450	1∶15	112.5	156.5
15	300	1∶20	57.1	78.7	30	600	1∶20	114.3	157.4
15	450	1∶30	58.1	79.1	30	900	1∶30	116.1	158.2

ICS 65.020.30
B 43

中华人民共和国农业行业标准

NY/T 3451—2019

家畜遗传资源保种场保种技术规范 第2部分：猪

Technical specification for conservation livestock of animal genetic resource in conservation farm—Part 2:Swine

2019-08-01 发布　　2019-11-01 实施

中华人民共和国农业农村部 发布

前　言

本标准按照 GB/T 1.1—2009 给出的规则进行起草。

本标准由农业农村部畜牧兽医局提出。

本标准由全国畜牧业标准化技术委员会(SAC/TC 274)归口。

本标准起草单位:全国畜牧总站、四川省畜牧总站。

本标准主要起草人:刘刚、刘丑生、刁运华、赵俊金、刘桂珍、曾仰双、朱芳贤、韩旭、陆健、孟飞。

家畜遗传资源保种场保种技术规范　第2部分：猪

1　范围

本标准规定了猪遗传资源保种场的要求、保种目标、保种监测和疫病防治等基本准则。

本标准适用于猪遗传资源在保种场中的保护工作。

2　规范性引用文件

下列文件对于本文件的应用是必不可少的。凡是注日期的引用文件，仅注日期的版本适用于本文件。凡是不注日期的引用文件，其最新版本(包括所有的修改单)适用于本文件。

GB/T 27534.2　畜禽遗传资源调查技术规范　第2部分：猪

NY/T 820　种猪登记技术规范

NY/T 821　猪肌肉品质测定技术规范

NY/T 822　种猪生产性能测定技术规程

NY/T 825　瘦肉型猪胴体性状测定技术规范

NY/T 2995　家畜遗传资源濒危等级评定

NY/T 3450—2019　家畜遗传资源保种场保种技术规范　第1部分：总则

3　要求

3.1　管理要求

3.1.1　保种场应按种畜场管理的要求进行管理。

3.1.2　保种场应建立健全系谱、配种、分娩、哺育、生长发育和其他养殖技术档案。严格分区分群管理。

3.2　技术要求

3.2.1　基础群来源

符合本品种外貌特征和种用要求，生产性能符合品种要求，健康，无遗传缺陷。

3.2.2　基础群的组建及血缘数量要求

母猪不少于100头，公猪不少于12头，三代之内没有血缘关系的家系数不少于6个。

3.2.3　品种登记

根据地方猪品种登记技术规范，开展品种登记，并将登记结果提交地方猪遗传资源数据库。

3.2.4　繁育制度

实行闭锁繁育制度。可以从原产区或基因库引进新的血缘。

3.2.4.1　留种方式

3.2.4.1.1　应选留符合本品种特征，健康，具备正常的繁殖能力的种猪。

3.2.4.1.2　实行各家系等量留种，群体继代，在同一世代中，1头公猪的后代中至少选择1头公猪留种；1头母猪后代中至少选择1头母猪留种。

3.2.4.1.3　选配方式

实行避开全同胞、半同胞交配的不完全随机交配，每头公猪配等数母猪。制订配种计划时，根据血缘将母猪分为多个小群，以随机方式确定一头公猪与小群母猪交配，下一世代再按随机方式选择公猪与另一小群母猪配种。相互交错，间隔配种。

3.2.4.2　保种群世代间隔

公、母猪一般利用期限为3年。

3.2.5 饲养管理

按照品种需求的饲养管理要求执行。

4 保种目标

4.1 本品种基本特性不丢失，主要生产性能不衰退。

4.2 保种群体的近交系数不超过12.5%。

5 保种监测

5.1 监测指标

群体的体型外貌特征、数量消长情况、种公猪血统数量、主要生产性能、群体有效含量和群体平均近交系数、群体濒危程度。

5.2 监测方法

5.2.1 群体的体型外貌特征

按照GB/T 27534.2的规定执行。

5.2.2 数量消长情况

按照GB/T 27534.2的规定执行。

5.2.3 种公猪血统数量

按照GB/T 27534.2的规定执行。

5.2.4 主要生产性能监测

5.2.4.1 繁殖性状按照NY/T 820的规定执行。

5.2.4.2 生长发育性状按照NY/T 822的规定执行。

5.2.4.3 胴体与肉质性状按照NY/T 821和NY/T 825的规定执行。

5.2.5 群体有效含量和群体平均近交系数

按照NY/T 3450—2019中的附录B进行计算。保种群体的近交系数应符合4.2的要求。

5.2.6 群体濒危程度

按照NY/T 2995的规定进行评定。

6 疫病防治

应制定严格的防疫消毒技术规程，加强免疫抗体监测，制定合理的免疫程序。

ICS 65.020.30
B 43

中华人民共和国农业行业标准

NY/T 3452—2019

家畜遗传资源保种场保种技术规范 第3部分:牛

Technical specification for conservation of livestock genetic resource in conservation farm—Part 3:Cattle

2019-08-01 发布

2019-11-01 实施

中华人民共和国农业农村部 发布

前　言

本标准按照 GB/T 1.1—2009 给出的规则起草。

本标准由农业农村部畜牧兽医局提出。

本标准由全国畜牧业标准化技术委员会(SAC/TC 274)归口。

本标准起草单位:全国畜牧总站、云南省家畜改良工作站、西藏自治区畜牧总站。

本标准主要起草人:朱芳贤、刘丑生、袁跃云、赵俊金、刘刚、普布扎西、孟飞、许海涛、韩旭。

家畜遗传资源保种场保种技术规范　第3部分:牛

1　范围

本标准规定了牛遗传资源保种场的要求、保种目标、保种监测和疫病防治等基本准则。

本标准适用于牛遗传资源保种场中的保护工作。

2　规范性引用文件

下列文件对于本文件的应用是必不可少的。凡是注日期的引用文件,仅注日期的版本适用于本文件。凡是不注日期的引用文件,其最新版本(包括所有的修改单)适用于本文件。

GB/T 27534.3　畜禽遗传资源调查技术规范　第3部分:牛

NY/T 2660　肉牛生产性能测定技术规范

NY/T 2995　家畜遗传资源濒危等级评定

NY/T 3450—2019　家畜遗传资源保种场保种技术规范　第1部分:总则

3　要求

3.1　管理要求

3.1.1　保种场应按种畜禽场管理的要求进行管理。

3.1.2　保种场应建立健全种牛系谱、配种、产犊、生长发育和其他性能记录。严格分区分群管理。

3.2　技术要求

3.2.1　基础群来源

符合本品种外貌特征和种用要求,生产性能符合品种要求,健康,无遗传缺陷。

3.2.2　基础群的组建及血缘数量要求

母牛不少于150头,公牛不少于12头,三代之内没有血缘关系的家系数不少于6个。

3.2.3　品种登记

应由保种场及相关机构负责开展品种的登记。

3.2.4　繁育制度

实行闭锁繁育制度。可以从原产区或基因库引进新血缘。

3.2.4.1　留种方式

3.2.4.1.1　公牛

应符合本品种要求,雄性特征明显,繁殖机能正常,有较强的适应性和抗逆特性。

3.2.4.1.2　母牛

符合本品种的基本要求,母性能力强,有较强的适应性和抗逆特性。应根据保种需要的数量按150%的比例初选可繁母牛。

3.2.4.2　选配方式

采用同质选配的公牛轮回配种制度,避免近交。

3.2.4.3　保种群世代间隔

公、母牛一般利用期限至少5年。

3.2.5　饲养管理

按照品种需求的饲养管理要求执行。

4 保种目标

4.1 保持本品种基本特性不丢失，主要生产性能不衰退。

4.2 保种群体的近交系数不超过12.5%。

5 保种监测

5.1 监测指标

群体的体型外貌特征、数量消长情况、种公牛血统数量、主要生产性能、群体有效含量和群体平均近交系数、群体濒危程度。

5.2 监测方法

5.2.1 群体的体型外貌特征

按照GB/T 27534.3的规定执行。

5.2.2 数量消长情况

按照GB/T 27534.3的规定执行。

5.2.3 种公牛血统数量

按照GB/T 27534.3的规定执行。

5.2.4 主要生产性能

肉牛按照NY/T 2660的规定执行；其他类型的牛按照GB/T 27534.3的规定执行。

5.2.5 群体有效含量和群体平均近交系数

按照NY/T 3450—2019中的附录B进行计算。保种群体的近交系数应符合4.2的要求。

5.2.6 群体濒危程度

按照NY/T 2995的规定进行评定。

6 疫病防治

应制定严格的防疫消毒技术规程，加强免疫抗体监测，制定合理的免疫程序。

ICS 65.020.30
B 43

中华人民共和国农业行业标准

NY/T 3453—2019

家畜遗传资源保种场保种技术规范 第4部分：绵羊、山羊

Technical specification for conservation of livestock genetic resource in conservation farm—Part 4:Sheep and goat

2019-08-01 发布 2019-11-01 实施

中华人民共和国农业农村部 发布

前　言

本标准按照GB/T 1.1—2009给出的规则起草。

本标准由农业农村部畜牧兽医局提出。

本标准由全国畜牧业标准化技术委员会(SAC/TC 274)归口。

本标准起草单位:全国畜牧总站。

本标准主要起草人:刘丑生、刘刚、朱芳贤、韩旭、许海涛、赵俊金、孟飞、陆健、冯海永。

家畜遗传资源保种场保种技术规范 第4部分:绵羊、山羊

1 范围

本标准规定了绵羊和山羊遗传资源保种场的要求、保种目标、保种监测和疫病防治等。

本标准适用于绵羊和山羊遗传资源在保种场中的保护工作。

2 规范性引用文件

下列文件对于本文件的应用是必不可少的。凡是注日期的引用文件,仅注日期的版本适用于本文件。凡是不注日期的引用文件,其最新版本(包括所有的修改单)适用于本文件。

GB/T 27534.4 畜禽遗传资源调查技术规范 第4部分:绵羊

GB/T 27534.5 畜禽遗传资源调查技术规范 第5部分:山羊

NY/T 1236 绵、山羊生产性能测定技术规范

NY/T 2995 家畜遗传资源濒危等级评定

NY/T 3450—2019 家畜遗传资源保种场保种技术规范 第1部分:总则

3 要求

3.1 管理要求

3.1.1 保种场应按种畜禽场管理的要求执行。

3.1.2 保种场应建立健全系谱、配种、产羔、哺育、生长发育、生产性能和其他档案。严格分区分群管理。

3.2 技术要求

3.2.1 基础群来源

符合本遗传资源外貌特征和种用要求,生产性能符合品种要求,健康,无遗传缺陷。

3.2.2 基础群的组建及家系数量要求

母羊不少于250只,公羊不少于25只,三代之内没有亲缘关系的家系不少于6个。

3.2.3 品种登记

开展登记和标识工作,并建立系谱。

3.2.4 繁育制度

实行闭锁繁育制度。可以从原产区或基因库引进新的血缘。

3.2.4.1 留种要求

应符合本品种要求,健康,具备正常繁殖能力,采用各家系等量留种方案选留个体。

3.2.4.2 选配方式

保种群零世代实行避免全同胞、半同胞的随机交配。以后世代母羊以家系为单元,公羊逐代轮换,实行避开全同胞和半同胞的交配方式。

3.2.4.3 保种群世代间隔

公羊、母羊一般利用期限为2.5年。

3.2.5 饲养管理

按照品种需求的饲养管理要求执行。

4 保种目标

4.1 保持本品种基本特性不丢失,主要生产性能不衰退。

4.2 保种群体的近交系数不超过 12.5%。

5 保种监测

5.1 监测指标

群体的体型外貌特征、数量消长情况、种公羊家系数量、主要生产性能、群体有效含量和群体平均近交系数、群体濒危程度。

5.2 监测方法

5.2.1 群体的体型外貌特征

按照 GB/T 27534.4 和 GB/T 27534.5 及相关品种标准的规定执行。

5.2.2 数量消长情况

按照 GB/T 27534.4 和 GB/T 27534.5 的规定执行。

5.2.3 种公羊家系数量

按照 GB/T 27534.4 和 GB/T 27534.5 的规定执行。

5.2.4 主要生产性能

按照 GB/T 27534.4、GB/T 27534.5 和 NY/T 1236 的规定及相关品种标准的规定执行。

5.2.5 群体有效含量和群体平均近交系数

按照 NY/T 3450—2019 中的附录 B 进行计算。保种群体的近交系数应符合 4.2 的要求。

5.2.6 群体濒危程度

按照 NY/T 2995 的规定进行评定。

6 疫病防治

应制定严格的防疫消毒技术规程，加强免疫抗体监测，制定合理的免疫程序。

ICS 65.020.30
B 43

中华人民共和国农业行业标准

NY/T 3454—2019

家畜遗传资源保种场保种技术规范 第5部分:马、驴

Technical specification for conservation of livestock genetic resource in conservation farm—Part 5:Horse and donkey

2019-08-01 发布

2019-11-01 实施

中华人民共和国农业农村部 发布

前　言

本标准按照 GB/T 1.1—2009 给出的规则起草。

本标准由农业农村部畜牧兽医局提出。

本标准由全国畜牧业标准化技术委员会(SAC/TC 274)归口。

本标准起草单位:全国畜牧总站、中国农业大学。

本标准主要起草人:刘丑生、刘刚、赵春江、孟飞、韩旭、赵俊金、朱芳贤、冯海永、许海涛。

家畜遗传资源保种场保种技术规范 第5部分:马、驴

1 范围

本标准规定了马和驴遗传资源保种场的要求、保种目标、保种监测和疫病防治等基本准则。

本标准适用于马和驴遗传资源在保种场中的保护工作。

2 规范性引用文件

下列文件对于本文件的应用是必不可少的。凡是注日期的引用文件,仅注日期的版本适用于本文件。凡是不注日期的引用文件,其最新版本(包括所有的修改单)适用于本文件。

GB/T 27534.6 畜禽遗传资源调查技术规范 第5部分:马(驴)

NY/T 2995 家畜遗传资源濒危等级评定

NY/T 3450—2019 家畜遗传资源保种场保种技术规范 第1部分:总则

3 要求

3.1 管理要求

3.1.1 保种场应按种畜禽场管理的要求进行管理。

3.1.2 保种场应建立健全种系谱、配种、分娩、哺育、生长发育和其他养殖技术档案,并建立电子档案。严格分区分群管理。

3.2 技术要求

3.2.1 基础群来源和数量

母马、母驴不少于150匹(头),公马、公驴不少于12匹(头),三代之内没有血缘关系的家系数不少于6个。

3.2.2 品种登记

由保种场及相关机构负责开展品种的登记。

3.2.3 保种场中活动场所的要求

3.2.3.1 活动场:矮马20 m^2以上,普通马30 m^2以上,体高160 cm以上马匹40 m^2 以上。种公马100 m^2以上。条件许可时,同类多匹马可共用一个运动场。

3.2.3.2 放牧场:有条件单位应设置一定区域的放牧场。

3.2.4 繁育制度

实行闭锁繁育制度。可以从原产区或基因库引进新的血缘。

3.2.4.1 留种方式

实行各家系等量留种,在同一世代中,1匹公马(驴)的后代中选择1匹公马(驴)留种;1匹母马(驴)后代中选择1匹母马(驴)留种。

3.2.4.2 选配方式

实行避开全同胞、半同胞交配的不完全随机交配。

3.2.4.3 保种群世代间隔

公马和公驴、母马和母驴一般利用期限为6年。

3.2.5 饲养管理

按照品种标准的饲养管理要求执行。

4 保种目标

4.1 本品种基本特性不丢失，主要生产性能不衰退。

4.2 保种群体的近交系数不超过12.5%。

5 保种监测

5.1 监测指标

群体的体型外貌特征、数量消长情况、种公马和种公驴血统数量、主要生产性能、群体有效含量和群体平均近交系数、群体濒危程度。

5.2 监测方法

5.2.1 群体的体型外貌特征

按照GB/T 27534.6的规定执行。

5.2.2 数量消长情况

按照GB/T 27534.6的规定执行。

5.2.3 种公马和种公驴血统数量

按照GB/T 27534.6的规定执行。

5.2.4 主要生产性能

按照GB/T 27534.6的规定执行。

5.2.5 群体有效含量和群体平均近交系数

按照NY/T 3450—2019中的附录B进行计算。保种群体的近交系数应符合4.2的要求。

5.2.6 群体濒危程度

按照NY/T 2995的规定进行评定。

6 疫病防治

应制定严格的防疫消毒技术规程，加强免疫抗体监测，制定合理的免疫程序。

ICS 65.020.30
B 43

中华人民共和国农业行业标准

NY/T 3455—2019

家畜遗传资源保种场保种技术规范 第6部分：骆驼

Technical specification for conservation of livestock genetic resource in conservation farm—Part 6: Camel

2019-08-01 发布　　　　2019-11-01 实施

中华人民共和国农业农村部　发布

前　言

本标准按照 GB/T 1.1—2009 给出的规则起草。

本标准由农业农村部畜牧兽医局提出。

本标准由全国畜牧业标准化技术委员会(SAC/TC 274)归口。

本标准起草单位:全国畜牧总站、内蒙古自治区家畜改良工作站。

本标准主要起草人:赵俊金、刘丑生、呼格吉勒图、刘刚、韩旭、朱芳贤、陆健、孟飞、何丽、冯海永。

家畜遗传资源保种场保种技术规范　第6部分：骆驼

1　范围

本标准规定了骆驼遗传资源保种场的要求、保种目标、保种监测、疫病防治等。

本标准适用于骆驼遗传资源在保种场中的保护工作。

2　规范性引用文件

下列文件对于本文件的应用是必不可少的。凡是注日期的引用文件，仅注日期的版本适用于本文件。凡是不注日期的引用文件，其最新版本（包括所有的修改单）适用于本文件。

GB/T 27534.7　畜禽遗传资源调查技术规范　第7部分：骆驼

NY/T 2995　家畜遗传资源濒危等级评定

NY/T 3450—2019　家畜遗传资源保种场保种技术规范　第1部分：总则

3　要求

3.1　管理要求

3.1.1　保种场应按种畜禽场管理的要求进行管理。

3.1.2　保种场应建立健全种用骆驼系谱、配种、分娩、哺育、生长发育和其他养殖技术档案，建立电子档案。严格分区分群管理。

3.2　技术要求

3.2.1　基础群来源

符合本遗传资源外貌特征和种用要求，生产性能符合品种要求，健康，无遗传缺陷。

3.2.2　基础群的组建及血缘数量要求

母驼不少于150峰，公驼不少于12峰，三代之内没有血缘关系的家系数不少于6个。

3.2.3　品种登记

由保种场及相关机构负责开展品种的登记。

3.2.4　繁育制度

实行闭锁繁育制度。可以从原产区或基因库引进新的血缘。

3.2.4.1　留种方式

实行各家系等量留种方式，淘汰明显表现近交衰退的个体。

3.2.4.2　选配方式

实行避开全同胞、半同胞交配的不完全随机交配。群牧保种应采用自然交配方式。

3.2.4.3　保种群世代间隔

公驼、母驼一般利用期限为8年。

3.2.5　饲养管理

按照品种需求的饲养管理要求执行。

4　保种目标

4.1　本品种基本特性不丢失，主要生产性能不衰退。

4.2　保种群体的近交系数不超过12.5%。

5 保种监测

5.1 监测指标

群体的体型外貌特征、数量消长情况、种公畜血统数量、主要生产性能、群体有效含量和群体平均近交系数、群体濒危程度。

5.2 监测方法

5.2.1 群体的体型外貌特征

按照 GB/T 27534.7 的规定执行。

5.2.2 数量消长情况

按照 GB/T 27534.7 的规定执行。

5.2.3 种公畜血统数量

按照 GB/T 27534.7 的规定执行。

5.2.4 主要生产性能

按照 GB/T 27534.7 的规定执行。

5.2.5 群体有效含量和群体平均近交系数

按照 NY/T 3450—2019 中的附录 B 进行计算。保种群体的近交系数应符合 4.2 的要求。

5.2.6 群体濒危程度

按照 NY/T 2995 的规定进行评定。

6 疫病防治

应制定严格的防疫消毒技术规程,加强免疫抗体监测,制定合理的免疫程序。

ICS 65.020.30
B 43

中华人民共和国农业行业标准

NY/T 3456—2019

家畜遗传资源保种场保种技术规范 第7部分：家兔

Technical specification for conservation of livestock genetic resource in conservation farm—Part 7: Rabbit

2019-08-01 发布 2019-11-01 实施

中华人民共和国农业农村部 发布

前　言

本标准按照 GB/T 1.1—2009 给出的规则起草。

本标准由农业农村部畜牧兽医局提出。

本标准由全国畜牧业标准化技术委员会(SAC/TC 274)归口。

本标准起草单位:全国畜牧总站、江苏省畜牧总站、四川省畜牧科学研究院。

本标准主要起草人:刘丑生、朱满兴、唐良美、刘刚、韩旭、朱芳贤、赵俊金、何丽、陆健、孟飞、冯海永、许海涛。

家畜遗传资源保种场保种技术规范　第7部分:家兔

1　范围

本标准规定了家兔遗传资源保种场的要求、保种目标、保种监测和疫病防治等基本准则。

本标准适用于家兔遗传资源保种场的保护工作。

2　规范性引用文件

下列文件对于本文件的应用是必不可少的。凡是注日期的引用文件,仅注日期的版本适用于本文件。凡是不注日期的引用文件,其最新版本(包括所有的修改单)适用于本文件。

GB/T 27534.8　畜禽遗传资源调查技术规范　第8部分:家兔

NY/T 2995　家畜遗传资源濒危等级评定

NY/T 3450—2019　家畜遗传资源保种场保种技术规范　第1部分:总则

3　要求

3.1　管理要求

3.1.1　保种场应按种畜场管理的要求进行管理。

3.1.2　保种场应建立健全种兔系谱、配种、分娩、哺育、生长发育和其他养殖技术档案。严格分区分群管理。

3.2　技术要求

3.2.1　基础群组建

符合本遗传资源外貌特征和种用要求,生产性能符合品种要求,健康,无遗传缺陷。

3.2.2　基础群的组建及血缘数量要求

母兔不少于300只,公兔不少于60只,三代之内没有血缘关系的家系数不少于12个。

3.2.3　品种登记

对保种群中品种进行登记。

3.2.4　繁育制度(闭锁繁育制度)

3.2.4.1　留种方式

实行各家系等量留种方式,在第二胎至第四胎繁殖的后代中通过测定选留后备种兔,应等量保留每个种公兔的后代,特别是后备公兔。

3.2.4.2　选配方式

实行避开全同胞、半同胞交配的不完全随机交配。

3.2.4.3　保种群世代间隔

公兔、母兔一般利用期限为2年。

3.2.5　饲养管理

按照品种需求的饲养管理要求执行。

4　保种目标

4.1　本品种基本特性不丢失,主要生产性能不衰退。

4.2　保种群体的近交系数不超过12.5%。

5 保种监测

5.1 监测指标

群体的体型外貌特征、数量消长情况、种公兔血统数量、主要生产性能、群体有效含量和群体平均近交系数、群体濒危程度。

5.2 监测方法

5.2.1 群体的体型外貌特征

按 GB/T 27534.8 的规定执行。

5.2.2 数量消长情况

按 GB/T 27534.8 的规定执行。

5.2.3 种公兔血统数量

按 GB/T 27534.8 的规定执行。

5.2.4 主要生产性能

按 GB/T 27534.8 的规定执行。

5.2.5 群体有效含量和群体平均近交系数

按 NY/T 3450—2019 中的附录 B 进行计算。保种群体的近交系数应符合 4.2 的要求。

5.2.6 群体濒危程度

按 NY/T 2995 的规定进行评定。

6 疫病防治

应制定严格的防疫消毒技术规程，加强免疫抗体监测，制定合理的免疫程序。

ICS 65.020.30
B 43

中华人民共和国农业行业标准

NY/T 3457—2019

牦牛舍饲半舍饲生产技术规范

Technical specification for housing feeding and loose housing feeding Manufacturing of yak

2019-08-01 发布　　2019-11-01 实施

中华人民共和国农业农村部　发布

前　　言

本标准按照 GB/T 1.1—2009 给出的规则起草。

本标准由农业农村部畜牧兽医局提出。

本标准由全国畜牧业标准化技术委员会(SAC/TC 274)归口。

本标准起草单位:西南民族大学、四川省畜牧总站、四川茂县茂欣农牧业产业发展有限公司、四川小金县鑫宇农牧业产业发展有限公司。

本标准主要起草人:文勇立、柏雪、泽让东科、艾鹭、李强、丁庆明、冯大荣。

牦牛舍饲半舍饲生产技术规范

1 范围

本标准规定了牦牛舍饲、半舍饲生产过程中的术语和定义、场区布局、棚舍建设、饲养管理、疫病防控及废弃物处理的技术要求和指标。

本标准适用于牦牛舍饲、半舍饲生产。

2 规范性引用文件

下列文件对于本文件的应用是必不可少的。凡是注日期的引用文件,仅注日期的版本适用于本文件。凡是不注日期的引用文件,其最新版本(包括所有的修改单)适用于本文件。

GB 13078 饲料卫生标准

NY/T 682 畜禽场场区设计技术规范

NY/T 388 畜禽场环境质量标准

NY/T 1178 牧区牛羊棚圈建设技术规范

NY 5027 无公害畜产品 畜禽饮用水水质

中华人民共和国农业部公告〔2012〕第1773号 饲料原料目录

农医发〔2017〕25号 病死及病害动物无害化处理技术规范

中华人民共和国农业部公告〔2013〕第2038号 饲料原料目录修订

中华人民共和国农业部公告〔2013〕第2045号 饲料添加剂品种目录

中华人民共和国农业部公告〔2001〕第168号 饲料药物添加剂使用规范

中华人民共和国国务院令〔2013〕第643号 畜禽规模养殖污染防治条例

中华人民共和国农业部公告〔2015〕第2249号 饲料原料目录修订

3 术语和定义

下列术语和定义适用于本文件。

3.1

舍饲 housing-feeding

在舍内育肥牦牛的生产方式。

3.2

半舍饲 loose housing-feeding

放牧与舍饲相结合的牦牛生产方式。

3.3

异地育肥 off-site fattening

牦牛迁移到气候及饲草料资源条件较好的地区集中育肥的生产方式。

4 场区布局

场区总体布局按照 NY/T 682 的规定执行,环境要求应符合 NY/T 388 的规定,饮用水要求应符合 NY 5027 的规定。

5 棚舍建设要求

5.1 屋顶宜采用双坡式,墙体宜为砖混结构或轻钢结构。气候温暖地区适宜采用棚舍或半开放式牛舍,气候寒冷地区适宜采用有窗式牛舍或卷帘牛舍。

5.2 夏季自然通风,冬季根据舍内空气状况适当通风,风速不低于 0.3 m/s。

5.3 舍内平面布置应满足饲养方式的要求。

5.4 成年牛饲养面积栓系为 2.5 m^2/头~3.5 m^2/头,散养为 3.5 m^2/头~4.5 m^2/头。

5.5 其他建设要求按照 NY/T 1178 的规定执行。

6 饲养管理

6.1 饲养方式

6.1.1 半舍饲

6.1.1.1 放牧

牦牛群白天放牧。暖季放牧 12 h 以上,冷季放牧 10 h 以上。

6.1.1.2 收牧后管理

收牧后自由饮水,冷季适量补饲饲草料。

6.1.1.3 繁殖牛管理

种用公牛年龄 3 岁~9 岁,繁殖母牛年龄 3 岁~10 岁。配种期每年 6 月~9 月,公母比例 1∶(20~25)。配种期和妊娠期适量补充矿物舔砖和饲草料。

6.1.1.4 犊牛管理

犊牛出生后及时哺初乳,初生期加强保暖。半舍饲犊牛初生后应提早随母就近放牧。对生病、体弱、产后无奶的犊牛,应进行人工哺乳。

6.1.1.5 放牧育肥

暖季加强放牧,适量补饲饲草料和矿物质营养舔砖。

6.1.2 舍饲

6.1.2.1 应选用健康、非种用的牦牛或淘汰牦牛进行育肥。育肥期为 90 d~180 d。

6.1.2.2 可采用拴系或散栏饲养方式。每日饲喂 2 次~3 次,自由饮水,精料补充量不超过体重的 1.2%。饲草饲料变更应有 10 d 左右的过渡期。

6.1.2.3 及时清除粪污,清洁饲槽、过道和设施设备等,并打扫棚、舍外环境卫生。

6.1.2.4 异地育肥运输车车厢铺防滑垫料,避免牛群受到拥挤和惊吓。途中车辆平稳行驶,每 3 h~4 h 停车休息并查看牛况。过渡期饲料供给由饲草逐步过渡到以育肥日粮为主。过渡期进行驱虫和健胃。

6.2 饲草饲料

6.2.1 质量安全控制

所使用的精料补充料、粗饲料、饲料添加剂、舔砖等质量安全控制按照 GB 13078、中华人民共和国农业部公告〔2012〕第 1773 号、中华人民共和国农业部公告〔2013〕第 2045 号和中华人民共和国农业部公告〔2001〕第 168 号执行。

6.2.2 青干草

适时收割原料牧草,可采用地面晾晒、草架或机械干燥方式,调制成含水量为 15%左右的青干草。储存时应通风避雨及防火。饲喂时可将干草铡短。

6.2.3 青贮

对牧草和作物秸秆等粗饲料进行青贮发酵。将原料水分调整到适宜范围,宜切碎为 2 cm~3 cm,在厌氧条件下发酵,可采用青贮窖、裹包或袋装等方式进行。调制后的青贮饲料应具有醇香味、质地松软、湿润、未发霉变质。

7 疫病防控及废弃物处理

7.1 疫病防控

按照《中华人民共和国动物防疫法》的规定执行。根据当地流行病学情况，制定免疫防护程序并进行免疫预防。春秋两季进行预防性驱虫。养殖舍内外定期消毒。

7.2 废弃物处理

废弃物处理应符合中华人民共和国国务院令〔2013〕第643号的要求。病死畜处理应符合农医发〔2017〕25号的要求。

ICS 65.020.30
B 43

中华人民共和国农业行业标准

NY/T 3458—2019

种鸡人工授精技术规程

Technical code of practice of artificial insemination for breeding chicken

2019-08-01 发布　　2019-11-01 实施

中华人民共和国农业农村部 发布

前　言

本标准按照 GB/T 1.1—2009 给出的规则起草。

本标准由农业农村部畜牧兽医局提出。

本标准由全国畜牧业标准化技术委员会(SAC/TC 274)归口。

本标准起草单位:中国农业大学、北京市华都峪口禽业有限责任公司。

本标准主要起草人:徐桂云、刘爱巧、秦宇辉、王艳平、曲鲁江、庞利娜、杜永所、吴桂琴、宁中华、杨宁。

种鸡人工授精技术规程

1 范围

本标准规定了种鸡人工授精技术的术语和定义、种公鸡挑选与训练、精液品质评定、器具与人员要求、采精、输精、精液稀释。

本标准适用于种鸡的人工授精操作。

2 术语和定义

下列术语和定义适用于本文件。

2.1

精子密度　sperm concentration

每毫升精液中所含的精子数量。

2.2

精子活率　sperm motility

37℃环境下，前进运动的精子数占总精子数的百分比。

2.3

有效精子数　effective sperm number

精液中含有直线前进运动的精子数。其计算公式按式(1)计算。

$$N=V\times c\times m \quad (1)$$

式中：

N ——有效精子数，单位为个；

V ——精液量，单位为毫升(mL)；

c ——精子密度，单位为个每毫升(个/mL)；

m ——精子活率，单位为百分率(%)。

2.4

混合精液　mixed semen

多只公鸡精液的混合。

3 种公鸡挑选与训练

3.1 挑选

挑选符合品种要求、雄性特征明显的健康成年公鸡。

3.2 训练

在正式采精前1周～2周对公鸡采用背腹式按摩法进行采精训练，使公鸡形成条件反射。采精前，剪掉泄殖腔周边直径5 cm～7 cm的羽毛。

4 精液品质评定

4.1 感观

精液呈乳白色，略带腥味。

4.2 精子活率

精液中精子活率应不低于50%。

5 器具与人员要求

5.1 器具与用品

输精枪、输精枪头、集精管、保温杯、脱脂棉、干纱布、温度计、恒温烤箱、毛巾、擦拭布、酒精。

5.2 器具消毒

人工输精结束后，应将集精管、枪头用清水浸泡清洗干净，然后在90℃恒温烤箱烘烤1.5 h～2 h；输精枪、保温杯、温度计清洗干净后应用医用酒精擦拭消毒；毛巾和擦拭布用消毒药液清洗。

5.3 输精枪校准

每次输精结束后应将输精枪调整至最大刻度，定期对输精枪进行校准。

5.4 人员要求

人员必须经过专业培训，考核合格后上岗。

6 采精

6.1 采精器械准备

将消毒过的采精用品放到收纳箱中待用，采精前将保温杯的水温调至35℃～36℃，集精管使用前先预温，然后用纱布包裹好待用。

6.2 采精方法

6.2.1 保定

采精时，1人用手抓住公鸡的双腿，使其自然分开，鸡头朝向笼内，鸡尾朝向采精人员，保定公鸡。

6.2.2 采精

采用背腹式按摩采精法，1人保定公鸡，1人按摩与收集精液。采精人员左手握住集精管，管口朝外，大拇指堵住管口，右手由公鸡的背部向尾部方向按摩，到尾骨处稍加力，待公鸡尾部翘起、泄殖腔外翻时，右手顺势将鸡尾部翻向背部，并将拇指和食指跨掐在泄殖腔外侧作适当挤压，精液即可顺利排出。精液排出时，左手迅速将管口朝上，接住精液。最后流出的少量水样精液弃掉，精液采满后，集精管放置于36 ℃保温杯内水浴或者手握集精管保温。

6.2.3 采精频率

每只公鸡每周采精3次～5次为宜。

7 输精

7.1 输精时间

输精时间应选择在绝大部分母鸡子宫内没有硬壳蛋时进行。在正常光照时间下，输精时间一般安排在14:00～17:00，夏季推迟到15:00～18:00进行。也可通过调整光照时间，确定输精时间。

7.2 输精方法

7.2.1 翻肛

翻肛在笼内进行，1人用右手握住母鸡双腿根部，稍提起，左手拇指和食指在腹部施以压力，使生殖道外翻。

7.2.2 输精深度

输精枪头插入母鸡阴道口2 cm～3 cm为宜。

7.2.3 输精量

每次输精量18 μL～22 μL，其中有效精子数量不少于1 000万个。

7.2.4 输精

一般2人～3人为一组合，3人时可2人翻肛1人输精。输精时，1人翻肛，1人用输精枪定量吸取精液后，将枪头插入鸡阴道口中央位置时，用手下压输精枪顶端的旋杆轻轻向左侧用力将精液输入输卵管内;精液输入的瞬间,翻肛人员立即解除左手对鸡腹部的压力,防止精液回流;在拔出输精枪时,手不要放开旋杆,待拔出后再放开;输精完毕后,应观察阴道口的回缩情况及枪头残留的精液量,若残留精液过多,需重复输精。

7.2.5 输精间隔

23 周龄～45 周龄的母鸡 5 d～6 d 输精 1 次,大于 45 周龄的母鸡 4 d～5 d 输精 1 次。

8 精液稀释

使用稀释精液输精时,稀释液配制方法为葡萄糖 4 g 加生理盐水 100 mL,精液与稀释液配比为 1∶1。

ICS 65.020.30
B 43

中华人民共和国农业行业标准

NY/T 3459—2019

种猪遗传评估技术规范

Technical specification for swine genetic evaluation

2019-08-01 发布　　　　2019-11-01 实施

中华人民共和国农业农村部　发布

前　　言

本标准按照 GB/T 1.1—2009 给出的规则起草。

本标准由农业农村部畜牧兽医局提出。

本标准由全国畜牧业标准化技术委员会(SA/TC 274)归口。

本标准起草单位:全国畜牧总站、安徽农业大学、中国农业大学、上海交通大学、华南农业大学、华中农业大学。

本标准主要起草人:邱小田、殷宗俊、王志刚、丁向东、潘玉春、李加琪、刘望宏。

种猪遗传评估技术规范

1 范围

本标准规定了种猪遗传评估的要求及评估方法。

本标准适用于纯种猪场的种猪遗传评估。

2 规范性引用文件

下列文件对于本文件的应用是必不可少的。凡是注日期的引用文件，仅注日期的版本适用于本文件。凡是不注日期的引用文件，其最新版本(包括所有的修改单)适用于本文件。

NY/T 820 种猪登记技术规范

NY/T 821 猪肉品质测定技术规程

NY/T 822 种猪生产性能测定规程

NY/T 825 种猪胴体性能测定规程

3 术语和定义

下列术语和定义适用于本文件。

3.1

估计育种值 estimated breeding value, EBV

用特定的统计方法计算的育种值的估计值。

3.2

最佳线性无偏预测 best linear unbiased prediction, BLUP

计算 EBV 的一种统计方法。

4 要求

4.1 遗传评估性状

4.1.1 生长发育性状

包括达目标体重日龄(d)、目标体重活体背膘厚(mm)、目标体重活体眼肌面积(cm^2)、测定期日增重(g/d)、测定期饲料转化率等。

4.1.2 繁殖性状

包括总产仔数(头/窝)、产活仔数(头/窝)、21 日龄窝重(kg/窝)、产仔间隔(d)、初产日龄(d)等。

4.1.3 胴体与肉质性状

包括眼肌面积(cm^2)、后腿比例(%)、胴体瘦肉率(%)、肌肉 pH、肉色(评分或 L 值)、滴水损失(%)、大理石纹(评分)等。

4.2 个体编号

按 NY/T 820 的规定执行。

4.3 测定条件和方法

4.3.1 测定种猪

4.3.1.1 系谱完善，个体基本信息正确。

4.3.1.2 符合本品种特征，健康、生长发育正常、无外形缺陷和遗传疾患。

4.3.1.3 按照 NY/T 820 的要求建立严格的种猪登记制度和完整的档案记录。

4.3.2 测定人员与设备

4.3.2.1 测定人员

测定场所配备的技术人员应经省级以上主管部门培训，通过考核合格，持证上岗，负责种猪测定和数据记录。

4.3.2.2 设施设备

测定场应配备能满足种猪生产性能测定所需的设施、设备和用具。

4.3.2.3 饲养管理

应采取措施保障受测猪群的环境和饲养管理条件基本一致。

4.3.3 测定方法

繁殖性状按 NY/T 820 的规定执行。

生长发育性状按 NY/T 822 的规定执行。

胴体性状按 NY/T 825 的规定执行。

肉质性状按 NY/T 821 的规定执行。

5 评估方法

5.1 EBV 计算方法

采用动物模型 BLUP 法进行个体育种值估计。

5.2 评估模型

5.2.1 生长发育性状宜采用如下评估模型：

a) 模型 1：

$$y_{ijk} = \mu + hyss_i + l_{ij} + a_{ijk} + e_{ijk}$$

式中：

y_{ijk} ——个体性状表型值；

μ ——总平均数；

$hyss_i$ ——场年季性别固定效应；

l_{ij} ——窝随机效应；

a_{ijk} ——个体的随机遗传效应；

e_{ijk} ——随机剩余效应。

b) 模型 2：

$$y_{ijk} = \mu + M_i + l_{ij} + a_{ijk} + e_{ijk}$$

式中：

M_i——管理组固定效应。

5.2.2 繁殖性状宜采用如下评估模型：

a) 模型 1：

$$y_{ijk} = \mu + hys_i + a_{ij} + p_{ij} + e_{ijk}$$

式中：

hys_i——母猪产仔时场年季固定效应；

p_{ij} ——母猪永久环境效应。

a_{ij} ——个体的随机遗传效应。

b) 模型 2：

$$y_{ijk} = \mu + M_i + a_{ij} + p_{ij} + e_{ijk}$$

5.2.3 胴体和肉质性状宜采用如下模型：

$$y_{ij} = \mu + M_i + a_{ij} + (X_{ij}) + e_{ij}$$

式中：

X_{ij}——屠宰体重协变量。

注 1：胴体性状和大理石纹评估时需有屠宰体重协变量（X_{ij}），其他性状评估时不需考虑。

注 2：管理组为环境条件基本一致的一批猪，即同一个测定批次。

5.3 选择指数

依据育种目标将不同性状的 EBV 加权后计算得到的指数，用于种猪选择。

选择指数包括父系指数和母系指数。父系指数(SLI)用于父系品种的种猪选择，主要包含生长发育性状。母系指数(DLI)用于母系品种的种猪选择，主要包含繁殖性状和生长发育性状。

ICS 65.020.30
B 43

中华人民共和国农业行业标准

NY/T 3460—2019

家畜遗传资源保护区保种技术规范

Technical specification for conservation of livestock genetic resource in conservation zone

2019-08-01 发布 2019-11-01 实施

中华人民共和国农业农村部 发布

前　言

本标准按照 GB/T 1.1—2009 给出的规则起草。

本标准由农业农村部畜牧兽医局提出。

本标准由全国畜牧业标准化技术委员会(SAC/TC 274)归口。

本标准起草单位:全国畜牧总站、内蒙古自治区家畜改良工作站、江苏省畜牧总站、云南省家畜改良工作站。

本标准主要起草人:刘丑生、刘刚、于福清、掌子凯、赵俊金、朱芳贤、韩旭、薛明、潘雨来、呼格吉勒图、袁跃云。

家畜遗传资源保护区保种技术规范

1 范围

本标准规定了家畜遗传资源保护区的要求、保护对象、保种目标、保种监测和疫病防治等内容。

本标准适用于家畜遗传资源在保种区中的保种工作。

2 规范性引用文件

下列文件对于本文件的应用是必不可少的。凡是注日期的引用文件,仅注日期的版本适用于本文件。凡是不注日期的引用文件,其最新版本(包括所有的修改单)适用于本文件。

GB/T 27534.2—2011 畜禽遗传资源调查技术规范 第2部分:猪

GB/T 27534.3—2011 畜禽遗传资源调查技术规范 第3部分:牛

GB/T 27534.4—2011 畜禽遗传资源调查技术规范 第4部分:绵羊

GB/T 27534.5—2011 畜禽遗传资源调查技术规范 第5部分:山羊

GB/T 27534.6—2011 畜禽遗传资源调查技术规范 第6部分:马(驴)

GB/T 27534.7—2011 畜禽遗传资源调查技术规范 第7部分:骆驼

GB/T 27534.8—2011 畜禽遗传资源调查技术规范 第8部分:家兔

NY/T 2995 家畜遗传资源濒危等级评定

3 术语和定义

下列术语和定义适用于本文件。

3.1

保护区 conservation zone

在原产地依法划定的用于家畜遗传资源保护的特定区域。

注:区域内由保种场或保种户等组成。

4 要求

4.1 基本条件

4.1.1 保护区应设在家畜的原产地,实行原地保种。

4.1.2 保护的家畜遗传资源应符合本品种标准,应具备一定的群体规模。

4.1.3 保护区应由专门的技术组织负责技术指导工作,其负责人具备中级以上技术职称,该组织应具有必要的设施设备。

4.2 管理要求

4.2.1 保护区内未经许可不应引入同一畜种的其他品种。

4.2.2 保护区范围界限明确,在保护区周边交通要道、重要地段设立保护区标识。

4.2.3 保护区应进行基本信息登记,内容具体参照附录A。

4.2.4 保护区内保种场或保种户应接受专门技术组织指导,签订协议并按要求进行选种选配。

4.2.5 保种核心群的家畜由专门技术组织佩戴耳标、登记入册,并给保种户颁发保种证书。保种户未经建设单位管理人员同意,不得随意调换、出售或随意宰杀保种家畜。保种家畜淘汰前必须选留出后代。

4.3 技术要求

4.3.1 品种登记

在保护区内建立以保种场、保种户为单位的公、母畜户籍档案,实行保护品种登记,并对所登记的公、母畜颁发品种登记证。

4.3.2 选种选配

应选择符合本品种体型外貌特征、健康、生殖器官发育正常的种畜。在保种区内，应控制公畜血统，实行避开全同胞、半同胞交配的不完全随机交配。

5 保护对象

5.1 列入国家级和省级家畜遗传资源保护名录的地方家畜遗传资源。

5.2 未列入保护名录，但濒危程度严重或新发现经过鉴定的地方家畜遗传资源。

5.3 适合于通过保护区进行保护的其他家系遗传资源。

6 保种目标

6.1 保护区内各家畜最小保种群体的数量如下：

a) 猪：公猪至少 12 头，母猪至少 500 头，三代之内没有血缘关系的家系数不少于 6 个；
b) 牛：公牛至少 12 头，母牛至少 750 头，三代之内没有血缘关系的家系数不少于 6 个；
c) 羊：公羊至少 25 只，母羊至少 1 250 只，三代之内没有血缘关系的家系数不少于 6 个；
d) 马：公马至少 12 匹，母马至少 750 匹，三代之内没有血缘关系的家系数不少于 6 个；
e) 驴：公驴至少 12 头，母驴至少 750 头，三代之内没有血缘关系的家系数不少于 6 个；
f) 骆驼：公驼至少 12 峰，母驼至少 750 峰，三代之内没有血缘关系的家系数不少于 6 个；
g) 家兔：公兔至少 60 只，母兔至少 1 500 只，三代之内没有血缘关系的家系数不少于 12 个。

6.2 本品种基本特性不丢失，主要生产性能不衰退。

6.3 保种群体的近交系数不超过 12.5%。

7 保种监测

7.1 监测数量

牛、马、驴、骆驼不低于 100 头(匹、峰)，其公母比例为 1∶9；猪、羊不低于 300 头(只)，其公母比例为 1∶5；家兔不低于 720 只，其公母比例为 1∶5。

7.2 监测频率

不同家畜遗传资源按照 2 个～3 个世代监测一次。

7.3 监测指标

群体的体型外貌特征、数量消长情况、主要生产性能、群体有效含量和近交系数、群体濒危程度等。

7.4 监测方法

7.4.1 群体的体型外貌特征

a) 猪按照 GB/T 27534.2—2011 中 4.2.2 和 4.2.3 的规定执行；
b) 牛按照 GB/T 27534.3—2011 中 5.2.2 和 5.2.3 的规定执行；
c) 羊按照 GB/T 27534.4—2011 中 4.2.2 和 4.2.3 以及 GB/T 27534.5—2011 中 4.2.2 和 4.2.3 的规定执行；
d) 马、驴按照 GB/T 27534.6—2011 中 4.2.2 和 4.2.3 的规定执行；
e) 骆驼按照 GB/T 27534.7—2011 中 4.2.2 和 4.2.3 的规定执行；
f) 家兔按照 GB/T 27534.8—2011 中 4.2.2 和 4.2.3 的规定执行。

7.4.2 数量消长情况

a) 猪按照 GB/T 27534.2—2011 中附录 A 的规定执行；
b) 牛按照 GB/T 27534.3—2011 中附录 A 的规定执行；
c) 羊按照 GB/T 27534.4—2011 中附录 A 和 GB/T 27534.5—2011 中附录 A 的规定执行；
d) 马、驴按照 GB/T 27534.6—2011 中附录 A 的规定执行；

e) 骆驼按照 GB/T 27534.7—2011 中附录 A 的规定执行；

f) 家兔按照 GB/T 27534.8—2011 中附录 A 的规定执行。

7.4.3 主要生产性能

a) 猪按照 GB/T 27534.2—2011 中 4.3 的规定执行；

b) 牛按照 GB/T 27534.3—2011 中 5.3 的规定执行；

c) 羊按照 GB/T 27534.4—2011 中 4.3 以及 GB/T 27534.5—2011 中 4.3 的规定执行；

d) 马、驴按照 GB/T 27534.6—2011 中 4.3 的规定执行；

e) 骆驼按照 GB/T 27534.7—2011 中 4.3 的规定执行；

f) 家兔按照 GB/T 27534.8—2011 中 4.3 的规定执行。

7.5 群体有效含量和近交系数

7.5.1 群体有效含量和近交系数按式(1)、式(3)进行计算(按各家畜等量留种计算)。

$$N_e = \frac{16N_m \times N_f}{N_m + 3N_f} \quad (1)$$

式中：

N_e——有效群体大小；

N_m——繁殖公畜数(实指公畜血统数)；

N_f——繁殖母畜数。

$$\Delta F = \frac{1}{2N_e} \quad (2)$$

式中：

ΔF——近交系数每代增量。

$$F_t = 1 - (1 - \Delta F)^t \quad (3)$$

式中：

F_t——第 t 代近交系数；

t——世代数。

7.5.2 近交系数的评价应符合 6.3 的规定。

7.6 群体濒危程度

按照 NY/T 2995 的规定进行评定。

8 疫病防治

应制定统一的防疫规程，并按照无规定疫病区建设的要求管理，确保不发生重大传染病。

附　录　A
（资料性附录）
保护区、保种场和保种户信息登记表

A.1　保护区基本信息登记表

见表 A.1。

表 A.1　保护区基本信息登记表

<table>
<tr><td>建设单位名称</td><td colspan="6"></td></tr>
<tr><td>主管部门名称</td><td colspan="6"></td></tr>
<tr><td>保护区名称</td><td colspan="6"></td></tr>
<tr><td>建设单位地址</td><td colspan="4"></td><td>邮编</td><td></td></tr>
<tr><td>负责人</td><td></td><td>电话</td><td colspan="2"></td><td>传真</td><td></td></tr>
<tr><td>人员总数</td><td></td><td colspan="2">主要技术负责人</td><td></td><td>职称</td><td></td></tr>
<tr><td>技术人员数量</td><td></td><td colspan="2">执业兽医</td><td></td><td>职称</td><td></td></tr>
<tr><td>保护品种名称</td><td colspan="6"></td></tr>
<tr><td>保护区范围</td><td colspan="6">省　　市　　县　　乡　　［乡(镇)数量：　　村数量：　　］</td></tr>
<tr><td>保护区类型</td><td colspan="6">□ 保种户　　□ 保种场＋保种户　　□ 其他</td></tr>
<tr><td>保种户数量</td><td colspan="2"></td><td colspan="2">保种场数量</td><td colspan="2"></td></tr>
<tr><td>保种数量</td><td colspan="6">总数：　　公畜数量：　　能繁母畜数量：</td></tr>
<tr><td>后备畜群情况</td><td colspan="6">公畜数量：　　母畜数量：</td></tr>
<tr><td>固定资产</td><td colspan="2"></td><td colspan="2">办公室及实验室面积</td><td colspan="2"></td></tr>
<tr><td>设备总台数</td><td colspan="2"></td><td colspan="2">畜舍面积</td><td colspan="2"></td></tr>
</table>

A.2 保护区内保种场登记表

见表A.2。

表A.2 保护区内保种场登记表

名称			
地址			
电话		邮编	
品种名称		数量	
群体情况	公畜数量：	能繁母畜数量：	家系数量：
后备畜群情况	公畜数量：	母畜数量：	
畜舍	公畜面积：	母畜面积：	
家畜养殖场代码			
免疫疫苗种类			

A.3 保护区内保种户登记表

见表A.3。

表A.3 保护区内保种户登记表

户主姓名			
地址			
电话		邮编	
品种名称		数量	
群体情况	公畜数量：	能繁母畜数量：	
后备畜群情况	公畜数量：	母畜数量：	
畜舍	公畜面积：	母畜面积：	
免疫疫苗种类			

ICS 65.020.01
B 40

中华人民共和国农业行业标准

NY/T 3461—2019

草原建设经济生态效益评价技术规程

Technical code of practice for ecological and economic impact of grassland improvement

2019-08-01 发布　　2019-11-01 实施

中华人民共和国农业农村部　发布

前　言

本标准按照 GB/T 1.1—2009 给出的规则起草。

本标准由中华人民共和国农业农村部提出。

本标准由全国畜牧业标准化技术委员会(SAC/TC 274)归口。

本标准起草单位:内蒙古草原勘察规划院、全国畜牧总站。

本标准主要起草人:宋向阳、刘爱军、邢旗、郑淑华、贠旭疆、李新一。

草原建设经济生态效益评价技术规程

1 范围

本标准规定了草原建设工程生态和经济效益评价的指标与方法。

本标准适用于草原建设工程的综合评价。

2 规范性引用文件

下列文件对于本文件的应用是必不可少的。凡是注日期的引用文件，仅注日期的版本适用于本文件。凡是不注日期的引用文件，其最新版本(包括所有的修改单)适用于本文件。

NY/T 85 土壤有机质测定法

NY/T 635 天然草原合理载畜量的计算

NY/T 1233 草原资源与生态监测技术规程

3 术语和定义

下列术语和定义适用于本文件。

3.1

物理结皮 soil crust

在雨滴冲溅和土壤黏粒理化分散的作用下，土壤表面孔隙被堵塞后形成的，或挟沙水流流经土表时细小颗粒沉积而形成的一层很薄的土表硬壳。

3.2

沙地斑块 patch of sandland

在沙地景观中出现的裸露的沙质地块。

3.3

植被演替度 degree of vegetation succession

用相对值判断演替进行程度的指标，即以各群落组成种的寿命和优势度乘积的求和值，与种数及盖度乘积的比值。

3.4

碳累计量 amount of carbon accumulation

单位时间内单位面积草地累积的碳量。

3.5

景观破碎度指数 shatter index of landscape

景观异质性的一个重要组成部分，是指景观被分割的破碎程度，即工程区内景观破碎化程度。

4 指标体系

4.1 生态效益评价指标体系

生态效益评价指标体系包括植被恢复状况和土壤恢复状况，其中植被恢复状况有 6 个评价指标，土壤恢复状况有 4 个评价指标。见附录 A 中表 A.1。

4.2 经济效益评价指标体系

经济效益评价指标体系包括牧草产值状况、家畜状况和收入状况，其中牧草产值状况有 3 个评价指标，家畜状况有 3 个评价指标，收入状况有 2 个评价指标。见附录 A 中表 A.2。

5 指标获取方法

每一个评价指标都是由对应的一个或多个监测指标测量计算得出。

5.1 生态效益评价指标获取方法

5.1.1 植被恢复状况

5.1.1.1 植被演替度

植被演替度由草原植物种类组成、分种植物高度、分种植物盖度、分种植物密度、分种植物干重等监测指标测量计算得出，按式(1)计算。

$$D_s = \frac{\sum (I \times d)}{M} \times V \quad \cdots\cdots (1)$$

式中：

D_s——植被演替度；

I ——种的寿命，分为一、二年生植物和多年生植物 2 种，分别以 0 和 1 赋值；

d ——优势度；

M ——物种数；

V ——群落盖度，单位为百分率(%)。

综合优势度按式(2)计算。

$$SDR = \frac{\frac{H_i}{\sum_{i=1}^{k} H_i} + \frac{C_i}{\sum_{i=1}^{k} C_i} + \frac{E_i}{\sum_{i=1}^{k} E_i} + \frac{Y_i}{\sum_{i=1}^{k} Y_i}}{4} (i = 1, \cdots, k) \quad \cdots\cdots (2)$$

式中：

SDR——综合优势度；

H_i ——植物种 i 的高度，单位为厘米(cm)；

C_i ——植物种 i 的盖度，单位为百分率(%)；

E_i ——植物种 i 的密度，单位为株每平方米(株/m^2)；

Y_i ——植物 i 的干重，单位为克(g)；

k ——样方内包含的植物种类数，单位为个。

高度用卷尺测量得出；群落盖度和分种盖度用针刺法或目测法测得；密度采用计数法测得；干重则需要将野外采集的植物带回风干后称量测得。

5.1.1.2 多年生和一年生植物生物量比例

由草原植物种类组成、分种植物寿命、分种植物干重等监测指标测量计算得出。分种测定单位面积内每种植物地上生物量干重，计算单位面积内多年生和一年生植物生物量的比例。

5.1.1.3 多年生和一年生植物植株数量比例

由草原植物种类组成和分种植物密度 2 个监测指标测量计算得出。分种记录单位面积内每种植物寿命，测定密度，计算多年生和一年生植物植株数量比例。

5.1.1.4 植被覆盖度

由草原植物种类组成和植被盖度 2 个监测指标测量计算得出。植被覆盖度指植物垂直投影面积覆盖地表面积的百分数。中小草本及小半灌木植物样方一般用针刺法测定，样方内投针 100 次，刺中植物次数除以 100 即为覆盖度；灌木及高大草本样方采用样线法测定：用 30 m 或 50 m 的刻度样线，每隔 30 cm 或 50 cm 记录垂直地面方向植物出现的次数，次数除以 100 即为盖度；应 3 次重复测定取平均值，每 2 次样线之间的夹角为 120°。

5.1.1.5 地上生物量

由植物生长盛期(8 月)地上生物量干重和枯落物干重 2 个监测指标测量计算得出。齐地面剪割后烘干称量干重,按 NY/T 1233 规定的方法执行。

5.1.1.6 碳累积量变化

由地上生物量干重、地下生物量干重、枯落物干重、土壤有机质等监测指标测量计算得出。碳累积量变化包括由植被生物量引起的碳累积量变化和土壤碳变化引起的碳累积量变化两部分。获取方法如下:

a) 植被生物量变化引起的碳累积变化按式(3)计算。

$$\Delta C_B = \Delta C_H + \Delta C_S \tag{3}$$

式中:

ΔC_B ——生物量增量引起的年度碳累积量,单位为克每平方米(g/m²);

ΔC_H ——草本生物量增量引起的年度碳累积量,单位为克每平方米(g/m²);

ΔC_S ——灌木生物量增量引起的年度碳累积量,单位为克每平方米(g/m²)。

通过野外调查获取群落地上生物量和地下生物量。

地上生物量按 NY/T 1233 规定的方法执行;地下生物量采用挖土块收获法,挖掘一定体积的土块,然后将含有根系的土壤全部收集到容器内,放入孔筛或尼龙网袋中用水冲洗,将冲洗出来的根进行分离、烘干、称重,从而获得一定土体的根系生物量。

b) 土壤碳变化引起的碳累积量变化:按 NY/T 85 规定的方法执行。

5.1.2 土壤恢复状况

5.1.2.1 土壤肥力

由土壤有机质和土壤容重 2 个监测指标表示。

土壤容重采用环刀法取样测定,即用一定容积的环刀切割未搅动的自然状态土样,使土样充满其中,烘干后称量、计算单位容积的烘干土重量。按式(4)计算。

$$\rho_b = \frac{W_s}{V_t} \tag{4}$$

式中:

ρ_b ——土壤容重,单位为克每立方厘米(g/cm³);

W_s——环刀内干土重量,单位为克(g);

V_t ——环刀容积,单位为立方厘米(cm³)。

土壤有机质测定按 NY/T 85 规定的方法执行。

5.1.2.2 结皮厚度

由土壤的表土结皮厚度表示。工程区内、外分别设置样地,用直尺对地表产生的结皮厚度进行直接测定,每个样地测 10 次重复,取平均值。

5.1.2.3 固定(流动)沙地破碎度指数

由固定(流动)沙地斑块数和固定(流动)沙地总面积 2 个监测指标测量计算得出。按式(5)计算。

$$C_i = \frac{N_i}{A_i} \tag{5}$$

式中:

C_i——景观 i 的破碎度,单位为个每公顷(个/hm²);

N_i——景观 i 的斑块数,单位为个;

A_i——景观 i 的总面积,单位为公顷(hm²);

i ——工程区内所要监测的固定(流动)沙地类型。

5.2 经济效益评价指标获取方法

5.2.1 牧草产值状况

5.2.1.1 天然草原改良增加的牧草产值

由天然草原面积、单位面积产量、单位价格、优良可食牧草产量等监测指标测量计算得出。按式(6)计算。

$$\Delta FOV = S(Y_a \times P_a - Y_b \times P_b) \tag{6}$$

式中：

ΔFOV ——天然草原改良增加的牧草产值，单位为元；

S ——天然草原改良面积，单位为公顷(hm^2)；

Y_a ——天然草原改良后单位面积产量，单位为千克每公顷(kg/hm^2)；

P_a ——天然草原改良后价格，单位为元每千克(元/kg)；

Y_b ——天然草原改良前单位面积产量，单位为千克每公顷(kg/hm^2)；

P_b ——天然草原改良前价格，单位为元每千克(元/kg)。

单位面积产量的测定方法：天然草原改良前和改良后(或工程区内、外)在草原地块各设置一个样地，每个样地设置 1 m×1 m 样方 3 个～5 个，将样方内的植物全部齐地面剪下后，将这些植物分为可食牧草和不可食牧草两类，带回后称量可食牧草风干重，取平均值。

5.2.1.2 人工草地改良增加的牧草产值

由人工草地面积、单位面积产量、单位价格等监测指标测量计算得出。按式(7)计算。

$$\Delta FOV_a = S_a(y_a \times p_a - y_b \times p_b) \tag{7}$$

式中：

ΔFOV_a ——人工草地改良增加的牧草产值，单位为元；

S_a ——人工草地改良面积，单位为公顷(hm^2)；

y_a ——人工草地改良后单位面积产量，单位为千克每公顷(kg/hm^2)；

p_a ——人工草地改良后价格，单位为元每千克(元/kg)；

y_b ——人工草地改良前单位面积产量，单位为千克每公顷(kg/hm^2)；

p_b ——人工草地改良前价格，单位为元每千克(元/kg)。

单位面积产量的测定方法为：设置 1 m×1 m 样方 1 个～3 个，将样方内的植物全部齐地面剪下(无须分种)，带回后称量风干重，取平均值。

5.2.1.3 草原合理载畜量

由监测指标工程实施增加的载畜量表示。计算方法按 NY/T 635 规定的方法执行。

5.2.2 家畜状况

5.2.2.1 家畜死亡率

由家畜存栏数量、家畜死亡数量 2 个监测指标计算得出。家畜死亡率指在统计期内(一年或一个季度)，家畜死亡数量占统计期初家畜存栏头数的百分比。

5.2.2.2 家畜出栏率

由家畜出栏数量、家畜存栏数量 2 个监测指标计算得出。家畜出栏率指在统计期内(通常为 1 年)出栏牲畜的总头数与年初家畜存栏数量的百分比。

5.2.2.3 家畜体重

由监测指标家畜活体重测量得出。随机抽取一定数量的出栏家畜，称量家畜活体重，取平均值。

5.2.3 收入状况

5.2.3.1 牧民人均纯收入

由监测指标牧民人均纯收入表示。经国家统计局批准，农业农村部制定的农村经济收益分配统计报表中的牧民人均所得。指牧民当年从各个来源得到的总收入相应地扣除所发生的费用后的收入总和。参见当地政府公布的统计年鉴。

5.2.3.2 畜牧业产值占农业总产值比例

由畜牧业产值和农业产值 2 个监测指标计算得出。通过入户调查，结合当地政府及相关部门的统计数据，计算畜牧业产值与农业总产值的比值。

6 评价方法

6.1 生态效益评价方法

利用监测点或监测区在工程实施前后的植被演替度变化率、多年生和一年生植物生物量比例变化率、多年生和一年生植物植株数量比例变化率、植被覆盖度变化率、地上生物量变化率、碳累积量变化率、土壤有机质变化率、土壤容重变化率、结皮厚度变化率、固定(流动)沙地破碎度指数变化率数据，综合加权计算获取监测点或监测区草原生态效益评价指数，定量评价工程建设所产生的生态效益。生态效益评价各指标权重及评分分级见附录 B 中的表 B.1 和表 B.2。生态效益评价指数按式(8)计算。

$$EEI=\sum_{i=1}^{10}W_i F_i/100(0<EEI<1) \quad (8)$$

式中：

EEI——生态效益评级指数；

W_i ——第 i 个评定指标的权重；

F_i ——第 i 个指标评分值。

6.2 经济效益评价方法

利用监测点或监测区在工程实施前后的天然草原改良增加的牧草产值变化率、人工草地改良增加的牧草产值变化率、草原合理载畜量增长率变化率、家畜死亡率变化率、家畜出栏率变化率、家畜体重变化率、牧民人均纯收入增长率变化率、畜牧业产值占农业总产值比例变化率数据，综合加权计算获取监测点或监测区草原经济效益评价指数，定量评价工程建设所产生的经济效益。经济效益评价各指标权重及评分分级见附录 B 中的表 B.3 和表 B.4。经济效益评价指数按式(9)计算。

$$EBI=\sum_{i=1}^{8}W_i F_i/100(0<EBI<1) \quad (9)$$

式中：

EBI——经济效益评价指数。

7 评价分级

7.1 生态效益评价分级

生态效益评价分级如下：

a) 一般(Ⅰ)：生态效益评价指数 $EEI\leqslant 0.25$；

b) 中等(Ⅱ)：生态效益评价指数 $0.25<EEI\leqslant 0.5$；

c) 良好(Ⅲ)：生态效益评价指数 $0.5<EEI\leqslant 0.75$；

d) 优秀(Ⅳ)：生态效益评价指数 $0.75<EEI\leqslant 1$。

7.2 经济效益评价分级

经济效益评价分级如下：

a) 一般(Ⅰ)：经济效益评价指数 $EBI\leqslant 0.25$；

b) 中等(Ⅱ)：经济效益评价指数 $0.25<EBI\leqslant 0.5$；

c) 良好(Ⅲ)：经济效益评价指数 $0.5<EBI\leqslant 0.75$；

d) 优秀(Ⅳ)：经济效益评价指数 $0.75<EBI\leqslant 1$。

附　录　A
（规范性附录）
草原建设经济生态效益评价指标体系

A.1　草原建设生态效益评价指标体系

见表A.1。

表A.1　草原建设生态效益评价指标体系

	生态状况	评价指标	监测指标
生态效益	植被恢复状况	植被演替度	草原植物种类组成;分种植物高度、盖度、密度、干重
		多年生和一年生植物生物量比例	草原植物种类组成;分种植物寿命、干重
		多年生和一年生植物植株数量比例	草原植物种类组成;分种植物密度
		植被覆盖度	草原植物种类组成;植被盖度
		地上生物量	植物生长盛期(8月)地上生物量干重;枯落物干重
		碳累积量	地上、地下生物量干重;枯落物干重;土壤有机质
	土壤恢复状况	土壤有机质	土壤有机质
		土壤容重	土壤容重
		结皮厚度	土壤的表土结皮厚度
		固定(流动)沙地破碎度指数	固定(流动)沙地斑块数;固定(流动)沙地总面积

A.2　草原建设经济效益评价指标体系

见表A.2。

表A.2　草原建设经济效益评价指标体系

	经济状况	评价指标	监测指标
生态效益	牧草产值状况	天然草原改良增加的牧草产值	天然草原面积、单位面积产量、价格;优良可食牧草产量
		人工草地改良增加的牧草产值	人工草地面积、单位面积产量、价格
		草原合理载畜量增长率	工程实施增加的载畜量
	家畜状况	家畜死亡率	家畜存栏数;家畜死亡数量
		家畜出栏率	家畜出栏数量;家畜存栏数量
		家畜体重	家畜活体重
	收入状况	牧民人均纯收入增长率	牧民人均纯收入
		畜牧业产值占农业总产值比例	畜牧业产值;农业产值

附　录　B
（规范性附录）
草原建设经济生态效益评价指标体系评分标准与权重

B.1　生态效益评价中工程实施前后各项指标变化率在不同区间的评分

见表B.1。

表B.1　生态效益评价中工程实施前后各项指标变化率在不同区间的评分

单位为百分率

指　　标	变化率取值范围				
植被演替度变化率	≤2	2～10	10～20	20～30	＞30
多年生和一年生植物生物量比例变化率	≤2	2～10	10～20	20～30	＞30
多年生和一年生植物植株数量比例变化率	≤2	2～10	10～20	20～30	＞30
植被覆盖度变化率	≤2	2～10	10～20	20～30	＞30
地上生物量变化率	≤5	5～15	15～25	25～35	＞35
碳累积量变化率	≤2	2～10	10～20	20～30	＞30
结皮厚度变化率	≤5	5～15	15～25	25～35	＞35
固定(流动)沙地破碎度指数变化率	≤5	5～15	15～25	25～35	＞35
土壤有机质变化率	≤2	2～10	10～20	20～30	＞30
土壤容重变化率	≤2	2～10	10～20	20～30	＞30
评分	0～20	21～40	41～60	61～80	81～100

B.2　评价指标在生态效益评价分级中的权重

见表B.2。

表B.2　评价指标在生态效益评价分级中的权重

单位为百分率

指　　标	指标在生态效益评价分级指数中的权重
植被演替度	15
多年生和一年生植物生物量比例	5
多年生和一年生植物植株数量比例	5
植被覆盖度	15
地上生物量	15
碳累积量	15
结皮厚度	5
固定(流动)沙地破碎度指数	10
土壤有机质	10
土壤容重	5
合计	100

B.3　经济效益评价中工程实施前后各项指标变化率在不同区间的评分

见表B.3。

表B.3　经济效益评价中工程实施前后各项指标变化率在不同区间的评分

单位为百分率

指　　标	变化率取值范围				
天然草原改良增加的牧草产值变化率	≤5	5～10	10～15	15～20	＞20
人工草地改良增加的牧草产值变化率	≤7	7～14	14～21	21～28	＞28

表 B.3（续）

指　　标	变化率取值范围				
草原合理载畜量增长率变化率	≤−10	−10～−5	−5～0	0～5	＞5
家畜死亡率变化率	≥9	9～7	7～5	5～3	＜3
家畜出栏率变化率	≤25	25～35	35～45	45～55	＞55
家畜体重变化率	≤4	4～6	6～7	7～8	＞8
牧民人均纯收入增长率变化率	≤2	2～5	5～8	8～11	＞11
畜牧业产值占农业总产值比例变化率	≤60	60～65	65～70	70～75	＞75
评分	0～20	21～40	41～60	61～80	81～100

B.4 评价指标在经济效益评价分级中的权重

见表 B.4。

表 B.4 评价指标在经济效益评价分级中的权重

单位为百分率

指　　标	指标在经济效益评价分级指数中的权重
天然草原改良增加的牧草产值	21
人工草地改良增加的牧草产值	13
草原合理载畜量增长率	14
家畜死亡率	11
家畜出栏率	9
家畜体重	6
牧民人均纯收入增长率	15
畜牧业产值占农业总产值比例	11
合计	100

ICS 65.120
B 46

中华人民共和国农业行业标准

NY/T 3462—2019

全株玉米青贮霉菌毒素控制技术规范

Technical specification for the prevention and reduction of mycotoxin contamination in whole corn silage

2019-08-01 发布

2019-11-01 实施

中华人民共和国农业农村部 发布

前　言

本标准按照 GB/T 1.1—2009 给出的规则起草。

本标准由农业农村部畜牧兽医局提出。

本标准由全国畜牧业标准化技术委员会(SAC/TC 274)归口。

本标准起草单位:中国农业科学院北京畜牧兽医研究所、农业农村部奶产品质量安全风险评估实验室(北京)、农业农村部奶及奶制品质量监督检验测试中心(北京)。

本标准主要起草人:张养东、王加启、郑楠、李松励、赵圣国、文芳。

全株玉米青贮霉菌毒素控制技术规范

1 范围

本标准规定了全株玉米青贮中霉菌毒素控制的术语和定义、田间生产、收获和加工、储存、取用和监控要求。

本标准适用于全株玉米青贮霉菌毒素的控制。

2 规范性引用文件

下列文件对于本文件的应用是必不可少的。凡是注日期的引用文件，仅注日期的版本适用于本文件。凡是不注日期的引用文件，其最新版本(包括所有的修改单)适用于本文件。

GB 13078　饲料卫生标准

GB/T 17480　饲料中黄曲霉毒素 B_1测定　酶联免疫吸附法

GB/T 19540　饲料中玉米赤霉烯酮的测定

GB/T 28718　饲料中 T-2 毒素的测定　免疫亲和柱净化-高效液相色谱法

NY/T 2129　饲草产品抽样技术规程

3 术语和定义

下列术语和定义适用于本文件。

3.1

青贮　ensiling

将青绿饲草置于密封的青贮设施设备中，在厌氧环境下进行的以乳酸菌为主导的发酵过程，导致酸度下降，抑制微生物的存活，使青绿饲料得以长期保存的饲草加工方法。

3.2

全株玉米青贮　whole corn silage

采用全株玉米制作的青贮。

4 田间生产

4.1 种植地

宜轮作，应翻耕，翻耕深度宜 30 cm 以上。

4.2 品种

根据当地自然条件、农艺特点和市场需求，宜选择抗倒伏等抗逆性强的玉米品种。

5 收获和加工

5.1 适期收获

全株玉米干物质含量北方地区宜达到 30%以上，南方地区宜达到 28%以上，即可收获。不应在雨天收获，收获时应保证原料干净、无杂质和污染。宜选用带有玉米籽粒破碎功能的专用青贮玉米收割机收割。

5.2 留茬高度

青贮玉米收割时，留茬高度应控制在 15 cm 以上。

5.3 切割长度

青贮玉米切割长度宜在 2 cm 左右。

6 储存

6.1 青贮窖

青贮窖应建在养殖场生产区常年主导风向的上风向、地势高、通风、阴凉、干燥处。应建有防止鼠、猫或鸟类等动物侵入的设施。青贮窖大小应根据牧畜规模和1 d的取用量设计。青贮窖与青贮玉米所有接触面应做硬化处理，面上磨平，无裂缝。青贮窖地面宜向排水沟方向做1%～3%的倾斜；排水沟沟底须有2%～5%的坡度，保持排水通畅。青贮前，应清扫青贮窖，去除霉变饲料残渣及其他杂物，宜消毒。

6.2 压窖

青贮玉米切碎后，应及时运输至青贮窖，逐层压实，每层厚度应控制在15 cm以下；压实密度应达到青贮玉米鲜重700 kg/m^3以上，青贮玉米与窖墙接触区域应压实。

6.3 青贮添加剂

可使用青贮添加剂，青贮添加剂的选择和使用应按照国家饲料添加剂管理相关规定执行。

6.4 密封

宜选用2层农用薄膜覆盖，内层为透明薄膜，外层为黑白膜。内层透明薄膜宜延伸铺到青贮窖窖底30 cm以上，青贮窖窖顶透明薄膜交接处，宜相互叠加3 m以上；外层黑白膜应黑面向里、白面向外，黑白膜交接处应用耐热胶水密封。青贮原料填满压实后，应在72 h内密封。

6.5 封顶

黑白膜交接处以及青贮窖墙边缘处，宜用沙袋紧密压实；青贮窖窖顶宜用串联的废旧轮胎等物品紧密盖压；黑白膜与地面交接处，宜用土密封。

6.6 青贮窖维护

定期或不定期进行检查。检查薄膜有无损坏，如有损坏及时封补；检查积水或漏水，及时排除或封补。

7 取用

若青贮表层有霉变部分，应清除霉变部分饲料，从横截面逐层取用，取用截面应尽量保持小和平整。一旦开窖，应每天取用青贮深度达到30 cm以上，直至用完整堆青贮饲料，如连续2 d以上不取用，应将青贮横截面切割整齐、重新密封青贮窖。

8 监控

8.1 计划

青贮窖开窖后，应制订监测全株玉米青贮饲料中黄曲霉毒素等霉菌毒素的计划，计划内容包括全株玉米青贮的抽检批次和时间间隔，梅雨季节或者青贮饲料出现霉变等特殊情况下的抽检批次和时间间隔。

8.2 采样

按照NY/T 2129的规定对全株玉米青贮饲料采样。

8.3 检测

黄曲霉毒素B_1应按照GB/T 17480的规定测定；玉米赤霉烯酮应按照GB/T 19540的规定测定；T-2毒素应按照GB/T 28718的规定测定。

8.4 控制

泌乳期牲畜所用全株玉米青贮饲料中黄曲霉毒素B_1含量应小于10 μg/kg。

非泌乳期牲畜所用全株玉米青贮饲料中霉菌毒素含量按照GB 13078的规定执行。

ICS 67.120.01
X 22

中华人民共和国农业行业标准

NY/T 3512—2019

肉中蛋白无损检测法 近红外法

**Non-destructive determination of protein in meat—
Near-infrared spectroscopy method**

2019-12-27 发布 2020-04-01 实施

中华人民共和国农业农村部 发布

前　　言

本标准按照 GB/T 1.1—2009 给出的规则起草。

本标准由农业农村部畜牧兽医局提出。

本标准由全国屠宰加工标准化技术委员会(SAC/TC 516)归口。

本标准起草单位:中国农业科学院北京畜牧兽医研究所、中国农业科学院质量标准与检测技术研究所、甘肃中天羊业股份有限公司、聚光科技(杭州)股份有限公司、中国农业大学、龙大食品集团有限公司、中国动物疫病预防控制中心(农业农村部屠宰技术中心)。

本标准主要起草人:谢鹏、张松山、汤晓艳、刘丽华、韩熹、李海鹏、孙宝忠、苏华维、郎玉苗、韩双来、谭建华、宫俊杰、高胜普、张朝明。

肉中蛋白无损检测法　近红外法

1　范围

本标准规定了肉中蛋白近红外光谱检测方法的术语和定义、原理、仪器设备、模型建立、样品检测和结果、异常测量结果的确认和处理及准确性和精密度的要求。

本标准适用于肉中蛋白含量的快速检测，不适用于仲裁检测。

2　规范性引用文件

下列文件对于本文件的应用是必不可少的。凡是注日期的引用文件，仅注日期的版本适用于本文件。凡是不注日期的引用文件，其最新版本(包括所有的修改单)适用于本文件。

GB 5009.5　食品安全国家标准　食品中蛋白质的测定

GB/T 29858　分子光谱多元校正定量分析通则

3　术语和定义

GB/T 29858 界定的以及下列术语和定义适用于本文件。

3.1

校正决定系数　correlation coefficient square of calibration model (R^2C)

校正模型用于所有校正样本的预测值与其标准理化分析方法测定值的相关系数平方值，按式(1)计算。

$$R^2C = \left[1 - \frac{\sum_{i=1}^{m}(y_i - \hat{y}_i)^2}{\sum_{i=1}^{m}(y_i - \bar{y})^2}\right] \quad\cdots\cdots(1)$$

式中：

y_i ——校正样品 i 的标准理化分析方法测定值；

$\hat{y}_i$ ——校正样品 i 的校正模型预测值；

$\bar{y}$ ——所有校正样品的标准理化分析方法测定值的平均值；

m ——校正样品个数。

3.2

验证决定系数　correlation coefficient square of validation (R^2V)

验证模型用于所有验证样本的预测定值与其标准理化分析方法测定值的相关系数平方值，按式(2)计算。

$$R^2V = \left[1 - \frac{\sum_{i=1}^{n}(y'_i - \hat{y}'_i)^2}{\sum_{i=1}^{n}(y'_i - \bar{y}')^2}\right] \quad\cdots\cdots(2)$$

式中：

y'_i ——验证样品 i 的标准理化分析方法测定值；

$\hat{y}'_i$ ——验证模型对验证样品 i 的预测值；

$\bar{y}'$ ——所有验证样品的标准理化分析方法测定值的平均值；

n ——验证样品个数。

3.3

校正样品标准差　standard deviation of calibration samples (SDCS)

校正样品标准理化分析方法测定值的标准差，按式(3)计算。

$$SDCS=\sqrt{\frac{\sum_{i=1}^{m}(y_i-\bar{y})^2}{m-1}} \quad\cdots\cdots (3)$$

式中：

y_i ——校正样品 i 的标准理化分析方法测定值；

$\bar{y}$ ——所有校正样品的标准理化分析方法测定值的平均值；

m ——校正样品个数。

3.4

验证样品标准差　standard deviation of validation samples (SDVS)

验证样品的标准理化分析方法测定值的标准差，按式(4)计算。

$$SDVS=\sqrt{\frac{\sum_{i=1}^{n}(y'_i-\bar{y}')^2}{n-1}} \quad\cdots\cdots (4)$$

式中：

y'_i ——验证样品 i 的标准理化分析方法测定值；

$\bar{y}'$ ——所有验证样品的标准理化分析方法测定值的平均值；

n ——验证样品个数。

3.5

校正标准误差　standard error of calibration (SEC)

所有校正样品的校正模型预测值标准误差，按式(5)计算。

$$SEC=\sqrt{\frac{\sum_{i=1}^{m}(\hat{y}_i-y_i)^2}{m-k}} \quad\cdots\cdots (5)$$

式中：

y_i ——校正样品 i 的标准理化分析方法测定值；

$\hat{y}_i$ ——校正样品 i 的校正模型预测值；

m ——校正样品个数；

k ——模型变量个数。

3.6

验证标准误差　standard error of validation (SEV)

所有验证样品的校正模型验证预测值标准误差，按式(6)计算。

$$SEV=\sqrt{\frac{\sum_{i=1}^{n}(\hat{y}'_i-y'_i)^2}{n}} \quad\cdots\cdots (6)$$

式中：

y'_i ——验证样品 i 的标准理化分析方法测定值；

$\hat{y}'_i$ ——验证样品 i 的校正模型验证预测值；

n ——验证样品个数。

4　原理

本方法利用肉中蛋白分子中含氢基团XH(X=C、N、O)等化学键在780 nm ～ 2 526 nm波长下有特征吸收，采用多元分析方法，建立肉中蛋白含量近红外校正模型，实现肉中蛋白含量的快速检测。

5　仪器设备

具有基于肉样近红外光谱区的吸收特性，测定肉中的组分含量(如水分、脂肪、蛋白等)或特性指标的专用分析仪器。应具备近红外光谱数据的收集、存储分析和计算等功能，能够建立肉中蛋白含量校正模型等功能。

6 模型建立

6.1 光谱采集

确定合适的光谱采集参数。在肌肉横切面上避开脂肪、筋膜采集光谱，每次测定要求连续测量不少于3张的样品吸光度光谱。样品的吸光度光谱经过一阶微分处理后，吸光度重复性指标应不大于0.000 4 AU。计算平均光谱作为最终测量光谱，否则记录为异常测量。每个样品采集2张光谱。

6.2 蛋白含量标准理化分析测定

选取光谱采集处的肌肉组织，按照GB 5009.5规定的方法测定肉中蛋白含量。

6.3 校正模型的建立

用于建立模型的校正样品应具有代表性，其因素包含性别、月龄、取样部位、存放时间，蛋白含量、环境因素等，能涵盖待测样品的变化范围。校正样品数量不少于100份。按照GB/T 29858规定建立校正模型，校正模型的有效性利用SEC、R^2C以及SDCS/SEC的指标评价，相关评价指标的要求见表1。

表1 校正模型校正评价指标

项目	SEC	R^2C	SDCS/SEC
评价指标	≤1.0	≥0.8	≥1.5

6.4 校正模型的验证

用于评价模型的验证样品独立于校正集，数量不少于40份。其代表性与校正样品要求一致。选择SEV、R^2V以及SDVS/SEV的指标评价校正模型验证预测效果，相关评价指标的要求见表2。

表2 校正模型验证评价指标

项目	SEV	R^2V	SDVS/SEV
评价指标	≤1.0	≥0.8	≥1.5

7 样品检测和结果

7.1 样品测量

采用6.1的方法采集光谱，仪器和采集条件、方法应与建模一致。用6.3建立的校正模型测定其蛋白含量，记录测量结果。测量结果以g/100 g表示，保留小数点后一位。

7.2 测量结果

检测结果应在近红外光谱测量分析仪使用的校正模型所覆盖的蛋白含量范围内。

每个样品2次测定结果绝对差值不得大于算术平均值的10%，计算平均值作为最终测量结果，否则记录为异常测量。

8 异常测量结果的确认和处理

8.1 异常测量结果的来源

异常测量结果的来源包括但不限于：

——样品品种与校正模型要求不匹配；

——仪器故障；

——样品光谱测量条件与校正模型要求不匹配；

——样品光谱测量参数与建立模型时参数不匹配；

——样品蛋白含量超过校正模型范围。

8.2 异常测量结果的确认

测量结果出现以下任一条件，均可确认其为异常测量结果：

——测量结果超出校正模型覆盖的蛋白含量范围；

——2 次测量结果的绝对差不符合 9.2 的要求；

——仪器或化学计量学软件出现预警情况下的测量结果。

8.3 异常测量结果的处理

出现异常测量结果的样品，进行样品复测（包括样品蛋白含量标准理化分析方法测定、光谱测量、校正模型预测分析），封存样品并汇总统计。

9 准确性和精密度

9.1 准确性

验证样品蛋白含量的本标准测定值与其标准理化分析方法测定值之间的验证标准误差应小于 1.0。

9.2 重复性

在同一实验室，由同一操作者使用相同的仪器设备，按照相同测试方法，并在短时间内对同一被测样品相互独立进行测试，获得的 2 次蛋白含量测量结果的绝对偏差应不大于 0.5 g/100 g。

9.3 再现性

分别在 2 个或多个实验室，由不同操作人员使用同一型号的设备对同一批样品按照相同的测试方法进行测试，所获得的蛋白含量，其测量结果的绝对偏差应不大于 1.0 g/100 g。

ICS 67.100.10
X 16

中华人民共和国农业行业标准

NY/T 3513—2019

生乳中硫氰酸根的测定　离子色谱法

Determination of thiocyanate in raw milk—Ion chromatography

2019-12-27 发布　　　　2020-04-01 实施

中华人民共和国农业农村部　发布

前　　言

本标准按照 GB/T 1.1—2009 给出的规则起草。

请注意本文件的某些内容可能涉及专利。本文件的发布机构不承担识别这些专利的责任。

本标准由农业农村部畜牧兽医局提出。

本标准由全国畜牧业标准化技术委员会(SAC/TC 274)归口。

本标准起草单位:中国农业科学院北京畜牧兽医研究所、农业农村部奶产品质量安全风险评估实验室(北京)、农业农村部奶及奶制品质量监督检验测试中心(北京)。

本标准主要起草人:文芳、叶巧燕、郑楠、李松励、王加启。

生乳中硫氰酸根的测定　离子色谱法

1　范围

本标准规定了生乳中硫氰酸根测定的离子色谱法。

本标准适用于牛、羊、水牛、牦牛等不同奶畜生乳中硫氰酸根的测定。

本标准的检出限为 0.25 mg/kg，定量限为 0.75 mg/kg。

2　规范性引用文件

下列文件对于本文件的应用是必不可少的。凡是注日期的引用文件，仅注日期的版本适用于本文件。凡是不注日期的引用文件，其最新版本(包括所有的修改单)适用于本文件。

GB/T 6682　分析实验室用水规格和试验方法

3　原理

试样用乙腈沉淀蛋白，上清液加水调节并经反相固相萃取柱净化后，用离子色谱分离，电导检测器检测。以保留时间定性，外标法定量。

4　试剂或材料

除非另有规定，仅使用分析纯试剂。

4.1　水，GB/T 6682，一级。

4.2　乙腈(CH_3CN)：色谱纯。

4.3　甲醇(CH_3OH)：色谱纯。

4.4　丙酮(C_3H_6O)：色谱纯。

4.5　50%氢氧化钠溶液(NaOH)：色谱纯。

4.6　离子色谱淋洗液：根据仪器型号及色谱柱选择和配制不同的淋洗液体系。

4.6.1　氢氧根系淋洗液：由仪器自动在线生成或手工配制。

4.6.1.1　氢氧化钾淋洗液：由淋洗液自动电解发生器在线生成，浓度为 45 mmol/L～60 mmol/L。

4.6.1.2　氢氧化钠淋洗液(45 mmol/L)：取 2.34 mL 50%氢氧化钠溶液(4.5)，用水稀释至 1 000 mL，可通入氮气保护，以减缓碱性淋洗液吸收空气中的 CO_2 而失效，缓慢摇匀，室温下可放置 7 d。

4.6.1.3　氢氧化钠淋洗液(60 mmol/L)：取 3.12 mL 50%氢氧化钠溶液(4.5)，用水稀释至 1 000 mL，可通入氮气保护，以减缓碱性淋洗液吸收空气中的 CO_2 而失效，缓慢摇匀，室温下可放置 7 d。

4.6.2　碳酸盐系淋洗液(Na_2CO_3 浓度为 5 mmol/L，$NaHCO_3$ 浓度为 2 mmol/L，丙酮浓度为 5%)：准确称取 0.530 0 g 碳酸钠和 0.168 0 g 碳酸氢钠，分别溶于适量水中，转移至 1 000 mL 容量瓶，加入 50 mL 丙酮，用水稀释定容，混匀。

4.7　硫酸溶液(45 mmol/L)：移取 2.45 mL 浓硫酸，加入适量水中，并用水定容至 1 000 mL，混匀。

4.8　硫氰酸根标准储备溶液(1 000 mg/L)：将硫氰酸钠(NaSCN，CAS 号：540-72-7，纯度≥99.99%)于 80℃烘箱内烘干 2 h。准确称取干燥后的硫氰酸钠 0.139 7 g，用水定容至 100 mL，混匀。0℃～4℃保存，有效期为 6 个月。

4.9　硫氰酸根标准中间溶液(10 mg/L)：准确吸取 1 mL 硫氰酸根标准储备液(4.8)，用水稀释至 100 mL，混匀。0℃～4℃保存，有效期为 1 个月。

4.10　硫氰酸根标准系列溶液：分别准确移取硫氰酸根标准中间溶液(4.9)0 μL、10 μL、20 μL、50 μL、

100 μL、500 μL 和 1 000 μL，用水定容至 10 mL，混匀，得到浓度分别为 0 mg/L、0.01 mg/L、0.02 mg/L、0.05 mg/L、0.10 mg/L、0.50 mg/L 和 1.00 mg/L 的硫氰酸根标准工作液。0℃～4℃保存，有效期为 1 个月。

5 仪器设备

5.1 离子色谱仪：配抑制器电导检测器。

5.2 高速冷冻离心机：8 000 r/min，4℃。

5.3 天平：感量为 0.1 mg、0.01 g。

5.4 涡旋混匀器。

5.5 移液器：100 μL、1 mL。

5.6 烘箱：(80±5)℃。

5.7 过滤器：水系，0.22 μm。

5.8 反相净化小柱，如 OnGuard II RP 柱[1]（1.0 mL），或性能相当者。

6 样品

采集的有代表性生乳样品可用硬质玻璃瓶或聚乙烯瓶盛放，样品采集后应尽快分析。若样品在 0℃～6℃冷藏保存，冷藏时间不应超过 48 h；若不能及时测定，应于－20℃冷冻保存，冷冻时间不应超过 30 d，解冻温度不应超过 60℃，解冻次数不应超过 5 次。冷藏、冷冻的样品需恢复至室温并摇匀，待测。

7 试验步骤

7.1 试样处理

称取试样 4 g(精确至 0.01 g)，用乙腈定容至 10 mL，混匀 1 min，静置 20 min，离心 5 min。准确移取 1.00 mL 上清液用水定容至 10 mL 并混匀，备用。同时做空白试验。

7.2 提取液净化

将反相净化小柱依次用 5 mL 甲醇和 10 mL 水活化，静置 30 min，取上述溶液(7.1)，过 0.22 μm 滤膜并加载到活化好的净化反相柱上，弃去前 3 mL 流出液，收集滤液，待测。

7.3 仪器参考条件

7.3.1 仪器参考条件 I

7.3.1.1 色谱柱：以 OH^- 为流动相，并能使用梯度洗脱的、高容量的阴离子交换柱，如 IonPac AS-16 型色谱柱(4 mm×250 mm)和 IonPac AG-16 型保护柱[2]（4 mm×50 mm)，或性能相当的离子色谱柱。

7.3.1.2 抑制器：ASRS-3004 mm 阴离子抑制器[3]，或性能相当的抑制器；外加水抑制模式，抑制器电流为 112 mA～149 mA，外加水流量 1.2 mL/min。

7.3.1.3 淋洗液：氢氧根系淋洗液(4.6.1)，流速为 1.0 mL/min，梯度淋洗。梯度淋洗条件参见表 1。

表 1 离子色谱仪淋洗液梯度淋洗条件(氢氧根体系)

序号	时间，min	流速，mL/min	OH^- 浓度，mmol/L
1	0.0～13.0	1.00	45.0
2	13.1～18.0	1.00	60.0
3	18.1～23.0	1.00	45.0

1) OnGuard II RP 柱是商品名，此处列出仅供参考，并不涉及商业目的。给出这一信息是为了方便本标准的使用者，并不表示对该产品的认可。如果其他等效产品具有相同的效果，则可使用这些等效的产品。

2) IonPac AS-16 型色谱柱和 IonPac AG-16 型保护柱是商品名，给出这一信息是为了方便本标准的使用者，并不表示对该产品的认可。如果其他等效产品具有相同的效果，则可使用这些等效的产品。

3) ASRS-300 4 mm 阴离子抑制器是商品名，给出这一信息是为了方便本标准的使用者，并不表示对该产品的认可。如果其他等效产品具有相同的效果，则可使用这些等效的产品。

7.3.1.4 进样体积:100 μL。

7.3.1.5 柱温:30℃。

7.3.1.6 电导池温度:35℃。

7.3.2 仪器参考条件Ⅱ

7.3.2.1 色谱柱:碳酸盐淋洗体系的高容量阴离子交换柱,如 Metrosep Anion Supp5-150(4 mm×150 mm)阴离子交换色谱柱和 Metrosep Anion Guard(4 mm×50 mm)专用保护柱[4],或性能相当的离子色谱柱。

7.3.2.2 抑制器:MSMⅡ型抑制器[5],抑制器再生液为硫酸溶液(4.7)。

7.3.2.3 淋洗液:碳酸盐系淋洗液(4.6.2),流速为 1.0 mL/min。

7.3.2.4 进样体积:100 μL。

7.3.2.5 柱温:30.0℃。

7.3.2.6 电导池温度:40.0℃。

7.4 标准系列溶液和试样溶液分析

按选定的仪器参考条件Ⅰ或Ⅱ,对硫氰酸根标准系列溶液和试样溶液进行测定。不同淋洗液体系的标准溶液色谱图参见附录 A。

7.5 定性

以硫氰酸根的保留时间定性,试样溶液中硫氰酸根的保留时间应与标准系列溶液(浓度相当)中硫氰酸根的保留时间一致,其相对偏差在±2.5%之内。

7.6 定量

以硫氰酸根的浓度为横坐标、色谱峰面积(或峰高)为纵坐标,绘制标准曲线,其相关系数应不低于0.99。试样溶液中待测物的浓度应在标准曲线的线性范围内。如超出范围,应将试样溶液用水溶液稀释 n 倍后,重新测定。

8 试验数据处理

试样中硫氰酸根的含量以质量浓度 w 计,数值以毫克每千克(mg/kg)表示,按式(1)计算。

$$w=\frac{c\times V_1\times V_3\times 1000}{m\times V_2\times 1000}\times n \quad \cdots\cdots (1)$$

式中:

c ——待测溶液从标准曲线上查得硫氰酸根的质量浓度,单位为毫克每升(mg/L);

V_1 ——样品用乙腈提取时定容体积,单位为毫升(mL);

V_2 ——移取离心后上清液的体积,单位为毫升(mL);

V_3 ——上清液稀释定容的体积,单位为毫升(mL);

m ——试样质量,单位为克(g);

n ——上机测定的试样溶液超出规定的范围后,进一步稀释的倍数。

计算结果保留至小数点后 2 位,用 2 次平行测定的算术平均值表示。

注:试样中测得的硫氰酸根离子含量乘以换算系数 1.40,即得硫氰酸钠含量。

9 精密度

在重复性条件下,2 次独立测试结果与其算术平均值的绝对差值不大于该算术平均值的 10%。

4) Metrosep Anion Supp5-150(4 mm×150 mm)阴离子交换色谱柱和 Metrosep Anion Guard(4 mm×50 mm)专用保护柱是商品名,给出这一信息是为了方便本标准的使用者,并不表示对该产品的认可。如果其他等效产品具有相同的效果,则可使用这些等效的产品。

5) MSMⅡ型抑制器是商品名,给出这一信息是为了方便本标准的使用者,并不表示对该产品的认可。如果其他等效产品具有相同的效果,则可使用这些等效的产品。

附 录 A
(资料性附录)
硫氰酸根离子色谱仪色谱图

A.1 氢氧根体系的硫氰酸根标准溶液离子色谱图

见图 A.1。

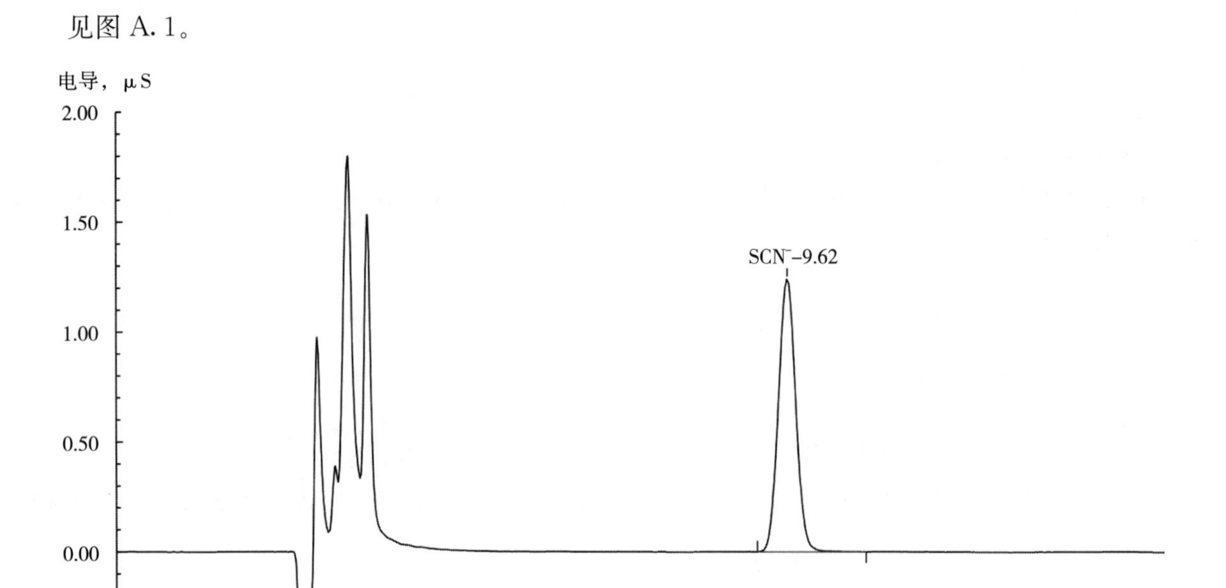

图 A.1 硫氰酸根标准溶液(0.5 mg/L)离子色谱图(氢氧根体系)

A.2 碳酸盐体系的硫氰酸根标准溶液离子色谱图

见图 A.2。

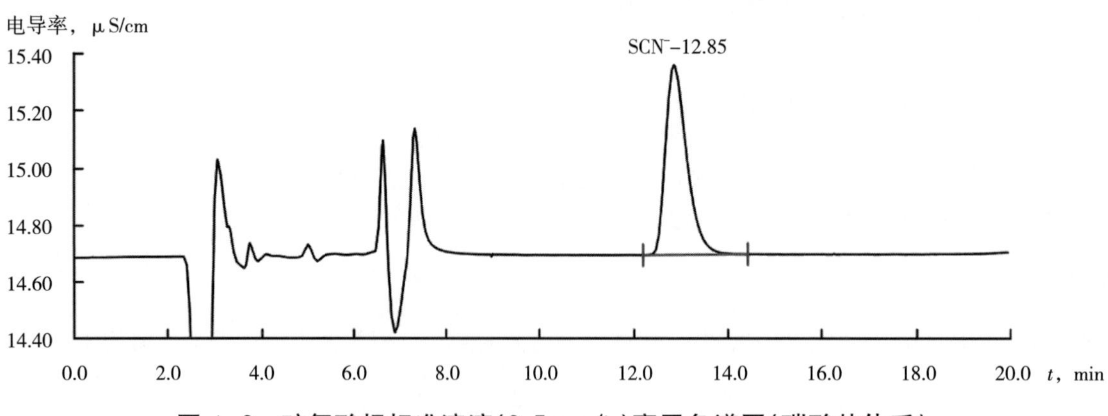

图 A.2 硫氰酸根标准溶液(0.5 mg/L)离子色谱图(碳酸盐体系)

第二部分

兽医类标准

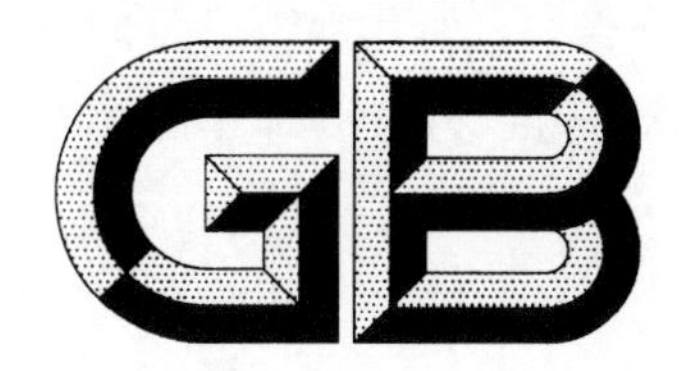

中华人民共和国国家标准

GB 31650—2019

食品安全国家标准
食品中兽药最大残留限量

National food safety standard—
Maximum residue limits for veterinary drugs in foods

2019-09-06 发布　　　　2020-04-01 实施

中华人民共和国农业农村部
中华人民共和国国家卫生健康委员会　发布
国家市场监督管理总局

前　言

本标准按照GB/T 1.1—2009给出的规则起草。

本标准代替农业部公告第235号《动物性食品中兽药最高残留限量》相关部分。与农业部公告第235号相比,除编辑性修改外主要变化如下:

——增加了“可食下水”和“其他食品动物”的术语定义;

——增加了阿维拉霉素等13种兽药及残留限量;

——增加了阿苯达唑等28种兽药的残留限量;

——增加了阿莫西林等15种兽药的日允许摄入量;

——增加了醋酸等73种允许用于食品动物,但不需要制定残留限量的兽药;

——修订了乙酰异戊酰泰乐菌素等17种兽药的中文名称或英文名称;

——修订了安普霉素等9种兽药的日允许摄入量;

——修订了阿苯达唑等15种兽药的残留标志物;

——修订了阿维菌素等29种兽药的靶组织和残留限量;

——修订了阿莫西林等23种兽药的使用规定;

——删除了蝇毒磷的残留限量;

——删除了氨丙啉等6种允许用于食品动物,但不需要制定残留限量的兽药;

——不再收载禁止药物及化合物清单。

食品安全国家标准　食品中兽药最大残留限量

1　范围

本标准规定了动物性食品中阿苯达唑等104种(类)兽药的最大残留限量;规定了醋酸等154种允许用于食品动物,但不需要制定残留限量的兽药;规定了氯丙嗪等9种允许作治疗用,但不得在动物性食品中检出的兽药。

本标准适用于与最大残留限量相关的动物性食品。

2　规范性引用文件

下列文件对于本文件的应用是必不可少的。凡是注日期的引用文件,仅注日期的版本适用于本文件。凡是不注日期的引用文件,其最新版本(包括所有的修改单)适用于本文件。

3　术语和定义

下列术语和定义适用于本文件。

3.1

兽药残留　veterinary drug residue

对食品动物用药后,动物产品的任何可食用部分中所有与药物有关的物质的残留,包括药物原型或/和其代谢产物。

3.2

总残留　total residue

对食品动物用药后,动物产品的任何可食用部分中药物原型或/和其所有代谢产物的总和。

3.3

日允许摄入量　acceptable daily intake(ADI)

人的一生中每日从食物或饮水中摄取某种物质而对其健康没有明显危害的量,以人体重为基础计算,单位:μg/kg bw。

3.4

最大残留限量　maximum residue limit(MRL)

对食品动物用药后,允许存在于食物表面或内部的该兽药残留的最高量/浓度(以鲜重计,单位:μg/kg)。

3.5

食品动物　food-producing animal

各种供人食用或其产品供人食用的动物。

3.6

鱼　fish

包括鱼纲(pisce)、软骨鱼(elasmobranch)和圆口鱼(cyclostome)的水生冷血动物,不包括水生哺乳动物、无脊椎动物和两栖动物。

注:此定义可适用于某些无脊椎动物,特别是头足动物(cephalopod)。

3.7

家禽　poultry

包括鸡、火鸡、鸭、鹅、鸽和鹌鹑等在内的家养的禽。

3.8

动物性食品　animal derived food

供人食用的动物组织以及蛋、奶和蜂蜜等初级动物性产品。

3.9

可食性组织 edible tissues

全部可食用的动物组织，包括肌肉、脂肪以及肝、肾等脏器。

3.10

皮+脂 skin with fat

带脂肪的可食皮肤。

3.11

皮+肉 muscle with skin

一般特指鱼的带皮肌肉组织。

3.12

副产品 byproducts

除肌肉、脂肪以外的所有可食组织，包括肝、肾等。

3.13

可食下水 edible offal

除肌肉、脂肪、肝、肾以外的可食部分。

3.14

肌肉 muscle

仅指肌肉组织。

3.15

蛋 egg

家养母禽所产的带壳蛋。

3.16

奶 milk

由正常乳房分泌而得，经一次或多次挤奶，既无加入也未经提取的奶。

注：此术语可用于处理过但未改变其组分的奶，或根据国家立法已将脂肪含量标准化处理过的奶。

3.17

其他食品动物 all other food-producing species

各品种项下明确规定的动物种类以外的其他所有食品动物。

4 技术要求

4.1 已批准动物性食品中最大残留限量规定的兽药

4.1.1 阿苯达唑(albendazole)

4.1.1.1 兽药分类：抗线虫药。

4.1.1.2 ADI：0 μg/kg bw～50 μg/kg bw。

4.1.1.3 残留标志物：奶中为阿苯达唑亚砜、阿苯达唑砜、阿苯达唑-2-氨基砜和阿苯达唑之和(sum of albendazole sulphoxide, albendazole sulphone, and albendazole 2-amino sulphone, expressed as albendazole)；除奶外，其他靶组织为阿苯达唑-2-氨基砜(albendazole 2-amino sulfone)。

4.1.1.4 最大残留限量：应符合表1的规定。

表 1

动物种类	靶组织	残留限量，μg/kg
所有食品动物	肌肉	100
	脂肪	100

表 1(续)

动物种类	靶组织	残留限量,μg/kg
所有食品动物	肝	5 000
	肾	5 000
	奶	100

4.1.2 **双甲脒(amitraz)**

4.1.2.1 兽药分类:杀虫药。

4.1.2.2 ADI:0 μg/kg bw～3 μg/kg bw。

4.1.2.3 残留标志物:双甲脒+2,4-二甲基苯胺的总和(sum of amitraz and all meta-bolites containing the 2,4-DMA moiety, expressed as amitraz)。

4.1.2.4 最大残留限量:应符合表 2 的规定。

表 2

动物种类	靶组织	残留限量,μg/kg
牛	脂肪	200
	肝	200
	肾	200
	奶	10
绵羊	脂肪	400
	肝	100
	肾	200
	奶	10
山羊	脂肪	200
	肝	100
	肾	200
	奶	10
猪	脂肪	400
	肝	200
	肾	200
蜜蜂	蜂蜜	200

4.1.3 **阿莫西林(amoxicillin)**

4.1.3.1 兽药分类:β-内酰胺类抗生素。

4.1.3.2 ADI:0 μg/kg bw～2 μg/kg bw,微生物学 ADI。

4.1.3.3 残留标志物:阿莫西林(amoxicillin)。

4.1.3.4 最大残留限量:应符合表 3 的规定。

表 3

动物种类	靶组织	残留限量,μg/kg
所有食品动物(产蛋期禁用)	肌肉	50
	脂肪	50
	肝	50
	肾	50
	奶	4
鱼	皮+肉	50

4.1.4 **氨苄西林(ampicillin)**

4.1.4.1 兽药分类:β-内酰胺类抗生素。

4.1.4.2 ADI: 0 μg/kg bw～3 μg/kg bw,微生物学 ADI。

4.1.4.3 残留标志物：氨苄西林(ampicillin)。

4.1.4.4 最大残留限量：应符合表4的规定。

表4

动物种类	靶组织	残留限量，μg/kg
所有食品动物(产蛋期禁用)	肌肉	50
	脂肪	50
	肝	50
	肾	50
	奶	4
鱼	皮＋肉	50

4.1.5 氨丙啉(amprolium)

4.1.5.1 兽药分类：抗球虫药。

4.1.5.2 ADI：0 μg/kg bw～100 μg/kg bw。

4.1.5.3 残留标志物：氨丙啉(amprolium)。

4.1.5.4 最大残留限量：应符合表5的规定。

表5

动物种类	靶组织	残留限量，μg/kg
牛	肌肉	500
	脂肪	2 000
	肝	500
	肾	500
鸡、火鸡	肌肉	500
	肝	1 000
	肾	1 000
	蛋	4 000

4.1.6 安普霉素(apramycin)

4.1.6.1 兽药分类：氨基糖苷类抗生素。

4.1.6.2 ADI：0 μg/kg bw～25 μg/kg bw。

4.1.6.3 残留标志物：安普霉素(apramycin)。

4.1.6.4 最大残留限量：应符合表6的规定。

表6

动物种类	靶组织	残留限量，μg/kg
猪	肾	100

4.1.7 氨苯胂酸、洛克沙胂(arsanilic acid，roxarsone)

4.1.7.1 兽药分类：合成抗菌药。

4.1.7.2 残留标志物：总砷计。

4.1.7.3 最大残留限量：应符合表7的规定。

表 7

动物种类	靶组织	残留限量，μg/kg
猪	肌肉	500
	肝	2 000
	肾	2 000
	副产品	500
鸡、火鸡	肌肉	500
	副产品	500
	蛋	500

4.1.8 **阿维菌素(avermectin)**

4.1.8.1 兽药分类：抗线虫药。

4.1.8.2 ADI：0 μg/kg bw～2 μg/kg bw。

4.1.8.3 残留标志物：阿维菌素 B_{1a}(avermectin B_{1a})。

4.1.8.4 最大残留限量：应符合表 8 的规定。

表 8

动物种类	靶组织	残留限量，μg/kg
牛(泌乳期禁用)	脂肪	100
	肝	100
	肾	50
羊(泌乳期禁用)	肌肉	20
	脂肪	50
	肝	25
	肾	20

4.1.9 **阿维拉霉素(avilamycin)**

4.1.9.1 兽药分类：寡糖类抗生素。

4.1.9.2 ADI：0 μg/kg bw～2 000 μg/kg bw。

4.1.9.3 残留标志物：二氯异苔酸[dichloroisoeverninic acid(DIA)]。

4.1.9.4 最大残留限量：应符合表 9 的规定。

表 9

动物种类	靶组织	残留限量，μg/kg
猪、兔	肌肉	200
	脂肪	200
	肝	300
	肾	200
鸡、火鸡(产蛋期禁用)	肌肉	200
	皮+脂	200
	肝	300
	肾	200

4.1.10 **氮哌酮(azaperone)**

4.1.10.1 兽药分类：镇静剂。

4.1.10.2 ADI：0 μg/kg bw～6 μg/kg bw。

4.1.10.3 残留标志物：氮哌酮与氮哌醇之和(sum of azaperone and azaperol)。

4.1.10.4 最大残留限量：应符合表 10 的规定。

表 10

动物种类	靶组织	残留限量,μg/kg
猪	肌肉	60
	脂肪	60
	肝	100
	肾	100

4.1.11 杆菌肽(bacitracin)

4.1.11.1 兽药分类:多肽类抗生素。

4.1.11.2 ADI:0 μg/kg bw～50 μg/kg bw。

4.1.11.3 残留标志物:杆菌肽 A、杆菌肽 B 和杆菌肽 C 之和(sum of bacitracin A, bacitracin B and bacitracin C)。

4.1.11.4 最大残留限量:应符合表 11 的规定。

表 11

动物种类	靶组织	残留限量,μg/kg
牛、猪、家禽	可食组织	500
牛	奶	500
家禽	蛋	500

4.1.12 青霉素、普鲁卡因青霉素(benzylpenicillin, procaine benzylpenicillin)

4.1.12.1 兽药分类:β-内酰胺类抗生素。

4.1.12.2 ADI:0 μg penicillin/(人·d)～30 μg penicillin/(人·d)。

4.1.12.3 残留标志物:青霉素(benzylpenicillin)。

4.1.12.4 最大残留限量:应符合表 12 的规定。

表 12

动物种类	靶组织	残留限量,μg/kg
牛、猪、家禽(产蛋期禁用)	肌肉	50
	肝	50
	肾	50
牛	奶	4
鱼	皮+肉	50

4.1.13 倍他米松(betamethasone)

4.1.13.1 兽药分类:糖皮质激素类药。

4.1.13.2 ADI:0 μg/kg bw～0.015 μg/kg bw。

4.1.13.3 残留标志物:倍他米松(betamethasone)。

4.1.13.4 最大残留限量:应符合表 13 的规定。

表 13

动物种类	靶组织	残留限量,μg/kg
牛、猪	肌肉	0.75
	肝	2
	肾	0.75
牛	奶	0.3

4.1.14 卡拉洛尔(carazolol)

4.1.14.1 兽药分类:抗肾上腺素类药。

4.1.14.2 ADI:0 μg/kg bw～0.1 μg/kg bw。

4.1.14.3 残留标志物:卡拉洛尔(carazolol)。

4.1.14.4 最大残留限量:应符合表 14 的规定。

表 14

动物种类	靶组织	残留限量,μg/kg
猪	肌肉	5
	皮	5
	脂肪	5
	肝	25
	肾	25

4.1.15 头孢氨苄(cefalexin)

4.1.15.1 兽药分类:头孢菌素类抗生素。

4.1.15.2 ADI:0 μg/kg bw～54.4 μg/kg bw。

4.1.15.3 残留标志物:头孢氨苄(cefalexin)。

4.1.15.4 最大残留限量:应符合表 15 的规定。

表 15

动物种类	靶组织	残留限量,μg/kg
牛	肌肉	200
	脂肪	200
	肝	200
	肾	1 000
	奶	100

4.1.16 头孢喹肟(cefquinome)

4.1.16.1 兽药分类:头孢菌素类抗生素。

4.1.16.2 ADI:0 μg/kg bw～3.8 μg/kg bw。

4.1.16.3 残留标志物:头孢喹肟(cefquinome)。

4.1.16.4 最大残留限量:应符合表 16 的规定。

表 16

动物种类	靶组织	残留限量,μg/kg
牛、猪	肌肉	50
	脂肪	50
	肝	100
	肾	200
牛	奶	20

4.1.17 头孢噻呋(ceftiofur)

4.1.17.1 兽药分类:头孢菌素类抗生素。

4.1.17.2 ADI:0 μg/kg bw～50 μg/kg bw。

4.1.17.3 残留标志物:去呋喃甲酰基头孢噻呋(desfuroylceftiofur)。

4.1.17.4 最大残留限量:应符合表 17 的规定。

表 17

动物种类	靶组织	残留限量,μg/kg
牛、猪	肌肉	1 000
	脂肪	2 000
	肝	2 000
	肾	6 000
牛	奶	100

4.1.18 克拉维酸(clavulanic acid)

4.1.18.1 兽药分类:β-内酰胺酶抑制剂。

4.1.18.2 ADI:0 μg/kg bw～50 μg/kg bw。

4.1.18.3 残留标志物:克拉维酸(clavulanic acid)。

4.1.18.4 最大残留限量:应符合表 18 的规定。

表 18

动物种类	靶组织	残留限量,μg/kg
牛、猪	肌肉	100
	脂肪	100
	肝	200
	肾	400
牛	奶	200

4.1.19 氯羟吡啶(clopidol)

4.1.19.1 兽药分类:抗球虫药。

4.1.19.2 残留标志物:氯羟吡啶(clopidol)。

4.1.19.3 最大残留限量:应符合表 19 的规定。

表 19

动物种类	靶组织	残留限量,μg/kg
牛、羊	肌肉	200
	肝	1 500
	肾	3 000
	奶	20
猪	可食组织	200
鸡、火鸡	肌肉	5 000
	肝	15 000
	肾	15 000

4.1.20 氯氰碘柳胺(closantel)

4.1.20.1 兽药分类:抗吸虫药。

4.1.20.2 ADI:0 μg/kg bw～30 μg/kg bw。

4.1.20.3 残留标志物:氯氰碘柳胺(closantel)。

4.1.20.4 最大残留限量:应符合表 20 的规定。

表 20

动物种类	靶组织	残留限量,μg/kg
牛	肌肉	1 000
	脂肪	3 000
	肝	1 000
	肾	3 000

表 20(续)

动物种类	靶组织	残留限量,μg/kg
羊	肌肉	1 500
	脂肪	2 000
	肝	1 500
	肾	5 000
牛、羊	奶	45

4.1.21 **氯唑西林(cloxacillin)**

4.1.21.1 兽药分类:β-内酰胺类抗生素。

4.1.21.2 ADI:0 μg/kg bw～200 μg/kg bw。

4.1.21.3 残留标志物:氯唑西林(cloxacillin)。

4.1.21.4 最大残留限量:应符合表 21 的规定。

表 21

动物种类	靶组织	残留限量,μg/kg
所有食品动物(产蛋期禁用)	肌肉	300
	脂肪	300
	肝	300
	肾	300
	奶	30
鱼	皮+肉	300

4.1.22 **黏菌素(colistin)**

4.1.22.1 兽药分类:多肽类抗生素。

4.1.22.2 ADI:0 μg/kg bw～7 μg/kg bw。

4.1.22.3 残留标志物:黏菌素 A 与黏菌素 B 之和(sum of colistin A and colistin B)。

4.1.22.4 最大残留限量:应符合表 22 的规定。

表 22

动物种类	靶组织	残留限量,μg/kg
牛、羊、猪、兔	肌肉	150
	脂肪	150
	肝	150
	肾	200
鸡、火鸡	肌肉	150
	皮+脂	150
	肝	150
	肾	200
鸡	蛋	300
牛、羊	奶	50

4.1.23 **氟氯氰菊酯(cyfluthrin)**

4.1.23.1 兽药分类:杀虫药。

4.1.23.2 ADI:0 μg/kg bw～20 μg/kg bw。

4.1.23.3 残留标志物:氟氯氰菊酯(cyfluthrin)。

4.1.23.4 最大残留限量:应符合表 23 的规定。

表 23

动物种类	靶组织	残留限量,μg/kg
牛	肌肉	20
	脂肪	200
	肝	20
	肾	20
	奶	40

4.1.24 **三氟氯氰菊酯(cyhalothrin)**

4.1.24.1 兽药分类:杀虫药。

4.1.24.2 ADI:0 μg/kg bw～5 μg/kg bw。

4.1.24.3 残留标志物:三氟氯氰菊酯(cyhalothrin)。

4.1.24.4 最大残留限量:应符合表 24 的规定。

表 24

动物种类	靶组织	残留限量,μg/kg
牛、猪	肌肉	20
	脂肪	400
	肝	20
	肾	20
牛	奶	30
绵羊	肌肉	20
	脂肪	400
	肝	50
	肾	20

4.1.25 **氯氰菊酯、α-氯氰菊酯(cypermethrin and alpha-cypermethrin)**

4.1.25.1 兽药分类:杀虫药。

4.1.25.2 ADI:0 μg/kg bw～20 μg/kg bw。

4.1.25.3 残留标志物:氯氰菊酯总和[total of cypermethrin residues(resulting from the use of cypermethrin or alpha-cypermethrin as veterinary drugs)]。

4.1.25.4 最大残留限量:应符合表 25 的规定。

表 25

动物种类	靶组织	残留限量,μg/kg
牛、绵羊	肌肉	50
	脂肪	1 000
	肝	50
	肾	50
牛	奶	100
鱼	皮+肉	50

4.1.26 **环丙氨嗪(cyromazine)**

4.1.26.1 兽药分类:杀虫药。

4.1.26.2 ADI:0 μg/kg bw～20 μg/kg bw。

4.1.26.3 残留标志物:环丙氨嗪(cyromazine)。

4.1.26.4 最大残留限量:应符合表 26 的规定。

表 26

动物种类	靶组织	残留限量，μg/kg
羊(泌乳期禁用)	肌肉	300
	脂肪	300
	肝	300
	肾	300
家禽	肌肉	50
	脂肪	50
	副产品	50

4.1.27 **达氟沙星(danofloxacin)**

4.1.27.1 兽药分类：喹诺酮类合成抗菌药。

4.1.27.2 ADI：0 μg/kg bw～20 μg/kg bw。

4.1.27.3 残留标志物：达氟沙星(danofloxacin)。

4.1.27.4 最大残留限量：应符合表 27 的规定。

表 27

动物种类	靶组织	残留限量，μg/kg
牛、羊	肌肉	200
	脂肪	100
	肝	400
	肾	400
	奶	30
家禽(产蛋期禁用)	肌肉	200
	脂肪	100
	肝	400
	肾	400
猪	肌肉	100
	脂肪	100
	肝	50
	肾	200
鱼	皮+肉	100

4.1.28 **癸氧喹酯(decoquinate)**

4.1.28.1 兽药分类：抗球虫药。

4.1.28.2 ADI：0 μg/kg bw～75 μg/kg bw。

4.1.28.3 残留标志物：癸氧喹酯(decoquinate)。

4.1.28.4 最大残留限量：应符合表 28 的规定。

表 28

动物种类	靶组织	残留限量，μg/kg
鸡	肌肉	1 000
	可食组织	2 000

4.1.29 **溴氰菊酯(deltamethrin)**

4.1.29.1 兽药分类：杀虫药。

4.1.29.2 ADI：0 μg/kg bw～10 μg/kg bw。

4.1.29.3 残留标志物：溴氰菊酯(deltamethrin)。

4.1.29.4 最大残留限量：应符合表 29 的规定。

表 29

动物种类	靶组织	残留限量,μg/kg
牛、羊	肌肉	30
	脂肪	500
	肝	50
	肾	50
牛	奶	30
鸡	肌肉	30
	皮+脂	500
	肝	50
	肾	50
	蛋	30
鱼	皮+肉	30

4.1.30 **越霉素 A(destomycin A)**

4.1.30.1 兽药分类:抗线虫药。

4.1.30.2 残留标志物:越霉素 A(destomycin A)。

4.1.30.3 最大残留限量:应符合表 30 的规定。

表 30

动物种类	靶组织	残留限量,μg/kg
猪、鸡	可食组织	2 000

4.1.31 **地塞米松(dexamethasone)**

4.1.31.1 兽药分类:糖皮质激素类药。

4.1.31.2 ADI:0 μg/kg bw～0.015 μg/kg bw。

4.1.31.3 残留标志物:地塞米松(dexamethasone)。

4.1.31.4 最大残留限量:应符合表 31 的规定。

表 31

动物种类	靶组织	残留限量,μg/kg
牛、猪、马	肌肉	1.0
	肝	2.0
	肾	1.0
牛	奶	0.3

4.1.32 **二嗪农(diazinon)**

4.1.32.1 兽药分类:杀虫药。

4.1.32.2 ADI:0 μg/kg bw～2 μg/kg bw。

4.1.32.3 残留标志物:二嗪农(diazinon)。

4.1.32.4 最大残留限量:应符合表 32 的规定。

表 32

动物种类	靶组织	残留限量,μg/kg
牛、羊	奶	20
牛、猪、羊	肌肉	20
	脂肪	700
	肝	20
	肾	20

4.1.33 **敌敌畏(dichlorvos)**

4.1.33.1 兽药分类:杀虫药。

4.1.33.2 ADI:0 μg/kg bw～4 μg/kg bw。

4.1.33.3 残留标志物:敌敌畏(dichlorvos)。

4.1.33.4 最大残留限量:应符合表33的规定。

表 33

动物种类	靶组织	残留限量,μg/kg
猪	肌肉	100
	脂肪	100
	副产品	100

4.1.34 **地克珠利(diclazuril)**

4.1.34.1 兽药分类:抗球虫药。

4.1.34.2 ADI:0 μg/kg bw～30 μg/kg bw。

4.1.34.3 残留标志物:地克珠利(diclazuril)。

4.1.34.4 最大残留限量:应符合表34的规定。

表 34

动物种类	靶组织	残留限量,μg/kg
绵羊、兔	肌肉	500
	脂肪	1 000
	肝	3 000
	肾	2 000
家禽(产蛋期禁用)	肌肉	500
	皮+脂	1 000
	肝	3 000
	肾	2 000

4.1.35 **地昔尼尔(dicyclanil)**

4.1.35.1 兽药分类:驱虫药。

4.1.35.2 ADI:0 μg/kg bw～7 μg/kg bw。

4.1.35.3 残留标志物:地昔尼尔(dicyclanil)。

4.1.35.4 最大残留限量:应符合表35的规定。

表 35

动物种类	靶组织	残留限量,μg/kg
绵羊	肌肉	150
	脂肪	200
	肝	125
	肾	125

4.1.36 **二氟沙星(difloxacin)**

4.1.36.1 兽药分类:喹诺酮类合成抗菌药。

4.1.36.2 ADI:0 μg/kg bw～10 μg/kg bw。

4.1.36.3 残留标志物:二氟沙星(difloxacin)。

4.1.36.4 最大残留限量:应符合表36的规定。

表 36

动物种类	靶组织	残留限量,μg/kg
牛、羊 (泌乳期禁用)	肌肉	400
	脂肪	100
	肝	1 400
	肾	800
猪	肌肉	400
	脂肪	100
	肝	800
	肾	800
家禽(产蛋期禁用)	肌肉	300
	皮+脂	400
	肝	1 900
	肾	600
其他动物	肌肉	300
	脂肪	100
	肝	800
	肾	600
鱼	皮+肉	300

4.1.37 三氮脒(diminazene)

4.1.37.1 兽药分类:抗锥虫药。

4.1.37.2 ADI:0 μg/kg bw～100 μg/kg bw。

4.1.37.3 残留标志物:三氮脒(diminazene)。

4.1.37.4 最大残留限量:应符合表 37 的规定。

表 37

动物种类	靶组织	残留限量,μg/kg
牛	肌肉	500
	肝	12 000
	肾	6 000
	奶	150

4.1.38 二硝托胺(dinitolmide)

4.1.38.1 兽药分类:抗球虫药。

4.1.38.2 残留标志物:二硝托胺及其代谢物(dinitolmide and its metabolite 3-amino-5-nitro-o-toluamide)。

4.1.38.3 最大残留限量:应符合表 38 的规定。

表 38

动物种类	靶组织	残留限量,μg/kg
鸡	肌肉	3 000
	脂肪	2 000
	肝	6 000
	肾	6 000
火鸡	肌肉	3 000
	肝	3 000

4.1.39 多拉菌素(doramectin)

4.1.39.1 兽药分类:抗线虫药。

4.1.39.2　ADI:0 μg/kg bw～1 μg/kg bw。

4.1.39.3　残留标志物:多拉菌素(doramectin)。

4.1.39.4　最大残留限量:应符合表39的规定。

表39

动物种类	靶组织	残留限量,μg/kg
牛	肌肉	10
	脂肪	150
	肝	100
	肾	30
	奶	15
羊	肌肉	40
	脂肪	150
	肝	100
	肾	60
猪	肌肉	5
	脂肪	150
	肝	100
	肾	30

4.1.40　**多西环素(doxycycline)**

4.1.40.1　兽药分类:四环素类抗生素。

4.1.40.2　ADI:0 μg/kg bw～3 μg/kg bw。

4.1.40.3　残留标志物:多西环素(doxycycline)。

4.1.40.4　最大残留限量:应符合表40的规定。

表40

动物种类	靶组织	残留限量,μg/kg
牛(泌乳期禁用)	肌肉	100
	脂肪	300
	肝	300
	肾	600
猪	肌肉	100
	皮+脂	300
	肝	300
	肾	600
家禽(产蛋期禁用)	肌肉	100
	皮+脂	300
	肝	300
	肾	600
鱼	皮+肉	100

4.1.41　**恩诺沙星(enrofloxacin)**

4.1.41.1　兽药分类:喹诺酮类合成抗菌药。

4.1.41.2　ADI:0 μg/kg bw～6.2 μg/kg bw。

4.1.41.3　残留标志物:恩诺沙星与环丙沙星之和(sum of enrofloxacin and ciprofloxacin)。

4.1.41.4 最大残留限量:应符合表 41 的规定。

表 41

动物种类	靶组织	残留限量,μg/kg
牛、羊	肌肉	100
	脂肪	100
	肝	300
	肾	200
	奶	100
猪、兔	肌肉	100
	脂肪	100
	肝	200
	肾	300
家禽(产蛋期禁用)	肌肉	100
	皮+脂	100
	肝	200
	肾	300
其他动物	肌肉	100
	脂肪	100
	肝	200
	肾	200
鱼	皮+肉	100

4.1.42 乙酰氨基阿维菌素(eprinomectin)

4.1.42.1 兽药分类:抗线虫药。

4.1.42.2 ADI:0 μg/kg bw~10 μg/kg bw。

4.1.42.3 残留标志物:乙酰氨基阿维菌素 B_{1a}(eprinomectin B_{1a})。

4.1.42.4 最大残留限量:应符合表 42 的规定。

表 42

动物种类	靶组织	残留限量,μg/kg
牛	肌肉	100
	脂肪	250
	肝	2000
	肾	300
	奶	20

4.1.43 红霉素 (erythromycin)

4.1.43.1 兽药分类:大环内酯类抗生素。

4.1.43.2 ADI:0 μg/kg bw~0.7 μg/kg bw。

4.1.43.3 残留标志物:红霉素 A(erythromycin A)。

4.1.43.4 最大残留限量:应符合表 43 的规定。

表 43

动物种类	靶组织	残留限量,μg/kg
鸡、火鸡	肌肉	100
	脂肪	100
	肝	100
	肾	100
鸡	蛋	50

表 43(续)

动物种类	靶组织	残留限量,μg/kg
其他动物	肌肉	200
	脂肪	200
	肝	200
	肾	200
	奶	40
	蛋	150
鱼	皮+肉	200

4.1.44 乙氧酰胺苯甲酯(ethopabate)

4.1.44.1 兽药分类:抗球虫药。

4.1.44.2 残留标志物:metaphenetidine。

4.1.44.3 最大残留限量:应符合表 44 的规定。

表 44

动物种类	靶组织	残留限量,μg/kg
鸡	肌肉	500
	肝	1 500
	肾	1 500

4.1.45 非班太尔、芬苯达唑、奥芬达唑(febantel,fenbendazole,oxfendazole)

4.1.45.1 兽药分类:抗线虫药。

4.1.45.2 ADI:0 μg/kg bw～7 μg/kg bw。

4.1.45.3 残留标志物:芬苯达唑、奥芬达唑和奥芬达唑砜的总和,以奥芬达唑砜等效物表示(sum of fenbendazole,oxfendazole and oxfendazole suphone,expressed as oxfendazole sulphone equivalents)。

4.1.45.4 最大残留限量:应符合表 45 的规定。

表 45

动物种类	靶组织	残留限量,μg/kg
牛、羊、猪、马	肌肉	100
	脂肪	100
	肝	500
	肾	100
牛、羊	奶	100
家禽	肌肉	50(仅芬苯达唑)
	皮+脂	50(仅芬苯达唑)
	肝	500(仅芬苯达唑)
	肾	50(仅芬苯达唑)
	蛋	1300(仅芬苯达唑)

4.1.46 倍硫磷(fenthion)

4.1.46.1 兽药分类:杀虫药。

4.1.46.2 ADI:0 μg/kg bw～7 μg/kg bw。

4.1.46.3 残留标志物:倍硫磷及代谢产物(fenthion and metabolites)。

4.1.46.4 最大残留限量:应符合表 46 的规定。

表 46

动物种类	靶组织	残留限量,μg/kg
牛、猪、家禽	肌肉	100
	脂肪	100
	副产品	100

4.1.47 **氰戊菊酯(fenvalerate)**

4.1.47.1 兽药分类:杀虫药。

4.1.47.2 ADI:0 μg/kg bw~20 μg/kg bw。

4.1.47.3 残留标志物:氰戊菊酯异构体之和[fenvalerate(sum of RR,SS,RS and SR isomers)]。

4.1.47.4 最大残留限量:应符合表 47 的规定。

表 47

动物种类	靶组织	残留限量,μg/kg
牛	肌肉	25
	脂肪	250
	肝	25
	肾	25
	奶	40

4.1.48 **氟苯尼考(florfenicol)**

4.1.48.1 兽药分类:酰胺醇类抗生素。

4.1.48.2 ADI:0 μg/kg bw~3 μg/kg bw。

4.1.48.3 残留标志物:氟苯尼考与氟苯尼考胺之和(sum of florfenicol and florfenicol-amine)。

4.1.48.4 最大残留限量:应符合表 48 的规定。

表 48

动物种类	靶组织	残留限量,μg/kg
牛、羊(泌乳期禁用)	肌肉	200
	肝	3 000
	肾	300
猪	肌肉	300
	皮+脂	500
	肝	2 000
	肾	500
家禽(产蛋期禁用)	肌肉	100
	皮+脂	200
	肝	2 500
	肾	750
其他动物	肌肉	100
	脂肪	200
	肝	2 000
	肾	300
鱼	皮+肉	1 000

4.1.49 **氟佐隆(fluazuron)**

4.1.49.1 兽药分类:驱虫药。

4.1.49.2 ADI:0 μg/kg bw~40 μg/kg bw。

4.1.49.3 残留标志物:氟佐隆(fluazuron)。

4.1.49.4 最大残留限量：应符合表 49 的规定。

表 49

动物种类	靶组织	残留限量，μg/kg
牛	肌肉	200
	脂肪	7 000
	肝	500
	肾	500

4.1.50 **氟苯达唑（flubendazole）**

4.1.50.1 兽药分类：抗线虫药。

4.1.50.2 ADI：0 μg/kg bw～12 μg/kg bw。

4.1.50.3 残留标志物：氟苯达唑（flubendazole）。

4.1.50.4 最大残留限量：应符合表 50 的规定。

表 50

动物种类	靶组织	残留限量，μg/kg
猪	肌肉	10
	肝	10
家禽	肌肉	200
	肝	500
	蛋	400

4.1.51 **醋酸氟孕酮（flugestone acetate）**

4.1.51.1 兽药分类：性激素类药。

4.1.51.2 ADI：0 μg/kg bw～0.03 μg/kg bw。

4.1.51.3 残留标志物：醋酸氟孕酮（flugestone acetate）。

4.1.51.4 最大残留限量：应符合表 51 的规定。

表 51

动物种类	靶组织	残留限量，μg/kg
羊	肌肉	0.5
	脂肪	0.5
	肝	0.5
	肾	0.5
	奶	1

4.1.52 **氟甲喹（flumequine）**

4.1.52.1 兽药分类：喹诺酮类合成抗菌药。

4.1.52.2 ADI：0 μg/kg bw～30 μg/kg bw。

4.1.52.3 残留标志物：氟甲喹（flumequine）。

4.1.52.4 最大残留限量：应符合表 52 的规定。

表 52

动物种类	靶组织	残留限量，μg/kg
牛、羊、猪	肌肉	500
	脂肪	1 000
	肝	500
	肾	3 000

表 52(续)

动物种类	靶组织	残留限量,μg/kg
牛、羊	奶	50
鸡(产蛋期禁用)	肌肉	500
	皮+脂	1 000
	肝	500
	肾	3 000
鱼	皮+肉	500

4.1.53 **氟氯苯氰菊酯(flumethrin)**

4.1.53.1 兽药分类:杀虫药。

4.1.53.2 ADI:0 μg/kg bw～1.8 μg/kg bw。

4.1.53.3 残留标志物:氟氯苯氰菊酯[flumethrin(sum of trans-Z-isomers)]。

4.1.53.4 最大残留限量:应符合表 53 的规定。

表 53

动物种类	靶组织	残留限量,μg/kg
牛	肌肉	10
	脂肪	150
	肝	20
	肾	10
	奶	30
羊(泌乳期禁用)	肌肉	10
	脂肪	150
	肝	20
	肾	10

4.1.54 **氟胺氰菊酯(fluvalinate)**

4.1.54.1 兽药分类:杀虫药。

4.1.54.2 ADI:0 μg/kg bw～0.5 μg/kg bw。

4.1.54.3 残留标志物:氟胺氰菊酯(fluvalinate)。

4.1.54.4 最大残留限量:应符合表 54 的规定。

表 54

动物种类	靶组织	残留限量,μg/kg
所有食品动物	肌肉	10
	脂肪	10
	副产品	10
蜜蜂	蜂蜜	50

4.1.55 **庆大霉素(gentamicin)**

4.1.55.1 兽药分类:氨基糖苷类抗生素。

4.1.55.2 ADI:0 μg/kg bw～20 μg/kg bw。

4.1.55.3 残留标志物:庆大霉素(gentamicin)。

4.1.55.4 最大残留限量:应符合表 55 的规定。

表 55

动物种类	靶组织	残留限量,μg/kg
牛、猪	肌肉	100
	脂肪	100
	肝	2 000
	肾	5 000
牛	奶	200
鸡、火鸡	可食组织	100

4.1.56 常山酮(halofuginone)

4.1.56.1 兽药分类:抗球虫药。

4.1.56.2 ADI:0 μg/kg bw～0.3 μg/kg bw。

4.1.56.3 残留标志物:常山酮(halofuginone)。

4.1.56.4 最大残留限量:应符合表 56 的规定。

表 56

动物种类	靶组织	残留限量,μg/kg
牛(泌乳期禁用)	肌肉	10
	脂肪	25
	肝	30
	肾	30
鸡、火鸡	肌肉	100
	皮+脂	200
	肝	130

4.1.57 咪多卡(imidocarb)

4.1.57.1 兽药分类:抗梨形虫药。

4.1.57.2 ADI:0 μg/kg bw～10 μg/kg bw。

4.1.57.3 残留标志物:咪多卡(imidocarb)。

4.1.57.4 最大残留限量:应符合表 57 的规定。

表 57

动物种类	靶组织	残留限量,μg/kg
牛	肌肉	300
	脂肪	50
	肝	1 500
	肾	2 000
	奶	50

4.1.58 氮氨菲啶(isometamidium)

4.1.58.1 兽药分类:抗锥虫药。

4.1.58.2 ADI:0 μg/kg bw～100 μg/kg bw。

4.1.58.3 残留标志物:氮氨菲啶(isometamidium)。

4.1.58.4 最大残留限量:应符合表 58 的规定。

表 58

动物种类	靶组织	残留限量,μg/kg
牛	肌肉	100
	脂肪	100
	肝	500
	肾	1 000
	奶	100

4.1.59 **伊维菌素(ivermectin)**

4.1.59.1 兽药分类:抗线虫药。

4.1.59.2 ADI:0 μg/kg bw～10 μg/kg bw。

4.1.59.3 残留标志物:22,23-二氢阿维菌素 B_{1a}[22,23-dihydro-avermectin B_{1a}(H_2B_{1a})]。

4.1.59.4 最大残留限量:应符合表 59 的规定。

表 59

动物种类	靶组织	残留限量,μg/kg
牛	肌肉	30
	脂肪	100
	肝	100
	肾	30
	奶	10
猪、羊	肌肉	30
	脂肪	100
	肝	100
	肾	30

4.1.60 **卡那霉素(kanamycin)**

4.1.60.1 兽药分类:氨基糖苷类抗生素。

4.1.60.2 ADI:0 μg/kg bw～8 μg/kg bw,微生物学 ADI。

4.1.60.3 残留标示物:卡那霉素 A(kanamycin A)。

4.1.60.4 最大残留限量:应符合表 60 的规定。

表 60

动物种类	靶组织	残留限量,μg/kg
所有食品动物(产蛋期禁用,不包括鱼)	肌肉	100
	皮+脂	100
	肝	600
	肾	2 500
	奶	150

4.1.61 **吉他霉素(kitasamycin)**

4.1.61.1 兽药分类:大环内酯类抗生素。

4.1.61.2 ADI:0 μg/kg bw～500 μg/kg bw。

4.1.61.3 残留标志物:吉他霉素(kitasamycin)。

4.1.61.4 最大残留限量:应符合表 61 的规定。

表 61

动物种类	靶组织	残留限量,μg/kg
猪、家禽	肌肉	200
	肝	200
	肾	200
	可食下水	200

4.1.62 拉沙洛西(lasalocid)

4.1.62.1 兽药分类:抗球虫药。

4.1.62.2 ADI:0 μg/kg bw～10 μg/kg bw。

4.1.62.3 残留标志物:拉沙洛西(lasalocid)。

4.1.62.4 最大残留限量:应符合表 62 的规定。

表 62

动物种类	靶组织	残留限量,μg/kg
牛	肝	700
鸡	皮+脂	1 200
	肝	400
火鸡	皮+脂	400
	肝	400
羊	肝	1 000
兔	肝	700

4.1.63 左旋咪唑(levamisole)

4.1.63.1 兽药分类:抗线虫药。

4.1.63.2 ADI:0 μg/kg bw～6 μg/kg bw。

4.1.63.3 残留标志物:左旋咪唑(levamisole)。

4.1.63.4 最大残留限量:应符合表 63 的规定。

表 63

动物种类	靶组织	残留限量,μg/kg
牛、羊、猪、家禽(泌乳期禁用、产蛋期禁用)	肌肉	10
	脂肪	10
	肝	100
	肾	10

4.1.64 林可霉素(lincomycin)

4.1.64.1 兽药分类:林可胺类抗生素。

4.1.64.2 ADI:0 μg/kg bw～30 μg/kg bw。

4.1.64.3 残留标志物:林可霉素(lincomycin)。

4.1.64.4 最大残留限量:应符合表 64 的规定。

表 64

动物种类	靶组织	残留限量,μg/kg
牛、羊	肌肉	100
	脂肪	50
	肝	500
	肾	1 500
	奶	150

表 64(续)

动物种类	靶组织	残留限量,μg/kg
猪	肌肉	200
	脂肪	100
	肝	500
	肾	1 500
家禽	肌肉	200
	脂肪	100
	肝	500
	肾	500
鸡	蛋	50
鱼	皮+肉	100

4.1.65 **马度米星铵(maduramicin ammonium)**

4.1.65.1 兽药分类:抗球虫药。

4.1.65.2 ADI:0 μg/kg bw～1 μg/kg bw。

4.1.65.3 残留标志物:马度米星铵(maduramicin ammonium)。

4.1.65.4 最大残留限量:应符合表 65 的规定。

表 65

动物种类	靶组织	残留限量,μg/kg
鸡	肌肉	240
	脂肪	480
	皮	480
	肝	720

4.1.66 **马拉硫磷(malathion)**

4.1.66.1 兽药分类:杀虫药。

4.1.66.2 ADI:0 μg/kg bw～300 μg/kg bw。

4.1.66.3 残留标志物:马拉硫磷(malathion)。

4.1.66.4 最大残留限量:应符合表 66 的规定。

表 66

动物种类	靶组织	残留限量,μg/kg
牛、羊、猪、家禽、马	肌肉	4 000
	脂肪	4 000
	副产品	4 000

4.1.67 **甲苯咪唑(mebendazole)**

4.1.67.1 兽药分类:抗线虫药。

4.1.67.2 ADI:0 μg/kg bw～12.5 μg/kg bw。

4.1.67.3 残留标志物:甲苯咪唑等效物总和(sum of mebendazole methyl [5-(1-hydroxy, 1-phenyl) methyl-1H-benzimidazol-2-yl] carbamate and (2-amino-1H-benzi-midazol-5-yl) phenylme-thanon epressed as mebendazole equivalents)。

4.1.67.4 最大残留限量:应符合表 67 的规定。

表 67

动物种类	靶组织	残留限量,μg/kg
羊、马(泌乳期禁用)	肌肉	60
	脂肪	60
	肝	400
	肾	60

4.1.68 **安乃近(metamizole)**

4.1.68.1 兽药分类:解热镇痛抗炎药。

4.1.68.2 ADI:0 μg/kg bw~10 μg/kg bw。

4.1.68.3 残留标志物:4-氨甲基-安替比林(4-aminomethyl-antipyrine)。

4.1.68.4 最大残留限量:应符合表 68 的规定。

表 68

动物种类	靶组织	残留限量,μg/kg
牛、羊、猪、马	肌肉	100
	脂肪	100
	肝	100
	肾	100
牛、羊	奶	50

4.1.69 **莫能菌素(monensin)**

4.1.69.1 兽药分类:抗球虫药。

4.1.69.2 ADI:0 μg/kg bw~10 μg/kg bw。

4.1.69.3 残留标志物:莫能菌素(monensin)。

4.1.69.4 最大残留限量:应符合表 69 的规定。

表 69

动物种类	靶组织	残留限量,μg/kg
牛、羊	肌肉	10
	脂肪	100
	肾	10
羊	肝	20
牛	肝	100
	奶	2
鸡、火鸡、鹌鹑	肌肉	10
	脂肪	100
	肝	10
	肾	10

4.1.70 **莫昔克丁(moxidectin)**

4.1.70.1 兽药分类:抗线虫药。

4.1.70.2 ADI:0 μg/kg bw~2 μg/kg bw。

4.1.70.3 残留标志物:莫昔克丁(moxidectin)。

4.1.70.4 最大残留限量:应符合表 70 的规定。

表 70

动物种类	靶组织	残留限量,μg/kg
牛	肌肉	20
	脂肪	500
	肝	100
	肾	50
绵羊	肌肉	50
	脂肪	500
	肝	100
	肾	50
牛、绵羊	奶	40
鹿	肌肉	20
	脂肪	500
	肝	100
	肾	50

4.1.71 甲基盐霉素(narasin)

4.1.71.1 兽药分类:抗球虫药。

4.1.71.2 ADI:0 μg/kg bw～5 μg/kg bw。

4.1.71.3 残留标志物:甲基盐霉素 A(narasin A)。

4.1.71.4 最大残留限量:应符合表 71 的规定。

表 71

动物种类	靶组织	残留限量,μg/kg
牛、猪	肌肉	15
	脂肪	50
	肝	50
	肾	15
鸡	肌肉	15
	皮+脂	50
	肝	50
	肾	15

4.1.72 新霉素(neomycin)

4.1.72.1 兽药分类:氨基糖苷类抗生素。

4.1.72.2 ADI:0 μg/kg bw～60 μg/kg bw。

4.1.72.3 残留标志物:新霉素 B(neomycin B)。

4.1.72.4 最大残留限量:应符合表 72 的规定。

表 72

动物种类	靶组织	残留限量,μg/kg
所有食品动物	肌肉	500
	脂肪	500
	肝	5 500
	肾	9 000
	奶	1 500
	蛋	500
鱼	皮+肉	500

4.1.73 尼卡巴嗪(nicarbazin)

4.1.73.1 兽药分类:抗球虫药。

4.1.73.2 ADI:0 μg/kg bw～400 μg/kg bw。

4.1.73.3 残留标志物:4,4-二硝基均二苯脲[N,N'-bis-(4-nitrophenyl) urea]。

4.1.73.4 最大残留限量:应符合表73的规定。

表73

动物种类	靶组织	残留限量,μg/kg
鸡	肌肉	200
	皮+脂	200
	肝	200
	肾	200

4.1.74 硝碘酚腈(nitroxinil)

4.1.74.1 兽药分类:抗吸虫药。

4.1.74.2 ADI:0 μg/kg bw～5 μg/kg bw。

4.1.74.3 残留标志物:硝碘酚腈(nitroxinil)。

4.1.74.4 最大残留限量:应符合表74的规定。

表74

动物种类	靶组织	残留限量,μg/kg
牛、羊	肌肉	400
	脂肪	200
	肝	20
	肾	400
	奶	20

4.1.75 喹乙醇(olaquindox)

4.1.75.1 兽药分类:合成抗菌药。

4.1.75.2 ADI:0 μg/kg bw～3 μg/kg bw。

4.1.75.3 残留标志物:3-甲基喹噁啉-2-羧酸(3-methyl-quinoxaline-2-carboxylic acid,MQCA)。

4.1.75.4 最大残留限量:应符合表75的规定。

表75

动物种类	靶组织	残留限量,μg/kg
猪	肌肉	4
	肝	50

4.1.76 苯唑西林(oxacillin)

4.1.76.1 兽药分类:β-内酰胺类抗生素。

4.1.76.2 残留标志物:苯唑西林(oxacillin)。

4.1.76.3 最大残留限量:应符合表76的规定。

表76

动物种类	靶组织	残留限量,μg/kg
所有食品动物(产蛋期禁用)	肌肉	300
	脂肪	300
	肝	300
	肾	300
	奶	30
鱼	皮+肉	300

4.1.77 **奥苯达唑(oxibendazole)**

4.1.77.1 兽药分类:抗线虫药。

4.1.77.2 ADI:0 μg/kg bw～60 μg/kg bw。

4.1.77.3 残留标志物:奥苯达唑(oxibendazole)。

4.1.77.4 最大残留限量:应符合表 77 的规定。

表 77

动物种类	靶组织	残留限量,μg/kg
猪	肌肉	100
	皮+脂	500
	肝	200
	肾	100

4.1.78 **噁喹酸(oxolinic acid)**

4.1.78.1 兽药分类:喹诺酮类合成抗菌药。

4.1.78.2 ADI:0 μg/kg bw～2.5 μg/kg bw。

4.1.78.3 残留标志物:噁喹酸(oxolinic acid)。

4.1.78.4 最大残留限量:应符合表 78 的规定。

表 78

动物种类	靶组织	残留限量,μg/kg
牛、猪、鸡(产蛋期禁用)	肌肉	100
	脂肪	50
	肝	150
	肾	150
鱼	皮+肉	100

4.1.79 **土霉素、金霉素、四环素(oxytetracycline,chlortetracycline,tetracycline)**

4.1.79.1 兽药分类:四环素类抗生素。

4.1.79.2 ADI:0 μg/kg bw～30 μg/kg bw。

4.1.79.3 残留标志物:土霉素、金霉素、四环素单个或组合(oxytetracycline,chlortetracycline,tetracycline,parent drugs, singly or in combination)。

4.1.79.4 最大残留限量:应符合表 79 的规定。

表 79

动物种类	靶组织	残留限量,μg/kg
牛、羊、猪、家禽	肌肉	200
	肝	600
	肾	1 200
牛、羊	奶	100
家禽	蛋	400
鱼	皮+肉	200
虾	肌肉	200

4.1.80 **辛硫磷(phoxim)**

4.1.80.1 兽药分类:杀虫药。

4.1.80.2 ADI:0 μg/kg bw～4 μg/kg bw。

4.1.80.3 残留标志物:辛硫磷(phoxim)。

4.1.80.4　最大残留限量：应符合表80的规定。

表80

动物种类	靶组织	残留限量，μg/kg
猪、羊	肌肉	50
	脂肪	400
	肝	50
	肾	50

4.1.81　**哌嗪(piperazine)**

4.1.81.1　兽药分类：抗线虫药。

4.1.81.2　ADI：0 μg/kg bw～250 μg/kg bw。

4.1.81.3　残留标志物：哌嗪(piperazine)。

4.1.81.4　最大残留限量：应符合表81的规定。

表81

动物种类	靶组织	残留限量，μg/kg
猪	肌肉	400
	皮+脂	800
	肝	2 000
	肾	1 000
鸡	蛋	2 000

4.1.82　**吡利霉素(pirlimycin)**

4.1.82.1　兽药分类：林可胺类抗生素。

4.1.82.2　ADI：0 μg/kg bw～8 μg/kg bw。

4.1.82.3　残留标志物：吡利霉素(pirlimycin)。

4.1.82.4　最大残留限量：应符合表82的规定。

表82

动物种类	靶组织	残留限量，μg/kg
牛	肌肉	100
	脂肪	100
	肝	1 000
	肾	400
	奶	200

4.1.83　**巴胺磷(propetamphos)**

4.1.83.1　兽药分类：杀虫药。

4.1.83.2　ADI：0 μg/kg bw～0.5 μg/kg bw。

4.1.83.3　残留标志物：巴胺磷与脱异丙基巴胺磷之和(sum of residues of propetamphos and desisopropyl-propetamphos)。

4.1.83.4　最大残留限量：应符合表83的规定。

表83

动物种类	靶组织	残留限量，μg/kg
羊(泌乳期禁用)	脂肪	90
	肾	90

4.1.84 **碘醚柳胺(rafoxanide)**

4.1.84.1 兽药分类:抗吸虫药。

4.1.84.2 ADI:0 μg/kg bw～2 μg/kg bw。

4.1.84.3 残留标志物:碘醚柳胺(rafoxanide)。

4.1.84.4 最大残留限量:应符合表84的规定。

表84

动物种类	靶组织	残留限量,μg/kg
牛	肌肉	30
	脂肪	30
	肝	10
	肾	40
羊	肌肉	100
	脂肪	250
	肝	150
	肾	150
牛、羊	奶	10

4.1.85 **氯苯胍(robenidine)**

4.1.85.1 兽药分类:抗球虫药。

4.1.85.2 ADI:0 μg/kg bw～5 μg/kg bw。

4.1.85.3 残留标志物:氯苯胍(robenidine)。

4.1.85.4 最大残留限量:应符合表85的规定。

表85

动物种类	靶组织	残留限量,μg/kg
鸡	皮+脂	200
	其他可食组织	100

4.1.86 **盐霉素(salinomycin)**

4.1.86.1 兽药分类:抗球虫药。

4.1.86.2 ADI:0 μg/kg bw～5 μg/kg bw。

4.1.86.3 残留标志物:盐霉素(salinomycin)。

4.1.86.4 最大残留限量:应符合表86的规定。

表86

动物种类	靶组织	残留限量,μg/kg
鸡	肌肉	600
	皮+脂	1 200
	肝	1 800

4.1.87 **沙拉沙星(sarafloxacin)**

4.1.87.1 兽药分类:喹诺酮类合成抗菌药。

4.1.87.2 ADI:0 μg/kg bw～0.3 μg/kg bw。

4.1.87.3 残留标志物:沙拉沙星(sarafloxacin)。

4.1.87.4 最大残留限量:应符合表87的规定。

表 87

动物种类	靶组织	残留限量,μg/kg
鸡、火鸡(产蛋期禁用)	肌肉	10
	脂肪	20
	肝	80
	肾	80
鱼	皮+肉	30

4.1.88 **赛杜霉素(semduramicin)**

4.1.88.1 兽药分类:抗球虫药

4.1.88.2 ADI:0 μg/kg bw~180 μg/kg bw。

4.1.88.3 残留标志物:赛杜霉素(semduramicin)。

4.1.88.4 最大残留限量:应符合表 88 的规定。

表 88

动物种类	靶组织	残留限量,μg/kg
鸡	肌肉	130
	肝	400

4.1.89 **大观霉素(spectinomycin)**

4.1.89.1 兽药分类:氨基糖苷类抗生素。

4.1.89.2 ADI:0 μg/kg bw~40 μg/kg bw。

4.1.89.3 残留标志物:大观霉素(spectinomycin)。

4.1.89.4 最大残留限量:应符合表 89 的规定。

表 89

动物种类	靶组织	残留限量,μg/kg
牛、羊、猪、鸡	肌肉	500
	脂肪	2 000
	肝	2 000
	肾	5 000
牛	奶	200
鸡	蛋	2 000

4.1.90 **螺旋霉素(spiramycin)**

4.1.90.1 兽药分类:大环内酯类抗生素。

4.1.90.2 ADI:0 μg/kg bw~50 μg/kg bw。

4.1.90.3 残留标志物:牛、鸡为螺旋霉素和新螺旋霉素总量;猪为螺旋霉素等效物(即抗生素的效价残留)[cattle and chickens,sum of spiramycin and neospiramycin; pigs,spiramycin equivalents (antimicrobially active residues)]。

4.1.90.4 最大残留限量:应符合表 90 的规定。

表 90

动物种类	靶组织	残留限量,μg/kg
牛、猪	肌肉	200
	脂肪	300
	肝	600
	肾	300

表 90(续)

动物种类	靶组织	残留限量，μg/kg
牛	奶	200
鸡	肌肉	200
	脂肪	300
	肝	600
	肾	800

4.1.91 **链霉素、双氢链霉素(streptomycin, dihydrostreptomycin)**

4.1.91.1 兽药分类：氨基糖苷类抗生素。

4.1.91.2 ADI：0 μg/kg bw～50 μg/kg bw。

4.1.91.3 残留标志物：链霉素、双氢链霉素总量(sum of streptomycin and dihydrostreptomycin)。

4.1.91.4 最大残留限量：应符合表 91 的规定。

表 91

动物种类	靶组织	残留限量，μg/kg
牛、羊、猪、鸡	肌肉	600
	脂肪	600
	肝	600
	肾	1 000
牛、羊	奶	200

4.1.92 **磺胺二甲嘧啶(sulfadimidine)**

4.1.92.1 兽药分类：磺胺类合成抗菌药。

4.1.92.2 ADI：0 μg/kg bw～50 μg/kg bw。

4.1.92.3 残留标志物：磺胺二甲嘧啶(sulfadimidine)。

4.1.92.4 最大残留限量：应符合表 92 的规定。

表 92

动物种类	靶组织	残留限量，μg/kg
所有食品动物(产蛋期禁用)	肌肉	100
	脂肪	100
	肝	100
	肾	100
牛	奶	25

4.1.93 **磺胺类(sulfonamides)**

4.1.93.1 兽药分类：磺胺类合成抗菌药。

4.1.93.2 ADI：0 μg/kg bw～50 μg/kg bw。

4.1.93.3 残留标志物：兽药原型之和(sum of parent drug)。

4.1.93.4 最大残留限量：应符合表 93 的规定。

表 93

动物种类	靶组织	残留限量，μg/kg
所有食品动物(产蛋期禁用)	肌肉	100
	脂肪	100
	肝	100
	肾	100

表 93(续)

动物种类	靶组织	残留限量,μg/kg
牛、羊	奶	100(除磺胺二甲嘧啶)
鱼	皮+肉	100

4.1.94 **噻苯达唑(thiabendazole)**

4.1.94.1 兽药分类:抗线虫药。

4.1.94.2 ADI:0 μg/kg bw～100 μg/kg bw。

4.1.94.3 残留标志物:噻苯达唑与5-羟基噻苯达唑之和(sum of thiabendazole and 5-hydroxythiabendazole)。

4.1.94.4 最大残留限量:应符合表94的规定。

表 94

动物种类	靶组织	残留限量,μg/kg
牛、猪、羊	肌肉	100
	脂肪	100
	肝	100
	肾	100
牛、羊	奶	100

4.1.95 **甲砜霉素(thiamphenicol)**

4.1.95.1 兽药分类:酰胺醇类抗生素。

4.1.95.2 ADI:0 μg/kg bw～5 μg/kg bw。

4.1.95.3 残留标志物:甲砜霉素(thiamphenicol)。

4.1.95.4 最大残留限量:应符合表95的规定。

表 95

动物种类	靶组织	残留限量,μg/kg
牛、羊、猪	肌肉	50
	脂肪	50
	肝	50
	肾	50
牛	奶	50
家禽(产蛋期禁用)	肌肉	50
	皮+脂	50
	肝	50
	肾	50
鱼	皮+肉	50

4.1.96 **泰妙菌素(tiamulin)**

4.1.96.1 兽药分类:抗生素。

4.1.96.2 ADI:0 μg/kg bw～30 μg/kg bw。

4.1.96.3 残留标志物:可被水解为8-α-羟基妙林的代谢物总和(sum of metabolites that may be hydrolysed to 8-α-hydroxymutilin);鸡蛋为泰妙菌素(tiamulin)。

4.1.96.4 最大残留限量:应符合表96的规定。

表 96

动物种类	靶组织	残留限量，μg/kg
猪、兔	肌肉	100
	肝	500
鸡	肌肉	100
	皮+脂	100
	肝	1000
	蛋	1000
火鸡	肌肉	100
	皮+脂	100
	肝	300

4.1.97 替米考星(tilmicosin)

4.1.97.1 兽药分类：大环内酯类抗生素。

4.1.97.2 ADI：0 μg/kg bw～40 μg/kg bw。

4.1.97.3 残留标志物：替米考星(tilmicosin)。

4.1.97.4 最大残留限量：应符合表 97 的规定。

表 97

动物种类	靶组织	残留限量，μg/kg
牛、羊	肌肉	100
	脂肪	100
	肝	1 000
	肾	300
	奶	50
猪	肌肉	100
	脂肪	100
	肝	1 500
	肾	1 000
鸡(产蛋期禁用)	肌肉	150
	皮+脂	250
	肝	2 400
	肾	600
火鸡	肌肉	100
	皮+脂	250
	肝	1 400
	肾	1 200

4.1.98 托曲珠利(toltrazuril)

4.1.98.1 兽药分类：抗球虫药。

4.1.98.2 ADI：0 μg/kg bw～2 μg/kg bw。

4.1.98.3 残留标志物：托曲珠利砜(toltrazuril sulfone)

4.1.98.4 最大残留限量：应符合表 98 的规定。

表 98

动物种类	靶组织	残留限量，μg/kg
家禽(产蛋期禁用)	肌肉	100
	皮+脂	200
	肝	600
	肾	400

表 98(续)

动物种类	靶组织	残留限量,μg/kg
所有哺乳类食品动物 (泌乳期禁用)	肌肉	100
	脂肪	150
	肝	500
	肾	250

4.1.99 **敌百虫(trichlorfon)**

4.1.99.1 兽药分类:抗线虫药。

4.1.99.2 ADI:0 μg/kg bw~2 μg/kg bw。

4.1.99.3 残留标志物:敌百虫(trichlorfon)。

4.1.99.4 最大残留限量:应符合表 99 的规定。

表 99

动物种类	靶组织	残留限量,μg/kg
牛	肌肉	50
	脂肪	50
	肝	50
	肾	50
	奶	50

4.1.100 **三氯苯达唑(triclabendazole)**

4.1.100.1 兽药分类:抗吸虫药。

4.1.100.2 ADI:0 μg/kg bw~3 μg/kg bw。

4.1.100.3 残留标志物:三氯苯达唑酮(ketotriclabnedazole)。

4.1.100.4 最大残留限量:应符合表 100 的规定。

表 100

动物种类	靶组织	残留限量,μg/kg
牛	肌肉	250
	脂肪	100
	肝	850
	肾	400
羊	肌肉	200
	脂肪	100
	肝	300
	肾	200
牛、羊	奶	10

4.1.101 **甲氧苄啶(trimethoprim)**

4.1.101.1 兽药分类:抗菌增效剂。

4.1.101.2 ADI:0 μg/kg bw~4.2 μg/kg bw。

4.1.101.3 残留标志物:甲氧苄啶(trimethoprim)。

4.1.101.4 最大残留限量:应符合表 101 的规定。

表 101

动物种类	靶组织	残留限量，μg/kg
牛	肌肉	50
	脂肪	50
	肝	50
	肾	50
	奶	50
猪、家禽(产蛋期禁用)	肌肉	50
	皮+脂	50
	肝	50
	肾	50
马	肌肉	100
	脂肪	100
	肝	100
	肾	100
鱼	皮+肉	50

4.1.102 **泰乐菌素(tylosin)**

4.1.102.1 兽药分类：大环内酯类抗生素。

4.1.102.2 ADI：0 μg/kg bw～30 μg/kg bw。

4.1.102.3 残标志物：泰乐菌素 A(tylosin A)。

4.1.102.4 最大残留限量：应符合表 102 的规定。

表 102

动物种类	靶组织	残留限量，μg/kg
牛、猪、鸡、火鸡	肌肉	100
	脂肪	100
	肝	100
	肾	100
牛	奶	100
鸡	蛋	300

4.1.103 **泰万菌素(tylvalosin)**

4.1.103.1 兽药分类：大环内酯类抗生素。

4.1.103.2 ADI：0 μg/kg bw～2.07 μg/kg bw。

4.1.103.3 残留标志物：蛋为泰万菌素(tylvalosin)；除蛋外，其他靶组织为泰万菌素和 3-O-乙酰泰乐菌素的总和(sum of tylvalosin and 3-O-acetyltylosin)。

4.1.103.4 最大残留限量：应符合表 103 的规定。

表 103

动物种类	靶组织	残留限量，μg/kg
猪	肌肉	50
	皮+脂	50
	肝	50
	肾	50
家禽	皮+脂	50
	肝	50
	蛋	200

4.1.104 **维吉尼亚霉素(virginiamycin)**

4.1.104.1 兽药分类:多肽类抗生素。

4.1.104.2 ADI:0 μg/kg bw～250 μg/kg bw。

4.1.104.3 残留标志物:维吉尼亚霉素 M_1(virginiamycin M_1)。

4.1.104.4 最大残留限量:应符合表 104 的规定。

表 104

动物种类	靶组织	残留限量,μg/kg
猪	肌肉	100
	皮	400
	脂肪	400
	肝	300
	肾	400
家禽	肌肉	100
	皮+脂	400
	肝	300
	肾	400

4.2 允许用于食品动物,但不需要制定残留限量的兽药

4.2.1 醋酸(acetic acid)

动物种类:牛、马。

4.2.2 安络血(adrenosem)

动物种类:马、牛、羊、猪。

4.2.3 氢氧化铝(aluminium hydroxide)

动物种类:所有食品动物。

4.2.4 氯化铵(ammonium chloride)

动物种类:马、牛、羊、猪。

4.2.5 安普霉素(apramycin)

4.2.5.1 动物种类:仅作口服用时为兔、绵羊、猪、鸡。

4.2.5.2 其他规定:绵羊为泌乳期禁用,鸡为产蛋期禁用。

4.2.6 青蒿琥酯(artesunate)

动物种类:牛。

4.2.7 阿司匹林(aspirin)

4.2.7.1 动物种类:牛、猪、鸡、马、羊。

4.2.7.2 其他规定:泌乳期禁用,产蛋期禁用。

4.2.8 阿托品(atropine)

动物种类:所有食品动物。

4.2.9 甲基吡啶磷(azamethiphos)

动物种类:鲑。

4.2.10 苯扎溴铵(benzalkonium bromide)

动物种类:所有食品动物。

4.2.11 小檗碱(berberine)

动物种类:马、牛、羊、猪、驼。

4.2.12 甜菜碱(betaine)

动物种类:所有食品动物。

4.2.13 碱式碳酸铋(bismuth subcarbonate)

4.2.13.1 动物种类:所有食品动物。

4.2.13.2 其他规定:仅作口服用。

4.2.14 碱式硝酸铋(bismuth subnitrate)

4.2.14.1 动物种类:所有食品动物。

4.2.14.2 其他规定:仅作口服用。

4.2.15 硼砂(borax)

动物种类:所有食品动物。

4.2.16 硼酸及其盐(boric acid and borates)

动物种类:所有食品动物。

4.2.17 咖啡因(caffeine)

动物种类:所有食品动物。

4.2.18 硼葡萄糖酸钙(calcium borogluconate)

动物种类:所有食品动物。

4.2.19 碳酸钙(calcium carbonate)

动物种类:所有食品动物。

4.2.20 氯化钙(calcium chloride)

动物种类:所有食品动物。

4.2.21 葡萄糖酸钙(calcium gluconate)

动物种类:所有食品动物。

4.2.22 磷酸氢钙(calcium hydrogen phosphate)

动物种类:马、牛、羊、猪。

4.2.23 次氯酸钙(calcium hypochlorite)

动物种类:所有食品动物。

4.2.24 泛酸钙(calcium pantothenate)

动物种类:所有食品动物。

4.2.25 过氧化钙(calcium peroxide)

动物种类:水产动物。

4.2.26 磷酸钙(calcium phosphate)

动物种类:所有食品动物。

4.2.27 硫酸钙(calcium sulphate)

动物种类:所有食品动物。

4.2.28 樟脑(camphor)

4.2.28.1 动物种类:所有食品动物。

4.2.28.2 其他规定:仅作外用。

4.2.29 氯己定(chlorhexidine)

4.2.29.1 动物种类:所有食品动物。

4.2.29.2 其他规定:仅作外用。

4.2.30 含氯石灰(chlorinated lime)

4.2.30.1 动物种类:所有食品动物。

4.2.30.2 其他规定:仅作外用。

4.2.31 亚氯酸钠(chlorite sodium)

动物种类:所有食品动物。

4.2.32 **氯甲酚(chlorocresol)**

动物种类:所有食品动物。

4.2.33 **胆碱(choline)**

动物种类:所有食品动物。

4.2.34 **枸橼酸(citrate)**

动物种类:所有食品动物。

4.2.35 **氯前列醇(cloprostenol)**

动物种类:牛、猪、羊、马。

4.2.36 **硫酸铜(copper sulfate)**

动物种类:所有食品动物。

4.2.37 **可的松(cortisone)**

动物种类:马、牛、猪、羊。

4.2.38 **甲酚(cresol)**

动物种类:所有食品动物。

4.2.39 **癸甲溴铵(deciquam)**

动物种类:所有食品动物。

4.2.40 **癸氧喹酯(decoquinate)**

4.2.40.1 动物种类:牛、绵羊。

4.2.40.2 其他规定:仅口服用,产奶动物禁用。

4.2.41 **地克珠利(diclazuril)**

4.2.41.1 动物种类:山羊、猪。

4.2.41.2 其他规定:仅口服用。

4.2.42 **二巯基丙醇(dimercaprol)**

动物种类:所有哺乳类食品动物。

4.2.43 **二甲硅油(dimethicone)**

动物种类:牛、羊。

4.2.44 **度米芬(domiphen)**

4.2.44.1 动物种类:所有食品动物。

4.2.44.2 仅作外用。

4.2.45 **干酵母(dried yeast)**

动物种类:牛、羊、猪。

4.2.46 **肾上腺素(epinephrine)**

动物种类:所有食品动物。

4.2.47 **马来酸麦角新碱(ergometrine maleate)**

4.2.47.1 动物种类:所有哺乳类食品动物。

4.2.47.2 其他规定:仅用于临产动物。

4.2.48 **酚磺乙胺(etamsylate)**

动物种类:马、牛、羊、猪。

4.2.49 **乙醇(ethanol)**

4.2.49.1 动物种类:所有食品动物。

4.2.49.2 其他规定:仅作赋型剂用。

4.2.50 **硫酸亚铁(ferrous sulphate)**

动物种类:所有食品动物。

4.2.51 **氟氯苯氰菊酯(flumethrin)**

4.2.51.1 动物种类:蜜蜂。

4.2.51.2 其他规定:蜂蜜。

4.2.52 **氟轻松(fluocinonide)**

动物种类:所有食品动物。

4.2.53 **叶酸(folic acid)**

动物种类:所有食品动物。

4.2.54 **促卵泡激素(各种动物天然 FSH 及其化学合成类似物)[follicle stimulating hormone (natural FSH from all species and their synthetic analogues)]**

动物种类:所有食品动物。

4.2.55 **甲醛(formaldehyde)**

动物种类:所有食品动物。

4.2.56 **甲酸(formic acid)**

动物种类:所有食品动物。

4.2.57 **明胶(gelatin)**

动物种类:所有食品动物。

4.2.58 **葡萄糖(glucose)**

动物种类:马、牛、羊、猪。

4.2.59 **戊二醛(glutaraldehyde)**

动物种类:所有食品动物。

4.2.60 **甘油(glycerol)**

动物种类:所有食品动物。

4.2.61 **垂体促性腺激素释放激素(gonadotrophin releasing hormone)**

动物种类:所有食品动物。

4.2.62 **月苄三甲氯铵(halimide)**

动物种类:所有食品动物。

4.2.63 **绒促性素(human chorion gonadotrophin)**

动物种类:所有食品动物

4.2.64 **盐酸(hydrochloric acid)**

4.2.64.1 动物种类:所有食品动物。

4.2.64.2 其他规定:仅作赋型剂用。

4.2.65 **氢氯噻嗪(hydrochlorothiazide)**

动物种类:牛。

4.2.66 **氢化可的松(hydrocortisone)**

4.2.66.1 动物种类:所有食品动物。

4.2.66.2 其他规定:仅作外用。

4.2.67 **过氧化氢(hydrogen peroxide)**

动物种类:所有食品动物。

4.2.68 **鱼石脂(ichthammol)**

动物种类:所有食品动物。

4.2.69 **苯噁唑(idazoxan)**

动物种类：鹿。

4.2.70 **碘和碘无机化合物包括：碘化钠和钾、碘酸钠和钾（iodine and iodine inorganic compounds including：sodium and potassium-iodide，sodium and potassium-iodate）**

动物种类：所有食品动物。

4.2.71 **右旋糖酐铁（iron dextran）**

动物种类：所有食品动物。

4.2.72 **白陶土（kaolin）**

动物种类：马、牛、羊、猪。

4.2.73 **氯胺酮（ketamine）**

动物种类：所有食品动物。

4.2.74 **乳酶生（lactasin）**

动物种类：羊、猪、驹、犊。

4.2.75 **乳酸（lactic acid）**

动物种类：所有食品动物。

4.2.76 **利多卡因（lidocaine）**

4.2.76.1 动物种类：马。

4.2.76.2 其他规定：仅作局部麻醉用。

4.2.77 **促黄体激素（各种动物天然 LH 及其化学合成类似物）[luteinising hormone (natural LH from all species and their synthetic analogues)]**

动物种类：所有食品动物。

4.2.78 **氯化镁（magnesium chloride）**

动物种类：所有食品动物。

4.2.79 **氧化镁（magnesium oxide）**

动物种类：所有食品动物。

4.2.80 **硫酸镁（magnesium sulfate）**

动物种类：马、牛、羊、猪。

4.2.81 **甘露醇（mannitol）**

动物种类：所有食品动物。

4.2.82 **药用炭（medicinal charcoal）**

动物种类：马、牛、羊、猪。

4.2.83 **甲萘醌（menadione）**

动物种类：所有食品动物。

4.2.84 **蛋氨酸碘（methionine iodine）**

动物种类：所有食品动物。

4.2.85 **亚甲蓝（methylthioninium chloride）**

动物种类：牛、羊、猪。

4.2.86 **萘普生（naproxen）**

动物种类：马。

4.2.87 **新斯的明（neostigmine）**

动物种类：所有食品动物。

4.2.88 **中性电解氧化水（neutralized eletrolyzed oxidized water）**

动物种类：所有食品动物。

4.2.89 **烟酰胺（nicotinamide）**

动物种类：所有哺乳类食品动物。

4.2.90 **烟酸(nicotinic acid)**

动物种类：所有哺乳类食品动物。

4.2.91 **去甲肾上腺素(norepinephrine bitartrate)**

动物种类：马、牛、猪、羊。

4.2.92 **辛氨乙甘酸(octicine)**

动物种类：所有食品动物。

4.2.93 **缩宫素(oxytocin)**

动物种类：所有哺乳类食品动物。

4.2.94 **对乙酰氨基酚(paracetamol)**

4.2.94.1 动物种类：猪。

4.2.94.2 其他规定：仅作口服用。

4.2.95 **石蜡(paraffin)**

动物种类：马、牛、羊、猪。

4.2.96 **胃蛋白酶(pepsin)**

动物种类：所有食品动物。

4.2.97 **过氧乙酸(peracetic acid)**

动物种类：所有食品动物。

4.2.98 **苯酚(phenol)**

动物种类：所有食品动物。

4.2.99 **聚乙二醇(分子量为200～10 000)[polyethylene glycols (molecular weight ranging from 200 to 10 000)]**

动物种类：所有食品动物。

4.2.100 **吐温-80(polysorbate 80)**

动物种类：所有食品动物。

4.2.101 **垂体后叶(posterior pituitary)**

动物种类：马、牛、羊、猪。

4.2.102 **硫酸铝钾(potassium aluminium sulfate)**

动物种类：水产动物。

4.2.103 **氯化钾(potassium chloride)**

动物种类：所有食品动物。

4.2.104 **高锰酸钾(potassium permanganate)**

动物种类：所有食品动物。

4.2.105 **过硫酸氢钾(potassium peroxymonosulphate)**

动物种类：所有食品动物。

4.2.106 **硫酸钾(potassium sulfate)**

动物种类：马、牛、羊、猪。

4.2.107 **聚维酮碘(povidone iodine)**

动物种类：所有食品动物。

4.2.108 **碘解磷定(pralidoxime iodide)**

动物种类：所有哺乳类食品动物。

4.2.109 **吡喹酮(praziquantel)**

4.2.109.1 动物种类：绵羊、马。

4.2.109.2 其他规定：仅用于非泌乳绵羊。

4.2.110 普鲁卡因(procaine)

动物种类:所有食品动物。

4.2.111 黄体酮(progesterone)

4.2.111.1 动物种类:母马、母牛、母羊。

4.2.111.2 其他规定:泌乳期禁用。

4.2.112 双羟萘酸噻嘧啶(pyrantel embonate)

动物种类:马。

4.2.113 溶葡萄球菌酶(recombinant lysostaphin)

动物种类:奶牛、猪。

4.2.114 水杨酸(salicylic acid)

4.2.114.1 动物种类:除鱼外所有食品动物。

4.2.114.2 其他规定:仅作外用。

4.2.115 东莨菪碱(scoplamine)

动物种类:牛、羊、猪。

4.2.116 血促性素(serum gonadotrophin)

动物种类:马、牛、羊、猪、兔。

4.2.117 碳酸氢钠(sodium bicarbonate)

动物种类:马、牛、羊、猪。

4.2.118 溴化钠(sodium bromide)

4.2.118.1 动物种类:所有哺乳类食品动物。

4.2.118.2 其他规定:仅作外用。

4.2.119 氯化钠(sodium chloride)

动物种类:所有食品动物。

4.2.120 二氯异氰脲酸钠(sodium dichloroisocyanurate)

动物种类:所有哺乳类食品动物和禽类。

4.2.121 二巯丙磺钠(sodium dimercaptopropanesulfonate)

动物种类:马、牛、猪、羊。

4.2.122 氢氧化钠(sodium hydroxide)

动物种类:所有食品动物。

4.2.123 乳酸钠(sodium lactate)

动物种类:马、牛、羊、猪。

4.2.124 亚硝酸钠(sodium nitrite)

动物种类:马、牛、羊、猪。

4.2.125 过硼酸钠(sodium perborate)

动物种类:水产动物。

4.2.126 过碳酸钠(sodium percarbonate)

动物种类:水产动物。

4.2.127 高碘酸钠(sodium periodate)

4.2.127.1 动物种类:所有食品动物。

4.2.127.2 其他规定:仅作外用。

4.2.128 焦亚硫酸钠(sodium pyrosulphite)

动物种类:所有食品动物。

4.2.129 **水杨酸钠(sodium salicylate)**

4.2.129.1 动物种类:除鱼外所有食品动物。

4.2.129.2 其他规定:仅作外用,泌乳期禁用。

4.2.130 **亚硒酸钠(sodium selenite)**

动物种类:所有食品动物。

4.2.131 **硬脂酸钠(sodium stearate)**

动物种类:所有食品动物。

4.2.132 **硫酸钠(sodium sulfate)**

动物种类:马、牛、羊、猪。

4.2.133 **硫代硫酸钠(sodium thiosulphate)**

动物种类:所有食品动物。

4.2.134 **软皂(soft soap)**

动物种类:所有食品动物。

4.2.135 **脱水山梨醇三油酸酯(司盘85)(sorbitan trioleate)**

动物种类:所有食品动物。

4.2.136 **山梨醇(sorbitol)**

动物种类:马、牛、羊、猪。

4.2.137 **士的宁(strychnine)**

4.2.137.1 动物种类:牛。

4.2.137.2 其他规定:仅作口服用,剂量最大0.1 mg/kg bw。

4.2.138 **愈创木酚磺酸钾(sulfogaiacol)**

动物种类:所有食品动物。

4.2.139 **硫(sulphur)**

动物种类:牛、猪、山羊、绵羊、马。

4.2.140 **丁卡因(tetracaine)**

4.2.140.1 动物种类:所有食品动物。

4.2.140.2 其他规定:仅作麻醉剂用。

4.2.141 **硫喷妥钠(thiopental sodium)**

4.2.141.1 动物种类:所有食品动物。

4.2.141.2 其他规定:仅作静脉注射用。

4.2.142 **维生素A(vitamin A)**

动物种类:所有食品动物。

4.2.143 **维生素B_1(vitamin B_1)**

动物种类:所有食品动物。

4.2.144 **维生素B_{12}(vitamin B_{12})**

动物种类:所有食品动物。

4.2.145 **维生素B_2(vitamin B_2)**

动物种类:所有食品动物。

4.2.146 **维生素B_6(vitamin B_6)**

动物种类:所有食品动物。

4.2.147 **维生素C(vitamin C)**

动物种类:所有食品动物。

4.2.148 维生素 D(vitamin D)

动物种类:所有食品动物。

4.2.149 维生素 E(vitamin E)

动物种类:所有食品动物。

4.2.150 维生素 K_1 (vitamin K_1)

动物种类:犊。

4.2.151 赛拉嗪(xylazine)

4.2.151.1 动物种类:牛、马。

4.2.151.2 其他规定:泌乳期除外。

4.2.152 赛拉唑(xylazole)

动物种类:马、牛、羊、鹿。

4.2.153 氧化锌(zinc oxide)

动物种类:所有食品动物。

4.2.154 硫酸锌(zinc sulphate)

动物种类:所有食品动物。

4.3 允许作治疗用,但不得在动物性食品中检出的兽药

4.3.1 氯丙嗪(chlorpromazine)

4.3.1.1 残留标志物:氯丙嗪(chlorpromazine)。

4.3.1.2 动物种类:所有食品动物。

4.3.1.3 靶组织:所有可食组织。

4.3.2 地西泮(安定)(diazepam)

4.3.2.1 残留标志物:地西泮(diazepam)。

4.3.2.2 动物种类:所有食品动物。

4.3.2.3 靶组织:所有可食组织。

4.3.3 地美硝唑(dimetridazole)

4.3.3.1 残留标志物:地美硝唑(dimetridazole)。

4.3.3.2 动物种类:所有食品动物。

4.3.3.3 靶组织:所有可食组织。

4.3.4 苯甲酸雌二醇(estradiol benzoate)

4.3.4.1 残留标志物:雌二醇(estradiol)。

4.3.4.2 动物种类:所有食品动物。

4.3.4.3 靶组织:所有可食组织。

4.3.5 潮霉素 B(hygromycin B)

4.3.5.1 残留标志物:潮霉素 B(hygromycin B)。

4.3.5.2 动物种类:猪、鸡。

4.3.5.3 靶组织:可食组织、鸡蛋。

4.3.6 甲硝唑(metronidazole)

4.3.6.1 残留标志物:甲硝唑(metronidazole)。

4.3.6.2 动物种类:所有食品动物。

4.3.6.3 靶组织:所有可食组织。

4.3.7 苯丙酸诺龙(nadrolone phenylpropionate)

4.3.7.1 残留标志物:诺龙(nadrolone)。

4.3.7.2 动物种类:所有食品动物。

4.3.7.3 靶组织:所有可食组织。

4.3.8 丙酸睾酮(testosterone propinate)

4.3.8.1 残留标志物:睾酮(testosterone)。

4.3.8.2 动物种类:所有食品动物。

4.3.8.3 靶组织:所有可食组织。

4.3.9 赛拉嗪(xylazine)

4.3.9.1 残留标志物:赛拉嗪(xylazine)。

4.3.9.2 动物种类:产奶动物。

4.3.9.3 靶组织:奶。

索　引

兽药英文通用名称索引

A

B

C

F

G

H

halimide 月苄三甲氯铵 ………………………… 4.2.62

halofuginone 常山酮 ………………………… 4.1.56

human chorion gonadotrophin 绒促性素 ………………………… 4.2.63

hydrochloric acid 盐酸 ………………………… 4.2.64

hydrochlorothiazide 氢氯噻嗪 ………………………… 4.2.65

hydrocortisone 氢化可的松 ………………………… 4.2.66

hydrogen peroxide 过氧化氢 ………………………… 4.2.67

hygromycin B 潮霉素 B ………………………… 4.3.5

I

ichthammol 鱼石脂 ………………………… 4.2.68

idazoxan 苯噁唑 ………………………… 4.2.69

imidocarb 咪多卡 ………………………… 4.1.57

iodine and iodine inorganic compounds including: sodium and potassium-iodide, sodium and potassium-iodate 碘和碘无机化合物包括:碘化钠和钾、碘酸钠和钾 ………………………… 4.2.70

iron dextran 右旋糖酐铁 ………………………… 4.2.71

isometamidium 氮氨菲啶 ………………………… 4.1.58

ivermectin 伊维菌素 ………………………… 4.1.59

K

kaolin 白陶土 ………………………… 4.2.72

kanamycin 卡那霉素 ………………………… 4.1.60

ketamine 氯胺酮 ………………………… 4.2.73

kitasamycin 吉他霉素 ………………………… 4.1.61

L

lactasin 乳酶生 ………………………… 4.2.74

lactic acid 乳酸 ………………………… 4.2.75

lasalocid 拉沙洛西 ………………………… 4.1.62

levamisole 左旋咪唑 ………………………… 4.1.63

lidocaine 利多卡因 ………………………… 4.2.76

lincomycin 林可霉素 ………………………… 4.1.64

luteinising hormone (natural LH from all species and their synthetic analogues) 促黄体激素(各种动物天然 LH 及其化学合成类似物) ………………………… 4.2.77

M

N

O

oxolinic acid 噁喹酸 ························ 4.1.78

oxytetracycline, chlortetracycline, tetracycline 土霉素、金霉素、四环素 ························ 4.1.79

oxytocin 缩宫素 ························ 4.2.93

P

paracetamol 对乙酰氨基酚 ························ 4.2.94

paraffin 石蜡 ························ 4.2.95

pepsin 胃蛋白酶 ························ 4.2.96

peracetic acid 过氧乙酸 ························ 4.2.97

phenol 苯酚 ························ 4.2.98

phoxim 辛硫磷 ························ 4.1.80

piperazine 哌嗪 ························ 4.1.81

pirlimycin 吡利霉素 ························ 4.1.82

polyethylene glycols (molecular weight ranging from 200 to 10 000) 聚乙二醇(分子量为200～10 000) ························ 4.2.99

polysorbate 80 吐温-80 ························ 4.2.100

posterior pituitary 垂体后叶 ························ 4.2.101

potassium aluminium sulfate 硫酸铝钾 ························ 4.2.102

potassium chloride 氯化钾 ························ 4.2.103

potassium permanganate 高锰酸钾 ························ 4.2.104

potassium peroxymonosulphate 过硫酸氢钾 ························ 4.2.105

potassium sulfate 硫酸钾 ························ 4.2.106

povidone iodine 聚维酮碘 ························ 4.2.107

pralidoxime iodide 碘解磷定 ························ 4.2.108

praziquantel 吡喹酮 ························ 4.2.109

procaine 普鲁卡因 ························ 4.2.110

progesterone 黄体酮 ························ 4.2.111

propetamphos 巴胺磷 ························ 4.1.83

pyrantel embonate 双羟萘酸噻嘧啶 ························ 4.2.112

R

rafoxanide 碘醚柳胺 ························ 4.1.84

recombinant lysostaphin 溶葡萄球菌酶 ························ 4.2.113

robenidine 氯苯胍 ························ 4.1.85

S

ICS 67.050
X 04

中华人民共和国国家标准

GB 31660.4—2019

食品安全国家标准
动物性食品中醋酸甲地孕酮和醋酸甲羟孕酮残留量的测定　液相色谱-串联质谱法

National food safety standard—
Determination of megestrol acetate and medroxyprogesterone acetate residues in animal derived foods by liquid chromatography-tandem mass spectrometry

2019-09-06 发布　　2020-04-01 实施

中华人民共和国农业农村部
中华人民共和国国家卫生健康委员会　发布
国家市场监督管理总局

前　言

本标准按照 GB/T 1.1—2009 给出的规则起草。

本标准系首次发布。

食品安全国家标准
动物性食品中醋酸甲地孕酮和醋酸甲羟孕酮残留量的测定
液相色谱-串联质谱法

1 范围

本标准规定了动物性食品中醋酸甲地孕酮和醋酸甲羟孕酮残留检测的制样和液相色谱-串联质谱测定方法。

本标准适用于猪、牛、羊的肌肉、脂肪、肝脏和肾脏，以及牛奶中醋酸甲地孕酮和醋酸甲羟孕酮残留量的检测。

2 规范性引用文件

下列文件对于本文件的应用是必不可少的。凡是注日期的引用文件，仅注日期的版本适用于本文件。凡是不注日期的引用文件，其最新版本(包括所有的修改单)适用于本文件。

GB/T 6682 分析实验室用水规格和试验方法

3 原理

试样中残留的醋酸甲地孕酮和醋酸甲羟孕酮经乙腈提取，正己烷除脂，混合阳离子柱净化，甲醇洗脱，液相色谱-串联质谱法测定，内标法定量。

4 试剂与材料

除另有规定外，所有试剂均为分析纯，水为符合GB/T 6682规定的一级水。

4.1 试剂

4.1.1 乙腈(CH_3CN)：色谱纯。

4.1.2 甲醇(CH_3OH)。

4.1.3 甲酸($HCOOH$)：色谱纯。

4.1.4 乙酸(CH_3COOH)。

4.1.5 正己烷(C_6H_{14})。

4.1.6 乙酸乙酯($CH_3COOC_2H_5$)。

4.1.7 乙酸铵(CH_3COONH_4)。

4.2 溶液配制

4.2.1 0.2 mol/L乙酸铵缓冲液：取乙酸铵15.4 g，加水900 mL使溶解，用乙酸调pH至5.2，加水稀释至1 000 mL。

4.2.2 2%甲酸溶液：取甲酸2 mL，加水溶解并稀释至100 mL。

4.2.3 0.1%甲酸溶液：取甲酸1 mL，加水溶解并稀释至1 000 mL。

4.2.4 50%甲醇溶液：取甲醇50 mL，加水溶解并稀释至100 mL。

4.2.5 30%甲醇溶液：取甲醇30 mL，加水溶解并稀释至100 mL。

4.2.6 0.1%甲酸-乙腈溶液：取0.1%甲酸溶液20 mL，加乙腈溶解并稀释至100 mL，混匀。

4.3 标准品

4.3.1 醋酸甲地孕酮(megestrol acetate,$C_{24}H_{32}O_4$,CAS 号:595-33-5)、醋酸甲羟孕酮(medroxyprogesterone acetate,$C_{24}H_{34}O_4$,CAS 号:71-58-9),含量均≥98.0%。

4.3.2 内标:氘代醋酸甲地孕酮(megestrol acetate-D_3,$C_{24}H_{29}D_3O_4$),含量≥98.0%。

4.4 标准溶液制备

4.4.1 标准储备液:取醋酸甲地孕酮、醋酸甲羟孕酮标准品各 10 mg,精密称定,于 100 mL 棕色量瓶中,用乙腈溶解并稀释至刻度,配制成浓度为 0.1 mg/mL 的醋酸甲地孕酮、醋酸甲羟孕酮标准储备液。−20℃保存,有效期 6 个月。

4.4.2 内标储备液:取氘代醋酸甲地孕酮标准品 10 mg,精密称定,于 100 mL 棕色量瓶中,用乙腈溶解并稀释至刻度,配制成 0.1 mg/mL 的氘代醋酸甲地孕酮储备液。−20℃保存,有效期 6 个月。

4.4.3 混合标准工作液:精密量取醋酸甲地孕酮、醋酸甲羟孕酮标准储备液各 0.5 mL,于 50 mL 棕色量瓶中,用乙腈稀释至刻度,配制成浓度均为 1 μg/mL 混合标准工作液。4℃以下避光保存,有效期 1 个月。

4.4.4 内标工作液:精密量取内标储备液 0.5 mL,于 50 mL 棕色量瓶中,用乙腈稀释至刻度,配制成浓度为 1 μg/mL 的内标工作液。4℃以下避光保存,有效期 1 个月。

4.4.5 标准曲线的制备:精密量取适量混合标准工作液及内标工作液,用流动相稀释配制成浓度为 2 ng/mL、5 ng/mL、25 ng/mL、50 ng/mL、100 ng/mL 的系列标准溶液(内标均为 20 ng/mL)。以特征离子质量色谱峰面积比为纵坐标、标准溶液浓度为横坐标,绘制标准曲线。

4.5 材料

4.5.1 混合阳离子固相萃取柱:60 mg/3 mL,或相当者。

4.5.2 β-盐酸葡萄糖醛苷酶/芳基硫酸酯酶。

4.5.3 微孔滤膜:0.22 μm。

5 仪器和设备

5.1 液相色谱-串联质谱仪:配电喷雾离子源。

5.2 分析天平:感量 0.000 01 g 和 0.01 g。

5.3 氮吹仪。

5.4 涡旋振荡器:3 000 r/min。

5.5 超声波萃取仪。

5.6 移液枪:200 μL、1 mL、5 mL。

5.7 离心机:10 000 r/min。

5.8 梨形瓶:100 mL。

5.9 旋转蒸发器。

5.10 固相萃取装置。

6 试料的制备与保存

6.1 试料的制备

取适量新鲜或解冻的空白或供试组织,绞碎,并使均质。脂肪组织于 60℃水浴中融化。

a) 取均质后的供试样品,作为供试试料;

b) 取均质后的空白样品,作为空白试料;

c) 取均质后的空白样品,添加适宜浓度的标准工作液,作为空白添加试料。

6.2 试料的保存

−18℃以下保存,3 个月内进行分析检测。

7 测定步骤

7.1 酶解

取试样 2 g(准确到±20 mg),于 50 mL 离心管中,加内标工作液 40 μL,加 0.2 mol/L 乙酸铵缓冲液4 mL,涡旋混匀后加入 β-盐酸葡萄糖醛苷酶/芳基硫酸酯酶 40 μL,于 37℃下避光水浴低速振荡,酶解 12 h。

7.2 提取

7.2.1 肌肉、肝脏、肾脏组织

试样经酶解后,加入乙酸乙酯 10 mL,于涡旋振荡器上剧烈振荡 10 min, 4 000 r/min 离心 5 min,取上清液至梨形瓶中。残渣加乙酸乙酯 10 mL 重复提取 1 次,合并上清液,50℃旋转蒸发至干。加乙腈 10 mL、正己烷 5 mL 使溶解,转至 50 mL 离心管中,低速涡旋 10 s,3 000 r/min 离心 2 min,弃正己烷层,下层液于 50℃旋转蒸发至干,加 30%甲醇水溶液 3 mL,溶解,备用。

7.2.2 脂肪组织

试样经酶解后,加乙腈 10 mL,于涡旋振荡器上剧烈振荡 0.5 min, 50℃超声提取 10 min,4 000 r/min 离心 5 min,取上清液移至另一 50 mL 离心管中。残渣加乙腈 10 mL 重复提取 1 次。合并上清液,加正己烷 4 mL,低速涡旋 10 s,3 000 r/min 离心 2 min,弃正己烷层。加正己烷 4 mL,再次除脂。下层 50℃旋转蒸发至干,加入 30%甲醇水溶液 3 mL 溶解,备用。

7.3 净化

混合阳离子固相萃取柱用甲醇、水各 3 mL 活化,取备用液过柱,依次用水、50%甲醇溶液各 3 mL 淋洗,抽干。用甲醇 5 mL 洗脱,洗脱液于 50℃下氮气吹干。用 0.1%甲酸-乙腈溶液 0.2 mL 溶解残余物,涡旋混匀,过 0.22 μm 滤膜或 15 000 r/min 高速离心 10 min,取上清液,供高效液相色谱-串联质谱仪测定。

7.4 测定

7.4.1 液相色谱参考条件

a) 色谱柱:C_{18}色谱柱 (50 mm×2.1 mm,1.7 μm),或相当者;

b) 流动相:A 为 0.1%甲酸-乙腈溶液,B 为 0.1%甲酸溶液,梯度洗脱,见表 1;

c) 流速:0.2 mL/min;

d) 柱温:30℃;

e) 进样量:10 μL。

表 1 液相色谱梯度洗脱条件

时间,min	流速,mL/min	A,%	B,%
0	0.2	20	80
0.5	0.2	20	80
1.5	0.2	90	10
2.5	0.2	50	50
3.0	0.2	20	80
4.0	0.2	20	80

7.4.2 质谱参考条件

a) 离子源:电喷雾(ESI)离子源;

b) 扫描方式:正离子扫描;

c) 检测方式:多反应离子监测;

d) 电离电压:3 000 V;

e) 源温:100℃;

f) 雾化温度:350℃;

g) 锥孔气流速:25 L/h;

h) 雾化气流速:450 L/h;

i) 定性离子对、定量离子对、锥孔电压和碰撞能量见表2。

表2 定性离子对、定量离子对、锥孔电压和碰撞能量

化合物名称	定性离子对 及碰撞能量,m/z(eV)	定量离子对 及碰撞能量,m/z(eV)	锥孔电压,V
醋酸甲地孕酮	385>267(20) 385>325(18)	385>267(20)	45
醋酸甲羟孕酮	387>285(28) 387>327(18)	387>327(18)	45
氘代醋酸甲地孕酮	388>270(18)	388>270(18)	45

7.4.3 测定法

取试样溶液和标准溶液,作单点或多点校准,按内标法以峰面积比计算。试样溶液及标准溶液中醋酸甲地孕酮、醋酸甲羟孕酮与氘代醋酸甲地孕酮的峰面积比应在仪器检测的线性范围之内。试样溶液的离子相对丰度与标准溶液的离子相对丰度相比,符合表3的要求。醋酸甲地孕酮、醋酸甲羟孕酮和氘代醋酸甲地孕酮多反应监测特征离子质量色谱图参见附录A。

表3 定性确证时相对离子丰度的允许偏差

单位为百分率

相对离子丰度	允许偏差
>50	±20
20~50	±25
10~20	±30
≤10	±50

7.5 空白试验

除不加试料外,采用完全相同的测定步骤进行平行操作。

8 结果计算和表述

试样中被测物质的残留量按式(1)计算。

$$X=\frac{A\times A'_{iS}\times C_S\times C_{iS}\times V}{A_{iS}\times A_S\times C'_{iS}\times m} \quad\cdots\cdots(1)$$

式中:

X ——试样中被测物质的残留量,单位为微克每千克(μg/kg);

A ——试样溶液中被测物质的峰面积;

A'_{iS}——标准工作溶液中内标的峰面积;

A_{iS} ——试样溶液中内标的峰面积;

A_S ——标准工作溶液中被测物质的峰面积;

C_S ——标准工作溶液中被测物质的浓度,单位为纳克每毫升(ng/mL);

C_{iS} ——试样溶液中内标的浓度,单位为纳克每毫升(ng/mL);

C'_{iS}——标准工作溶液中内标的浓度,单位为纳克每毫升(ng/mL);

V ——试样溶液定容体积,单位为毫升(mL);

m ——试料质量,单位为克(g)。

计算结果需扣除空白值。测定结果用2次平行测定的算术平均值表示,保留3位有效数字。

9 检测方法的灵敏度、准确度和精密度

9.1 灵敏度

本方法的检测限为0.5 μg/kg,定量限为1 μg/kg。

9.2 准确度

本方法在 1 μg/kg～5 μg/kg 添加浓度水平上的回收率为 70%～120%。

9.3 精密度

本方法的批内相对标准偏差≤20%，批间相对标准偏差≤20%。

附　录　A
（资料性附录）
特征离子质量色谱图

1 ng/mL 混合标准溶液特征离子质量色谱图见图 A.1。

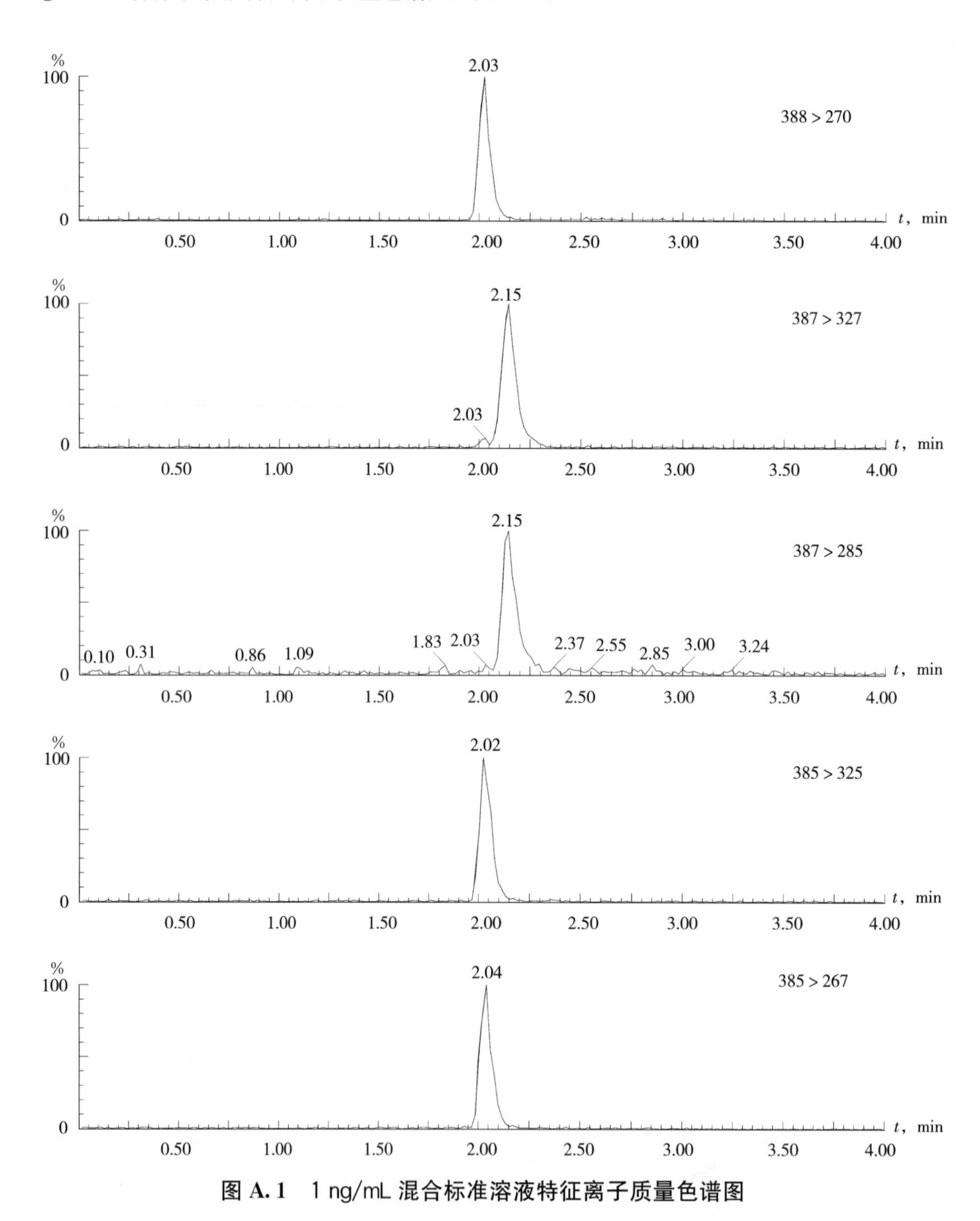

图 A.1　1 ng/mL 混合标准溶液特征离子质量色谱图

ICS 67.050
X 04

中华人民共和国国家标准

GB 31660.5—2019

食品安全国家标准
动物性食品中金刚烷胺残留量的测定
液相色谱-串联质谱法

National food safety standard—
Determination of amantadine residue in animal derived food by liquid chromatography-tandem mass spectrometric method

2019-09-06 发布　　2020-04-01 实施

中华人民共和国农业农村部
中华人民共和国国家卫生健康委员会　发布
国家市场监督管理总局

前　言

本标准按照 GB/T 1.1—2009 给出的规则起草。

本标准系首次发布。

食品安全国家标准
动物性食品中金刚烷胺残留量的测定
液相色谱-串联质谱法

1 范围

本标准规定了动物性食品中金刚烷胺残留量检测的制样和液相色谱-串联质谱测定方法。

本标准适用于猪、鸡和鸭的可食性组织(肌肉、肝脏和肾脏)及禽蛋中金刚烷胺残留量的检测。

2 规范性引用文件

下列文件对于本文件的应用是必不可少的。凡是注日期的引用文件,仅注日期的版本适用于本文件。凡是不注日期的引用文件,其最新版本(包括所有的修改单)适用于本文件。

GB/T 6682 分析实验室用水规格和试验方法

3 原理

试样中金刚烷胺的残留用1%乙酸乙腈溶液提取,正己烷液液分配去脂,基质固相分散净化,液相色谱-串联质谱正离子模式测定,内标法定量。

4 试剂和材料

4.1 试剂

除另有规定外,所有试剂均为分析纯,水为符合GB/T 6682规定的一级水。

4.1.1 甲醇(CH_3OH):色谱纯。

4.1.2 乙腈(CH_3CN):色谱纯。

4.1.3 正己烷(C_6H_{14}):色谱纯。

4.1.4 冰乙酸(CH_3COOH)。

4.1.5 甲酸(HCOOH):色谱纯。

4.1.6 无水硫酸钠(Na_2SO_4)。

4.2 溶液配制

4.2.1 1%乙酸-乙腈溶液:取冰乙酸10 mL,用乙腈稀释至1 000 mL。

4.2.2 50%乙腈溶液:取50 mL乙腈,用水稀释至100 mL。

4.2.3 0.1%甲酸溶液:取1 mL甲酸,用水稀释至1 000 mL。

4.3 标准品

金刚烷胺(amantadine,$C_{10}H_{17}N$,CAS号:768-94-5),含量≥98.0%;D_{15}-金刚烷胺(amantadine-D_{15},$C_{10}H_2D_{15}N$,CAS号:33830-10-3),含量≥99.0%。

4.4 标准溶液的制备

4.4.1 标准储备液:取金刚烷胺标准品、D_{15}-金刚烷胺标准品各10 mg,精密称定,分别于10 mL量瓶中,用甲醇溶解并稀释至刻度,配制成浓度为1 mg/mL的金刚烷胺和D_{15}-金刚烷胺标准储备液。−20℃以下保存,有效期3个月。

4.4.2 标准工作液:分别精密量取上述标准储备液0.1 mL,分别于100 mL量瓶中,用甲醇稀释至刻度,配制成金刚烷胺、D_{15}-金刚烷胺浓度为1 μg/mL的标准工作液。2℃~8℃保存,有效期2周。

4.5 材料

4.5.1 净化吸附剂：PSA（乙二胺-N-丙基硅烷），粒度 40 μm。

4.5.2 滤膜：0.22 μm。

4.5.3 针式过滤器：内填有 50 mg 的 PSA 净化吸附剂，滤膜孔径 0.22 μm。

5 仪器和设备

5.1 液相色谱-串联质谱仪：配有电喷雾离子源（ESI）。

5.2 分析天平：感量 0.000 01 g 和 0.01 g。

5.3 均质机。

5.4 涡旋振荡器。

5.5 旋转蒸发仪。

5.6 离心机：转速 3 000 r/min。

5.7 高速离心机：转速 10 000 r/min。

5.8 氮吹仪。

6 试料的制备与保存

6.1 试料的制备

取适量新鲜或解冻的空白或供试组织，绞碎，并使均质。

取适量新鲜或冷藏的空白或供试禽蛋，去壳后混合均匀。

a） 取匀浆后的供试样品，作为供试试料；

b） 取匀浆后的空白样品，作为空白试料；

c） 取匀浆后的空白样品，添加适宜浓度的标准工作液，作为空白添加试料。

6.2 试料的保存

－20℃以下保存。

7 测定步骤

7.1 提取

称取试料 2 g（准确至±20 mg），于 50 mL 离心管中，加 D_{15}-金刚烷胺标准工作液 20 μL，加 1%乙酸-乙腈溶液 10 mL，涡旋 2 min，3 000 r/min 离心 5 min，上清液转入另一 50 mL 离心管中，重复提取一次，合并 2 次上清液，备用。

7.2 净化

取备用液，加无水硫酸钠 3 g、正己烷 10 mL，涡旋 1 min，3 000 r/min 离心 5 min，弃去正己烷层，剩余溶液转至 100 mL 鸡心瓶中，40℃水浴下旋转蒸干，用 1.0 mL 甲醇溶解残渣。加入 PSA 50 mg，涡旋 30 s，取上清液过滤膜至 1.5 mL 试管中；或直接匀速通过针式过滤器，呈滴状流入 1.5 mL 试管中。量取滤液 0.5 mL 于离心管中，40℃氮气吹干，加入 50%乙腈溶液 0.5 mL，涡旋 30 s，10 000 r/min 离心 5 min，取上清液供上机测定。

7.3 标准曲线的制备

7.3.1 溶剂标准溶液（适用于除猪肝和猪肾外组织）：准确量取金刚烷胺和 D_{15}-金刚烷胺标准工作液适量，用 50%乙腈水溶液稀释配制成金刚烷胺浓度为 2 μg/L、4 μg/L、10 μg/L、20 μg/L、100 μg/L、200 μg/L，D_{15}-金刚烷胺浓度均为 20 μg/L 的金刚烷胺系列标准溶液，供液相色谱-串联质谱测定。

7.3.2 基质匹配标准溶液：取空白猪肝和猪肾试料，除不加 D_{15}-金刚烷胺标准工作液外，均按上述方法处理分别制得其空白基质溶液，准确量取金刚烷胺和 D_{15}-金刚烷胺标准工作液适量，分别用空白基质溶液稀释，配制成金刚烷胺浓度为 2 μg/L、4 μg/L、10 μg/L、20 μg/L、100 μg/L、200 μg/L，D_{15}-金刚烷胺浓度均为 20 μg/L 的系列基质匹配标准溶液，临用现配，供液相色谱-串联质谱测定。

7.4 测定

7.4.1 色谱条件

a) 色谱柱：C_{18}(150 mm×2.1 mm，3.5 μm)，或相当者；

b) 流动相：A 为 0.1%甲酸溶液，B 为甲醇；

c) 流速：0.3 mL/min；

d) 进样量：10 μL；

e) 预平衡时间：2 min；

f) 流动相梯度洗脱程序见表 1。

表 1 流动相梯度洗脱程序

时间，min	A，%	B，%
0	90	10
1.5	90	10
2	10	90
5	10	90
5.1	90	10
10	90	10

7.4.2 质谱条件

a) 离子源：电喷雾离子源；

b) 扫描方式：正离子扫描；

c) 检测方式：多反应离子监测(MRM)；

d) 脱溶剂气、锥孔气、碰撞气均为高纯氮气或其他合适气体；

e) 喷雾电压、碰撞能量等参数应优化至最优灵敏度；

f) 监测离子参数情况见表 2。

表 2 金刚烷胺和 D_{15}-金刚烷胺特征离子参考质谱条件

化合物	定性离子对 *m/z*	定量离子对 *m/z*	去簇电压 V	碰撞能量 eV
金刚烷胺	152.0>135.0	152.0>135.0	50	18
	152.0>93.0		48	40
D_{15}-金刚烷胺	167.3>150.3	167.3>150.3	48	35

7.4.3 定性测定

通过试样色谱图的保留时间与相应标准品的保留时间、各色谱峰的特征离子与相应浓度标准溶液各色谱峰的特征离子相对照定性。试样与标准品保留时间的相对偏差不大于 5%；试样特征离子的相对丰度与浓度相当标准溶液的相对丰度一致，相对丰度偏差不超过表 3 的规定，则可判断试样中存在金刚烷胺残留。

表 3 定性测定时相对离子丰度的最大允许偏差

单位为百分率

相对离子丰度	>50	20～50	10～20	≤10
允许的相对偏差	±20	±25	±30	±50

7.4.4 定量测定

取试样溶液、溶剂标准溶液或基质匹配标准溶液，作单点或多点校准，按内标法以峰面积比定量，标准溶液及试样溶液中金刚烷胺和 D_{15}-金刚烷胺峰面积比均应在仪器检测的线性范围内。在上述色谱-质谱条件下，金刚烷胺标准溶液特征离子质量色谱图参见附录 A。

7.5 空白试验

除不加试料外，采用完全相同的测定步骤进行平行操作。

8 结果计算和表述

试料中金刚烷胺的残留量按式(1)计算。

$$X=\frac{C_S \times C_{iS} \times A_i \times A'_{iS} \times V}{C'_{iS} \times A_S \times A_{iS} \times m} \quad \cdots\cdots (1)$$

式中：

X ——供试试样中金刚烷胺残留量，单位为微克每千克(μg/kg)；

C_S ——标准溶液中金刚烷胺浓度，单位为微克每升(μg/L)；

C_{iS} ——试样溶液中 D_{15}-金刚烷胺浓度，单位为微克每升(μg/L)；

C'_{iS}——标准溶液中 D_{15}-金刚烷胺浓度，单位为微克每升(μg/L)；

A_i ——试样溶液中金刚烷胺峰面积；

A_{iS} ——试样溶液中 D_{15}-金刚烷胺峰面积；

A_S ——标准溶液中金刚烷胺峰面积；

A'_{iS}——标准溶液中 D_{15}-金刚烷胺峰面积；

V ——溶解残渣的甲醇体积，单位为毫升(mL)；

m ——供试试样的质量，单位为克(g)。

计算结果需扣除空白值，测定结果用平行测定的算术平均值表示，保留3位有效数字。

9 检测方法的灵敏度、准确度和精密度

9.1 灵敏度

本方法的检测限为 1 μg/kg，定量限为 2 μg/kg。

9.2 准确度

本方法在 2 μg/kg～100 μg/kg 添加浓度水平上的回收率为 70%～120%。

9.3 精密度

本方法批内相对标准偏差≤15%，批间相对标准偏差≤20%。

附　录　A
(资料性附录)
特征离子质量色谱图

金刚烷胺标准溶液特征离子质量色谱图(4 μg/L)见图 A.1。

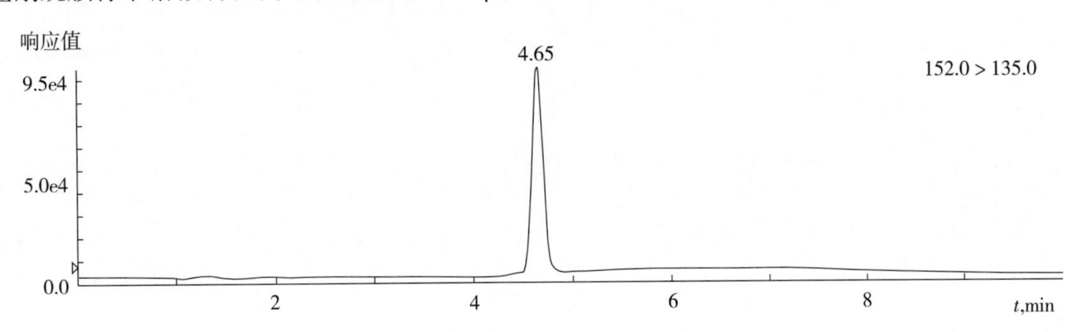

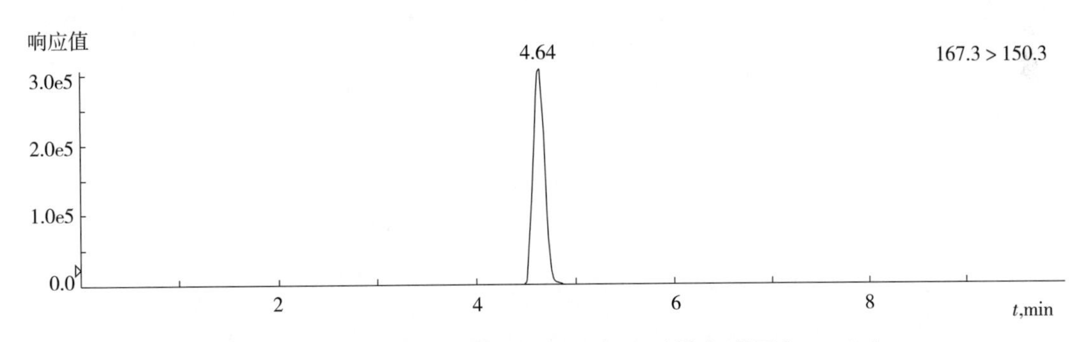

图 A.1　金刚烷胺标准溶液特征离子质量色谱图(4 μg/L)

ICS 67.050
X 04

中华人民共和国国家标准

GB 31660.6—2019

食品安全国家标准
动物性食品中5种α_2-受体激动剂残留量的测定　液相色谱-串联质谱法

National food safety standard—
Determination of five kinds of alpha2-agonists residues in animal derived food by liquid chromatography- tandem mass spectrometry method

2019-09-06 发布　　2020-04-01 实施

中华人民共和国农业农村部
中华人民共和国国家卫生健康委员会　发布
国家市场监督管理总局

前　言

本标准按照 GB/T 1.1—2009 给出的规则起草。

本标准系首次发布。

食品安全国家标准
动物性食品中5种α_2-受体激动剂残留量的测定
液相色谱-串联质谱法

1 范围

本标准规定了动物性食品中5种α_2-受体激动剂的制样和液相色谱-串联质谱测定方法。

本标准适用于猪肌肉、肝脏和肾脏组织及鸡肌肉和肝脏组织中替扎尼定、赛拉嗪、溴莫尼定、安普乐定和可乐定残留量的测定。

2 规范性引用文件

下列文件对于本文件的应用是必不可少的。凡是注日期的引用文件，仅注日期的版本适用于本文件。凡是不注日期的引用文件，其最新版本(包括所有的修改单)适用于本文件。

GB/T 6682　分析实验室用水规格和试验方法

3 原理

试样中残留的α_2-受体激动剂，用碳酸钠缓冲溶液、乙酸乙酯提取，固相萃取柱净化，液相色谱-串联质谱测定，外标法定量。

4 试剂和材料

除另有规定外，所有试剂均为分析纯，水为符合GB/T 6682规定的一级水。

4.1 试剂

4.1.1 乙腈(CH_3CN)：色谱纯。

4.1.2 甲酸(HCOOH)：色谱纯。

4.1.3 甲醇(CH_3OH)。

4.1.4 氨水(NH_4OH)。

4.1.5 无水碳酸钠(Na_2CO_3)。

4.1.6 碳酸氢钠($NaHCO_3$)。

4.1.7 乙酸乙酯($CH_3COOC_2H_5$)。

4.2 溶液配制

4.2.1 碳酸钠溶液：取无水碳酸钠10.6 g，用水溶解并稀释至100 mL。

4.2.2 碳酸氢钠溶液：取碳酸氢钠8.4 g，用水溶解并稀释至100 mL。

4.2.3 碳酸钠缓冲溶液：取碳酸钠溶液90 mL、碳酸氢钠溶液10 mL，混匀，现用现配。

4.2.4 甲酸溶液(0.2%)：取甲酸1 mL，用水溶解并稀释至500 mL。

4.2.5 甲酸-乙腈溶液：取0.2%甲酸溶液80 mL，加乙腈20 mL，混匀。

4.2.6 氨水-甲醇溶液(5%)：取氨水5 mL，用甲醇溶解并稀释至100 mL。

4.3 标准品

盐酸替扎尼定(tizanidine hydrochloride，$C_9H_8ClN_5S \cdot HCl$，CAS号：64461-82-1)、盐酸赛拉嗪(xylazine hydrochloride，$C_{12}H_{16}N_2S \cdot HCl$，CAS号：23076-35-9)、溴莫尼定(brimonidine，$C_{11}H_{10}BrN_5$，CAS号：59803-98-4)、盐酸安普乐定(apraclonidine hydrochloride，$C_9H_{10}N_4Cl_2 \cdot HCl$，CAS号：73218-79-8)和盐酸可乐定(clonidine hydrochloride，$C_9H_{10}Cl_3N_3$，CAS号：4205-91-8)：含量均≥98%。

4.4 标准溶液制备

4.4.1 标准储备液:取盐酸替扎尼定、盐酸赛拉嗪、溴莫尼定、盐酸安普乐定和盐酸可乐定标准品各10 mg,精密称定,分别于10 mL量瓶中,用甲醇溶解并稀释至刻度,配制成浓度均为1 mg/mL的盐酸替扎尼定、盐酸赛拉嗪、溴莫尼定、盐酸安普乐定和盐酸可乐定标准储备液。2℃～8℃保存,有效期6个月。

4.4.2 混合标准工作液:分别精密量取上述标准储备液各1 mL,于100 mL量瓶中,用甲醇溶解并稀释至刻度,配制成浓度为10 μg/mL的混合标准工作液。于2℃～8℃保存,有效期1个月。

4.4.3 标准曲线制备:分别精密量取混合标准工作液适量,用甲酸-乙腈溶液稀释配制成浓度为0.5 μg/L、1 μg/L、10 μg/L、50 μg/L和100 μg/L系列混合标准工作液,临用现配。

4.5 材料

4.5.1 固相萃取MCX柱:60 mg/3 mL,或相当者。

4.5.2 滤膜:有机相,0.22 μm。

5 仪器和设备

5.1 液相色谱-串联质谱仪:配电喷雾电离源。

5.2 分析天平:感量0.000 01 g和0.01 g。

5.3 均质机。

5.4 离心机。

5.5 涡旋振荡器。

5.6 旋转蒸发仪。

5.7 固相萃取装置。

5.8 鸡心瓶。

5.9 离心管:50 mL。

6 试料的制备与保存

6.1 试料的制备

取适量新鲜或解冻的空白或供试组织,绞碎并使均质。

a) 取均质的供试样品,作为供试试料;

b) 取均质的空白样品,作为空白试料;

c) 取均质的空白样品,添加适宜浓度的标准工作液,作为空白添加试料。

6.2 样品的保存

−20℃以下保存。

7 测定步骤

7.1 提取

取试料2 g(准确至±20 mg),于50 mL离心管中,加碳酸钠缓冲液5 mL,振荡混匀,加乙酸乙酯10 mL,充分振荡,于8 000 r/min离心5 min,取上清液于鸡心瓶中,下层溶液中加乙酸乙酯10 mL重复提取一次,合并2次上清液。于55℃旋转蒸发至干,加甲酸-乙腈溶液4.0 mL溶解残余物,备用。

7.2 净化

MCX柱依次用甲醇、水各3 mL活化。取备用液过柱,用水3 mL、甲醇3 mL分别淋洗,挤干,氨水甲醇溶液6 mL洗脱,收集洗脱液,于60℃旋转蒸发至干,用甲酸-乙腈溶液1.0 mL溶解残余物,滤过,液相色谱-串联质谱测定。

7.3 测定

7.3.1 色谱条件

a) 色谱柱：C_{18}(100 mm×3.0 mm，粒径 1.8 μm)，或相当者；

b) 柱温：30℃；

c) 进样量：10 μL；

d) 流速：0.3 mL/min；

e) 流动相：A 为乙腈；B 为 0.2%甲酸溶液，梯度洗脱程序见表 1。

表 1 梯度洗脱程序

时间，min	A，%	B，%
0	10	90
3.0	30	70
4.0	30	70
4.5	80	20
5.5	80	20
5.6	10	90

7.3.2 质谱条件

a) 离子源：电喷雾离子源；

b) 扫描方式：正离子扫描；

c) 检测方式：多反应监测；

d) 离子源温度：150℃；

e) 脱溶剂温度：500℃；

f) 毛细管电压：3.0 V；

g) 定性离子对、定量离子对、锥孔电压和碰撞能量见表 2。

表 2 5 种 α_2-受体激动剂类药物的质谱参数

被测物名称	定性离子对 m/z	定量离子对 m/z	锥孔电压 V	碰撞能量 eV
替扎尼定	254.1>44.1	254.1>44.1	38	22
	254.1>210.0			30
赛拉嗪	221.1>90.0	221.1>90.0	30	22
	221.1>164.0			26
溴莫尼定	292.2>170.2	292.2>212.3	40	35
	292.2>212.3			30
安普乐定	245.2>174.2	245.2>174.2	40	28
	245.2>209.2			20
可乐定	230.0>160.0	230.0>213.0	43	34
	230.0>213.0			24

7.4 测定法

7.4.1 定性测定

在同样测试条件下，试样液中 α_2-受体激动剂的保留时间与标准工作液中相应 α_2-受体激动剂的保留时间之比，偏差在±5%以内，且检测到离子的相对丰度，应当与浓度相当的校正标准溶液相对丰度一致，其允许偏差应符合表 3 的要求。

表 3 定性确证时相对离子丰度的最大允许偏差

相对离子丰度，%	>50	20～50	10～20	≤10
允许的最大偏差，%	±20	±25	±30	±50

7.4.2 定量测定

取试样溶液和相应的标准工作液，按外标法以峰面积定量，标准工作液及试样溶液中的 α_2-受体激动剂类响应值均应在仪器检测的线性范围内。在上述条件下，α_2-受体激动剂标准溶液特征离子质量色谱图参见附录 A。

7.5 空白试验

除不加试料外,采用完全相同的步骤进行平行操作。

8 结果计算和表述

试料中待测药物的残留量按式(1)计算。

$$X=\frac{C_S \times A \times V}{A_S \times m} \quad \cdots\cdots (1)$$

式中:

X ——供试试料中相应的 α_2-受体激动剂类药物残留量,单位为微克每千克(μg/kg);

C_S ——标准溶液中相应的 α_2-受体激动剂类药物浓度,单位为微克每升(μg/L);

A ——试样溶液中相应的 α_2-受体激动剂类药物的色谱峰面积;

A_S ——标准溶液中相应的 α_2-受体激动剂类药物色谱峰面积;

V ——溶解残余物所用的溶液体积,单位为毫升(mL);

m ——供试试料质量,单位为克(g)。

计算结果需扣除空白值,测定结果用平行测定的算术平均值表示,保留 2 位有效数字。

9 检测方法灵敏度、准确度和精密度

9.1 灵敏度

本方法的检测限为 0.5 μg/kg,定量限为 1 μg/kg。

9.2 准确度

本方法在 1 μg/kg～100 μg/kg 添加浓度水平上的回收率为 60%～100%。

9.3 精密度

本方法批内相对标准偏差≤15%,批间相对标准偏差≤20%。

附　录　A
（资料性附录）
特征离子质量色谱图

10 μg/L α_2-受体激动剂类药物标准溶液特征离子质量色谱图见图 A.1。

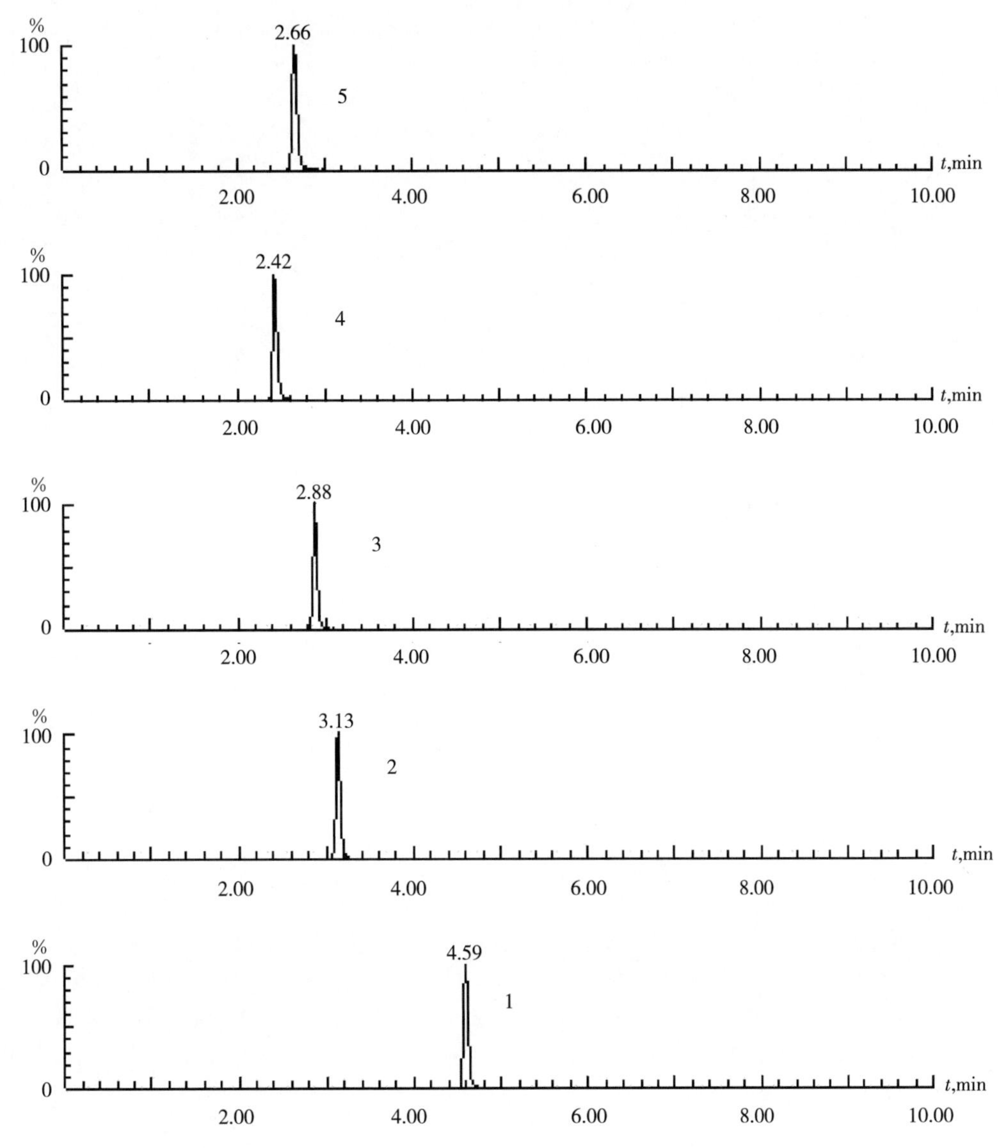

说明：

1——赛拉嗪特征离子质量色谱图(221.1＞90.0)；

2——可乐定特征离子质量色谱图(230.0＞213.0)；

3——替扎尼定特征离子质量色谱图(254.1＞44.1)；

4——溴莫尼定特征离子质量色谱图(292.2＞212.3)；

5——安普乐定特征离子质量色谱图(245.2＞174.2)。

图 A.1　10 μg/L α_2-受体激动剂类药物标准溶液特征离子质量色谱图

ICS 67.050
X 04

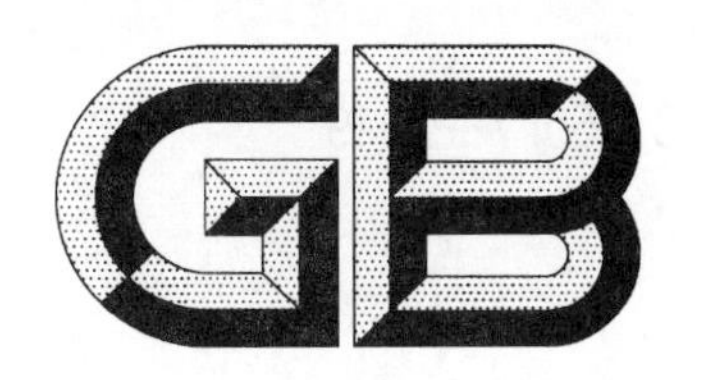

中华人民共和国国家标准

GB 31660.7—2019

食品安全国家标准
猪组织和尿液中赛庚啶及可乐定残留量的测定 液相色谱-串联质谱法

**National food safety standard—
Determination of cyproheptadine and clonidine residues in
pig tissues and urine by liquid chromatography-tandem mass spectrometry method**

2019-09-06 发布　　2020-04-01 实施

中华人民共和国农业农村部
中华人民共和国国家卫生健康委员会 发布
国家市场监督管理总局

前　言

本标准按照GB/T 1.1—2009给出的规则起草。

本标准系首次发布。

食品安全国家标准
猪组织和尿液中赛庚啶及可乐定残留量的测定
液相色谱-串联质谱法

1 范围

本标准规定了猪组织和尿液中赛庚啶和可乐定的制样和液相色谱-串联质谱测定方法。

本标准适用于猪肌肉、肝脏、肾脏及尿液中赛庚啶和可乐定残留量的检测。

2 规范性引用文件

下列文件对于本文件的应用是必不可少的。凡是注日期的引用文件，仅注日期的版本适用于本文件。凡是不注日期的引用文件，其最新版本(包括所有的修改单)适用于本文件。

GB/T 6682 分析实验室用水规格和试验方法

3 原理

组织试样中残留的赛庚啶或可乐定，用酸性乙腈提取，液相色谱-串联质谱测定，内标法定量。尿液中残留的赛庚啶或可乐定，经酸化、固相萃取柱净化，液相色谱-串联质谱测定，内标法定量。

4 试剂和材料

除另有规定外，所有试剂均为分析纯，水为符合 GB/T 6682 规定的一级水。

4.1 试剂

4.1.1 甲醇(CH_3OH)：色谱纯。

4.1.2 乙腈(CH_3CN)：色谱纯。

4.1.3 甲酸(HCOOH)：色谱纯。

4.1.4 氨水(NH_4OH)。

4.1.5 盐酸(HCl)。

4.1.6 硫酸镁(Mg_2SO_4)。

4.1.7 氯化钠(NaCl)。

4.2 溶液配制

4.2.1 1 mol/L 盐酸溶液：取盐酸 90 mL，用水稀释至 1 000 mL。

4.2.2 1%甲酸-乙腈溶液：取甲酸 5 mL，用乙腈稀释至 500 mL。

4.2.3 0.1%甲酸溶液：取甲酸 1 mL，用水稀释至 1 000 mL。

4.2.4 乙腈-0.1%甲酸溶液：取 0.1%甲酸溶液 80 mL，加乙腈至 100 mL，混匀。

4.2.5 5%氨水甲醇溶液：取氨水 5 mL，用甲醇稀释至 100mL。

4.3 标准品

4.3.1 盐酸赛庚啶(cyproheptadine hydrochloride，$C_{21}H_{21}N \cdot HCl$，CAS 号：969-33-5)、盐酸可乐定(clonidine hydrochloride，$C_9H_{10}Cl_3N_3$，CAS 号：4205-91-8)：含量均≥98.0%。

4.3.2 内标：盐酸二苯拉林(diphenylpyraline，$C_9H_{23}NO \cdot HCl$，CAS 号：132-18-3)、盐酸可乐定-D_4(clonidine-D_4 hydrochloride，$C_9H_6D_4Cl_3N_3$，CAS 号：67151-02-4)：含量均≥98%。

4.4 标准溶液制备

4.4.1 标准储备液(1 mg/mL)：取盐酸赛庚啶、盐酸可乐定、盐酸二苯拉林和盐酸可乐定-D_4标准品各

10 mg，精密称定，分别于 10 mL 量瓶中，用甲醇溶解并稀释至刻度，配制成浓度分别为 1 mg/mL 的盐酸赛庚啶、盐酸可乐定、盐酸二苯拉林和盐酸可乐定-D_4标准储备液。4℃下保存，有效期 6 个月。

4.4.2 混合标准工作液(10 μg/mL)：分别精密量取盐酸赛庚啶和盐酸可乐定标准储备液各 1 mL，于 100 mL量瓶中，用甲醇溶解并稀释至刻度，制成浓度为 10 μg/mL 的盐酸赛庚啶和盐酸可乐定标准工作液。4℃下保存，有效期 3 个月。

4.4.3 混合内标中间液：分别精密量取盐酸二苯拉林储备液 100 μL、盐酸可乐定-D_4储备液 1 mL，于 100 mL 量瓶中，用甲醇稀释至刻度，配制成含盐酸二苯拉林 1 μg/mL 和盐酸可乐定-D_4 10 μg/mL 的混合内标中间液。于 4℃下保存，有效期 1 个月。

4.4.4 混合内标工作液：精密量取混合内标中间液 1 mL，于 10 mL 量瓶中，用乙腈-0.1%甲酸溶液稀释至刻度，配制成含盐酸二苯拉林 100 ng/mL 和盐酸可乐定-D_4 1 μg/mL 的混合内标工作液，临用现配。

4.4.5 标准曲线制备：精密量取混合标准工作液和混合内标工作液适量，用乙腈-0.1%甲酸溶液稀释成赛庚啶和可乐定浓度为 0.5 μg/L、1 μg/L、10 μg/L、50 μg/L 和 100 μg/L 系列混合标准工作液，其中含盐酸二苯拉林的浓度和盐酸可乐定-D_4的浓度分别为 5 μg/L 和 50 μg/L，临用现配。

4.5 材料

4.5.1 C_{18}粉：碳载量 25.0～28.0。

4.5.2 混合型强阳离子固相萃取柱：60 mg/3 mL 或相当者。

4.5.3 滤膜：0.22 μm，水相。

5 仪器和设备

5.1 液相色谱-串联质谱仪：配电喷雾电离源。

5.2 分析天平：感量 0.000 01 g 和 0.01 g。

5.3 均质机。

5.4 冷冻离心机：8 000 r/min 以上。

5.5 涡旋振荡器。

5.6 氮吹仪。

5.7 固相萃取装置。

5.8 pH 计。

5.9 离心管：50 mL。

6 试样的制备与保存

6.1 试料的制备

6.1.1 猪肌肉、肝脏、肾脏

取适量新鲜或解冻的空白或供试组织，绞碎并使均质。

a) 取均质的供试样品，作为供试试料；

b) 取均质的空白样品，作为空白试料；

c) 取均质的空白样品，添加适宜浓度的标准工作液，作为空白添加试料。

6.1.2 猪尿样

取适量新鲜或解冻的空白或供试猪尿，使用前恢复室温，混匀，如有混浊，离心后取上清液备用。

a) 取备用的供试样品，作为供试材料；

b) 取备用的空白样品，作为空白材料；

c) 取备用的空白样品，添加适宜浓度的标准工作液，作为空白添加试料。

6.2 试料的保存

−20℃以下保存。

7 测定步骤

7.1 提取

7.1.1 组织样品

取试料 2 g(准确至±20 mg),于 50 mL 离心管中,加 50 μL 混合内标工作液,猪肌肉试样加 C_{18} 粉 0.5 g,肝脏、肾脏加硫酸镁 3.0 g、氯化钠 2.0 g,振荡混匀,加 1%甲酸-乙腈溶液 10 mL,充分振荡,于 8 000 r/min 离心 5 min,取上清液,于离心管中,50℃水浴氮气吹干。加乙腈-0.1%甲酸溶液 1.0 mL 使溶解,0.22 μm 滤膜滤过,液相色谱-串联质谱仪测定。

7.1.2 尿样

取试料 5.0 mL,于 50 mL 离心管中,加 50 μL 混合内标工作液,用 1 mol/L 盐酸调 pH 小于 2,涡旋混匀,8 000 r/min 4℃离心 10 min,将全部上清液转移至另一 50 mL 离心管中,备用。

7.2 净化

尿样:取固相萃取柱,依次用甲醇、水各 3 mL 活化。取备用液全部过柱,用 0.1%甲酸溶液 3 mL 和甲醇 3 mL 依次淋洗,抽干 2 min,用 5%氨水甲醇溶液 3 mL 洗脱,收集洗脱液,于 50℃水浴氮气吹干,用乙腈-0.1%甲酸溶液 1.0 mL 溶解,0.22 μm 滤膜滤过,液相色谱-串联质谱仪测定。

7.3 测定

7.3.1 色谱条件

a) 色谱柱:C_{18}(100 mm×2.1 mm,1.8 μm),或相当者;
b) 柱温:30℃;
c) 进样量:10 μL;
d) 流速:0.3 mL/min;
e) 流动相:A 为乙腈;B 为 0.1%甲酸溶液,梯度洗脱程序见表 1。

表 1 梯度洗脱程序

时间 min	A %	B %
0	20	80
4.0	60	40
4.5	95	5
6.5	95	5
8.0	20	80
10.0	20	80

7.3.2 质谱条件

a) 离子源:电喷雾离子源;
b) 扫描方式:正离子扫描;
c) 检测方式:多反应监测;
d) 离子源温度:150℃;
e) 脱溶剂温度:500℃;
f) 毛细管电压:3.0 V;
g) 定性离子对、定量离子对、锥孔电压和碰撞能量见表 2。

表 2 药物的定性离子对、定量离子对、锥孔电压和碰撞能量的参考值

药 物	定量离子对 *m/z*	定性离子对 *m/z*	锥孔电压 V	碰撞能量 eV
赛庚啶	288.1 > 191.0	288.0 > 191.0	40	30
		288.0 > 215.0		32

表 2（续）

药物	定量离子对 m/z	定性离子对 m/z	锥孔电压 V	碰撞能量 eV
二苯拉林	282.1＞115.9	282.1＞115.9	40	25
可乐定	230.0＞212.8	230.0＞159.7	40	40
		230.0＞212.8		25
可乐定-D_4	234.0＞216.8	234.0＞216.8	40	25

7.4 测定法

7.4.1 定性测定

在同样测试条件下，试样液中赛庚啶和可乐定的保留时间与标准工作液中相应的保留时间之比，偏差在±5%以内，且检测到的离子的相对丰度，应当与浓度相当的校正标准溶液相对丰度一致。其允许偏差应符合表 3 的要求。

表 3 定性确证时相对离子丰度的最大允许误差

单位为百分率

相对离子丰度	＞50	20～50	10～20	≤10
允许的最大偏差	±20	±25	±30	±50

7.4.2 定量测定

取试样溶液和标准溶液作单点校准，按内标法定量。标准溶液及试样溶液中的化合物组分及内标的响应值均应在仪器检测的线性范围内。在上述色谱-质谱条件下，赛庚啶、可乐定及内标标准溶液特征离子质量色谱图参见附录 A。

7.5 空白试验

除不加试料外，采用完全相同的步骤进行平行操作。

8 结果计算和表述

试样中待测药物的残留量按式(1)或式(2)计算。

组织样品：

$$X=\frac{A\times A'_{iS}\times C_S\times C_{iS}\times V}{A_{iS}\times A_S\times C'_{iS}\times m} \qquad (1)$$

尿液样品：

$$X=\frac{A\times A'_{iS}\times C_S\times C_{iS}\times V}{A_{iS}\times A_S\times C'_{iS}\times V_m} \qquad (2)$$

式中：

X ——试样中赛庚啶或可乐定残留量，单位为微克每千克(μg/kg)或微克每升(μg/L)；

A ——试样溶液中赛庚啶或可乐定峰面积；

A_{iS}——试样溶液中赛庚啶或可乐定对应内标物峰面积；

A_S ——混合标准工作液中赛庚啶或可乐定峰面积；

A'_{iS}——混合标准工作液中赛庚啶或可乐定对应内标物峰面积；

C_{iS} ——试样溶液中赛庚啶或可乐定对应内标物浓度，单位为微克每升(μg/L)；

C_S ——混合标准工作液中赛庚啶或可乐定浓度，单位为微克每升(μg/L)；

C'_{iS}——混合标准工作液中赛庚啶或可乐定对应内标物浓度，单位为微克每升(μg/L)；

V ——溶解残余物所用溶液体积，单位为毫升(mL)；

m ——供试样品质量，单位为克(g)；

V_m ——供试尿样体积，单位为毫升(mL)。

计算结果需扣除空白值，测定结果用平行测定的算术平均值表示，保留 3 位有效数字。

9 检测方法灵敏度、准确度和精密度

9.1 灵敏度

本方法的猪肌肉、肝脏和肾脏中赛庚啶和可乐定检测限为0.5 μg/kg,定量限为1 μg/kg,猪尿中赛庚啶和可乐定检测限为0.5 μg/L,定量限为1 μg/L。

9.2 准确度

本方法在猪肉、猪肝和猪肾中1 μg/kg~10 μg/kg、猪尿中1 μg/L~10 μg/L添加浓度水平上的回收率60%~120%。

9.3 精密度

本方法批内相对标准偏差≤20%,批间相对标准偏差≤30%。

附 录 A
(资料性附录)
特征离子质量色谱图

赛庚啶、可乐定及内标标准溶液特征离子质量色谱图(10 μg/L)见图 A.1。

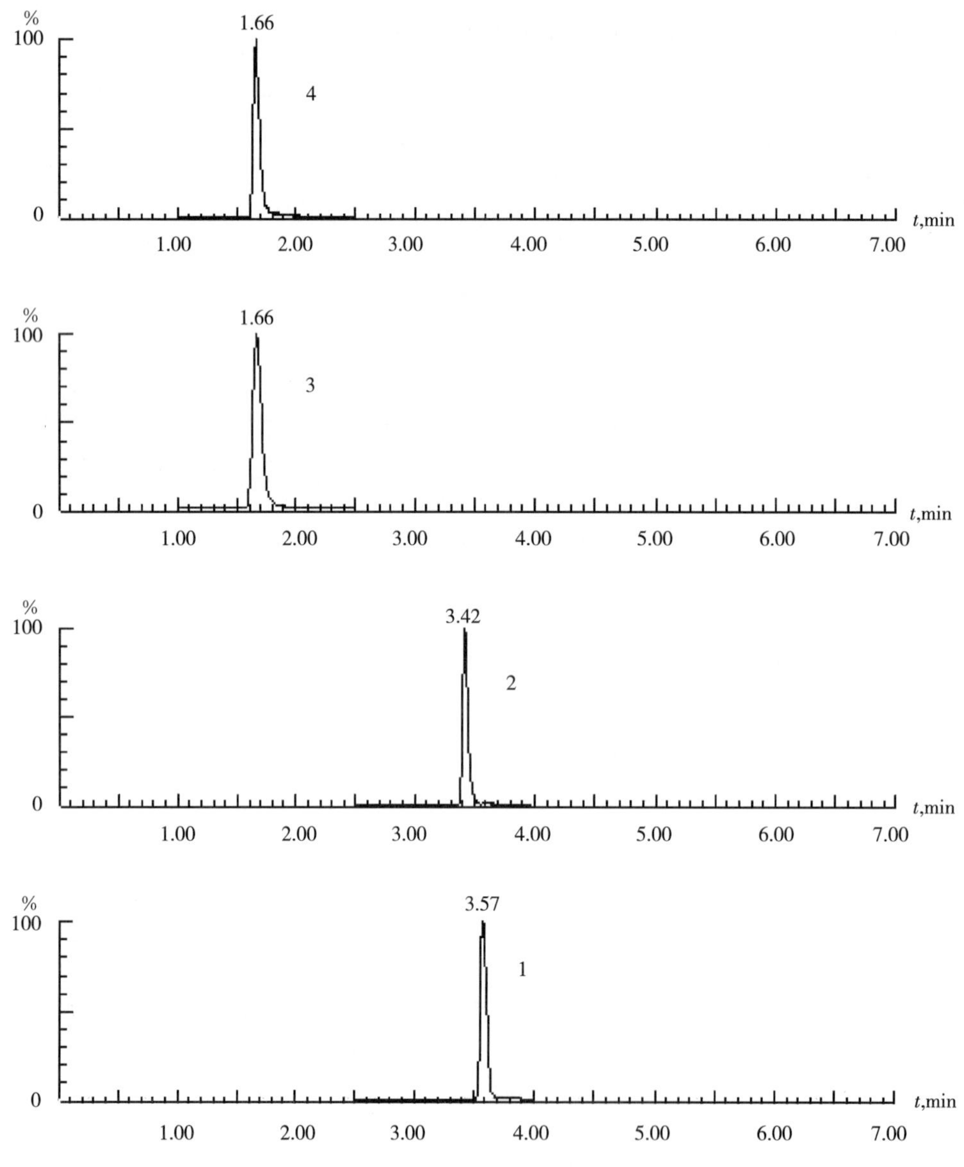

说明:

1——赛庚啶特征离子质量色谱图(288.0>191.0);

2——二苯拉林特征离子质量色谱图(282.1>115.9);

3——可乐定特征离子质量色谱图(230.0>212.8);

4——可乐定-D_4特征离子质量色谱图(234.0>216.8)。

图 A.1 赛庚啶、可乐定及内标标准溶液特征离子质量色谱图(10 μg/L)

ICS 67.050
X 04

中华人民共和国国家标准

GB 31660.8—2019

食品安全国家标准 牛可食性组织及牛奶中氮氨菲啶残留量的测定 液相色谱-串联质谱法

National food safety standard—
Determination of isometamidium residues in bovine tissue and milk by liquid chromatography-tandem mass spectrometric method

2019-09-06 发布　　2020-04-01 实施

中华人民共和国农业农村部
中华人民共和国国家卫生健康委员会　发布
国家市场监督管理总局

前　言

本标准按照 GB/T 1.1—2009 给出的规则起草。

本标准系首次发布。

食品安全国家标准
牛可食性组织及牛奶中氮氨菲啶残留量的测定
液相色谱-串联质谱法

1 范围

本标准规定了牛肌肉、脂肪、肝脏、肾脏及牛奶中氮氨菲啶残留量检测的制样和液相色谱-串联质谱测定方法。

本标准适用于牛肌肉、脂肪、肝脏和肾脏及牛奶中氮氨菲啶残留量的检测。

2 规范性引用文件

下列文件对于本文件的应用是必不可少的。凡是注日期的引用文件，仅注日期的版本适用于本文件。凡是不注日期的引用文件，其最新版本（包括所有的修改单）适用于本文件。

GB/T 6682 分析实验室用水规格和试验方法

3 原理

试料中残留的氮氨菲啶，用乙腈、甲酸铵-甲醇溶液提取，正己烷脱脂，液相色谱-串联质谱测定，外标法定量。

4 试剂和材料

除另有规定外，所有试剂均为分析纯，水为符合GB/T 6682规定的一级水。

4.1 试剂

4.1.1 甲醇(CH_3OH)：色谱纯。

4.1.2 乙腈(CH_3CN)：色谱纯。

4.1.3 甲酸(HCOOH)：色谱纯。

4.1.4 正己烷(C_6H_{14})。

4.1.5 无水硫酸钠(Na_2SO_4)。

4.1.6 甲酸铵($HCOONH_4$)。

4.2 溶液配制

4.2.1 0.25 mol/L甲酸铵-甲醇溶液：取甲酸铵15.8 g，用甲醇溶解并稀释至1 000 mL。

4.2.2 0.1%甲酸溶液：取甲酸1.0 mL，用水溶解并稀释至1 000 mL。

4.2.3 80%甲醇溶液：取甲醇400 mL，用水溶解并稀释至500 mL。

4.2.4 提取液：取乙腈和0.25 mol/L甲酸铵-甲醇溶液按1∶1（体积比）混匀。

4.3 标准品

盐酸氮氨菲啶(isometamidium chloride，$C_{28}H_{26}ClN_7$，CAS号：34301-55-8)，含量≥95.0%。

4.4 标准溶液的制备

4.4.1 标准储备液：取氮氨菲啶标准品10 mg，精密称定，于10 mL棕色量瓶中，用甲醇溶解并稀释至刻度，配制成浓度为1 mg/mL的标准储备液。−20℃以下保存。

4.4.2 10 μg/mL氮氨菲啶标准工作液：精密量取标准储备液100 μL，于10 mL量瓶中，用甲醇溶解并稀释至刻度，配制成浓度为10 μg/mL的氮氨菲啶标准工作液。−20℃以下保存。

4.4.3 100 ng/mL氮氨菲啶标准工作液：精密量取10 μg/L的氮氨菲啶标准工作液1 mL，于100 mL量瓶中,用80%甲醇溶解并稀释至刻度,配制成浓度为100 ng/mL的氮氨菲啶标准工作液。2℃～8℃保存。

4.5 材料

滤膜:0.22 μm。

5 仪器和设备

5.1 液相色谱-串联质谱仪:配电喷雾离子源。

5.2 分析天平:感量0.000 01 g和0.01 g。

5.3 涡旋振荡器。

5.4 振荡器。

5.5 组织匀浆机。

5.6 冷冻离心机。

5.7 旋转蒸发仪。

5.8 鸡心瓶:50 mL。

5.9 离心管:50 mL。

6 试料的制备与保存

6.1 试料的制备

6.1.1 牛奶

取适量新鲜或冷藏的空白或供试牛奶,混合均匀。

a) 取均质后的供试样品,作为供试试料;

b) 取均质后的空白样品,作为空白试料;

c) 取均质后的空白样品,添加适宜浓度的标准溶液,作为空白添加试料。

6.1.2 肌肉、脂肪、肝脏和肾脏组织

取适量新鲜或解冻的空白或供试组织,绞碎,并使均质。

a) 取均质后的供试样品,作为供试试料;

b) 取均质后的空白样品,作为空白试料;

c) 取均质后的空白样品,添加适宜浓度的标准溶液,作为空白添加试料。

6.2 试料的保存

－18℃以下保存。

7 测定步骤

7.1 提取

称取试料5 g(准确至±20 mg),于50 mL离心管中,加无水硫酸钠2 g,再加提取液10 mL,涡旋混匀,振荡5 min,6 000 r/min离心10 min,取上层液于鸡心瓶中。残渣中加提取液10 mL重复提取一次,合并2次提取液于鸡心瓶中,于45℃水浴旋转蒸发至干。备用。

7.2 净化

加80%甲醇溶液2 mL于鸡心瓶中,充分涡旋溶解残余物,加正己烷2 mL振荡混合1 min,转移至10 mL离心管中,6 000 r/min离心5 min,弃上层正己烷液。再加正己烷2 mL,重复提取一次。取下层清液,滤过,供液相色谱-串联质谱测定。

7.3 基质匹配标准曲线的制备

精密量取100 ng/mL氮氨菲啶标准工作溶液或10 μg/mL氮氨菲啶标准工作溶液适量,于经提取、蒸干后的空白试料残余物中,用适量80%甲醇溶液溶解并稀释至2.0 mL,使氮氨菲啶浓度为20 ng/mL、50 ng/mL、100 ng/mL、200 ng/mL、500 ng/mL、1 000 ng/mL,滤过,制成系列基质匹配标准工作溶液,供

液相色谱-串联质谱仪测定。以特征离子峰面积为纵坐标、对应的标准溶液浓度为横坐标,绘制标准曲线。求回归方程和相关系数。

7.4 测定

7.4.1 液相色谱条件

a) 色谱柱:BEH C_{18}(100 mm×2.1 mm,1.7 μm),或相当者;

b) 柱温:30℃;

c) 流速:0.2 mL/min;

d) 进样量:10 μL;

e) 流动相:A+B=50+50,其中A相为乙腈(含0.1%甲酸),B相为水(含0.1%甲酸)。

7.4.2 质谱条件

a) 电离模式: ESI;

b) 扫描方式:正离子扫描;

c) 检测方式:多反应检测;

d) 电离电压:2.8 kV;

e) 源温:110℃;

f) 雾化温度:350℃;

g) 锥孔气流速:50 L/h;

h) 雾化气流速:550 L/h;

i) 驻留时间:0.3 s;

j) 定性离子对、定量离子对、对应的锥孔电压和碰撞电压见表1。

表1 氮氨菲啶定性离子对、定量离子对、锥孔电压及碰撞电压

药物	定性离子对 *m/z*	定量离子对 *m/z*	锥孔电压 V	碰撞电压 V
氮氨菲啶	460.5>298.5	460.5>298.5	28	20
	460.5>313.5			20

7.4.3 测定法

取试样溶液和相应的基质匹配标准溶液作单点或多点校准,按外标法计算。基质匹配标准溶液及试样溶液中氮氨菲啶的响应值均应在仪器检测的线性范围之内。试样溶液中的离子相对丰度与基质匹配标准溶液中的离子相对丰度相比,符合表2的规定。在上述色谱-质谱条件下,氮氨菲啶基质匹配标准溶液特征离子质量色谱图参见附录A。

表2 定性测定时相对离子丰度的最大允许范围

单位为百分率

相对丰度	>50	20~50	10~20	≤10
允许偏差	±20	±25	±30	±50

7.5 空白试验

除不加试料外,采用完全相同的测定步骤进行平行操作。

8 结果计算和表述

试料中氮氨菲啶的残留量按式(1)计算。

$$X=\frac{C_S \times A \times V}{A_S \times m} \quad \cdots\cdots (1)$$

式中:

X ——供试试料中氮氨菲啶的残留量,单位为微克每千克(μg/kg);

C_S——基质匹配标准溶液中氮氨菲啶的浓度，单位为纳克每毫升(ng/mL)；

A_S——基质匹配标准溶液中氮氨菲啶的峰面积；

A ——试样溶液中氮氨菲啶的峰面积；

V ——溶解残余物所用溶液体积，单位为毫升(mL)；

m ——供试试料质量，单位为克(g)。

计算结果需扣除空白值，测定结果用平行测定的算术平均值表示，保留 3 位有效数字。

9 检测方法灵敏度、准确度、精密度

9.1 灵敏度

本方法的检测限为 5 μg/kg，定量限为 10 μg/kg。

9.2 准确度

本方法在 10 μg/kg～1 500 μg/kg 添加浓度水平上的回收率为 70%～110%。

9.3 精密度

本方法的批内相对标准偏差≤17%，批间相对标准偏差≤20%。

附 录 A
(资料性附录)
特征离子质量色谱图

氮氨菲啶基质匹配标准溶液特征离子质量色谱图(20 μg/L)见图 A.1。

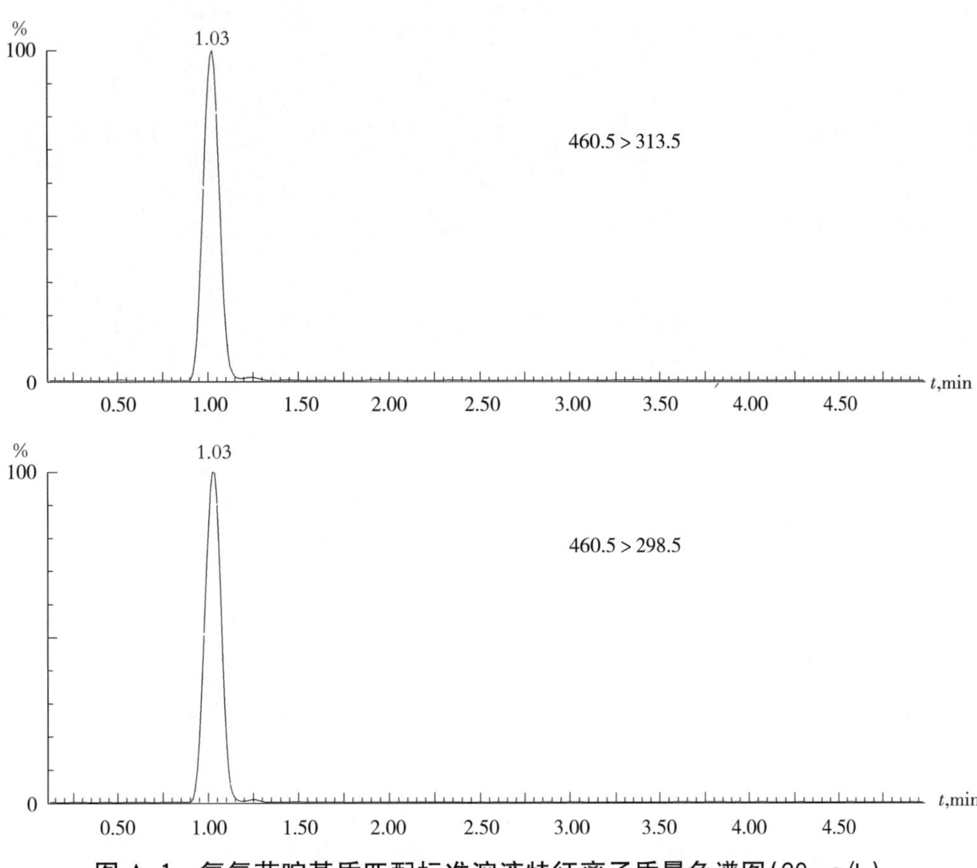

图 A.1 氮氨菲啶基质匹配标准溶液特征离子质量色谱图(20 μg/L)

ICS 67.050
X 04

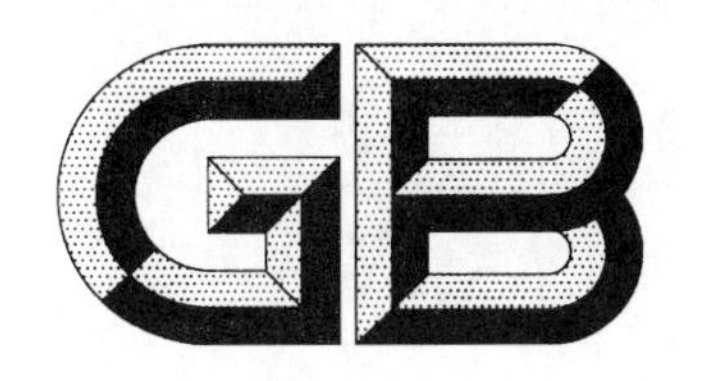

中华人民共和国国家标准

GB 31660.9—2019

食品安全国家标准
家禽可食性组织中乙氧酰胺苯甲酯残留量的测定　高效液相色谱法

National food safety standard—
Determination of ethopabate residues in edible tissue of poutry by high performance liquid chromatography

2019-09-06 发布　　2020-04-01 实施

中华人民共和国农业农村部
中华人民共和国国家卫生健康委员会　发布
国家市场监督管理总局

前　言

本标准按照 GB/T 1.1—2009 给出的规则起草。

本标准系首次发布。

食品安全国家标准
家禽可食性组织中乙氧酰胺苯甲酯残留量的测定
高效液相色谱法

1 范围

本标准规定了家禽可食性组织中乙氧酰胺苯甲酯残留量检测的制样和高效液相色谱测定方法。

本标准适用于家禽肌肉、肝脏、肾脏组织中乙氧酰胺苯甲酯残留量的检测。

2 规范性引用文件

下列文件对于本文件的应用是必不可少的。凡是注日期的引用文件，仅注日期的版本适用于本文件。凡是不注日期的引用文件，其最新版本(包括所有的修改单)适用于本文件。

GB/T 6682 分析实验室用水规格和试验方法

3 原理

试样中残留的乙氧酰胺苯甲酯用乙腈提取，正己烷脱脂，无水硫酸钠脱水，浓缩，正己烷-丙酮溶解残余物，固相萃取柱净化，甲醇洗脱，高效液相色谱测定，外标法定量。

4 试剂与材料

除另有规定外，所有试剂均为分析纯，水为符合 GB/T 6682 规定的一级水。

4.1 试剂

4.1.1 乙腈(CH_3CN)：色谱纯。

4.1.2 甲醇(CH_3OH)：色谱纯。

4.1.3 正己烷(C_6H_{14})。

4.1.4 丙酮(CH_3COCH_3)。

4.1.5 无水硫酸钠(Na_2SO_4)。

4.2 标准品

乙氧酰胺苯甲酯(ethopabate，$C_{12}H_{15}O_4N$，CAS 号：59-06-3)：含量≥98.5%。

4.3 标准溶液的制备

标准储备液：取乙氧酰胺苯甲酯标准品 10 mg，精密称定，于 100 mL 量瓶中，加甲醇适量使溶解并稀释至刻度，摇匀。4℃保存，有效期 1 周。

4.4 材料

硅酸镁固相萃取柱：100 mg/mL，或相当者。

5 仪器和设备

5.1 高效液相色谱仪：配紫外检测器。

5.2 分析天平：感量 0.000 01 g 和 0.01 g。

5.3 匀浆机。

5.4 离心机：4 000 r/min。

5.5 旋转蒸发仪。

5.6 涡旋振荡器：3 000 r/min。

5.7 振荡器。

6 试料的制备与保存

6.1 试料的制备

取适量新鲜或解冻的空白或供试组织，绞碎，并使均质。

a) 取均质后的供试样品，作为供试试料；

b) 取均质后的空白样品，作为空白试料；

c) 取均质后的空白样品，添加适宜浓度的标准工作液，作为空白添加试料。

6.2 试料的保存

－20℃储存备用。

7 测定步骤

7.1 提取

称取试样 5 g(准确至±20 mg)，置于 50 mL 具塞离心管中，加乙腈 15 mL、无水硫酸钠 10 g、正己烷 10 mL，涡旋混合 1 min，振荡 5 min，4 000 r/min 离心 10 min。取下层乙腈于鸡心瓶中备用。沉淀中再加入乙腈 15 mL，重新提取一次，合并 2 次乙腈提取液于同一鸡心瓶中，45℃旋转蒸发至近干。加正己烷-丙酮(9∶1)5.0 mL 使溶解，超声 30 s，摇匀，转移至 10 mL 离心管，4 000 r/min 离心 10 min，上清液备用。

7.2 净化

硅酸镁固相萃取柱用甲醇 5 mL 预洗。取上述上清液 1.0 mL 过柱，用正己烷 3 mL 淋洗，挤干。用甲醇 1.0 mL 洗脱，挤干，收集洗脱液，过 0.45 μm 有机滤膜，供高效液相色谱测定。

7.3 标准曲线的制备

分别精密量取标准储备液适量，用甲醇稀释成浓度分别为 5.0 μg/mL、2.5 μg/mL、1.0 μg/mL、0.5 μg/mL、0.25 μg/mL、0.10 μg/mL、0.05 μg/mL 的标准溶液，供高效液相色谱仪测定。临用前配制。

7.4 测定

7.4.1 液相色谱参考条件

a) 色谱柱：C_{18}柱(250 mm×4.6 mm，5 μm)，或相当者；

b) 流动相：乙腈-水(30∶70)；

c) 流速：1.0 mL/min；

d) 检测波长：270 nm；

e) 进样量：10 μL。

7.4.2 测定法

取试样溶液和相应浓度的标准溶液，作单点或多点校准，按外标法以峰面积计算。标准溶液和试样溶液中乙氧酰胺苯甲酯的响应值均应在仪器检测的线性范围内。在上述色谱条件下，标准溶液色谱图参见附录 A。

7.5 空白试验

除不加试样外，采用完全相同的测定步骤进行平行操作。

8 结果计算和表述

试样中乙氧酰胺苯甲酯的残留量按(1)计算。

$$X=\frac{C_S \times A \times V_1 \times V_3}{A_S \times V_2 \times m} \quad \cdots\cdots (1)$$

式中：

X ——试样中乙氧酰胺苯甲酯的残留量，单位为微克每千克(μg/kg)；

C_S——标准溶液中乙氧酰胺苯甲酯的浓度，单位为纳克每毫升(ng/mL)；

A ——试样溶液中乙氧酰胺苯甲酯的峰面积；
A_S——标准溶液中乙氧酰胺苯甲酯的峰面积；
V_1——试样提取液浓缩近干后残余物溶解的总体积，单位为毫升(mL)；
V_2——过硅酸镁固相萃取柱所用备用液体积，单位为毫升(mL)；
V_3——洗脱液体积，单位为毫升(mL)；
m ——试样的质量，单位为克(g)；
计算结果需扣除空白值，以重复性条件下2次独立测定结果的算术平均值表示，保留3位有效数字。

9 检测方法的灵敏度、准确度和精密度

9.1 灵敏度

本方法在禽肌肉组织中的检测限为20 μg/kg，定量限为50 μg/kg；在禽肝脏和肾脏组织中的检测限为50 μg/kg，定量限为100 μg/kg。

9.2 准确度

本方法在家禽肌肉组织中50 μg/kg～1 000 μg/kg添加浓度水平上的回收率为70%～110%；在家禽肝脏和肾脏组织中100 μg/kg～3 000 μg/kg添加浓度水平上的回收率为70%～110%。

9.3 精密度

本方法的批内变异系数CV≤10%，批间变异系数CV≤15%。

附 录 A
(资料性附录)
色谱图

乙氧酰胺苯甲酯标准溶液色谱图(0.05 μg/mL)见图 A.1。

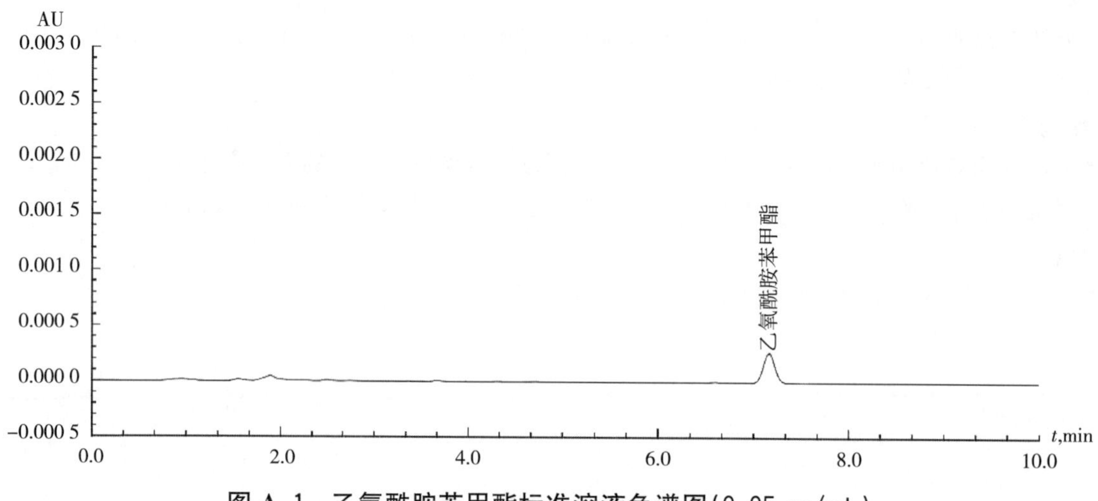

图 A.1 乙氧酰胺苯甲酯标准溶液色谱图(0.05 μg/mL)

ICS 65.120
B 45

中华人民共和国国家标准

农业农村部公告第197号—8—2019

动物毛发中赛庚啶残留量的测定 液相色谱-串联质谱法

Determination of cyproheptadine residue in animal hair—Liquid chromatography-tandem mass spectrometry

2019-08-01 发布　　　　2020-01-01 实施

中华人民共和国农业农村部　发布

前　　言

本标准按照GB/T 1.1—2009给出的规则起草。

请注意本文件的某些内容可能涉及专利。本文件的发布机构不承担识别这些专利的责任。

本标准由农业农村部畜牧兽医局提出。

本标准由全国饲料工业标准化技术委员会(SAC/TC 76)归口。

本标准起草单位:上海市动物疫病预防控制中心。

本标准主要起草人:严凤、潘娟、黄士新、张婧、黄家莺、曹莹、吴剑平、顾欣、张文刚、华贤辉、孙冰清。

动物毛发中赛庚啶残留量的测定
液相色谱-串联质谱法

1 范围

本标准规定了动物毛发中赛庚啶的液相色谱-串联质谱测定方法。

本标准适用于猪毛、羊毛和牛毛中赛庚啶的测定。

本标准方法的检出限为0.25 μg/kg，定量限为0.5 μg/kg。

2 规范性引用文件

下列文件对于本文件的应用是必不可少的。凡是注日期的引用文件，仅注日期的版本适用于本文件。凡是不注日期的引用文件，其最新版本（包括所有的修改单）适用于本文件。

GB/T 6682 分析实验室用水规格和试验方法

3 原理

试样以β-葡萄糖醛苷酶/芳基硫酸酯酶酶解，经酸性乙腈溶液提取、混合型强阳离子交换柱净化后，采用液相色谱-串联质谱仪检测，以二苯拉林为内标，定量测定。

4 试剂或材料

除方法另有规定外，试剂均为分析纯。

4.1 水：GB/T 6682规定的一级水。

4.2 甲醇：色谱纯。

4.3 丙酮。

4.4 乙酸铵缓冲液（0.2 moL/L）：称取15.4 g乙酸铵溶解于1 000 mL容量瓶中，加入950 mL水溶解，用适量乙酸调节pH至5.2，最后定容至刻度，摇匀。

4.5 十二烷基磺酸钠（SDS）溶液：取SDS 0.1 g，溶于100 mL水中。

4.6 甲酸溶液：量取800 mL水于1 000 mL容量瓶中，加入1 mL甲酸，用水定容至刻度摇匀。

4.7 盐酸溶液Ⅰ（0.1 mol/L）：量取盐酸9 mL于1 000 mL容量瓶中，用水定容至刻度摇匀。

4.8 盐酸溶液Ⅱ（5 mol/L）：量取50 mL水于100 mL容量瓶中，加入盐酸45 mL，用水定容至刻度摇匀。

4.9 试样提取溶液：乙腈＋盐酸溶液Ⅰ（4.7）＝9＋1。

4.10 氨水甲醇溶液：氨水＋甲醇＝5＋95。

4.11 试样稀释溶液：乙腈＋甲酸溶液（4.6）＝3＋7。

4.12 赛庚啶标准储备溶液：准确称取盐酸赛庚啶（纯度≥98%）12.5 mg（精确至0.01 mg）置于10 mL容量瓶中，用甲醇稀释定容为1 mg/mL的标准储备溶液。2℃～8℃冷藏保存，有效期6个月。

4.13 二苯拉林标准储备溶液：准确称取盐酸二苯拉林（纯度≥99%）11.4 mg（精确至0.01 mg）置于10 mL容量瓶中，用甲醇稀释定容为1 mg/mL的标准储备溶液。2℃～8℃冷藏保存，有效期6个月。

4.14 赛庚啶标准中间溶液：准确移取适量体积的赛庚啶标准储备溶液（4.12），用试样稀释溶液（4.11）稀释成赛庚啶浓度为100 ng/mL的标准中间溶液。2℃～8℃冷藏保存，有效期1个月。

4.15 二苯拉林内标溶液：准确移取适量体积的二苯拉林标准储备溶液（4.13），用试样稀释溶液（4.11）稀释成二苯拉林浓度为100 ng/mL的内标溶液。2℃～8℃冷藏保存，有效期1个月。

4.16 赛庚啶标准系列溶液：准确移取赛庚啶标准中间溶液（4.14）10 μL、20 μL、50 μL、100 μL、500 μL、

1 000 μL 分别置于10 mL 容量瓶中(即相当于含赛庚啶为1 ng、2 ng、5 ng、10 ng、50 ng、100 ng),再准确移取二苯拉林内标溶液(4.15)500 μL 分别置于上述容量瓶中(即相当于含二苯拉林为50 ng),用试样稀释溶液(4.11)稀释至刻度,配制成浓度分别为0.1 ng/mL、0.2 ng/mL、0.5 ng/mL、1 ng/mL、5 ng/mL和10 ng/mL的标准系列溶液,内标浓度为5 ng/mL。临用现配。

4.17 β-葡萄糖醛苷酶/芳基硫酸酯酶[1]:β-葡萄糖醛苷酶≥85 000 U/mL,含芳基硫酸酯酶<7 500 U/mL。

4.18 混合型强阳离子交换固相萃取柱:60 mg/3 mL。

4.19 滤膜:有机系,0.22 μm。

5 仪器设备

5.1 超声波清洗仪。

5.2 天平:感量0.01 mg和0.1 mg。

5.3 涡旋振荡器。

5.4 恒温培养箱:(37±1)℃。

5.5 离心机:转速不低于5 000 r/min。

5.6 固相萃取装置。

5.7 氮吹仪。

5.8 液相色谱-串联质谱仪:配有电喷雾离子源。

6 样品

沿动物毛发根部剪取毛发,称取空白或供试毛发约3 g,加入100 mL SDS溶液(4.5),超声处理5 min后,弃去SDS溶液,再加100 mL水超声处理5 min,弃去水,重复3次;取50 mL丙酮(4.3)超声处理5 min,取出毛发自然干燥后剪碎至长度为1 mm左右,装入密封容器中备用。

7 试验步骤

7.1 酶解

平行做2份试验。称取试样0.20 g(精确至0.1 mg)于50 mL离心管中,添加25 μL二苯拉林内标溶液(4.15),混匀。再加入5 mL乙酸铵缓冲液(4.4)和40 μL β-葡萄糖醛苷酶/芳基硫酸酯酶(4.17),混匀,37℃恒温培养箱孵育不少于16 h,得到酶解溶液备用。

7.2 提取

在酶解溶液(7.1)中加入500 μL 盐酸溶液Ⅱ(4.8),混匀,再加入5 mL试样提取溶液(4.9),混匀,5 000 r/min离心5 min,取全部上清液,作为提取液备用。

7.3 净化

混合型强阳离子交换固相萃取柱(4.18)用3 mL甲醇和3 mL水活化,提取液(7.2)全部过柱,用3 mL水和3 mL甲醇淋洗,用5 mL氨水甲醇溶液(4.10)洗脱,洗脱液于50℃氮气吹干,用500 μL试样稀释溶液(4.11)溶解残余物,0.22 μm滤膜(4.19)过滤,作为试样溶液待测。

7.4 测定

7.4.1 液相色谱参考条件

色谱柱:C_{18}柱长100 mm,内径2.1 mm,粒径2.6 μm,或者柱效相当者。

柱温:35℃。

进样量:5 μL。

流动相A:甲醇(4.2);流动相B:甲酸溶液(4.6),梯度洗脱,梯度洗脱程序见表1。

---

1) β-葡萄糖醛苷酶/芳基硫酸酯酶:默克公司,货号:1.04114.0002。

表1　梯度洗脱程序

时间,min	流速,mL/min	流动相A,%	流动相B,%
0	0.3	30	70
4.2	0.3	60	40
4.4	0.3	60	40
4.6	0.3	90	10
4.8	0.3	30	70
6.0	0.3	30	70

7.4.2　质谱参考条件

离子源模式:电喷雾正离子源模式(ESI^+)。

检测方式:多反应监测(MRM)。

脱溶剂气、锥孔气均为高纯氮气,碰撞气为氩气及其他合适气体,使用前应调节各气体流量以使质谱灵敏度达到检测要求。

毛细管电压:3 kV。

离子源温度:120℃。

脱溶剂温度:350℃。

脱溶剂气:700 L/h。

赛庚啶及内标二苯拉林的定性离子对、定量离子对及锥孔电压、碰撞能量的参考值见表2。

表2　赛庚啶及内标二苯拉林的定性离子对、定量离子对及锥孔电压、碰撞能量的参考值

被测物名称	定性离子对,m/z	定量离子对,m/z	锥孔电压,V	碰撞能量,eV
赛庚啶(Cyproheptadine)	288.1 > 191.1	288.1 > 191.1	40	30
	288.1 > 96.1			30
二苯拉林(Diphenylpyraline)	282.2 > 167.1	282.2 > 167.1	20	30

7.4.3　标准系列溶液和试样溶液的测定

在仪器的最佳条件下,分别取赛庚啶标准系列溶液(4.16)和试样溶液(7.3)上机测定,标准曲线的线性相关系数不低于0.98。

7.4.4　定性

选择1个母离子、2个子离子,在相同试验条件下,试样中待测物质的保留时间与标准溶液中对应的保留时间相对偏差在±2.5%之内,且试样谱图中各组分定性离子的相对离子丰度与浓度接近的标准溶液中对应的定性离子的相对离子丰度进行比较,若偏差不超过表3规定的范围,则可判定为样品中存在对应的待测物。

表3　定性确证时相对离子丰度的最大允许偏差

单位为百分率

相对离子丰度	>50	20～50(含)	10～20(含)	≤10
允许的最大偏差	±20	±25	±30	±50

7.4.5　定量

用相近浓度的标准溶液和试样溶液上机分析所得的色谱峰面积作单点校正,内标法定量,试样溶液中待测物的响应值均应在仪器测定的线性范围内。上述色谱和质谱条件下,赛庚啶标准溶液的液相色谱-串联质谱图(MRM图)参见附录A。

8　试验数据处理

试样中赛庚啶的含量以质量分数计,按式(1)计算。

$$\omega=\frac{A\times A'_{is}\times C_{s}\times C_{is}\times V\times 1000}{A_{is}\times A_{s}\times C'_{is}\times m\times 1000} \quad\cdots\cdots (1)$$

式中：

ω ——试样中赛庚啶的含量，单位为微克每千克(μg/kg)；

A ——试样溶液中赛庚啶的峰面积；

A'_{is}——标准溶液中二苯拉林的峰面积；

C_s ——标准溶液中赛庚啶的浓度，单位为纳克每毫升(ng/mL)；

C_{is} ——试样溶液中二苯拉林的浓度，单位为纳克每毫升(ng/mL)；

V ——溶解残余物溶液的体积，单位为毫升(mL)；

A_{is} ——试样溶液中二苯拉林的峰面积；

A_s ——标准溶液中赛庚啶的峰面积；

C'_{is}——标准溶液中二苯拉林的浓度，单位为纳克每毫升(ng/mL)；

m ——试样质量，单位为克(g)。

平行测定结果用算术平均值表示，结果保留3位有效数字。

9 精密度

在重复性条件下，2次独立测试结果与其算术平均值的绝对差值，不大于该平均值的20%。

附　录　A
（资料性附录）
赛庚啶标准溶液的液相色谱-串联质谱图(MRM 图)

赛庚啶标准溶液的液相色谱-串联质谱图(MRM 图)见图 A.1。

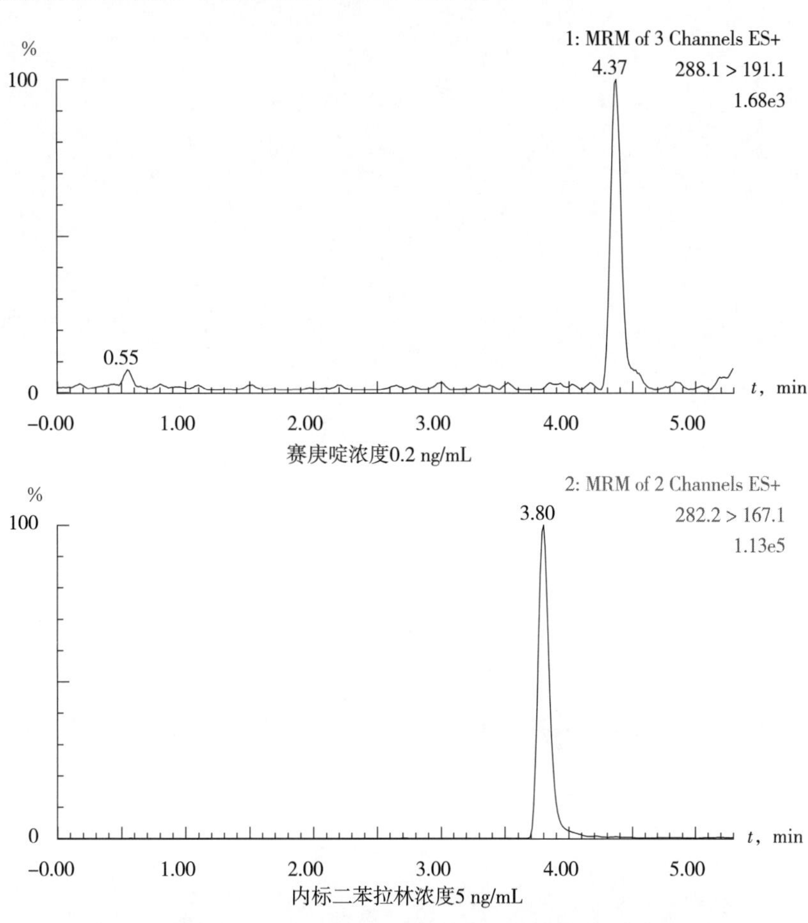

图 A.1　赛庚啶标准溶液的液相色谱-串联质谱图(MRM 图)

ICS 65.020.30
B 42

中华人民共和国国家标准

农业农村部公告第197号—9—2019

畜禽血液和尿液中150种兽药及其他化合物鉴别和确认液相色谱-高分辨串联质谱法

Synchronous detection of 150 veterinary drugs and other compounds in blood and urine of livestock and poultry—Liquid chromatography-high resolution mass spectrometry

2019-08-01 发布　　2020-01-01 实施

中华人民共和国农业农村部　发布

前　　言

本标准按照 GB/T 1.1—2009 给出的规则起草。

请注意本文件某些内容可能涉及专利。本文件的发布机构不承担识别这些专利的责任。

本标准由农业农村部畜牧兽医局提出。

本标准由全国饲料工业标准化技术委员会(SAC/TC 76)归口。

本标准起草单位:中国农业科学院农业质量标准与检测技术研究所。

本标准主要起草人:杨曙明、徐贞贞、王雪、陈爱亮、赵燕、邱静。

畜禽血液和尿液中150种兽药及其他化合物鉴别和确认 液相色谱-高分辨串联质谱法

1 范围

本标准规定了猪血、牛血、羊血和鸡血以及猪尿、牛尿、羊尿中150种兽药及其他化合物的液相色谱-高分辨串联质谱鉴别和确认方法。

本标准适用于猪血、牛血、羊血和鸡血以及猪尿、牛尿、羊尿中150种兽药及其他化合物的鉴别和确认,其他畜禽血液和尿液可参照执行。

150种兽药及其他化合物的检出限参见附录A。

2 规范性引用文件

下列文件对于本文件的应用是必不可少的。凡是注日期的引用文件,仅注日期的版本适用于本文件。凡是不注日期的引用文件,其最新版本(包括所有的修改单)适用于本文件。

GB/T 6682 分析实验室用水规格和试验方法

NY/T 1897 动物及动物产品兽药残留监控抽样规范

3 原理

血液和尿液中的兽药及其他化合物可在弱酸性条件下用乙腈提取,经QuEChERS方法净化后,利用液相色谱-高分辨串联质谱(UHPLC-Q-TOF)进行鉴别和确认。

4 试剂或材料

除非另有说明,仅使用分析纯试剂。

4.1 水:GB/T 6682,一级水。

4.2 甲醇:色谱纯。

4.3 乙腈:色谱纯。

4.4 甲酸:色谱纯。

4.5 乙酸铵:色谱纯。

4.6 柠檬酸:色谱纯。

4.7 50%甲醇溶液:取10.0 mL甲醇,用水定容至20 mL,配制50%甲醇水溶液。

4.8 2 mol/L乙酸铵溶液:称取15.42 g乙酸铵,用水定容至100 mL。

4.9 流动相A:分别准确量取2 mL甲酸和1 mL乙酸铵溶液(4.8),置于1 000 mL容量瓶中,用水稀释、定容,混匀。

4.10 流动相B:准确量取2 mL甲酸,用甲醇定容至1 000 mL。

4.11 EDTA-McIlvaine缓冲液:分别称取无水磷酸氢二钠10.9 g,乙二胺四乙酸二钠($EDTA-Na_2$)3 g,柠檬酸12.9 g,加水溶解并定容至1 000 mL。

4.12 150种兽药及其他化合物标准物质纯度、分类及推荐溶剂:参见附录B。

4.13 混合标准储备液(100 μg/mL)

参照附录B的分组,分别精密称取150种兽药及其他化合物的标准品适量,并用其推荐的溶剂配制成15组混合标准储备液,其中A组(15种)、B组(16种)、C组(12种)、D组(9种)、E组(2种)、F组(9种)、G组(28种)、H组(16种)、I组(10种)、J组(6种)、K组(3种)、L组(6种)、M组(7种)、N组(5种)、O组(6种)。A组、B组、C组、D组、G组、H组、J组、K组、L组、O组10组可在−20℃以下保存12个月;其他 5 组标准品－20℃以下保存 2 个月。

4.14 混合标准工作液(100 ng/mL)

准确量取各组混合标准储备液(4.13)适量,用 50%甲醇溶液(4.7)稀释、制备。该溶液需临用现配。

4.15 QuEChERS 盐析包:每份含 4 g 硫酸钠及 1 g 氯化钠。

4.16 除脂分散净化剂[QuEChERS dSPE EMR-Lipid(5982-1010)][1)]。

5 仪器设备

5.1 液相色谱-高分辨飞行时间质谱:配有电喷雾离子源。

5.2 分析天平感量 0.000 1 g 和 0.01 g。

5.3 涡旋混合仪。

5.4 离心机:转速不低于 9 500 r/min。

5.5 氮吹仪。

5.6 微孔滤膜:0.22 μm。

6 样品

按 NY/T 1897 的规定进行取样。以不含待测兽药及其他化合物样品为空白样品。所采集样品应在－20℃以下保存。试验前取适量恢复至室温的样品,混匀备用。

7 试验步骤

7.1 提取

平行做 2 份实验,准确移取试样 2 mL 至 50 mL 离心管中,加入 3 mL EDTA-McIlvaine 缓冲液(4.11),涡旋混匀,再加入 10.0 mL 乙腈,涡旋 1 min 后加入 1 份萃取盐包(4.15),静置 10 min 盐析分层,9 500 r/min 条件下离心 10 min,准确量取 8 mL 的上层清液(相当于 1.6 mL 试样量)于 15 mL 离心管中,在 40℃下,氮吹至约 2 mL,备净化用。

7.2 净化

称取含 0.5 g 除脂分散净化剂(4.16)于净化管,加入 2 mL 水,混匀、活化后,将净化剂转移至 7.1 得到的待净化试样溶液中,涡旋 1 min,在 9 500 r/min 条件下离心 5 min,上清液过滤膜,供 UHPLC-Q-TOF 分析测定。

7.3 参考液相色谱条件

色谱柱:C_{18}柱,长度 150 mm,内径 3.0 mm,粒径 1.8 μm,如 Zorbax Eclipse Plus 或性能相当者。

柱温:40℃。

流速:0.4 mL/min。

进样量:2 μL。

梯度洗脱条件见表 1。

表 1 梯度洗脱程序

时间 min	A %	B %
0	95	5
0.5	95	5
3.0	85	15

1) QuEChERS dSPE EMR-Lipid(5982-1010)是安捷伦(Agilent)公司提供的商品名。给出这一信息是为了方便本标准的使用者,并不表示对该产品的认可。如果其他等效产品具有相同的效果,则可使用这些等效的产品。

表 1(续)

时间 min	A %	B %
10.0	60	40
18.0	0	100
23.0	0	100
23.1	95	5
26.0	95	5

7.4 参考质谱条件

离子源:电喷雾离子源。

扫描方式:正离子模式(ESI+)。

碎裂电压:125 V。

干燥气温度:250℃。

干燥气流速:7 L/min。

雾化气压力:35 psi。

毛细管电压:3 000 V。

喷嘴的电压:200 V。

采集模式:Scan MS 及 Target MS/MS。

Scan MS 模式监控窗口:10 ppm,扫描范围:50 m/z~1 300 m/z。

Target MS/MS 模式监控窗口:15 ppm,扫描范围:50 m/z~1 000 m/z。

采集频率:2 spectra/s。

参比离子:121.050 873、922.009 798。

分辨率> 45 000(2 722 m/z);分辨率>25 000(322 m/z)。

7.5 高分辨质谱谱库建立

输入 150 种兽药及其他化合物的中英文名称、CAS 号及化学式,由高分辨质谱谱库构建软件计算得到每个化学品的理论质量数。利用 100 ng/mL 的混合标准工作溶液在 MS Scan 模式下进行测定,得到每个兽药及其他化合物的保留时间和母离子精确质量数测定值;在 Target MS/MS 模式下,对每种兽药及其他化合物进行碎片离子谱图采集,并将其导入高分辨质谱谱库,与相应化学品的保留时间(参见附录 C)、精确质量数测定值、中英文名称、CAS 号、分子式等信息相关联,完成谱库构建。

7.6 鉴别

鉴别分析依据 MS Scan 模式下保留时间及精确质量数测定值。如检出的色谱峰保留时间与谱库中的保留时间偏差在±2.5%之内,且母离子精确质量数与理论质量数的偏差小于或等于 5 ppm,则可以初步判断试样中含有该种兽药或相关化合物。

7.7 确认

对于初步鉴别出的阳性药物,在 Target MS/MS 模式下检测其在不同碰撞能下典型的二级碎片离子(参见附录 A),如果至少有 2 个及以上丰度较高的碎片离子与谱库中相应的碎片离子质量数偏差小于 10 ppm,且上述二级碎片离子与浓度接近的标准工作液中对应的碎片离子的相对丰度一致,即偏差不超过表 2 规定的范围,且平行试验结果一致的情况下,可判定为试样中存在这种兽药或化合物。

表 2 确证分析时相对离子丰度的最大允许相对偏差

单位百分率

相对离子丰度	>50	20~50(含)	10~20(含)	≤10
允许的相对偏差	±20	±25	±30	±50

附 录 A

（资料性附录）

150 种兽药及其他化合物超高效液相色谱-高分辨质谱分析参数

超高效液相色谱-高分辨质谱分析的 150 种兽药及其他化合物的中英文名称、CAS 号、保留时间、检出限等信息见表 A. 1。

表 A. 1　150 种兽药及其他化合物超高效液相色谱-高分辨质谱分析参数

药物分组	编号	中文名称	英文名称	CAS 号	理论精确质量数	典型二级碎片离子	保留时间(RT) min	仪器检出限(LOD) ng/mL
A 组	1	苯甲酰磺胺	Sulfabenzamide	127-71-9	277. 064 1	156. 011 4/108. 044 4/92. 049 5	11. 7	10
	2	磺胺嘧啶	Sulfadiazine	68-35-9	251. 059 7	156. 011 4/108. 044 4/185. 082 2	6. 1	50
	3	磺胺间二甲氧嘧啶	Sulfadimethoxine	122-11-2	311. 080 9	156. 011 4/108. 043 1/92. 049 5	13. 0	10
	4	磺胺二甲基嘧啶	Sulfamethazine	57-68-1	279. 091	186. 033 2/156. 011 4/92. 049 5	9. 0	50
	5	磺胺邻二甲氧嘧啶	Sulfadoxine	2447-57-6	311. 080 9	156. 011 4/108. 043 1/92. 049 5	10. 9	50
	6	磺胺甲基嘧啶	Sulfamerazine	127-79-7	265. 075 4	156. 01/110. 071 3/199. 097 8	7. 6	50
	7	磺胺甲噻二唑	Sulfamethizole	144-82-1	271. 031 8	156. 011 4/108. 043 1/92. 049 5	8. 8	50
	8	磺胺甲氧哒嗪	Sulfamethoxypyridazine	80-35-3	281. 070 3	156. 011 4/108. 044 4/215. 092 7	8. 6	50
	9	磺胺苯吡唑	Sulfaphenazole	526-08-9	315. 091	160. 086 9/222. 033 2/108. 044 4	12. 4	5
	10	磺胺吡唑	Sulfapyrazole	852-19-7	329. 106 9	173. 094 7/156. 011 4/108. 044 4	13. 3	10
	11	磺胺吡啶	Sulfapyridine	144-83-2	250. 064 5	156. 011 4/184. 086 9/108. 044 4	7. 1	50
	12	磺胺喹恶啉	Sulfaquinoxaline	59-40-5	301. 075 4	156. 011 4/108. 044 4/92. 049 5	13. 3	50
	13	磺胺噻唑	Sulfathiazole	72-14-0	256. 020 9	156. 011 4/92. 049 5/65. 038 6	6. 6	10
	14	磺胺二甲异嘧啶	Sulfisomidine	515-64-0	279. 091 0	124. 086 9/186. 033 2/156. 010 0	6. 2	50
	15	甲氧苄氨嘧啶	Trimethoprim	738-70-5	291. 145 2	230. 116 2/123. 066 5/261. 098 2	8. 4	50
B 组	1	西诺沙星	Cinoxacin	28657-80-9	263. 066 3	245. 055 7/217. 060 8/189. 029 5	12. 9	5
	2	达氟沙星(单诺沙星)	Danofloxacin	112398-08-0	358. 156 2	340. 145 6/314. 166 3/96. 080 8	9. 9	10
	3	双氟沙星	Difloxacin	98106-17-3	400. 146 7	382. 136 2/356. 156 9/299. 097 9	10. 4	10
	4	恩氟沙星(恩诺沙星)	Enrofloxacin	93106-60-6	360. 171 8	342. 161 2/316. 182 0/245. 107 3	9. 9	5
	5	氟甲喹	Flumequine	42835-25-6	262. 087 4	244. 076 8/202. 028 8/174. 033 8	15. 2	5
	6	加替沙星	Gatifloxacin	112811-59-3	376. 167 3	358. 156 2/332. 176 9/289. 134 7	11. 2	10

表 A.1(续)

药物分组	编号	中文名称	英文名称	CAS 号	理论精确质量数	典型二级碎片离子	保留时间(RT) min	仪器检出限(LOD) ng/mL
B组	7	洛美沙星	Lomefloxacin	98079-51-7	352.146 7	334.136 2/308.156 9/265.116 7	10.2	10
	8	麻保沙星(马波沙星)	Marbofloxacin	115550-35-1	363.146 3	72.078 1/345.135 7/320.104 1	8.3	10
	9	莫西沙星	Moxifloxacin	151096-09-2	402.182 4	384.171 8/358.192 5/261.102 2	12.3	10
	10	萘啶酸	Nalidixic acid	389-08-2	233.092 1	215.081 5/187.050 2/159.055 3	14.9	5
	11	氧氟沙星	Ofloxacin	82419-36-1	362.101 1	318.161 2/261.102 2/344.140 5	9.0	5
	12	奥比沙星	Orbifloxacin	113617-63-3	396.153	352.163 1/378.142 4/295.105 3	10.4	10
	13	恶喹酸(奥索利酸)	Oxolinic acid	14698-29-4	262.071	244.060 4/160.039 3/216.029 1	13.5	5
	14	沙拉沙星	Sarafloxacin	98105-99-8	386.131 1	368.120 5/342.141 2/299.098 0	10.8	10
	15	司帕沙星	Sparfloxacin	110871-86-8	393.173 3	375.162 7/349.183 4/292.125 6	11.9	10
	16	妥舒沙星	Tosufloxacin	108138-46-1	404.342 6	387.106 3/314.090 0/56.049 5	12.6	50
C组	1	阿苯达唑(丙硫咪唑)	Albendazole	54965-21-8	266.095 8	234.069 6/209.115 9/99.044 1	15.9	5
	2	阿苯达唑-2-氨基砜	Albendazole-2-aminosulfone	80983-34-2	240.080 1	198.033 2/133.063 5/72.044 4	7.6	50
	3	阿苯达唑亚砜	Albendazole sulfoxide	54029-12-8	282.091 1	240.043 7/159.042 7/43.053 2	12.6	50
	4	氨基甲苯咪唑	Mebendazole-amine	52329-60-9	238.097 5	105.033 5/77.038 6/51.022 9	12.7	5
	5	噻苯哒唑(噻苯咪唑)	Thiabendazole	148-79-8	202.043 3	175.032 4/131.060 4/92.049 5	9.2	5
	6	二甲硝咪唑(地美硝唑)	Dimetridazole	551-92-8	142.061 1	96.068 2/81.044 7/54.033 8	6.4	50
	7	芬苯达唑(苯硫苯咪唑)	Fenbendazole	43210-67-9	300.080 1	268.053 9/159.042 7/190.004 9	17.0	5
	8	氟苯达唑(氟苯咪唑)	Flubendazole	31430-15-6	314.093 6	282.067 3/123.024 195.029 2	16.0	10
	9	羟基异丙硝唑	Hydroxy ipronidazole	35175-14-5	185.080 0	168.076 8/122.083 9/82.052 6	10.5	50
	10	异丙硝唑	Ipronidazole	14885-29-1	170.092 4	124.099 5/109.076 0/96.068 2	12.1	5
	11	甲苯咪唑	Mebendazole	31431-39-7	296.103	264.076 8/105.033 5/77.038 6	15.6	10
	12	噻苯咪唑酯(坎苯达唑)	Cambendazole	26097-80-3	303.091	261.044 1/217.052 4/243.033 5	14.0	5
D组	1	5-羟基噻苯咪唑	5-Hydroxythiabendazole	948-71-0	218.038 3	191.027 4/147.055 3/81.033 5	8.2	5
	2	左旋咪唑	Levamisole	14769-73-4	205.079 4	178.068 5/123.026 3/91.054 2	6.8	10
	3	甲硝唑(甲硝哒唑)	Metronidazole	443-48-1	172.071 7	128.045 5/82.052 6/45.033 5	5.8	50
	4	奥芬达唑	Oxfendazole	53716-50-0	316.075	191.068 9/284.048 8/159.042 7	14.2	10
	5	丙氧苯咪唑	Oxibendazole	20559-55-1	250.118 6	218.092 4/176.045 5/148.050 5	14.0	5
	6	罗硝唑(洛硝达唑)	Ronidazole	7681-76-7	201.061 8	140.045 5/55.041 7/110.047 5	6.2	50
	7	塞克硝唑	Secnidazole	3366-95-8	186.088 5	128.045 5/59.049 1/111.042 7	8.4	50
	8	替硝唑	Tinidazole	19387-91-8	248.07	121.031 8/202.077 1/93.000 5	7.8	50
	9	三氯苯达唑	Triclabendazole	68786-66-3	358.957 4	343.933 9/273.996 2/198.000 8	18.6	10

表 A.1(续)

药物分组	编号	中文名称	英文名称	CAS 号	理论精确质量数	典型二级碎片离子	保留时间(RT) min	仪器检出限(LOD) ng/mL
E组	1	尼日利亚菌素	Nigericin	28380-24-7	747.466 1	501.319 5/237.108 6/168.470 0	20.9	5
	2	甲基盐霉素	Narasin	55134-13-9	787.498 2	431.240 4/531.329 2/179.156 7	20.3	5
F组	1	克林霉素	Clindamycin	18323-44-9	425.187 2	126.127 7/377.183 8/70.065 1	14.0	5
	2	多拉菌素	Doramectin	117704-25-3	921.496 3	777.418 5/449.251 0/183.062 8	20.1	50
	3	依普菌素	Eprinomectin	123997-26-2	936.509	490.277 3/352.172 8/382.353 5	19.6	50
	4	伊维菌素	Ivermectin	70288-86-7	897.496 3	753.418 5/183.062 8/329.208 7	20.4	50
	5	柱晶白霉素	Sineptina	1392-21-8	786.463 3	174.112 5/109.064 8/558.327 3	15.7	50
	6	螺旋霉素	Spiramycin	8025-81-8	843.521 3	174.112 5/540.316 7/699.436 8	12.5	50
	7	替米考星	Tilmicosin	108050-54-0	869.573 3	174.112 5/696.468 1	13.7	50
	8	泰乐菌素	Tylosin	1401-69-0	916.526 4	174.112 5/772.445 1/598.355 9	15.2	50
	9	维吉尼霉素 M1	Virginiamycin M1	21411-53-0	526.255 1	355.128 9/508.244 2/133.064 8	16.3	5
G组	1	倍氯米松	Beclomethasone	4419-39-0	409.177 8	391.167 1/355.190 4/279.174 4	16.4	50
	2	倍氯米松双丙酸酯	Beclomethasone dipropionate	5534-09-8	521.231 5	503.22/319.169 3/411.216 6	18.5	5
	3	倍他米松双丙酸酯	Betamethasone dipropionate	5593-20-4	505.259 6	411.216 6/319.169 3/279.174 4	18.3	5
	4	倍他米松戊酸酯	Betamethasone valerate	2152-44-5	477.264 7	355.190 4/279.274 4/337.179 8	18.1	50
	5	醋酸氯地孕酮	Chlormadinone acetate	302-22-7	405.183 7	345.161 6/309.184 9/301.135 4	18.0	5
	6	氯倍他索丙酸酯	Clobetasol 17- propionate	25122-46-7	467.199 5	355.147 1/373.157 7/279.175 5	17.8	10
	7	氯倍他松丁酸酯	Clobetasone butyrate	25122-57-0	479.199 5	343.145 9/279.138/371.140 8	18.2	10
	8	可的松	Cortisone	53-06-5	361.201	163.111 7/121.064 8/343.190 4	15.3	50
	9	地夫可特	Deflazacort	14484-47-0	442.222 4	424.211 9/382.201 3/400.211 9	16.9	5
	10	地塞米松	Dexamethasone	50-02-2	393.207 2	355.190 4/373.201 0/337.179 8	16.3	5
	11	二氟拉松双醋酸酯	Diflorasone Diacetate	33564-31-7	495.218 9	317.153 6/335.164 2/395.185 3	17.3	50
	12	表睾酮	Epitestosterone	481-30-1	289.217 3	97.064 8/109.064 8/253.195 1	17.8	5
	13	氟氢可的松	Fludrocortisone	127-31-1	423.217 7	325.181/239.144 2/343.191 5	16.4	50
	14	氟米松	Flumethasone	2135-17-3	411.197 8	253.122 3/391.151 9/335.164 2	16.0	10
	15	特戊酸氟米松	Flumethasone pivalate	2002-29-1	495.255 3	57.071/335.164 2/253.122 3	18.2	50
	16	氟轻松	Fluocinolone acetonide	67-73-2	453.208 3	413.195 9/433.202 1/337.143 4	16.4	50
	17	氟氢缩松	Flurandrenolide	1524-88-5	437.233 4	361.181/341.175 9/323.165 3	16.8	50
	18	氟米龙	Fluorometholone	426-13-1	377.212 3	279.174 4/339.195 5/321.184 9	16.6	5
	19	氟替卡松丙酸酯	Fluticasone propionate	80474-14-2	501.191 7	313.159 8/293.153 6/205.065 9	17.8	10
	20	哈西奈德	Halcinonide	3093-35-4	455.199 5	359.140 8/377.151 4/435.193 3	18.0	10

表 A. 1(续)

药物分组	编号	中文名称	英文名称	CAS 号	理论精确质量数	典型二级碎片离子	保留时间(RT) min	仪器检出限(LOD) ng/mL
G 组	21	氢化可的松	Hydrocortisone	50-23-7	363. 216 6	327. 195 5/121. 064 8/309. 184 9	15. 7	5
	22	甲地孕酮	Megestrol	3562-63-8	385. 237 3	325. 216 2/267. 174 4/224. 155 9	18. 0	5
	23	醋酸美伦孕酮	Melengestrol acetate	2919-66-6	397. 237 3	337. 216 2/279. 174 4/187. 111 7	18. 2	5
	24	甲基泼尼松龙	Methylprednisolone	83-43-2	375. 216 6	357. 206/339. 195 5/161. 096 1	16. 4	5
	25	莫米他松糠酸酯	Mometasone Furoate	83919-23-7	521. 149 2	503. 138 6/355. 145 9/279. 174 4	17. 8	50
	26	泼尼卡酯	Prednicarbate	73771-04-7	489. 248 3	381. 206/289. 158 7/115. 039 0	18. 0	5
	27	睾丸酮	Testosterone	58-22-0	289. 216 2	97. 064 8/109. 064 8/289. 216 2	17. 3	5
	28	曲安奈德	Triamcinolone acetonide	76-25-5	435. 217 7	415. 211 5/397. 201 0/399. 159 1	16. 4	5
H 组	1	班布特罗	Bambuterol	81732-65-2	368. 218	294. 144 8/312. 155 4/72. 044 4	12. 7	10
	2	羟甲基克仑特罗	Clenbuterol-hydroxymethyl	38339-18-3	293. 081 8	275. 071 3/203. 013 2/132. 068 2	9. 0	10
	3	克伦塞罗	Clencyclohexerol	157877-79-7	319. 097 5	301. 086 9/203. 013 2/81. 067 0	8. 2	5
	4	(暂无中文名)	Clenhexerol	38339-23-0	305. 118 3	203. 013 8/132. 068 2/85. 1012	13. 7	10
	5	异克伦潘特	Clenisopenterol	157664-68-1	291. 102 7	273. 092/217. 028 9/188. 002 4	13. 1	5
	6	克伦潘特	Clenpenterol	38339-21-8	291. 102 6	203. 013 7/273. 092 0/132. 068 2	12. 3	10
	7	克伦普罗	Clenproperol	38339-11-6	263. 071 3	245. 060 7/203. 013 2/132. 068 2	9. 2	10
	8	非诺特罗	Fenoterol	13392-18-2	304. 154 3	135. 080 4/286. 143 8/107. 049 1	7. 0	5
	9	福莫特洛	Formoterol	73573-87-2	345. 180 9	327. 170 3/149. 096 1/121. 060 8	11. 0	5
	10	保泰松乙酸酯	Pirbuterol Acetate	65652-44-0	241. 154 6	167. 081 5/149. 070 9/122. 060 0	4. 9	5
	11	莱克多巴胺	Ractopamine	97825-25-7	302. 175 1	284. 164 5/121. 064 8/91. 054 2	9. 6	10
	12	利托君	Ritodrine	26652-09-5	288. 159 4	270. 148 9/121. 064 8/150. 091 3	7. 4	5
	13	沙美特罗	Salmeterol	89365-50-4	416. 279 5	398. 269/380. 258 4/232. 169 6	15. 9	5
	14	索他洛尔	Sotalol	3930-20-9	273. 126 7	255. 116 2/213. 069 2/133. 076 0	5. 1	10
	15	特布他林	Terbutaline	23031-25-6	226. 143 8	152. 070 6/170. 081 2/208. 133 2	5. 4	10
	16	妥布特罗	Tulobuterol	41570-61-0	228. 115	154. 041 3/172. 052 4/118. 065 1	11. 7	5
I 组	1	对乙酰氨基酚	4-Acetamidophenol	103-90-2	152. 070 6	110. 06/93. 033 5/65. 038 6	6. 1	50
	2	氯丙嗪	Chlorpromazine	50-53-3	319. 103	86. 096 4/58. 065 1/246. 013 9	15. 8	5
	3	氯羟吡啶	Clopidol	2971-90-6	191. 997 8	101. 015 3/51. 022 9/101. 015 3	8. 4	10
	4	氨苯砜	Dapsone	80-08-0	249. 069 2	156. 011 4/108. 044 4/92. 049 5	8. 4	10
	5	卡巴氧(卡巴多)	Carbadox	6804-07-5	263. 077 5	231. 051 3/145. 039 6/90. 033 8	11. 1	10
	6	氟哌啶醇	Haloperidol	52-86-8	376. 147 4	165. 071/358. 136 8/123. 024 1	14. 4	10
	7	氮哌醇(阿扎哌醇)	Azaperol	2804-05-9	330. 198 7	121. 076/312. 187 0/192. 118 3	8. 6	5
	8	氮哌酮(阿扎哌隆)	Azaperone	1649-18-9	328. 182	165. 069 9/121. 076 0/147. 091 7	10. 0	5
	9	丙酰丙嗪	Propionylpromazin	3568-24-9	341. 168 6	86. 096 4/58. 065 1/268. 079 1	15. 6	5
	10	甲苯噻嗪	Xylazine	7361-61-7	221. 110 7	90. 037 2/164. 052 8/58. 065 1	10. 3	5

表 A. 1(续)

药物分组	编号	中文名称	英文名称	CAS 号	理论精确质量数	典型二级碎片离子	保留时间(RT) min	仪器检出限(LOD) ng/mL
J 组	1	卡马西平	Carbamazepine	298-46-4	237.102 2	194.096 4/220.075 7/179.073 0	15.5	5
	2	苯海拉明	Diphenhydramine	58-73-1	256.169 6	167.085 5/152.062 1/141.069 9	14.1	5
	3	氟西汀	Fluoxetine	549910-89-3	310.141 3	44.049 5/148.112 1	15.6	5
	4	丙咪嗪	Imipramine	50-49-7	281.201 2	86.096 4/58.065 1/208.112 1	15.2	5
	5	舒必利	Sulpiride	15676-16-1	342.148 2	112.112 1/214.016 2/58.065 1	5.4	10
	6	唑吡坦	Zolpidem	82626-48-0	308.175 7	235.123/263.117 9/92.049 5	12.1	5
K 组	1	咖啡因	Coffeine	58-08-2	195.087 7	138.066 2/110.071 3/69.044 7	9.2	5
	2	可待因	Codeine	76-57-3	300.159 4	165.069 9/199.075 4/58.065 1	6.4	10
	3	1,7-二甲基黄嘌呤	1,7-Dimethylxanthine	611-59-6	181.072	124.050 5/96.055 6/55.029 1	7.4	50
L 组	1	氯普鲁卡因	Chloroprocaine	133-16-4	271.121 0	100.112 1/154.004 9/198.031 6	7.5	10
	2	辛可卡因	Cinchocaine	85-79-0	344.233 3	271.144 1/215.081 5/74.096 4	15.6	5
	3	利多卡因	Lidocaine	137-58-6	235.180 5	86.096 4/58.065 1	9.3	10
	4	普鲁卡因胺	Procainamide	51-06-9	236.175 7	163.086 6/120.044 4/92.049 5	4.3	5
	5	普鲁卡因	Procaine	59-46-1	237.159 8	100.112 1/120.044 4/164.070 6	5.7	5
	6	丁卡因	Tetracaine	94-24-6	265.191 1	176.107/72.080 8/220.133 2	13.8	5
M 组	1	溴苯那敏	Brompheniramine	86-22-6	319.080 4	274.022 6/167.073 0/194.096 4	13.3	10
	2	西替利嗪	Cetirizine	83881-51-0	389.162 7	201.046 5/187.107 7/166.077 7	15.9	10
	3	氯苯那敏	Chlorpheniramine	132-22-9	275.131 3	230.073 1/167.073 0/202.041 8	12.8	10
	4	氟奋乃静	Fluphenazine	69-23-8	438.182 1	171.149 2/143.117 9/280.040 2	16.5	10
	5	羟嗪	Hydroxyzine	68-88-2	375.183 4	201.046 5/173.128 4/166.077 7	15.4	10
	6	异丙嗪	Promethazine	60-87-7	285.142	86.096 4/198.037 2/240.084 2	14.8	50
	7	特非那定	Terfenadine	50679-08-8	472.321	454.310 5/436.230 0/57.069 9	16.6	10
N 组	1	联苯苄唑	Bifonazole	60628-96-8	311.154 3	243.116 8/165.069 9/91.054 2	15.8	5
	2	益康唑	Econazole	27220-47-9	381.032 3	125.015 3/193.052 2/69.044 7	16.6	5
	3	灰黄霉素	Griseofulvin	126-07-8	353.078 6	165.054 6/215.010 6/285.052 4	15.9	5
	4	酮康唑	Ketoconazole	65277-42-1	531.156	82.052 6/489.145 5/255.008 2	15.3	5
	5	萘替芬	Naftifine	65472-88-0	288.174 7	117.069 9/141.069 9/170.096 4	15.1	5
O 组	1	氟尼辛(氟尼辛葡甲胺)	Flunixin	42461-84-7	297.084 5	279.074/264.050 5/239.061 5	17.6	5
	2	酮替芬	Ketotifen	34580-13-7	310.126	96.080 8/82.065 1/68.049 5	12.8	5
	3	氯诺昔康	Lornoxicam	70374-39-9	371.987 4	95.060 4/121.041 5/164.081 8	15.6	50
	4	美利曲辛	Melitracen	5118-29-6	292.206	247.148 1/232.124 7/84.080 8	15.8	10
	5	奥沙普秦	Oxaprozin	21256-18-8	294.112 5	276.101 9/103.054 2/234.091 3	17.6	10
	6	安替比林	Antipyrine	60-80-0	189.102 2	56.049 5/77.038 6/104.049 5	10.8	5

附　录　B

（资料性附录）

150 种兽药及其他化合物标准品相关信息

超高效液相色谱-高分辨质谱分析的 150 种兽药及其他化合物的中英文名称、标准品纯度和配制溶剂以及药物类型等信息见表 B. 1。

表 B. 1　150 种兽药及其他化合物标准品相关信息

药物分组	编号	中文名称	英文名称	纯度	溶剂	药物分类	兽药	其他化合物	原形	代谢产物
A 组	1	苯甲酰磺胺	Sulfabenzamide	99.9	甲醇	磺胺类		√	√	
	2	磺胺嘧啶	Sulfadiazine	99.0	甲醇	磺胺类	√		√	
	3	磺胺间二甲氧嘧啶	Sulfadimethoxine	99.0	甲醇	磺胺类		√	√	
	4	磺胺二甲基嘧啶	Sulfamethazine	99.0	甲醇	磺胺类	√		√	
	5	磺胺邻二甲氧嘧啶	Sulfadoxine	98.0	甲醇	磺胺类		√	√	
	6	磺胺甲基嘧啶	Sulfamerazine	99.0	甲醇	磺胺类		√	√	
	7	磺胺甲噻二唑	Sulfamethizole	98.0	甲醇	磺胺类		√	√	
	8	磺胺甲氧哒嗪	Sulfamethoxypyridazine	98.0	甲醇	磺胺类	√		√	
	9	磺胺苯吡唑	Sulfaphenazole	99.0	甲醇	磺胺类		√	√	
	10	磺胺吡唑	Sulfapyrazole	98.0	甲醇	磺胺类		√	√	
	11	磺胺吡啶	Sulfapyridine	98.0	甲醇	磺胺类		√	√	
	12	磺胺喹恶啉	Sulfaquinoxaline	98.0	甲醇	磺胺类	√		√	
	13	磺胺噻唑	Sulfathiazole	99.9	甲醇	磺胺类	√		√	
	14	磺胺二甲异嘧啶	Sulfisomidine	99.8	甲醇	磺胺类		√	√	
	15	甲氧苄氨嘧啶	Trimethoprim	99.5	甲醇	磺胺类		√	√	
B 组	1	西诺沙星	Cinoxacin	99.5	甲醇（+1%H_2O+1%乙腈）	喹诺酮类		√	√	
	2	达氟沙星（单诺沙星）	Danofloxacin	98.0	甲醇（+1%H_2O+1%乙腈）	喹诺酮类	√		√	
	3	双氟沙星	Difloxacin	99.0	甲醇（+1%H_2O+1%乙腈）	喹诺酮类	√		√	
	4	恩氟沙星（恩诺沙星）	Enrofloxacin	98.0	甲醇（+1%H_2O+1%乙腈）	喹诺酮类	√		√	
	5	氟甲喹	Flumequine	98.0	甲醇（+1%H_2O+1%乙腈）	喹诺酮类	√		√	
	6	加替沙星	Gatifloxacin	98.0	甲醇（+1%H_2O+1%乙腈）	喹诺酮类		√	√	
	7	洛美沙星	Lomefloxacin	98.0	甲醇（+1%H_2O+1%乙腈）	喹诺酮类		√	√	
	8	麻保沙星（马波沙星）	Marbofloxacin	97.0	甲醇（+1%H_2O+1%乙腈）	喹诺酮类		√	√	

表 B.1(续)

药物分组	编号	中文名称	英文名称	纯度	溶剂	药物分类	兽药	其他化合物	原形	代谢产物
B组	9	莫西沙星	Moxifloxacin	98.0	甲醇(+1% H_2O+1%乙腈)	喹诺酮类		√	√	
	10	萘啶酸	Nalidixic acid	99.0	甲醇(+1% H_2O+1%乙腈)	喹诺酮类	√		√	
	11	氧氟沙星	Ofloxacin	98.0	甲醇(+1% H_2O+1%乙腈)	喹诺酮类		√	√	
	12	奥比沙星	Orbifloxacin	99.0	甲醇(+1% H_2O+1%乙腈)	喹诺酮类		√	√	
	13	恶喹酸(奥索利酸)	Oxolinic acid	98.5	甲醇(+1% H_2O+1%乙腈)	喹诺酮类	√		√	
	14	沙拉沙星	Sarafloxacin	98.0	甲醇(+1% H_2O+1%乙腈)	喹诺酮类	√		√	
	15	司帕沙星	Sparfloxacin	98.0	甲醇(+1% H_2O+1%乙腈)	喹诺酮类		√	√	
	16	妥舒沙星	Tosufloxacin	97.2	甲醇(+1% H_2O+1%乙腈)	喹诺酮类		√	√	
C组	1	阿苯达唑(丙硫咪唑)	Albendazole	98.0	甲醇(+1%DMSO)	苯并咪唑类	√		√	
	2	阿苯达唑-2-氨基砜	Albendazole-2-aminosulfone	99.0	甲醇(+1%DMSO)	苯并咪唑类		√		√
	3	阿苯达唑亚砜	Albendazole sulfoxide	98.6	甲醇(+1%DMSO)	苯并咪唑类		√		√
	4	氨基甲苯咪唑	Mebendazole-amine	99.6	甲醇(+1%DMSO)	苯并咪唑类		√		√
	5	噻苯哒唑(噻苯咪唑)	Thiabendazole	98.0	甲醇(+1%DMSO)	咪唑类	√		√	
	6	二甲硝咪唑(地美硝唑)	Dimetridazole	99.0	甲醇(+1%DMSO)	咪唑类		√		√
	7	芬苯达唑(苯硫苯咪唑)	Fenbendazole	99.2	甲醇(+1%DMSO)	咪唑类	√		√	
	8	氟苯达唑(氟苯咪唑)	Flubendazole	99.3	甲醇(+1%DMSO)	苯并咪唑类	√		√	
	9	羟基异丙硝唑	Hydroxy ipronidazole	98.0	甲醇(+1%DMSO)	咪唑类		√		√
	10	异丙硝唑	Ipronidazole	99.0	甲醇(+1%DMSO)	咪唑类		√		√
	11	甲苯咪唑	Mebendazole	98.0	甲醇(+1%DMSO)	苯并咪唑类	√		√	
	12	噻苯咪唑酯(坎苯达唑)	Cambendazole	98.5	甲醇(+1%DMSO)	苯并咪唑类		√	√	
D组	1	5-羟基噻苯咪唑	5-Hydroxythiabendazole	99.9	甲醇(+1%DMSO)	苯并咪唑类		√		√
	2	左旋咪唑	Levamisole	99.9	甲醇(+1%DMSO)	苯并咪唑类	√			√
	3	甲硝唑(甲硝哒唑)	Metronidazole	98.6	甲醇(+1%DMSO)	苯并咪唑类		√		√
	4	奥芬达唑	Oxfendazole	99.0	甲醇(+1%DMSO)	苯并咪唑类	√			√
	5	丙氧苯咪唑	Oxibendazole	99.0	甲醇(+1%DMSO)	苯并咪唑类		√	√	
	6	罗硝唑(洛硝达唑)	Ronidazole	97.0	甲醇(+1%DMSO)	苯并咪唑类		√		√
	7	塞克硝唑	Secnidazole	97.0	甲醇(+1%DMSO)	苯并咪唑类		√	√	
	8	替硝唑	Tinidazole	99.7	甲醇(+1%DMSO)	苯并咪唑类		√	√	
	9	三氯苯达唑	Triclabendazole	98.8	甲醇(+1%DMSO)	苯并咪唑类		√	√	
E组	1	尼日利亚菌素	Nigericin	98.0	甲醇	聚醚类		√	√	
	2	甲基盐霉素	Narasin	90.4	甲醇	聚醚类	√		√	

表 B. 1(续)

药物分组	编号	中文名称	英文名称	纯度	溶剂	药物分类	兽药	其他化合物	原形	代谢产物
F 组	1	克林霉素	Clindamycin	98.0	乙酸乙酯	林可胺类		√	√	
	2	多拉菌素	Doramectin	95.4	乙酸乙酯	大环内酯类	√		√	
	3	依普菌素	Eprinomectin	92.4	乙酸乙酯	大环内酯类		√	√	
	4	伊维菌素	Ivermectin	98.0	乙酸乙酯	大环内酯类	√		√	
	5	柱晶白霉素	Sineptina	92.0	乙酸乙酯	大环内酯类		√	√	
	6	螺旋霉素	Spiramycin	97.0	乙酸乙酯	大环内酯类		√	√	
	7	替米考星	Tilmicosin	95.0	乙酸乙酯	大环内酯类	√		√	
	8	泰乐菌素	Tylosin	98.0	乙酸乙酯	大环内酯类	√		√	
	9	维吉尼霉素 M1	Virginiamycin M1	95.0	乙酸乙酯	大环内酯类	√		√	
G 组	1	倍氯米松	Beclomethasone	98.0	乙腈	甾体激素类		√	√	
	2	倍氯米松双丙酸酯	Beclomethasone dipropionate	98.0	乙腈	甾体激素类		√	√	
	3	倍他米松双丙酸酯	Betamethasone dipropionate	98.0	乙腈	甾体激素类		√	√	
	4	倍他米松戊酸酯	Betamethasone valerate	99.0	乙腈	甾体激素类		√	√	
	5	醋酸氯地孕酮	Chlormadinone acetate	98.0	乙腈	甾体激素类		√	√	
	6	氯倍他索丙酸酯	Clobetasol 17- propionate	99.0	乙腈	甾体激素类		√	√	
	7	氯倍他松丁酸酯	Clobetasone butyrate	98.0	乙腈	甾体激素类		√	√	
	8	可的松	Cortisone	99.5	乙腈	甾体激素类		√	√	
	9	地夫可特	Deflazacort	99.5	乙腈	甾体激素类		√	√	
	10	地塞米松	Dexamethasone	99.5	乙腈	甾体激素类	√		√	
	11	二氟拉松双醋酸酯	Diflorasone Diacetate	98.0	乙腈	甾体激素类		√	√	
	12	表睾酮	Epitestosterone	98.0	乙腈	甾体激素类		√	√	
	13	氟氢可的松	Fludrocortisone	98.0	乙腈	甾体激素类		√	√	
	14	氟米松	Flumethasone	98.0	乙腈	甾体激素类		√	√	
	15	特戊酸氟米松	Flumethasone pivalate	98.0	乙腈	甾体激素类		√	√	
	16	氟轻松	Fluocinolone acetonide	98.0	乙腈	甾体激素类	√		√	
	17	氟氢缩松	Flurandrenolide	99.8	乙腈	甾体激素类		√	√	
	18	氟米龙	Fluorometholone	98.0	乙腈	甾体激素类		√	√	
	19	氟替卡松丙酸酯	Fluticasone propionate	99.0	乙腈	甾体激素类		√	√	
	20	哈西奈德	Halcinonide	98.0	乙腈	甾体激素类		√	√	
	21	氢化可的松	Hydrocortisone	99.8	乙腈	甾体激素类	√		√	
	22	甲地孕酮	Megestrol	99.9	乙腈	甾体激素类		√	√	
	23	醋酸美伦孕酮	Melengestrol acetate	98.4	乙腈	甾体激素类		√	√	

表 B.1(续)

药物分组	编号	中文名称	英文名称	纯度	溶剂	药物分类	兽药	其他化合物	原形	代谢产物
G 组	24	甲基泼尼松龙	Methylprednisolone	98.9	乙腈	甾体激素类		√	√	
	25	莫米他松糠酸酯	Mometasone Furoate	99.6	乙腈	甾体激素类		√	√	
	26	泼尼卡酯	Prednicarbate	98.0	乙腈	甾体激素类		√	√	
	27	睾丸酮	Testosterone	98.0	乙腈	甾体激素类		√	√	
	28	曲安奈德	Triamcinolone acetonide	98.0	乙腈	甾体激素类		√	√	
H 组	1	班布特罗	Bambuterol	99.3	甲醇	β-受体激动剂		√	√	
	2	羟甲基克仑特罗	Clenbuterol-hydroxymethyl	98.4	甲醇	β-受体激动剂		√	√	
	3	克伦塞罗	Clencyclohexerol	99.8	甲醇	β-受体激动剂		√	√	
	4	(暂无中文名)	Clenhexerol	99.5	甲醇	β-受体激动剂		√	√	
	5	异克伦潘特	Clenisopenterol	98.0	甲醇	β-受体激动剂		√	√	
	6	克伦潘特	Clenpenterol	99.5	甲醇	β-受体激动剂		√	√	
	7	克伦普罗	Clenproperol	98.4	甲醇	β-受体激动剂		√	√	
	8	非诺特罗	Fenoterol	99.9	甲醇	β-受体激动剂		√	√	
	9	福莫特洛	Formoterol	98.9	甲醇	β-受体激动剂		√	√	
	10	保泰松乙酸酯	Pirbuterol Acetate	99.9	甲醇	消炎类		√	√	
	11	莱克多巴胺	Ractopamine	98.0	甲醇	β-受体激动剂		√	√	
	12	利托君	Ritodrine	98.0	甲醇	β-受体激动剂		√	√	
	13	沙美特罗	Salmeterol	98.2	甲醇	β-受体激动剂		√	√	
	14	索他洛尔	Sotalol	98.0	甲醇	β-受体激动剂		√	√	
	15	特布他林	Terbutaline	93.8	甲醇	β-受体激动剂		√	√	
	16	妥布特罗	Tulobuterol	98.0	甲醇	β-受体激动剂		√	√	
I 组	1	对乙酰氨基酚	4-Acetamidophenol	98.0	甲醇	其他化合物	√		√	
	2	氯丙嗪	Chlorpromazine	99.8	甲醇	其他化合物	√		√	
	3	氯羟吡啶	Clopidol	98.7	甲醇	其他化合物	√		√	
	4	氨苯砜	Dapsone	98.0	甲醇	其他化合物		√	√	
	5	卡巴氧(卡巴多)	Carbadox	98.6	甲醇	其他化合物		√	√	
	6	氟哌啶醇	Haloperidol	98.6	甲醇	其他化合物		√	√	
	7	氮哌醇(阿扎哌醇)	Azaperol	99.7	甲醇	其他化合物		√	√	
	8	氮哌酮(阿扎哌隆)	Azaperone	99.9	甲醇	其他化合物		√	√	
	9	丙酰丙嗪	Propionylpromazin	99.5	甲醇	其他化合物		√		√
	10	甲苯噻嗪	Xylazine	99.8	甲醇	其他化合物		√	√	

表 B.1(续)

药物分组	编号	中文名称	英文名称	纯度	溶剂	药物分类	兽药	其他化合物	原形	代谢产物
J 组	1	卡马西平	Carbamazepine	98.0	甲醇	精神类		√	√	
	2	苯海拉明	Diphenhydramine	98.0	甲醇	精神类	√		√	
	3	氟西汀	Fluoxetine	95.0	甲醇	精神类		√	√	
	4	丙咪嗪	Imipramine	98.0	甲醇	精神类		√	√	
	5	舒必利	Sulpiride	98.0	甲醇	精神类		√	√	
	6	唑吡坦	Zolpidem	98.0	甲醇	精神类		√	√	
K 组	1	咖啡因	Coffeine	99.0	甲醇	兴奋剂类	√		√	
	2	可待因	Codeine	99.2	甲醇	兴奋剂类		√	√	
	3	1,7-二甲基黄嘌呤	1,7-Dimethylxanthine	98.0	甲醇	兴奋剂类		√		√
L 组	1	氯普鲁卡因	Chloroprocaine	98.0	甲醇	中枢神经类		√		√
	2	辛可卡因	Cinchocaine	96.0	甲醇	中枢神经类		√	√	
	3	利多卡因	Lidocaine	99.8	甲醇	中枢神经类	√		√	
	4	普鲁卡因胺	Procainamide	97.0	甲醇	中枢神经类		√		√
	5	普鲁卡因	Procaine	98.0	甲醇	中枢神经类	√		√	
	6	丁卡因	Tetracaine	99.5	甲醇	中枢神经类		√	√	
M 组	1	溴苯那敏	Brompheniramine	98.0	甲醇	抗组胺类		√	√	
	2	西替利嗪	Cetirizine	98.0	甲醇	抗组胺类		√	√	
	3	氯苯那敏	Chlorpheniramine	99.9	甲醇	抗组胺类	√		√	
	4	氟奋乃静	Fluphenazine	98.0	甲醇	镇定剂类		√		√
	5	羟嗪	Hydroxyzine	99.3	甲醇	抗组胺类		√	√	
	6	异丙嗪	Promethazine	98.0	甲醇	镇定剂类	√			√
	7	特非那定	Terfenadine	98.0	甲醇	抗组胺类		√	√	
N 组	1	联苯苄唑	Bifonazole	98.0	乙腈	抗真菌类		√	√	
	2	益康唑	Econazole	98.0	乙腈	抗真菌类		√	√	
	3	灰黄霉素	Griseofulvin	99.5	乙腈	抗真菌类		√		√
	4	酮康唑	Ketoconazole	98.0	乙腈	抗真菌类		√	√	
	5	萘替芬	Naftifine	98.0	乙腈	抗真菌类		√	√	
O 组	1	氟尼辛(氟尼辛葡甲胺)	Flunixin	99.0	甲醇/水(9∶1)	解热镇痛抗炎类		√	√	
	2	酮替芬	Ketotifen	98.0	甲醇/水(9∶1)	解热镇痛抗炎类		√		√
	3	氯诺昔康	Lornoxicam	98.0	甲醇/水(9∶1)	解热镇痛抗炎类		√	√	
	4	美利曲辛	Melitracen	97.0	甲醇/水(9∶1)	解热镇痛抗炎类		√	√	
	5	奥沙普秦	Oxaprozin	98.9	甲醇/水(9∶1)	解热镇痛抗炎类		√	√	
	6	安替比林	Antipyrine	98.0	甲醇/水(9∶1)	解热镇痛抗炎类	√		√	

附 录 C
（资料性附录）
150种兽药及其他化合物（50 ng/mL）全扫描模式下色谱图

150种兽药及其他化合物（50ng/mL）全扫描模式下色谱图见图C.1~图C.15。

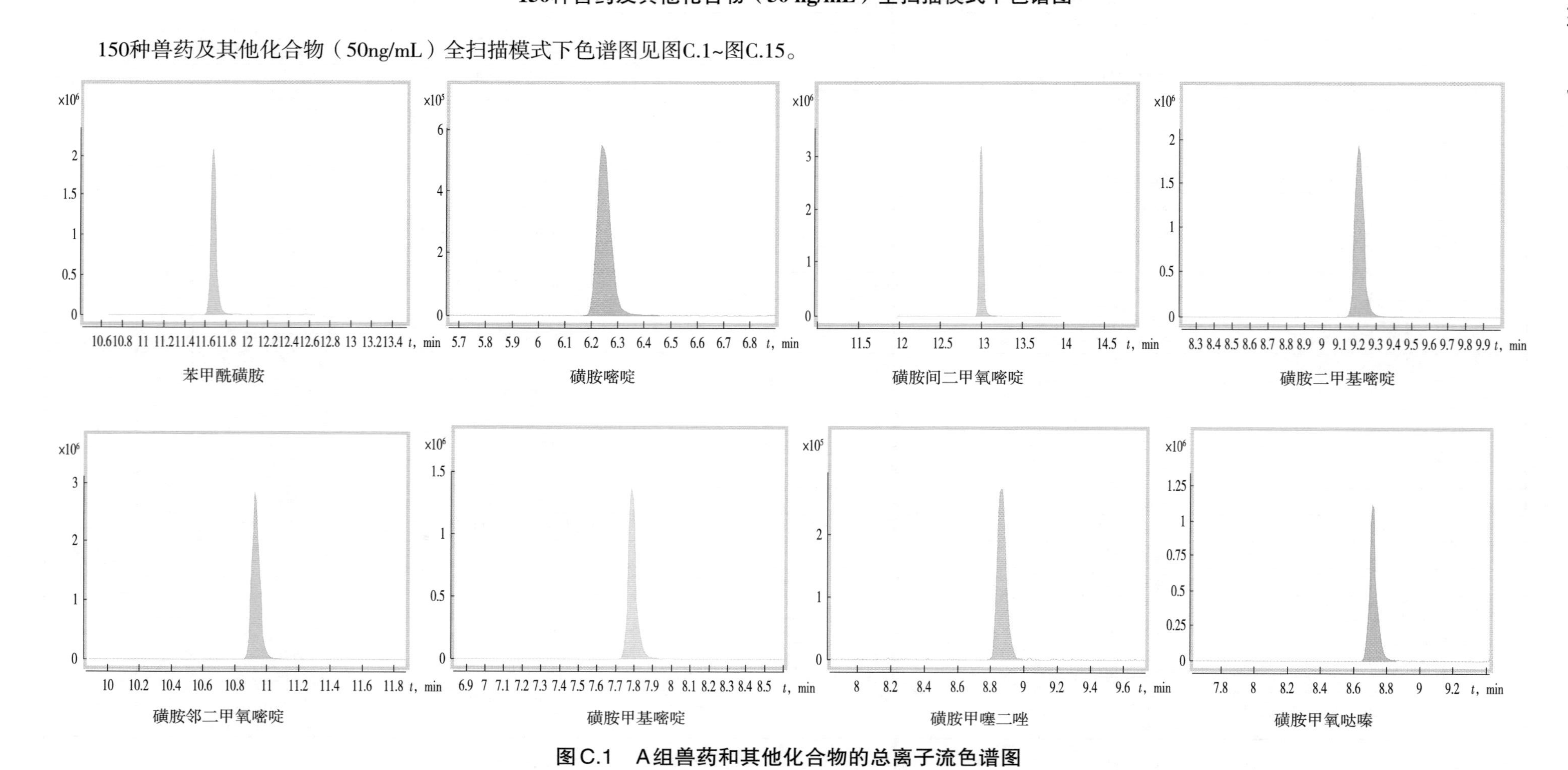

图C.1 A组兽药和其他化合物的总离子流色谱图

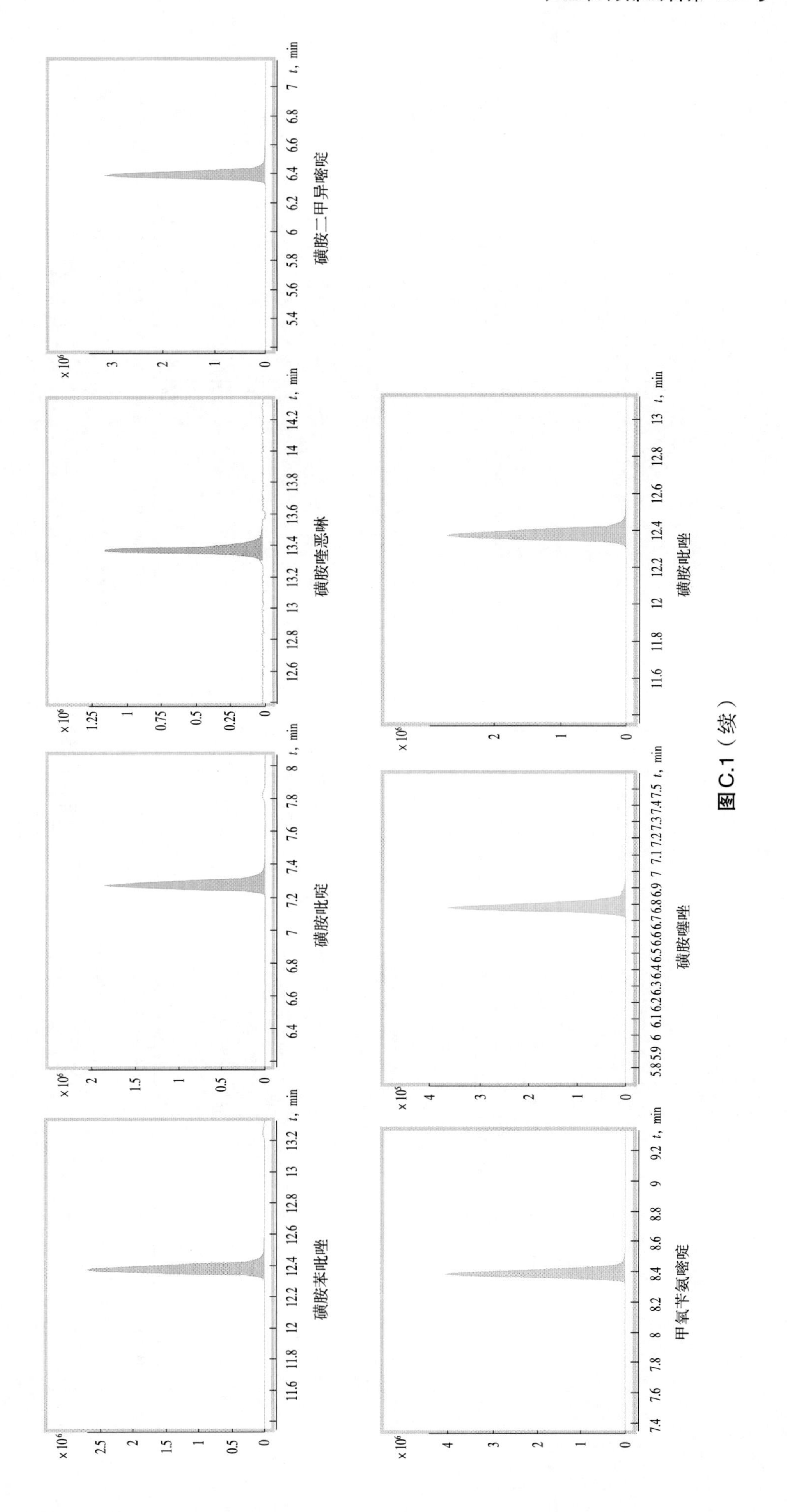

图 C.1（续）

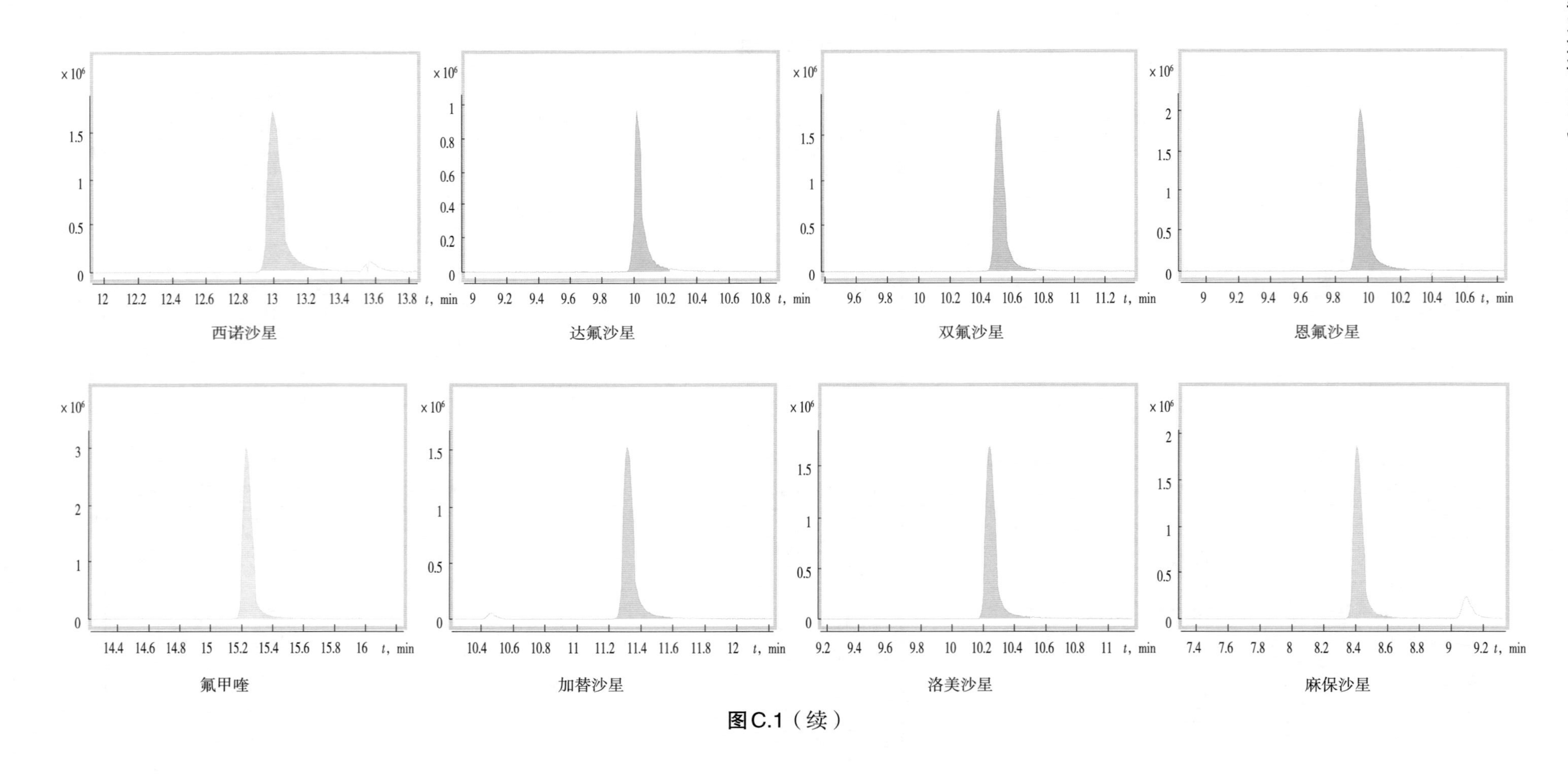

图C.1（续）

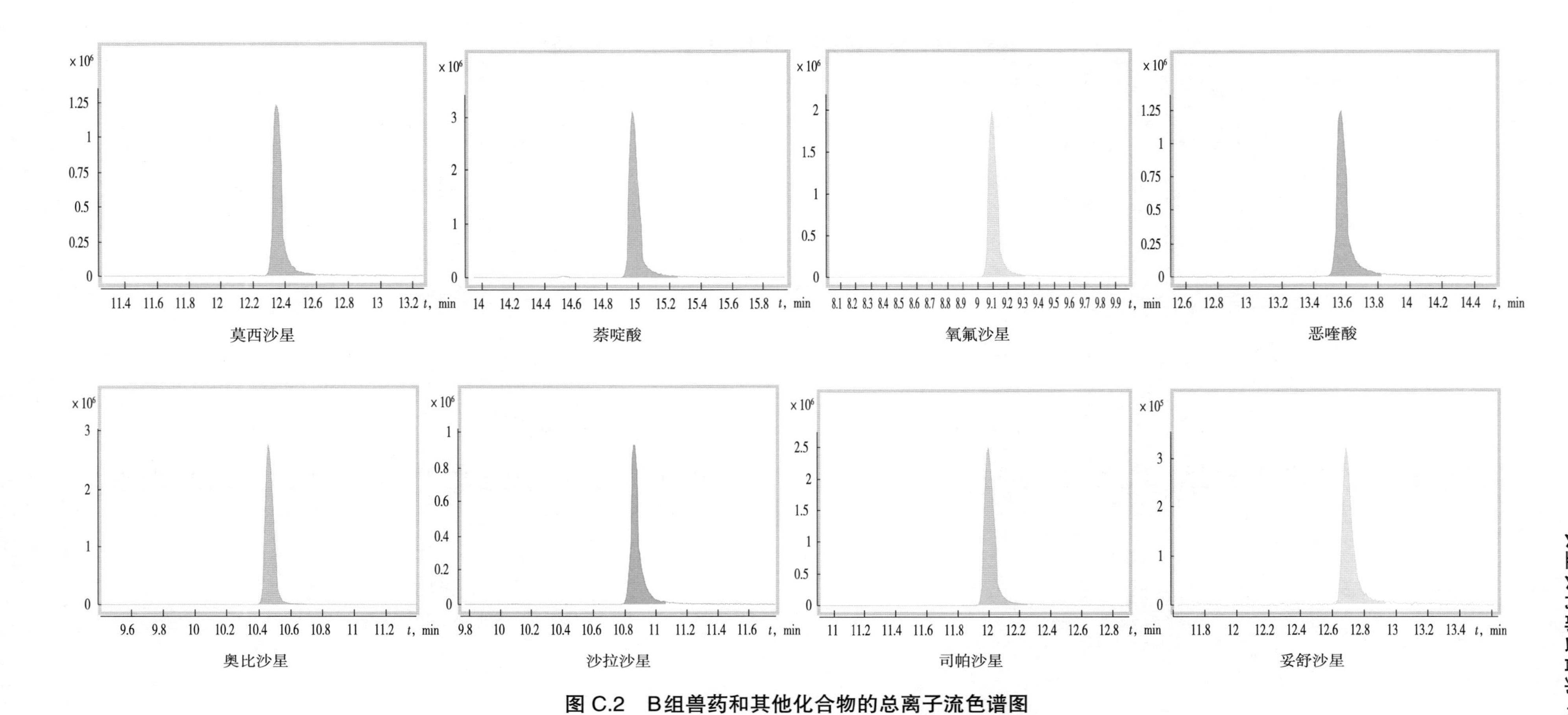

图 C.2 B组兽药和其他化合物的总离子流色谱图

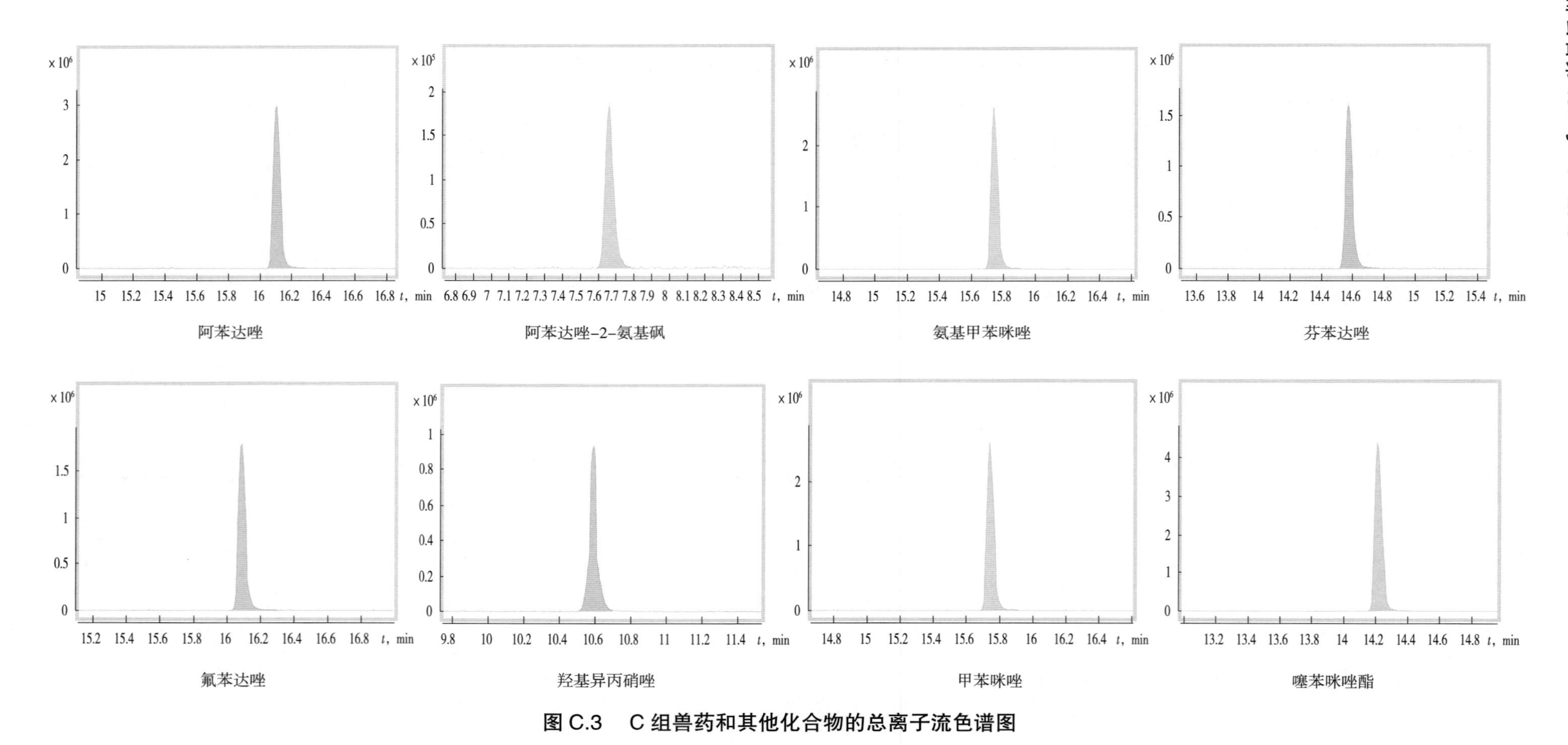

图 C.3　C 组兽药和其他化合物的总离子流色谱图

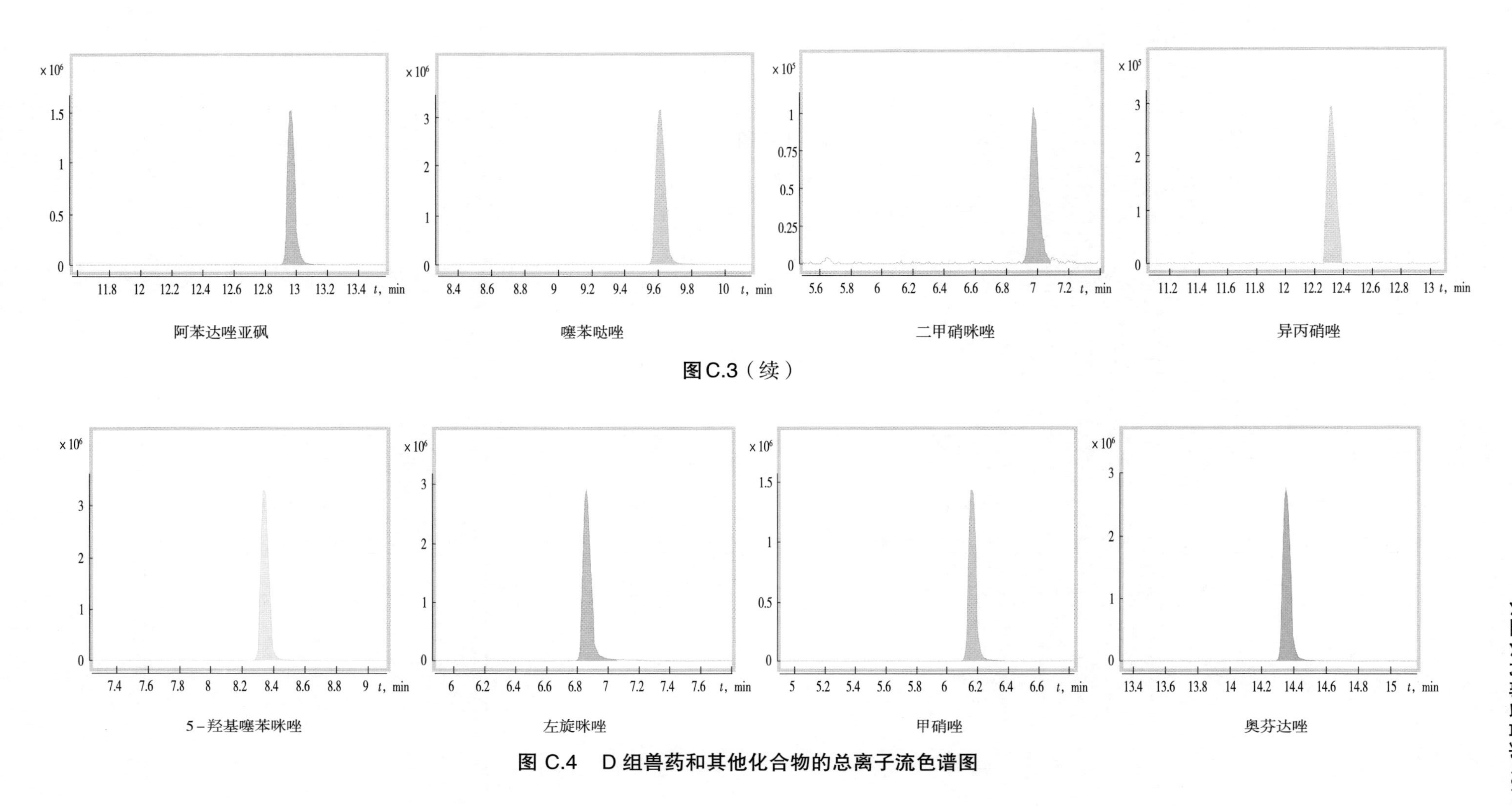

图 C.3（续）

图 C.4 D 组兽药和其他化合物的总离子流色谱图

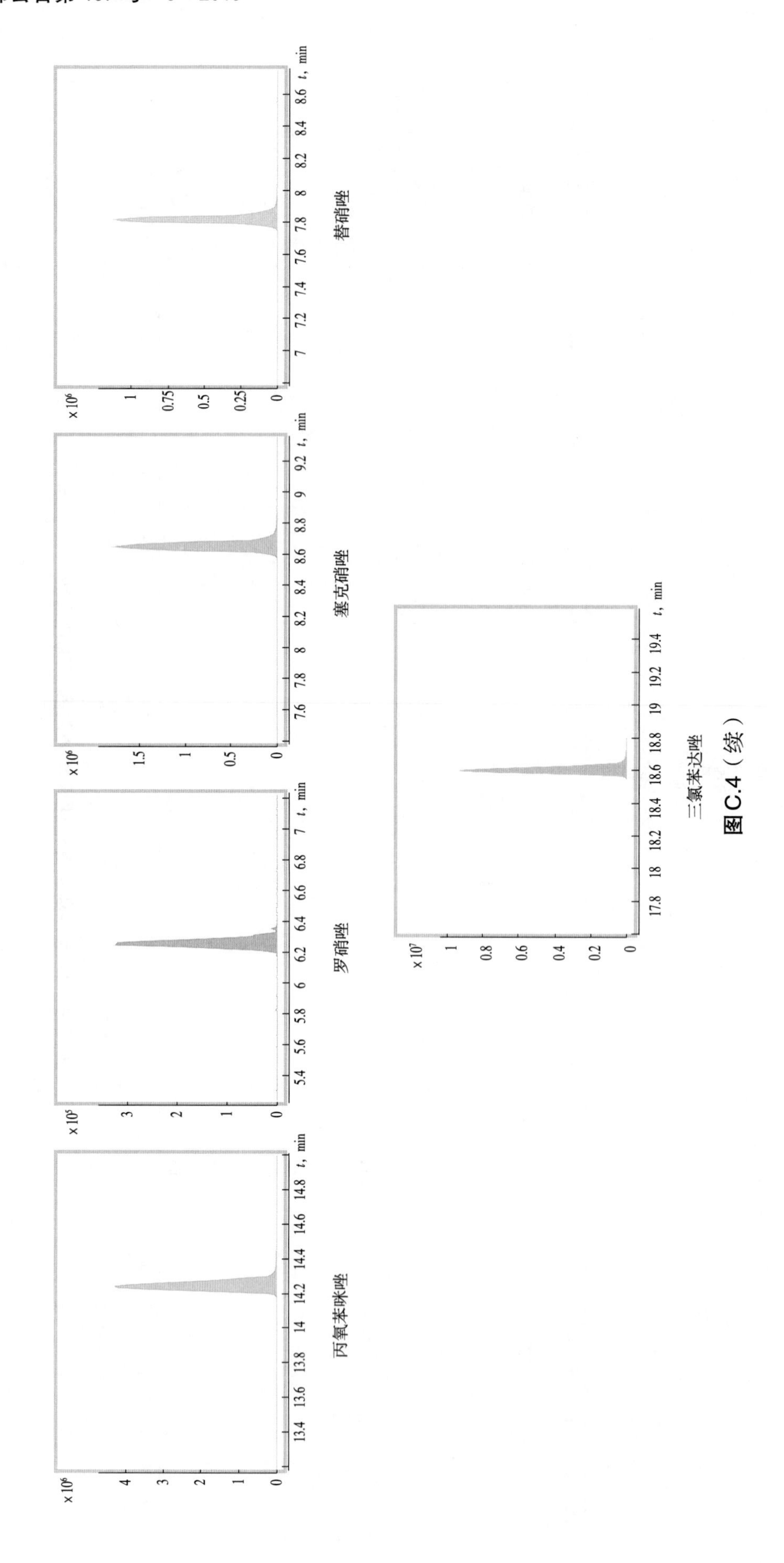

图 C.4（续）

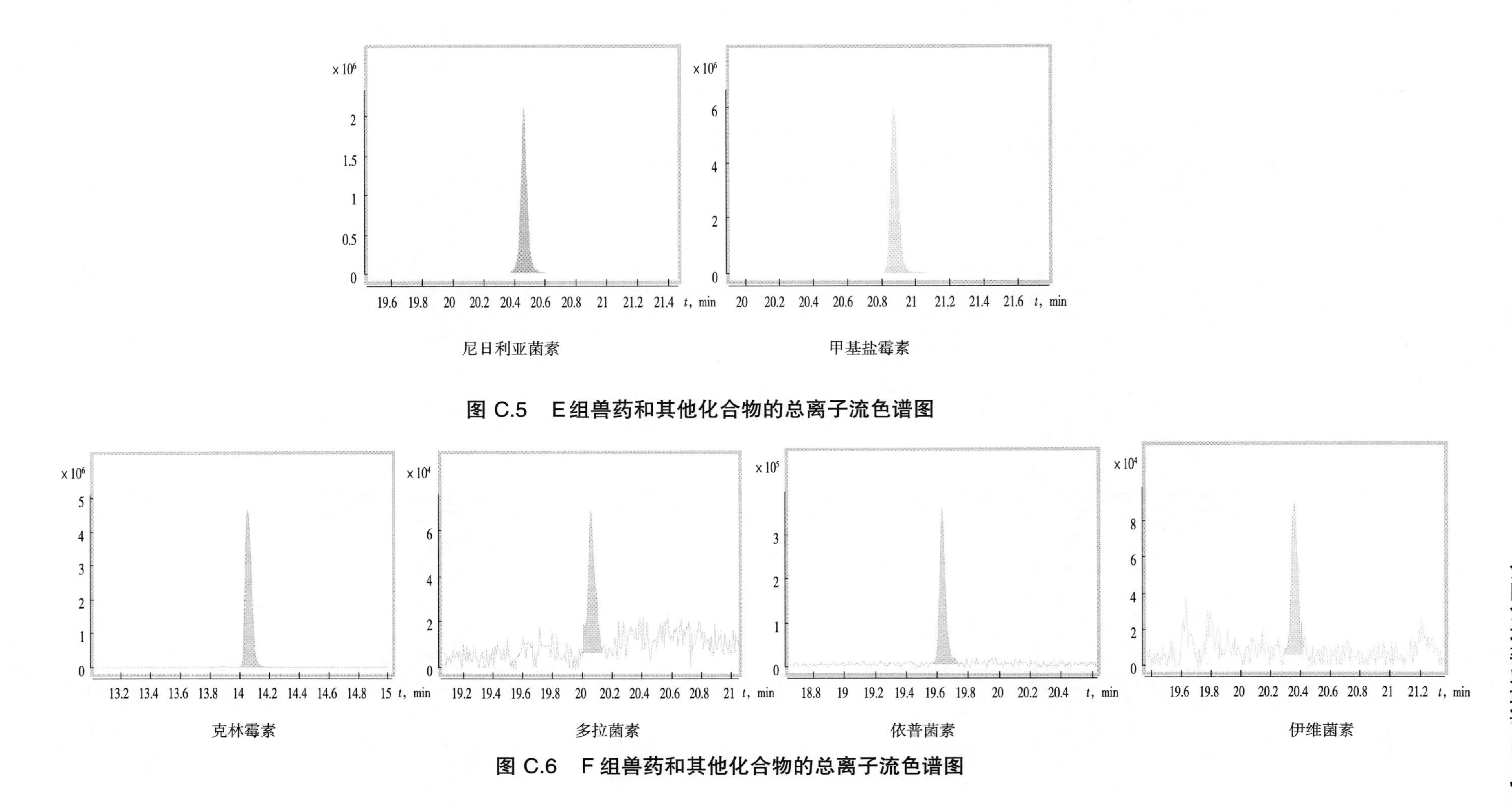

图 C.5　E组兽药和其他化合物的总离子流色谱图

图 C.6　F组兽药和其他化合物的总离子流色谱图

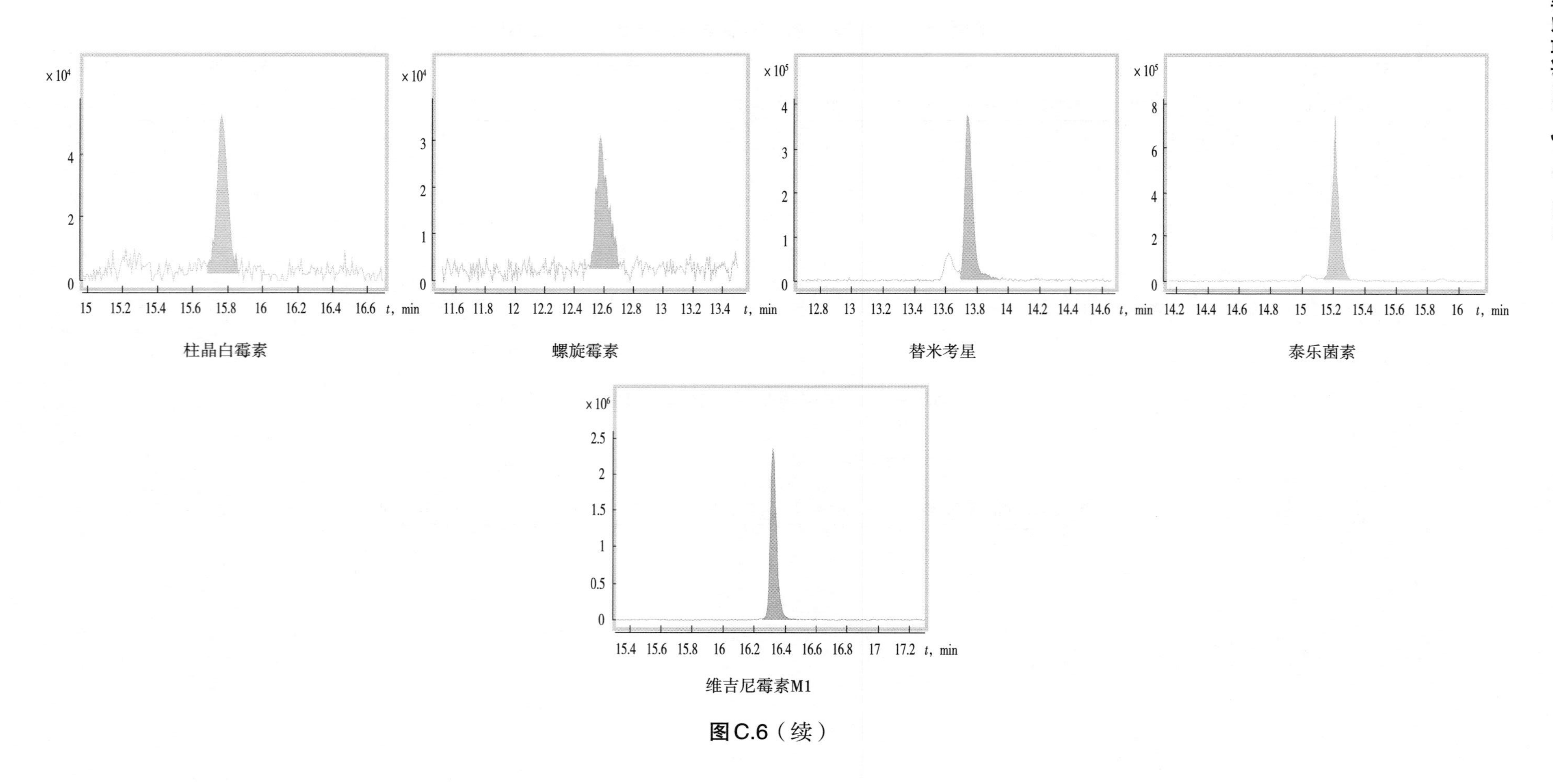

图 C.6（续）

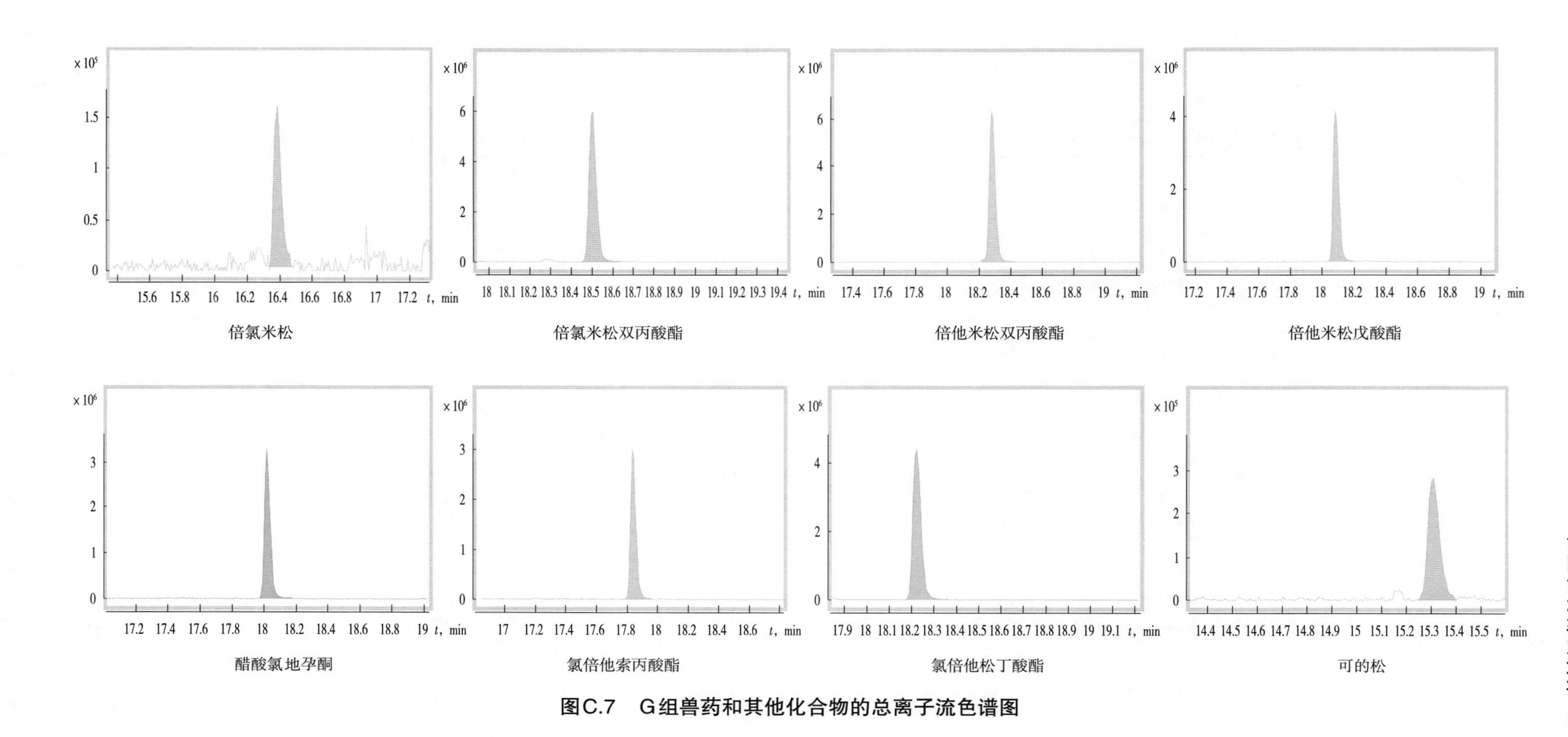

图C.7 G组兽药和其他化合物的总离子流色谱图

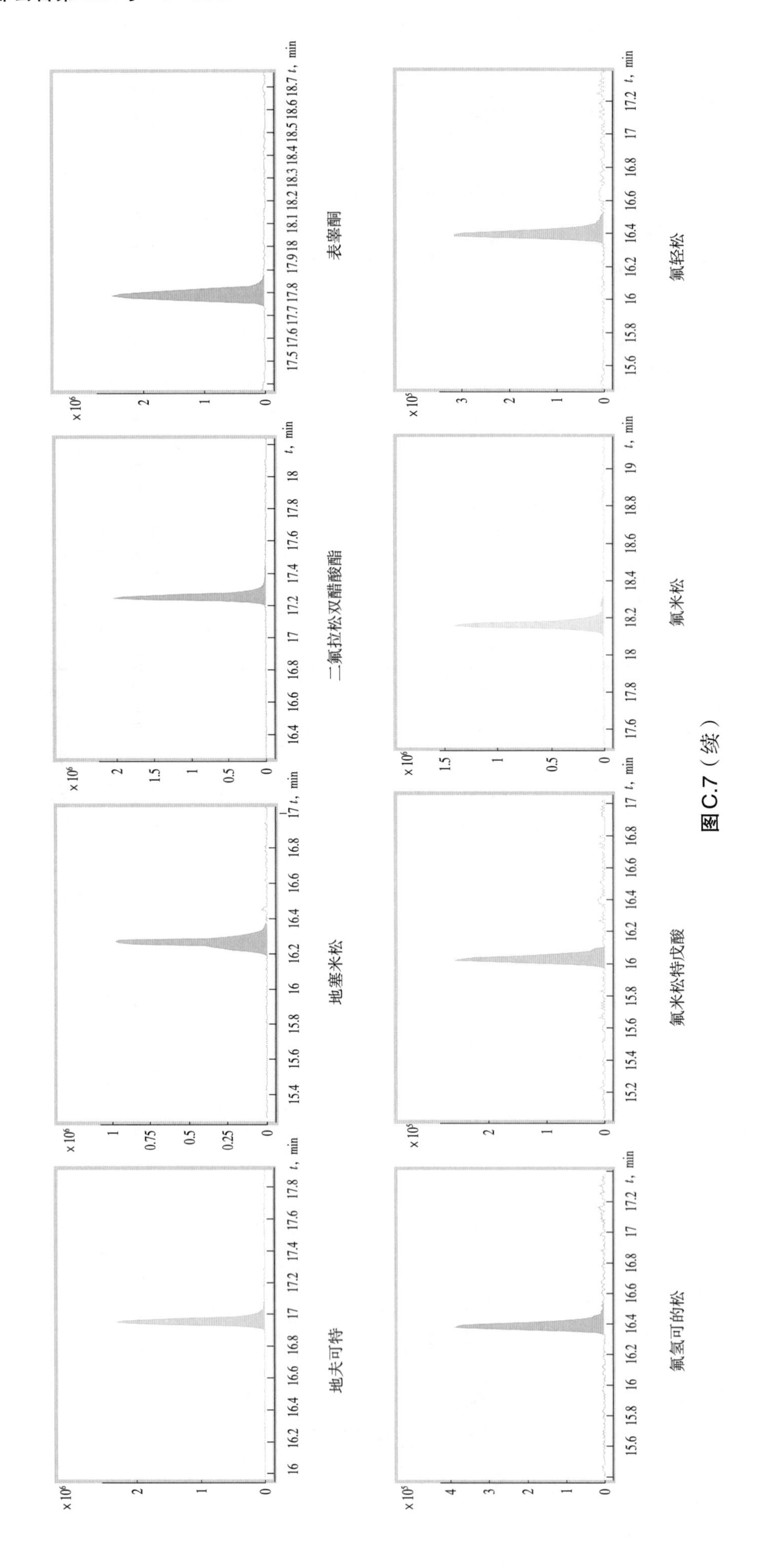

图 C.7（续）

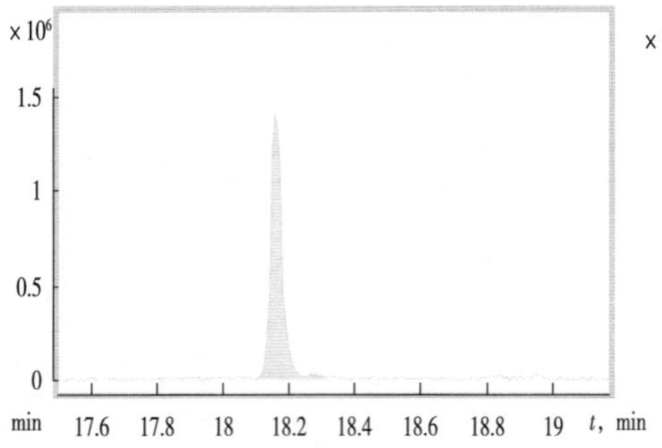

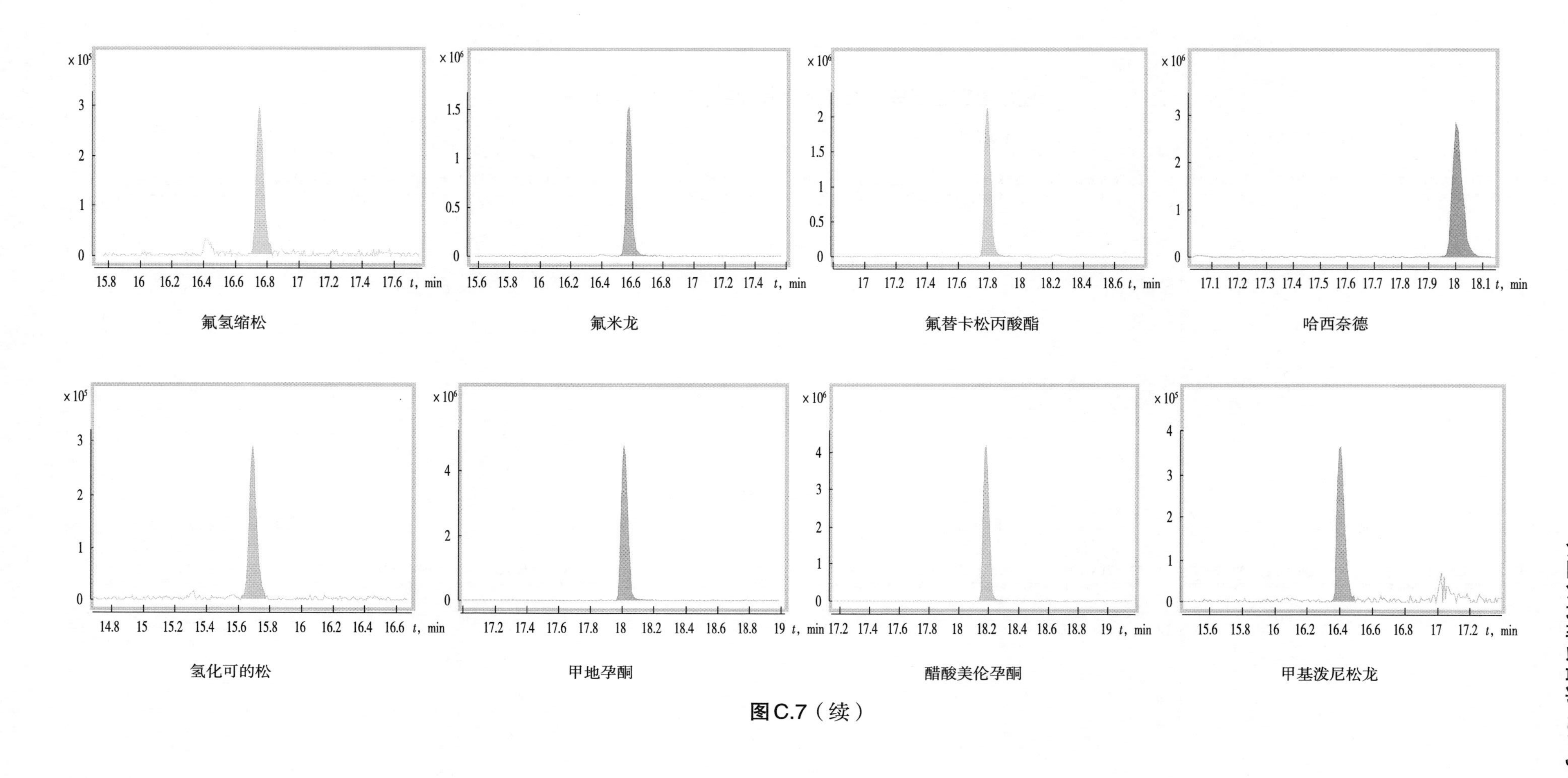

图 C.7（续）

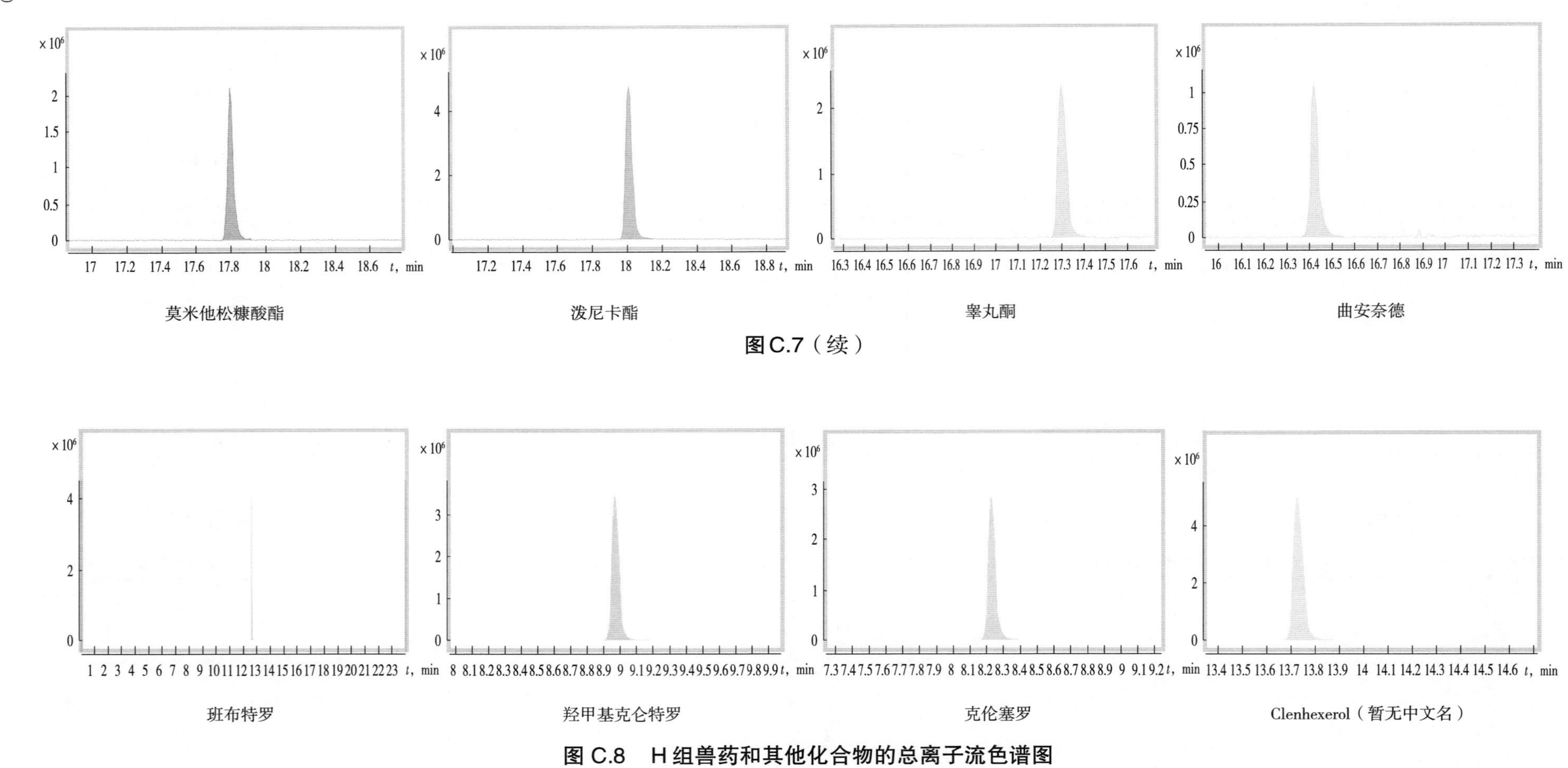

图 C.7（续）

图 C.8　H 组兽药和其他化合物的总离子流色谱图

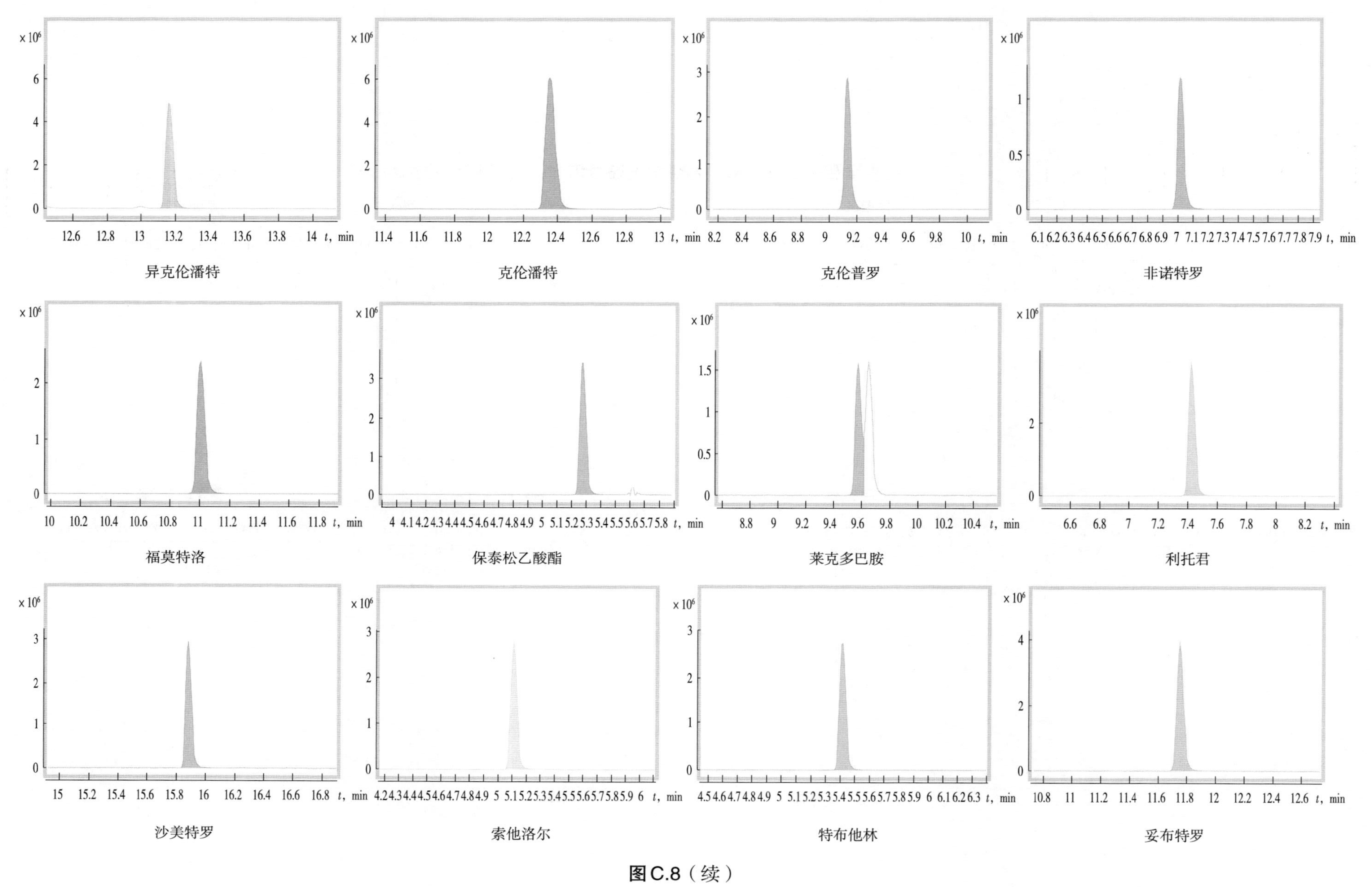
异克伦潘特
克伦潘特
克伦普罗
非诺特罗
福莫特洛
保泰松乙酸酯
莱克多巴胺
利托君
沙美特罗
索他洛尔
特布他林
妥布特罗

图C.8（续）

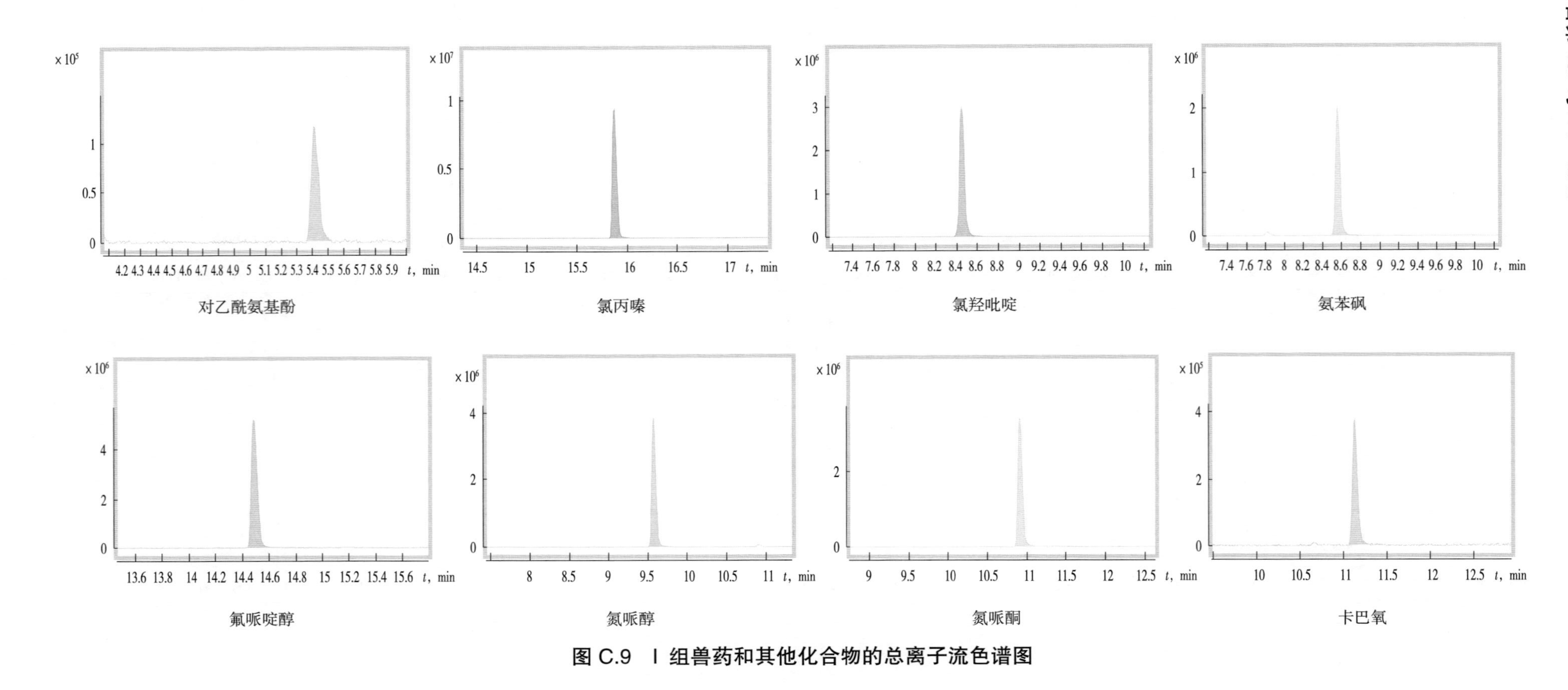

图 C.9 Ⅰ组兽药和其他化合物的总离子流色谱图

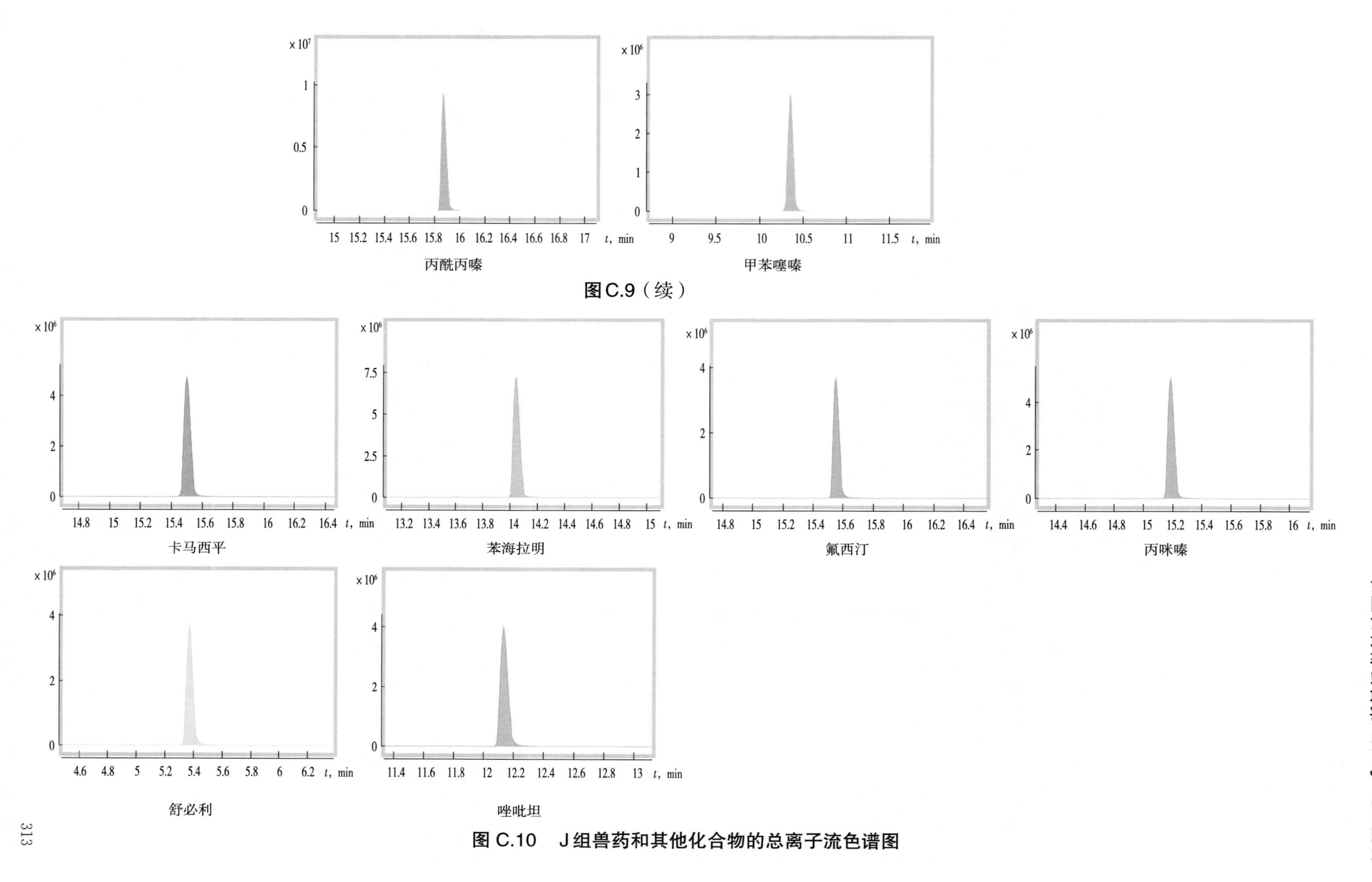

图 C.9（续）

图 C.10　J 组兽药和其他化合物的总离子流色谱图

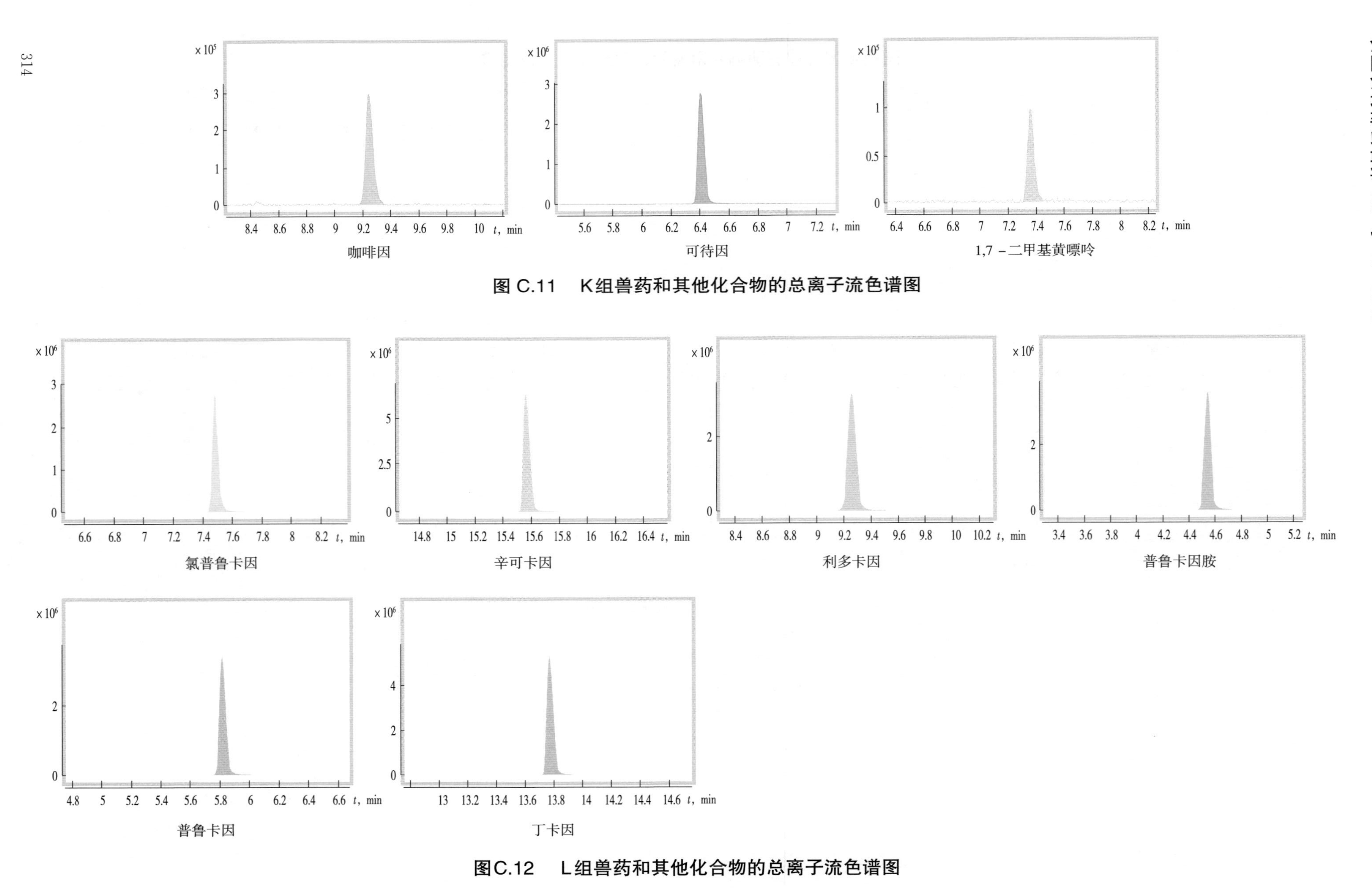

图 C.11 K组兽药和其他化合物的总离子流色谱图

图 C.12 L组兽药和其他化合物的总离子流色谱图

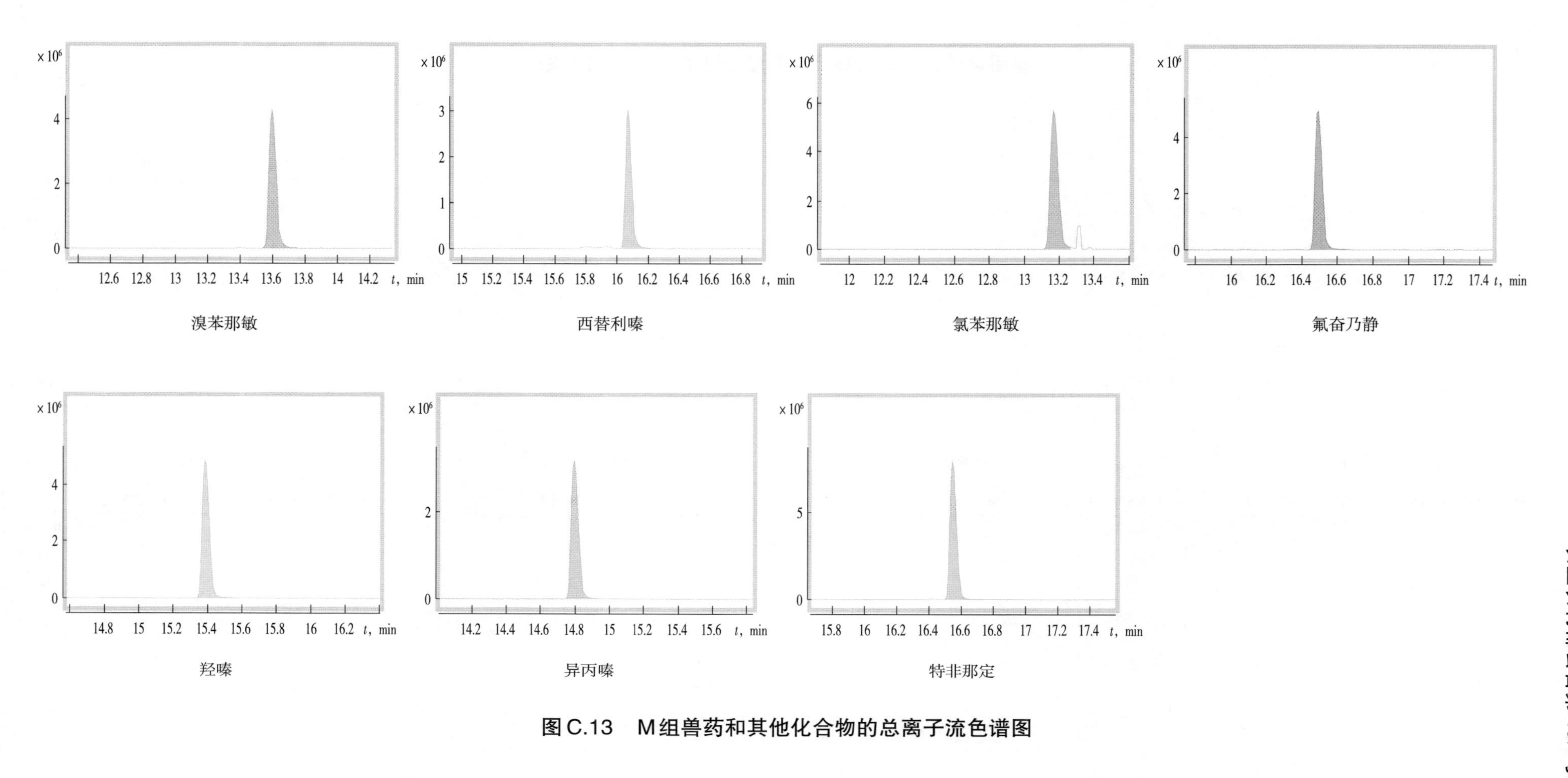

图 C.13　M组兽药和其他化合物的总离子流色谱图

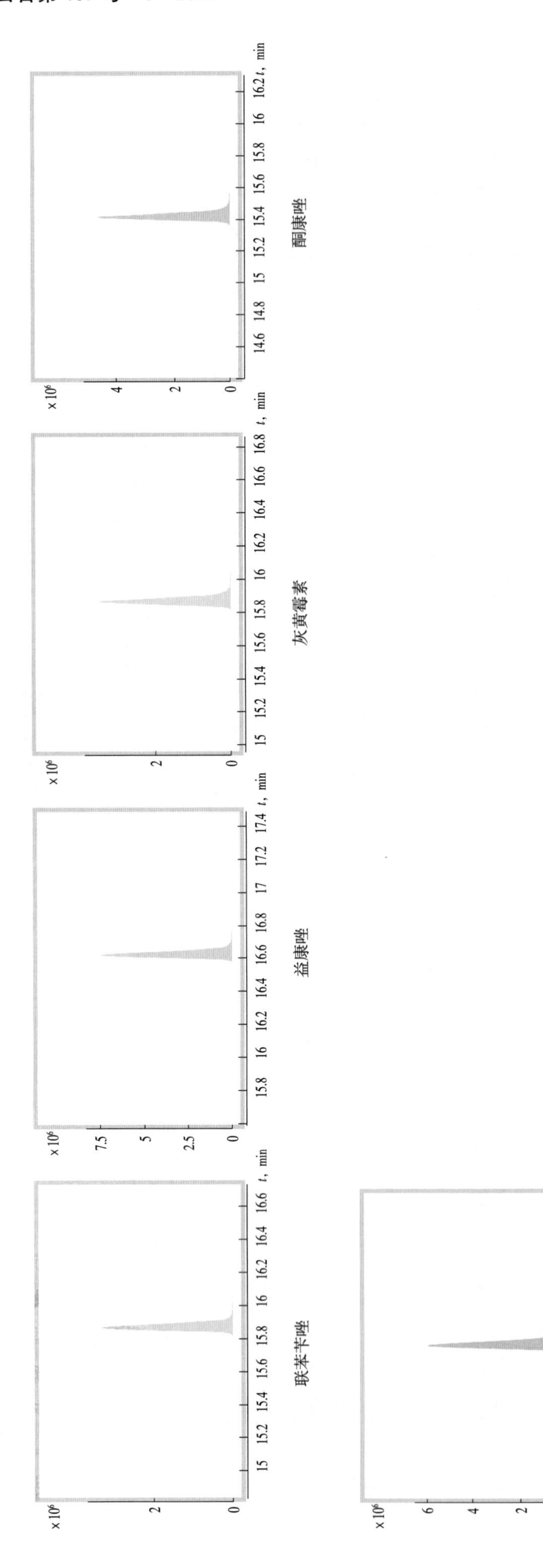

图C.14　N组兽药和其他化合物的总离子流色谱图

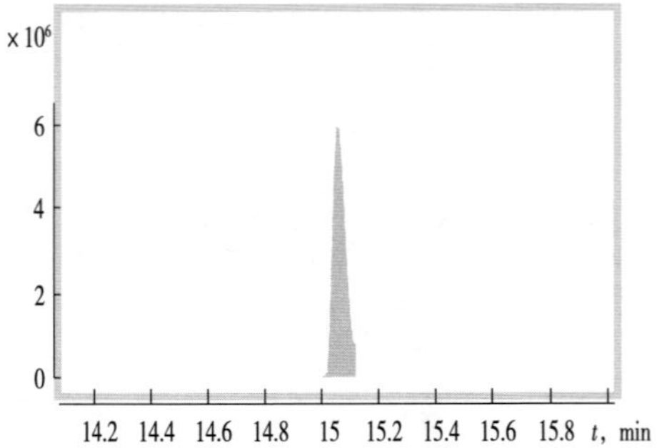

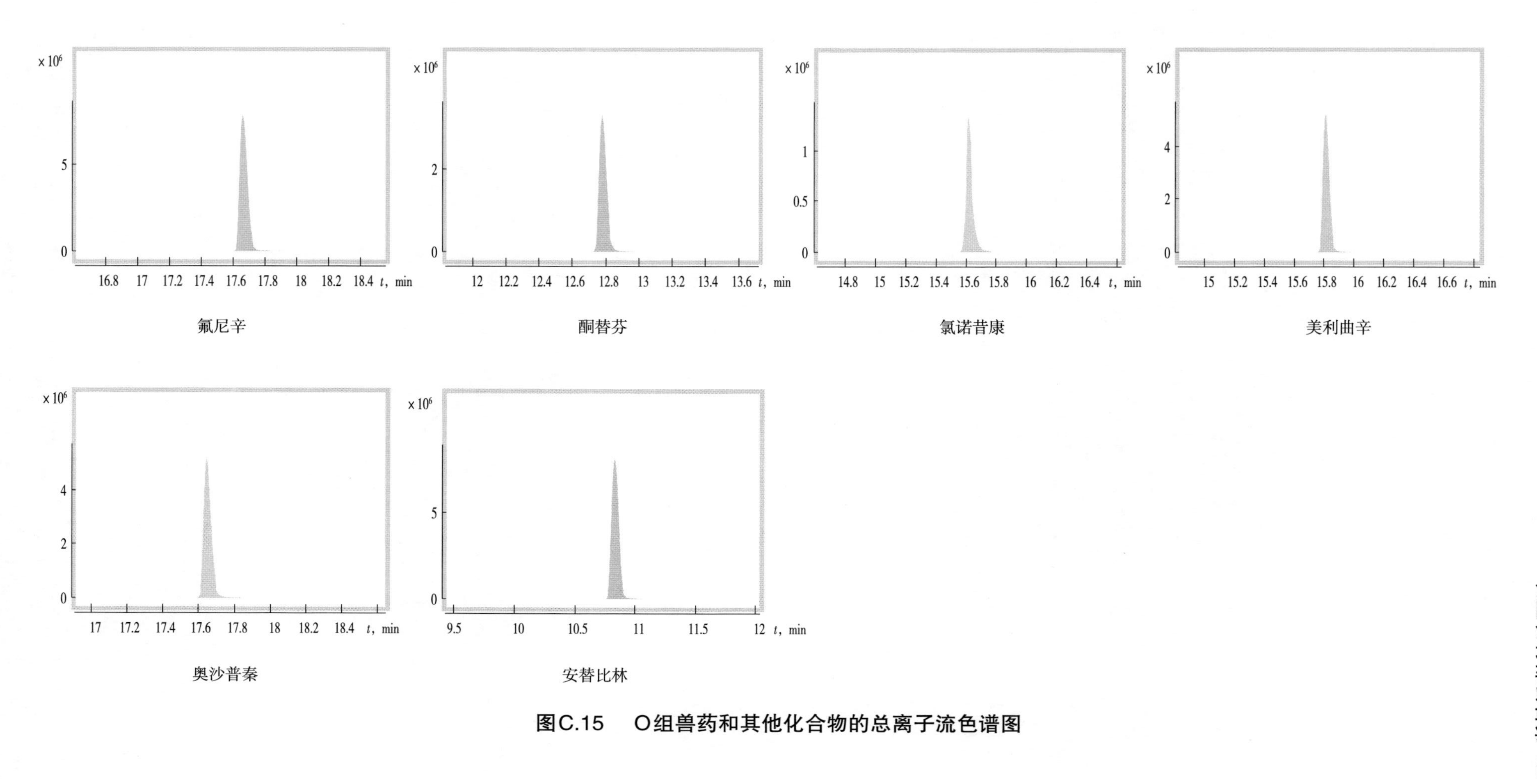

图C.15　O组兽药和其他化合物的总离子流色谱图

ICS 65.120
B 46

中华人民共和国国家标准

农业农村部公告第197号—10—2019

畜禽血液和尿液中160种兽药及其他化合物的测定 液相色谱-串联质谱法

Determination of 160 veterinary drugs and other compounds in blood and urine of livestock and poultry—Liquid chromatography-tandem mass spectrometry

2019-08-01 发布　　　　2020-01-01 实施

中华人民共和国农业农村部 发布

前　　言

本标准按照 GB/T 1.1—2009 给出的规则起草。

请注意本文件某些内容可能涉及专利。本文件发布机构不承担识别这些专利的责任。

本标准由农业农村部畜牧兽医局提出。

本标准由全国饲料工业标准化技术委员会(SAC/TC 76)归口。

本标准起草单位:中国农业科学院农业质量标准与检测技术研究所。

本标准主要起草人:杨曙明、赵燕、郄梦洁、王雪、陈爱亮、徐贞贞、邱静。

畜禽血液和尿液中 160 种兽药及其他化合物的测定 液相色谱-串联质谱法

1 范围

本标准规定了猪血、牛血、羊血和鸡血及猪尿、牛尿、羊尿中 160 种兽药及其他化合物的液相色谱-串联质谱测定方法。

本标准适用于猪血、牛血、羊血和鸡血及猪尿、牛尿、羊尿中 160 种兽药及其他化合物的测定。

本标准畜禽血液和尿液中 160 种兽药及其他化合物的测定方法检出限为 0.3 μg/L～2 μg/L，定量限为 1 μg/L～5 μg/L，每种兽药或其他化合物的检出限和定量限参见附录 A。

2 规范性引用文件

下列文件对于本文件的应用是必不可少的。凡是注日期的引用文件，仅注日期的版本适用于本文件。凡是不注日期的引用文件，其最新版本(包括所有的修改单)适用于本文件。

GB/T 6682 分析实验室用水规格和试验方法

NY/T 1897 动物及动物产品兽药残留监控抽样规范

3 原理

用乙腈在弱酸性条件下从畜禽血液和尿液中提取兽药及其他化合物，经 QuEChERS 方法净化，利用液相色谱-串联质谱进行检测，采用基质匹配法校准，外标法定量。

4 试剂或材料

除非另有说明，仅使用分析纯试剂。

4.1 水：GB/T 6682 规定的一级水。

4.2 甲醇：色谱纯。

4.3 乙腈：色谱纯。

4.4 甲酸：色谱纯。

4.5 QuEChERS 盐析包：每份含 4 g 硫酸钠及 1 g 氯化钠。

4.6 除脂分散净化剂 [QuEChERS dSPE EMR-Lipid(5982-1010)][1)]。

4.7 EDTA-McIlvaine 缓冲液：分别称取无水磷酸氢二钠 10.9 g，乙二胺四乙酸二钠($EDTA\text{-}Na_2$)3 g，柠檬酸 12.9 g，加水溶解并定容至 1 000 mL。

4.8 50%甲醇溶液：准确移取 10 mL 甲醇，用水定容至 20 mL。

4.9 2 mol/L 乙酸铵溶液：称取 15.42 g 乙酸铵，用水溶解并定容至 100 mL。

4.10 流动相 A：准确量取 2 mL 甲酸和 1 mL 2 mol/L 乙酸铵溶液(4.9)，用水定容至 1 000 mL。

4.11 流动相 B：准确量取 2 mL 甲酸，用甲醇定容至 1 000 mL。

4.12 兽药及其他化合物标准物质：参见附录 A。

4.13 各组混合标准储备溶液(100 μg/mL)：参照附录 A 的分类，分别精密称取一定量的兽药及其他化合物标准品于 100 mL 容量瓶中，用附录 A 中推荐溶剂，溶解并定容。其中，解热镇痛类(4 种)、咪唑与苯

---

1) QuEChERS dSPE EMR-Lipid(5982-1010)是安捷伦(Agilent)公司提供的商品名。给出这一信息是为了方便本标准的使用者，并不表示对该产品的认可。如果其他等效产品具有相同的效果，则可使用这些等效的产品。

并咪唑类-1(12 种)、中枢神经类(6 种)、咪唑与苯并咪唑类-2(18 种)、非甾抗炎类(9 种)、青霉素类(1 种)、精神类(5 种)、喹诺酮类(18 种)、甾体激素类(25 种)、兴奋剂类(3 种)、磺胺类(21 种)、β-受体激素类(13 种)混合标准储备液避光在－20℃以下保存,有效期为一年。抗真菌类(2 种)、抗组胺类(9 种)、大环内酯类抗生素(4 种)、聚醚类抗生素(1 种)、其他化合物类(9 种)混合标准储备液避光在－20℃以下保存,有效期为 2 个月。

4.14 全混合标准工作溶液(4 μg/mL):准确量取各组混合标准储备液(4.13)适量于 10 mL 容量瓶中,用 50%甲醇溶液(4.8)稀释并定容,该溶液在－20℃以下避光保存,有效期为5 d。

5 仪器设备

5.1 液相色谱-串联质谱:配有电喷雾离子源。

5.2 天平:感量 0.000 01 g 及感量 0.01 g。

5.3 涡旋混合仪。

5.4 离心机:转速不低于 9 500 r/min。

5.5 氮吹仪。

5.6 针筒式滤膜过滤器:孔径 0.22 μm,有机系。

6 样品

样品按照 NY/T 1897 的规定进行取样。以不含待测兽药及其他化合物样品为空白样品。所采集样品应在－20℃以下保存。试验前取适量恢复至室温的样品,混匀备用。

7 试验步骤

7.1 试样的处理与净化

平行做 2 份试验,准确移取试样 2 mL 置于 50 mL 离心管中,加入 3 mL EDTA-McIlvaine 缓冲液(4.7),涡旋混匀 1 min,准确加入 10 mL 乙腈,再涡旋混匀 1 min,加入 1 g QuEChERS 盐析包(4.5),涡旋混匀 1 min,静置 10 min 盐析分层,9 500 r/min 条件下离心 10 min,准确量取 8 mL 上层清液(相当于 1.6 mL 试样量)于 15 mL 离心管中,在 40℃水浴条件下氮吹至近干,准确加入乙腈 2 mL,涡旋混合,待净化用。

称取含 0.5 g 除脂分散净化剂(4.6)于净化管,加入 2 mL 水,混匀、活化后,将净化剂转移至待净化试样溶液中。涡旋混匀 1 min,在 9 500 r/min 条件下离心 5 min,取上清液过针筒式滤膜过滤器(5.6),供液相色谱-串联质谱分析测定。

7.2 基质匹配混合标准系列溶液

取若干份空白试样,按 7.1 步骤处理与净化。然后用该空白试样溶液和全混合标准工作溶液(4.14)配制成浓度为 1 ng/mL～100 ng/mL 基质匹配的混合标准系列溶液,供液相色谱-串联质谱分析测定。该系列溶液需临用现配。

7.3 参考液相色谱-串联质谱条件

7.3.1 液相色谱参考条件

色谱柱:C_{18}柱,长度 150 mm,内径 3.0 mm,粒径 1.8 μm,或性能相当者。

柱温:40℃。

进样量:2 μL。

流速:0.4 mL/min。

流动相 A:0.2%甲酸＋2 mmol/L 乙酸铵水溶液(4.10);流动相 B:0.2%甲酸的甲醇溶液(4.11),梯度洗脱程序见表 1。

表1 梯度洗脱程序

时间,min	流动相A,%	流动相B,%
0	95	5
0.5	95	5
3.0	85	15
10.0	60	40
18.0	0	100
22.0	0	100
22.1	95	5
24.0	95	5
26.0	95	5

7.3.2 质谱参考条件

离子源:电喷雾离子源(ESI)。

电离源极性:正模式。

监测模式:多反应监测模式。

干燥气温度:250℃。

干燥气流速:7 L/min。

雾化气压力:35 psi。

7.4 测定

7.4.1 定性

在上述规定的色谱质谱条件下,分别对基质匹配的混合标准系列溶液和试样溶液进行测定。160种兽药及其他化合物的毛细管电压及碰撞电压等相关信息参见附录B,其在多反应监测模式下的标准溶液(50 μg/L)色谱图参见附录C。

在相同实验条件下进行样品测定时,如果检出的色谱峰的保留时间与标准样品相一致,偏差在2.5%之内;并且在扣除背景后的样品质谱图中,所选择的离子均出现,而且所选择的离子丰度比与标准样品的离子丰度比相一致,偏差不超过表2规定的范围,则可判定为样品中存在该兽药或相关化合物。

表2 定性分析时相对离子丰度的最大允许相对偏差

单位为百分率

相对离子丰度	>50	20~50(含)	10~20(含)	≤10
允许的相对偏差	±20	±25	±30	±50

7.4.2 定量

本标准中液相色谱-串联质谱采用基质匹配标准曲线校准、外标法定量。160种兽药及其他化合物的基质匹配标准曲线的相关系数应大于或等于0.99。所测样品中兽药及其他化合物的响应值应均在该标准曲线的线性范围内。若超出该线性范围,则需减少试样量重新试验或将试样溶液和基质匹配标准溶液做相应稀释后重新测定。

8 试验数据处理

畜禽血液和尿液中兽药及其他化合物的含量以其在试样中的质量分数计,按式(1)计算。

$$w=\frac{\rho\times V_1\times V_3}{V\times V_2} \qquad \cdots\cdots(1)$$

式中:

w ——畜禽血液和尿液中兽药及其他化合物的含量,单位为纳克每毫升(ng/mL);

ρ ——由基质匹配标准曲线查得的试样中被测药物的浓度,单位为纳克每毫升(ng/mL);

V_1 ——提取时所加乙腈的体积,单位为毫升(mL);

V_3 ——上机前定容体积,单位为毫升(mL);

V ——试样体积,单位为毫升(mL);

V_2 ——氮吹前所取溶液的体积,单位为毫升(mL)。

测定结果用平行测定的算术平均值表示,保留 3 位有效数字。

9 精密度

在重复性条件下获得的 2 次独立测定结果与其平均值的绝对差值不大于该平均值的 25%。

附　录　A
(资料性附录)
160 种兽药及其他化合物的基本信息及检出限和定量限

160 种兽药及其他化合物的基本信息及检出限和定量限见表 A. 1。

表 A. 1　160 种兽药及其他化合物的基本信息及检出限和定量限

类别	编号	中文名称	英文名称	CAS 号	分子式	纯度 %	溶剂	兽药	其他化合物	代谢产物	原形	检出限 μg/L	定量限 μg/L
抗真菌类	1	氟康唑	Fluconazole	86386-73-4	$C_{13}H_{12}F_2N_6O$	99.8	乙腈	√			√	0.3	1
	2	灰黄霉素	Griseofulvin	126-07-8	$C_{17}H_{17}ClO_6$	99.5			√		√	0.3	1
抗组胺类	1	阿司咪唑	Astemizole	68844-77-9	$C_{28}H_{31}FN_4O$	98.0	甲醇		√		√	0.3	1
	2	溴苯那敏	Brompheniramine	86-22-6	$C_{16}H_{19}BrN_2$	98.0			√		√	0.3	1
	3	西替利嗪	Cetirizine	83881-52-1	$C_{21}H_{25}ClN_2O_3$	98.0					√	0.3	1
	4	氯苯那敏	Chlorpheniramine	132-22-9	$C_{12}H_5N_7O_{12}$	99.9		√			√	0.3	1
	5	赛庚啶	Cyproheptadine	969-33-5	$C_{21}H_{22}ClN$	99.7			√		√	0.3	1
	6	氟奋乃静	Fluphenazine	69-23-8	$C_{22}H_{26}F_3N_3OS$	98.0			√		√	0.3	1
	7	羟嗪	Hydroxyzine	68-88-2	$C_{21}H_{27}ClN_2O_2$	99.3			√		√	0.3	1
	8	氯雷他定	Loratadine	79794-75-5	$C_{22}H_{23}ClN_2O_2$	98.0			√		√	0.3	1
	9	特非那定	Terfenadine	50679-08-8	$C_{32}H_{41}NO_2$	98.0			√		√	0.3	1
解热镇痛类	1	安替比林	Antipyrine	60-80-0	$C_{11}H_{12}N_2O$	98.0	甲醇	√			√	0.3	1
	2	萘普生	Naproxen	22204-53-1	$C_{14}H_{14}O_3$	99.5		√			√	0.3	1
	3	对乙酰氨基酚	Paracetamol	103-90-2	$C_8H_9NO_2$	98.0		√			√	0.3	1
	4	非那西汀	Phenacetin	62-44-2	$C_{10}H_{13}NO_2$	99.9			√		√	0.3	1
咪唑与苯并咪唑类-1	1	2-甲基-4-硝基咪唑	2-Methyl-4(5)-nitroimidazole	696-23-1	$C_4H_5N_3O_2$	99.0	甲醇(+1%二甲亚砜)		√		√	0.3	1
	2	2-甲硝咪唑	2-Methyl-5-nitroimidazole	551-92-8	$C_5H_7N_3O_2$	99.0		√			√	0.3	1
	3	5-羟基噻苯咪唑	5-Hydroxy-Thiabendazole	948-71-0	$C_{10}H_7N_3OS$	99.9		√		√		0.3	1
	4	羟基甲硝唑	Hydroxy metronidazole	4812-40-2	$C_6H_9N_3O_4$	98.0			√	√		0.3	1
	5	左旋咪唑	Levamisole	16595-80-5	$C_{11}H_{13}ClN_2S$	99.9		√			√	0.3	1
	6	甲硝唑	Metronidazole	443-48-1	$C_6H_9N_3O_3$	98.6		√			√	0.3	1
	7	奥芬达唑	Oxfendazole	53716-50-0	$C_{15}H_{13}N_3O_3S$	99.0		√			√	0.3	1
	8	氧苯达唑	Oxibendazole	20559-55-1	$C_{12}H_{15}N_3O_3$	99.0		√			√	0.3	1
	9	洛硝达唑	Ronidazole	7681-76-7	$C_6H_8N_4O_4$	97.0		√			√	0.3	1
	10	塞克硝唑	Secnidazole	3366-95-8	$C_7H_{11}N_3O_3$	97.0			√		√	0.3	1
	11	替硝唑	Tinidazole	19387-91-8	$C_8H_{13}N_3O_4S$	99.7			√		√	0.3	1
	12	三氯苯达唑	Triclabendazole	68786-66-3	$C_{14}H_9Cl_3N_2OS$	98.8		√			√	0.3	1

表 A.1(续)

类别	编号	中文名称	英文名称	CAS 号	分子式	纯度 %	溶剂	兽药	其他 化合物	代谢 产物	原形	检出限 μg/L	定量限 μg/L
中枢神经类	1	苯佐卡因	Benzocaine	94-09-7	$C_9H_{11}NO_2$	99.5	甲醇		√		√	0.3	1
	2	氯普鲁卡因	Chloroprocaine	133-16-4	$C_{13}H_{19}ClN_2O_2$	98.0			√		√	0.3	1
	3	辛可卡因	Cinchocaine	85-79-0	$C_{20}H_{29}N_3O_2$	96.0			√		√	0.3	1
	4	利多卡因	Lidocaine	137-58-6	$C_{14}H_{22}N_2O$	99.8		√			√	0.3	1
	5	普鲁卡因	Procaine	59-46-1	$C_{13}H_{20}N_2O_2$	98.0		√			√	0.3	1
	6	丁卡因	Tetracaine	94-24-6	$C_{15}H_{24}N_2O_2$	99.5		√			√	0.3	1
咪唑与苯并咪唑类-2	1	羟甲基甲硝咪唑	1-Methyl-5-nitro-1H-imidazole-2-methanol	936-05-0	$C_5H_7N_3O_3$	99.0	甲醇 (+1%二甲亚砜)		√	√		0.3	1
	2	2-氨基氟苯咪唑	2-Aminoflubendazole	82050-13-3	$C_{14}H_{10}FN_3O$	99.9			√	√		0.3	1
	3	氯甲硝咪唑	5-Chloro-1-methyl-4-nitroimidazole	4897-25-0	$C_4H_4ClN_3O_2$	98.0			√		√	0.3	1
	4	5-羟基甲苯咪唑	5-Hydroxymebendazole	60254-95-7	$C_{16}H_{15}N_3O_3$	98.0		√		√		0.3	1
	5	5-硝基苯并咪唑	5-Nitrobenzimidazole	94-52-0	$C_7H_5N_3O_2$	99.9			√		√	0.3	1
	6	阿苯达唑	Albendazole	54965-21-8	$C_{12}H_{15}N_3O_2S$	98.0		√			√	0.3	1
	7	阿苯达唑-2-氨基砜	Albendazole-2-aminosulfone	80983-34-2	$C_{10}H_{13}N_3O_2S$	99.0		√		√		0.3	1
	8	阿苯达唑砜	Albendazole-sulfone	75184-71-3	$C_{12}H_{15}N_3O_4S$	98.3			√	√		0.3	1
	9	阿苯达唑亚砜	Albendazole-sulfoxide	54029-12-8	$C_{12}H_{15}N_3O_3S$	98.6			√	√		0.3	1
	10	苯并咪唑	Benzimidazole	51-17-2	$C_7H_6N_2$	99.3			√		√	0.3	1
	11	坎苯达唑	Cambendazole	26097-80-3	$C_{14}H_{14}N_4O_2S$	98.5			√		√	0.3	1
	12	地美硝唑	Dimetridazole	551-92-8	$C_5H_7N_3O_2$	99.0		√			√	0.3	1
	13	芬苯达唑砜	Fenbendazole Sulfone	54029-20-8	$C_{15}H_{13}N_3O_4S$	99.2		√		√		0.3	1
	14	氟苯达唑	Flubendazole	31430-15-6	$C_{16}H_{12}FN_3O_3$	99.3		√			√	0.3	1
	15	羟基异丙硝唑	Hydroxy Lpronidazole	35175-14-5	$C_7H_{11}N_3O_3$	99.6			√	√		0.3	1
	16	异丙硝唑	Ipronidazole	14885-29-1	$C_7H_{11}N_3O_2$	99.0			√		√	0.3	1
	17	甲苯咪唑	Mebendazole	31431-39-7	$C_{16}H_{13}N_3O_3$	98.0		√			√	0.3	1
	18	噻苯达唑	Thiabendazole	148-79-8	$C_{10}H_7N_3S$	98.0		√			√	0.3	1
大环内酯类抗生素	1	柱晶白霉素	Sineptina	1392-21-8	$C_{40}H_{67}NO_{14}$	92.0	乙酸乙酯		√		√	0.3	1
	2	螺旋霉素	Spiramycin	8025-81-8	$C_{43}H_{74}N_2O_{14}$	97.0		√			√	0.3	1
	3	替米考星	Tilmicosin	108050-54-0	$C_{46}H_{80}N_2O_{13}$	95.0		√			√	0.3	1
	4	维吉尼霉素 M1	Virginiamycin M1	21411-53-0	$C_{28}H_{35}N_3O_7$	95.0		√		√		0.3	1

表 A.1（续）

类别	编号	中文名称	英文名称	CAS 号	分子式	纯度 %	溶剂	兽药	其他 化合物	代谢 产物	原形	检出限 μg/L	定量限 μg/L
非甾抗炎类	1	双氯芬酸	Diclofenac Acid	15307-86-5	$C_{14}H_{9}Cl_{2}NO$	99.0	甲醇/水(9∶1)		√		√	0.3	1
	2	氟尼辛葡甲胺	Flunixin Meglumine	42461-84-7	$C_{21}H_{28}F_{3}N_{3}O_{7}$	99.0		√			√	0.3	1
	3	酮洛芬	Ketoprofen	22071-15-4	$C_{16}H_{14}O_{3}$	99.9			√		√	0.3	1
	4	酮替芬	Ketotifen Fumarate	34580-14-8	$C_{23}H_{23}NO_{5}S$	98.0			√		√	0.3	1
	5	氯诺昔康	Lornoxicam	70374-39-9	$C_{13}H_{10}ClN_{3}O_{4}S_{2}$	98.0			√		√	0.3	1
	6	美利曲辛	Melitracen	5118-29-6	$C_{21}H_{26}ClN$	97.0			√		√	0.3	1
	7	萘丁美酮	Nabumetone	42924-53-8	$C_{15}H_{16}O_{2}$	99.9					√	0.5	1
	8	奥沙普秦	Oxaprozin	21256-18-8	$C_{18}H_{15}NO_{3}$	98.9			√		√	0.3	1
	9	托芬那酸	Tolfenamic Acid	13710-19-5	$C_{14}H_{12}ClNO_{2}$	99.9			√		√	0.3	1
其他化合物	1	氮哌醇	Azaperol	2804-05-9	$C_{19}H_{24}FN_{3}O$	98.9	甲醇 (+1%二甲亚砜)	√		√		0.3	1
	2	氮哌酮	Azaperone	1649-18-9	$C_{19}H_{22}FN_{3}O$	99.9		√			√	0.3	1
	3	咔唑心安	Carazolol	57775-29-8	$C_{18}H_{22}N_{2}O_{2}$	98.0		√			√	0.3	1
	4	卡巴氧	Carbadox	6804-07-5	$C_{11}H_{10}N_{4}O_{4}$	98.6		√			√	0.3	1
	5	氯羟吡啶	Clopidol	2971-90-6	$C_{7}H_{7}Cl_{2}NO$	98.7		√			√	0.3	1
	6	氨苯砜	Dapsone	80-08-0	$C_{12}H_{12}N_{2}O_{2}S$	98.0			√		√	0.3	1
	7	脱氧卡巴氧	Desoxycarbadox	55456-55-8	$C_{11}H_{10}N_{4}O_{2}$	94.6			√	√		0.3	1
	8	氟哌啶醇	Haloperidol	52-86-8	$C_{21}H_{23}ClFNO_{2}$	98.6			√		√	0.3	1
	9	塞拉嗪	Xylazine	7361-61-7	$C_{12}H_{16}N_{2}S$	99.8		√			√	0.3	1
青霉素类	1	双氯青霉素	Dicloxacillin	3116-76-5	$C_{19}H_{17}Cl_{2}N_{3}O_{5}S$	98.3	乙腈/水(1∶3)		√		√	0.3	1
聚醚类抗生素	1	莫能菌素	Monensin	17090-79-8	$C_{36}H_{61}NaO_{11}$	98.3	甲醇	√			√	0.3	1
精神类	1	卡马西平	Carbamazepine	298-46-4	$C_{15}H_{12}N_{2}O$	98.0	甲醇		√		√	0.3	1
	2	多塞平	Doxepin	1668-19-5	$C_{19}H_{21}NO$	98.0			√		√	0.3	1
	3	丙咪嗪	Imipramine	50-49-7	$C_{19}H_{25}ClN_{2}$	98.0			√		√	0.3	1
	4	舒必利	Sulpiride	15676-16-1	$C_{15}H_{23}N_{3}O_{4}S$	98.0			√		√	0.3	1
	5	唑吡坦	Zolpidem	82626-48-0	$C_{19}H_{21}N_{3}O$	98.0		√			√	0.3	1
喹诺酮类	1	西诺沙星	Cinoxacin	28657-80-9	$C_{12}H_{10}N_{2}O_{5}$	99.5	甲醇 (+1%$H_{2}O$ +1%乙腈)		√		√	0.3	1
	2	二氟沙星	Difloxacin	98106-17-3	$C_{21}H_{19}F_{2}N_{3}O_{3}$	99.0		√			√	0.3	1
	3	恩诺沙星	Enrofloxacin	93106-60-6	$C_{19}H_{22}FN_{3}O_{3}$	98.0		√			√	0.3	1
	4	氟罗沙星	Fleroxacin	79660-72-3	$C_{17}H_{18}F_{3}N_{3}O_{3}$	98.0			√		√	0.3	1
	5	氟甲喹	Flumequine	42835-25-6	$C_{14}H_{12}FNO_{3}$	98.0		√			√	0.3	1
	6	加替沙星	Gatifloxacin	112811-59-3	$C_{19}H_{22}FN_{3}O_{4}$	98.0			√		√	0.3	1
	7	吉米沙星	Gemifioxacin	175463-14-6	$C_{18}H_{20}FN_{5}O_{4}$	98.0		√			√	0.3	1

表 A.1（续）

类别	编号	中文名称	英文名称	CAS 号	分子式	纯度 %	溶剂	兽药	其他化合物	代谢产物	原形	检出限 μg/L	定量限 μg/L
喹诺酮类	8	洛美沙星	Lomefloxacin	98079-51-7	$C_{17}H_{19}F_2N_3O_3$	98.0	甲醇（+1%H_2O +1%乙腈）		√		√	0.3	1
	9	麻保沙星	Marbofloxacin	115550-35-1	$C_{17}H_{19}FN_4O_4$	97.0			√		√	0.3	1
	10	莫西沙星	Moxifloxacin	151096-09-2	$C_{21}H_{24}FN_3O_4$	98.0			√		√	0.3	1
	11	那氟沙星	Nadifloxacin	124858-35-1	$C_{19}H_{21}FN_2O_4$	99.0			√		√	0.3	1
	12	萘啶酸	Nalidixic Acid	389-08-2	$C_{12}H_{12}N_2O_3$	99.0		√			√	0.3	1
	13	氧氟沙星	Ofloxacin	82419-36-1	$C_{18}H_{20}FN_3O_4$	98.0			√		√	0.3	1
	14	奥比沙星	Orbifloxacin	113617-63-3	$C_{19}H_{20}F_3N_3O_3$	99.0			√		√	0.3	1
	15	恶喹酸	Oxolinic Acid	14698-29-4	$C_{13}H_{11}NO_5$	98.5		√			√	0.3	1
	16	沙拉沙星	Sarafloxacin	98105-99-8	$C_{20}H_{17}F_2N_3O_3$	98.0		√			√	0.3	1
	17	司帕沙星	Sparfloxacin	110871-86-8	$C_{19}H_{22}F_2N_4O_3$	98.0			√		√	0.3	1
	18	托氟沙星	Tosufloxacin	108138-46-1	$C_{19}H_{15}F_3N_4O_3$	97.2			√		√	0.3	1
甾体激素类	1	安西奈德	Amcinonide	51022-69-6	$C_{28}H_{35}FO_7$	98.0	乙腈		√		√	0.3	1
	2	倍氯米松双丙酸酯	Beclomethasone Dipropionate	5534-09-8	$C_{28}H_{37}ClO_7$	98.0			√		√	0.3	1
	3	倍他米松戊酸酯	Betamethasone 17-valerate	2152-44-5	$C_{27}H_{37}FO_6$	99.0			√		√	0.3	1
	4	倍他米松双丙酸酯	Betamethasone 17,21-dipropionate	5593-20-4	$C_{28}H_{37}FO_7$	98.0			√		√	0.3	1
	5	布地奈德	Budesonide	51333-22-3	$C_{25}H_{34}O_6$	99.9			√		√	0.3	1
	6	绿地孕酮	Chlormadinon	1961-77-9	$C_{21}H_{27}ClO_3$	98.0			√		√	0.3	1
	7	氯倍他索丙酸酯	Clobetasol 17-propionate	25122-46-7	$C_{25}H_{32}ClFO_5$	99.0			√		√	0.3	1
	8	氯倍他松丁酸酯	Clobetasone 17-butyrate	25122-57-0	$C_{26}H_{32}ClFO_5$	98.0			√		√	0.3	1
	9	可的松	Cortisone	53-06-5	$C_{21}H_{28}O_5$	99.5		√			√	2	5
	10	地夫可特	Deflazacort	14484-47-0	$C_{25}H_{31}NO_6$	99.5			√		√	0.3	1
	11	二氟拉松双醋酸酯	Diflorasone Diacetate	33564-31-7	$C_{26}H_{32}F_2O_7$	98.0			√		√	0.3	1
	12	表睾酮	Epitestosterone	481-30-1	$C_{19}H_{28}O_2$	98.0			√	√		0.3	1
	13	氟米龙	Fluorometholone	426-13-1	$C_{22}H_{29}O_4F$	98.0			√		√	0.3	1
	14	氟替卡松丙酸酯	Fluticasone Propionate	80474-14-2	$C_{25}H_{31}F_3O_5S$	99.0			√		√	0.3	1
	15	甲地孕酮	Megestrol	3562-63-8	$C_{22}H_{30}O_3$	99.9			√		√	0.3	1

表 A.1（续）

类别	编号	中文名称	英文名称	CAS 号	分子式	纯度 %	溶剂	兽药	其他化合物	代谢产物	原形	检出限 μg/L	定量限 μg/L
甾体激素类	16	美伦孕酮	Melengestrol	5633-18-1	$C_{23}H_{30}O_3$	98.4	乙腈		√		√	0.3	1
	17	甲基泼尼松龙	Methylprednisolone	83-43-2	$C_{22}H_{30}O_5$	98.9			√		√	2	5
	18	醋酸甲基泼尼松龙	Methylprednisolone 21-acetate	53-36-1	$C_{24}H_{32}O_6$	98.0			√		√	0.3	1
	19	莫米他松糠酸酯	Mometasone Furoate	83919-23-7	$C_{32}H_{32}Cl_2O_8$	99.6			√		√	0.3	1
	20	诺龙	Nandrolone	434-22-0	$C_{18}H_{26}O_2$	98.1			√		√	0.3	1
	21	泼尼松龙	Prednisolone	50-24-8	$C_{21}H_{28}O_5$	98.0			√		√	2	5
	22	泼尼松	Prednisone	53-03-2	$C_{21}H_{26}O_5$	98.0			√		√	0.3	1
	23	睾酮	Testosterone	58-22-0	$C_{19}H_{28}O_2$	98.0		√			√	0.3	1
	24	曲安西龙	Triamcinolone	124-94-7	$C_{21}H_{27}FO_6$	99.9			√		√	0.3	1
	25	曲安西龙丙酮	Triamcinolone Acetonide	76-25-5	$C_{24}H_{31}FO_6$	98.0			√		√	0.3	1
兴奋剂类	1	咖啡因	Caffeine	58-08-2	$C_8H_{10}N_4O_2$	99.0	甲醇	√			√	0.3	1
	2	可待因	Codeine	76-57-3	$C_{18}H_{21}NO_3$	99.2			√		√	0.3	1
	3	1,7-二甲基黄嘌呤	Paraxanthine	611-59-6	$C_7H_8N_4O_2$	98.0			√	√		0.3	1
磺胺类	1	苯甲酰磺胺	Sulfabenzamide	127-71-9	$C_{13}H_{12}N_2O_3S$	99.9	甲醇	√			√	0.3	1
	2	磺胺醋酰	Sulfacetamide	144-80-9	$C_8H_{10}N_2O_3S$	98.0		√			√	0.3	1
	3	磺胺氯哒嗪	Sulfachloropyridazine	80-32-0	$C_{10}H_9ClN_4O_2S$	99.9		√			√	0.3	1
	4	磺胺嘧啶	Sulfadiazine	68-35-9	$C_{10}H_{10}N_4O_2S$	99.0		√			√	0.3	1
	5	磺胺二甲氧哒嗪	Sulfadimethoxine	122-11-2	$C_{12}H_{14}N_4O_4S$	99.0		√		√		0.3	1
	6	磺胺二甲嘧啶	Sulfadimidine	57-68-1	$C_{12}H_{14}N_4O_2S$	99.0		√			√	0.3	1
	7	磺胺邻二甲氧嘧啶	Sulfadoxine	2447-57-6	$C_{12}H_{14}N_4O_4S$	98.0		√			√	0.3	1
	8	磺胺甲基嘧啶	Sulfamerazine	127-79-7	$C_{11}H_{12}N_4O_2S$	99.0		√			√	0.3	1
	9	磺胺甲噻二唑	Sulfamethizole	144-82-1	$C_9H_{10}N_4O_2S_2$	98.0		√			√	0.3	1
	10	磺胺甲恶唑	Sulfamethoxazole	723-46-6	$C_{10}H_{11}N_3O_3S$	98.0		√			√	0.3	1
	11	磺胺对甲氧嘧啶	Sulfamethoxydiazine	651-06-9	$C_{11}H_{12}N_4O_3S$	99.0		√			√	0.3	1
	12	磺胺甲氧达嗪	Sulfamethoxypyridazine	80-35-3	$C_{11}H_{12}N_4O_3S$	98.0		√			√	0.3	1
	13	磺胺间甲氧嘧啶	Sulfamonomethoxine	1220-83-3	$C_{11}H_{14}N_4O_4S$	95.7		√			√	0.3	1

表 A.1（续）

类别	编号	中文名称	英文名称	CAS 号	分子式	纯度 %	溶剂	兽药	其他 化合物	代谢 产物	原形	检出限 μg/L	定量限 μg/L
磺胺类	14	磺胺二甲唑	Sulfamoxol	729-99-7	$C_{11}H_{13}N_3O_3S$	98.0	甲醇	√			√	0.3	1
	15	磺胺苯吡唑	Sulfaphenazole	526-08-9	$C_{15}H_{14}N_4O_2S$	99.0		√			√	0.3	1
	16	磺胺吡唑	Sulfapyrazole	852-19-7	$C_{16}H_{16}N_4O_2S$	98.0		√			√	0.3	1
	17	磺胺吡啶	Sulfapyridine	144-83-2	$C_{11}H_{11}N_3O_2S$	98.0		√			√	0.3	1
	18	磺胺喹恶啉	Sulfaquinoxaline	59-40-5	$C_{14}H_{12}N_4O_2S$	98.0		√			√	0.3	1
	19	磺胺噻唑	Sulfathiazole	72-14-0	$C_9H_9N_3O_2S_2$	99.9		√			√	0.3	1
	20	磺胺索嘧啶	Sulfisomidine	515-64-0	$C_{12}H_{14}N_4O_2S$	99.8		√			√	0.3	1
	21	甲氧苄啶	Trimethoprim	738-70-5	$C_{14}H_{18}N_4O_3$	99.5		√			√	0.3	1
β-受体激素类	1	溴氯布特罗	Bromchlorbuterol	78982-84-0	$C_{12}H_{19}BrCl_2N_2O$	97.0	甲醇	√			√	0.3	1
	2	克伦特罗	Clenbuterol	37148-27-9	$C_{12}H_{18}Cl_2N_2O$	99.0		√			√	0.3	1
	3	羟甲基克仑特罗	Clenbuterolhydroxymethyl	38339-18-3	$C_{12}H_{18}Cl_2N_2O_2$	98.4		√			√	0.3	1
	4	克仑塞罗	Clencyclohexerol	157877-79-7	$C_{14}H_{20}Cl_2N_2O_2$	99.8		√			√	0.3	1
	5	Clenhexerol （暂无中文名）	Clenhexerol	38339-23-0	$C_{14}H_{23}Cl_3N_2O$	99.5		√			√	0.3	1
	6	异克伦潘特	Clenisopenterol	157664-68-1	$C_{13}H_{21}Cl_3N_2O$	98.0		√			√	0.3	1
	7	克伦潘特	Clenpenterol	38339-21-8	$C_{13}H_{21}Cl_3N_2O$	98.0		√			√	0.3	1
	8	克伦普罗	Clenproperol	38339-11-6	$C_{11}H_{16}Cl_2N_2O$	98.4		√			√	0.3	1
	9	苯氧丙酚胺	Isoxsuprine	579-56-6	$C_{18}H_{24}ClNO_3$	98.0		√			√	0.3	1
	10	拉贝特罗	Labetalol	36894-69-6	$C_{19}H_{24}N_2O_3$	98.0		√			√	0.3	1
	11	苯乙醇胺 A	Phenylethanolamine A	1346746-81-3	$C_{19}H_{24}N_2O_4$	99.7		√			√	0.3	1
	12	利托菌	Ritodrine	26652-09-5	$C_{17}H_{21}NO_3$	98.0		√			√	0.3	1
	13	索他洛尔	Sotalol	3930-20-9	$C_{12}H_{20}N_2O_3S$	98.0		√			√	0.3	1

附　录　B
（资料性附录）
160 种兽药及其他化合物的毛细管电压及碰撞电压等相关信息

160 种兽药及其他化合物的毛细管电压及碰撞电压等相关信息见表 B. 1。

表 B. 1　160 种兽药及其他化合物的毛细管电压及碰撞电压等相关信息

类别	编号	中文名称	英文名称	保留时间 min	母离子 m/z	子离子 m/z	定量离子 m/z	定性离子 m/z	毛细管电压 V	碰撞电压 V
抗真菌类	1	氟康唑	Fluconazole	12. 12	307. 1	238	220	238	120	10
						220			120	20
	2	灰黄霉素	Griseofulvin	15. 84	353. 1	215	165. 1	215	150	20
						165. 1			150	20
抗组胺类	1	阿司咪唑	Astemizole	12. 77	459. 3	218. 2	135. 1	218. 2	150	20
						135. 1			150	40
	2	溴苯那敏	Brompheniramine	13. 24	319. 1	274	274	167. 1	150	20
						167. 1			150	40
	3	西替利嗪	Cetirizine	15. 87	389. 2	201	201	166. 1	150	20
						166. 1			150	40
	4	氯苯那敏	Chlorpheniramine	12. 69	275. 1	230. 1	230. 1	167. 1	150	20
						167. 1			150	40
	5	赛庚啶	Cyproheptadine	15. 11	288. 3	191	96	191	160	28
						96			160	24
	6	氟奋乃静	Fluphenazine	16. 42	438. 1	171. 1	171. 1	143	120	26
						143			120	30
	7	羟嗪	Hydroxyzine	15. 34	375. 2	201	201	166. 1	150	20
						166. 1			150	40
	8	氯雷他定	Loratadine	17. 5	383. 2	337. 1	337. 1	267. 1	150	20
						267. 1			150	40
	9	特非那定	Terfenadine	16. 5	472. 3	454. 3	454. 3	436. 3	150	20
						436. 3			150	20

表 B.1（续）

类别	编号	中文名称	英文名称	保留时间 min	母离子 m/z	子离子 m/z	定量离子 m/z	定性离子 m/z	毛细管电压 V	碰撞电压 V
解热镇痛类	1	安替比林	Antipyrine	10.79	189	147	77	147	90	20
						77			90	30
	2	萘普生	Naproxen	16.81	231	185	141	185	120	10
						141			120	40
	3	对乙酰氨基酚	Paracetamol	6.06	152.1	110	110	65	110	13
						65			110	32
	4	非那西汀	Phenacetin	13.56	180	138	110	138	110	11
						110			110	19
咪唑与苯并咪唑类-1	1	2-甲基-4-硝基咪唑	2-Methyl-4(5)-nitroimidazole	8.35	128.11	82	82	42	90	16
						42			90	36
	2	2-甲硝咪唑	2-Methyl-5-nitroimidazole	4.83	128.1	82	82	42	90	16
						42			90	36
	3	5-羟基噻苯咪唑	5-Hydroxy-Thiabendazole	13.93	218	176	176	148	160	17
						148			160	25
	4	羟基甲硝唑	Hydroxy metronidazole	4.64	188.1	123	123	126	90	10
						126			90	18
	5	左旋咪唑	Levamisole	6.83	205	178	178	91	100	20
						91			100	30
	6	甲硝唑	Metronidazole	5.8	172.1	128	128	82	90	12
						82			90	26
	7	奥芬达唑	Oxfendazole	14.09	316.1	191	159	191	150	17
						159			150	35
	8	氧苯达唑	Oxibendazole	13.92	250.1	218.1	176	218.1	130	14
						176			130	27
	9	洛硝达唑	Ronidazole	6.21	201.1	140	140	55	90	4
						55			90	18
	10	塞克硝唑	Secnidazole	8.33	186.1	128.1	128.1	59	90	15
						59			90	20
	11	替硝唑	Tinidazole	7.74	248	121	121	93	100	15
						93			100	20
	12	三氯苯达唑	Triclabendazole	18.57	359	343.9	274	343.9	176	24
						274			176	40

表 B.1（续）

类别	编号	中文名称	英文名称	保留时间 min	母离子 m/z	子离子 m/z	定量离子 m/z	定性离子 m/z	毛细管电压 V	碰撞电压 V
中枢神经类	1	苯佐卡因	Benzocaine	13.66	166.1	138.1	120	138.1	150	10
						120			150	20
	2	氯普鲁卡因	Chloroprocaine	7.39	271.1	154	100	154	110	25
						100			110	15
	3	辛可卡因	Cinchocaine	15.51	344.2	271.1	215.1	271.1	150	20
						215.1			150	40
	4	利多卡因	Lidocaine	9.25	235.2	86.1	58.2	86.1	118	16
						58.2			118	36
	5	普鲁卡因	Procaine	5.65	237.2	120	100.1	120	150	20
						100.1			150	20
	6	丁卡因	Tetracaine	13.7	265.2	176.1	72.1	176.1	150	20
						72.1			150	20
咪唑与苯并咪唑类-2	1	羟甲基甲硝咪唑	1-Methyl-5-nitro-1H-imidazole-2-methanol	5.51	158.1	140	140	55	90	10
						55			90	18
	2	2-氨基氟苯咪唑	2-Aminoflubendazole	13.11	256.1	123	95	123	110	40
						95			110	40
	3	氯甲硝咪唑	5-Chloro-1-methyl-4-nitroimidazole	7.84	162.1	145	116	145	90	16
						116			90	18
	4	5-羟基甲苯咪唑	5-Hydroxymebendazole	12.98	298.15	266.1	266.1	160	140	19
						160			140	36
	5	5-硝基苯并咪唑	5-Nitrobenzimidazole	8.1	164.1	118	118	91	90	22
						91			90	40
	6	阿苯达唑	Albendazole	15.62	266.1	234.1	234.1	191	130	16
						191			130	34
	7	阿苯达唑-2-氨基砜	Albendazole-2-aminosulfone	7.6	240.1	198.1	133	198.1	150	16
						133			150	30
	8	阿苯达唑砜	Albendazole-sulfone	13.25	298.1	266.1	266.1	159	160	16
						159			160	39
	9	阿苯达唑亚砜	Albendazole-sulfoxide	12.48	282.1	240.1	240.1	208	130	7
						208			130	21
	10	苯并咪唑	Benzimidazole	4.43	119.1	92	65.1	92	90	30
						65.1			90	35

表 B.1（续）

类别	编号	中文名称	英文名称	保留时间 min	母离子 m/z	子离子 m/z	定量离子 m/z	定性离子 m/z	毛细管电压 V	碰撞电压 V
咪唑与苯并咪唑类-2	11	坎苯达唑	Cambendazole	13.93	303.1	261	217.1	261	120	16
						217.1			120	32
	12	地美硝唑	Dimetridazole	6.34	142.1	81	96	81	90	30
						96			90	14
	13	芬苯达唑砜	Fenbendazole Sulfone	14.46	332.1	300	300	159	160	19
						159			160	40
	14	氟苯达唑	Flubendazole	15.88	314.1	282.1	282.1	123	140	18
						123			140	37
	15	羟基异丙硝唑	Hydroxy Ipronidazole	10.55	186.1	168	168	122	90	10
						122			90	20
	16	异丙硝唑	Ipronidazole	12.04	170.1	124	124	109	90	16
						109			90	26
	17	甲苯咪唑	Mebendazole	15.49	296.1	264.1	264.1	105	140	18
						105			140	35
	18	噻苯达唑	Thiabendazole	9.15	202	175	175	131	150	25
						131			150	35
大环内酯类抗生素	1	柱晶白霉素	Sineptina	15.73	786.5	229.3	109	229.3	180	30
						109			180	45
	2	螺旋霉素	Spiramycin	12.56	843.5	174	174	101	200	42
						101			200	46
	3	替米考星	Tilmicosin	13.71	869.6	696.4	174	696.4	250	45
						174			250	50
	4	维吉尼霉素 M1	Virginiamycin M1	16.3	526.3	508.4	508.4	355	130	15
						355			130	20
非甾抗炎类	1	双氯芬酸	Diclofenac Acid	17.94	296	250	215	250	110	8
						215			110	16
	2	氟尼辛葡甲胺	Flunixin Meglumine	17.65	297.2	279	264	279	130	20
						264			130	30
	3	酮洛芬	Ketoprofen	16.51	255.2	209	105	209	150	7
						105			150	15

表 B.1（续）

类别	编号	中文名称	英文名称	保留时间 min	母离子 m/z	子离子 m/z	定量离子 m/z	定性离子 m/z	毛细管电压 V	碰撞电压 V
非甾抗炎类	4	酮替芬	Ketotifen Fumarate	12.76	310.1	96.1	82.1	96.1	130	20
						82.1			130	40
	5	氯诺昔康	Lornoxicam	15.61	372	121	95.1	121	140	20
						95.1			140	20
	6	美利曲辛	Melitracen	15.78	292.2	247.1	217.1	247.1	150	20
						217.1			150	40
	7	萘丁美酮	Nabumetone	17.22	229	171	128	171	120	15
						128			120	20
	8	奥沙普秦	Oxaprozin	17.66	294.1	276.1	103.1	276.1	150	20
						103.1			150	40
	9	托芬那酸	Tolfenamic Acid	18.97	262.1	244	180	244	100	10
						180			100	40
其他化合物	1	氮哌醇	Azaperol	8.52	330	149	121	149	115	25
						121			115	30
	2	氮哌酮	Azaperone	9.87	328	165	121	165	130	7
						121			130	21
	3	咔唑心安	Carazolol	12.45	299.2	222	116	222	110	15
						116			110	20
	4	卡巴氧	Carbadox	11.12	263	231	231	90	100	5
						90			100	30
	5	氯羟吡啶	Clopidol	8.44	192	101	101	87	90	30
						87			90	35
	6	氨苯砜	Dapsone	8.4	249.1	156	92	156	130	9
						92			130	23
	7	脱氧卡巴氧	Desoxycarbadox	14.51	231	199	199	143	90	10
						143			90	20
	8	氟哌啶醇	Haloperidol	14.45	376.1	165.1	123	165.1	150	20
						123			150	40
	9	塞拉嗪	Xylazine	10.34	221.1	164	90	164	150	24
						90			150	21

表 B.1（续）

类别	编号	中文名称	英文名称	保留时间 min	母离子 m/z	子离子 m/z	定量离子 m/z	定性离子 m/z	毛细管电压 V	碰撞电压 V
青霉素类	1	双氯青霉素	Dicloxacillin	16.47	470	310.9	160	310.9	100	8
						160			100	8
聚醚类抗生素	1	莫能菌素	Monensin	20.02	688.5	635.4	635.4	461.3	150	12
						461.3			150	23
精神类	1	卡马西平	Carbamazepine	15.49	237	194	194	179	110	15
						179			110	35
	2	多塞平	Doxepin	14.22	280.2	107.1	107.1	77.1	118	20
						77.1			118	60
	3	丙咪嗪	Imipramine	15.15	281.2	86.1	86.1	58.2	118	12
						58.2			118	44
	4	舒必利	Sulpiride	5.29	342.1	214	112.1	214	150	40
						112.1			150	20
	5	唑吡坦	Zolpidem	12.05	308.2	236.1	235.1	236.1	176	24
						235.1			176	36
喹诺酮类	1	西诺沙星	Cinoxacin	12.92	263	217	189	217	100	20
						189			100	30
	2	二氟沙星	Difloxacin	10.4	400	382.1	382.1	356.1	140	20
						356.1			140	20
	3	恩诺沙星	Enrofloxacin	9.86	360	342.1	342.1	316.2	120	20
						316.2			120	20
	4	氟罗沙星	Fleroxacin	8.53	370.1	326	326	269	130	15
						269			130	25
	5	氟甲喹	Flumequine	15.19	262	202	202	126	100	30
						126			100	50
	6	加替沙星	Gatifloxacin	11.24	376.2	261	261	245	130	40
						245			130	60
	7	吉米沙星	Gemifioxacin	13.05	390.1	372	313	372	135	15
						313			135	30
	8	洛美沙星	Lomefloxacin	10.16	352.1	308.1	265.1	308.1	130	10
						265.1			130	20
	9	麻保沙星	Marbofloxacin	8.32	363	345.1	345.1	320.1	120	20
						320.1			120	10

表 B.1（续）

类别	编号	中文名称	英文名称	保留时间 min	母离子 m/z	子离子 m/z	定量离子 m/z	定性离子 m/z	毛细管电压 V	碰撞电压 V
喹诺酮类	10	莫西沙星	Moxifloxacin	12.29	402.2	364.2	364.2	260.1	150	30
						260.1			150	40
	11	那氟沙星	Nadifloxacin	15.71	361.1	283	283	257	140	45
						257			140	45
	12	萘啶酸	Nalidixic Acid	14.92	233	215	215	187	100	10
						187			100	20
	13	氧氟沙星	Ofloxacin	8.99	362	318.1	318.1	261.1	130	15
						261.1			130	26
	14	奥比沙星	Orbifloxacin	10.4	396.1	352.1	352.1	295.1	130	15
						295.1			130	22
	15	恶喹酸	Oxolinic Acid	13.5	262.1	216	216	160	90	30
						160			90	40
	16	沙拉沙星	Sarafloxacin	10.79	386.1	368.1	368.1	342.1	130	20
						342.1			130	15
	17	司帕沙星	Sparfloxacin	11.92	393.1	349	349	292	130	20
						292			130	36
	18	托氟沙星	Tosufloxacin	12.64	405.1	314	314	263	130	40
						263			130	40
甾体激素类	1	安西奈德	Amcinonide	18.23	503.2	338.9	338.9	321	110	10
						321			110	14
	2	倍氯米松双丙酸酯	Beclomethasone Dipropionate	18.5	521.2	503	503	319	115	4
						319			115	10
	3	倍他米松戊酸酯	Betamethasone 17-valerate	18.08	477.3	354.9	278.8	354.9	110	4
						278.8			110	14
	4	倍他米松双丙酸酯	Betamethasone 17,21-dipropionate	18.28	505.2	318.9	278.9	318.9	110	10
						278.9			110	12
	5	布地奈德	Budesonide	17.65	431.2	413.1	413.1	146.9	110	6
						146.9			110	30
	6	绿地孕酮	Chlormadinon	18.01	405.2	345.2	309.2	345.2	108	8
						309.2			108	12
	7	氯倍他索丙酸酯	Clobetasol 17-propionate	17.84	467.2	372.9	372.9	354.9	110	6
						354.9			110	8

表 B.1（续）

类别	编号	中文名称	英文名称	保留时间 min	母离子 m/z	子离子 m/z	定量离子 m/z	定性离子 m/z	毛细管电压 V	碰撞电压 V
甾体激素类	8	氯倍他松丁酸酯	Clobetasone 17-butyrate	18.22	479.2	342.8	278.9	342.8	150	12
						278.9			150	14
	9	可的松	Cortisone	15.28	361.2	163.1	163.1	121	150	20
						121			150	30
	10	地夫可特	Deflazacort	16.93	442.2	141.9	141.9	123.9	180	36
						123.9			180	50
	11	二氟拉松双醋酸酯	Diflorasone Diacetate	17.25	495.2	316.8	316.8	278.8	120	8
						278.8			120	10
	12	表睾酮	Epitestosterone	17.78	289.2	109	97	109	135	22
						97			135	24
	13	氟米龙	Fluorometholone	16.56	377.2	320.9	278.9	320.9	110	8
						278.9			110	10
	14	氟替卡松丙酸酯	Fluticasone Propionate	17.78	501.2	312.9	292.9	312.9	110	8
						292.9			110	10
	15	甲地孕酮	Megestrol	18	385.2	325.2	325.2	267.2	100	8
						267.2			100	12
	16	美伦孕酮	Melengestrol	18.17	397.2	337.3	279.2	337.3	136	8
						279.2			136	20
	17	甲基泼尼松龙	Methylprednisolone	16.39	375.2	357.1	357.1	161.1	110	6
						161.1			110	20
	18	醋酸甲基泼尼松龙	Methylprednisolone 21-acetate	17.06	417.2	399.2	399.2	253.2	110	6
						253.2			110	18
	19	莫米他松糠酸酯	Mometasone Furoate	17.78	521.1	503	503	263	120	4
						263			120	24
	20	诺龙	Nandrolone	16.91	275.2	239.1	109	239.1	140	13
						109			140	24
	21	泼尼松龙	Prednisolone	15.64	361.2	343.1	343.1	146.9	110	6
						146.9			110	20
	22	泼尼松	Prednisone	15.15	359.2	341.1	341.1	147	110	6
						147			110	24
	23	睾酮	Testosterone	17.27	289.2	109	97	109	140	23
						97			140	21

表 B.1（续）

类别	编号	中文名称	英文名称	保留时间 min	母离子 m/z	子离子 m/z	定量离子 m/z	定性离子 m/z	毛细管电压 V	碰撞电压 V
甾体激素类	24	曲安西龙	Triamcinolone	12.99	395.2	357.1	357.1	225.1	140	8
						225.1			140	14
	25	曲安西龙丙酮	Triamcinolone Acetonide	16.41	435.2	396.9	396.9	338.9	110	10
						338.9			110	10
兴奋剂类	1	咖啡因	Caffeine	9.21	195.1	138	138	83	103	20
						83			103	40
	2	可待因	Codeine	6.35	300.2	165.1	165.1	128.1	166	40
						128.1			166	60
	3	1,7-二甲基黄嘌呤	Paraxanthine	7.31	181.1	124.1	124.1	42	100	20
						42			100	40
磺胺类	1	苯甲酰磺胺	Sulfabenzamide	11.68	277.1	156	156	108	80	10
						108			80	25
	2	磺胺醋酰	Sulfacetamide	5.16	215.1	156.1	156.1	92	70	5
						92			70	20
	3	磺胺氯哒嗪	Sulfachloropyridazine	10	285	156	156	108	100	10
						108			100	25
	4	磺胺嘧啶	Sulfadiazine	6.09	251.1	156	156	108	100	10
						108			100	22
	5	磺胺二甲氧哒嗪	Sulfadimethoxine	12.97	311	156	156	108	130	20
						108			130	26
	6	磺胺二甲嘧啶	Sulfadimidine	8.99	279.1	186.1	186.1	156.1	120	15
						156.1			120	16
	7	磺胺邻二甲氧嘧啶	Sulfadoxine	10.88	311.1	156	156	92	120	15
						92			120	30
	8	磺胺甲基嘧啶	Sulfamerazine	7.6	265.1	172	156	172	110	12
						156			110	15
	9	磺胺甲噻二唑	Sulfamethizole	8.76	271	156	156	108	90	10
						108			90	22
	10	磺胺甲恶唑	Sulfamethoxazole	10.21	254.1	156	108	156	100	10
						108			100	25
	11	磺胺对甲氧嘧啶	Sulfamethoxydiazine	9.36	281	156	156	108	110	15
						108			110	25

表 B.1（续）

类别	编号	中文名称	英文名称	保留时间 min	母离子 m/z	子离子 m/z	定量离子 m/z	定性离子 m/z	毛细管电压 V	碰撞电压 V
磺胺类	12	磺胺甲氧达嗪	Sulfamethoxypyridazine	8.63	281.1	156	156	108	105	15
						108			105	25
	13	磺胺间甲氧嘧啶	Sulfamonomethoxine	10.43	281.11	156.1	156.1	108.1	100	15
						108.1			100	26
	14	磺胺二甲唑	Sulfamoxol	10.91	268	156	156	113	110	13
						113			110	16
	15	磺胺苯吡唑	Sulfaphenazole	12.35	315	222	158	222	130	15
						158			130	30
	16	磺胺吡唑	Sulfapyrazole	13.25	329.1	172	172	145	120	30
						145			120	50
	17	磺胺吡啶	Sulfapyridine	7.06	250.1	184	184	156	110	15
						156			110	10
	18	磺胺喹恶啉	Sulfaquinoxaline	13.33	301.1	156	156	108	110	11
						108			110	22
	19	磺胺噻唑	Sulfathiazole	6.61	256	156	156	108	100	10
						108			100	21
	20	磺胺索嘧啶	Sulfisomidine	6.16	279	186	186	124	100	15
						124			100	20
	21	甲氧苄啶	Trimethoprim	8.36	291.1	230.1	230.1	123	120	25
						123			120	25
β-受体激素类	1	溴氯布特罗	Bromchlorbuterol	11.29	321	247	247	168	110	10
						168			110	15
	2	克伦特罗	Clenbuterol	10.67	277.1	259.1	203	259.1	100	5
						203			100	12
	3	羟甲基克仑特罗	Clenbuterolhydroxymethyl	8.93	293	275	203	275	110	10
						203			110	20
	4	克仑塞罗	Clencyclohexerol	8.22	319.1	203.1	203.1	168.1	110	15
						168.1			110	35

表 B. 1（续）

类别	编号	中文名称	英文名称	保留时间 min	母离子 m/z	子离子 m/z	定量离子 m/z	定性离子 m/z	毛细管电压 V	碰撞电压 V
β-受体激素类	5	Clenhexerol（暂无中文名）	Clenhexerol	13.67	305.1	203	132	203	110	20
						132			110	35
	6	异克伦潘特	Clenisopenterol	13.14	291.1	273	188	273	110	10
						188			110	20
	7	克伦潘特	Clenpenterol	12.34	291	273	273	203	105	8
						203			105	15
	8	克伦普罗	Clenproperol	9.13	263	245	245	203	100	10
						203			100	15
	9	苯氧丙酚胺	Isoxsuprine	12.19	302.1	284.1	284.1	107	80	10
						107			80	30
	10	拉贝特罗	Labetalol	13.07	329	311	311	207	120	10
						207			120	15
	11	苯乙醇胺 A	Phenylethanolamine A	13.82	345.2	327.1	327.1	150.1	100	9
						150.1			100	20
	12	利托茵	Ritodrine	7.37	288.1	270.1	121	270.1	100	6
						121			100	18
	13	索他洛尔	Sotalol	5.07	273.1	255.1	255.1	213.1	150	10
						213.1			150	20

附 录 C
（资料性附录）
160种兽药及其他化合物在多反应监测模式下的标准溶液（50 μg/L）色谱图

160种兽药及其他化合物在多反应监测模式下的标准溶液（50 μg/L）色谱图见图C.1。

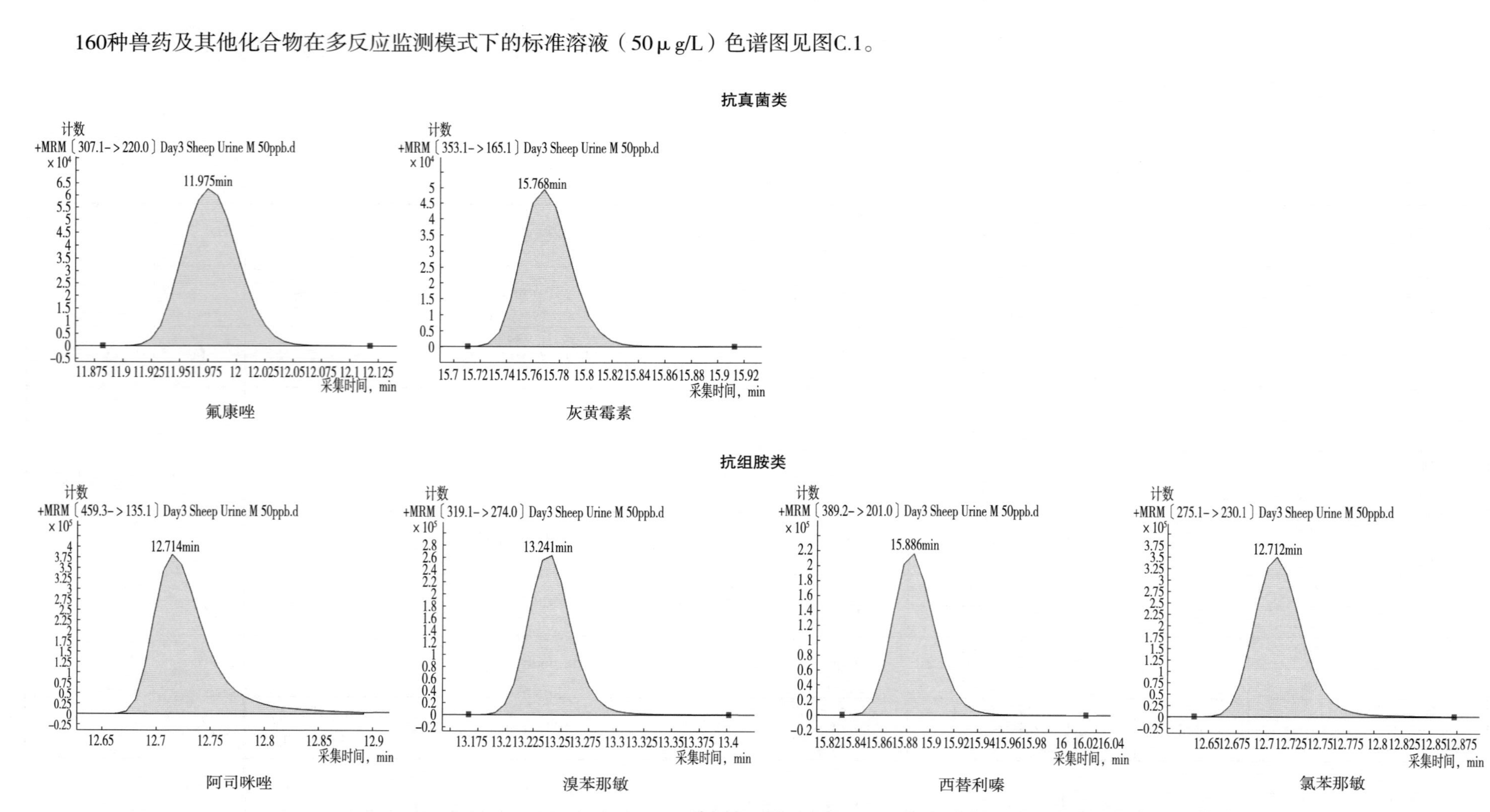

图C.1 160种兽药及其他化合物在多反应监测模式下的标准溶液（50 μg/L）色谱图

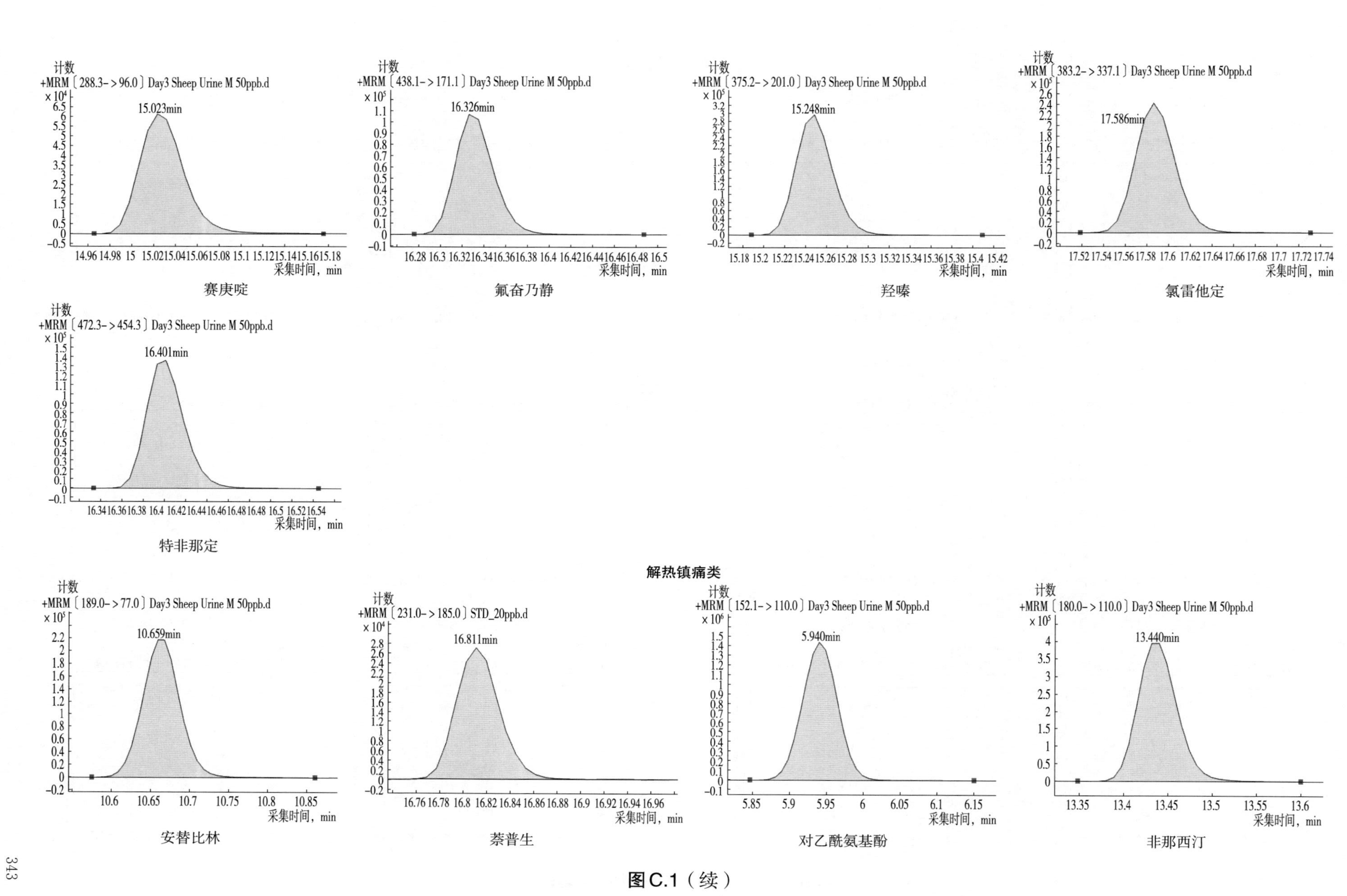

+MRM〔288.3->96.0〕Day3 Sheep Urine M 50ppb.d
15.023min
赛庚啶
+MRM〔438.1->171.1〕Day3 Sheep Urine M 50ppb.d
16.326min
氟奋乃静
+MRM〔375.2->201.0〕Day3 Sheep Urine M 50ppb.d
15.248min
羟嗪
+MRM〔383.2->337.1〕Day3 Sheep Urine M 50ppb.d
17.586min
氯雷他定
+MRM〔472.3->454.3〕Day3 Sheep Urine M 50ppb.d
16.401min
特非那定
解热镇痛类
+MRM〔189.0->77.0〕Day3 Sheep Urine M 50ppb.d
10.659min
安替比林
+MRM〔231.0->185.0〕STD_20ppb.d
16.811min
萘普生
+MRM〔152.1->110.0〕Day3 Sheep Urine M 50ppb.d
5.940min
对乙酰氨基酚
+MRM〔180.0->110.0〕Day3 Sheep Urine M 50ppb.d
13.440min
非那西汀
计数
采集时间，min

图 C.1（续）

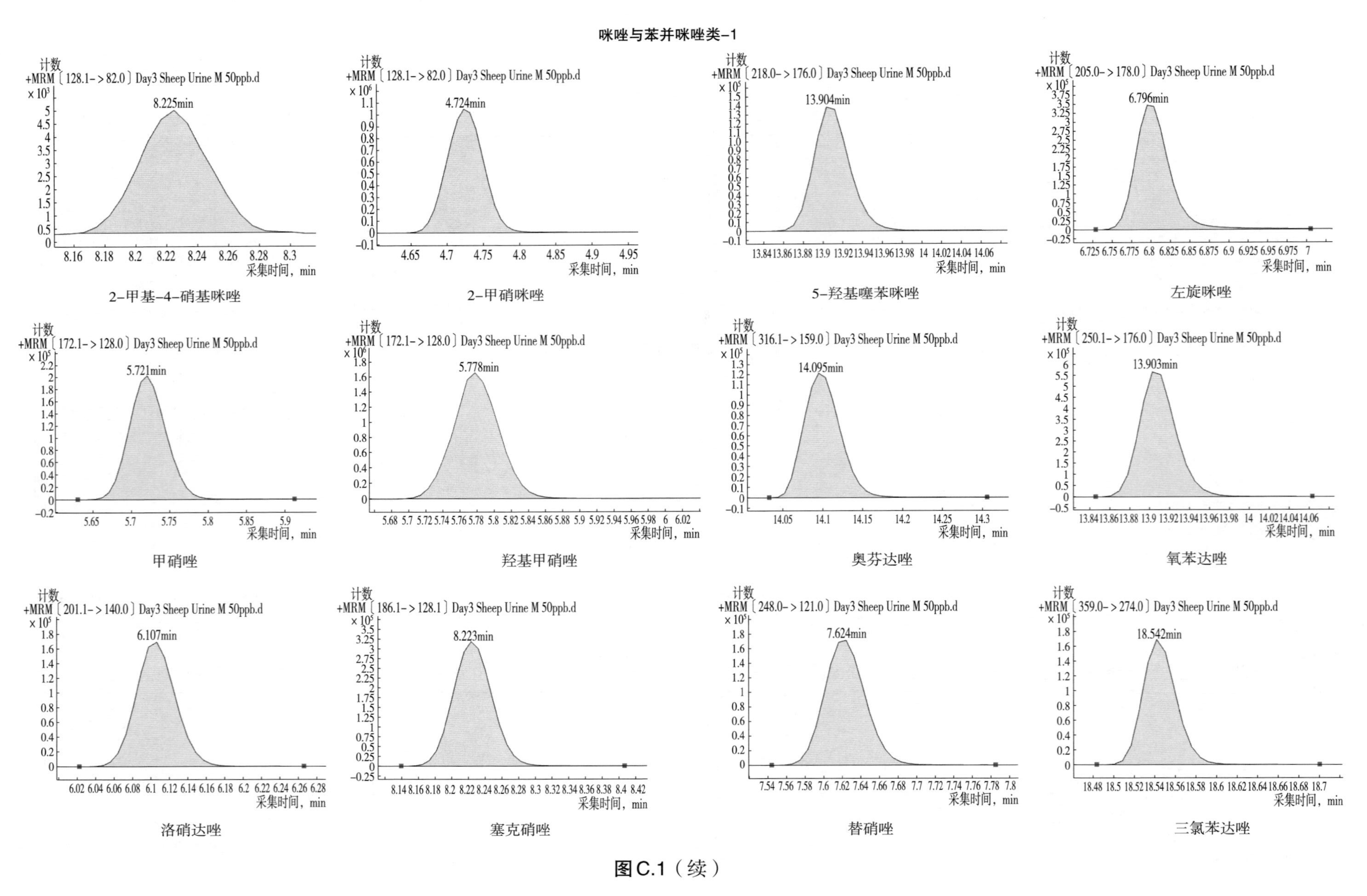
咪唑与苯并咪唑类-1
+MRM（128.1->82.0）Day3 Sheep Urine M 50ppb.d
8.225min
2-甲基-4-硝基咪唑
+MRM（128.1->82.0）Day3 Sheep Urine M 50ppb.d
4.724min
2-甲硝咪唑
+MRM（218.0->176.0）Day3 Sheep Urine M 50ppb.d
13.904min
5-羟基噻苯咪唑
+MRM（205.0->178.0）Day3 Sheep Urine M 50ppb.d
6.796min
左旋咪唑
+MRM（172.1->128.0）Day3 Sheep Urine M 50ppb.d
5.721min
甲硝唑
+MRM（172.1->128.0）Day3 Sheep Urine M 50ppb.d
5.778min
羟基甲硝唑
+MRM（316.1->159.0）Day3 Sheep Urine M 50ppb.d
14.095min
奥芬达唑
+MRM（250.1->176.0）Day3 Sheep Urine M 50ppb.d
13.903min
氧苯达唑
+MRM（201.1->140.0）Day3 Sheep Urine M 50ppb.d
6.107min
洛硝达唑
+MRM（186.1->128.1）Day3 Sheep Urine M 50ppb.d
8.223min
塞克硝唑
+MRM（248.0->121.0）Day3 Sheep Urine M 50ppb.d
7.624min
替硝唑
+MRM（359.0->274.0）Day3 Sheep Urine M 50ppb.d
18.542min
三氯苯达唑
计数
采集时间，min

图 C.1（续）

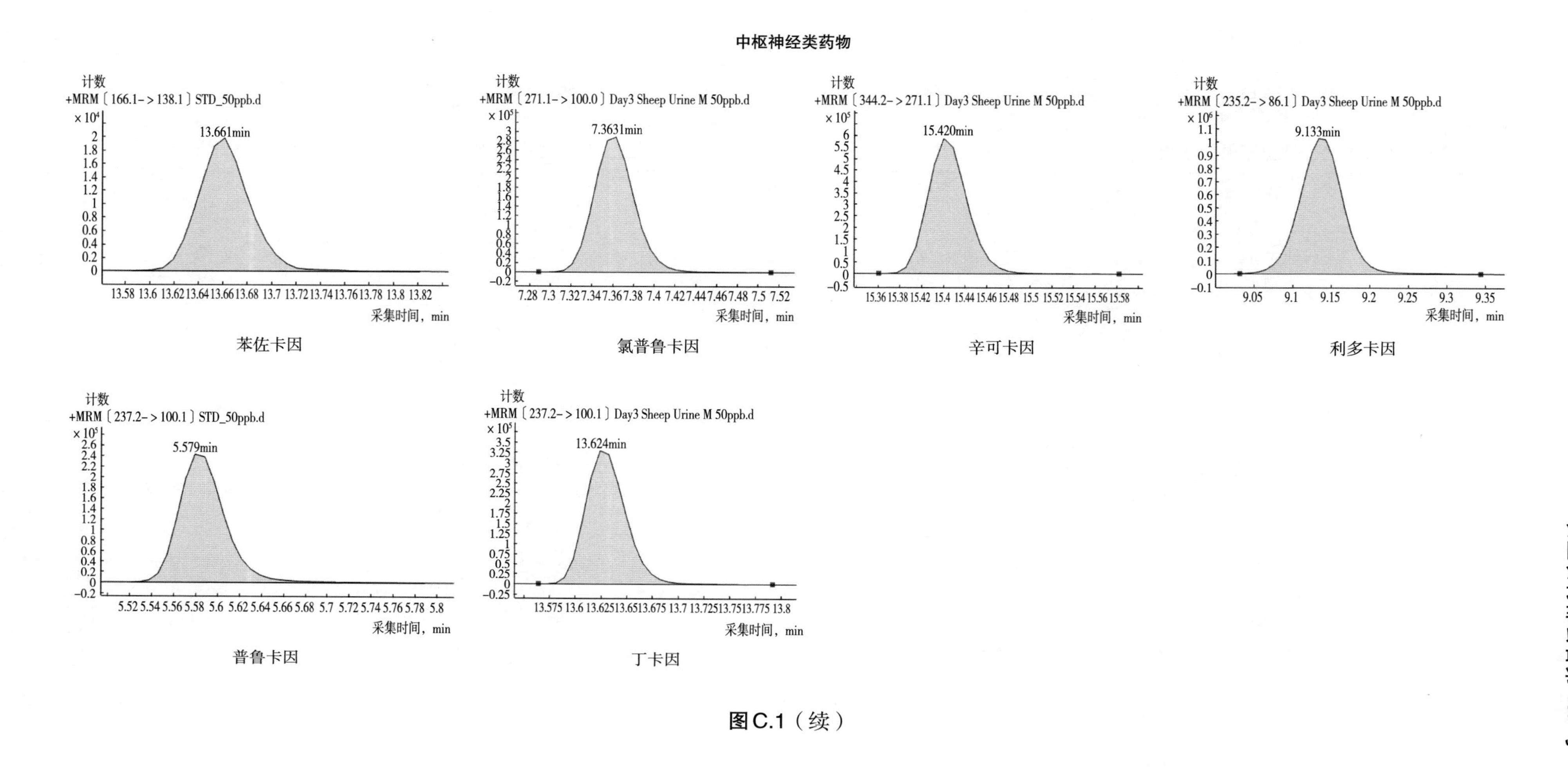
中枢神经类药物
计数
+MRM（166.1－＞138.1）STD_50ppb.d
13.661min
采集时间，min
苯佐卡因
计数
+MRM（271.1－＞100.0）Day3 Sheep Urine M 50ppb.d
7.3631min
采集时间，min
氯普鲁卡因
计数
+MRM（344.2－＞271.1）Day3 Sheep Urine M 50ppb.d
15.420min
采集时间，min
辛可卡因
计数
+MRM（235.2－＞86.1）Day3 Sheep Urine M 50ppb.d
9.133min
采集时间，min
利多卡因
计数
+MRM（237.2－＞100.1）STD_50ppb.d
5.579min
采集时间，min
普鲁卡因
计数
+MRM（237.2－＞100.1）Day3 Sheep Urine M 50ppb.d
13.624min
采集时间，min
丁卡因

图 C.1（续）

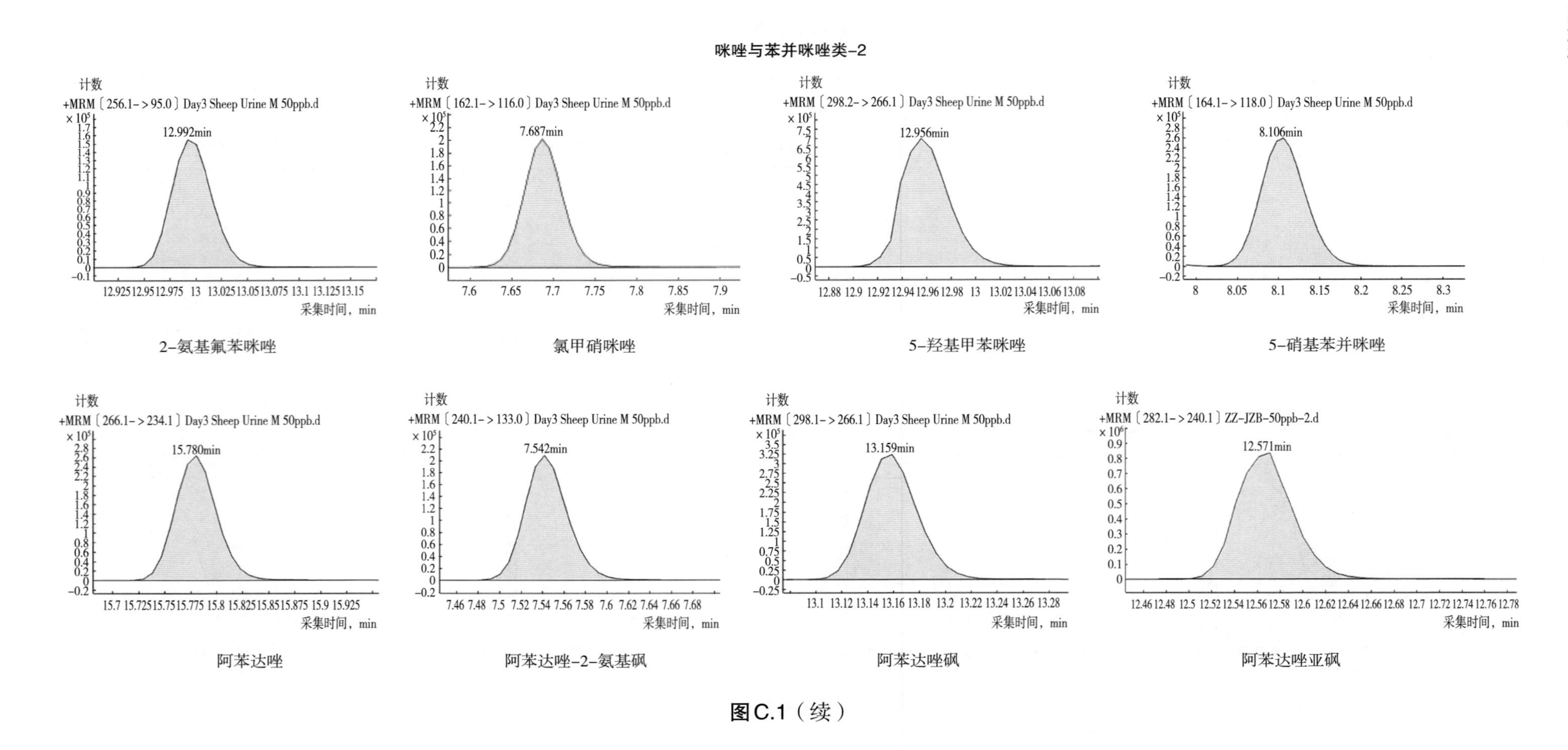
咪唑与苯并咪唑类-2
计数
+MRM（256.1->95.0）Day3 Sheep Urine M 50ppb.d
12.992min
采集时间，min
2-氨基氟苯咪唑
计数
+MRM（162.1->116.0）Day3 Sheep Urine M 50ppb.d
7.687min
采集时间，min
氯甲硝咪唑
计数
+MRM（298.2->266.1）Day3 Sheep Urine M 50ppb.d
12.956min
采集时间，min
5-羟基甲苯咪唑
计数
+MRM（164.1->118.0）Day3 Sheep Urine M 50ppb.d
8.106min
采集时间，min
5-硝基苯并咪唑
计数
+MRM（266.1->234.1）Day3 Sheep Urine M 50ppb.d
15.780min
采集时间，min
阿苯达唑
计数
+MRM（240.1->133.0）Day3 Sheep Urine M 50ppb.d
7.542min
采集时间，min
阿苯达唑-2-氨基砜
计数
+MRM（298.1->266.1）Day3 Sheep Urine M 50ppb.d
13.159min
采集时间，min
阿苯达唑砜
计数
+MRM（282.1->240.1）ZZ-JZB-50ppb-2.d
12.571min
采集时间，min
阿苯达唑亚砜

图C.1（续）

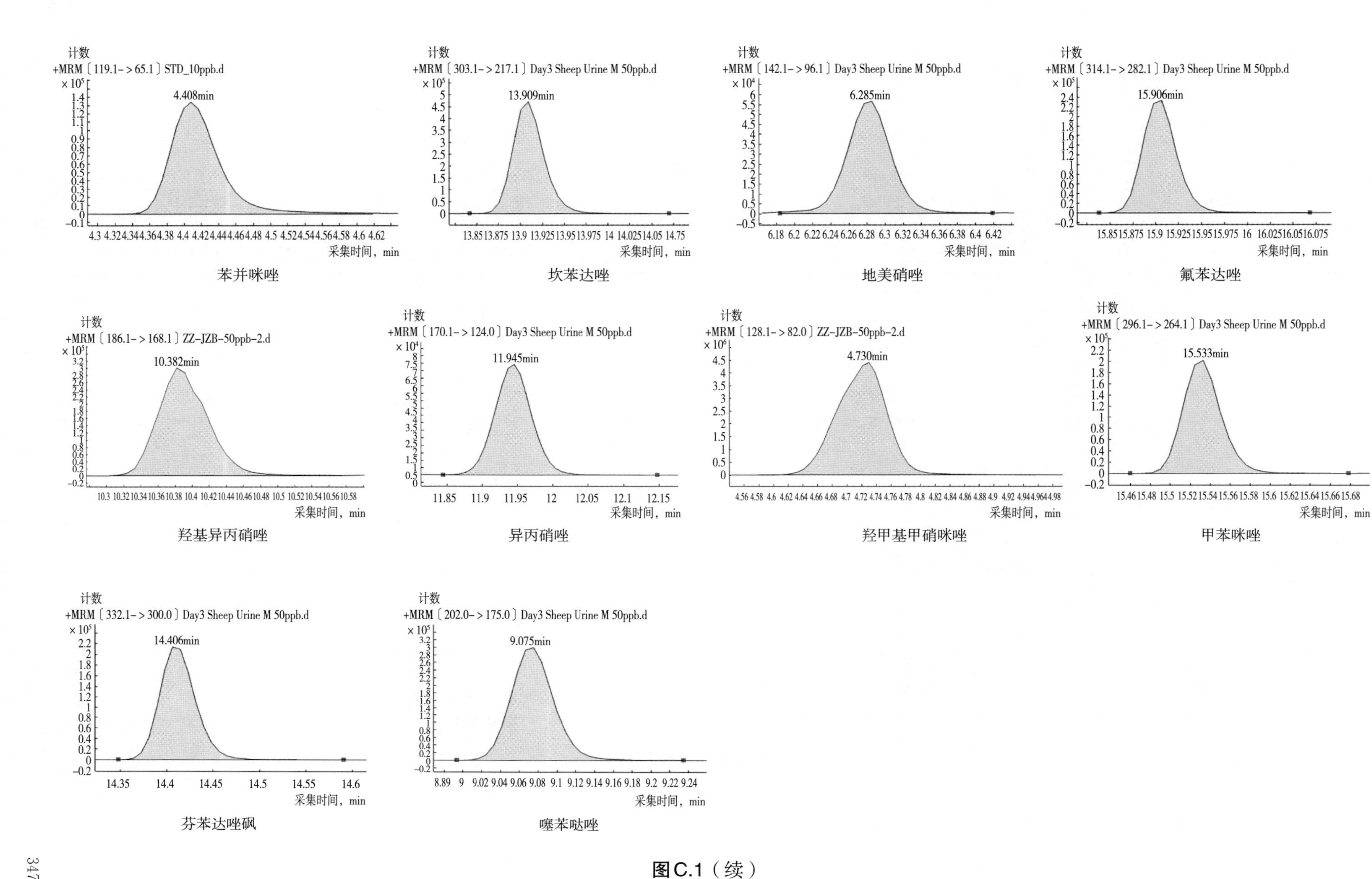
计数
+MRM〔119.1－>65.1〕STD_10ppb.d
4.408min
采集时间，min
苯并咪唑
计数
+MRM〔303.1－>217.1〕Day3 Sheep Urine M 50ppb.d
13.909min
采集时间，min
坎苯达唑
计数
+MRM〔142.1－>96.1〕Day3 Sheep Urine M 50ppb.d
6.285min
采集时间，min
地美硝唑
计数
+MRM〔314.1－>282.1〕Day3 Sheep Urine M 50ppb.d
15.906min
采集时间，min
氟苯达唑
计数
+MRM〔186.1－>168.1〕ZZ-JZB-50ppb-2.d
10.382min
采集时间，min
羟基异丙硝唑
计数
+MRM〔170.1－>124.0〕Day3 Sheep Urine M 50ppb.d
11.945min
采集时间，min
异丙硝唑
计数
+MRM〔128.1－>82.0〕ZZ-JZB-50ppb-2.d
4.730min
采集时间，min
羟甲基甲硝咪唑
计数
+MRM〔296.1－>264.1〕Day3 Sheep Urine M 50ppb.d
15.533min
采集时间，min
甲苯咪唑
计数
+MRM〔332.1－>300.0〕Day3 Sheep Urine M 50ppb.d
14.406min
采集时间，min
芬苯达唑砜
计数
+MRM〔202.0－>175.0〕Day3 Sheep Urine M 50ppb.d
9.075min
采集时间，min
噻苯哒唑

图 C.1（续）

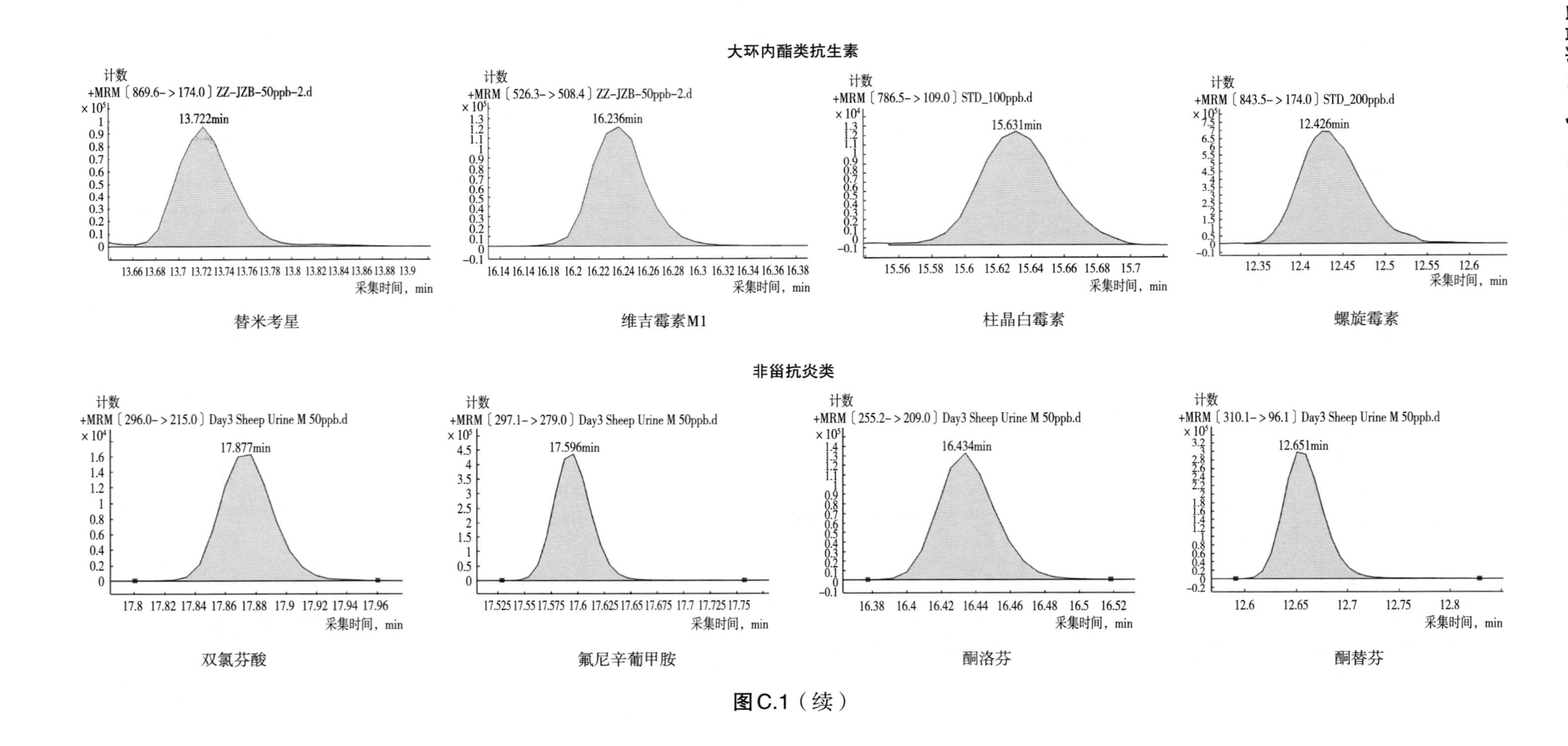
大环内酯类抗生素
计数
+MRM（869.6->174.0）ZZ-JZB-50ppb-2.d
13.722min
采集时间，min
替米考星
计数
+MRM（526.3->508.4）ZZ-JZB-50ppb-2.d
16.236min
采集时间，min
维吉霉素M1
计数
+MRM（786.5->109.0）STD_100ppb.d
15.631min
采集时间，min
柱晶白霉素
计数
+MRM（843.5->174.0）STD_200ppb.d
12.426min
采集时间，min
螺旋霉素
非甾抗炎类
计数
+MRM（296.0->215.0）Day3 Sheep Urine M 50ppb.d
17.877min
采集时间，min
双氯芬酸
计数
+MRM（297.1->279.0）Day3 Sheep Urine M 50ppb.d
17.596min
采集时间，min
氟尼辛葡甲胺
计数
+MRM（255.2->209.0）Day3 Sheep Urine M 50ppb.d
16.434min
采集时间，min
酮洛芬
计数
+MRM（310.1->96.1）Day3 Sheep Urine M 50ppb.d
12.651min
采集时间，min
酮替芬

图 C.1（续）

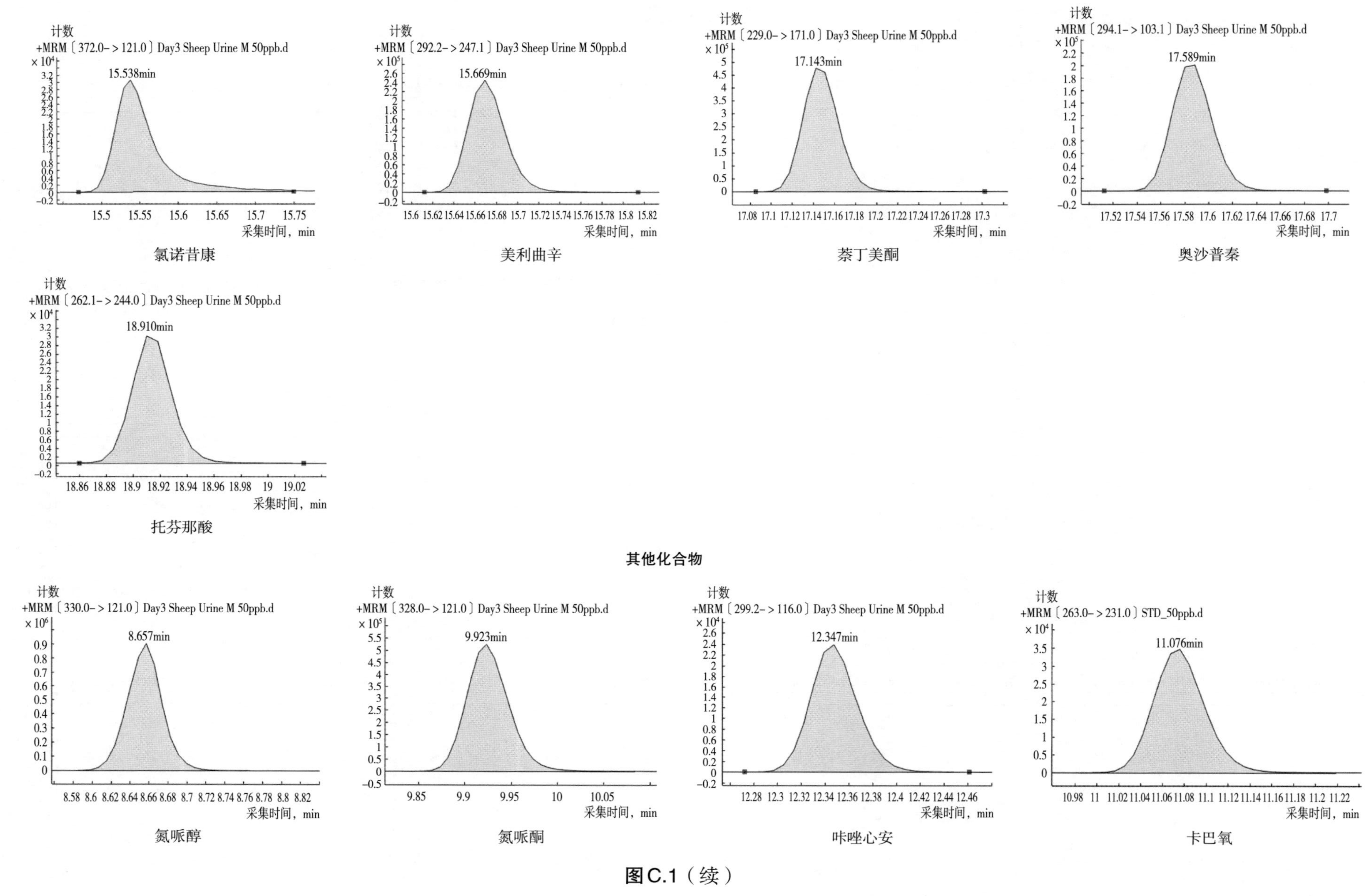
计数
+MRM（372.0->121.0）Day3 Sheep Urine M 50ppb.d
15.538min
采集时间，min
氯诺昔康
计数
+MRM（292.2->247.1）Day3 Sheep Urine M 50ppb.d
15.669min
采集时间，min
美利曲辛
计数
+MRM（229.0->171.0）Day3 Sheep Urine M 50ppb.d
17.143min
采集时间，min
萘丁美酮
计数
+MRM（294.1->103.1）Day3 Sheep Urine M 50ppb.d
17.589min
采集时间，min
奥沙普秦
计数
+MRM（262.1->244.0）Day3 Sheep Urine M 50ppb.d
18.910min
采集时间，min
托芬那酸
其他化合物
计数
+MRM（330.0->121.0）Day3 Sheep Urine M 50ppb.d
8.657min
采集时间，min
氮哌醇
计数
+MRM（328.0->121.0）Day3 Sheep Urine M 50ppb.d
9.923min
采集时间，min
氮哌酮
计数
+MRM（299.2->116.0）Day3 Sheep Urine M 50ppb.d
12.347min
采集时间，min
咔唑心安
计数
+MRM（263.0->231.0）STD_50ppb.d
11.076min
采集时间，min
卡巴氧

图 C.1（续）

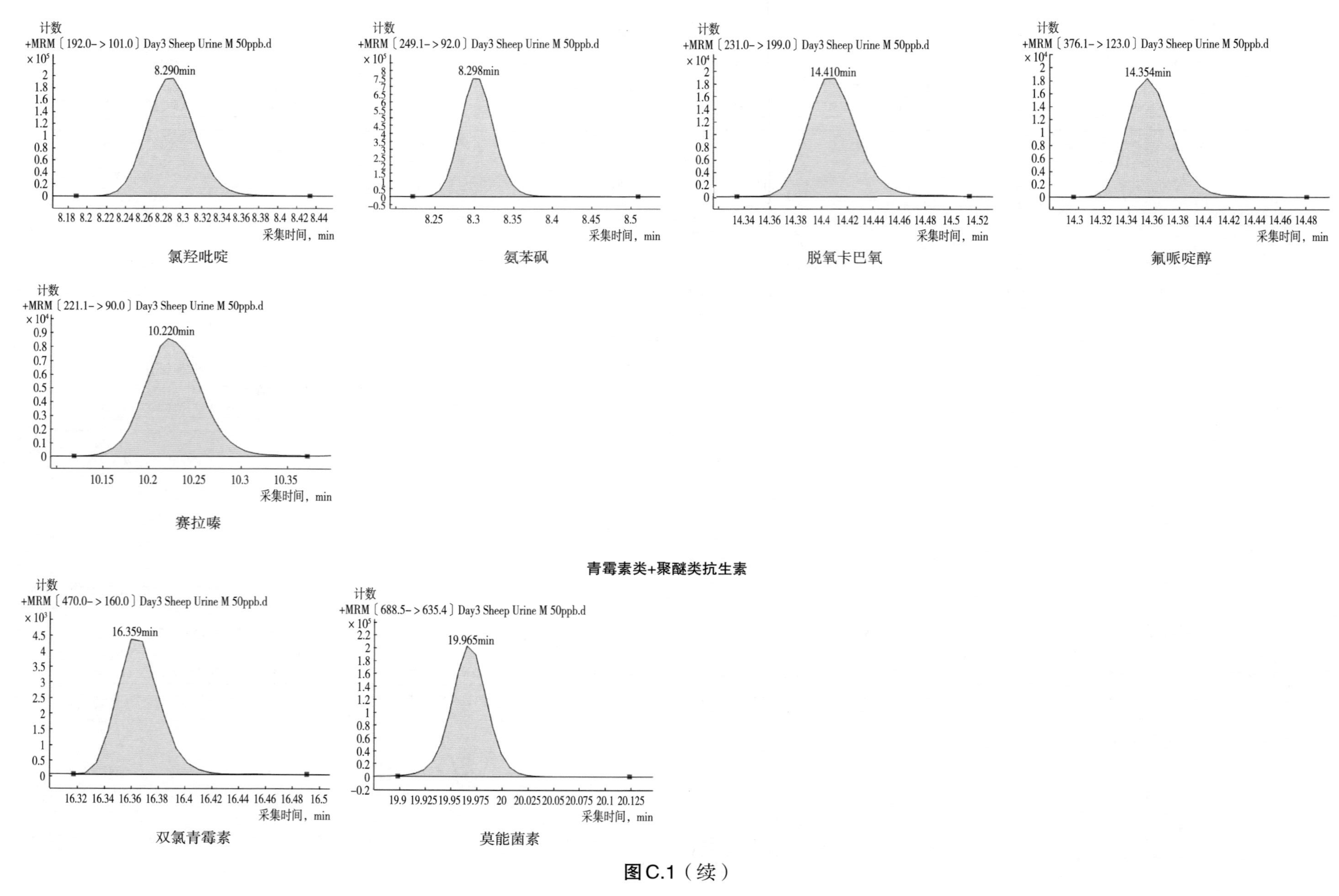
计数
+MRM〔192.0->101.0〕Day3 Sheep Urine M 50ppb.d
8.290min
采集时间，min
氯羟吡啶
计数
+MRM〔249.1->92.0〕Day3 Sheep Urine M 50ppb.d
8.298min
采集时间，min
氨苯砜
计数
+MRM〔231.0->199.0〕Day3 Sheep Urine M 50ppb.d
14.410min
采集时间，min
脱氧卡巴氧
计数
+MRM〔376.1->123.0〕Day3 Sheep Urine M 50ppb.d
14.354min
采集时间，min
氟哌啶醇
计数
+MRM〔221.1->90.0〕Day3 Sheep Urine M 50ppb.d
10.220min
采集时间，min
赛拉嗪
青霉素类+聚醚类抗生素
计数
+MRM〔470.0->160.0〕Day3 Sheep Urine M 50ppb.d
16.359min
采集时间，min
双氯青霉素
计数
+MRM〔688.5->635.4〕Day3 Sheep Urine M 50ppb.d
19.965min
采集时间，min
莫能菌素

图 C.1（续）

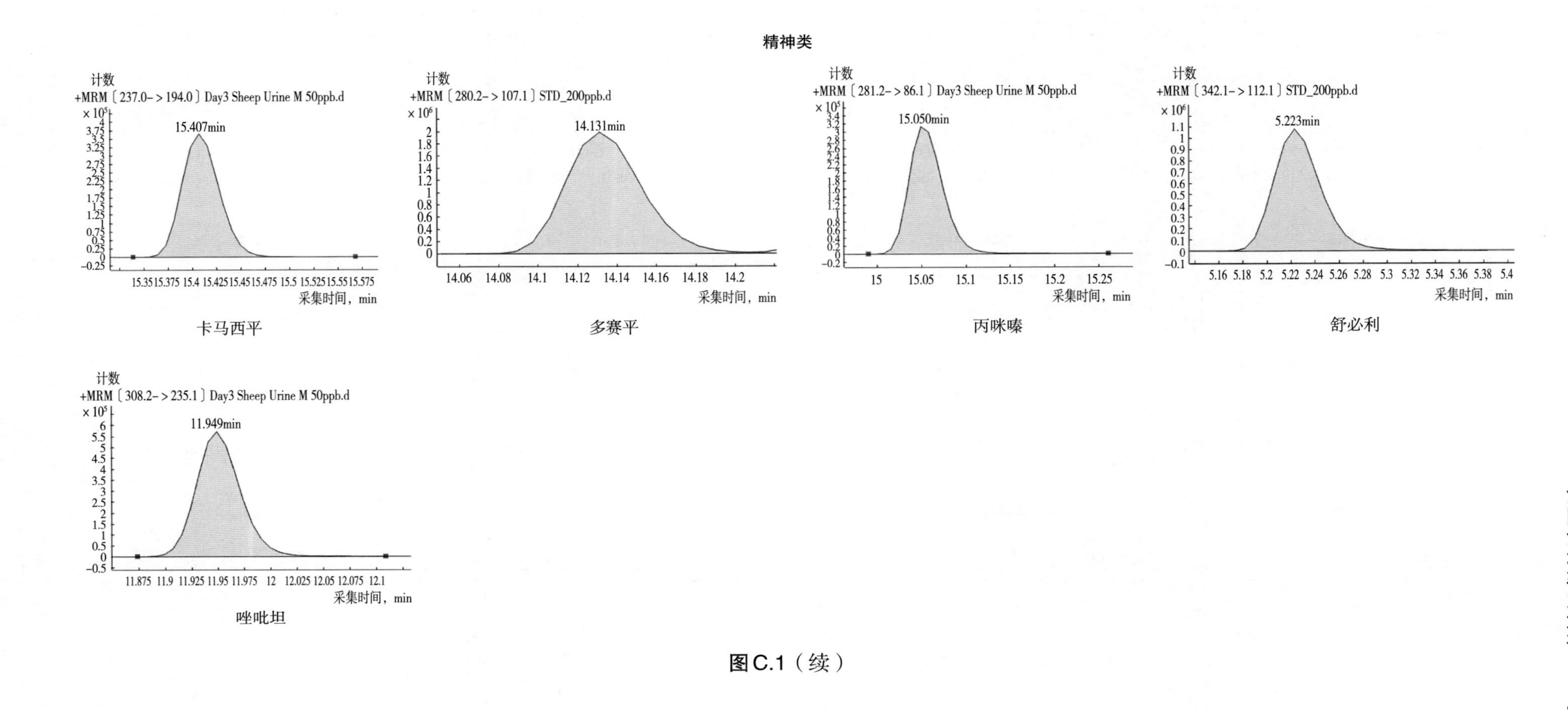
精神类
计数
+MRM（237.0->194.0）Day3 Sheep Urine M 50ppb.d
15.407min
采集时间，min
卡马西平
计数
+MRM（280.2->107.1）STD_200ppb.d
14.131min
采集时间，min
多赛平
计数
+MRM（281.2->86.1）Day3 Sheep Urine M 50ppb.d
15.050min
采集时间，min
丙咪嗪
计数
+MRM（342.1->112.1）STD_200ppb.d
5.223min
采集时间，min
舒必利
计数
+MRM（308.2->235.1）Day3 Sheep Urine M 50ppb.d
11.949min
采集时间，min
唑吡坦

图C.1（续）

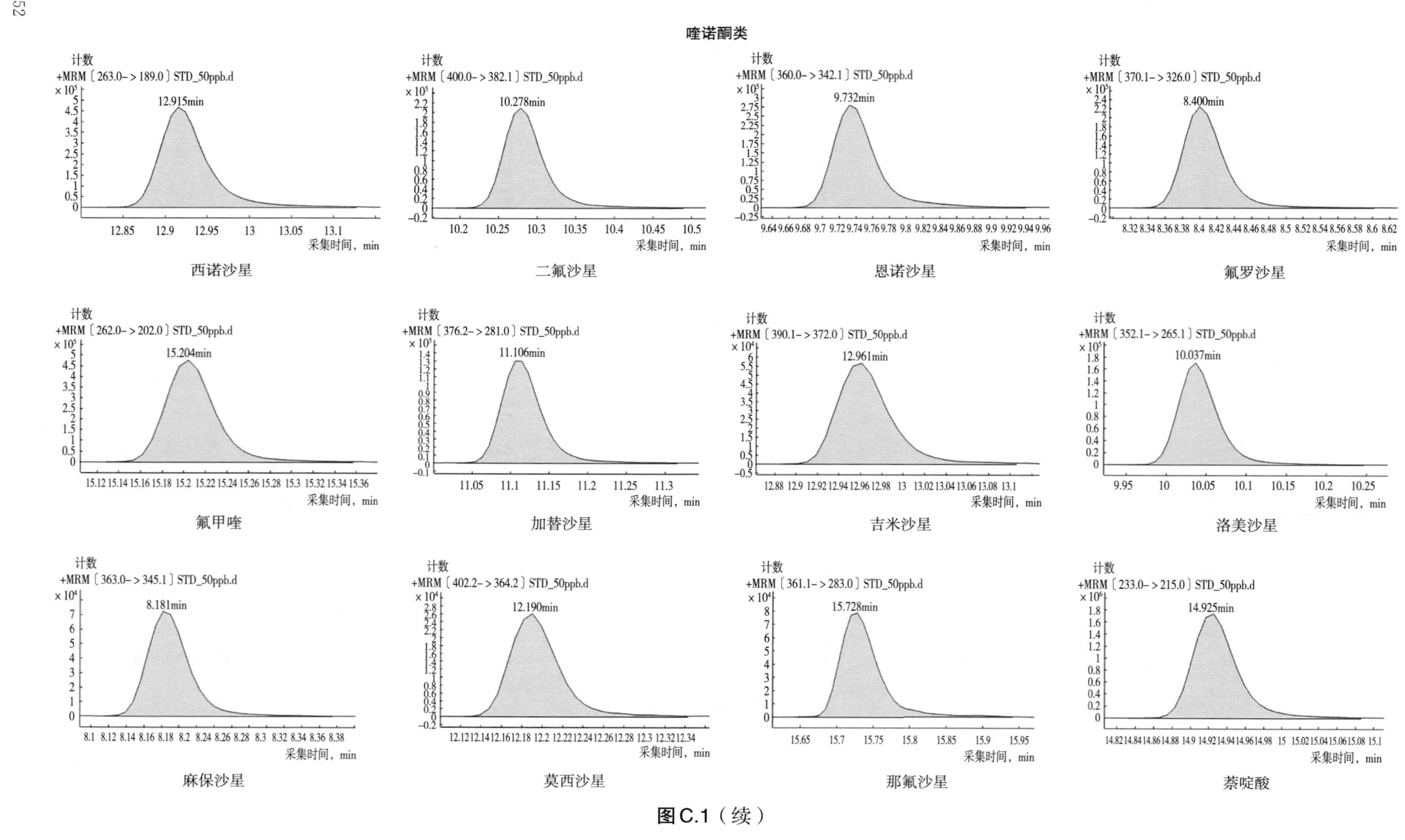

喹诺酮类
计数
+MRM（263.0->189.0）STD_50ppb.d
12.915min
采集时间，min
西诺沙星
计数
+MRM（400.0->382.1）STD_50ppb.d
10.278min
采集时间，min
二氟沙星
计数
+MRM（360.0->342.1）STD_50ppb.d
9.732min
采集时间，min
恩诺沙星
计数
+MRM（370.1->326.0）STD_50ppb.d
8.400min
采集时间，min
氟罗沙星
计数
+MRM（262.0->202.0）STD_50ppb.d
15.204min
采集时间，min
氟甲喹
计数
+MRM（376.2->281.0）STD_50ppb.d
11.106min
采集时间，min
加替沙星
计数
+MRM（390.1->372.0）STD_50ppb.d
12.961min
采集时间，min
吉米沙星
计数
+MRM（352.1->265.1）STD_50ppb.d
10.037min
采集时间，min
洛美沙星
计数
+MRM（363.0->345.1）STD_50ppb.d
8.181min
采集时间，min
麻保沙星
计数
+MRM（402.2->364.2）STD_50ppb.d
12.190min
采集时间，min
莫西沙星
计数
+MRM（361.1->283.0）STD_50ppb.d
15.728min
采集时间，min
那氟沙星
计数
+MRM（233.0->215.0）STD_50ppb.d
14.925min
采集时间，min
萘啶酸

图 C.1（续）

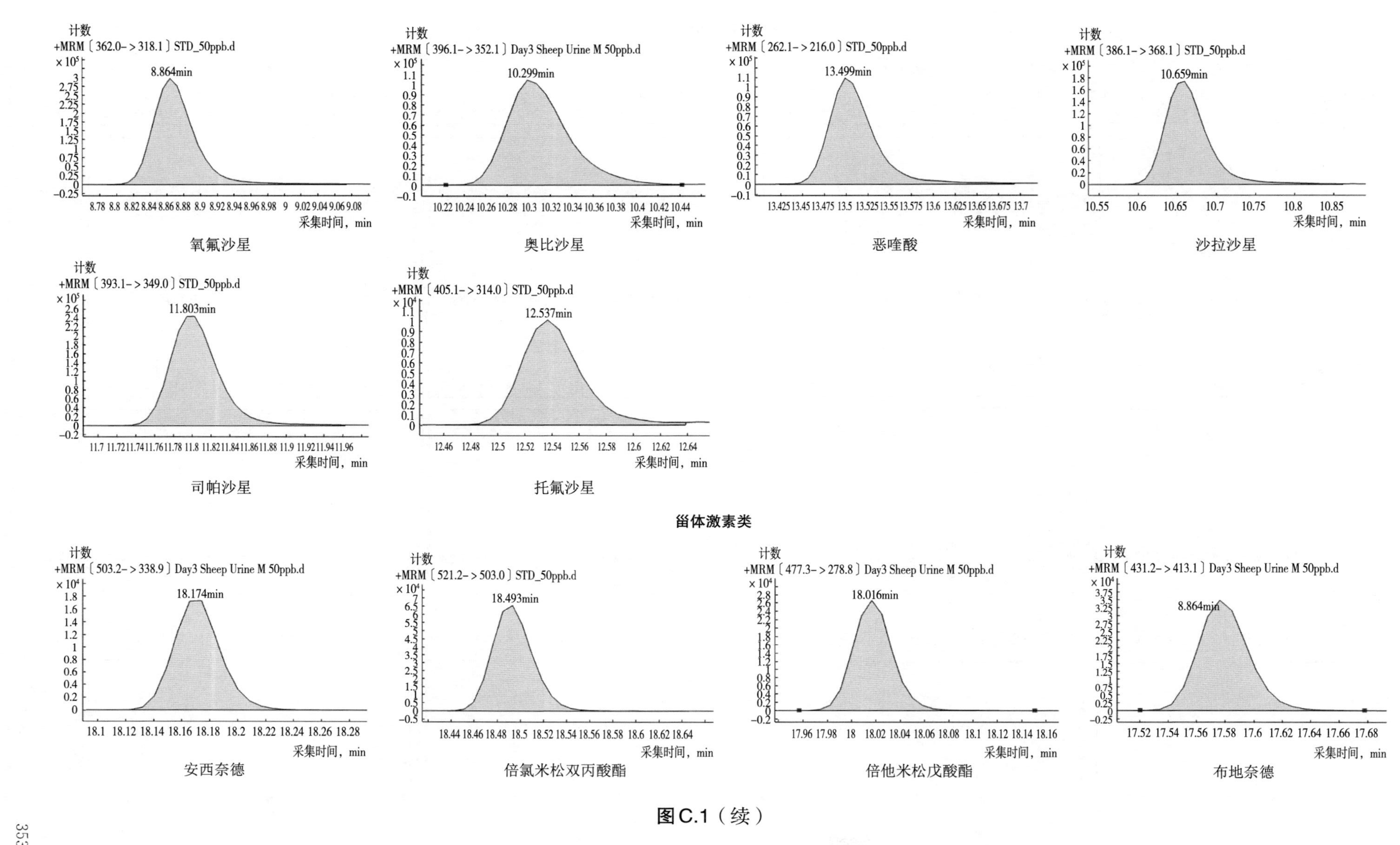
计数
+MRM〔362.0－>318.1〕STD_50ppb.d
8.864min
采集时间，min
氧氟沙星
计数
+MRM〔396.1－>352.1〕Day3 Sheep Urine M 50ppb.d
10.299min
采集时间，min
奥比沙星
计数
+MRM〔262.1－>216.0〕STD_50ppb.d
13.499min
采集时间，min
恶喹酸
计数
+MRM〔386.1－>368.1〕STD_50ppb.d
10.659min
采集时间，min
沙拉沙星
计数
+MRM〔393.1－>349.0〕STD_50ppb.d
11.803min
采集时间，min
司帕沙星
计数
+MRM〔405.1－>314.0〕STD_50ppb.d
12.537min
采集时间，min
托氟沙星
甾体激素类
计数
+MRM〔503.2－>338.9〕Day3 Sheep Urine M 50ppb.d
18.174min
采集时间，min
安西奈德
计数
+MRM〔521.2－>503.0〕STD_50ppb.d
18.493min
采集时间，min
倍氯米松双丙酸酯
计数
+MRM〔477.3－>278.8〕Day3 Sheep Urine M 50ppb.d
18.016min
采集时间，min
倍他米松戊酸酯
计数
+MRM〔431.2－>413.1〕Day3 Sheep Urine M 50ppb.d
8.864min
采集时间，min
布地奈德

图 C.1（续）

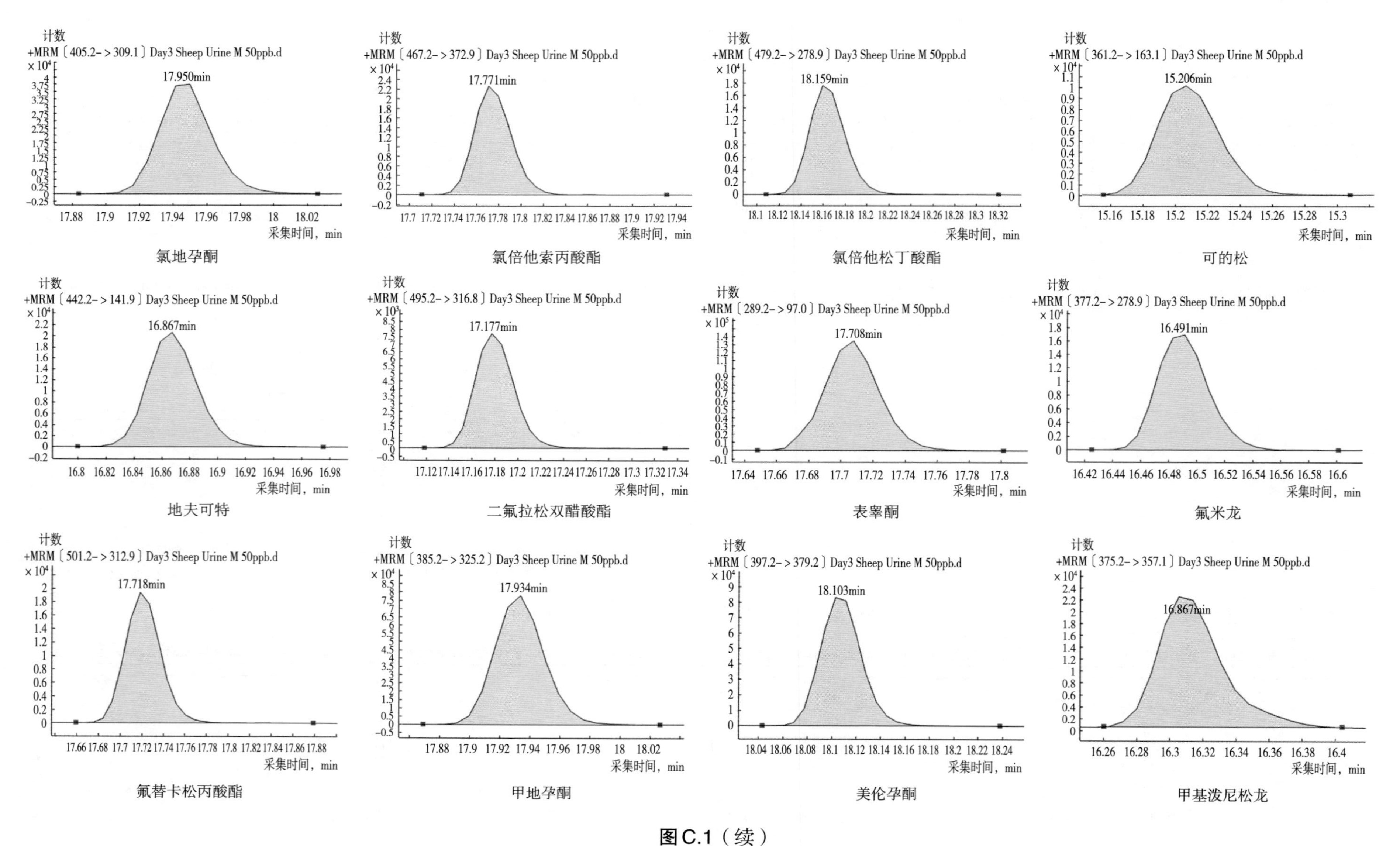
+MRM〔405.2->309.1〕Day3 Sheep Urine M 50ppb.d
17.950min
氯地孕酮
+MRM〔467.2->372.9〕Day3 Sheep Urine M 50ppb.d
17.771min
氯倍他索丙酸酯
+MRM〔479.2->278.9〕Day3 Sheep Urine M 50ppb.d
18.159min
氯倍他松丁酸酯
+MRM〔361.2->163.1〕Day3 Sheep Urine M 50ppb.d
15.206min
可的松
+MRM〔442.2->141.9〕Day3 Sheep Urine M 50ppb.d
16.867min
地夫可特
+MRM〔495.2->316.8〕Day3 Sheep Urine M 50ppb.d
17.177min
二氟拉松双醋酸酯
+MRM〔289.2->97.0〕Day3 Sheep Urine M 50ppb.d
17.708min
表睾酮
+MRM〔377.2->278.9〕Day3 Sheep Urine M 50ppb.d
16.491min
氟米龙
+MRM〔501.2->312.9〕Day3 Sheep Urine M 50ppb.d
17.718min
氟替卡松丙酸酯
+MRM〔385.2->325.2〕Day3 Sheep Urine M 50ppb.d
17.934min
甲地孕酮
+MRM〔397.2->379.2〕Day3 Sheep Urine M 50ppb.d
18.103min
美伦孕酮
+MRM〔375.2->357.1〕Day3 Sheep Urine M 50ppb.d
16.867min
甲基泼尼松龙
计数
采集时间，min

图 C.1（续）

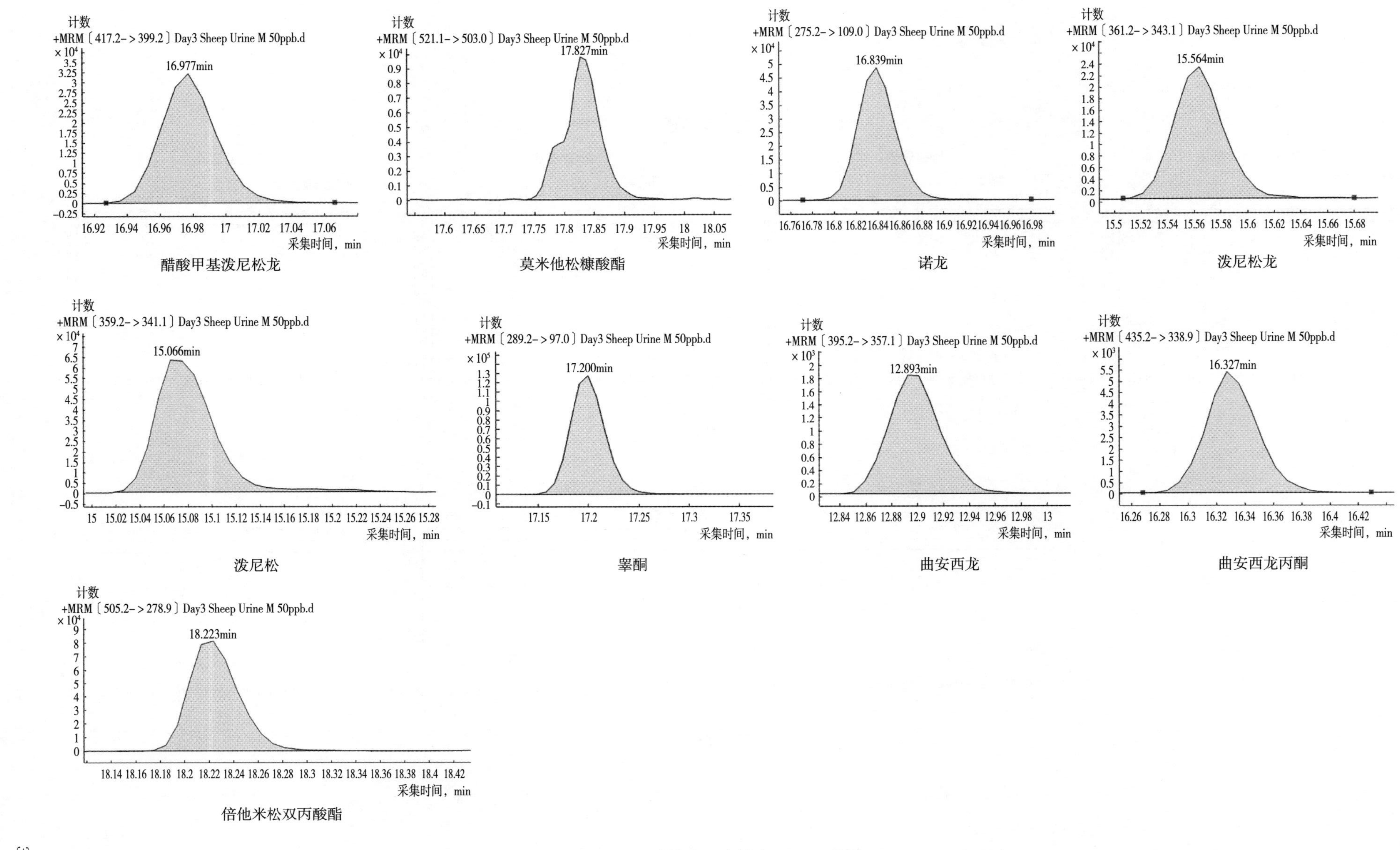
计数
+MRM〔417.2->399.2〕Day3 Sheep Urine M 50ppb.d
16.977min
采集时间，min
醋酸甲基泼尼松龙
计数
+MRM〔521.1->503.0〕Day3 Sheep Urine M 50ppb.d
17.827min
采集时间，min
莫米他松糠酸酯
计数
+MRM〔275.2->109.0〕Day3 Sheep Urine M 50ppb.d
16.839min
采集时间，min
诺龙
计数
+MRM〔361.2->343.1〕Day3 Sheep Urine M 50ppb.d
15.564min
采集时间，min
泼尼松龙
计数
+MRM〔359.2->341.1〕Day3 Sheep Urine M 50ppb.d
15.066min
采集时间，min
泼尼松
计数
+MRM〔289.2->97.0〕Day3 Sheep Urine M 50ppb.d
17.200min
采集时间，min
睾酮
计数
+MRM〔395.2->357.1〕Day3 Sheep Urine M 50ppb.d
12.893min
采集时间，min
曲安西龙
计数
+MRM〔435.2->338.9〕Day3 Sheep Urine M 50ppb.d
16.327min
采集时间，min
曲安西龙丙酮
计数
+MRM〔505.2->278.9〕Day3 Sheep Urine M 50ppb.d
18.223min
采集时间，min
倍他米松双丙酸酯

图 C.1（续）

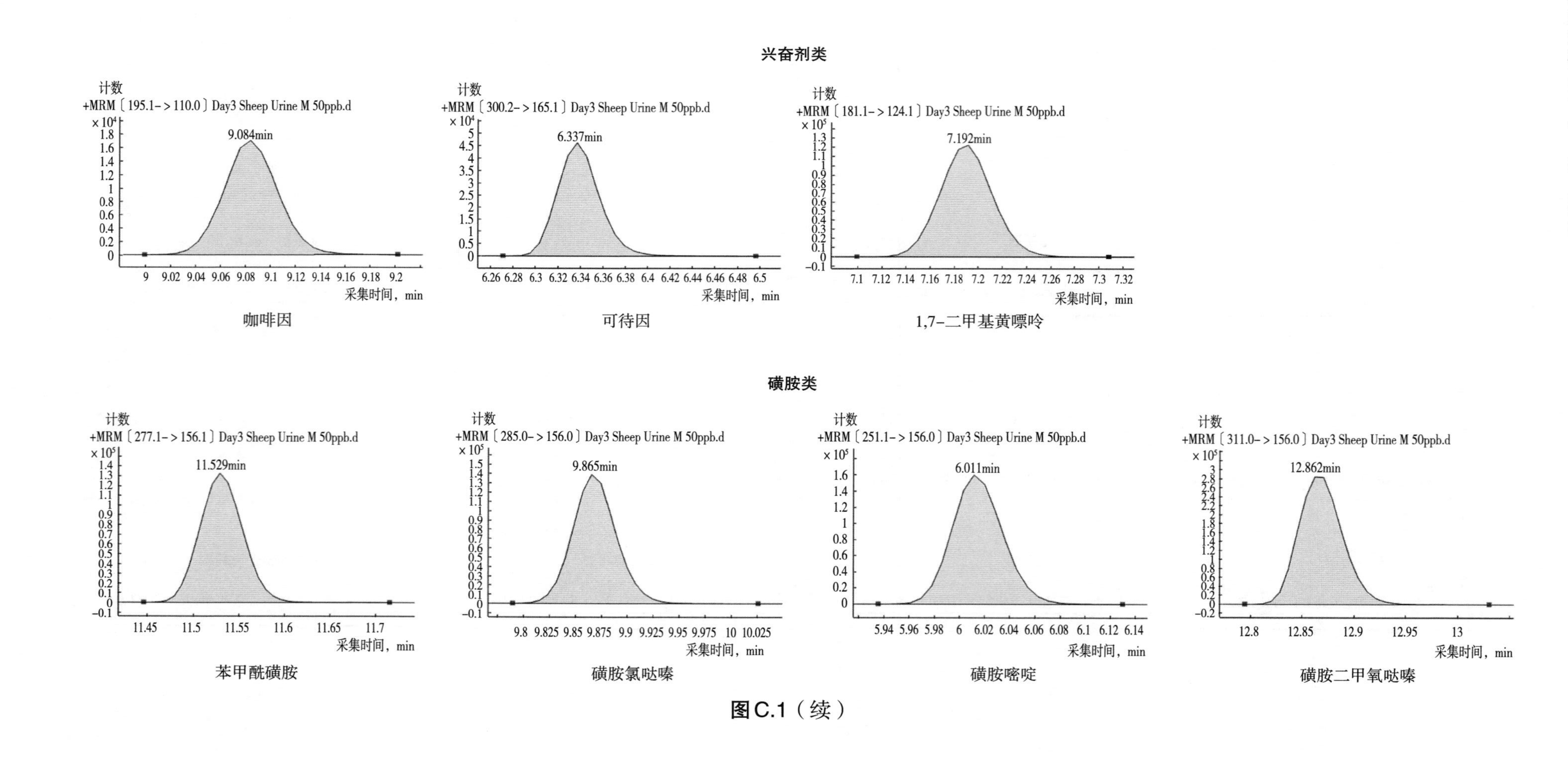
兴奋剂类
计数
+MRM（195.1->110.0）Day3 Sheep Urine M 50ppb.d
9.084min
采集时间，min
咖啡因
计数
+MRM（300.2->165.1）Day3 Sheep Urine M 50ppb.d
6.337min
采集时间，min
可待因
计数
+MRM（181.1->124.1）Day3 Sheep Urine M 50ppb.d
7.192min
采集时间，min
1,7-二甲基黄嘌呤
磺胺类
计数
+MRM（277.1->156.1）Day3 Sheep Urine M 50ppb.d
11.529min
采集时间，min
苯甲酰磺胺
计数
+MRM（285.0->156.0）Day3 Sheep Urine M 50ppb.d
9.865min
采集时间，min
磺胺氯哒嗪
计数
+MRM（251.1->156.0）Day3 Sheep Urine M 50ppb.d
6.011min
采集时间，min
磺胺嘧啶
计数
+MRM（311.0->156.0）Day3 Sheep Urine M 50ppb.d
12.862min
采集时间，min
磺胺二甲氧哒嗪

图 C.1（续）

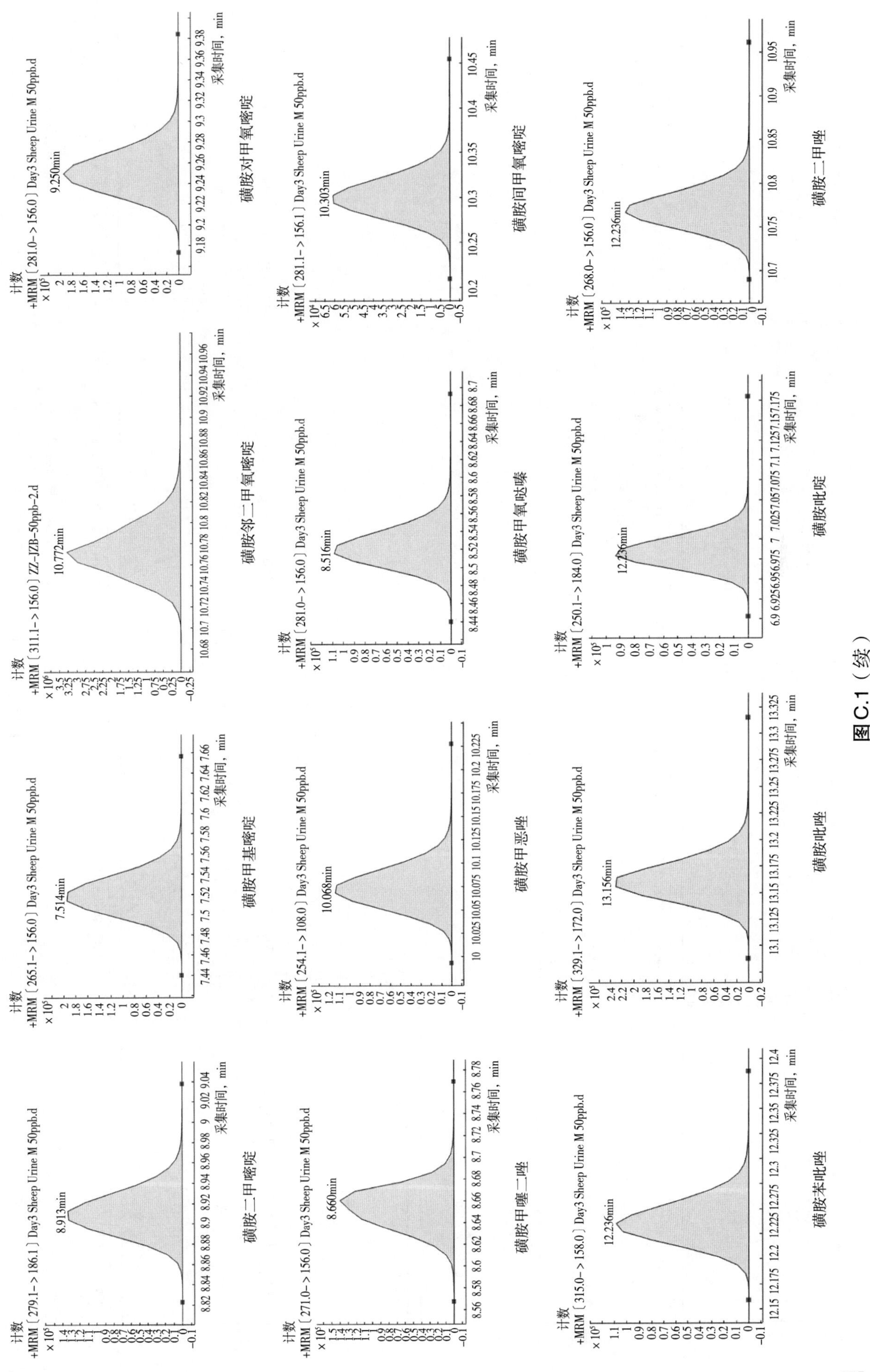

磺胺二甲嘧啶
磺胺甲基嘧啶
磺胺邻二甲氧嘧啶
磺胺对甲氧嘧啶
磺胺甲噻二唑
磺胺甲恶唑
磺胺甲氧哒嗪
磺胺间甲氧嘧啶
磺胺苯吡唑
磺胺吡唑
磺胺吡啶
磺胺二甲唑

图 C.1（续）

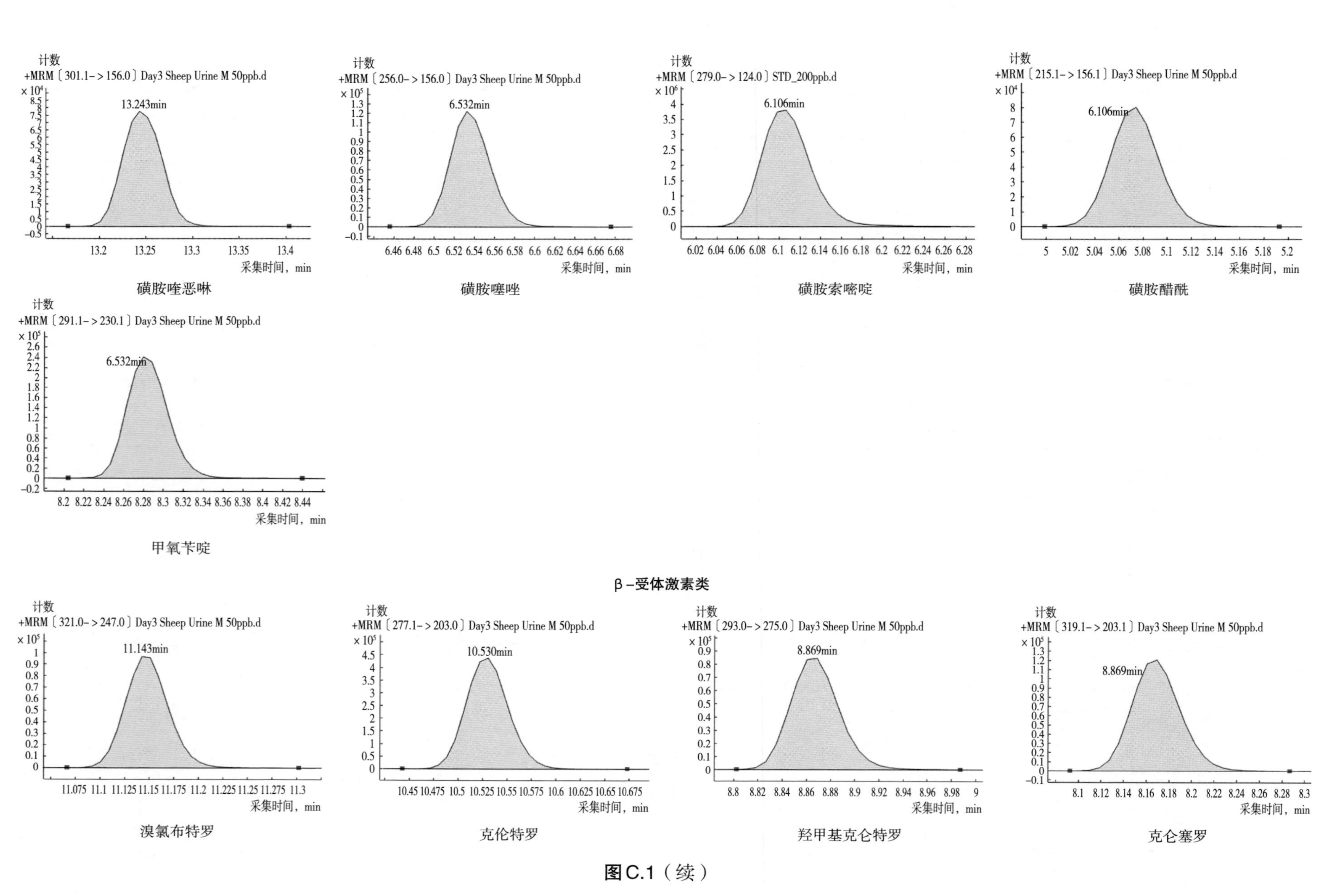

计数
+MRM〔301.1->156.0〕Day3 Sheep Urine M 50ppb.d
13.243min
采集时间，min
磺胺喹恶啉
计数
+MRM〔256.0->156.0〕Day3 Sheep Urine M 50ppb.d
6.532min
采集时间，min
磺胺噻唑
计数
+MRM〔279.0->124.0〕STD_200ppb.d
6.106min
采集时间，min
磺胺索嘧啶
计数
+MRM〔215.1->156.1〕Day3 Sheep Urine M 50ppb.d
6.106min
采集时间，min
磺胺醋酰
计数
+MRM〔291.1->230.1〕Day3 Sheep Urine M 50ppb.d
6.532min
采集时间，min
甲氧苄啶
β-受体激素类
计数
+MRM〔321.0->247.0〕Day3 Sheep Urine M 50ppb.d
11.143min
采集时间，min
溴氯布特罗
计数
+MRM〔277.1->203.0〕Day3 Sheep Urine M 50ppb.d
10.530min
采集时间，min
克伦特罗
计数
+MRM〔293.0->275.0〕Day3 Sheep Urine M 50ppb.d
8.869min
采集时间，min
羟甲基克仑特罗
计数
+MRM〔319.1->203.1〕Day3 Sheep Urine M 50ppb.d
8.869min
采集时间，min
克仑塞罗

图 C.1（续）

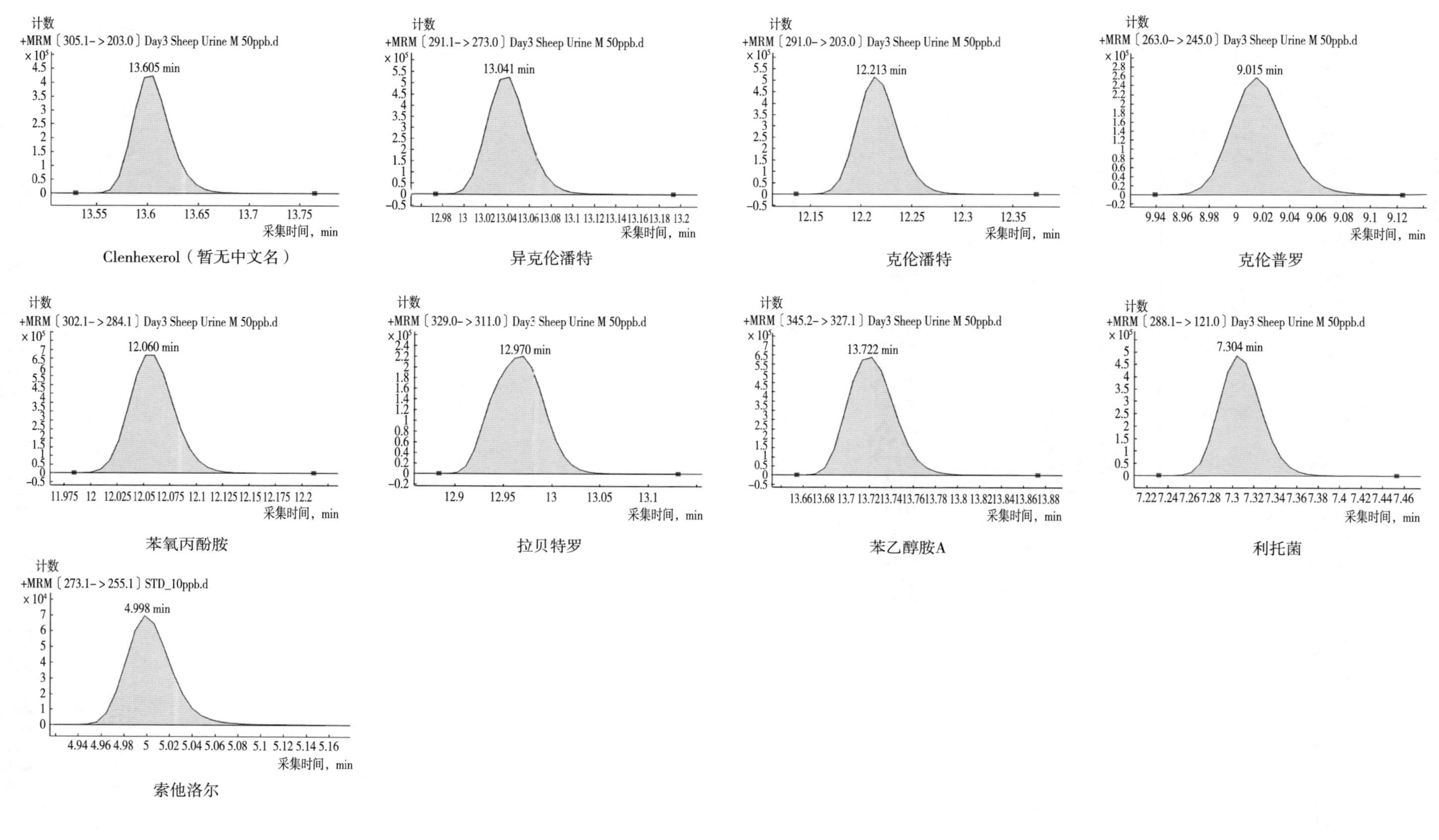

计数
+MRM（305.1->203.0）Day3 Sheep Urine M 50ppb.d
13.605 min
采集时间，min
Clenhexerol（暂无中文名）
计数
+MRM（291.1->273.0）Day3 Sheep Urine M 50ppb.d
13.041 min
采集时间，min
异克伦潘特
计数
+MRM（291.0->203.0）Day3 Sheep Urine M 50ppb.d
12.213 min
采集时间，min
克伦潘特
计数
+MRM（263.0->245.0）Day3 Sheep Urine M 50ppb.d
9.015 min
采集时间，min
克伦普罗
计数
+MRM（302.1->284.1）Day3 Sheep Urine M 50ppb.d
12.060 min
采集时间，min
苯氧丙酚胺
计数
+MRM（329.0->311.0）Day3 Sheep Urine M 50ppb.d
12.970 min
采集时间，min
拉贝特罗
计数
+MRM（345.2->327.1）Day3 Sheep Urine M 50ppb.d
13.722 min
采集时间，min
苯乙醇胺A
计数
+MRM（288.1->121.0）Day3 Sheep Urine M 50ppb.d
7.304 min
采集时间，min
利托菌
计数
+MRM（273.1->255.1）STD_10ppb.d
4.998 min
采集时间，min
索他洛尔

图 C.1（续）

ICS 11.220
B 41

中华人民共和国农业行业标准

NY/T 566—2019
代替 NY/T 566—2002

猪丹毒诊断技术

Diagnostic techniques for swine erysipelas

2019-08-01 发布　　2019-11-01 实施

中华人民共和国农业农村部 发布

前　言

本标准按照 GB/T 1.1—2009 给出的规则起草。

本标准代替 NY/T 566—2002《猪丹毒诊断技术》。与 NY/T 566—2002 相比，除编辑性修改外主要技术变化如下：

——"临床症状"参照《兽医传染病学》(陈溥言，第六版)和 *DISEASES OF SWINE*(10th Edition)进行了修订(见 3.1)；

——增加了病理变化(见 3.2)；

——生化试验按照 *Bergey's Manual of Systematic Bacteriology*(2nd Edition)进行了修订(见 4.2.3)；

——"4.2　病原鉴定"增加了猪丹毒杆菌的鉴别 PCR 方法(见 4.2.4)；

——附录 A 中培养基按照《中国兽药典》(2015 年版，三部)进行了修订。

本标准由农业农村部畜牧兽医局提出。

本标准由全国动物卫生标准化技术委员会(SAC/TC 181)归口。

本标准起草单位：中国兽医药品监察所。

本标准起草人：李伟杰、蒋桃珍、魏财文、岂晓鑫、田野、蒋颖、王团结、彭国瑞。

本标准所代替标准的历次版本发布情况为：

——NY/T 566—2002。

引　　言

猪丹毒(swine erysipelas)是由红斑丹毒丝菌(*Erysipelothrix rhusipathiae*),也称为猪丹毒杆菌或猪丹毒丝菌,引起的一种急性、热性传染病。

该病呈世界性分布,包括我国许多地区,我国通过疫苗普遍接种,该病得以全面控制,但近年来又在多地重现。该病主要通过消化道传播,还可借助吸血昆虫、鼠类和鸟类传播。主要侵害架子猪(3 月龄~6 月龄),临床表现主要为急性败血型、亚急性的疹块型和慢性心内膜炎型,病死率可达 80%。世界动物卫生组织尚未将该病列入动物疫病名录,且未推荐诊断技术。我国定为三类动物疫病。

人也可感染猪丹毒杆菌,称为"类丹毒"。人的病例多由损伤皮肤感染,一般经 2 周~3 周自愈。类丹毒是一种职业病,多发生于兽医、屠宰人员以及渔业工作者,迄今未见人因感染猪丹毒杆菌而死亡的报告。

猪丹毒杆菌的型特异性抗原,对热稳定,是血清学分型的基础。这些抗原由细胞壁的肽聚糖组成,采用高压浸出抗原和琼脂双扩散试验,可将猪丹毒杆菌分为 16 个血清型(1a、1b、2、4、5、6、8、9、11、12、15、16、17、19、21 和 N),临床分离的猪丹毒杆菌主要为 1a 和 2 两个血清型。

猪丹毒诊断技术

1 范围

本标准规定了猪丹毒诊断的技术要求。

本标准所规定的临床诊断和病原鉴定，适用于猪丹毒的诊断；试管凝集试验适用于流行病学调查和SPF猪群的监测。

2 规范性引用文件

下列文件对于本文件的应用是必不可少的。凡是注日期的引用文件，仅注日期的版本适用于本文件。凡是不注日期的引用文件，其最新版本(包括所有的修改单)适用于本文件。

NY/T 541 兽医诊断样品采集、保存和运输技术规范

3 临床诊断

3.1 临床症状

3.1.1 急性型

3.1.1.1 急性经过，突然死亡。

3.1.1.2 病猪体温升高达42℃以上，呈稽留热。精神沉郁，喜卧，不愿走动，厌食，有的呕吐。感染后2 d～3 d在猪的耳后、颈部、胸腹部等部位出现各种形状的暗红色或暗紫色丘疹，用手指按压褪色。

3.1.2 亚急性型

病猪食欲减退，体温升高至41℃以上，精神不振，不愿走动。发病1 d～3 d后在胸、腹、背、肩、四肢外侧等部位的皮肤出现方形、菱形或圆形的紫红色疹块，稍突起于皮肤表面，用手指按压褪色。

3.1.3 慢性型

3.1.3.1 浆液性纤维素性关节炎：四肢关节肿胀、变形，肢体僵硬，出现跛行，严重者卧地不起。

3.1.3.2 心内膜炎：精神萎靡，消瘦，不愿走动，呼吸急促。听诊心脏有杂音，心律不齐。

3.1.3.3 皮肤坏死：背、肩、耳、蹄和尾等部位皮肤坏死，可能出现皮肤坏疽、结痂。

3.2 病理变化

3.2.1 急性型

肾脏肿大，呈花斑状，外观呈暗红色，皮质出血，切面外翻，肾包膜易剥离。脾脏肿大充血，呈樱桃红色，切面外翻，用刀背轻刮有血粥样物，脾切面的白髓周围有“红晕”现象。淋巴结肿大，紫红色，切面有斑点状出血。

3.2.2 亚急性型

疹块内血管扩张，皮肤和皮下结缔组织水肿。

3.2.3 慢性型

3.2.3.1 心内膜炎：心内膜上有灰白色菜花样血栓性增生物，主要发生在二尖瓣，其次是主动脉瓣、三尖瓣和肺动脉瓣上。

3.2.3.2 多发性增生性关节炎：四肢关节肿胀、变形，有大量浆液性纤维素性渗出液。

4 实验室诊断

4.1 病原分离

4.1.1 仪器与耗材

4.1.1.1 Ⅱ级生物安全柜。

4.1.1.2 恒温培养箱(37℃)。

4.1.1.3 高压灭菌锅。

4.1.1.4 手术刀。

4.1.1.5 镊子。

4.1.1.6 接种环。

4.1.1.7 平皿(直径 60 mm～90 mm)。

4.1.2 培养基与试剂

4.1.2.1 马丁琼脂(配制见附录 A 中的 A.1,也可用商品化培养基)。

4.1.2.2 健康新生牛血清。

4.1.3 采集病料。

按照 NY/T 541 进行样品采集、保存与运输。急性病例可采集耳静脉血,死后取心血、肝、脾、淋巴结等;亚急性病例可采集皮肤疹块病料;慢性病例可采集关节液和心内膜的增生物。

4.1.4 分离培养

将病料划线接种于含 10%新生牛血清马丁琼脂平皿,37℃培养 36 h～48 h,挑取单菌落传代接种含 10%健康新生牛血清马丁琼脂平皿,37℃培养 24 h～36 h,获得纯培养。

4.2 病原鉴定

4.2.1 培养特性及菌体形态

4.2.1.1 仪器与耗材

4.2.1.1.1 Ⅱ级生物安全柜。

4.2.1.1.2 恒温培养箱(37℃)。

4.2.1.1.3 显微镜。

4.2.1.1.4 高压灭菌锅。

4.2.1.1.5 接种环。

4.2.1.1.6 载玻片。

4.2.1.2 培养基与试剂

4.2.1.2.1 马丁琼脂(配制见 A.1,也可用商品化培养基)。

4.2.1.2.2 新生牛血清。

4.2.1.2.3 革兰染色试剂盒。

4.2.1.3 操作

取分离菌株纯培养物划线接种于含 10%新生牛血清马丁琼脂,37℃培养 24 h～36 h,肉眼观察;取菌落制备涂片,革兰氏染色镜检。

4.2.1.4 结果判定

在含 10%新生牛血清马丁琼脂平皿上形成表面光滑、边缘整齐、有蓝绿色荧光的小菌落,革兰氏染色镜检为阳性细杆菌,符合以上特征判为可疑菌落。

4.2.2 动物试验

4.2.2.1 仪器与耗材

4.2.2.1.1 Ⅱ级生物安全柜。

4.2.2.1.2 恒温培养箱(37℃)。

4.2.2.1.3 高压灭菌锅。

4.2.2.1.4 一次性注射器(1 mL)。

4.2.2.2 培养基与试剂

4.2.2.2.1 马丁肉汤(配制见 A.2,也可用商品化培养基)。

4.2.2.2.2 生理盐水。

4.2.2.3 试验动物

4.2.2.3.1 小鼠(18 g~22 g,SPF 级)。

4.2.2.3.2 鸽子(30 日龄~60 日龄)。

4.2.2.3.3 豚鼠(350 g~450 g,清洁级)

4.2.2.4 操作

取分离菌株纯培养物接种马丁肉汤,37℃培养 24 h,菌液用生理盐水进行 5 倍~10 倍稀释,取稀释的菌液分别注射小鼠 3 只(皮下 0.2 mL)、鸽子 2 只(肌肉 1.0 mL)和豚鼠 2 只(肌肉 1.0 mL),连续观察 5 d。

4.2.2.5 结果判定

小鼠和鸽子应全部死亡,豚鼠应全部健康成活。

4.2.3 生化试验

4.2.3.1 仪器与耗材

4.2.3.1.1 Ⅱ级生物安全柜。

4.2.3.1.2 恒温培养箱(37℃)。

4.2.3.1.3 高压灭菌锅。

4.2.3.1.4 接种环。

4.2.3.2 培养基与试剂

4.2.3.2.1 马丁琼脂(配制见 A.1,也可用商品化培养基)。

4.2.3.2.2 新生牛血清。

4.2.3.2.3 生化试验小管。

4.2.3.3 操作

取分离菌株纯培养物划线接种含 10%新生牛血清马丁琼脂,37℃培养 24 h~36 h,挑取菌落接种生化试验小管进行培养。

4.2.3.4 结果判定

猪丹毒杆菌生化试验结果应符合表 1 的规定。

表 1 猪丹毒杆菌生化试验

生化试验	结果
β-葡萄糖苷酶(β-Glucosidase)	—
碱性磷酸酶(Alkaline phosphatase)	—
N-乙酰-β-葡萄糖胺酶(N-Acetyl-β-glucosamidase)	+(v)
β-甘露糖苷酶(β-Mannosidase)	—
L-阿拉伯糖(L-Arabinose)	+
N-乙酰-D-甘露糖胺(N-Acetyl-D-mannosamine)	+
熊果苷(Arbutin)	—
纤维二糖(Cellobiose)	—
D-果糖(D-Fructose)	+
D-半乳糖(D-Galactose)	+
龙胆二糖(Gentiobiose)	—

表 1（续）

生化试验	结果
丙三醇(Glycerol)	—
α-D-乳糖(α-D-Lactose)	+(v)
D-甘露糖(D-Mannose)	+(v)
3-甲基葡萄糖(3-Methyl glucose)	—(v)
D-阿洛酮糖(D-Psicose)	+
D-核糖(D-Ribose)	—(v)
水杨苷(Sallicin)	—
D-海藻糖(D-Trehalose)	—
木糖(Xylose)	—
注：+为阳性；—为阴性；v 为可变。	

4.2.4 PCR 鉴定

4.2.4.1 仪器与耗材

4.2.4.1.1 Ⅱ级生物安全柜。

4.2.4.1.2 冰箱(—20℃)。

4.2.4.1.3 台式高速离心机。

4.2.4.1.4 PCR 仪。

4.2.4.1.5 电泳仪。

4.2.4.1.6 凝胶成像系统。

4.2.4.1.7 微量可调移液器(2.5 μL、10 μL 或 20 μL，100 μL 或 200 μL)。

4.2.4.1.8 高压灭菌锅。

4.2.4.1.9 一次性枪头。

4.2.4.2 培养基与试剂

4.2.4.2.1 马丁琼脂(配制见 A.1，也可用商品化培养基)。

4.2.4.2.2 新生牛血清。

4.2.4.2.3 10×PCR Buffer。

4.2.4.2.4 dNTP。

4.2.4.2.5 *Taq* 酶。

4.2.4.2.6 DL 2 000 DNA Marker。

4.2.4.2.7 Tris-乙酸(TAE)电泳缓冲液。

4.2.4.2.8 1.5%琼脂糖凝胶。

4.2.4.2.9 Goldview 或其他等效核酸染料。

4.2.4.2.10 无菌超纯水。

4.2.4.3 引物

猪丹毒杆菌 PCR 鉴定引物见表 2。

表 2 PCR 鉴定引物

检测目的基因	引物序列(5′-3′)	扩增片段大小,bp
16S rDNA	AGATGCCCATAGAAACTGGTA	719
	CTGATCCGCGATTACTAGCGATTCCG	
荚膜多肽生物合成基因	CGATTATATTCTTAGCACGCAACG	937
	TGCTTGTGTTGTGATTTCTTGACG	

4.2.4.4 DNA 模板的制备

取分离菌株纯培养物划线接种含 10%新生牛血清马丁琼脂,37℃培养 24 h~36 h,挑取单菌落加入 100 μL 无菌超纯水中,混匀,沸水浴 10 min,冰浴 5 min,12 000 r/min 离心 1 min,上清作为基因扩增的 DNA 模板,也可购置市售的 DNA 试剂盒,并按说明提出核酸。阳性对照按相同方法制备 DNA 模板。也可直接用单菌落作为 DNA 模板,取培养的单菌落直接加入 PCR 反应体系中。

4.2.4.5 PCR 反应体系及反应条件

反应体系见表 3。PCR 反应条件为:95℃预变性 5 min;95℃变性 1 min,60℃退火 40 s,72℃延伸 1 min,30 个循环;72℃延伸 10 min。同时,设置阳性对照(已知猪丹毒杆菌)及阴性对照(无菌超纯水)。

表 3 PCR 反应体系

组 分	体积,μL
无菌超纯水	33.5
10×PCR Buffer	5
dNTP(2.5 mmol/L)	4
16 S rDNA 上游引物(10 μmol/L)	0.5
16 S rDNA 下游引物(10 μmol/L)	0.5
荚膜多肽生物合成基因上游引物(10 μmol/L)	2
荚膜多肽生物合成基因下游引物(10 μmol/L)	2
Taq 酶(5 U/μL)	0.5
DNA 模板或阴、阳性对照	2
注:DNA 模板为单菌落时,无菌超纯水的体积为 35.5 μL。	

4.2.4.6 电泳观察

PCR 产物用 1.5%琼脂糖凝胶进行电泳,5 V/cm~8 V/cm 电泳 30 min~40 min,置于凝胶成像系统观察结果。

4.2.4.7 结果判定

阳性对照扩增出约 719 bp 和 937 bp 的片段,阴性对照未扩增出片段,试验成立。符合试验成立的条件,若被检样品扩增出约 719 bp 和 937 bp 的片段,判定为猪丹毒杆菌;若被检样品只扩增出约 719 bp 的片段,判定为丹毒杆菌属的其他种。结果判定电泳图参见附录 B。

4.2.5 琼脂扩散试验

4.2.5.1 仪器与耗材

4.2.5.1.1 Ⅱ级生物安全柜。

4.2.5.1.2 恒温培养箱(37℃)。

4.2.5.1.3 台式高速离心机。

4.2.5.1.4 高压灭菌锅。

4.2.5.1.5 离心管(15 mL、50 mL)。

4.2.5.1.6 平皿(直径 60 mm~90 mm)。

4.2.5.1.7 移液管(10 mL)。

4.2.5.2 培养基与试剂

4.2.5.2.1 马丁琼脂(配制见 A.1,也可用商品化培养基)。

4.2.5.2.2 马丁肉汤(配制见 A.2,也可用商品化培养基)。

4.2.5.2.3 新生牛血清。

4.2.5.2.4 甲醛溶液。

4.2.5.2.5 磷酸盐缓冲液(PBS,pH 7.2)。

4.2.5.2.6 琼脂糖。

4.2.5.2.7 定型血清。

4.2.5.2.8 阳性对照抗原。

4.2.5.2.9 蒸馏水。

4.2.5.3 抗原的制备

取分离菌株纯培养物划线接种含 10%新生牛血清马丁琼脂,37℃培养 24 h～36 h,挑取单菌落接种马丁肉汤 100 mL(加 10%新生牛血清),37℃培养 36 h,加 0.5%甲醛溶液灭活 24 h,用 0.5%甲醛磷酸盐缓冲液离心(5 000 g～6 000 g,15 min)洗涤 2 次,在沉淀物中加 3 mL 蒸馏水,重悬,混匀,经 121℃高压 1 h,离心(5 000 g～6 000 g,15 min),上清液为被检抗原。

4.2.5.4 琼脂双扩散试验

4.2.5.4.1 用 pH 7.2 的 PBS 配制 1.0%琼脂糖凝胶,加热熔化后,吸取 10 mL 加入直径 90 mm 平皿,冷却后打六角梅花形孔,孔径 3 mm,孔间距离 4 mm。在酒精灯火焰上加热封底。

4.2.5.4.2 加定型血清 30 μL 在中央孔。

4.2.5.4.3 周围孔各加 30 μL 阳性对照抗原和被检抗原及 PBS。

4.2.5.4.4 置于 37℃湿盒中孵育 2 h～24 h。

4.2.5.5 结果判定

定型血清与阳性对照抗原出现沉淀线,与 PBS 不出现沉淀线,试验成立。若被检菌株抗原与定型血清孔之间出现沉淀线,则判定被检菌株为此血清型。

4.3 试管凝集试验

4.3.1 仪器与耗材

4.3.1.1 Ⅱ级生物安全柜。

4.3.1.2 恒温培养箱(37℃)。

4.3.1.3 水浴锅。

4.3.1.4 高压灭菌锅。

4.3.1.5 麦氏比浊仪。

4.3.1.6 试管。

4.3.1.7 一次性注射器(10 mL)。

4.3.2 培养基及试剂

马丁肉汤(配制见 A.2,也可用商品化培养基)。

4.3.3 菌种

已知血清型猪丹毒杆菌。

4.3.4 操作步骤

4.3.4.1 无菌采集被检猪血液 5 mL,分离血清。

4.3.4.2 将被检血清用马丁肉汤分别稀释成 1∶10 和 1∶20 两个稀释度。

4.3.4.3 每个稀释度的血清分别取 5 mL,各分装 3 支小试管,56℃灭活 30 min。

4.3.4.4 猪丹毒杆菌接种马丁肉汤,37℃培养 18 h 后,将菌液稀释成 0.5 个麦氏浊度。

4.3.4.5 取冷却至 37℃以下的灭活血清,每支小试管加菌液 0.1 mL(0.5 个麦氏浊度),标记为被检管,37℃静置培养 18 h,再取出室温放置 2 h。

4.3.4.6 本试验同时设置马丁肉汤和马丁肉汤培养的猪丹毒杆菌菌液作为对照管。

4.3.5 判定标准

4.3.5.1 被检管与菌液对照管比较观察,被检管和对照管一样均匀一致浑浊,管底无凝集物者为阴性(—)。

4.3.5.2 被检管上层液体稍浑浊,管底有凝集物沉淀者为弱阳性(+或+ +)。

4.3.5.3 被检管澄清,无浑浊状,管底有大量凝集物沉淀者为阳性(+ + +或+ + + +)。

4.3.6 结果判定

根据血清 1∶10 和 1∶20 两个稀释度出现的凝集程度进行判定:

a) 两个稀释度出现凝集程度的总和≥5 个(+)者,判为阳性;

b) 两个稀释度出现凝集程度的总和=4 个(+)者,判为可疑,血清需重新制备;

c) 两个稀释度出现凝集程度的总和≤3 个(+)者,判为阴性。

5 综合判定

5.1 疑似

符合下列其中之一,判为疑似:

a) 符合 3.1.1 和 3.2.1;

b) 符合 3.1.3 和 3.2.3。

5.2 确诊

符合下列其中之一,可确诊:

a) 符合 3.1.2 和 3.2.2;

b) 符合 5.1,且符合 4.2.1.4、4.2.2.5、4.2.3.4;

c) 符合 5.1,且符合 4.2.1.4、4.2.2.5、4.2.4.7。

5.3 血清型鉴定

按 4.2.5.5 判定被检菌株的血清型。

附 录 A
(规范性附录)
培 养 基 制 备

A.1 马丁琼脂

A.1.1 成分

牛肉汤	500 mL
猪胃消化汤	500 mL
氯化钠	2.5 g
琼脂	13 g

A.1.2 制法

A.1.2.1 除琼脂外,将上述成分混合,调节 pH 至 7.6～7.8,加入琼脂,加热溶解。

A.1.2.2 以卵白澄清法除去沉淀,分装。

A.1.2.3 116℃灭菌 30 min～40 min,灭菌后培养基的 pH 应为 7.2～7.6。

注:卵白澄清法

a) 取鸡蛋白 2 个,加等量纯水,充分搅拌,加至 1 000 mL 50℃的培养基中,搅匀;

b) 置于流通蒸汽锅内,加热 1 h,使蛋白充分凝固;

c) 取出,在蒸汽加温下以脱脂棉或滤纸滤过。

A.2 马丁肉汤

A.2.1 成分

牛肉汤	500 mL
猪胃消化汤	500 mL
氯化钠	2.5 g

A.2.2 制法

A.2.2.1 将上述成分混合,调节 pH 至 7.6～7.8,煮沸 20 min 后,加入纯化水恢复至原体积,滤清,分装。

A.2.2.2 116℃灭菌 30 min～40 min,灭菌后培养基的 pH 应为 7.2～7.6。

附 录 B
(资料性附录)
猪丹毒杆菌 PCR 鉴定结果判定

B.1 猪丹毒杆菌 16S rDNA 及荚膜多肽生物合成基因 PCR 鉴定电泳例图

见图 B.1。

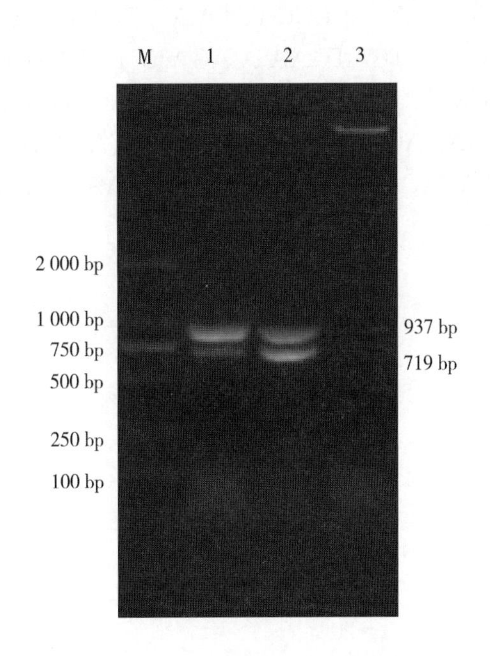

说明：

M——DL 2 000 DNA Marker；

1——猪丹毒杆菌；

2——猪丹毒杆菌阳性对照；

3——阴性对照。

图 B.1 猪丹毒杆菌 16S rDNA 及荚膜多肽生物合成基因 PCR 鉴定电泳例图

B.2 16S rDNA 基因参考序列

AGATGCCATAGAAACTGGTAGACTAGAGTGCAGGAGAGGTTAGTGGAATTCCATGTGTAGC
GGTAAAATGCGTAGATATATGGAGGAACACCAGTGGCGAAGGCGGCTAACTGGCCTGTAAC
TGACGCTGAGGCTCGAAAGCGTGGGGAGCAAATAGGATTAGATACCCTAGTAGTCCACGCC
GTAAACGATGGATACTAAGTGTTGGAGAAATTCAGTGCTGTAGTTAACGCAATAAGTATCC
CGCCTGGGGAGTATGCGCGCAAGCGTAAAACTCAAAGGAATTGACGGGGGCCNGCACAAGCG
GTGGAGTATGTGGTTTAATTCGAANCAACGCGAAGAACCTTACCAGGTCTTGACATACCGCG
CAAAAGCACAGAGATGTGTAATAGTTATGGCGGATACAGGTGGTGCATGGTTGTCGTCAGC
TCGTGTCGTGAGATGTTGGGTTAAGTCCCGCAACGAGCGCAACCCTTGTCTTTAGTTACCAGC
ATTAAGTTGGGGACTCTAAAGAGACTGCCGGTGATAAACCGGAGGAAGGTGGGGATGACGT
CAAATCATCATGCCCCTTATGATCTGGGCTACACACGTACTACAATGGCGTATACAGAGGGC
AGCGAAGCAGCGATGCGGAGCGAATCTCAGAAAGTACGTCTCAGTTCGGATTGGAGTCTGCA
ACTCGACTCCATGAAGTCGG AATCGCTAGTAATCGCGGATCAG

B.3 荚膜多肽生物合成基因参考序列

CGATTATATTCTTAGCACGCAACGTTAAATGGAATAAAAAAACACTGATCATTGTTCTTGG

TATTTCTTTTGTTTTTGCATTCATTCCATGGCAACGCGTACTCACACACCTTCCATTTATTC
CAGGATCTAAGAAAATAATGGGATATATTGATGCGAAGACACAAGTCTTGAACTTTGCAG
GAATTGTCCGTATTGCATTCGCTACAGTAATTCTTTATCACTACGATAAAATCACGGATTC
CGTATTTAAGAAATTCATCGTTGATTCGACTTTACTTGGATTTGCAGTTTACTTTTGTTTGA
AATTCTCAGAATTAATTGCTGGTCGAACAACGATTTATACGTTTATTCTCTGCATCGTCGTA
TTCAAATATATACTTGACCACTATTTCTTAAAAGACTCAAAAGTTCTAAATGGATTAATCT
ATACAGGACTCGCATGTTTTACAGGTTTGTTTCTCTACAAAGATATTAATGCCTACATGCAC
CAATCTAATTATCGTGGACCAAACAAGCTATTACGATTTAACACAATTTTCAATCGTCCGA
GCTATGATGATTATGACAATCGTTTTGCATATCTAACAGTTCGACGTAATTGTAATGATGA
GCGCGATGAGCTTTTAGATTCTCAAGCCGCGTTACCTTCATCTTCAAAGTATCAAGAGAAT
CTTTCCTATTATGCAATGTGGGATCATGAATCAGAACTGTATGGAATTTTAGGAACCGATCG
AACTTGGATTGTAGAACCGACCTTTAAACGTAAACCAACAGTCTATGGTTCGCTGGTTGCAT
TTACTCCTAATGATGACTTAAAACAAGCTTTTAAATCTACAGAGTATCTTGATTTATCGG
GTAAAGAAGTCACCGAAGAACACATTCAAGAAGCTTTAAGCAAGGATTCACTTGAACGTCA
AGAAATCACAACACAAGCA

ICS 11.220
B 41

中华人民共和国农业行业标准

NY/T 575—2019
代替 NY/T 575—2002

牛传染性鼻气管炎诊断技术

Diagnostic techniques for infectious bovine rhinotracheitis

2019-08-01 发布 2019-11-01 实施

中华人民共和国农业农村部 发布

前　言

本标准按照 GB/T 1.1—2009 给出的规则起草。

本标准代替 NY/T 575—2002《牛传染性鼻气管炎诊断技术》。与 NY/T 575—2002 相比，除编辑性修改外主要技术变化如下：

——增加了引言(见引言)；

——修改了范围(见第 1 章)；

——增加了规范性引用文件(见第 2 章)；

——增加了缩略语(见第 3 章)；

——修改了病毒鉴定中和指数的判定标准(见 4.4)；

——增加了实时荧光 PCR 试验(见第 7 章)；

——增加了细胞培养液的配制和实时荧光 PCR 试验过程防止交叉污染的措施(见附录 A 和附录 C)。

本标准由农业农村部畜牧兽医局提出。

本标准由全国动物卫生标准化技术委员会(SAC/TC 181)归口。

本标准起草单位：中国动物卫生与流行病学中心、华中农业大学。

本标准主要起草人：李晓成、郭爱珍、张志、李庆妮、吴发兴、张芳、胡长敏、刘爽、陈颖钰、董雅琴、陈曦、张慧、姜传文、侯桂先、刘瑞宁、陈焕春。

本标准所代替标准的历次版本发布情况为：

——NY/T 575—2002。

引　言

牛传染性鼻气管炎(Infectious bovine rhinotracheitis,IBR)是家养牛和野牛的一种病毒性传染病,病原是牛传染性鼻气管炎病毒(Infectious bovine rhinotracheitis virus,IBRV),学名为牛疱疹病毒Ⅰ型(Bovine herpesvirus 1,BoHV-1)。该病广泛分布于世界各地。世界动物卫生组织(OIE)将其列为牛的法定报告疫病,我国将其列为二类动物疫病。该病死亡率较低,许多感染牛呈亚临床症状经过,往往由于细菌继发感染导致更为严重的呼吸道疾病。

本标准参考世界动物卫生组织(OIE)《陆生动物诊断试验和疫苗手册》(2017年OIE官方网站在线版)中关于牛传染性鼻气管炎/牛传染性化脓性外阴阴道炎(Chapter 2.4.12)的内容,转化了实时荧光PCR诊断方法并引入到本标准中。

牛传染性鼻气管炎诊断技术

1 范围

本标准规定了牛传染性鼻气管炎的诊断技术要求。

本标准规定的病毒分离鉴定适用于牛疱疹病毒Ⅰ型的分离鉴定；微量血清中和试验和酶联免疫吸附试验适用于牛群牛传染性鼻气管炎的流行病学调查、监测和诊断；实时荧光PCR试验适用于快速检测牛疱疹病毒Ⅰ型感染。

2 规范性引用文件

下列文件对于本文件的应用是必不可少的。凡是注日期的引用文件，仅注日期的版本适用于本文件。凡是不注日期的引用文件，其最新版本（包括所有的修改单）适用于本文件。

GB/T 6682 分析实验室用水规格和试验方法

NY/T 541 兽医诊断样品采集、保存与运输技术规范

3 缩略语

下列缩略语适用于本文件。

BoHV-1：牛疱疹病毒Ⅰ型（bovine herpesvirus type 1）

CPE：细胞病变（cytopathic effect）

Ct 值：循环阈值（cycle threshold）

IBR：牛传染性鼻气管炎（infectious bovine rhinotracheitis）

MDBK：牛肾细胞系（madin-darby bovine kidney cell line）

$TCID_{50}$：组织培养半数感染量（50% tissue culture infective doses）

4 病毒分离鉴定

4.1 材料

4.1.1 试剂

4.1.1.1 青霉素-链霉素溶液（青霉素 10 000 U/mL，链霉素 10 000 μg/mL）。

4.1.1.2 无 BoHV-1 抗体新生牛血清。

4.1.1.3 DMEM 培养液、细胞生长液和细胞维持液（配制方法见附录 A）。

4.1.1.4 0.25% EDTA 胰酶。

4.1.1.5 BoHV-1 标准阳性血清和 BoHV-1 标准阴性血清。

4.1.1.6 MDBK 细胞或睾丸原代或睾丸次代细胞。

4.1.2 器材

4.1.2.1 组织匀浆机。

4.1.2.2 离心机。

4.1.2.3 恒温二氧化碳培养箱。

4.1.2.4 倒置显微镜。

4.1.2.5 无菌棉拭子。

4.1.2.6 0.22 μm 孔径滤器。

4.1.2.7 微量可调移液器。

4.1.2.8　无菌移液器吸头。

4.1.2.9　细胞瓶(T25 cm^2)。

4.1.2.10　无菌96孔细胞培养板。

4.2　样品

4.2.1　样品采集

4.2.1.1　拭子样品

用无菌棉拭子反复刮擦,采取鼻道、生殖道和眼分泌物,立即将拭子浸入1.0 mL DMEM培养液(含青霉素1 000 U/mL、链霉素1 000 μg/mL、2%~5%的无BoHV-1抗体新生牛血清、pH 7.2)中。

4.2.1.2　组织样品

剖检时,无菌采集牛呼吸道黏膜、扁桃体、肺、脑中三叉神经节。对刚死亡的胎儿,无菌采集肺、肾、脾等各种组织样品。

4.2.1.3　精液

采集0.5 mL新鲜精液或冷冻精液。

4.2.2　样品运送

采集的样品立即4℃储存,24 h内送达实验室,并按NY/T 541的规定执行。

4.2.3　样品处理

4.2.3.1　拭子样品

将拭子样品冻融2次,振荡2 min。拧干拭子,样品液经10 000 r/min离心10 min,取上清液,经0.22 μm孔径滤器过滤,滤液作为接种分离材料。

4.2.3.2　组织样品

用无菌剪镊取适量组织,先用DMEM培养液制成20%的匀浆液,再经10 000 r/min离心10 min,取上清液,经0.22 μm孔径滤器过滤,滤液作为接种分离材料。

4.2.3.3　精液

将精液样品冻融2次或超声波裂解,经10 000 r/min离心10 min。新鲜精液通常对细胞有毒性,可抑制病毒增殖,接种前应预先用DMEM培养液作1∶15稀释。

4.3　操作方法

4.3.1　接种培养

4.3.1.1　取经过处理的样品0.2 mL,接种到已形成良好单层的MDBK细胞或睾丸原代或次代细胞培养瓶(T25 cm^2)中。

4.3.1.2　每个样品接种4瓶,置37℃吸附1 h后,倾去接种液,用DMEM培养液洗3次,最后加入细胞维持液5 mL。

4.3.1.3　置37℃培养,逐日观察CPE;若7 d仍不出现CPE,则收获培养物继代于新制备的细胞单层上,盲传三代后,观察CPE,出现CPE者收获培养物,保存于−70℃待鉴定。

4.3.1.4　BoHV-1在MDBK细胞和睾丸原代或次代细胞上形成CPE的特征:细胞变圆,聚合,呈葡萄串状或拉网状,最后脱落。

4.3.2　测定中和指数

4.3.2.1　取出现CPE的细胞培养物,经冻融2次后,以10 000 r/min离心10 min。

4.3.2.2　取上清液,用DMEM培养液作10倍递增稀释至10^{-7}。

4.3.2.3　分别将BoHV-1标准阳性血清(中和效价1∶32或以上)和BoHV-1标准阴性血清与每个稀释度病毒液等量混合,置37℃中和1 h。

4.3.2.4　将病毒血清混合物接种96孔细胞培养板,每个样品接种4孔,每孔100 μL。

4.3.2.5　每孔加入MDBK细胞悬液(每毫升含30万~40万细胞)100 μL。置37℃培养,观察72 h~120 h,

每天记录 CPE 和无 CPE 的孔数。

4.3.2.6 按 Reed-Muench 方法计算 $TCID_{50}$。计算公式见式(1)、式(2)。

$$TCID_{50} = \lg D + L \times \lg d \tag{1}$$

式中：

D ——高于 50%百分数的病毒稀释度；

L ——距离比值；

d ——稀释系数。

$$L = (P_1 - 50)/(P_1 - P_2) \tag{2}$$

式中：

P_1——高于 50%的百分数；

P_2——低于 50%的百分数。

4.3.2.7 **计算中和指数**

中和指数是标准阴性血清处理后的病毒毒价(lg10)和标准阳性血清处理后的病毒毒价(lg10)之差。

4.4 结果判定

分离物引起典型 BoHV-1 细胞病变且中和指数>1.5 时，即可确定分离物为 BoHV-1。

5 微量血清中和试验

5.1 材料

5.1.1 试剂

5.1.1.1 BoHV-1 标准毒株(IBR Baitha-Nu/67 弱毒株)冻干毒。

5.1.1.2 BoHV-1 标准阳性血清和 BoHV-1 标准阴性血清。

5.1.1.3 无 BoHV-1 抗体新生牛血清。

5.1.1.4 DMEM 培养液、细胞生长液和细胞维持液(配制方法见附录 A)。

5.1.1.5 MDBK 细胞

5.1.1.6 0.25% EDTA 胰酶。

5.1.2 器材

5.1.2.1 水浴锅。

5.1.2.2 恒温箱。

5.1.2.3 微量可调移液器。

5.1.2.4 无菌移液器吸头。

5.1.2.5 无菌 96 孔细胞培养板。

5.1.2.6 恒温二氧化碳培养箱。

5.1.2.7 倒置显微镜。

5.1.3 病毒抗原制备

5.1.3.1 用细胞生长液培养 MDBK 细胞，待细胞长成良好单层后，用 DMEM 培养液洗 2 次。

5.1.3.2 将 IBR Baitha-Nu/67 弱毒株冻干毒用 DMEM 培养液作 10 倍递增稀释。

5.1.3.3 按原培养液 1/10 量接毒，置 37℃吸附 1 h，然后加入细胞维持液至原培养液量，置 37℃培养。

5.1.3.4 待 80%～90% 细胞出现 BoHV-1 感染典型 CPE 时收获培养物，冻融 2 次后，以 10 000 r/min 离心 10 min，其上清液即为病毒抗原。

5.1.3.5 测定病毒毒价($TCID_{50}$)，分装小瓶，每瓶 1 mL，做好标记和收毒日期，储存于－70℃备用。半年内病毒毒价保持不变。

5.1.4 病毒毒价($TCID_{50}$)测定

5.1.4.1　将制备的病毒抗原，用DMEM培养液作10倍递增稀释至10^{-7}。

5.1.4.2　每一个稀释度接种96孔细胞培养板的4个孔，每孔50 μL。

5.1.4.3　每孔加入细胞悬液（每毫升含30万～40万细胞）100 μL和细胞维持液50 μL。同时，设4孔细胞为正常对照。置37℃培养，观察72 h～120 h，每天记录CPE和无CPE的孔数。

5.1.4.4　按Reed-Muench方法计算$TCID_{50}$。必要时，可多次测定病毒的$TCID_{50}$，求其平均值作为中和抗原的毒价。

5.1.5　被检血清

无菌采集血液，并分离血清，不加任何防腐剂。

5.2　操作方法

5.2.1　血清均于水浴中56℃灭活30 min。

5.2.2　将一瓶已知毒价的BoHV-1病毒抗原，用DMEM培养液稀释成每50 μL含100 $TCID_{50}$。

5.2.3　取0.3 mL病毒悬液与等量的被检血清于离心管（或小试管中）中混合，置37℃温箱中和1 h。

5.2.4　将已中和的被检血清-病毒混合物加入96孔培养板孔内，每个样品接种4孔，每孔100 μL。

5.2.5　于每一样品孔内加入100 μL MDBK细胞悬液，细胞密度为每毫升含30万～40万细胞，置37℃培养。

5.2.6　对照设置

5.2.6.1　标准阳性血清加抗原和标准阴性血清加抗原对照，其操作程序同5.2.3、5.2.4、5.2.5。

5.2.6.2　被检血清毒性对照：每份被检血清样品接种2孔，每孔50 μL，再加细胞悬液100 μL。

5.2.6.3　细胞对照：每孔加100 μL细胞悬液，再加细胞生长液100 μL。

5.2.6.4　病毒回归试验：

a）将病毒抗原工作液（100 $TCID_{50}$/50 μL）作10倍递增稀释至10^{-3}。

b）取抗原工作液及每个稀释度接种4孔，每孔50 μL，加细胞生长液50 μL，再加细胞悬液100 μL。

c）按Reed-Muench方法，计算本次试验$TCID_{50}$/50 μL的实际含量。

5.3　结果判定

5.3.1　试验成立的条件

接种后72 h～120 h，判定结果。当病毒抗原工作液对照、标准阴性血清对照均出现典型细胞病变，标准阳性血清对照无细胞病变，细胞对照正常，病毒抗原实际含量在30 $TCID_{50}$～300 $TCID_{50}$时，方能判定结果；否则，被认为此次试验无效。

5.3.2　判定

5.3.2.1　定量判定

5.3.2.1.1　被检血清的中和抗体效价为保护50%接毒细胞孔不出现CPE的血清稀释度的倒数。

5.3.2.1.2　如果未经稀释的被检血清（终稀释度为1/2）能使50%细胞孔不出现CPE，则中和抗体效价为1。

5.3.2.1.3　如果所有未经稀释的被检血清完全保护和倍比稀释血清（终稀释度为1/4）能使50%细胞孔不出现CPE，则中和抗体效价为2。

5.3.2.2　定性判定

5.3.2.2.1　中和抗体效价≥1者判为阳性。

5.3.2.2.2　中和抗体效价<1者判为阴性。

6　酶联免疫吸附试验

6.1　材料

6.1.1　试剂

6.1.1.1　抗牛免疫球蛋白-辣根过氧化物酶标记抗体。

6.1.1.2　BoHV-1 抗原。

6.1.1.3　BoHV-1 标准阳性血清和 BoHV-1 标准阴性血清。

6.1.1.4　抗原包被缓冲液、封闭液、洗涤液、底物溶液和终止液(配制方法见附录 B)。

6.1.2　器材

6.1.2.1　酶标反应板。

6.1.2.2　微量可调移液器。

6.1.2.3　移液器吸头。

6.1.2.4　酶标仪。

6.1.2.5　恒温箱。

6.2　操作方法

6.2.1　抗原制备

6.2.1.1　将病毒接种细胞,待 80%～90% 细胞出现 BoHV-1 感染典型 CPE 时收获培养物,－20℃冻存。

6.2.1.2　冻融 3 次,细胞溶解物经 25 000 r/min 离心 4 h,将含有病毒的沉淀物用 PBS(0.01 mol/L, pH 7.4)重悬,冰上冷却,超声破碎。

6.2.1.3　经 2 000 r/min 离心 10 min,上清液加入终浓度为 0.5% 的去污剂 Nonidet P40 灭活病毒即为包被抗原。

6.2.2　抗原包被

用包被缓冲液将抗原稀释至工作浓度包被反应板,每孔 150 μL,4℃包被 12 h 后使用。

6.2.3　洗板

甩掉孔内的包被液,注满洗涤液,再甩干。如此连续操作 5 遍。

6.2.4　封闭

每孔注满封闭液,置 37℃封闭 90 min,然后按 6.2.3 洗涤。

6.2.5　加样

6.2.5.1　标准阴、阳性血清和被检血清均用封闭液作 100 倍稀释,每份被检血清加 2 孔,每孔 150 μL。

6.2.5.2　每块板均设标准阴、阳性血清及稀释液对照各 2 孔。

6.2.5.3　置 37℃孵育 1 h,再按 6.2.3 洗涤。

6.2.6　加酶标记抗体

每孔加入用封闭液稀释至工作浓度的酶标记抗体 150 μL。置 37℃再孵育 1 h,按 6.2.3 洗涤。

6.2.7　加底物

每孔加底物溶液 150 μL,置室温(20℃左右)避光反应 20 min。

6.2.8　终止反应

每孔加终止液 25 μL。

6.2.9　读数

加入终止液 10 min 内,使用酶标仪测定结果(OD_{450nm})。

6.3　结果判定

6.3.1　试验成立条件

阳性对照血清平均 OD_{450nm}≥0.5,阴性对照血清平均 OD_{450nm}≤0.2,判定试验条件成立。

6.3.2　*P/N* 比法

被检样品(P)的吸光度值和阴性标准样品(N)值之比。

$P/N<1.50$ 判为阴性;

$2.0>P/N>1.50$ 判为可疑;

$P/N \geqslant 2.0$ 判为阳性。

6.3.3 凡可疑被检血清均应重检,仍为可疑时,则判为阴性。

7 实时荧光 PCR 试验

7.1 材料

7.1.1 试剂

除另有规定,本方法试验用水应按照 GB/T 6682 规定的二级水,所用化学试剂均为分析纯。

7.1.1.1 引物与探针

7.1.1.1.1 引物与探针配制:

采用无 DNA 酶和 RNA 酶的水,将每条引物与探针配制成 100 μmol/L 储存液,置−20℃或更低温度冻存;使用时,取适量配制成 10 μmol/L 的工作液,避免多次冻融。

7.1.1.1.2 引物与探针序列:

gB 基因上游引物 gB-F:5′-TGTGGACCTAAACCTCACGGT-3′;

gB 基因下游引物 gB-R:5′-GTAGTCGAGCAGACCCGTGTC-3′;

gB 基因探针:5′-FAM-AGGACCGCGAGTTCTTGCCGC-TAMRA-3′。

7.1.1.1.3 探针 5′端标记的报告荧光基团及 3′端标记的淬灭基团,可根据荧光 PCR 仪设备等具体情况另行选定。

7.1.1.2 病毒核酸提取试剂盒。

7.1.1.3 2×PCR 预混液、50×ROX、无 DNA 酶和 RNA 酶水(此 3 种试剂可采用经验证等效的商品化实时荧光 PCR 试剂盒替代)。

7.1.2 器材

7.1.2.1 荧光 PCR 仪。

7.1.2.2 离心机。

7.1.2.3 涡旋混合器。

7.1.2.4 可调微量移液器。

7.1.2.5 无 DNA 酶和 RNA 酶的移液器吸头。

7.1.2.6 无 DNA 酶和 RNA 酶的离心管。

7.1.2.7 荧光 PCR 反应管。

7.1.3 DNA 模板制备

将 4.2.3 中处理得到的拭子样品、组织样品和精液用病毒核酸提取试剂盒进行病毒 DNA 的提取,提取 DNA 产物用作实时荧光 PCR 的 DNA 模板。DNA 模板直接用于检测,或储存−20℃备用。长期储存,应置−80℃条件下。

7.2 操作方法

7.2.1 对照设置

7.2.1.1 每次实时荧光 PCR 试验,都应设置阳性对照、阴性对照和试剂对照。从样品处理开始,应设置阳性对照和阴性对照;配制实时荧光 PCR 体系时,应设置试剂对照。

7.2.1.2 阳性对照:取已知阳性的同类样品作为阳性对照。也可将适量的 BoHV-1 病毒添加到已知阴性样品中作为阳性对照样品。

7.2.1.3 阴性对照:取已知阴性的同类样品作为阴性对照。

7.2.1.4 试剂对照:以无 DNA 酶和 RNA 酶水作为 DNA 模板为试剂对照。

7.2.2 实时荧光 PCR 体系

7.2.2.1 2×PCR 反应缓冲液 12.5 μL。

7.2.2.2 上游引物(10 nmol/L)0.75 μL。

7.2.2.3 下游引物(10 nmol/L)0.75 μL。

7.2.2.4 探针(10 μmol/L)0.5 μL。

7.2.2.5 50×ROX 0.5 μL。

7.2.2.6 DNA 模板 1.5 μL。

7.2.2.7 无 DNA 酶和 RNA 酶水 8.5 μL。

7.2.2.8 加完样后,盖紧管盖,混匀,低速瞬时离心,使反应液集中管底。

7.2.3 实时荧光 PCR 反应程序

7.2.3.1 第一阶段:50℃ 2 min,95℃ 10 min,1 个循环。

7.2.3.2 第二阶段:95℃ 10 s,60℃ 45 s,45 个循环,荧光收集设置在 60℃退火延伸时进行。

7.2.3.3 荧光素或检测通道设置:采用 FAM 通道,将报告荧光(report dye)设定为 FAM,采用其他报告荧光应按仪器说明对应设定通道;淬灭荧光(quench dye)设定为 TAMRA,校准荧光(reference dye)设定为 None。可根据不同品牌仪器说明设置等效参数。

7.3 结果判定

7.3.1 试验成立条件

阳性对照的 *Ct* 值应≤30 且曲线有明显的对数增长期,阴性对照和试剂对照应无 *Ct* 值。对照满足以上条件,此次试验才成立。

7.3.2 结果判定

7.3.2.1 当待检样品无 *Ct* 值时,判定样品 BoHV-1 核酸阴性。

7.3.2.2 当待检样品 *Ct* 值≤38 且曲线有明显的对数增长期,判定样品 BoHV-1 核酸阳性。

7.3.2.3 当待检样品 38<*Ct* 值≤45 时,应进行重复试验。若重复试验 *Ct* 值≤45,且曲线有明显的对数增长期,判定样品 BoHV-1 核酸阳性;否则,判定样品 BoHV-1 核酸阴性。

附录 A
（规范性附录）
细胞培养液配制

A.1 细胞生长液

于 DMEM 基础细胞培养液中，加入终浓度为 5%新生牛血清、100 U/mL 青霉素和 100 μg/mL 链霉素。新生牛血清应无 BoHV-1 病毒污染，且 BoHV-1 血清学阴性。

A.2 细胞维持液

于 DMEM 基础细胞培养液中，加入终浓度为 1%的新生牛血清、100 U/mL 青霉素和 100 μg/mL 链霉素。新生牛血清应无 BoHV-1 病毒污染，且 BoHV-1 血清学阴性。

附录 B
(规范性附录)
酶联免疫吸附试验溶液的配制

B.1 包被缓冲液(pH 9.6 碳酸盐缓冲液)

碳酸钠(Na_2CO_3)	1.59 g
碳酸氢钠($NaHCO_3$)	2.93 g
氯化钠(NaCl)	7.30 g

加无离子水至 1 000 mL。

B.2 洗涤液(pH 7.4,0.05% 吐温-磷酸盐缓冲液)

磷酸二氢钾(KH_2PO_4)	0.20 g
磷酸氢二钠($Na_2HPO_4 \cdot 12H_2O$)	2.90 g
氯化钾(KCl)	0.20 g
氯化钠(NaCl)	8.20 g
吐温-20(Tween-20)	0.5 mL

加无离子水至 1 000 mL。

B.3 封闭液的配制

三羧甲基氨基甲烷(Tris)	6.06 g
氯化钠(NaCl)	8.80 g
乙二胺四乙酸二钠(EDTA・2Na)	0.37 g

加无离子水至 1 000 mL。

用 1mol/L 盐酸调 pH 至 7.4,临用前加入吐温-20(Tween-20)和健康马血清,使终浓度分别达 0.1% 和 3%。

B.4 底物溶液

磷酸氢二钠(Na_2HPO_4)	7.30 g
柠檬酸($C_6H_8O_2 \cdot H_2O$)	5.10 g

加无离子水至 1 000 mL。

临用前,称 40 mg 邻苯二胺溶解在 100 mL 上述溶液中。完全溶解后,再加 0.15 μL 3%过氧化氢(H_2O_2),混合后立即使用。

B.5 终止液

浓硫酸	22.2 mL
无离子水	177.8 mL

附录 C
（资料性附录）
实时荧光 PCR 试验过程中防止交叉污染的措施

C.1 采样及样品处理过程，应防止不同样品之间通过器具、手套等的交叉污染。

C.2 在实验过程中，应穿工作服和戴一次性手套。勤换手套，工作服应经常清洗。

C.3 吸头、离心管、PCR 管等应经过高压灭菌处理，一次性使用，不得回收清洗后重复使用。

C.4 样品处理与 PCR 加样应在不同的区域进行，不同区域配备独立的加样工具和用具。该区域可以是独立的空间间隔、有紫外线消毒设施的独立的设备，如核酸提取工作站、PCR 加样工作站、可密闭进行紫外线消毒的超净工作台、生物安全柜等。若在敞开的空间进行核酸提取或 PCR 加样，该空间应安装紫外灯或配备具有等同降解核酸功能的设备，如移动紫外灯、带紫外线消毒功能的空气消毒净化器等。上述区域在每次使用后应及时清洁处理，并在使用前后照射紫外线 30 min 以上。每个区域应有专门的废弃物容器。每次实验结束，应在紫外线消毒前，及时清理废弃物及消毒容器，并将该废弃物容器放回工作区进行紫外线消毒。

C.5 PCR 反应液等试剂应按检测需求分装储存，避免同一管试剂多次开启使用。

C.6 装有 DNA 模板、样品或试剂的离心管在打开之前，应短暂离心，避免离心管崩开，所有操作尽量避免产生气溶胶。

C.7 上机运行前，应检查盖紧各 PCR 管，以防荧光物质或模板泄漏而污染机器。

C.8 遵循 SN/T 1193—2003《基因检验实验室技术要求》的其他技术要求。

ICS 11.220
B 41

中华人民共和国农业行业标准

NY/T 1187—2019
代替 NY/T 681—2003,NY/T 1187—2006

鸡传染性贫血诊断技术

Diagnostic techniques for chicken infectious anemia

2019-08-01 发布 2019-11-01 实施

中华人民共和国农业农村部 发布

前　言

本标准按照 GB/T 1.1—2009 给出的规则起草。

本标准代替 NY/T 681—2003《鸡传染性贫血诊断技术》和 NY/T 1187—2006《鸡传染性贫血病毒聚合酶链反应试验方法》。与 NY/T 681—2003、NY/T 1187—2006 相比，除编辑性修改外主要技术变化如下：

——增加了实验室检测技术部分荧光聚合酶链反应试验的检测方法。

本标准由农业农村部畜牧兽医局提出。

本标准由全国动物卫生标准化技术委员会(SAC/TC 181)归口。

本标准起草单位：中国动物疫病预防控制中心、山东农业大学。

本标准起草人：王传彬、顾小雪、赵鹏、张硕、韩雪、任志浩、蒋菲、宋晓晖、杨林、刘洋、刘玉良、王睿男、毕一鸣。

本标准所代替标准的历次版本发布情况为：

——NY/T 681—2003；

——NY/T 1187—2006。

鸡传染性贫血诊断技术

1 范围

本标准规定了鸡传染性贫血(CIA)临床诊断和病毒分离与鉴定、酶联免疫吸附试验、免疫酶试验、聚合酶链反应试验和荧光聚合酶链反应试验及综合判定技术。

本标准适用于鸡传染性贫血的诊断、监测、产地检疫及流行病学调查。

2 规范性引用文件

下列文件对于本文件的应用是必不可少的。凡是注日期的引用文件,仅注日期的版本适用于本文件。凡是不注日期的引用文件,其最新版本(包括所有的修改单)适用于本文件。

GB/T 6682 分析实验室用水规格和试验方法

GB 19489 实验室生物安全通用要求

GB/T 27401 实验室质量控制规范 动物检疫

NY/T 541 兽医诊断样品采集、保存与运输技术规范

3 术语和定义

下列术语和定义适用于本文件。

3.1

鸡传染性贫血 chicken infectious anemia

鸡贫血因子病

由鸡贫血病毒引起的雏鸡再生障碍性贫血、全身淋巴组织萎缩、皮下和肌肉出血为特征的一种免疫抑制性疾病。

4 缩略语

DNA:脱氧核糖核酸(deoxyribonucleic acid)

dNTP:脱氧核糖核苷三磷酸(deoxy-ribonucleoside triphosphate)

PCR:聚合酶链式反应(polymerase chain reaction)

Taq 酶:*Taq* DNA 聚合酶(*Taq* DNA polymerase)

5 临床诊断

5.1 流行病学

5.1.1 本病各品种、年龄的鸡均易感,自然发病多见于2周龄~4周龄鸡。

5.1.2 成年鸡或有母源抗体的雏鸡感染无明显临床症状。

5.1.3 种鸡感染后,可通过种蛋垂直传播给下一代。

5.1.4 当有马立克氏病、传染性法氏囊病、禽网状内皮组织增殖症等免疫抑制性疾病发生时,雏鸡对鸡传染性贫血病毒(CIAV)的易感性增高,发病早且严重。

5.2 临床症状

雏鸡感染 CIA 的主要临床特征是贫血、病鸡精神沉郁、虚弱、消瘦,聚堆及行动迟缓,羽毛蓬乱,喙、肉髯、面部和可视黏膜苍白,羽毛囊有淤血和出血性病灶,生长不良。

5.3 病理变化

5.3.1 病鸡表现再生障碍性贫血、消瘦,骨髓被脂肪组织取代呈黄白色,肌肉及内脏器官苍白,肝脏、肾脏

肿大并褪色，血液稀薄，凝血时间延长，红细胞压积下降。

5.3.2 病鸡表现全身性淋巴组织萎缩，胸腺、法氏囊、脾脏和盲肠扁桃体以及其他组织内淋巴细胞严重缺失。

5.4 结果判定

符合 5.1 的流行病学特征，病鸡出现 5.2 临床症状和 5.3 中的病理变化，可判为鸡传染性贫血疑似病例，应进行实验室确诊。

6 实验室诊断

6.1 病原分离鉴定

6.1.1 试剂或材料

6.1.1.1 DMEM(高糖)培养基：配制见附录 A 中的 A.1。

6.1.1.2 新生牛血清。

6.1.1.3 青、链霉素：青霉素 10 000 U/mL，链霉素 10 000 μg/mL。

6.1.1.4 淋巴细胞系 MDCC-MSB1 细胞。

6.1.1.5 标准阳性血清：用 CIAV 抗原免疫 SPF 鸡制备的血清。

6.1.1.6 标准阴性血清：SPF 鸡血清。

6.1.1.7 细胞培养瓶。

6.1.1.8 吸管。

6.1.1.9 离心机及离心管。

6.1.1.10 研磨器械。

6.1.1.11 可调移液器(最大量程为 2 μL、20 μL、200 μL、1 000 μL)及相应吸头。

6.1.1.12 0.45 μm 微孔滤膜。

6.1.2 仪器设备

6.1.2.1 二氧化碳培养箱。

6.1.2.2 恒温水浴箱。

6.1.2.3 普通冰箱及低温冰箱。

6.1.2.4 倒置显微镜。

6.1.3 样品

按 NY/T 541 无菌采集病鸡胸腺、骨髓、脾脏、盲肠扁桃体、肝脏、肺脏、法氏囊等器官组织 1 g～2 g，研磨后用无血清 DMEM(高糖)培养基制成 20%组织悬浮液，以 3 000 *g* 离心 30 min。取上清液，70℃水浴处理 5 min 后加等量(体积比)10%三氯甲烷室温处理 15 min，10 000 *g* 离心 20 min，取上清液用于 CIAV 分离。

6.1.4 操作方法

6.1.4.1 用 MDCC-MSB1 细胞在含 15%新生牛血清的 DMEM(高糖)培养基、39℃和 5%二氧化碳恒温培养箱中培养。每 2 d～3 d 传代一次，细胞长至 2×10^5 个/mL～5×10^5 个/mL。

6.1.4.2 将 0.1 mL 处理好的组织悬浮液接种上述培养的 MDCC-MSB1 细胞，在 39℃和 5%二氧化碳环境下培养 48 h，观察结果。CIAV 感染后的细胞病变表现为细胞体积增大，随后溶解。若第一次接种未出现细胞病变，应将细胞培养物冻融后盲传三代。

6.1.4.3 将出现病变的细胞用 6.3、6.4、6.5 的任意一种方法进行鉴定。

6.1.5 结果判定

a) CIAV 分离鉴定阳性：出现病变的细胞用 6.3、6.4、6.5 的任意一种方法检测为阳性。
b) CIAV 分离鉴定阴性：样品接种细胞后盲传三代均无细胞病变，或者用 6.3、6.4、6.5 三种方法检测均为阴性，则判为阴性。

6.2 酶联免疫吸附试验

6.2.1 试剂或材料

6.2.1.1 酶标板:用 CIAV 抗原包被的酶标板。

6.2.1.2 标准阳性血清:用 CIAV 抗原免疫 SPF 鸡制备的血清,SPF 鸡应符合 GB/T 27401 的规定。

6.2.1.3 标准阴性血清:SPF 鸡血清。

6.2.1.4 酶结合物:HRP 标记抗 CIAV 单克隆抗体。

6.2.1.5 磷酸盐缓冲液(PBS):配制见 A.2。

6.2.1.6 洗涤液:配制见 A.3。

6.2.1.7 样品稀释液:配制见 A.4。

6.2.1.8 底物溶液:配制见 A.5。

6.2.1.9 终止液:配制见 A.6。

6.2.1.10 可调移液器(最大量程为 50 μL、200 μL、300 μL)及相应吸头。

6.2.2 仪器设备

酶联检测仪。

6.2.3 样品

采集被检鸡血液,分离血清。血清应新鲜、透明、不溶血、无污染,密装于灭菌小瓶内,立即送检或于 −20℃保存。试验前,将被检血清统一编号,并用样品稀释液作 10 倍稀释。

6.2.4 操作方法

6.2.4.1 取出酶标板,并将样品位置记录在记录单上。向 A1 和 B1 孔中分别加入 100 μL 未经稀释的阴性对照血清,C1 和 D1 孔中分别加入 100 μL 未经稀释的阳性对照血清,其他各孔中加入 100 μL 稀释好的待检样品,每一样品加 2 孔。

6.2.4.2 置室温 1 h。用洗涤液将反应板洗涤 3 次~5 次。

6.2.4.3 每孔加入 100 μL 酶结合物。置室温 30 min。

6.2.4.4 用洗涤液将反应板洗涤 3 次~5 次。

6.2.4.5 每孔加入 100 μL 底物液。室温放置 15 min。

6.2.4.6 每孔加入 100 μL 终止液,立即用酶标仪于波长 650 nm 测定各孔 OD 值。

6.2.4.7 也可采用等效的试剂盒操作。

6.2.5 结果判定

6.2.5.1 试验成立条件:

a) 标准阴性血清 $OD_{650} \leqslant 0.6$。

b) $\frac{\text{标准阳性血清}\,OD_{650}}{\text{标准阴性血清}\,OD_{650}} \leqslant 0.5$。

6.2.5.2 计算待检血清 S/N 值:$\frac{S}{N} = \frac{\text{待检血清}\,OD_{650}}{\text{阴性血清}\,OD_{650}}$。

6.2.5.3 结果判定:

a) 样品 $S/N \leqslant 0.6$,判为 CIAV 抗体阳性。

b) 样品 $S/N > 0.6$,判为 CIAV 抗体阴性。

6.3 免疫酶试验

6.3.1 试剂或材料

6.3.1.1 抗原涂片的制备:MDCC-MSB1 细胞在含 15%胎牛血清 DMEM 培养基中培养。当细胞长至 5×10^5 个/mL,接种 CIAV,并换成含 5%新生牛血清的 DMEM 培养基,培养 36 h~48 h。病变 50%~75%时,离心收集感染细胞,PBS 洗涤 3 次后,稀释至细胞为 1×10^6 个/mL。取印有 10 个~40 个小孔的箱式载玻片，每孔滴加 10 μL。室温自然干燥后，冷丙酮(4℃)固定 10 min。密封包装，置－20℃备用。

6.3.1.2 标准阳性血清：用 CIAV 抗原免疫 SPF 鸡获得的血清。

6.3.1.3 标准阴性血清：SPF 鸡血清。

6.3.1.4 酶结合物：HRP 标记的抗鸡二抗。

6.3.1.5 磷酸盐缓冲液(PBS)：配制见 A.2。

6.3.1.6 底物溶液：配制见 A.7。

6.3.1.7 印有 10 个～40 个小孔的箱式载玻片。

6.3.1.8 可调移液器(最大量程为 50 μL)及相应吸头。

6.3.2 仪器设备

6.3.2.1 普通光学显微镜。

6.3.2.2 37℃恒温培养箱或水浴箱。

6.3.3 样品

采集被检鸡血液，分离血清。血清应新鲜、透明、不溶血、无污染，密装于灭菌小瓶内，4℃或－20℃保存或立即送检。试验前，将被检血清统一编号，并用 PBS 作 10 倍稀释。

6.3.4 操作方法

6.3.4.1 取出抗原涂片，恢复到室温，滴加 10 倍稀释的待检血清和标准阴性血清、标准阳性血清。每份血清加 2 个病毒细胞孔和 1 个正常细胞孔，置湿盒内，37℃ 30 min。

6.3.4.2 PBS 漂洗 3 次，每次 5 min。

6.3.4.3 滴加适当稀释的酶结合物，置湿盒内，37℃ 30 min。

6.3.4.4 PBS 漂洗 3 次，每次 5 min。

6.3.4.5 将室玻片放入底物溶液中，室温下显色 5 min～10 min。PBS 漂洗 2 次，再用水漂洗 1 次。吹干后，在普通光学显微镜下观察，判定结果。

6.3.5 结果判定

6.3.5.1 试验成立条件：

a) 阴性血清对照：阴性血清与正常细胞和病毒感染细胞反应均无色。

b) 阳性血清对照：阳性血清与正常细胞反应无色，与病毒感染细胞反应呈棕黄色至棕褐色。

6.3.5.2 结果判定：

a) 阳性：血清与正常细胞反应呈无色，而与病毒感染细胞反应呈棕黄色至棕褐色。

b) 阴性：血清与正常细胞和病毒感染细胞反应均呈无色。

6.4 聚合酶链反应试验

除非另有规定，本方法所用化学试剂均为分析纯；试验用水符合 GB/T 6682 二级水的规定。

6.4.1 试剂或材料

6.4.1.1 消化液：见 A.8。

6.4.1.2 2%蛋白酶 K 溶液。

6.4.1.3 酚/氯仿/异戊醇混合液：见 A.9。

6.4.1.4 2.5 mmol/L dNTP。

6.4.1.5 8 μmol/L 上下游引物混合液：引物序列见 A.10。

6.4.1.6 0.5 U/μL *Taq*DNA 聚合酶。

6.4.1.7 10×PCR 缓冲液。

6.4.1.8 1%溴化乙锭(EB)溶液或采用等效的试剂。

6.4.1.9 TAE 电泳缓冲液。

6.4.1.10 1%琼脂糖凝胶。

6.4.1.11 上样缓冲液:见 A.11。

6.4.1.12 异丙醇。

6.4.1.13 分子量标准物:2 000 bp Ladder Marker。

6.4.1.14 75%乙醇溶液。

6.4.1.15 15 mmol/L 氯化镁溶液。

6.4.1.16 组织研磨器。

6.4.1.17 可调移液器(最大量程为 2 μL、20 μL、200 μL、1 000 μL)。

6.4.2 仪器设备

6.4.2.1 分析天平。

6.4.2.2 高速离心机。

6.4.2.3 真空干燥器。

6.4.2.4 PCR 扩增仪。

6.4.2.5 电泳仪。

6.4.2.6 电泳槽。

6.4.2.7 紫外凝胶成像仪(或紫外分析仪)。

6.4.2.8 液氮罐或-70℃冰箱。

6.4.2.9 微波炉。

6.4.2.10 -20℃冰箱。

6.4.2.11 水浴锅。

6.4.3 样品

6.4.3.1 样品的采集

6.4.3.1.1 组织样品

无菌采集病死鸡的胸腺、骨髓、脾脏、盲肠扁桃体、肝脏等组织。

6.4.3.1.2 血液样品

用注射器无菌采取待检活鸡血 2 mL~4 mL,立即送往实验室。

6.4.3.2 样品的处理

6.4.3.2.1 组织样品处理

取待检病料约 0.2 g,置于研磨器中剪碎并研磨,加入 2 mL 消化液继续研磨。取已研磨好的待检病料上清液 200 μL,置于 1.5 mL 灭菌离心管中,再加入 400 μL 消化液和 10 μL 蛋白酶 K 溶液,混匀后,置于 55℃水浴中 12 h。

6.4.3.2.2 血清样品处理

待血液凝固后,取血清放于离心管中,4℃ 8 000 *g* 离心 5 min。取上清液 200 μL,置于 1.5 mL 灭菌离心管中,加入 400 μL 消化液和 10 μL 蛋白酶 K 溶液,混匀后,置于 55℃水浴中 12 h。

6.4.3.2.3 阳性对照处理

取 CIAV 细胞培养液 200 μL,置于 1.5 mL 灭菌离心管中,加入 400 μL 消化液和 10 μL 蛋白酶 K 溶液,混匀后,置于 55℃水浴中 12 h。

6.4.3.2.4 阴性对照处理

取 SPF 鸡血清 200 μL,置于 1.5 mL 灭菌离心管中,加入 400 μL 消化液和 10 μL 蛋白酶 K 溶液,混匀后,置于 55℃水浴中 12 h。

6.4.4 操作方法

6.4.4.1 病毒 DNA 模板的提取

6.4.4.1.1 选择使用 A.9 中所列试剂提取病毒 DNA,按下列步骤进行:

a） 取出已处理的待检样品及阴性、阳性对照样品，每管加入 600 μL 酚/氯仿/异戊醇混合液，颠倒 10 次混匀，13 000 *g* 离心 10 min。

b） 取上清液置于 1.5 mL 灭菌离心管中，加入等体积异丙醇，混匀，置于液氮中 3 min 或－70℃冰箱中 30 min。

c） 取出样品管，室温融化，4℃ 20 000 *g* 离心 15 min。

d） 弃上清液，沿离心管开口方向管壁缓缓滴入－20 ℃预冷的 75%乙醇溶液 1 mL，轻轻旋转洗一次后倒掉，将离心管倒扣于吸水纸上 1 min，真空抽干 15 min。

e） 取出样品管，用 50 μL 水溶解沉淀，作为模板备用。

6.4.4.1.2 使用病毒 DNA 柱式法提取试剂盒或病毒 DNA 磁珠法提取试剂盒提取病毒 DNA 时，则按照试剂盒说明书进行操作，且样品不需要用消化液和蛋白酶 K 溶液处理。

6.4.4.2 PCR 扩增

反应体系见表 1。将各成分混匀，作好标记，加入矿物油 20 μL，覆盖(有热盖的自动 DNA 热循环仪不用矿物油)。扩增条件为 94℃ 30 s，58℃ 30 s，72℃ 30 s，35 个循环后，72℃延伸 7 min。

表 1 PCR 反应体系配置表

组　　分	体积，μL
2.5 mmol/L dNTP	2
8 μmol/L CIAV 上下游引物混合液	2
15 mmol/L 氯化镁	2
10×PCR 缓冲液	2
0.5 U/μL *Taq*DNA 聚合酶	2
水	8
DNA 模板	2

6.4.4.3 电泳

将 PCR 扩增产物 15 μL 与 3 μL 上样缓冲液混合，加样于 1%琼脂糖凝胶孔中。琼脂糖凝胶板一侧点样孔加入 2 000 bp Ladder Marker(分子量标准物)，以 5 V/cm 电压电泳 40 min，用紫外凝胶成像仪观察结果。

6.4.5 结果判定

6.4.5.1 试验成立条件

当阳性对照出现 675 bp 扩增带，阴性对照未出现目的带时，实验结果成立。

6.4.5.2 结果判定

a） 被检样品出现 675 bp 扩增带为 CIAV 阳性；

b） 未出现相应扩增带的样品判为阴性(参见附录 B 中的图 B.1)。

6.5 荧光聚合酶链反应试验

6.5.1 试剂或材料

6.5.1.1 消化液：见 A.8。

6.5.1.2 2%蛋白酶 K 溶液。

6.5.1.3 酚/氯仿/异戊醇混合液：见 A.9。

6.5.1.4 10 μmol/L 上游引物、10 μmol/L 下游引物：序列见 A.10。

6.5.1.5 25 μmol/L 探针：序列见 A.12。

6.5.1.6 Premix Ex *Taq*(2×)(Probe qPCR) ROX plus 缓冲液或采用等效的试剂。

6.5.1.7 组织研磨器。

6.5.1.8 可调移液器(最大量程为 2 μL、20 μL、200 μL、1 000 μL)。

6.5.2 仪器设备

6.5.2.1 分析天平。

6.5.2.2 高速离心机。

6.5.2.3 核酸提取仪。

6.5.2.4 荧光定量PCR仪。

6.5.2.5 －20℃冰箱。

6.5.2.6 水浴锅。

6.5.3 样品

同6.4.3。

6.5.4 操作方法

6.5.4.1 病毒DNA模板的提取:同6.4.4.1。

6.5.4.2 荧光PCR扩增:反应体系见表2。将各成分混匀,作好标记。扩增条件为95℃ 20 s;95℃ 1 s,60℃ 34 s,40个循环。荧光收集设置在60℃时进行(报告基团“FAM”,淬灭基团“BHQ”)。

表2 荧光PCR反应体系配置表

组　　分	体积,μL
10 μmol/L上游引物	0.5
10 μmol/L下游引物	0.5
25 μmol/L探针	0.4
Premix Ex*Taq*(2×)(Probe qPCR)ROX plus缓冲液	10
二级水	6.6
DNA模板	2

6.5.5 结果判定

6.5.5.1 阈值设定

阈值线超过阴性对照扩增曲线的最高点,且相交于阳性对照扩增曲线进入指数增长期的拐点,或根据仪器噪声情况进行调整。

6.5.5.2 试验成立条件

当阳性对照*Ct*值≤36.0且出现典型扩增曲线,阴性对照无*Ct*值无扩增曲线时,试验成立。

6.5.5.3 结果判定

当被检样品出现典型的扩增曲线且*Ct*值≤36.0时,判定样品CIAV核酸阳性;

无*Ct*值或*Ct*值>36.0时,判定样品CIAV核酸阴性(参见附录C中的图C.1)。

6.6 实验室生物安全

实验室诊断过程中,实验室生物安全要求按照GB 19489的规定执行。

7 综合判定

7.1 未接种CIAV活疫苗

符合5判为可疑病例,且采用6.1、6.2、6.3、6.4、6.5任何一种实验室检测方法呈阳性结果时,判定为CIAV感染。

7.2 接种过CIAV活疫苗

符合5判为可疑病例,且采用6.1、6.2、6.3、6.4、6.5任何一种实验室检测方法呈阳性结果时,应结合病史和疫苗接种史进行综合判定,不能直接判定为CIAV感染。

附 录 A
(规范性附录)
试 剂 配 制

除非另有规定，本方法所用化学试剂均为分析纯；试验用水符合 GB/T 6682 二级水的规定。

A.1 DMEM(高糖)培养液

DMEM	10 g
碳酸氢钠	3.7 g
青链霉素	10 mL
水	加至 1 000 mL

用 1 mol/L 氢氧化钠或盐酸将培养液 pH 调至 pH 6.9～7.0，用孔径 0.45 μm 的微孔滤膜正压过滤除菌，4℃冰箱保存备用。

A.2 磷酸盐缓冲液(PBS，0.01 mol/L pH 7.4)

氯化钠	8 g
氯化钾	0.2 g
磷酸二氢钾	0.2 g
十二水磷酸氢二钠	2.83 g
水	加至 1 000 mL

A.3 洗涤液

PBS	1 000 mL
吐温-20	0.5 mL

A.4 样品稀释液

新生牛血清	10 mL
洗涤液	900 mL

A.5 酶联免疫吸附试验底物溶液

用二甲基亚砜将 3′3′5′5′-四甲基联苯胺(TMB)配成 1%溶液，4℃保存。使用时，按下列配方配制底物溶液。

磷酸盐-柠檬酸缓冲液	9.9 mL
1% 3′3′5′5′-四甲基联苯胺	0.1 mL
30%过氧化氢	1 μL

A.6 终止液

氢氟酸	0.31 mL
水	100 mL

A.7 免疫酶试验底物溶液

3,3-二胺基联苯胺盐酸盐(DAB)	40 mg

PBS　100 mL
丙酮　5 mL
30%过氧化氢　0.1 mL
滤纸过滤后使用，现用现配。

A.8 消化液的配制

A.8.1 1 mol/L 三羟甲基氨基甲烷-盐酸(Tris-HCL)(pH 8.0)

三羟甲基氨基甲烷　12.11 g
水　100 mL
浓盐酸 pH 调至 8.0。

A.8.2 0.5mol/L 乙二胺四乙酸二钠(EDTA-2Na)溶液(pH 8.0)

二水乙二胺四乙酸二钠　18.61 g
水　100 mL
浓盐酸 pH 调至 8.0。

A.8.3 20%十二烷基硫酸钠溶液(pH 7.2)

十二烷基硫酸钠　20 g
水　100 mL
浓盐酸 pH 调至 7.2。

A.8.4 消化液

1 mol/L 三羟甲基氨基甲烷-盐酸(Tris-HCl)(pH 8.0)　2 mL
0.5 mol/L 乙二胺四乙酸二钠(EDTA2Na)溶液(pH 8.0)　0.4 mL
20%十二烷基硫酸钠溶液(pH 7.2)　5 mL
5 mol/L 氯化钠　4 mL
水　加至 200 mL

A.9 酚/氯仿/异戊醇混合液

碱性酚　25 mL
氯仿　24 mL
异戊醇　1 mL

A.10 聚合酶链反应试验引物序列

上游引物 P1:5′-GAC TGT AAG ATG GCA AGA CGA GCT C-3′;
下游引物 P2:5′-GGC TGA AGG ATC CCT CAT TC-3′。

A.11 上样缓冲液

溴酚蓝 0.2 g，加二级水 10 mL 过夜溶解。50 g 蔗糖加入 50 mL 水溶解后，移入已溶解的溴酚蓝溶液中，摇匀定容至 100 mL。

A.12 荧光聚合酶链反应试验引物和探针序列

上游引物 P1:5′-GCA GGG GCA AGT AAT TTC AA-3′;
下游引物 P2:5′-GCC ACA CAG CGA TAG AGT GA-3′;
探针 P5′:FAM-ACT GCA GAG AGA TCC GGA TTG GTA TCG-BHQ-3′。

附　录　B
（资料性附录）
聚合酶链反应试验扩增图例

聚合酶链反应试验扩增图例见图 B.1。

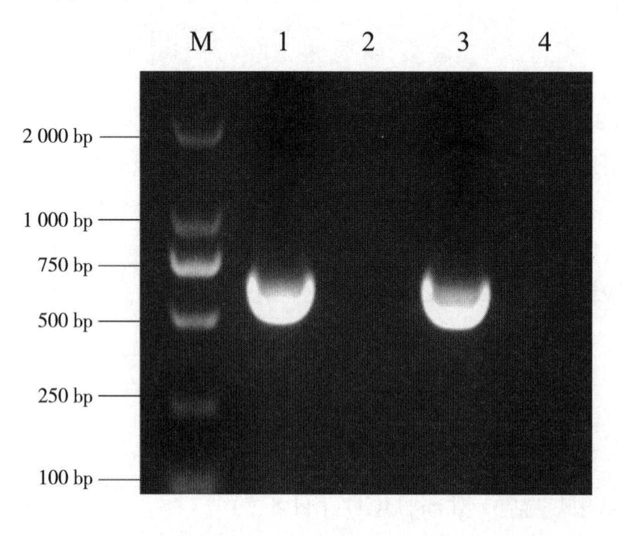

说明：

M——DL 2 000 DNA Marker；

1——已知阳性样品；

2——已知阴性样品；

3——已知阳性对照样品；

4——已知阴性对照样品。

图 B.1　聚合酶链反应试验扩增图例

附　录　C
(资料性附录)
荧光聚合酶链反应试验扩增图例

荧光聚合酶链反应试验扩增图例见图 C.1。

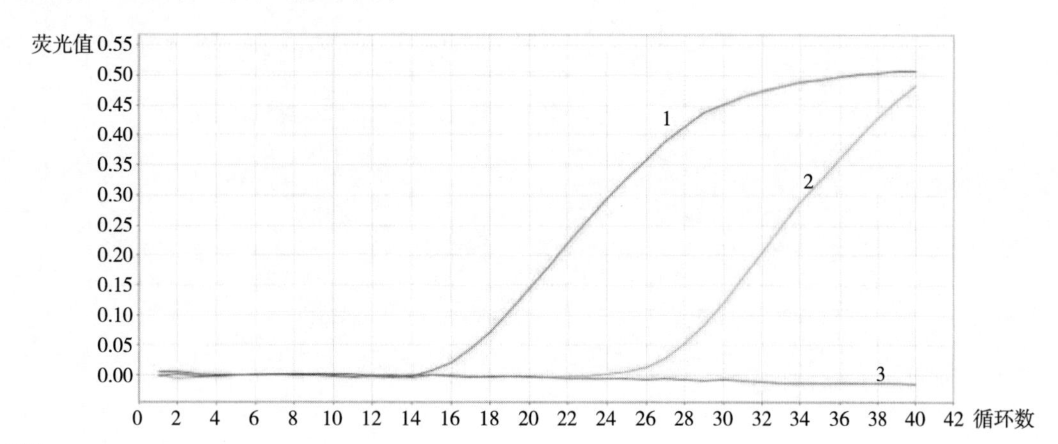

说明：

1——已知阳性对照样品；

2——已知阳性样品；

3——已知阴性对照样品。

图 C.1　荧光聚合酶链反应试验扩增图例

ICS 65.020.30
B 43

中华人民共和国农业行业标准

NY/T 3446—2019

奶牛短脊椎畸形综合征检测　PCR法

Detection of brachyspina syndrome in dairy cattle—PCR method

2019-08-01 发布　　2019-11-01 实施

中华人民共和国农业农村部　发布

前　言

本标准按照 GB/T 1.1—2009 给出的规则起草。

本标准由农业农村部畜牧兽医局提出。

本标准由全国畜牧业标准化技术委员会(SAC/TC 274)归口。

本标准起草单位:农业农村部牛冷冻精液质量监督检验测试中心(北京)、北京奶牛中心、中国农业大学、农业农村部种畜品质监督检验测试中心、农业农村部牛冷冻精液质量监督检验测试中心(南京)、全国畜牧总站。

本标准起草人:张晓霞、李艳华、麻柱、刘林、张胜利、房灵昭、韩广文、薛建华、钟代彬、刘丑生、陆汉希、李姣。

奶牛短脊椎畸形综合征检测 PCR法

1 范围

本标准规定了奶牛短脊椎畸形综合征的PCR检测方法。

本标准适用于奶牛短脊椎畸形综合征基因型的分子检测与诊断。

2 规范性引用文件

下列文件对于本文件的应用是必不可少的。凡是注日期的引用文件,仅注日期的版本适用于本文件。凡是不注日期的引用文件,其最新版本(包括所有的修改单)适用于本文件。

GB/T 27642 牛个体及亲子鉴定微卫星DNA法

3 术语和定义

下列术语和定义适用于本文件。

3.1

短脊椎综合征 brachyspina syndrome,BS

在荷斯坦牛群中发现的隐性遗传缺陷疾病,当缺陷等位基因纯合时才会发病,表现出脊椎畸形、明显缩短,胎儿在妊娠后期流产、死亡等临床症状。该遗传缺陷是由21号染色体上*FANC*1(fanconi anemia complementation-group 1)基因25~27外显子缺失引起的,缺失长度3 329 bp(BTA21:21184870-21188198)。

4 原理

针对*FANC*1基因缺失的25~27外显子,在缺失片段两侧设计特异性PCR引物,进行长片段PCR扩增,根据PCR产物大小判定个体基因型。

5 PCR引物

上游引物BSF:5′-GCTCAAGTAGTTAGTTGCTCCACTG-3′,下游引物BSR:5′-ATAAATA-AATAAAGCAGGATGCTGAAA-3′;预期扩增片段长度:3 738 bp/409 bp。引物位置参见附录A中的图A.1。

6 试剂和材料

除非另有说明,在试验中仅使用确认为分析纯的试剂或蒸馏水或去离子水或相当纯度的水。

6.1 长片段*Taq* DNA聚合酶

6.2 10×PCR缓冲液(含Mg^{2+})

6.3 dNTPs(dATP、dCTP、dGTP、dTTP 4种溶液的等比例混合液)

6.4 DNA分子量标记

6.5 核酸染料

6.6 琼脂糖

6.7 75%乙醇

6.8 50×TAE缓冲液

取Tris碱242 g,冰乙酸57.1 mL,0.5 mol/L EDTA(pH 8.0)100 mL,加水定容至1 000 mL,室温保存。

7 仪器设备

7.1 PCR 扩增仪。

7.2 凝胶成像分析系统。

7.3 电泳仪。

7.4 水平电泳槽。

7.5 可调移液器。

7.6 离心机。

7.7 干式加热器(或水浴锅)。

7.8 电子天平。

8 样品

8.1 样品准备

收集牛血液(新鲜或抗凝血)、组织(耳组织、肌肉、尾组织、皮肤等)、带毛囊的牛毛、精液等试验材料。血液、精液、组织样品−20℃及以下低温保存备用;带毛囊的毛发浸入75%乙醇中−20℃及以下低温保存备用。

8.2 DNA 提取

按 GB/T 27642 规定的方法执行。

9 试验步骤

9.1 PCR 扩增

9.1.1 PCR 反应体系

10×PCR 缓冲液(含 Mg^{2+})2.5 μL,dNTPs(2.5 mmol/L)4.0 μL,上、下游引物(10 μmol/L)各 0.5 μL,DNA 模板 50 ng~100 ng,长片段 *Taq* DNA 聚合酶 1.5 U,加水至 25 μL。

9.1.2 PCR 反应程序

94℃预变性 5 min;94℃变性 30 s,58℃退火 1 min,72℃延伸 2.5 min,35 个循环;72℃聚合延伸 10 min,4℃保存。

9.2 电泳检测

9.2.1 2.0%琼脂糖凝胶制备

称取 2 g 琼脂糖,加 100 mL 1×TAE 煮沸,等温度降至 50℃~60℃时,加入核酸染料或其他替代物。

9.2.2 上样电泳

取 5μL PCR 扩增产物,上样于 2.0%琼脂糖凝胶中进行电泳(3 V/cm~5 V/cm,电泳 1.0 h~1.5 h),在凝胶成像系统中观察电泳条带。

10 试验数据处理

10.1 正常个体

仅扩增出一条长 3 738 bp 的 PCR 产物,基因型命名为 AA 型。

10.2 BS 隐性携带者

同时扩增出长 3 738 bp 和 409 bp 的 PCR 产物,基因型命名为 AB 型。

10.3 BS 患病牛

仅扩增出一条长 409 bp 的 PCR 产物,基因型命名为 BB 型。

PCR 检测结果示意图参见图 A.2。

附 录 A
(资料性附录)
PCR 引物位置和 BS 检测结果示意图

A.1 引物位置示意图

见图 A.1。

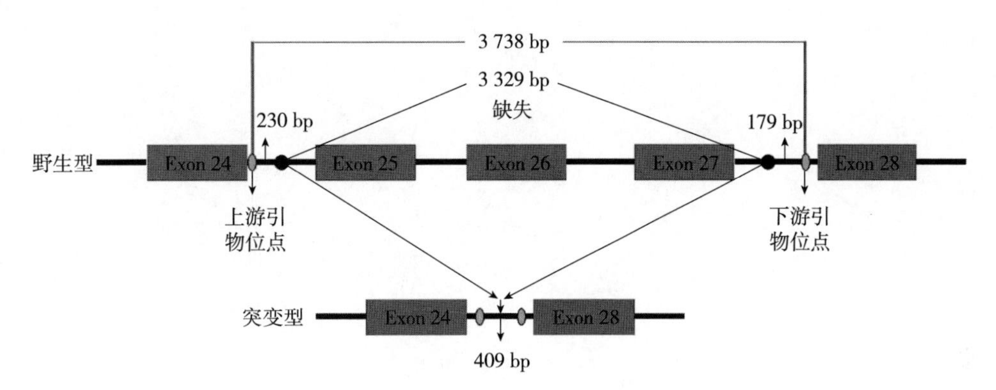

图 A.1 *FANC*1 基因中引物位置示意图

A.2 BS 检测结果示意图

见图 A.2。

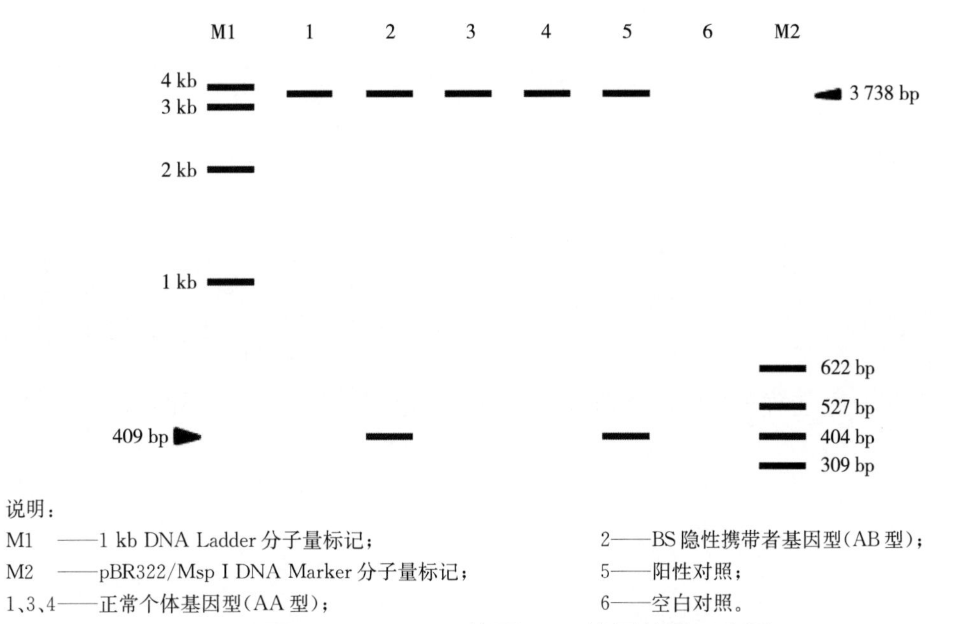

说明:
M1 ——1 kb DNA Ladder 分子量标记;
M2 ——pBR322/Msp I DNA Marker 分子量标记;
1、3、4——正常个体基因型(AA 型);
2——BS 隐性携带者基因型(AB 型);
5——阳性对照;
6——空白对照。

图 A.2 *FANC*1 基因 PCR 检测结果示意图

ICS 11.220
B 41

中华人民共和国农业行业标准

NY/T 3463—2019

禽组织滴虫病诊断技术

Diagnostic techniques for histomoniasis

2019-08-01 发布

2019-11-01 实施

中华人民共和国农业农村部 发布

前　　言

本标准按照 GB/T 1.1—2009 给出的规则起草。

本标准由农业农村部畜牧兽医局提出。

本标准由全国动物卫生标准化技术委员会(SAC/TC 181)归口。

本标准起草单位:扬州大学。

本标准主要起草人:许金俊、孔令明、陶建平、秦爱建、刘丹丹、侯照峰、宿世杰、曲昌宝、禚振男、郭平、王子静、陈乔光、戎杰。

引　　言

禽类组织滴虫病(Histomoniasis),又称盲肠肝炎或黑头病,是由于火鸡组织滴虫(*Histomonas meleagridis*)感染鸡形目禽类所导致的以肝脏坏死和盲肠肿大为主要临床特征的寄生虫病。近年来,随着家庭农场、生态放养及圈养模式的示范推广,该病在我国地面平养、放养和散养鸡群中流行普遍,造成严重的经济损失。为做到组织滴虫病的早期诊断,从而避免给养殖业造成经济损失,同时为避免未知新基因型虫体引入我国甚至导致贸易纠纷,特制定本标准。

禽组织滴虫病诊断技术

1 范围

本标准规定了禽组织滴虫病临床诊断和实验室诊断(组织脏器中病原的体外分离培养与镜检;分离的虫体、组织脏器和泄殖腔内容物中病原 DNA 的聚合酶链式反应扩增检测)的技术方法和实验程序。

本标准适用于禽组织滴虫病的诊断和检疫。其中,临床诊断、病原的分离培养、分离的虫体及组织脏器中病原 PCR 检测方法适用于组织滴虫病的诊断,泄殖腔内容物中病原的 PCR 检测方法适用于组织滴虫病的流行病学调查及检疫。

2 规范性引用文件

下列文件对于本文件的应用是必不可少的。凡是注日期的引用文件,仅注日期的版本适用于本文件。凡是不注日期的引用文件,其最新版本(包括所有的修改单)适用于本文件。

GB/T 6682 分析实验室用水规格和试验方法

GB 19489 实验室生物安全通用要求

GB/T 27401 实验室质量控制规范 动物检疫

NY/T 541 兽医诊断样品采集、保存与运输技术规范

3 术语和定义

下列术语和定义适用于本文件。

3.1

火鸡组织滴虫 *Histomonas meleagridis*, *H. meleagridis*

原生动物界肉足鞭毛门鞭毛虫亚门动鞭毛虫纲毛滴目单尾滴虫科组织滴虫属的原虫。

3.2

组织滴虫病 histomoniasis

盲肠肝炎或黑头病

由火鸡组织滴虫引起的鸡形目禽类的以肝脏坏死和盲肠肿大为特征的寄生虫病。

4 缩略语

下列缩略语适用于本文件。

DNA:脱氧核糖核酸(deoxyribonucleic acid)

dNTP:脱氧核糖核苷三磷酸(deoxy-ribonucleoside triphosphate)

PCR:聚合酶链式反应(polymerase chain reaction)

Taq 酶:*Taq*DNA 聚合酶(*Taq* DNA polymerase)

5 临床诊断

5.1 流行特点

5.1.1 鸡形目禽类火鸡、鸡、孔雀、鹌鹑、野鸭、鹧鸪、鸵鸟、珍珠鸡等均可感染,火鸡最为易感。

5.1.2 雏禽如 4 周龄～6 周龄的雏鸡、3 周龄～12 周龄的雏火鸡感染后易发病死亡,成年禽症状不明显且死亡率低。

5.1.3 潜伏期一般 15 d～21 d,病程 1 周～3 周,死亡率可达 50%～85%。

5.1.4 地面平养、放养和散养的禽群多发,温暖潮湿的季节多发。

5.2 临床症状

5.2.1 病禽缩头、垂翅、羽毛松乱,排黄绿色的恶臭稀粪。

5.2.2 急性严重的病禽粪便带血或排泄物全是血液。

5.2.3 部分病禽的头部皮肤发绀。

5.3 病理变化

5.3.1 肝脏肿大,典型病变为表面呈现黄绿色、中心凹陷且边缘隆起似火山口样的圆形坏死灶,单独存在或融合成片状(参见附录 A 中的图 A.1),少数病例坏死灶呈现点状。

5.3.2 盲肠一侧或两侧肿胀,肠壁肥厚,肠腔内形成干酪状的肠芯(参见图 A.2)。

5.4 结果判定

符合 5.1 流行特点,病禽出现 5.2 中任何一种临床症状和/或 5.3 中的任何一种病理变化,可判为疑似组织滴虫病,应进行实验室确诊。

6 实验室诊断

以下实验室诊断过程中,实验用水的要求按照 GB/T 6682 中一级水的要求执行,实验室生物安全要求按照 GB 19489 的规定执行;涉及动物的要求按照 GB/T 27401 的规定执行;涉及诊断样品采集、保存和运输的要求按照 NY/T 541 的规定执行。

6.1 病原分离鉴定

6.1.1 试剂

6.1.1.1 Medium 199(1×)基础培养基。

6.1.1.2 马血清。

6.1.1.3 胎牛血清。

6.1.1.4 米粉。

6.1.1.5 哥伦比亚血琼脂平板。

6.1.1.6 青霉素。

6.1.1.7 链霉素。

6.1.1.8 两性霉素 B。

6.1.1.9 灭菌生理盐水:0.9%NaCl。

6.1.2 耗材

6.1.2.1 手术剪刀。

6.1.2.2 镊子。

6.1.2.3 接种环。

6.1.2.4 细菌培养皿。

6.1.2.5 细胞培养瓶。

6.1.2.6 EP 管:1.5 mL。

6.1.2.7 蜡烛。

6.1.2.8 载玻片。

6.1.2.9 盖玻片。

6.1.3 仪器

6.1.3.1 电子天平:1 mg~520 g。

6.1.3.2 微量移液器:0.2 μL~2 μL、2 μL~10 μL、10 μL~100 μL、20 μL~200 μL、100 μL~1 000 μL,并配备与之匹配的枪头。

6.1.3.3 无菌操作台。

6.1.3.4 隔水式电热恒温培养箱。

6.1.3.5 可密封的烛缸。

6.1.3.6 普通光学显微镜。

6.1.3.7 相差显微镜(有条件时选用,非必备)。

6.1.4 病原分离

可选下列1种或2种样品分离病原:

a) 盲肠中虫体的分离:有条件时,在分离培养之前先直接镜检有无虫体。步骤如下:取病鸡的新鲜盲肠内容物,用40℃生理盐水制成悬滴标本,立即放到相差显微镜下镜检。虫体分离时,取5 g～10 g病禽盲肠内容物及盲肠壁刮取物至含9 mL的M199培养基的细胞瓶中,加入米粉11 mg、终浓度为15%的胎牛血清、终浓度为200 IU /mL的青霉素、终浓度为200 μg /mL的链霉素、终浓度为2.5 μg/mL的两性霉素B,培养瓶放入40℃恒温培养箱中,于烛缸中进行厌氧培养,48 h～72 h后观察培养结果。

b) 肝脏虫体的分离培养:在无菌条件下,取病禽肝脏的坏死灶组织5 g～10 g,放入无菌的1.5 mL EP管中剪碎,然后接种至含9 mL的M199培养基的细胞瓶中,加入11 mg米粉,终浓度为10%的马血清,另外加入一接种环的盲肠细菌。盲肠细菌来自健康鸡的盲肠,将其盲肠内容物无菌接种于哥伦比亚血琼脂平板培养基上,37℃恒温培养箱中培养过夜所获得。培养瓶放入烛缸中,点燃蜡烛,密封后放入40℃恒温培养箱中厌氧培养,48 h～72 h后观察培养结果。

6.1.5 病原镜检

分别取6.1.4中a)和/或b)少量培养液滴到载玻片上,盖上盖玻片,静置2 min后,在光学显微镜下观察有无虫体生长。

6.1.6 结果判定

盲肠内容物中虫体在相差显微镜下呈核桃状,一端有短的鞭毛,呈钟摆式来回运动。M199培养基中生长的火鸡组织滴虫呈圆形或椭圆形,虫体内吞有数个米粉颗粒,具有折光性,虫体直径为10 μm～20 μm,运动缓慢微弱呈钟摆样(参见附录B中的图B.1)。

6.2 聚合酶链式反应(PCR)检测

6.2.1 试剂

6.2.1.1 除另有规定外,所用试剂均为分析纯。

6.2.1.2 灭菌生理盐水:0.9%NaCl。

6.2.1.3 基因组DNA提取试剂盒。

6.2.1.4 *Taq* DNA聚合酶:5 U/μL,带含有Mg^{2+}的10×PCR缓冲液。

6.2.1.5 dNTP Mixture:2.5 mmol/L。

6.2.1.6 DL 2 000 DNA Marker。

6.2.1.7 电泳级琼脂糖。

6.2.1.8 1×TAE电泳缓冲液,配置方法见附录C。

6.2.1.9 琼脂糖凝胶电泳加样缓冲液:6×DNA Loading Buffer。

6.2.1.10 溴化乙锭。

6.2.1.11 阳性对照:组织滴虫病鸡肝脏、阳性、含虫体的培养液;阴性对照:SPF鸡肝脏、盲肠和不含虫体的培养液。

6.2.2 耗材

6.2.2.1 手术剪刀。

6.2.2.2 镊子。

6.2.2.3 EP管:1.5 mL。

6.2.2.4 一次性注射器:50 mL、20 mL、10 mL、5 mL、2 mL、1 mL。

6.2.2.5 PCR 管:200 μL。

6.2.3 仪器

6.2.3.1 电子天平:1 mg~520 g。

6.2.3.2 pH 计。

6.2.3.3 微量移液器:0.2 μL~2 μL、2 μL~10 μL、10 μL~100 μL、20 μL~200 μL、100 μL~1 000 μL,并配备与之匹配的枪头。

6.2.3.4 手持式电动组织匀浆器。

6.2.3.5 小型高速离心机:最大离心速度在 12 000 r/min 以上。

6.2.3.6 恒温水浴锅。

6.2.3.7 涡旋仪。

6.2.3.8 PCR 扩增仪。

6.2.3.9 微波炉。

6.2.3.10 核酸电泳仪。

6.2.3.11 凝胶成像仪。

6.2.4 引物

用于火鸡组织滴虫特异性 18S rRNA 基因扩增的引物序列和扩增产物大小见附录 D 中的表 D.1。

6.2.5 样品采集

样品的采集选择下列 1 种、2 种或 3 种:

a) 分离的虫体:将培养的含有虫体的培养液吸取 1.5 mL 到灭菌的 EP 管中,然后在 3 000 r/min 离心 5 min,弃去上清液,取沉淀物−20℃冻存,作为待检样品;

b) 组织器官:用灭菌眼科剪采集禽类的肝脏或盲肠,每份 100 mg,标记后放入 1.5 mL 离心管,用眼科剪剪碎组织,匀浆器匀浆,−20℃冻存,作为待检样品;

c) 泄殖腔内容物:用 1.0 mL 以上的注射器,将 2 mL 的 40℃ 灭菌生理盐水注入禽类泄殖腔,以洗涤泄殖腔,然后将洗涤液收集于 1.5 mL 离心管中,以 3 000 r/min 离心沉淀 5 min 后,弃去上清液,取沉淀物−20℃冻存,作为待检样品。

6.2.6 PCR 模板的制备

按商品化的 DNA 提取试剂盒说明书的方法提取 6.2.5 中 a)和/或 b)和/或 c)样品以及阳性和阴性对照样品的基因组 DNA 模板。

6.2.7 PCR 扩增

6.2.7.1 PCR 反应体系

25 μL 的 PCR 反应体系见表 D.2。

6.2.7.2 PCR 扩增条件

PCR 扩增条件为:95℃预变性 2 min,95℃变性 35 s,43℃退火 35 s,72℃延伸 45 s,40 个循环,72℃延伸 5 min,4℃保存。

6.2.7.3 PCR 产物电泳

6.2.7.3.1 取 1.5 g 琼脂糖加入 100 mL 1×TAE 电泳缓冲液(见附录 C.2)中,于微波炉中加热,充分溶化、制胶。

6.2.7.3.2 在电泳槽中加入 1×TAE 电泳缓冲液,使液面刚刚没过凝胶。

6.2.7.3.3 取 20 μL PCR 扩增产物和相应量加样缓冲液混合后加样,进行电泳。电压根据电泳槽长度来确定,一般控制在 4 V/cm,电泳时间 40 min。

6.2.7.3.4 将电泳好的凝胶放入终浓度为 0.5 μg/mL 的溴化乙锭染色缓冲液中染色 20 min。

6.2.7.3.5 凝胶成像仪上观察结果，拍照并做好试验记录。

6.2.8 结果判定

6.2.8.1 试验结果成立条件

阳性对照的 PCR 产物电泳后在 570 bp 的位置出现一条特异性条带，阴性对照 PCR 产物电泳后没有条带，试验结果成立；否则，结果不成立(参见附录 E 中的图 E.1)。

6.2.8.2 结果判断

在试验结果成立的前提下，如果待检样品中 PCR 产物在 576 bp 的位置出现一条特异性条带，判断为阳性，该禽感染火鸡组织滴虫(必要且有条件时可以测序，目的序列参见图 E.2)。

在试验结果成立的前提下，如果待检样品中 PCR 产物在 576 bp 的位置未出现一条特异性条带，判断为阴性，该禽未感染火鸡组织滴虫。

7 综合判定

符合 5.1 中流行特点，出现 5.2 中任一临床症状和/或 5.3 中任一病理变化判断为疑似病例；疑似病例，同时出现 6.1.6 和/或 6.2.8 阳性结果时，判断为确诊病例；未出现 5.1 中任一临床症状和/或 5.2 中任一病理变化，但出现 6.1.6 和/或 6.2.8 阳性结果时，判断为火鸡组织滴虫携带者。

附 录 A
（资料性附录）
组织滴虫病典型病理变化

A.1 肝脏的典型病理变化

禽组织滴虫病肝脏的典型病理变化见图 A.1。

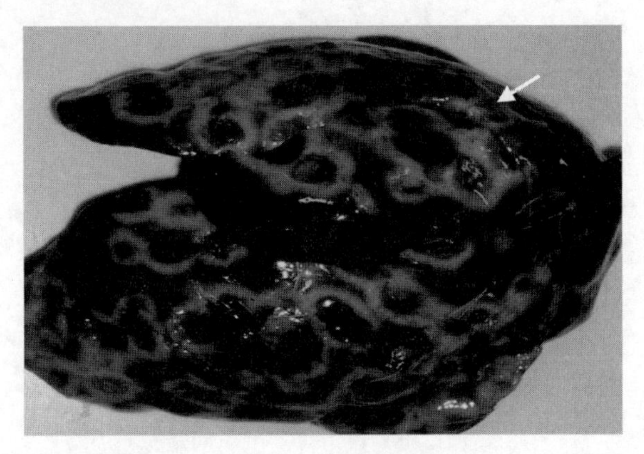

图 A.1 肝脏表面呈现黄绿色、圆形、边缘隆起似火山口样的坏死灶（箭头所示）

A.2 盲肠的典型病理变化

禽组织滴虫病盲肠的典型病理变化见图 A.2。

图 A.2 盲肠肿胀、肠壁肥厚、肠腔内形成干酪状的肠芯（箭头所示）

附　录　B
（资料性附录）
培养的火鸡组织滴虫形态图

体外培养的火鸡组织滴虫见图 B.1。虫体内颗粒为虫体吞入的米粉粒。

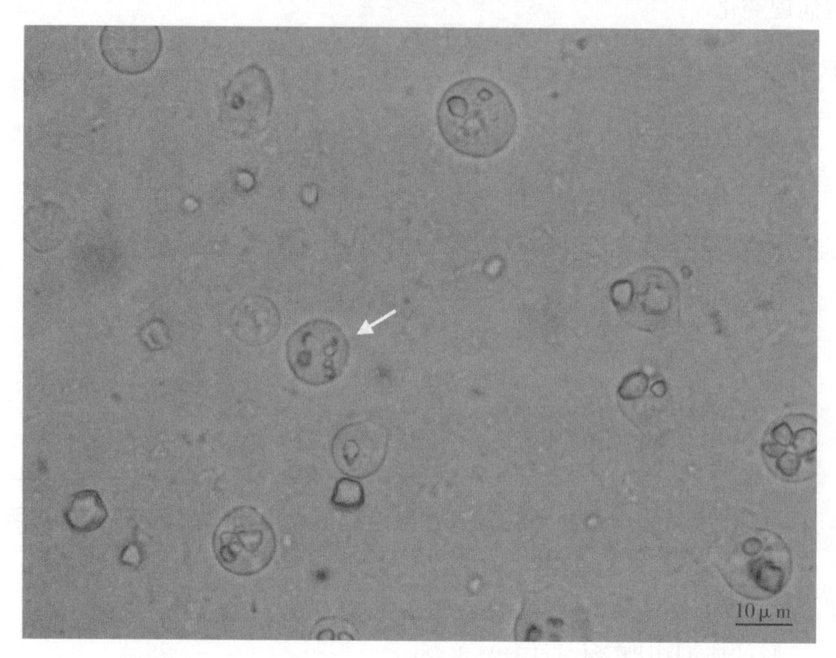

图 B.1　体外培养的火鸡组织滴虫（箭头所示，×400）

附　录　C
（规范性附录）
试　剂　配　制

C.1　50×TAE 缓冲液配制(pH 8.0)

C.1.1　成分

Tris	242 g
$Na_2EDTA \cdot 2H_2O$	37.2 g

C.1.2　配制

将 C.1.1 成分加入定量容器中，加入 800 mL 灭菌去离子水，充分搅拌溶解，加入 57.1 mL 的冰醋酸（CH_3COOH），充分混匀，用 NaOH 或 HCl 调 pH 至 8.0，补充去离子水定容到 1 000 mL，室温保存备用。

C.2　1×TAE 缓冲液配制

取 50×TAE 缓冲液 2 mL，加入 98 mL 灭菌去离子水，即为 1×TAE 缓冲液。

附 录 D
(规范性附录)
PCR 引物及 PCR 反应体系

D.1 PCR 引物

用于火鸡组织滴虫特异性 18S rRNA 基因扩增的引物序列和扩增片段大小见表 D.1。

表 D.1 用于火鸡组织滴虫 PCR 检测的引物

引物名称	目 的	引物序列(5′-3′)	扩增片段大小
HMF	正向引物	GAAAGCATCTATCAAGTGGAA	18S rRNA 基因 (576 bp)
HMR	反向引物	GATCTTTTCAAATTAGCTTTAAA	

D.2 PCR 反应体系

用于火鸡组织滴虫特异性 18S rRNA 基因扩增的反应体系见表 D.2。

表 D.2 PCR 反应体系配置表

组 分	体积,μL
灭菌去离子水	18.25
含有 Mg^{2+} 的 10×PCR 缓冲液	2.50
dNTP Mixture(2.5 mmol/L)	2.00
HMF(10 μmol/L)	0.50
HMR(10 μmol/L)	0.50
Taq DNA 聚合酶(5 U/μL)	0.25
PCR 模板	1.00

附 录 E
（资料性附录）
PCR 产物电泳例图及产物参考序列

E.1 PCR 产物电泳例图

PCR 产物电泳结果例图见图 E.1。

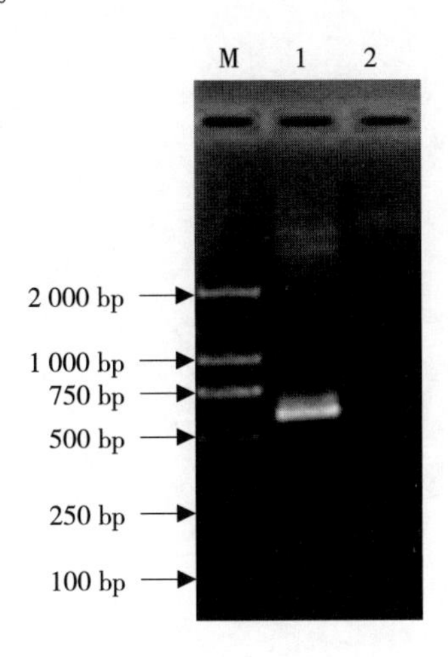

说明：
M ——DL 2 000 DNA Marker；
1 ——已知阳性样品；
2 ——已知阴性对照样品。

图 E.1 PCR 产物电泳结果（产物大小对照）

E.2 PCR 产物参考序列

GAAAGCATCTATCAAGTGGAATTCTATCGATCAAGGGCGAGAGTAGGAGTATCCAACCG
GATCAGAGACCCGGGTAGTTCCTACCTTAAACTATGCCGACGAGGGCTTATTTTTATTTTA
GAAGTAGGACCATTAGAGAAATCAATAGTTCATGGGCTCTGGGGGAACTACGACCGCAAGG
CTGAAACTTGAAGGAATTGACGGAAGGGCACACCAGGGGTGGAGCTTGTGGCTTAATTTGA
ATCAACACGGGGAAACTTACCAGAACCAGATATTTTTTATGACTGATCAGGATGAAGTTCT
TTCAGGATATAATTTTTGGTGGTGCATGGCCGTTGGTGGTGCGTGGGTTGACCTGTCTAGCG
TTGATTCAGATAACGAGCGAGATTATTACCAATTAAATAATTAATAATATTTTAAATATTA
ATATAATTTCTAATTGGGACTCCCTGCGTCTAAGCAGGAGGAAGAGGATAGCAATAACAGG
TCCGTGATGTCCTTTAGATGCTCTGGGCTGCACGCGCGCTACAATGTTAAAAACAATAAGAA
TAATTTAAAGCTAATTTGAAAAGATC

ICS 11.220
B 41

中华人民共和国农业行业标准

NY/T 3464—2019

牛泰勒虫病诊断技术

Diagnostic techniques for bovine theileriosis

2019-08-01 发布　　2019-11-01 实施

中华人民共和国农业农村部　发布

前　言

本标准按照 GB/T 1.1—2009 给出的规则起草。

本标准由农业农村部畜牧兽医局提出。

本标准由全国动物卫生标准化技术委员会(SAC/TC 181)归口。

本标准起草单位:中国农业科学院兰州兽医研究所。

本标准主要起草人:罗建勋、刘军龙、关贵全、殷宏、刘爱红、李有全。

牛泰勒虫病诊断技术

1 范围

本标准规定了环形泰勒虫和瑟氏泰勒虫的检测技术及其所引起的牛泰勒虫病的诊断技术要求。

本标准适用于牛泰勒虫病病原检测及急性临床病例的诊断。

2 规范性引用文件

下列文件对于本文件的应用是必不可少的。凡是注日期的引用文件，仅注日期的版本适用于本文件。凡是不注日期的引用文件，其最新版本(包括所有的修改单)适用于本文件。

GB/T 6682 分析实验室用水规格和试验方法

GB 19489 实验室生物安全通用要求

3 缩略语

下列缩略语适用于本文件。

PBS：磷酸盐缓冲液(phosphate buffer solution)

PCR：聚合酶链式反应(polymerase chain reaction)

4 材料与试剂

4.1 试剂

4.1.1 除特别规定外，在检测中使用的试剂均为分析纯，实验用水应符合 GB/T 6682 的要求。

4.1.2 姬姆萨(Giemsa)染色液原液(见附录 A 中的 A.1)。

4.1.3 姬姆萨染色液工作液(见 A.2)。

4.1.4 甲醇。

4.1.5 香柏油。

4.1.6 2×Premix *Taq* 酶混合液(商用)：包含 DNA 聚合酶、缓冲液和 2.5 mmol/L 的 dNTP 混合物。

4.1.7 无 RNase 水。

4.1.8 全血基因组提取试剂盒。

4.1.9 琼脂糖(电泳级)。

4.1.10 1×TAE(见 A.3)。

4.1.11 10 mg/mL 溴化乙锭(EB)或同类核酸染料(见 A.4)。

4.1.12 环形泰勒虫阳性对照(用环形泰勒虫感染牛，染虫率达到 5%以上时，提取血液基因组 DNA，稀释至 1 ng/μL)。

4.1.13 瑟氏泰勒虫阳性对照(用瑟氏泰勒虫感染牛，染虫率达到 5%以上时，提取血液基因组 DNA，稀释至 1 ng/μL)。

4.1.14 泰勒虫阴性对照(筛选泰勒虫阴性牛，提取血液基因组 DNA，稀释至 1 ng/μL)。

4.2 耗材

4.2.1 载玻片。

4.2.2 抗凝真空采血管。

4.2.3 剪毛剪。

4.2.4 1.5 mL 无菌离心管。

4.2.5 200 μL PCR 管。

4.3 仪器

4.3.1 光学显微镜(含 100×物镜)。

4.3.2 PCR 扩增仪。

4.3.3 核酸电泳系统。

4.3.4 凝胶成像仪。

4.3.5 单道微量移液器(1 μL～10 μL;10 μL～100 μL;100 μL～1 000 μL)。

4.3.6 高速离心机。

5 生物安全要求

样品采集、处理及检测过程中涉及的实验操作,应按 GB 19489 的相关规定执行。

6 临床诊断

6.1 典型临床症状

6.1.1 稽留热,体温维持在 40℃～41.8℃。

6.1.2 眼结膜充血肿胀,可视黏膜黄染。

6.1.3 浅表淋巴结肿胀,质地坚硬,触诊敏感。

6.1.4 贫血,尿色淡黄或深黄,但无血尿。

6.2 典型病理变化

6.2.1 血液凝固不良;皮下有胶样浸润,呈黄色;黏膜和浆膜黄染,可见出血点。

6.2.2 体表淋巴结不同程度肿大,切面呈灰黄色,髓质有出血点(参见附录 B 中的 B.1)。

6.2.3 皱胃黏膜肿胀、充血,有针头至黄豆大的黄白色或暗红色结节,结节部糜烂或溃疡(参见 B.2)。

6.3 流行特点

6.3.1 多发于 4 月～9 月,流行于璃眼蜱和血蜱(参见附录 C)分布区域。

6.3.2 患病动物体表可见蜱叮咬或有叮咬史。

6.3.3 1 岁～3 岁牛多发;本地牛症状较轻,引进牛、纯种牛和改良牛常出现明显的临床症状。

6.4 结果判定

牛只出现 6.1 和 6.2 的变化,并符合 6.3 的规定,可判为疑似牛泰勒虫病。

7 血涂片显微镜检查

7.1 血涂片制备

用剪毛剪剪除牛耳尖牛毛,针头刺破耳尖,挤取一滴耳尖静脉血于玻片上,用推片推成有末梢的薄血涂片,并迅速晾干。

7.2 血涂片固定

加 3 滴甲醇于血涂片上进行固定,晾干后重复一次。

7.3 血涂片染色

将姬姆萨染液工作液滴加到甲醇固定好的血涂片上,室温染色 30 min 后,用自来水充分冲洗掉残留的染色颗粒,吹风机吹干或自然晾干后待检。

7.4 显微镜检查

血涂片上滴加一滴香柏油,在 1 000 倍(10×100)光学显微镜下观察 100 个视野。

7.5 结果判定

7.5.1 阳性:红细胞内观察到泰勒虫典型虫体时,可确诊(参见附录 D)。

7.5.2 疑似:红细胞内未见典型虫体,仅观察到少量点状或不规则形颗粒,判定为疑似感染。

7.5.3 阴性:未出现 7.5.1 和 7.5.2 的结果,判定为血涂片检测阴性。

8 环形泰勒虫和瑟氏泰勒虫 PCR 检测方法

采用多重 PCR 方法从待检牛血液基因组中检测环形泰勒虫 COB 特异性基因片段和瑟氏泰勒虫转录间隔区(ITS)特异性基因片段。

8.1 病原 DNA 制备

采集待检牛颈静脉抗凝血,用商品化的血液基因组 DNA 提取试剂盒提取虫体 DNA,提取步骤按照说明书进行。提取好的虫体 DNA 立即进行 PCR 扩增或−20℃保存备用。

8.2 PCR 反应操作方法

8.2.1 反应体系

按照附录 E,用引物 AnCb-F/AnCb-R 和 SerITS-F/SerITS-R(见附录 F)组合配置 PCR 反应体系,反应体系为 25 μL。环形泰勒虫阳性对照模板为 4.1.12 所列环形泰勒虫 DNA 2 μL;瑟氏泰勒虫阳性对照模板为 4.1.13 所列瑟氏泰勒虫基因组 DNA 2 μL;阴性对照模板为 4.1.14 所列泰勒虫阴性感染牛血液基因组 DNA 2 μL。

8.2.2 PCR 反应条件

反应体系配置并混匀后,置于 PCR 仪内进行扩增。扩增程序为:95℃预变性 5 min;94℃ 变性 1 min,61.5℃ 退火 50 s,68℃ 延伸 1 min,共 35 个循环;68℃ 延伸 10 min。

8.2.3 PCR 产物琼脂糖凝胶电泳及成像

用 1×TAE 缓冲溶液配制 1.5%琼脂糖凝胶,取 PCR 产物 10 μL 在 1.5%琼脂糖凝胶中进行电泳,凝胶成像分析系统观察结果并拍照。

8.2.4 质控标准

环形泰勒虫阳性对照出现 393 bp、瑟氏泰勒虫阳性对照出现 818 bp 的特异性条带,阴性对照无扩增条带时,判为实验有效。

8.3 结果判定

8.3.1 阳性

与 DNA 标准分子量比对,当样品出现大小为 393 bp 扩增片段时,判定为环形泰勒虫核酸阳性;当样品扩增片段大小为 818 bp 时,判定为瑟氏泰勒虫核酸阳性(见附录 G)。

8.3.2 阴性

样品无特异性的阳性扩增条带出现,判定为环形泰勒虫和瑟氏泰勒虫核酸阴性。

9 综合判定

9.1 阳性

同时出现 6.1、6.2、6.3,同时出现 7.5.1 或 8.3.1,判定为泰勒虫病阳性。

9.2 隐性感染

未出现 6.1、6.2 和 6.3,但出现 7.5.1 或 8.3.1 时,判定为泰勒虫隐性感染。

9.3 阴性

未出现 6.1、6.2 和 6.3,同时出现 7.5.3 和 8.3.2 时,判定为牛泰勒虫病阴性。

附 录 A
（规范性附录）
标准中涉及的试剂配制方法

A.1 姬姆萨染液原液

姬姆萨染料 0.5 g，甘油 33 mL，甲醇 33 mL。将染料置于研钵中，加少量甘油进行充分研磨后，加入全部甘油，55℃～60℃水浴加热 1 h～2 h，期间不断摇动混匀。冷却至室温后加入甲醇，储存在棕色瓶中室温静置 6 个月～12 个月，过滤备用。

A.2 姬姆萨染色液工作液

按每毫升无离子水加 200 μL 姬姆萨染色液原液进行配置。

A.3 电泳缓冲液的配置（TAE）

50×TAE 储存液：

Tris-Base	242 g
$Na_2EDTA \cdot 2H_2O$	37.2 g
冰醋酸	57.1 mL

加双蒸水 800 mL 溶解，充分混匀后加双蒸水补齐至 1 000 mL。

1×TAE 工作液：取 10 mL 储存液加 490 mL 双蒸水，即为 1×TAE 工作液。

A.4 10 mg/mL 溴化乙锭

称取溴化乙锭 1 g，加蒸馏水定容至 100 mL，磁力搅拌充分溶解后，棕色瓶内室温保存。

A.5 1.5%琼脂糖凝胶板配置

琼脂糖	1.5 g
1×TAE 电泳缓冲液	100 mL

将琼脂糖放入 TAE 电泳缓冲液中，加热融化，温度降至 60℃时，加入溴化乙锭或同类型核酸染料 10 μL，混匀后铺板。

附　录　B
（资料性附录）
泰勒虫病典型病理图片

B.1　感染泰勒虫后淋巴结肿胀，见图 B.1。

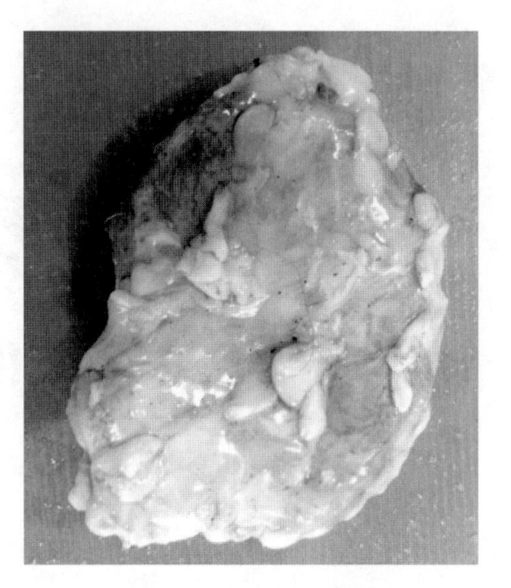

图 B.1　淋巴结肿胀
（引自 Anamika G.，et al.，2017）

B.2　感染泰勒虫后，牛皱胃肿胀并出现溃疡，见图 B.2。

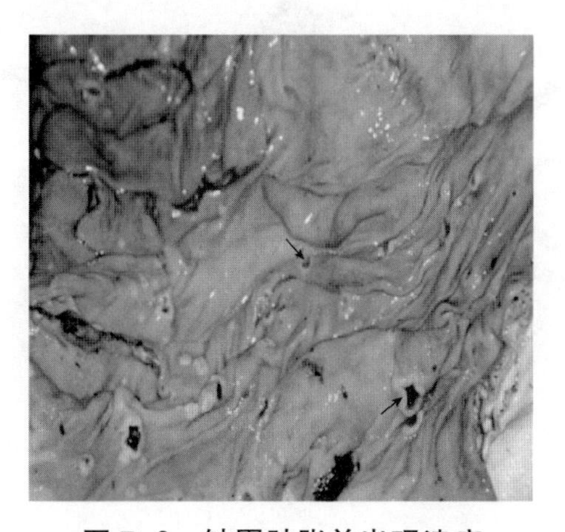

图 B.2　皱胃肿胀并出现溃疡
（引自 Oryan A.，et al.，2013）

附 录 C
（资料性附录）
媒 介 蜱 图 片

C.1 环形泰勒虫媒介蜱

小亚璃眼蜱见图 C.1，残缘璃眼蜱见图 C.2。

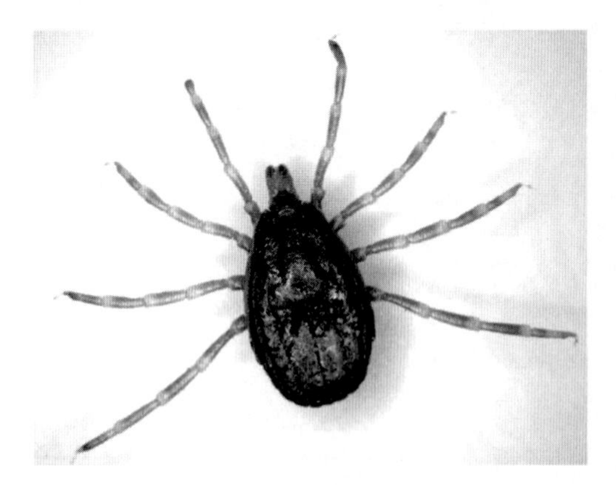

图 C.1 小亚璃眼蜱

图 C.2 残缘璃眼蜱

C.2 瑟氏泰勒虫媒介蜱

长角血蜱见图 C.3。

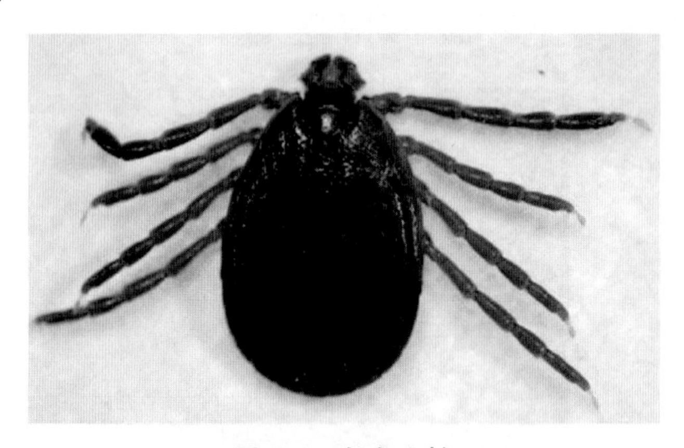

图 C.3 长角血蜱

附 录 D
(资料性附录)
环形泰勒虫和瑟氏泰勒虫典型形态图

D.1 环形泰勒虫在红细胞内的形态

见图 D.1。

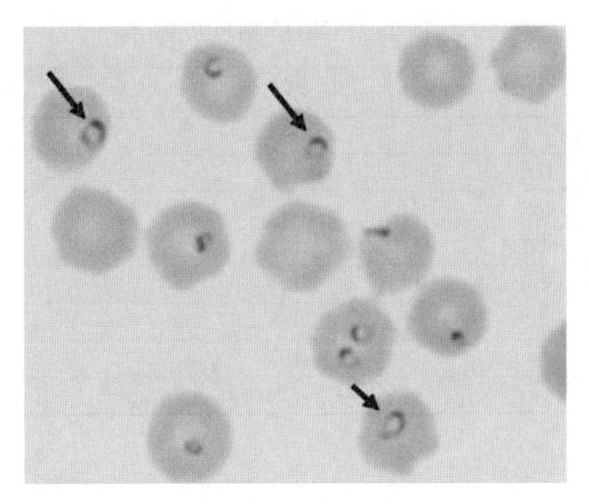

图 D.1 环形泰勒虫在红细胞内的形态

箭头所示为环形泰勒虫在红细胞内典型形态:圆环形和梨籽形。

D.2 瑟氏泰勒虫在红细胞内的形态

见图 D.2。

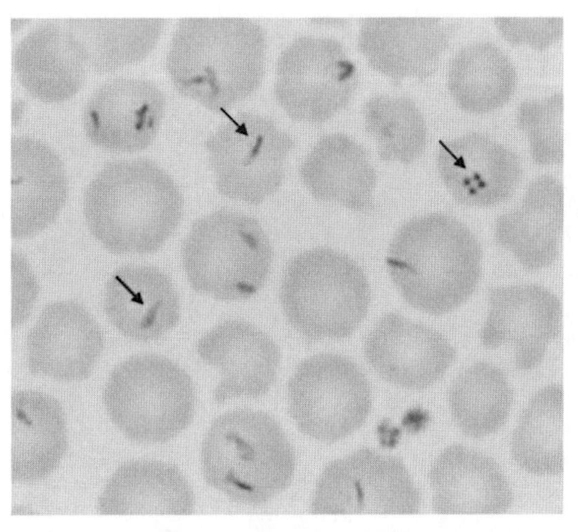

图 D.2 瑟氏泰勒虫在红细胞内的形态

箭头所示为瑟氏泰勒虫在红细胞内典型形态:杆状、针形及十字形。

附 录 E
（规范性附录）
PCR 反应体系配置及注意事项

E.1 环形泰勒虫和瑟氏泰勒虫 PCR 检测反应体系

见表 E.1。

表 E.1 PCR 检测反应体系

组成成分	数量，μL
2×Premix*Taq*	12.5
AnCb-F 10 μmol/L	0.3
AnCb-R 10 μmol/L	0.3
SerITS-F 10 μmol/L	0.8
SerITS-R 10 μmol/L	0.8
DNA	2
DNase Free water	8.3
总体积	25

E.2 注意事项

E.2.1 由于阳性对照样品中模板浓度相对较高，在 PCR 反应体系配制过程中，阳性对照 DNA 与待检样品 DNA 应在不同区域添加。

E.2.2 所有试剂应按要求分别在 4℃、−20℃条件下保存。使用时，室温下融化后，放置于冰上。

附　录　F
（规范性附录）
环形泰勒虫和瑟氏泰勒虫 PCR 引物

环形泰勒虫和瑟氏泰勒虫 PCR 引物序列见表 F.1。

表 F.1　环形泰勒虫和瑟氏泰勒虫 PCR 引物

引物名称	引物序列	扩增长度
AnCb-F	5′-CGGTTGGTTTGTTCGTCTTT -3′	393 bp
AnCb-R	5′-GCCAATGGATTTGAACTTCC -3′	
SerITS-F	5′-CAACCCAGCTGCTTTTGAGG -3′	818 bp
SerITS-R	5′-CAACAGAATCGCAAAGCGGT -3′	
AnCb-F：环形泰勒虫上游引物。 AnCb-R：环形泰勒虫下游引物。 SerITS-F：瑟氏泰勒虫上游引物。 SerITS-R：瑟氏泰勒虫下游引物。		

附 录 G
（规范性附录）
环形泰勒虫和瑟氏泰勒虫 PCR 检测结果判定图

环形泰勒虫和瑟氏泰勒虫 PCR 检测结果按图 G.1 判定。

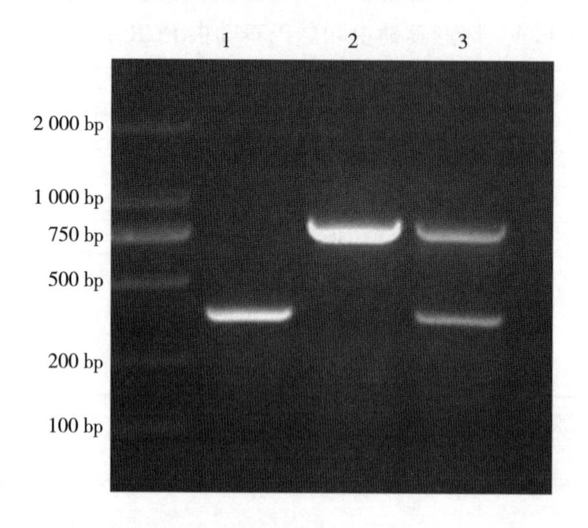

说明：

1——环形泰勒虫特异性引物 AnCb-F/AnCb-R 扩增的阳性条带；

2——瑟氏泰勒虫特异性引物 SerITS-F/SerITS-R 扩增的阳性条带；

3——引物 AnCb-F/AnCb-R 和 SerITS-F/SerITS-R 混合后扩增的条带。

图 G.1 环形泰勒虫和瑟氏泰勒虫 PCR 检测结果判定图

ICS 11.220
B 41

中华人民共和国农业行业标准

NY/T 3465—2019

山羊关节炎脑炎诊断技术

Diagnostic techniques for caprine arthritis-encephalitis

2019-08-01 发布　　　　2019-11-01 实施

中华人民共和国农业农村部　发布

前　　言

本标准按照 GB/T 1.1—2009 给出的规则起草。

本标准由农业农村部畜牧兽医局提出。

本标准由全国动物卫生标准化技术委员会(SAC/TC 181)归口。

本标准起草单位:中国动物疫病预防控制中心、中国农业科学院兰州兽医研究所、天津大学、重庆市动物疫病预防控制中心。

本标准主要起草人:宋晓晖、孙雨、张志东、黄金海、肖颖、窦永喜、曲萍、胡冬梅、王传彬、杨林。

引　言

山羊关节炎脑炎(Caprine arthritis-encephalitis,CAE)是由反转录病毒科慢病毒属山羊关节炎脑炎病毒(CAE virus,CAEV)引起的一种慢性进行性传染病。CAEV感染引起肺脏、关节、乳房以及中枢神经系统的进行性单核细胞炎症损伤,临床上羔羊发生脑脊髓炎,成年山羊发生多发性关节炎、间质性肺炎和乳房炎。山羊关节炎脑炎常呈亚临床感染,但可通过初乳、乳汁或者呼吸道分泌物持续传播病毒。世界动物卫生组织(World Organisation for Animal Health,OIE)将山羊关节炎脑炎列为必须报告的动物疫病,我国《一、二、三类动物疫病病种名录》将其列为二类动物疫病。梅迪-维斯纳病和山羊关节炎脑炎都是小反刍兽慢病毒病,两种病原在系统发育上存在密切相关性,临床上山羊关节炎脑炎只感染山羊,以关节炎最常见,梅迪-维斯纳病感染绵羊,以慢性进行性肺炎最常见。

本标准参考了OIE《陆生动物诊断试剂和疫苗使用手册》的有关内容,技术方法与OIE推荐的标准方法一致。其中,病毒分离适用于从活体动物的乳汁、关节囊液或外周血液中以及从死亡动物的肺、滑膜或乳腺组织中分离CAEV,可用于临床诊断;聚合酶链式反应(Polymerase Chain Reaction,PCR)适用于检测病毒核酸,可用于对前病毒DNA的检测;酶联免疫吸附试验(Enzyme-Linked Immunosorbent Assay,ELISA)适用于检测血清样品中的CAEV抗体,可用于临床诊断、流行病学调查、检验检疫;琼脂免疫扩散试验(Agar Gel Immunodiffusion,AGID)适用于检测血清样品中的CAEV抗体,可用于临床诊断、流行病学调查、检验检疫。

山羊关节炎脑炎诊断技术

1 范围

本标准规定了山羊关节炎脑炎的临床诊断、病原分离与鉴定、病原核酸检测以及血清学检测的技术要求。

本标准适用于山羊关节炎脑炎的临床诊断、实验室检测以及检验检疫。

2 规范性引用文件

下列文件对于本文件的应用是必不可少的。凡是注日期的引用文件,仅注日期的版本适用于本文件。凡是不注日期的引用文件,其最新版本(包括所有的修改单)适用于本文件。

GB/T 6682 分析实验室用水规格和试验方法

NY/T 541 兽医诊断样品采集、保存与运输技术规范

3 临床诊断

3.1 流行病学

3.1.1 易感动物

在自然条件下,山羊最易感,偶见绵羊发病。山羊易感性不受性别和年龄影响。

3.1.2 传染源

病羊和隐性感染羊是主要传染源。

3.1.3 传播途径

羔羊吸吮感染山羊的初乳或奶是主要的传播途径,也可通过被病羊分泌物与排泄物污染的饲草、饲料、饮水传播,还可通过免疫治疗、人工授精器械、挤奶器械等传播。

3.2 临床症状

3.2.1 脑脊髓炎

2 月龄~6 月龄羔羊常见脑脊髓炎,偶见于青年羊和成年羊。感染早期病羊表现虚弱、共济失调和后肢站立不稳,也可见反射亢进和肌张力亢进,继而发展为后肢轻瘫、四肢软弱和瘫痪,也可见沉郁、头部歪斜、转圈运动、角弓反张、斜颈和划水样等神经症状。

3.2.2 关节炎

成年羊多见,病羊关节囊肿胀,跗关节最常见,伴有不同程度的跛行。

3.2.3 肺炎

病羊可见呼吸困难,偶见干咳;也可见食欲下降,精神不振,体重减轻。

3.2.4 乳房炎

病羊分娩后乳腺肿胀、坚硬,无乳,产奶量低下。

3.3 结果判定

山羊出现上述临床症状之一,可判定为山羊关节炎脑炎疑似病例。

4 病理诊断

4.1 脑脊髓炎

剖检可见脑脊髓出现不对称分布、颜色呈淡褐色的肿胀;病理组织学可见脑和脊髓出现多处单核细胞浸润的炎性病灶,伴有不同程度的脱髓鞘。

4.2　关节炎

剖检可见关节囊增厚和滑膜绒膜明显增生，也可见关节囊、腱鞘和黏液囊软组织钙化，严重病例可见软骨损伤、韧带和肌腱断裂、关节周围形成骨刺。病理组织学可见滑膜细胞增生，滑膜下单核细胞浸润，绒毛过度增生、滑膜水肿和滑膜坏死。

4.3　肺炎

剖检可见肺脏坚实、呈暗红色，有白色病灶。支气管淋巴结可见肿胀。病理组织学可见肺泡隔膜、支气管及周围组织的淋巴细胞浸润。

4.4　乳房炎

病理组织学可见乳导管基质周围单核细胞浸润，正常结构不清晰，并出现坏死灶。

4.5　结果判定

表现3.2临床症状的病羊，剖检出现上述病理变化之一，可判定为山羊关节炎脑炎疑似病例。

5　病原学方法

5.1　病原分离与鉴定

5.1.1　试剂耗材

除特殊说明外，本标准使用的化学试剂均为分析纯，水均为符合GB/T 6682的二级水。

5.1.1.1　细胞生长液（配制方法见附录A中的A.1）。

5.1.1.2　细胞维持液（配制方法见A.2）。

5.1.1.3　Hank's平衡盐溶液。

5.1.1.4　细胞消化液（配制方法见A.3）。

5.1.1.5　青霉素、链霉素（双抗）液（配制方法见A.4）。

5.1.1.6　山羊滑膜（goat synovial membrane，GSM）细胞（制备方法见附录B）。

5.1.1.7　肺泡巨噬细胞（制备方法见附录C）。

5.1.1.8　细胞培养瓶（25 cm^2）。

5.1.1.9　灭菌吸管（5 mL、10 mL）。

5.1.1.10　微量可调移液器（10 μL～100 μL，20 μL～200 μL，100 μL～1 000 μL）以及相应吸头。

5.1.1.11　抗凝真空采血管。

5.1.1.12　聚四氟乙烯袋。

5.1.2　仪器设备

5.1.2.1　二氧化碳培养箱。

5.1.2.2　普通冰箱（2℃～8℃）、低温冰箱（－20℃）。

5.1.2.3　倒置生物显微镜。

5.1.2.4　二级生物安全柜。

5.1.2.5　超净工作台。

5.1.2.6　通用离心机。

5.1.3　样品

无菌采集疑似感染羊的乳汁、外周血或者关节囊液样品，或剖检无菌采集病羊新鲜肺脏、关节滑膜、乳房等组织样品。样品采集、保存、运输按照NY/T 541的规定进行。

5.1.4　试验步骤

5.1.4.1　样品处理

5.1.4.1.1　提取白细胞

乳汁、外周血或者关节囊液样品用商品化提取液提取白细胞，用细胞生长液将白细胞制成约 6×10^8

个细胞/mL 的悬液。将细胞悬液加入到聚四氟乙烯袋中,37℃、5% CO_2条件下,培养 10 d～12 d。

5.1.4.1.2 培养组织细胞

组织样品置于含适量细胞生长液的培养皿中,用手术剪充分剪碎,用巴氏管吸取转移单个组织碎片至 25 cm^2细胞培养瓶中,每瓶放置 20 个～30 个组织碎片。在每个碎片上滴加一滴细胞生长液后,37℃、5% CO_2条件下,静置培养 3 d～4 d,使组织碎片增殖贴壁。待培养瓶中的组织片贴壁后,补加培养液,使细胞增殖,用胰酶消化后分瓶培养并形成单层细胞。

5.1.4.1.3 制备肺泡巨噬细胞

肺脏可按附录 C 的方法制备肺泡巨噬细胞。

5.1.4.2 与指示细胞 GSM 共培养

GSM 单层细胞用细胞维持液洗 2 次,加入 2 mL～5 mL 按照 5.1.4.1.1、5.1.4.1.2、5.1.4.1.3 方法制备的细胞,补齐细胞培养液至 5 mL,37℃、5% CO_2的条件下培养。

5.1.4.3 结果观察

连续培养观察 5 周,CAEV 感染细胞典型细胞病变为形成合胞体细胞,每个合胞体细胞中含有 2 个～20 个细胞核,以合胞体细胞为中心,周围是遮光性强的梭形细胞。观察期间应根据细胞生长状况换液和传代。

5.1.4.4 病毒的鉴定

出现 5.1.4.3 典型细胞病变后,应制备细胞培养飞片(操作方法见附录 D),并采用间接免疫荧光抗体技术(操作方法见附录 E)或电镜技术鉴定并确认。

5.1.4.5 结果判定

阳性:活体组织、剖检组织或肺泡巨噬细胞同指示细胞 GSM 共培养后,细胞出现 CAEV 典型病变,并且经间接免疫荧光抗体染色,细胞培养飞片同阳性血清有荧光反应,或者电镜观察到直径为80 nm～120 nm、表面有长的纤突、核心致密位于粒子的中央、呈棒状或钝圆锥状的典型的慢病毒粒子,则判定为山羊关节炎脑炎病毒分离阳性,表述为检出山羊关节炎脑炎病毒。

阴性:活体组织、剖检组织或肺泡巨噬细胞与指示细胞 GSM 共培养后,细胞没有 CAEV 典型病变,并且经间接免疫荧光抗体染色,细胞培养飞片与阳性血清没有荧光反应,或者电镜没有观察到典型的慢病毒粒子,则判定为山羊关节炎脑炎病毒分离阴性,表述为未检出山羊关节炎脑炎病毒。

5.2 PCR 方法

5.2.1 试剂耗材

5.2.1.1 DNA 提取试剂盒。

5.2.1.2 Ficoll Pague PLUS。

5.2.1.3 2×*Taq* buffer 反应液。

5.2.1.4 10×PCR 反应液。

5.2.1.5 DL 2 000 plus DNA Marker。

5.2.1.6 1%琼脂糖(配制方法见附录 F)。

5.2.1.7 5×TBE 缓冲液(配制方法见附录 F)。

5.2.1.8 引物

检测引物及序列参见附录 G,引物用 DEPC 水配成 100 μmol/L 的储存液和 10 μmol/L 的工作液。

5.2.1.9 对照样品

阳性对照:含有目的基因片段的质粒或者病毒分离培养物。

阴性对照:空载体质粒或者正常组织细胞。

5.2.1.10 微量可调移液器(10 μL～100 μL,20 μL～200 μL,100 μL ～1 000 μL)以及相应吸头。

5.2.1.11 0.2 mL PCR 管。

5.2.2 仪器设备

5.2.2.1 PCR 扩增仪。

5.2.2.2 台式离心机。

5.2.2.3 凝胶成像仪。

5.2.2.4 普通冰箱(2℃～8℃)。

5.2.2.5 普通冰箱(－20℃)。

5.2.2.6 分光光度计。

5.2.3 样品

按照 NY/T 541 的方法，采集羊静脉抗凝血 5 mL，来回颠倒几次，使抗凝剂与血液充分混合。

5.2.4 试验步骤

5.2.4.1 样品处理

使用商品化 Ficoll Pague PLUS 提取试剂，提取抗凝血中的外周血单核细胞。

5.2.4.2 DNA 提取

按 DNA 提取试剂盒的操作说明书，提取模板 DNA，用分光光度法测定模板浓度，－20℃冰箱中备用。

5.2.4.3 PCR 反应体系

建立 25 μL 反应体系，包括：

2×*Taq* buffer	12.5 μL
上游引物(10 μmol/L)	0.5 μL
下游引物(10 μmol/L)	0.5 μL
模板 DNA	1 μL
灭菌双蒸水	10.5 μL

5.2.4.4 PCR 反应条件

95℃预变性 5 min，94℃变性 1 min，54℃退火 30 s，72℃延伸 40 s，重复循环 35 次，72℃延伸 10 min。

5.2.4.5 PCR 产物电泳

取 PCR 扩增产物 5 μL 与 0.5 μL 的 10×电泳上样缓冲液混合，经 1%琼脂糖凝胶电泳，在凝胶成像系统中观察结果。

5.2.5 结果判定

5.2.5.1 试验成立的条件

阳性对照成立条件：有大小为 591 bp 的特异性扩增条带。

阴性对照成立条件：无任何扩增条带。

空白对照成立条件：无任何扩增条带。

5.2.5.2 结果判定

阳性：样品有大小为 591 bp 的特异性扩增条带，判定为 PCR 结果阳性，表述为检出山羊关节炎脑炎病毒核酸。

阴性：样品没有 591 bp 的特异性扩增条带，判定为 PCR 结果阴性，表述为未检出山羊关节炎脑炎核酸。

6 血清学诊断

6.1 琼脂凝胶免疫扩散试验

6.1.1 试剂耗材

6.1.1.1 琼脂糖。

6.1.1.2 磷酸盐缓冲液(配制方法见附录 H)。

6.1.1.3 山羊关节炎脑炎抗原。

6.1.1.4 山羊关节炎脑炎阳性血清。

6.1.1.5 培养皿(9 cm)。

6.1.1.6 六边形打孔器。

6.1.1.7 微量可调移液器(10 μL～100 μL,20 μL～200 μL,100 μL～1 000 μL)及相应吸头。

6.1.2 仪器设备

6.1.2.1 恒温培养箱。

6.1.2.2 普通冰箱(2℃～8℃)。

6.1.2.3 电子天平(0.001 g)。

6.1.2.4 高压灭菌器。

6.1.3 试验操作

6.1.3.1 琼脂糖凝胶平板的制备

1 g 琼脂糖,加入 100 mL 磷酸盐缓冲液中,水浴煮沸融化后,冷却至 55℃,将琼脂糖溶液倒入培养皿中,每个培养皿倒入约 18 mL,厚度 2.5 mm,半盖上皿盖。待琼脂糖冷却凝固后,盖好培养皿盖,并用封口膜封住平皿盖边缘,4℃条件下倒置保存备用。

6.1.3.2 样品处理

待检血清样品经 56℃水浴灭活 30 min。

6.1.3.3 平板打孔

用六边形打孔器或者其他孔型的打孔器垂直在琼脂糖凝胶平板打孔,孔间距以 3 mm～5 mm 为宜,挑出每一孔内的琼脂糖凝胶块,勿破坏孔洞。酒精灯火焰封底,将所打的孔按图 1 所示进行编号和定位。

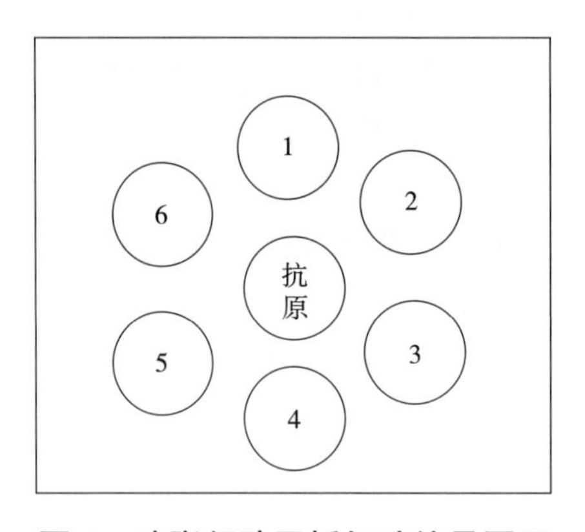

图 1 琼脂凝胶平板打孔编号图示

6.1.3.4 加样

中央孔加入山羊关节炎脑炎抗原,1、3、5 孔分别加入待检血清样品,2、4、6 孔分别加入标准阳性血清。加至孔满为止,平皿加盖。

6.1.3.5 温育

待孔中液体吸干后,将平皿倒置,防止水分蒸发。琼脂板则放入湿盒中,于 20℃～25℃培养箱中孵育过夜。

6.1.3.6 观察结果

孵育 24 h 后,观察标准阳性血清的沉淀线。如不清晰,继续在 2℃～8℃冰箱中静置孵育 24 h。

6.1.3.7 实验结果判定

6.1.3.7.1 实验成立条件

标准阳性血清孔与抗原孔之间形成一条清晰、致密的白色沉淀线。

6.1.3.7.2 结果判定

阳性:当标准阳性血清与抗原孔间有明显的沉淀线,而被检血清与抗原孔间也有明显沉淀线,或标准阳性血清与抗原孔间的沉淀线末端向毗邻的被检血清孔内侧偏弯时,判定为琼脂凝胶免疫扩散阳性,表述为检出山羊关节炎脑炎血清抗体。

阴性:当标准阳性血清与抗原孔间有明显的沉淀线,而被检血清与抗原孔间无沉淀线,或标准阳性血清与抗原孔间的沉淀线末端向毗邻的被检血清孔直伸或向外方偏弯时,判为琼脂凝胶免疫扩散阴性,表述为未检出山羊关节炎脑炎血清抗体。

疑似:标准阳性血清孔与抗原孔之间的沉淀线末端似乎向毗邻受检血清孔内侧偏弯,但又不易判定,应重新进行检测,重检后仍为可疑,判为阳性,表述为检出山羊关节炎脑炎血清抗体。

6.2 竞争 ELISA 试验(c-ELISA)

6.2.1 试剂耗材

6.2.1.1 包被抗原:CAEV 的 SU 重组蛋白。

6.2.1.2 对照血清:山羊关节炎脑炎阴性血清、山羊关节炎脑炎阳性血清。

6.2.1.3 酶标竞争单抗:HRP 酶标记的抗 CAEV-SU 的单克隆抗体。

6.2.1.4 10×稀释液(配制方法见附录 I 中的 I.1)。

6.2.1.5 底物溶液(配制方法见附录 I.2)。

6.2.1.6 终止液(配制方法见附录 I.3)。

6.2.1.7 微量可调移液器(10 μL～100 μL,20 μL～200 μL,100 μL～1 000 μL)及相应吸头。

6.2.1.8 八通道移液器(50 μL～300 μL)及相应吸头。

6.2.1.9 96 孔酶标板。

6.2.2 仪器设备

6.2.2.1 酶标仪。

6.2.2.2 恒温培养箱。

6.2.2.3 洗板机。

6.2.2.4 台式离心机。

6.2.3 试验操作

6.2.3.1 加样

在包被山羊关节炎脑炎重组抗原的酶标板中加入阴性对照血清、阳性对照血清以及待检样品,每孔 50 μL。

6.2.3.2 孵育

用封口膜封住酶标板,室温或者 37℃温育 1 h。

6.2.3.3 洗板

弃去酶标板中液体,用工作浓度洗液洗板 3 次。

6.2.3.4 加入酶标竞争单抗

除对照孔外,其余每孔加入 50 μL 酶标竞争单抗,室温或 37℃温育 30 min。

6.2.3.5 洗板

弃去酶标板中液体,用工作浓度洗液洗板 3 次。

6.2.3.6 加底物

每孔中加入 100 μL 底物溶液,室温下避光温育 20 min。

6.2.3.7 反应终止

每一孔中加入 50 μL 终止液。

6.2.3.8 读取吸光度

在酶标仪上读取每孔的 650 nm 的吸光度,并根据 OD 值按式(1)计算抑制率。

$$I = 100 - 100 \times \frac{a}{b} \quad (1)$$

式中:

I ——抑制率,单位为百分率(%);

a ——样品 OD 值；

b ——阴性对照 OD 值。

6.2.4 实验结果判定

6.2.4.1 实验成立条件

阴性对照 OD 值>0.3，且阳性对照抑制率≥35%。

6.2.4.2 结果判定

阳性：血清样品抑制率≥35%，判定为 C-ELISA 检测阳性，表述为检出山羊关节炎脑炎血清抗体。

阴性：血清样品抑制率< 35%，判定为 C-ELISA 检测阴性，表述为未检出山羊关节炎脑炎血清抗体。

7 综合判定

临床疑似病例并且 5.1、5.2、6.1、6.2 任何一项阳性者，判为山羊关节炎脑炎阳性。

临床疑似病例并且 5.1、5.2、6.1、6.2 检测均为阴性，判为山羊关节炎脑炎阴性。

附 录 A
(规范性附录)
细胞培养液的制备

A.1 细胞生长液

DMEM 营养液	900 mL
胎牛血清	100 mL

加入青霉素至终浓度 100 IU/mL,链霉素至终浓度 100 μg/mL,充分混匀,过滤除菌后 4℃储存备用。

A.2 细胞维持液

DMEM 营养液	980 mL
胎牛血清	20 mL

加入青霉素至终浓度 100 IU/mL,链霉素至终浓度 100 μg/mL,充分混匀,过滤除菌后 4℃储存备用。

A.3 细胞消化液

A.3.1 0.25%胰蛋白酶溶液的配制

称取 250 mg 胰蛋白酶粉末,加入少许 D-Hank's,将胰蛋白酶粉末调成糊状,再补足 D-Hank's 至 100 mL,磁力搅拌混匀,使其完全溶解,放置于室温 4 h 或 4℃冰箱保存过夜。

A.3.2 0.02%EDTA 的配制

称取 200 mg 的 EDTA • 2Na,加 D-Hank's 至 1 L,加入酚红 15 mg,用 $NaHCO_3$ 或 HCl 调 pH 至 7.2。高压消毒灭菌(6.9×10^3 Pa,121℃,15 min),分装小瓶,于 4℃保存备用。

A.3.3 将 0.02%EDTA 和 0.25%胰蛋白酶 1∶1 等量混合。

A.4 青霉素、链霉素(双抗)液

1 g 链霉素(硫酸盐)溶解于 10 mL Hank's 液,再用 8 mL 链霉素(硫酸盐)溶液溶解 800 kIU 的青霉素粉,即配成含为 100 mg/mL 链霉素和 100 kIU/mL 青霉素的双抗母液。使用时,在 100 mL 培养基内加 0.1 mL 母液,则培养基内链霉素浓度为 0.1 mg/mL,青霉素浓度为 100 IU/mL。

附 录 B
(规范性附录)
山羊滑膜细胞制备及传代

B.1 GSM原代细胞的制备

B.1.1 样品处理

无菌采取胎山羊关节滑膜,用D-Hank's洗3次,剪成1 mm^3～2 mm^3的小块,加入少量的细胞生长液,混匀后加入到细胞瓶中,弃去多余液体。

B.1.2 消化

用3倍～5倍体积含0.1 mg/mL～0.3 mg/mL的胶原酶的DMEM消化,37℃孵育4 h,期间可振荡数次。

B.1.3 过滤洗涤

消化后的细胞悬液经孔径为0.15 mm的不锈钢网过滤后,收集消化液。消化液1 000 r/min离心10 min,弃去上清液,收集细胞,用D-Hank's洗涤。

B.1.4 培养

细胞沉淀用细胞生长液悬浮,调整细胞浓度至0.5×10^7个细胞/mL,37℃、5% CO_2条件下培养24 h,弃去未贴壁细胞,换细胞生长液。此时已贴壁细胞为原代GSM细胞,继续培养,直至细胞长成连续单层细胞。

B.2 GSM细胞的传代

将已长成连续单层的原代GSM细胞用无血清DMEM洗2次,用细胞消化液消化后加入细胞生长液重悬细胞。细胞悬液1 000 r/min离心10 min,用细胞生长液重浮细胞,调整细胞浓度至0.5×10^7个细胞/mL,分瓶培养。

附　录　C
（规范性附录）
肺泡巨噬细胞的制备

山羊动脉放血致死后，从颈部剖开至腹腔，避免伤到气管和肺脏。用棉线结扎气管上部，然后剪断气管，将气管和肺脏完整取出来。用 PBS 冲洗干净肺脏表面。在无菌条件下，用灭菌好的剪刀剪断结扎了的气管，吸取 PBS 灌进肺内。充盈后，用手轻轻捏揉肺叶数次，再把肺内液体倒入蓝盖瓶中。重复灌洗 2 次。收集的液体分装到 50 mL 离心管中，1 000 r/min 离心 10 min。细胞沉淀用 PBS 或细胞维持液清洗离心 1 次后制成细胞悬液。

附 录 D
(规范性附录)
细胞培养飞片的制备

病毒接种细胞出现病变或确知细胞内含有丰富的病毒抗原后,用胰酶消化细胞,PBS洗涤3次,用适量PBS悬浮细胞,将细胞悬液滴于玻片孔中。同时,消化未感染病毒的同批细胞,滴加同一玻片另一孔内,作为正常细胞对照。孔内滴加的细胞以细胞铺开、不重叠为宜。室温干燥后,冷丙酮(4℃)固定10 min后,PBS漂洗,充分干燥后−20℃备用。

附 录 E
(规范性附录)
间接免疫荧光操作步骤

E.1 试剂耗材

E.1.1 固定液

甲醛(40%)	100 mL
Na_2HPO_4	6.5 g
NaH_2PO_4	4.0 g

加水至 1 L,调整 pH 为 7.4。

E.1.2 PBST 洗涤液

0.1 mol/L PBS	50 mL
吐温-20	0.25 mL

加水定容至 500 mL。

E.1.3 封闭液

BSA 粉末 1 g,加入 PBST 溶液定容至 100 mL。

E.1.4 荧光抗体

商品化的标记有荧光素或者罗丹明的抗山羊免疫球蛋白。

E.1.5 山羊关节炎脑炎阳性血清。

E.1.6 山羊关节炎脑炎阴性血清。

E.1.7 50%甘油

丙三醇 50 mL,加入水定容至 100 mL。

E.1.8 盖玻片。

E.2 仪器设备

荧光显微镜。

E.3 操作步骤

E.3.1 取出细胞培养飞片,室温干燥后,1% BSA 封闭,37℃孵育 1 h。

E.3.2 PBST 洗 3 次,每次 5 min,室温干燥。

E.3.3 将适当稀释的山羊关节炎脑炎阳性血清、阴性血清分别滴于细胞培养飞片上,置于湿盒内,37℃孵育 30 min~45 min。

E.3.4 PBST 洗 3 次,每次 5 min,室温干燥。

E.3.5 取适当稀释的荧光抗体,滴加于细胞培养飞片上,37℃孵育 30 min~45 min。

E.3.6 PBST 洗 3 次,每次 5 min,室温干燥。

E.3.7 50%甘油封片,荧光显微镜下观察。

E.4 结果判定

E.4.1 试验成立条件

阴性血清与正常细胞和病毒感染细胞反应均无荧光，阳性血清与正常细胞反应无荧光。

E.4.2 结果判定

细胞培养飞片与阳性血清荧光反应，与阴性血清无荧光反应，则判定细胞培养飞片为阳性。

附 录 F
(规范性附录)
PCR 试验用溶液的配制

F.1 5×TBE 电泳缓冲液

三羟甲基氨基甲烷(Tris)	54 g
乙二胺四乙酸(EDTA)	2.9 mg
硼酸	27.5 g

加入灭菌双蒸水 1 L,用 5 mol/L 的盐酸调 pH 至 8.0。

F.2 1×TBE 电泳缓冲液

电泳缓冲液(5×)	100 mL
灭菌双蒸水	400 mL

F.3 1%琼脂糖凝胶

琼脂糖(电泳级)	2 g
TBE 电泳缓冲液(5×)	40 mL

加灭菌双蒸水至 200 mL,微波炉中完全融化。

附 录 G
（规范性附录）
PCR 方法引物序列和特异性片段

G.1 引物序列

见表 G.1。

表 G.1 引物序列

引物	靶基因	序列(5′- 3′)	大小
正向引物	gag	5′ -AACTGGAAAGCAGTAGAC-3′	591 bp
反向引物	gag	5′-TACACTAGCTTGTTGCAC-3′	

G.2 扩增的片段序列

AACTGGAAAGCAGTAGACTCAGTAATGTTCCAGCAACTGCAAACAGTAGCAATGCAGCA
TGGCCTCGTGTCTGAGGACTTTGAAAGGCAGTTGGCATATTATGCTACTACCTGGACAAGTA
AAGACATATTAGAAGTATTGGCCATGATGCCAGGAAATAGAGCTCAAAAGGAGCTAATTCA
AGGGAAATTAAATGAAGAAGCAGAAAGGTGGAGAAGAAATAATCCACCACCTCCAGTAGGA
GGAGGATTAACAGTGGATCAGATTATGGGAGCAGGACAAACAAATCAAGCAGCAGCACAAG
CTAACATGGATCAGGCAAGACAAATATGCCTGCAATGGGTAATAATAGCCTTAAGAGCAGT
GAGGCATATGGCTCATAGGCCAGGAAATCCCATGTTAGTAAGGCAAAAAGCAAATGAGTCA
TATGAAGAATTTGCAGCAAAACTGCTAGAAGCAATAGATGCAGAACCAGTTACACAGCCTA
TAAAAGACTATCTGAAGCTAACATTATCTTATACAAATGCATCATCAGATTGTCAAAAGCA
AATGGATAGAGTACTAGGACAAAGAGTGCAACAAGCTAGTGTA

附 录 H
(规范性附录)
琼脂凝胶免疫扩散试验的溶液配制

0.01 mol/L pH 7.4 磷酸盐缓冲液(PBS)配制:

$Na_2HPO_4 \cdot 12H_2O$	1.17 g
NaH_2PO_4	0.22 g
NaCl	8.50 g

加双蒸水调整到 1 L,调整 pH 至 7.4。

附　录　I
（规范性附录）
c-ELISA 溶液的配制

I.1　PBST 稀释液/洗液

0.1 mol/L PBS	50 mL
吐温-20	0.25 mL

灭菌双蒸水加至 500 mL。

I.2　底物溶液

TMB(3,3′,5,5′-四甲基联苯胺)。

I.3　终止液(1%SDS)

60 mL 双蒸水中加入 1 g SDS,边加边搅拌,溶解后定容至 100 mL。

ICS 11.220
B 41

中华人民共和国农业行业标准

NY/T 3466—2019

实验用猪微生物学等级及监测

Microbiological standards and surveillance on experimental Pig

2019-08-01 发布　　　　2019-11-01 实施

中华人民共和国农业农村部 发布

前　言

本标准按照 GB/T 1.1—2009 给出的规则起草。

本标准由农业农村部畜牧兽医局提出。

本标准由全国动物卫生标准化技术委员会（SAT/TC 181）归口。

本标准起草单位：中国农业科学院哈尔滨兽医研究所。

本标准主要起草人：曲连东、姜骞、郭东春、刘家森、高彩霞。

实验用猪微生物学等级及监测

1 范围

本标准规定了实验用猪微生物学等级、微生物学监测项目及相应的微生物检测方法，包括检测样品、样品采集、监测项目、检测方法、检测程序、监测频率、结果判定。

本标准适用于科学研究、教学、生产和药物评价等实验用猪的微生物学监测。

2 规范性引用文件

下列文件对于本文件的应用是必不可少的。凡是注日期的引用文件，仅注日期的版本适用于本文件。凡是不注日期的引用文件，其最新版本(包括所有的修改单)适用于本文件。

GB/T 16551 猪瘟诊断技术
GB/T 18090 猪繁殖与呼吸综合征诊断方法
GB/T 18638 流行性乙型脑炎诊断技术
GB/T 18641 伪狂犬病诊断技术
GB/T 18646 动物布鲁氏菌病诊断技术
GB/T 18648 非洲猪瘟诊断技术
GB/T 18935 口蹄疫诊断技术
GB/T 19200 猪水泡病诊断技术
GB/T 19915.2 猪链球菌2型分离鉴定操作规程
GB/T 27535 猪流感HI抗体检测方法
GB/T 34750 副猪嗜血杆菌检测方法
GB/T 34756 猪轮状病毒病 病毒RT-PCR检测方法
GB/T 35910 猪圆环病毒2型阻断ELISA抗体检测方法
NY/T 537 猪放线杆菌胸膜肺炎诊断技术
NY/T 541 兽医诊断样品采集、保存与运输技术规范
NY/T 544 猪流行性腹泻诊断技术
NY/T 545 猪痢疾诊断技术
NY/T 546 猪传染性萎缩性鼻炎诊断技术
NY/T 548 猪传染性胃肠炎诊断技术
NY/T 566 猪丹毒诊断技术
NY/T 1186 猪支原体肺炎诊断技术
SN/T 1919 猪细小病毒病检疫技术规范

3 术语和定义

下列术语和定义适用于本文件。

3.1

普通级猪 conventional(CV) pig

外观健康、无异常，无人兽共患病和猪烈性传染病的猪。

3.2

无特定病原体级猪 specific pathogen free(SPF)pig

机体内无特定病原微生物的猪。

3.3

实验用猪　experimental pig

经人工饲育，对其携带的病原微生物实行控制，遗传背景明确或者来源清楚，用于科学研究、教学、生产和药物评价等实验的猪。

3.4

实验用猪微生物等级　microbiological standards on experimental pig

可分为普通级和无特定病原体级。

4　检测样品

检测样品包括血清、抗凝血、咽拭子、直肠拭子、鼻腔拭子、粪便等。

5　样品采集

5.1　采集数量

根据实验用猪群体大小，采样数量见表1。

表1　实验用猪群体采样数量

群体大小，头	采样数量
<100	不少于10头
100～500	不少于15头
>500	不少于20头

5.2　采样方法

按NY/T 541的方法进行样品采集。

5.3　送检样品要求

按NY/T 541的方法进行样品的保存和运送。

6　监测项目

普通级实验用猪具体监测项目见表2，SPF级实验用猪具体监测项目见表3。

表2　普通级实验用猪微生物等级监测项目

实验用猪等级	微生物	检测要求
普通级	猪瘟病毒 Classical swine fever virus	▲
	猪繁殖与呼吸综合征病毒 Porcine reproductive and respiratory syndrome virus	▲
	流行性乙型脑炎病毒 Japanese encephalitis virus	▲
	伪狂犬病病毒 Pseudorabies virus	●
	布鲁氏菌 *Brucella* spp.	●
	非洲猪瘟病毒 African swine fever virus	●
	口蹄疫病毒 Foot and mouth disease virus	▲
	猪链球菌2型 *Streptococcus suis type* 2	●
	猪细小病毒 Porcine parvovirus	●
注：▲必须检测，CV级可以免疫；●必须检测，要求阴性。		

表 3 SPF 级实验用猪微生物等级监测项目

实验用猪等级	微生物	检测要求
无特定病原体级	猪瘟病毒 Classical swine fever virus	●
	猪繁殖与呼吸综合征病毒 Porcine reproductive and respiratory syndrome virus	●
	流行性乙型脑炎病毒 Japanese encephalitis virus	●
	伪狂犬病病毒 Pseudorabies virus	●
	布鲁氏菌 *Brucella* spp.	●
	非洲猪瘟病毒 African swine fever virus	●
	口蹄疫病毒 Foot and mouth disease virus	●
	猪水泡病毒 Swine vesicular virus	●
	猪链球菌 2 型 *Streptococcus suis type* 2	●
	猪流感病毒 Swine influenza virus	●
	副猪嗜血杆菌 *Haemophilus parasuis*	●
	猪轮状病毒 Porcine rotavirus	●
	猪圆环病毒 2 型 *Porcine circovirus type* 2	●
	猪胸膜肺炎放线杆菌 *Actinobacillus pleuropeumoniae*	●
	猪流行性腹泻 Porcine epidemic diarrhea virus	●
	猪痢疾短螺旋体 *Brachyspira hyodysenteriae*	●
	支气管败血波氏杆菌/产毒素性多杀巴氏杆菌 *Bordetella bronchiseptica*/*Toxigenic Pasteurella multocida*	●
	猪传染性胃肠炎病毒 Porcine transmissible gastroenteritis virus	●
	猪丹毒杆菌 *Erysipelothrix rhusiopathiae*	●
	猪肺炎支原体 *Mycoplasmal pneumonia of swine*	●
	猪细小病毒 Porcine parvovirus	●
注:●必须检测,要求阴性。		

7 检测方法

7.1 猪瘟检测

按 GB/T 16551 的方法进行检测。

7.2 猪繁殖与呼吸综合征检测

按 GB/T 18090 的方法进行检测。

7.3 流行性乙型脑炎检测

按 GB/T 18638 的方法进行检测。

7.4 伪狂犬病检测

按 GB/T 18641 的方法进行检测。

7.5 布鲁氏菌病检测

按 GB/T 18646 的方法进行检测。

7.6 非洲猪瘟检测

按 GB/T 18648 的方法进行检测。

7.7 口蹄疫检测

按 GB/T 18935 的方法进行检测。

7.8 猪水泡病检测

按 GB/T 19200 的方法进行检测。

7.9 猪链球菌病检测

按 GB/T 19915.2 的方法进行检测。

7.10 猪流感检测

按 GB/T 27535 的方法进行检测。

7.11 副猪嗜血杆菌病检测

按 GB/T 34750 的方法进行检测。

7.12 猪轮状病毒病检测

按 GB/T 34756 的方法进行检测。

7.13 猪圆环病毒病检测

按 GB/T 35910 的方法进行检测。

7.14 猪放线杆菌胸膜肺炎检测

按 NY/T 537 的方法进行检测。

7.15 猪流行性腹泻检测

按 NY/T 544 的方法进行检测。

7.16 猪痢疾检测

按 NY/T 545 的方法进行检测。

7.17 猪传染性萎缩性鼻炎检测

按 NY/T 546 的方法进行检测。

7.18 猪传染性胃肠炎检测

按 NY/T 548 的方法进行检测。

7.19 猪丹毒病检测

按 NY/T 566 的方法进行检测。

7.20 猪支原体肺炎检测

按 NY/T 1186 的方法进行检测。

7.21 猪细小病毒病检测

按 SN/T 1919 的方法进行检测。

8 检测程序

见图 1。

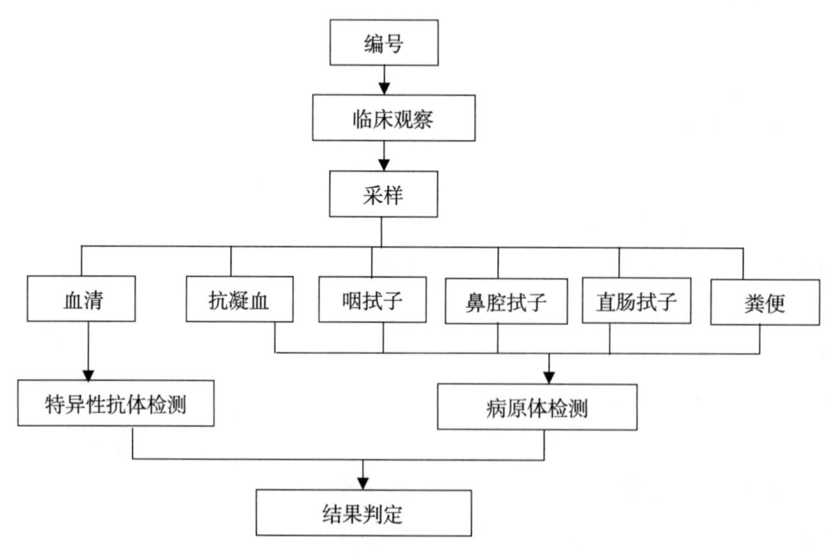

图 1 微生物检测程序示意图

9 监测频率

普通级和无特定病原体级猪每年至少监测 2 次。

10 结果判定

10.1 普通级猪判定

按照普通级等级标准，所有监测项目的检测结果均为阴性；或在免疫情况下“▲”的监测项目抗体检测结果为阳性，其他监测项目的检测结果为阴性，可判为合格。除在免疫情况下“▲”的监测项目抗体阳性检测结果以外，监测项目的检测结果若有1项以上（含1项）为阳性，则判为不合格。

10.2 无特定病原体级猪判定

按照无特定病原体级等级标准，所有监测项目的检测结果均为阴性者，判为合格。若有1项以上（含1项）为阳性，则判为不合格。

ICS 11.220
B 41

中华人民共和国农业行业标准

NY/T 3467—2019

牛羊饲养场兽医卫生规范

Hygiene conditions for cattle and sheep farms

2019-08-01 发布 2019-11-01 实施

中华人民共和国农业农村部 发布

前　言

本标准按照 GB/T 1.1—2009 给出的规则起草。

本标准由农业农村部畜牧兽医局提出。

本标准由全国动物卫生标准化技术委员会(SAC/TC 181)归口。

本标准起草单位:中国动物卫生与流行病学中心、临沂大学、黑龙江省动物疫病预防控制中心。

本标准主要起草人:路平、王栋、吴发兴、秦四海、张永国、郑增忍、张衍海、李昂、范钦磊。

牛羊饲养场兽医卫生规范

1 范围

本标准规定了牛羊饲养场兽医卫生规范的术语和定义、牛羊饲养场的选址布局、基本设施、设备、人员要求、兽医卫生措施、投入品的控制、质量管理体系建设方面应遵循的准则。

本标准适用于规模化奶牛、肉牛和肉羊饲养场。

2 规范性引用文件

下列文件对于本文件的应用是必不可少的。凡是标注日期的引用文件，仅注日期的版本适用于本文件。凡是不注日期的引用文件，其最新版本(包括所有的修改单)适用于本文件。

GB 19525.2 畜禽场环境质量评价准则

NY/T 1569 畜禽养殖场质量管理体系建设通则

NY/T 3075 畜禽养殖场消毒技术

NY 5027 无公害食品 畜禽饮用水水质

中华人民共和国国务院令第 609 号 饲料和饲料添加剂管理条例

中华人民共和国农业部令 2010 年第 7 号 动物防疫条件审查办法

农医发〔2017〕25 号 病死及病害动物无害化处理技术规范

3 术语和定义

下列术语和定义适用于本文件。

3.1

动物

本标准所称动物，是指哺乳动物和禽类。

3.2

动物疫病

由生物性病原引起的动物群发性疾病，包括动物传染病、寄生虫病。

3.3

疫情报告

按照法律法规规定，兽医和有关人员应及时向兽医主管部门报告关于疫病发生、流行情况。

3.4

动物检疫

动物卫生监督机构官方兽医按照国家标准、农业农村部行业标准和有关规定，对动物及动物产品进行是否感染特定疫病或是否有传播这些疫病危险的检查，以及检查定性后处理。

4 选址布局

4.1 选址

4.1.1 应按照 GB 19525.2 的要求对饲养场环境质量和环境影响进行定期评价，摸清当地环境质量现状和饲养场建成后对当地环境质量产生的影响。

4.1.2 饲养场的选址应符合中华人民共和国农业部令 2010 年第 7 号有关要求，周围无传染源，取得动物防疫条件合格证。

4.2 布局

4.2.1 场内建筑应分为生活区、办公区、生产区、隔离区、储粪场和污水处理池等，各区之间应建有隔离设施。设立病死动物暂存场所；有条件的，可建立病死动物无害化处理设施。

4.2.2 人员、动物和物资运转宜设有专用通道，净道、污道分设。

4.2.3 根据牛羊的生长生产阶段，划分功能区。

5 基本设施、设备

5.1 场区入口、生产区入口应分别设置消毒池、配备消毒设备。生产区出入口应设置更衣室、消毒通道或消毒室。

5.2 配备与饲养规模相适应的兽医室和消毒室，设有符合防疫要求的引进动物隔离观察舍、病牛羊隔离舍等设施。

5.3 建设牛羊畜舍所用材料及其设备，应无毒无害，易于清洗、消毒。

5.4 畜舍内空间合理，应配备与饲养量相适应的活动场地。

5.5 应建立牛羊上下车的设施设备。

5.6 具有与生产规模相适应的粪尿污水污物处理设施。

5.7 场区排泄系统应达到暗排要求，应实现雨水与污水分流，不应向水体或者其他公共环境直接排放粪便污水污物。

6 人员要求

6.1 技术场长宜具有畜牧兽医中专及以上学历，具有兽医卫生和饲养牛羊知识，了解国家相关的法律法规、政策和畜牧兽医专业知识。

6.2 应当配备与其生产规模相适应的执业兽医或畜牧兽医专业技术人员。

6.3 应当配备与其生产规模相适应的，经专业培训的操作人员。

6.4 饲养场饲养有关人员应持健康证上岗。患有人畜共患传染病的，不得从事饲养有关活动。

6.5 兽医专业技术人员和饲养人员应定期参加相关培训。

6.6 场内兽医人员不得从事场外诊疗活动。饲养人员实行定期工作制，无特殊情况不得离开生产岗位，不准串岗。

6.7 饲养人员长期离开工作岗位返回时应做健康检查和隔离，确认健康后方可上岗。非生产人员不宜进入生产区，因特殊需要必须进入者需经严格消毒后，在兽医带领下方可进入。

7 兽医卫生措施

7.1 检疫

7.1.1 引进动物检疫

7.1.1.1 引进的动物应来自非疫区，取得输出地动物卫生监督机构出具的动物检疫合格证明，并在到达目的地后 24 h 内向输入地县级动物卫生监督机构报告。

7.1.1.2 引入动物经隔离饲养观察后，合格的方可混群饲养。

7.1.2 动物产地检疫

7.1.2.1 出售、运输动物产品和供屠宰、继续饲养的动物，饲养场应当提前向当地县级动物卫生监督机构申报检疫。

7.1.2.2 凭动物检疫合格证明调运牛羊。

7.2 免疫

7.2.1 对于国家强制免疫的疫病，饲养场按照强制免疫计划实施免疫，并按规定建立免疫档案，详细记录每次免疫的日期、疫苗种类、批号、有效期、用量、副反应等。

7.2.2 其他疫病，饲养场可根据本地牛羊疫病流行情况和生产需要，制订相应的免疫计划。

7.2.3 定期评价免疫效果，发现免疫失败或抗体水平不合格的，宜及时补免。

7.3 疫病监测

7.3.1 饲养场应制订符合国家有关规定的监测方案，定期实施相关动物疫病监测，掌握本场畜群的动物疫病状况，根据监测结果及时调整免疫方案和程序，实施疫苗补免。

7.3.2 饲养场应积极配合动物疫病预防控制机构开展动物疫病监测。

7.3.3 及时采集发病、死亡牛羊的血清、组织样本进行检测，对于本场不能做出确诊的应及时送有资质的实验室进行诊断。

7.4 消毒

7.4.1 饲养场宜按照 NY/T 3075 的规定，制定日常清洁、处理和消毒工作制度和标准化操作流程。

7.4.2 每天清扫畜舍，保持料槽、水槽及用具干净，及时清理粪尿，保持地面清洁。每 2 周消毒 1 次。

7.4.3 定期刷洗、消毒各种用具、饲槽及载运车辆。治疗、免疫的工具用毕后，应立即消毒。

7.4.4 畜舍腾空后或调栏时，应进行彻底清扫、消毒，必要时进行熏蒸消毒，至少空舍 1 周。

7.4.5 生产区人员进入生产区，应洗手、换工作服和鞋，戴工作帽，经紫外线照射 5 min 或淋浴方后进入。

7.5 疫情处置

发现动物染疫或疑似染疫的，应当立即向当地兽医主管部门报告，并采取隔离等控制措施，防止动物疫病扩散。

7.6 疫病净化

应根据本地区动物疫病净化计划，制订适合本养殖场的动物疫病净化计划和程序，有效开展牛羊动物疫病净化措施。

7.7 病死动物无害化处理

对本场病死牛羊，应按照农医发〔2017〕25 号的规定进行处理或委托有资质的病死动物无害化处理企业处理，并做好处理记录。

8 投入品的控制

8.1 饲料及饲料添加剂

8.1.1 使用饲料及饲料添加剂应符合中华人民共和国国务院令第 609 号有关要求，建立饲料采购和使用档案。

8.1.2 禁止饲喂餐厨剩余物、动物源性肉骨粉以及其他畜禽副产品。

8.2 兽药

8.2.1 兽药的采购、储存、使用及过期药品的处理，应符合《兽药管理条例》的有关规定。记录兽药采购、储存、使用等情况。饲养场应配合兽医主管部门进行兽药残留检测。

8.2.2 饲养场应根据本场的动物疫病发生、流行情况，制定科学合理的用药规程。

8.2.3 使用药物应严格遵守兽药休药期制度，不得使用国家明令禁止的各类药物。

8.2.4 饲养场不应将人用药品用于动物，严禁激素和治疗用抗生素作为促生长剂使用。不应在饲料和畜禽饮用水中添加激素类药品和国家规定的其他禁用药品。

8.2.5 对于发病动物，使用药物应对症治疗，选用敏感、高效的抗菌药物，禁止滥用抗生素。

8.2.6 宜使用高效安全的抗寄生虫药物，控制牛羊寄生虫病。

8.3 兽用生物制品

8.3.1 应使用兽医主管部门批准使用的兽用生物制品，应在兽医指导下进行。

8.3.2 兽用生物制品的运输、储藏应符合《兽药管理条例》的有关规定。

8.3.3 禁止使用失效、变质、过期的兽用生物制品。

8.4 饮用水

牛羊饮用水应符合 NY 5027 规定的有关要求。

9 质量管理体系建设

9.1 饲养场应建立人员岗位责任、免疫、监测、消毒、疫病诊断、病死动物无害化处理、兽药、饲料等制度，并符合 NY/T 1569 的要求。

9.2 建立健全养殖档案，有关档案记录保存期不少于 2 年。养殖档案应包括以下内容：牛羊品种、数量、来源、进场时间、免疫、消毒、监测、诊疗、投入品、病死动物无害化处理等信息。有条件的饲养场还应建立电子档案。

ICS 11.220
B 41

中华人民共和国农业行业标准

NY/T 3468—2019

猪轮状病毒间接ELISA抗体检测方法

Indirect enzyme-linked immunosorbent assay for detection of antibodies against porcine rotavirus

2019-08-01 发布　　　　2019-11-01 实施

中华人民共和国农业农村部 发布

前　言

本标准按照 GB/T 1.1—2009 给出的规则起草。

本标准由农业农村部畜牧兽医局提出。

本标准由全国动物卫生标准化技术委员会(SAT/TC 181)归口。

本标准起草单位:东北农业大学、中国动物卫生与流行病学中心。

本标准起草人:王丽、乔薪瑗、李一经、邵卫星、姜艳平、魏荣、王岩、李晓成、唐丽杰、崔文、孙映雪、吴发兴。

猪轮状病毒间接 ELISA 抗体检测方法

1 范围

本标准规定了猪轮状病毒间接 ELISA 抗体检测方法的试剂、仪器和设备、试验程序、试验结果的判定方法以及注意事项。

本标准适用于猪轮状病毒抗体检测，用于猪轮状病毒感染的流行病学调查和分析。

2 规范性引用文件

下列文件对于本文件的应用是必不可少的。凡是注日期的引用文件，仅注日期的版本适用于本文件。凡是不注日期的引用文件，其最新版本(包括所有的修改单)适用于本文件。

GB 19489 实验室生物安全通用要求

GB/T 27401 实验室质量控制规范 动物检疫

NY/T 541 兽医诊断样品采集、保存与运输技术规范

中华人民共和国农业部公告第 302 号 兽医实验室生物安全技术管理规范

3 设备和器材

3.1 酶标测定仪

3.2 恒温培养箱

3.3 冰箱(4℃、−20℃)

3.4 离心机

3.5 微量移液器

量程：20 μL～200 μL、100 μL～1 000 μL。

3.6 酶标板

3.7 一次性注射器

量程：5 mL。

4 试剂

4.1 猪轮状病毒 VP6 蛋白

VP6 蛋白的表达与纯化见附录 A。

4.2 标准阳性血清

猪轮状病毒疫苗免疫仔猪制备，血清经病毒中和试验检测为阳性。

4.3 标准阴性血清

无母源抗体、未免疫猪轮状病毒疫苗的 15 日龄～30 日龄仔猪血清。血清经病毒中和试验检测，中和效价不大于 1∶4。

4.4 包被液

配制见附录中的 B.1。

4.5 磷酸盐缓冲液(PBS 液)

配制见 B.2。

4.6 洗涤液

配制见 B.3。

4.7 封闭液

配制见 B.4。

4.8 血清稀释液

配制见 B.5。

4.9 底物显色液

配制见 B.6。

4.10 终止液

配制见 B.7。

4.11 辣根过氧化物酶标记的山羊抗猪 IgG、脱脂乳、TMB 等

均为商品化试剂。

5 血清样本的处理

按照 NY/T 541 的规定进行血清样本的采集、处理、保存和运输，并按照中华人民共和国农业部公告第 302 号的要求进行样品的生物安全标识。

6 间接 ELISA 抗体检测操作方法

6.1 包被抗原

将纯化的 VP6 蛋白用包被液稀释至 3 μg/mL，每孔 100 μL，包被酶标板，封口后，2℃～8℃包被12 h。包被结束后，弃去包被液，每孔加入 250 μL 洗涤液，振荡洗涤 3 次，每次 5 min。

6.2 封闭

每孔加入封闭液 250 μL，置于 37 ℃恒温箱封闭 2 h。封闭结束后，弃去板中封闭液，每孔加入洗涤液 250 μL，振荡洗涤 3 次，每次 5 min，于吸水滤纸上拍干后，置于 2℃～8℃保存备用。

6.3 加样

将待检血清用稀释液作 1∶100 稀释，每孔加入 100 μL，同时加入阴性对照和阳性对照血清各 2 孔，100 μL/孔。置于 37℃ 培养箱中反应 1 h，洗板同上。

6.4 加酶标抗体

将山羊抗猪酶标抗体用抗体稀释液稀释至工作浓度，每孔加入 100 μL，置于 37℃ 培养箱中反应 1 h，洗板同上。

6.5 显色

每孔加入 100 μL 底物显色液，轻轻摇匀，37℃避光显色 10 min。

6.6 终止反应

每孔加入 100 μL 终止液终止反应。

6.7 读数

在酶标仪上读取 450 nm 吸光值（OD_{450}）。

7 试验结果的判定

7.1 试验成立条件

在酶标测定仪上检测各孔光吸收值（OD_{450}），计算阳性对照平均 OD_{450} 和阴性对照平均 OD_{450}。阳性对照血清平均 $OD_{450}>0.6$，阴性对照血清平均 $OD_{450}<0.16$，试验成立。

7.2 结果判定

计算待测样品孔平均 OD_{450} 和阴性对照孔平均 OD_{450} 之比。当样品孔平均 OD_{450}（P）与阴性对照平均 OD_{450}（N）之比不小于 2.0（即 $P/N \geqslant 2.0$）时，判定为猪轮状病毒抗体阳性；当样品孔平均 OD_{450}（P）与阴性对照平均 OD_{450}（N）之比小于 2.0（即 $P/N<2.0$）时，判定为猪轮状病毒抗体阴性。

8 注意事项

8.1 所有操作应严格按照 GB 19489 和 GB/T 27401 的规定进行。

8.2 所有试剂需在 2℃～8℃保存，使用前恢复至室温。

8.3 操作时，注意取样或稀释准确，移液器应进行校准，并注意更换吸头。

8.4 底物溶液和终止液对眼睛、皮肤及呼吸道有刺激性作用，使用过程应注意防护，防止直接接触和吸入。

8.5 底物溶液应避光保存，避免与氧化剂接触。

附 录 A
（规范性附录）
猪轮状病毒 VP6 蛋白的表达与纯化

A.1 材料和试剂

猪轮状病毒；大肠杆菌 TG1 和 BL21(DE3)、pMD18-T 克隆载体、pET-30a 表达载体、RNA 提取试剂盒、质粒提取试剂盒、反转录试剂盒、胶回收试剂盒、限制性内切酶、*Taq*DNA 聚合酶、镍离子亲和层析柱、MA104 细胞、LB 培养基、异丙基-β-D-硫代半乳糖苷(IPTG)、BCA 试剂盒均为商品化试剂，PBS 缓冲液。

A.2 猪轮状病毒 VP6 氨基酸参考序列

MEVLYSLSKTLKDARDKIVEGTLYSNISDLIQQFNQMIVTMNGNDFQTGGIGNLPIRNWNFD
FGLLGTTLLNIDANYVENARTTIEYFIDFIDNVCMDEMARESQRNGIAPQSEALRKLSGIKFKGIN
FDNSSDYIENWNLQNRRQRTGFVFHKPNILPYSASFTLNRSQPAHDNLMGTMWINAGSEIQVAG
FDYSCAFNAPANIQQFEHVVPLRRALTTATITLLPDAERFSFPRVINSADGATTWYFNPVIIRPSN
VEVEFLLNGQIINTYQARFGTIIARNFDTIRLSFQLVRPPNMTPAVANLFPQAPPFIFHATVGLTL
RIESAVCESVLADASETLLANVTAVRQEYAIPVGPVFPPGMNWTELITNYSPSREDNLQRVFTVA
SIRSMLIK

A.3 引物序列

VP6-F：5′-GGCTTTTAAACGAAGTCTTC-3′；
VP6-R：5′-GGTCACATCCTCTCACTA-3′。

A.4 方法

A.4.1 VP6 蛋白重组原核表达载体的构建

利用 RNA 提取试剂盒提取猪轮状病毒的 RNA，并反转录成病毒的 cDNA，用引物 VP6-F 和 VP6-R 扩增 VP6 基因，琼脂糖凝胶电泳并纯化回收相应的扩增片段，片段大小为 1 350 bp。纯化产物连接 pMD18-T 克隆载体，转化 TG1 感受态细胞，筛选获得重组阳性载体命名为 pMD18-T-VP6。用 Bam HI 和 Hind Ⅲ双酶切 pMD18-T-VP6 和 pET-30a，将 VP6 基因片段连接到 pET-30a 表达载体，转化 TG1 感受态细胞，筛选获得阳性重组载体命名为 pET-30a-VP6。

A.4.2 VP6 蛋白的表达与纯化

将 pET-30a-VP6 转化 BL21(DE3)感受态细胞，筛选获得含有重组载体的阳性菌株。将阳性重组菌接种至 20 mL 含有 10 μg/mL 卡那霉素的 LB 培养基中，37℃振荡培养，待菌液 OD 值达到 0.5 左右，加入终浓度为 1 mmol/L 的异丙基-β-D-硫代半乳糖苷(IPTG)进行诱导，37℃振荡培养 4 h。4 000 r/min 离心收集菌体，PBS 重悬，超声裂解，12 000 r/min 4℃离心 10 min，取上清液。按照镍离子亲和层析柱的说明书纯化 VP6 蛋白，目的蛋白大小约为 45 ku。

A.4.3 重组蛋白纯度及浓度测定

分别取 5 μL、2.5 μL 和 1 μL 纯化的重组蛋白进行 SDS-PAGE 电泳，用凝胶成像仪成像并用薄层扫描法测定蛋白纯度，蛋白纯度应不小于 90%。同时利用 BCA 法测定蛋白浓度，纯化后蛋白浓度应不小于 0.1 mg/mL。

附 录 B
(规范性附录)
溶 液 配 制

B.1 包被液(0.05 mol/L 碳酸盐缓冲液,pH 9.6)

碳酸钠(Na_2CO_3,分析纯)	1.59 g
碳酸氢钠($NaHCO_3$,分析纯)	2.93 g
纯化水	加至1 000 mL

溶解后,调节pH至9.6,4℃保存备用。

B.2 PBS液(0.01 mol/L PBS,pH 7.4)

磷酸二氢钾(KH_2PO_4,分析纯)	0.2 g
磷酸氢二钠($Na_2HPO_4 \cdot 12H_2O$,分析纯)	2.9 g
氯化钠(NaCl,分析纯)	8.0 g
氯化钾(KCl,分析纯)	0.2 g
纯化水	加至1 000 mL

溶解后,调节pH至7.4,保存于4℃备用。

B.3 洗涤液(含0.01 mol/L PBS-0.05% 吐温-20,PBST,pH 7.4)

PBS	1 000 mL
吐温-20(分析纯)	0.5 mL

混匀后,调节pH至7.4,现用现配。

B.4 封闭液

脱脂乳5 g,加PBST定容至100 mL,现用现配。

B.5 血清稀释液

同B.4封闭液。

B.6 底物显色液(TMB-过氧化氢尿素溶液)

B.6.1 底物液A

TMB(分析纯)	200 mg
无水乙醇或DMSO	100 mL
蒸馏水	加至1 000 mL

B.6.2 底物缓冲液B

磷酸氢二钠($Na_2HPO_4 \cdot 12H_2O$,分析纯)	71.7 g
柠檬酸(分析纯)	9.33 g
0.75%过氧化氢尿素	6.4 mL
蒸馏水	加至1 000 mL,pH调至5.0~5.4。

B.6.3 将底物A液和底物缓冲液按1∶1混合,即成底物显色液,现用现配。

B.7　终止液(2 mol/L 硫酸溶液)

硫酸(分析纯)	58 mL
蒸馏水	442 mL

第三部分

饲料类标准

ICS 65.120
B 46

中华人民共和国国家标准

农业农村部公告第197号—1—2019
代替农业部1486号公告—4—2010

饲料中硝基咪唑类药物的测定 液相色谱-质谱法

Determination of nitroimidazoles in feeds—
Liquid chromatography mass spectrometry method

2019-08-01 发布　　2020-01-01 实施

中华人民共和国农业农村部　发布

前　　言

本标准按照 GB/T 1.1—2009 给出的规则起草。

请注意本文件的某些内容可能涉及专利。本文件的发布机构不承担识别这些专利的责任。

本标准代替农业部 1486 号公告—4—2010《饲料中硝基咪唑类药物的测定　液相色谱-质谱法》。与农业部 1486 号公告—4—2010 相比,除编辑性修改外主要技术变化如下:

——扩充了标准的适用范围(见第 1 章,2010 年版的第 1 章);

——修改了方法的定量限和检出限,检测限由 8.0 μg/kg 修改为 1.0 μg/kg,定量限由 25.0 μg/kg 修改为 5.0 μg/kg(见第 1 章,2010 年版的第 1 章);

——修改了提取溶剂的组成,提取溶剂由乙酸乙酯改成了 1 mol/L 磷酸盐缓冲液(pH 2.0)(见 7.1,2010 年版的 7.1);

——删除了净化中溶剂转换和液液分配萃取的步骤(见 7.2,2010 年版的 7.2);

——修改了净化过程中净化柱的类型,MCX 小柱净化改成了 HLB 小柱净化(见 7.2,2010 年版的 7.2);

——修改了液相色谱流动相与梯度洗脱程序(见 7.4.1,2010 年版的 7.3.1)。

本标准由农业农村部畜牧兽医局提出。

本标准由全国饲料工业标准化技术委员会(SAC/TC 76)归口。

本标准起草单位:中国农业大学动物医学院。

本标准主要起草人:沈建忠、程林丽、温凯、汤树生、吴聪明、武英豪、陈可心。

本标准所代替标准的历次版本发布情况为:

——农业部 1486 号公告—4—2010。

饲料中硝基咪唑类药物的测定　液相色谱-质谱法

1　范围

本标准规定了饲料中硝基咪唑类药物含量测定的液相色谱-质谱法。

本标准适用于配合饲料、浓缩饲料、精料补充料和添加剂预混合饲料中甲硝唑(Metronidazole,MNZ)、二甲硝唑(Dimetridazole,DMZ)、洛硝哒唑(Ronidazole,RNZ)和替硝唑(Tinidazole,TNZ)含量的测定。

本方法的检出限:甲硝唑、洛硝哒唑、二甲硝唑和替硝唑均为 1.0 μg/kg。

本方法的定量限:甲硝唑、洛硝哒唑、二甲硝唑和替硝唑均为 5.0 μg/kg。

2　规范性引用文件

下列文件对于本文件的应用是必不可少的。凡是注日期的引用文件,仅注日期的版本适用于本文件。凡是不注日期的引用文件,其最新版本(包括所有的修改单)适用于本文件。

GB/T 6682　分析实验室用水规格和试验方法

GB/T 20195　动物饲料　试样的制备

3　原理

试样中的硝基咪唑类药物用磷酸盐缓冲液提取,经 HLB 固相萃取柱净化后,用液相色谱-串联质谱仪测定,基质匹配标准曲线校准,外标法定量。

4　试剂或材料

除非另有规定,仅使用分析纯试剂。

4.1　水:GB/T 6682,一级。

4.2　乙腈:色谱纯。

4.3　甲醇:色谱纯。

4.4　标准品:甲硝唑、洛硝哒唑、二甲硝唑、替硝唑,纯度均大于等于 98%。

4.5　pH 2.0 磷酸盐缓冲液:准确量取 100 mL 水,备用。准确称取无水磷酸氢二钠 1.97 g,加部分水溶解;往其中继续加入准确量取的纯磷酸 1 204 μL,加入剩余的水,混合均匀即得。

4.6　20%乙腈溶液:取 20 mL 乙腈和 80 mL 水,混匀。

4.7　5%乙腈溶液:取 5 mL 乙腈和 95 mL 水,混匀。

4.8　0.1%甲酸乙腈溶液:量取甲酸 1 mL,用乙腈定容至 1 000 mL。

4.9　0.1%甲酸溶液:量取甲酸 1 mL,用水定容至 1 000 mL。

4.10　硝基咪唑类药物标准储备液 (1 mg/mL):称取硝基咪唑类药物(4.4) 各 10 mg (精确至 0.000 1g) 分别置于 10 mL 容量瓶中,用甲醇溶解、定容。于−20℃保存,有效期为 3 个月。

4.11　硝基咪唑类药物混合标准溶液 (200 μg/mL):精确量取硝基咪唑类药物标准储备液(4.10)各 2 mL 置于10 mL 容量瓶中,用甲醇溶解定容。于 4℃保存,有效期为 1 个月。

4.12　硝基咪唑类药物混合标准系列工作溶液:分别移取适量硝基咪唑类药物混合标准溶液(4.11)于 100 mL 容量瓶中,用 20%乙腈溶液(4.6)稀释定容,配制成 10 μg/L、50 μg/L、100 μg/L、500 μg/L、1 000 μg/L、5 000 μg/L 的标准工作液。于 4℃保存,有效期为 1 周。

4.13　亲水亲脂平衡固相萃取小柱(HLB 柱):规格为 500 mg/6 mL。

4.14　微孔滤膜:规格为 0.22 μm,尼龙材质。

5 仪器设备

5.1 液相色谱-质谱仪(配有电喷雾电离源)。

5.2 分析天平:感量 0.001 g 和 0.1 mg。

5.3 涡旋混合器。

5.4 振荡器。

5.5 离心机:可达 8 000 r/min(相对离心力为 7 012 *g*)。

5.6 固相萃取装置。

5.7 氮吹仪。

6 样品

按照 GB/T 20195 的规定制备样品,粉碎后过 0.42 mm 孔径的分析筛,混匀,装入磨口瓶中备用。

7 试验步骤

7.1 提取

平行做 2 份试验。称取 2 g (精确至 0.001 g) 试样于 50 mL 离心管中,准确加入 1 mol/L 磷酸盐缓冲液(4.5)10 mL,涡动 1 min,300 r/min 振荡 30 min。8 000 r/min 离心 10 min。取上清液于另一离心管中。下层残渣加 1 mol/L 磷酸盐缓冲液(4.5)5 mL 重复提取一次,8 000 r/min 离心 10 min。合并 2 次提取液,备用。

7.2 净化

取 HLB 柱,依次用乙腈 5 mL、1 mol/L 磷酸盐缓冲液(4.5)5 mL 活化。将试样提取液(7.1)全部加载于 HLB 柱上(流速小于 1 mL/min)。用 5%乙腈溶液(4.7)5 mL 淋洗 HLB 柱,抽干。用 5 mL 乙腈(4.2)洗脱(流速小于 1 mL/min)。30℃氮气吹干。准确加入 20%乙腈溶液(4.6)1 mL 溶解,过膜,过滤膜后上机测定。

7.3 基质匹配标准系列溶液的制备

称取同类基质的空白样品 6 份,按 7.1～7.2 步骤处理至 30℃氮气吹干,分别加入 1mL 混合标准系列工作溶液(4.12)各 1 mL,涡旋、混匀,制得理论浓度为 10.0 μg/L、50.0 μg/L、100.0 μg/L、500.0 μg/L、1 000 μg/L、5 000 μg/L 的基质匹配标准系列溶液,过滤膜后上机测定。

7.4 测定

7.4.1 液相色谱参考条件

a) 色谱柱:C_{18}柱,长 50 mm,内径 2.1 mm, 粒径 1.7 μm,或性能相当者;

b) 柱温:室温;

c) 流速:0.3 mL/min;

d) 进样体积:10 μL;

e) 流动相:A 为 0.1%甲酸乙腈溶液(4.8),B 为 0.1%甲酸溶液(4.9),梯度洗脱程序见表 1。

表 1 梯度洗脱条件

时间,min	A,%	B,%
0	5	95
2	5	95
3	90	10
4	5	95
5	5	95

7.4.2 质谱参考条件

a) 电离源:电喷雾离子源(ESI);
b) 扫描:正离子扫描;
c) 检测:选择离子监测模式;
d) 电喷雾毛细管电压:3.5 kV;
e) 离子源温度:100℃;
f) 去溶剂温度:300℃;
g) 脱溶剂气体流量:630 L/h;
h) 碰撞气流量:27 L/h;
i) 硝基咪唑类药物的定性离子对、定量离子对及其他质谱条件见表2。

表2 硝基咪唑类药物的定性、定量离子和质谱条件

药物名称	监测离子对,m/z	锥孔电压,V	碰撞能量,eV
MNZ	171.5>127.8[a]	20	20
	171.5>82.3	20	20
DMZ	142.2>95.9[a]	30	20
	142.2>81.1	30	20
RNZ	201.0>139.5[a]	15	20
	201.0>54.5	15	20
TNZ	247.3>121[a]	30	20
	247.3>82	30	20

[a] 为定量离子对。

7.4.3 定性测定

选择各药物的母离子和它的两个子离子为特征离子,在相同试验条件下,样品中待测物质的保留时间与标准溶液中对应的保留时间偏差在±2.5%之内,且样品中各组分定性离子的相对丰度与浓度接近的标准溶液中对应的定性离子的相对丰度进行比较,偏差不超过表3规定的范围,则可判定样品中存在对应的待测物。标准溶液中各咪唑类药物的选择离子色谱图参见附录A。

表3 定性确证时相对离子丰度的最大允许偏差

单位为百分率

相对离子丰度,%	>50	20~50(含)	10~20(含)	≤10
允许的最大偏差,%	±20	±25	±30	±50

7.4.4 定量测定

在仪器最佳工作条件下,分别对基质匹配标准系列溶液和试样溶液进样测定。以基质匹配标准溶液的峰面积为纵坐标、浓度为横坐标绘制工作曲线,该标准曲线的相关系数应不小于0.99。试样溶液中待测物的响应值应在基质匹配标准曲线的线性范围内。若超过线性范围,需用20%乙腈稀释溶液对试样溶液和基质匹配标准溶液做相应稀释后,重新测定。可用单点或多点校准对试样待测物进行定量。单点校准时,试样溶液中待测物响应与对应标准溶液中待测物的差异应在±30%之内。

8 试验数据处理

试样中硝基咪唑类药物的含量 w 以质量分数计,单位为毫克每千克(mg/kg),单点校准按式(1)计算,多点校准按式(2)计算。

$$w=\frac{A\times C_s\times V}{A_s\times m\times 1000}\times n \qquad (1)$$

式中:

A ——试样中待测组分的峰面积;

C_s——标准工作液浓度,单位为微克每升(μg/L);
V——样液最终定容体积,单位为毫升(mL);
A_s——标准工作液峰面积;
m——试样质量,单位为克(g);
n——上机测定的试样溶液超出线性范围后进一步稀释的倍数。

$$w = \frac{(A - b) \times V}{a \times m \times 1000} \times n \quad \cdots\cdots (2)$$

式中:
A——试样中硝基咪唑类药物的色谱峰面积;
b——通过标准溶液系列进行线性回归计算得出的直线与 Y 轴相交截距;
V——样液最终定容体积,单位为毫升(mL);
a——标准工作曲线的斜率;
m——试样质量,单位为克(g);
n——上机测定的试样溶液超出线性范围后进一步稀释的倍数。
平行测定结果用算术平均值表示,结果保留 3 位有效数字。

9 精密度

在重复性条件下获得的 2 次独立测定结果与其算术平均值的绝对差值不得超过该算术平均值的 20%。

附　录　A
（资料性附录）
硝基咪唑类药物基质匹配标准溶液（100 μg/L）中各种药物的离子色谱图

硝基咪唑类药物基质匹配标准溶液（100 μg/L）中各种药物的离子色谱图见图 A.1。

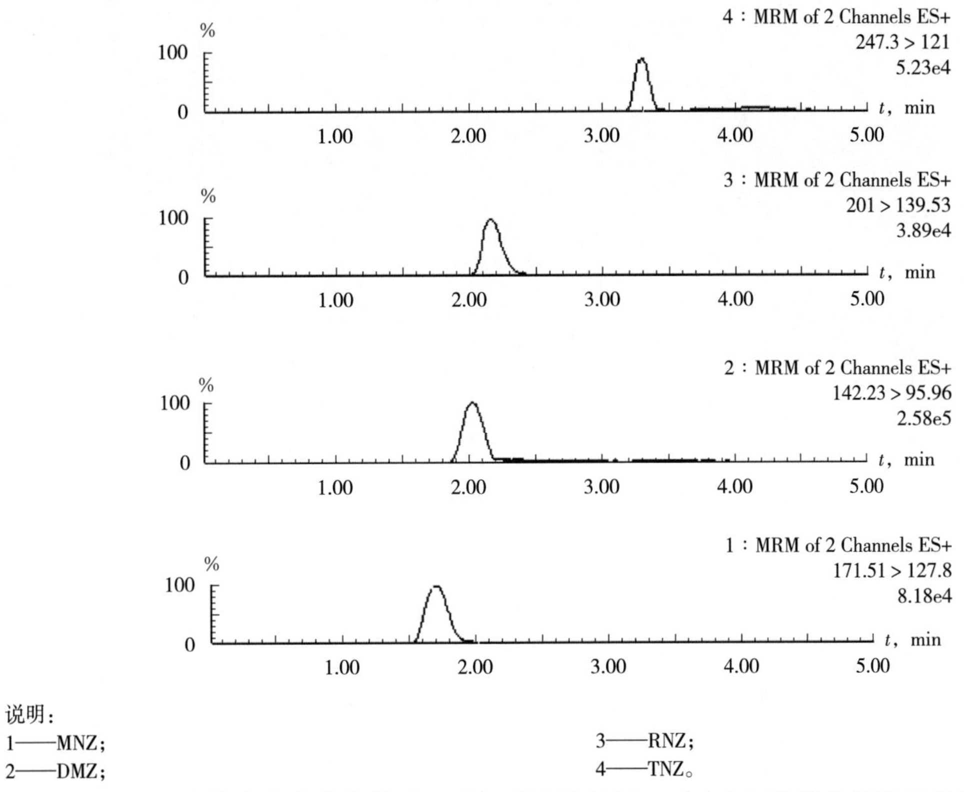

图 A.1　硝基咪唑类药物基质匹配标准溶液（100 μg/L）中各种药物的离子色谱图

ICS 65.120
B 46

中 华 人 民 共 和 国 国 家 标 准

农业农村部公告第197号—2—2019

饲料中盐酸沃尼妙林和泰妙菌素的测定 液相色谱–串联质谱法

Determination of valnemulin hydrochloride and tiamulin in feeds—Liquid chromatography–tandem mass spectrometry

2019-08-01 发布 2020-01-01 实施

中华人民共和国农业农村部 发布

前言

本标准按照GB/T 1.1—2009给出的规则起草。

请注意本文件的某些内容可能涉及专利。本文件的发布机构不承担识别这些专利的责任。

本标准由农业农村部畜牧兽医局提出。

本标准由全国饲料工业标准化技术委员会(SAC/TC 76)归口。

本标准起草单位:浙江大学饲料科学研究所。

本标准主要起草人:王凤芹、汪以真、路则庆、余东游、王新霞、单体中、冯杰、刘波静、杜华华。

饲料中盐酸沃尼妙林和泰妙菌素的测定 液相色谱-串联质谱法

1 范围

本标准规定了饲料中盐酸沃尼妙林和泰妙菌素测定的液相色谱-串联质谱法。

本标准适用于配合饲料、浓缩饲料、精料补充料、添加剂预混合饲料中盐酸沃尼妙林和泰妙菌素的测定。

本标准盐酸沃尼妙林和泰妙菌素的检出限均为 0.1 mg/kg，定量限均为 0.5 mg/kg。

2 规范性引用文件

下列文件对于本文件的应用是必不可少的。凡是注日期的引用文件，仅注日期的版本适用于本文件。凡是不注日期的引用文件，其最新版本(包括所有修改单)适用于本文件。

GB/T 6682 分析实验室用水规格和试验方法

GB/T 20195 动物饲料 试样的制备

3 原理

试样用甲醇提取，经混合型阳离子固相小柱净化，甲酸乙腈水溶液溶解、过膜后，供液相色谱-串联质谱仪测定，外标法定量。

4 试剂或材料

除特殊说明外，本法所用试剂均为分析纯。

4.1 水：GB/T 6682，一级。

4.2 甲醇。

4.3 甲醇：色谱纯。

4.4 乙腈：色谱纯。

4.5 甲酸：色谱纯。

4.6 2%甲酸溶液：取甲酸 2 mL，加水定容至 100 mL。

4.7 0.1%甲酸溶液：取 1 mL 甲酸，加水定容至 1 000 mL。

4.8 5%甲酸溶液：取甲酸 5 mL，加水定容至 100 mL。

4.9 5%氨水-甲醇溶液：取 5 mL 氨水与 95 mL 甲醇混合。

4.10 0.1%甲酸-乙腈水溶液：取 1 mL 甲酸，加入 200 mL 乙腈，用水定容至 1 000 mL。

4.11 盐酸沃尼妙林(CAS 号：133868-46-9)：纯度大于等于 99%。

4.12 泰妙菌素(CAS 号：55297-95-5)：纯度大于等于 98%。

4.13 标准储备溶液(1 000 μg/mL)：依次称取盐酸沃尼妙林(4.11)和泰妙菌素(4.12)各 0.05 g(精确至 0.000 1 g)，分别用乙腈(4.4)溶解并定容至 50 mL 棕色容量瓶中，混匀。－20℃以下保存，有效期为 3 个月。

4.14 混合标准溶液(250 μg/mL)：准确移取 1 000 μg/mL 盐酸沃尼妙林和泰妙菌素标准储备溶液各 25 mL 于 100 mL 棕色容量瓶中，用乙腈稀释并定容至刻度，混匀。此溶液临用现配。

4.15 标准系列工作溶液：准确移取适量的混合标准溶液(4.14)，用 0.1%甲酸-乙腈水溶液(4.10)配制成浓度分别为 2.0 μg/L、10.0 μg/L、20.0 μg/L、100 μg/L、200 μg/L、500 μg/L 的标准工作溶液。此溶液临用现配。

4.16 混合型阳离子交换固相萃取柱(MCX):150 mg/6 mL 或相当者。

4.17 微孔滤膜:0.22 μm,水系。

5 仪器设备

5.1 液相色谱-串联质谱仪:配电喷雾离子源(ESI)。

5.2 分析天平:感量 0.1 mg。

5.3 离心机:转速不低于 5 000 r/min。

5.4 氮吹仪。

6 样品

按 GB/T 20195 的规定制备样品,至少约 200 g,粉碎过 0.42 mm 孔径的分析筛,充分混匀,装入磨口瓶中备用。

7 试验步骤

7.1 提取

平行做 2 份试验。配合饲料、浓缩饲料、精料补充料称取 5 g 试样,添加剂预混合饲料称取 2 g 试样,精确至 0.000 1 g,置于 50 mL 离心管中,加入 20 mL 甲醇(4.2),超声提取 30 min,于 5 000 r/min 离心 10 min。收集上清液于 100 mL 棕色容量瓶中,并向残渣中加入 20 mL 甲醇(4.2),重复提取 2 次。合并上清液于容量瓶中,并用甲醇(4.2)定容至刻度,摇匀,备用。

7.2 净化

依次用 5 mL 甲醇(4.3)、5 mL 水、5 mL 2%甲酸溶液(4.6)活化固相萃取小柱。准确移取 1 mL 提取液(7.1)至离心管中,加入 1 mL 0.1%甲酸溶液(4.7)混匀后过柱,用 2 mL 0.1%甲酸溶液(4.7)洗涤离心管,洗涤液一并过柱。依次用 5 mL 5%甲酸溶液(4.8)、5 mL 甲醇(4.3)淋洗固相萃取小柱,抽干淋洗液,用 5 mL 5%氨水-甲醇溶液(4.9)洗脱,收集洗脱液于 50℃氮气吹干,准确加入 2 mL 0.1%甲酸-乙腈水溶液(4.10)溶解残渣,过 0.22 μm 滤膜后上机测定。

7.3 测定

7.3.1 液相色谱参考条件

a) 色谱柱:C_{18},柱长 50 mm,内径 2.1 mm,粒径 1.7 μm,或相当者;

b) 流动相:A:0.1%甲酸溶液;B:0.1%甲酸乙腈溶液;

c) 梯度洗脱,洗脱程序见表 1;

d) 流速:0.5 mL/min;

e) 柱温:35℃;

f) 进样量:2 μL。

表 1 梯度洗脱程序

时间,min	A,%	B,%
0	80	20
2.0	20	80
2.5	10	90
3.8	10	90
4.0	80	20
5.0	80	20

7.3.2 质谱参考条件

a) 离子源:电喷雾离子源;

b) 扫描方式:正离子扫描;

c) 检测方式:多反应监测(MRM);

d) 雾化气、干燥气为高纯氮气,碰撞气为高纯氩气或其他合适气体;

e) 喷雾电压、碰撞能量等参数应优化至最优灵敏度;

f) 监测离子对、锥孔电压和碰撞能量见表2。

表2 沃尼妙林和泰妙菌素的定性离子对、定量离子对和碰撞能量参考值

化合物	母离子,m/z	子离子对,m/z	定量离子对,m/z	锥孔电压,V	碰撞能量,eV
沃尼妙林	565.3	263.0	263.0	22	16
		163.9			32
泰妙菌素	494.3	192.0	192.0	32	22
		118.9			34

7.3.3 定性测定

待测物选择1个母离子和2个子离子,在相同试验条件下,试样中待测物质的保留时间与标准系列工作溶液中对应化合物的保留时间相对偏差在±2.5%之内,且试样中目标化合物2个子离子的相对丰度与浓度接近的标准系列工作溶液中对应离子的相对丰度进行比较,偏差不超过表3规定的范围,则可判定试样中存在对应的待测物。

表3 定性确证时相对离子丰度的最大允许偏差

单位为百分率

相对离子丰度	>50	20~50(含)	10~20(含)	≤10
允许的最大偏差	±20	±25	±30	±50

7.3.4 定量测定

在仪器最佳工作条件下,依次测定盐酸沃尼妙林和泰妙菌素标准溶液与试样溶液,以标准溶液的浓度为横坐标、以定量离子的峰面积为纵坐标,绘制工作曲线(相关系数 R 应大于或等于0.99),并对样品进行定量。试样测定溶液中待测物的响应值均应在仪器测定的线性范围之内。若试样测定溶液中的盐酸沃尼妙林和泰妙菌素浓度超出线性范围,可用0.1%甲酸-乙腈水溶液(4.10)进一步稀释(n 倍),重新测定。在上述色谱和质谱条件下,盐酸沃尼妙林和泰妙菌素的标准物质的多反应监测(MRM)色谱图参见附录A。

8 试验数据处理

试样中盐酸沃尼妙林和泰妙菌素的含量(ω_i)以质量分数计,单位为毫克每千克(mg/kg),按式(1)计算。

$$\omega_i = V \times \frac{c \times V_2 \times n}{m \times V_1} \quad \cdots\cdots (1)$$

式中:

V ——提取液的定容体积,单位为毫升(mL);

c ——试样测定溶液中盐酸沃尼妙林和泰妙菌素的浓度,单位为微克每毫升(μg/mL);

V_1——用于净化的提取液体积,单位为毫升(mL);

V_2——净化后最终定容体积,单位为毫升(mL);

n ——稀释倍数;

m ——试样的质量,单位为克(g)。

测定结果用平行测定的算术平均值表示，保留 3 位有效数字。

9 精密度

在重复性条件下获得的 2 次独立测定结果与这 2 个测定值算术平均值的绝对差值不大于该平均值的 20％。

附 录 A
(资料性附录)
盐酸沃尼妙林和泰妙菌素标准溶液色谱图(MRM 图)

A.1 盐酸沃尼妙林标准溶液(25 μg/L)色谱图

见图 A.1。

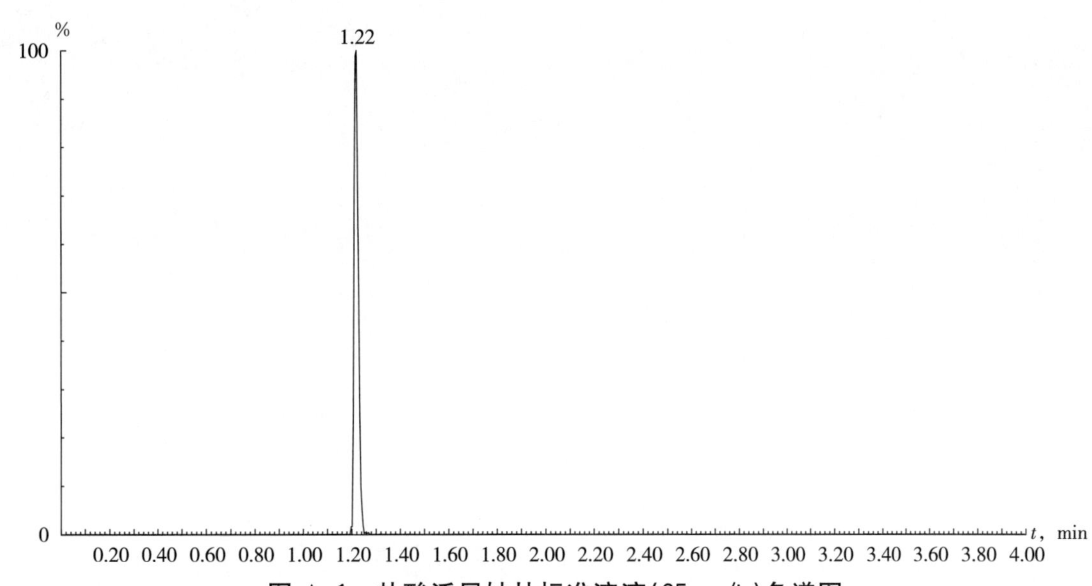

图 A.1 盐酸沃尼妙林标准溶液(25 μg/L)色谱图

A.2 泰妙菌素标准溶液(25 μg/L)色谱图

见图 A.2。

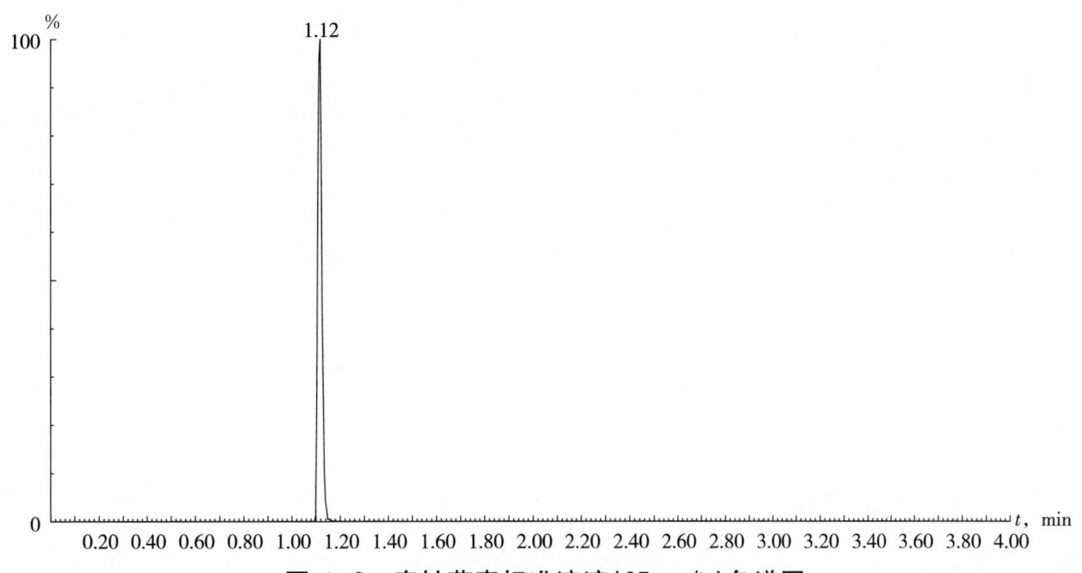

图 A.2 泰妙菌素标准溶液(25 μg/L)色谱图

ICS 65.120
B 46

中华人民共和国国家标准

农业农村部公告第197号—3—2019

饲料中硫酸新霉素的测定 液相色谱–串联质谱法

Determination of neomycin sulfate in feeds—
Liquid chromatography–tandem mass spectrometry

2019-08-01 发布　　2020-01-01 实施

中华人民共和国农业农村部　发布

前　　言

本标准按照 GB/T 1.1—2009 给出的规则起草。

请注意本文件的某些内容可能涉及专利。本文件的发布机构不承担识别这些专利的责任。

本标准由农业农村部畜牧兽医局提出。

本标准由全国饲料工业标准化技术委员会(SAC/TC 76)归口。

本标准起草单位:四川省饲料工作总站[农业农村部饲料质量监督检验测试中心(成都)]。

本标准主要起草人:张静、岳琴、赵立军、魏敏、王宇萍、林顺全、程传民。

饲料中硫酸新霉素的测定 液相色谱-串联质谱法

1 范围

本标准规定了饲料中硫酸新霉素含量测定的液相色谱-串联质谱法。

本标准适用于配合饲料、精料补充料中硫酸新霉素的测定。

本标准的检出限为0.2 mg/kg,定量限为0.4 mg/kg。

2 规范性引用文件

下列文件对于本文件的应用是必不可少的。凡是注日期的引用文件,仅注日期的版本适用于本文件。凡是不注日期的引用文件,其最新版本(包括所有的修改单)适用于本文件。

GB/T 6682 分析实验室用水规格和试验方法

GB/T 14669.1 饲料 采样

GB/T 20195 动物饲料 试样的制备

3 原理

试样中硫酸新霉素用磷酸盐缓冲液提取后,经C_{18}固相萃取柱净化,供液相色谱-串联质谱仪测定,外标法定量。

4 试剂或材料

除非另有说明,所有试剂均为分析纯。

4.1 水:符合GB/T 6682中的一级水的规定。

4.2 硫酸新霉素对照品:纯度大于90.0%。

4.3 甲醇:色谱纯。

4.4 乙腈:色谱纯。

4.5 盐酸溶液:取盐酸9 mL,加水至100 mL,混匀。

4.6 磷酸盐缓冲液(含0.15 g/L乙二胺四乙酸二钠和20 g/L三氯乙酸溶液):准确称取磷酸二氢钾1.36 g,用980 mL水溶解,用盐酸溶液(4.5)调pH至4.0,分别加入乙二胺四乙酸二钠0.15 g和三氯乙酸20 g,溶解混匀并定容至1 000 mL。

4.7 七氟丁酸溶液(13 mL/L):准确量取13 mL七氟丁酸,用水稀释至1 000 mL,2℃~8℃避光保存,有效期为6个月。

4.8 七氟丁酸溶液(2.6 mL/L):准确量取七氟丁酸溶液(13 mL/L)(4.7)50 mL,用水稀释至250 mL,2℃~8℃避光保存,有效期为6个月。

4.9 洗脱液:准确量取甲醇(4.3)70 mL、氨水10 mL、七氟丁酸溶液(2.6 mL/L)(4.8)20 mL,混匀。

4.10 标准储备溶液:准确称取硫酸新霉素对照品(4.2)50 mg于50 mL容量瓶中,用水溶解并定容,配制成浓度为1.0 mg/mL的标准储备溶液,2℃~8℃保存,有效期为3个月。

4.11 标准中间溶液:准确吸取标准储备溶液(4.10)1 mL于100 mL容量瓶中,用水稀释并定容,配制成浓度为10 μg/mL的标准中间溶液,2℃~8℃保存,有效期为1个月。

4.12 标准工作溶液:准确吸取标准中间溶液(4.11)适量,用空白样品基质配制成不同浓度系列的标准工作溶液。临用现配。

4.13 固相萃取柱:C_{18}固相萃取柱(500 mg/3 mL),或性能相当者。

4.14 0.22 μm 有机滤膜。

5 仪器设备

5.1 液相色谱-串联质谱仪(配电喷雾离子源)。

5.2 分析天平:感量 0.01 mg。

5.3 天平:感量 0.001 g。

5.4 离心机:转速为 8 000 r/min 以上。

5.5 超纯水器。

5.6 涡旋混合器。

5.7 振荡器。

5.8 固相萃取装置。

5.9 氮吹仪。

6 样品

按照 GB/T 14669.1 的规定,抽取有代表性的饲料样品,用四分法缩减取样。按 GB/T 20195 的规定制备,粉碎后过 0.42 mm 孔筛,混匀,装入密闭容器中备用。

7 试验步骤

7.1 提取

平行做 2 份试验,准确称取试样 2 g(精确至 0.01 g)于 50 mL 离心管中,准确加入 20 mL 磷酸盐缓冲液(4.6),振荡提取 20 min,以 8 000 r/min 离心 5 min,准确吸取上清液 5 mL,加入七氟丁酸溶液(13 mL/L)(4.7)1 mL,混匀,作为备用液。

7.2 净化

固相萃取柱依次用 3 mL 甲醇、3 mL 水、3 mL 七氟丁酸溶液(2.6 mL/L)(4.8)活化,备用液(7.1)全部过柱,用 3 mL 水淋洗,抽干,用 4 mL 洗脱液(4.9)洗脱,收集洗脱液于刻度试管中。40℃ 氮吹至 1 mL 左右,用七氟丁酸溶液(2.6 mL/L)(4.8)定容至 2 mL,涡旋混匀,过 0.22 μm 滤膜后,上机测定。

7.3 基质匹配标准曲线的制备

准确称取空白饲料样品,按 7.1、7.2 步骤分别制备多个饲料空白基质样品溶液。精密量取适量标准中间溶液(4.11),用上述空白基质样品溶液稀释定容,配制成浓度分别为 0.10 μg/mL、0.20 μg/mL、0.50 μg/mL、1.00 μg/mL、2.00 μg/mL、5.00 μg/mL 系列标准工作溶液,供高效液相色谱-串联质谱仪测定。

7.4 测定

7.4.1 液相色谱参考条件

色谱柱:C_{18} 柱,柱长 100 mm,内径 2.1 mm,粒径 2.4 μm,或性能相当者。

流动相 A:乙腈;流动相 B:七氟丁酸溶液(2.6 mL/L)(4.8),梯度洗脱条件见表 1。

柱温:30℃。

流速:0.3 mL/min。

进样量:5 μL。

表 1 流动相梯度洗脱参考条件

时间,min	流动相 A,%	流动相 B,%
0	10	90
6.00	80	20
6.01	10	90
10.00	10	90

7.4.2 质谱参考条件

离子源：电喷雾离子源。

扫描方式：正离子扫描。

检测方式：多反应监测。

毛细管电压：3.5 kV。

碰撞能量、定性离子对、定量离子对等参数见表2。

表2 硫酸新霉素的定性、定量离子对及碰撞能量参考值

名称	定性离子对，m/z	定量离子对，m/z	碰撞能量，eV
硫酸新霉素	615.0/160.9	615.0/160.9	33
	615.0/293.0		25

7.4.3 定性测定

在相同试验条件下，试样中待测物的保留时间与标准工作液的保留时间偏差在±2.5%以内，且试样谱图中各组分定性离子的相对离子丰度与浓度接近的标准工作溶液中对应的定性离子相对离子丰度进行比较，若偏差不超过表3规定的范围，则可判定为试样中存在对应的待测物。

表3 定性确证时相对离子丰度的最大允许误差

单位为百分率

相对离子丰度	>50	20～50(含)	10～20(含)	≤10
允许的最大偏差	±20	±25	±30	±50

7.4.4 定量测定

取试样制备液(7.2)和相应浓度的标准工作溶液(7.3)，作单点或多点校准，以色谱峰面积定量。当待测物浓度不在线性范围内时，应将提取液继续稀释后测定。硫酸新霉素标准溶液(0.50 μg/mL)特征离子色谱图参见附录A。

8 试验数据处理

试样中硫酸新霉素的含量以质量分数 ω 表示，按式(1)计算。

$$\omega = \frac{A_i \times C_s \times V \times n}{A_s \times m} \qquad (1)$$

式中：

ω ——试样中硫酸新霉素的含量，单位为毫克每千克(mg/kg)；

A_i ——试样溶液峰面积值；

C_s ——标准工作液浓度，单位为微克每毫升(μg/mL)；

V ——定容体积，单位为毫升(mL)；

n ——稀释倍数；

A_s ——标准工作液峰面积值；

m ——称取试样的质量，单位为克(g)；

测定结果用平行测定的算术平均值表示，结果保留3位有效数字。

9 精密度

在重复性条件下获得的2次独立测定结果与其算术平均值的绝对差值不大于其平均值的20%。

附　录　A
(资料性附录)
硫酸新霉素标准溶液(0.50μg/mL)特征离子色谱图

硫酸新霉素标准溶液(0.50 μg/mL)特征离子色谱图见图 A.1。

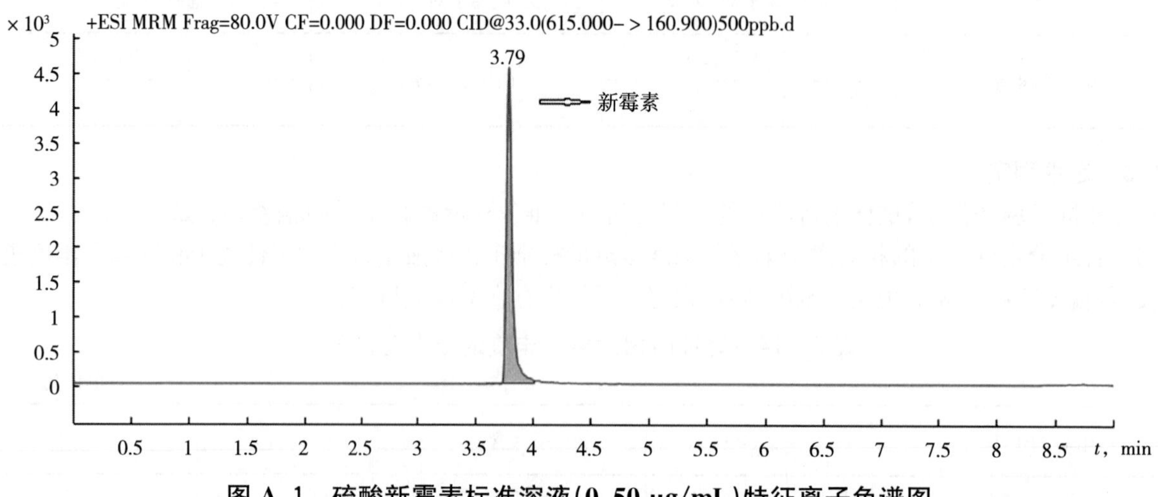

图 A.1　硫酸新霉素标准溶液(0.50 μg/mL)特征离子色谱图

ICS 65.120
B 46

中华人民共和国国家标准

农业农村部公告第197号—4—2019

饲料中海南霉素的测定 液相色谱-串联质谱法

Determination of hainanmycin in feeds—
Liquid chromatography-tandem mass spectrometry

2019-08-01 发布 2020-01-01 实施

中华人民共和国农业农村部 发布

前　言

本标准按照 GB/T 1.1—2009 给出的规则起草。

请注意本文件的某些内容可能涉及专利。本文件的发布机构不承担识别这些专利的责任。

本标准由农业农村部畜牧兽医局提出。

本标准由全国饲料工业标准化技术委员会(SAC/TC 76)归口。

本标准起草单位:中国农业大学动物医学院。

本标准主要起草人:沈建忠、程林丽、温凯、吴聪明、汤树生、武英豪、陈可心。

饲料中海南霉素的测定 液相色谱-串联质谱法

1 范围

本标准规定了饲料中海南霉素含量测定的液相色谱-串联质谱方法。

本标准适用于配合饲料、浓缩饲料、精料补充料和添加剂预混合饲料中海南霉素含量的测定。

本方法海南霉素的检出限为0.02 mg/kg,定量限为0.05 mg/kg。

2 规范性引用文件

下列文件对于本文件的应用是必不可少的。凡是注日期的引用文件,仅注日期的版本适用于本文件。凡是不注日期的引用文件,其最新版本(包括所有的修改单)适用于本文件。

GB/T 6682 分析实验室用水规格和试验方法

GB/T 20195 动物饲料 试样的制备

3 原理

试样中的海南霉素用有机溶剂提取,蒸干转溶后经多次液液分配净化,用液相色谱-串联质谱法测定,基质匹配标准曲线校准,外标法定量。

4 试剂或材料

除非另有规定,仅使用分析纯试剂。

4.1 水:GB/T 6682规定的一级水。

4.2 甲醇:色谱纯。

4.3 乙腈:色谱纯。

4.4 甲酸:色谱纯。

4.5 正己烷。

4.6 醋酸铵(色谱纯)。

4.7 乙酸乙酯:色谱纯。

4.8 20%甲醇溶液:取甲醇200 mL,加水定容至1 000 mL,混匀。

4.9 90%甲醇溶液:取甲醇900 mL,加水定容至1 000 mL,混匀,加入正己烷,混和,形成正己烷饱和的甲醇溶液。

4.10 1 mmol/L醋酸铵溶液:取0.038 5g醋酸铵(4.6),加水定容至500 mL,混匀。

4.11 20%乙腈溶液:取乙腈200 mL,加水定容至1 000 mL,混匀。

4.12 海南霉素标准储备溶液(1 000 μg/mL):准确称取10.0 mg的海南霉素(纯度≥97%)于10 mL容量瓶中,用乙腈(4.3)溶解定容,配成1 000 μg/mL的标准储备液。−20℃下保存,有效期为12个月。

4.13 海南霉素标准中间溶液Ⅰ(100 μg/mL):准确量取适量海南霉素标准储备溶液(4.12)于容量瓶中,用乙腈(4.3)稀释定容。−20℃下保存,有效期为6个月。

4.14 海南霉素标准工作溶液(10 μg/mL):准确量取适量标准中间溶液Ⅰ(4.13)于容量瓶中,用乙腈(4.3)稀释定容。−20℃下保存,有效期为6个月。

4.15 0.22 μm有机滤膜。

5 仪器设备

5.1 液相色谱-串联质谱仪(LC-MS/MS):配有电喷雾电离源。

5.2 分析天平:感量0.001 g和感量0.01 mg。

5.3 振荡仪。

5.4 离心机:转速不低于8 000 r/min。

5.5 涡旋混匀器。

5.6 氮吹仪。

6 样品

按照GB/T 20195的规定制备样品,粉碎后过0.42 mm孔径的分析筛,混匀,装入磨口瓶中,备用。

7 试验步骤

7.1 提取

平行做2份试验。称取试样2 g(精确至0.001 g)于50 mL离心管中,准确加入10 mL乙酸乙酯振荡提取30 min,8 000 r/min下离心10 min,转移上清液至另一离心管中。残渣中准确加10 mL乙酸乙酯重复提取1次,合并2次上清液,准确取1 mL直接于40℃旋转蒸发至近干,准确各加20%甲醇溶液(4.8)2.0 mL复溶,为提取复溶液。

7.2 净化

于提取复溶液(7.1)中加3 mL正己烷,涡旋2 min,8 000 r/min离心5 min。收集上层正己烷,下层溶液中再加2 mL正己烷重复萃取1次,弃去下层溶液,合并正己烷层。加20%甲醇溶液(4.8)5 mL,涡旋1 min,8 000 r/min离心2 min,除去下层水相。接着加10 mL经正己烷饱和过的90%甲醇溶液(4.9),涡旋2 min,8 000 r/min离心5 min。弃去正己烷层,下层溶液于40℃氮气吹干,准确加入20%乙腈溶液(4.11)1 mL涡旋溶解,过0.22 μm滤膜后,供LC-MS/MS分析。

7.3 基质匹配标准系列溶液的制备

准确移取海南霉素标准工作溶液(4.14)适量,40℃氮气吹干后,用空白样品经7.1、7.2处理得到的空白试样溶液稀释,分别制得浓度为50 ng/mL、100 ng/mL、200 ng/mL、500 ng/mL、1 000 ng/mL、2 000 ng/mL、5 000 ng/mL的基质匹配标准系列溶液。

7.4 测定

7.4.1 液相色谱参考条件

色谱柱:C_{18}柱;柱长50 mm,内径2.1 mm,粒径1.7 μm,或性能相当者。

柱温:40℃。

流速:0.3 mL/min。

进样体积:2 μL。

流动相A:1 mmol/L醋酸铵溶液(4.10);流动相B:甲醇,梯度洗脱程序见表1。

表1 梯度洗脱条件

时间,min	流动相A,%	流动相B,%
0	80	20
2	5	95
3	5	95
4	80	20
5	80	20

7.4.2 质谱参考条件

电离源:电喷雾离子源(ESI)。

扫描:正离子扫方式。

检测:多反应监测模式(MRM)。
电喷雾毛细管电压:2.8 kV。
离子源温度:120℃。
去溶剂温度:300℃。
脱溶剂气体流量:600 L/h。
碰撞气流量:27 L/h。
其他质谱条件见表 2。

表 2　海南霉素测定的质谱条件

被测物名称	母离子,m/z	子离子,m/z	锥孔电压,V	碰撞能量,eV
海南霉素	907.5	845.3 [a]	28	35
		863.4	28	35
[a] 为定量离子。				

7.4.3　定性测定

海南霉素选择 1 个母离子和 2 个特征离子,在相同试验条件下,样品中待测物质的保留时间与标准溶液中对应的保留时间偏差在±2.5%之内,且样品中各组分定性离子的相对丰度与浓度接近的标准溶液中对应的定性离子的相对丰度进行比较,偏差不超过表 3 规定的范围,则可判定为样品中存在对应的待测物。海南霉素标准溶液(500 ng/mL)定量离子色谱图参见附录 A。

表 3　定性确证时相对离子丰度的最大允许偏差

单位为百分率

相对离子丰度	>50	20～50(含)	10～20(含)	≤10
允许的最大偏差	±20	±25	±30	±50

7.4.4　定量测定

在仪器最佳工作条件下,对基质匹配标准系列溶液和试样溶液分别进样,以峰面积为纵坐标、基质匹配标准溶液浓度为横坐标绘制工作曲线,该标准曲线的相关系数应不小于 0.99。可用单点或多点校准对试样中的待测物定量。试样溶液中待测物的响应值应在基质匹配标准曲线的线性范围内,若超过线性范围,需用 20%乙腈稀释后对试样溶液和基质匹配标准溶液做相应稀释后,重新测定。单点校准时,试样溶液中待测物响应与对应标准溶液中待测物的差异应在±30% 之内。

8　试验数据处理

试样中海南霉素的含量以其质量分数 ω 表示,单点校准按式(1)计算,多点校正按式(2)计算。

$$\omega = \frac{A \times C_s \times V \times V_1}{A_s \times m \times V_2 \times 1000} \times n \qquad (1)$$

式中:

ω ——海南霉素的含量,单位为毫克每千克(mg/kg);
A ——试样中海南霉素的峰面积;
C_s ——基质匹配标准溶液的浓度,单位为纳克每毫升(ng/mL);
V ——试样溶液最终复溶体积,单位为毫升(mL);
V_1 ——试样提取溶液的体积,单位为毫升(mL);
A_s ——基质匹配标准溶液的峰面积;
m ——试样的质量,单位为克(g);
V_2 ——净化时所分取试样溶液的体积,单位为毫升(mL);

n ——上机测定的试样溶液超出线性范围后进一步稀释的倍数。

$$\omega = \frac{(A-b) \times V \times V_1}{a \times m \times V_2 \times 1000} \times n \quad \cdots\cdots (2)$$

式中：

b ——通过标准溶液系列进行线性回归计算得出的直线与 Y 轴相交截距；

a ——标准工作曲线的斜率。

平行测定结果用算术平均值表示，结果保留 3 位有效数字。

9 精密度

在重复性条件下获得的 2 次独立测定结果与算术平均值的绝对差值不得超过该平均值的 20%。

附　录　A
(资料性附录)
海南霉素标准溶液(500 ng/mL)定量离子色谱图

海南霉素标准溶液(500 ng/mL)定量离子色谱图见图 A.1。

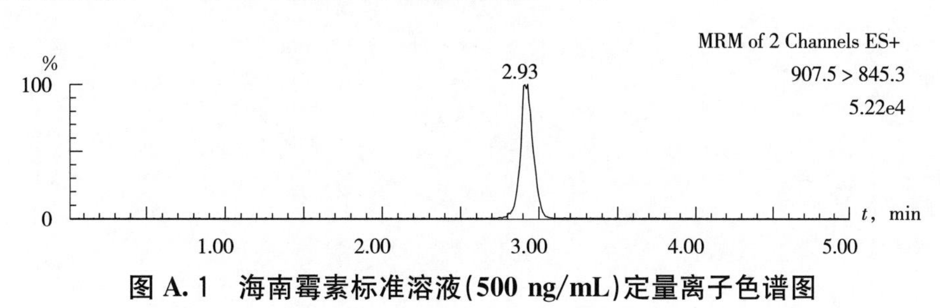

图 A.1　海南霉素标准溶液(500 ng/mL)定量离子色谱图

ICS 65.120
B 46

中华人民共和国国家标准

农业农村部公告第197号—5—2019

饲料中可乐定等7种α-受体激动剂的测定 液相色谱-串联质谱法

Determination of 7 alpha-agonists in feeds—Liquid chromatography-tandem mass spectrometry

2019-08-01 发布　　　　2020-01-01 实施

中华人民共和国农业农村部　发布

前　言

本标准按照 GB/T 1.1—2009 给出的规则起草。

请注意本文件的某些内容可能涉及专利。本文件的发布机构不承担识别这些专利的责任。

本标准由农业农村部畜牧兽医局提出。

本标准由全国饲料工业标准化技术委员会(SAC/TC 76)归口。

本标准起草单位:上海市动物疫病预防控制中心。

本标准主要起草人:黄士新、张婧、潘娟、严凤、吴剑平、李丹妮、张文刚、顾欣、黄家莺、贡松松。

饲料中可乐定等 7 种 α-受体激动剂的测定
液相色谱-串联质谱法

1 范围

本标准规定了饲料中可乐定、替扎尼定、赛拉嗪、美托咪啶、胍那苄、利美尼定、胍法新 7 种 α-受体激动剂的液相色谱-串联质谱测定方法。

本标准适用于配合饲料、浓缩饲料、精料补充料及添加剂预混合饲料中可乐定、替扎尼定、赛拉嗪、美托咪啶、胍那苄、利美尼定、胍法新 7 种 α-受体激动剂的测定。

本标准方法的检出限为 0.01 mg/kg,定量限为 0.05 mg/kg。

2 规范性引用文件

下列文件对于本文件的应用是必不可少的。凡是注日期的引用文件,仅注日期的版本适用于本文件。凡是不注日期的引用文件,其最新版本(包括所有的修改单)适用于本文件。

GB/T 6682　分析实验室用水规格和试验方法

GB/T 14699.1　饲料　采样

GB/T 20195　动物饲料　试样的制备

3 原理

试样经甲酸甲醇混合溶液提取,混合型强阳离子交换柱净化,洗脱液吹干后,用试样稀释溶液溶解,供液相色谱-串联质谱仪检测,外标法定量。

4 试剂或材料

除非另有说明,试剂均为分析纯。

4.1 水:GB/T 6682 规定的一级水。

4.2 乙腈:色谱纯。

4.3 甲醇。

4.4 氨水甲醇溶液:氨水+甲醇= 5+95。

4.5 甲酸溶液:准确移取 1 mL 甲酸,用水稀释定容至 500 mL,混匀。

4.6 试样提取溶液:甲酸溶液(4.5)+ 甲醇(4.3)= 1+9。

4.7 试样稀释溶液:取甲酸溶液(4.5)+ 乙腈(4.2)= 8+2。

4.8 α-受体激动剂标准储备溶液:准确称取 α-受体激动剂对照品可乐定、替扎尼定、赛拉嗪、美托咪啶、胍那苄、利美尼定、胍法新(纯度≥98%)各 50.0 mg(精确至 0.01 mg)分别置于 50 mL 容量瓶中,用甲醇稀释定容为 1 mg/mL 的 α-受体激动剂标准储备溶液。2℃~8℃条件下冷藏保存,有效期为 6 个月。

4.9 α-受体激动剂混合标准中间溶液:准确移取 α-受体激动剂标准储备溶液(4.8)100 μL 置于 10 mL 容量瓶中,用甲醇稀释定容,摇匀。混合标准中间溶液中 7 种 α-受体激动剂的浓度均为 10 μg/mL。2℃~8℃条件下冷藏保存,有效期为 3 个月。

4.10 α-受体激动剂标准系列溶液:准确移取 α-受体激动剂混合标准中间溶液(4.9)适量,置于容量瓶中,用试样稀释溶液(4.7)分别稀释成 7 种 α-受体激动剂浓度均为 0.5 μg/L、1 μg/L、5 μg/L、10 μg/L、20 μg/L、50 μg/L、100 μg/L 的标准系列工作液。临用现配。

4.11 固相萃取小柱:混合型强阳离子交换柱,60 mg/3 mL。

4.12 尼龙滤膜:0.22 μm。

5 仪器设备

5.1 天平:感量为 0.01 mg 和 1 mg。

5.2 涡旋振荡器。

5.3 振荡仪。

5.4 离心机:转速不低于 8 000 r/min。

5.5 固相萃取装置。

5.6 氮吹仪。

5.7 液相色谱-串联质谱仪:配有电喷雾离子源。

6 样品

按 GB/T 14699.1 的规定采样。选取有代表性饲料样品至少 500 g,按 GB/T 20195 的规定制备试样,粉碎过 0.45 mm 孔径筛,充分混匀,装入磨口瓶中备用。

7 试验步骤

7.1 提取

平行做 2 份试验。准确称取 2 g(精确至 1 mg)试样于 50 mL 离心管中,加入 20 mL 试样提取溶液(4.6),涡旋混匀,振荡提取 20 min,8 000 r/min 离心 10 min 后取上清液,作为试样提取溶液备用。

7.2 净化

用 3 mL 甲醇(4.3)、3 mL 固相萃取小柱(4.11),准确移取 2 mL 试样提取溶液(7.1)过柱,分别用 2 mL 水和 2 mL 甲醇(4.3)淋洗,用氨水甲醇溶液(4.4)5 mL 洗脱,收集洗脱液于氮吹仪 60℃吹干。用 1.0 mL 试样稀释溶液(4.7)溶解残余物,0.22 μm 滤膜过滤,作为试样溶液待测。

7.3 测定

7.3.1 液相色谱参考条件

色谱柱:C_{18}柱;长 100 mm,内径 3.0 mm,粒度 1.8 μm,或性能相当者。

柱温:30℃。

进样量:10 μL。

流动相 A:乙腈(4.2);流动相 B:甲酸溶液(4.5),梯度洗脱程序见表 1。

表 1 梯度洗脱程序

时间,min	流速,mL/min	流动相 A,%	流动相 B,%
0	0.3	20	80
3.00	0.3	30	70
4.00	0.3	30	70
4.50	0.3	80	20
5.50	0.3	80	20
5.60	0.3	20	80
6.00	0.3	20	80

7.3.2 质谱参考条件

离子源:电喷雾正离子源(ESI^{+})。

检测方式:多反应监测(MRM)。

毛细管电压:3.0 kV。

离子源温度：150℃。

脱溶剂温度：500℃。

脱溶剂气：氮气 800 L/h。

7 种 α-受体激动剂定性离子对、定量离子对及对应的锥孔电压和碰撞能量的参考值见表 2。

表 2　7 种 α-受体激动剂定性离子对、定量离子对及锥孔电压、碰撞能量的参考值

被测物名称	定性离子对，m/z	定量离子对，m/z	锥孔电压，V	碰撞能量，eV
可乐定	230.0>160.0	230.0>213.0	43	34
	230.0>213.0			24
赛拉嗪	221.1>90.0	221.1>90.0	30	22
	221.1>147.1			22
	221.1>164			26
美托咪啶	201.2>95.0	201.2>68.0	26	16
	201.2>68.0			30
胍那苄	231.0>172.0	231.0>172.0	28	24
	231.0>136.0			30
	231.0>85.0			16
利美尼定	181.2>67.0	181.2>67.0	20	20
	181.2>95.1			14
胍法新	246.0>60.0	246.0>60.0	26	16
	246.0>123.1			42
	246.0>159.0			26
替扎尼定	254.1>44.1	254.1>44.1	38	22
	254.1>210.0			30

7.3.3　标准系列溶液和试样溶液测定

在仪器的最佳条件下，分别取 α-受体激动剂标准系列溶液(4.10)和试样溶液(7.2)上机测定，标准曲线的线性相关系数不低于 0.98。

7.3.3.1　定性

每一被测组分按照表 2 选择定性离子对，在相同试验条件下，试样中待测物质的保留时间与 α-受体激动剂标准系列溶液(4.10)相应组分的保留时间的相对偏差在±2.5%之内，且试样中各组分定性离子的相对离子丰度与浓度接近的标准溶液中对应的定性离子的相对离子丰度进行比较，若偏差不超过表 3 规定的范围，则可判定为样品中存在对应的待测物。

表 3　定性确证时相对离子丰度的最大允许偏差

单位为百分率

相对离子丰度	>50	20～50(含)	10～20(含)	≤10
允许的最大偏差	±20	±25	±30	±50

7.3.3.2　定量

α-受体激动剂标准系列溶液(4.10)和试样溶液(7.2)上机分析所得色谱峰面积的响应值作单点或多点校准，用外标法定量。试样溶液中待测物的响应值均应在仪器测定的线性范围内。在上述色谱和质谱条件下，7 种 α-受体激动剂标准溶液的色谱图参见附录 A。

8 试验数据处理

试样中α-受体激动剂的含量以质量分数计,按式(1)或式(2)计算。

单点校准:

$$\omega = \frac{C_s \times A \times V_1 \times V_2}{A_s \times m \times V_3 \times 1000} \quad \cdots\cdots (1)$$

式中:

ω ——试样中α-受体激动剂的含量,单位为毫克每千克(mg/kg);

C_s ——标准溶液中α-受体激动剂的浓度,单位为微克每升(μg/L);

A ——试样溶液的峰面积;

V_1 ——试样中加入试样提取溶液的体积,单位为毫升(mL);

V_2 ——上机前试样稀释溶液的体积,单位为毫升(mL);

A_s ——标准溶液中α-受体激动剂的峰面积;

m ——试样质量,单位为克(g);

V_3 ——提取液加入SPE小柱的体积,单位为毫升(mL)。

工作曲线校准:由 $A_s = aC_s + b$,求得 a 和 b,则 $C = \frac{A - b}{a}$。

$$\omega = \frac{C \times V_1 \times V_2}{m \times V_3 \times 1000} \quad \cdots\cdots (2)$$

式中:

C——试液中α-受体激动剂的浓度,单位为微克每升(μg/L)。

平行测定结果用算术平均值表示,结果保留3位有效数字。

9 精密度

在重复性条件下,2次独立测试结果与其算数平均值的绝对差值,不大于该平均值的20%。

附　录　A
（资料性附录）
7 种 α-受体激动剂标准溶液的色谱图

7 种 α-受体激动剂标准溶液的色谱图见图 A.1。

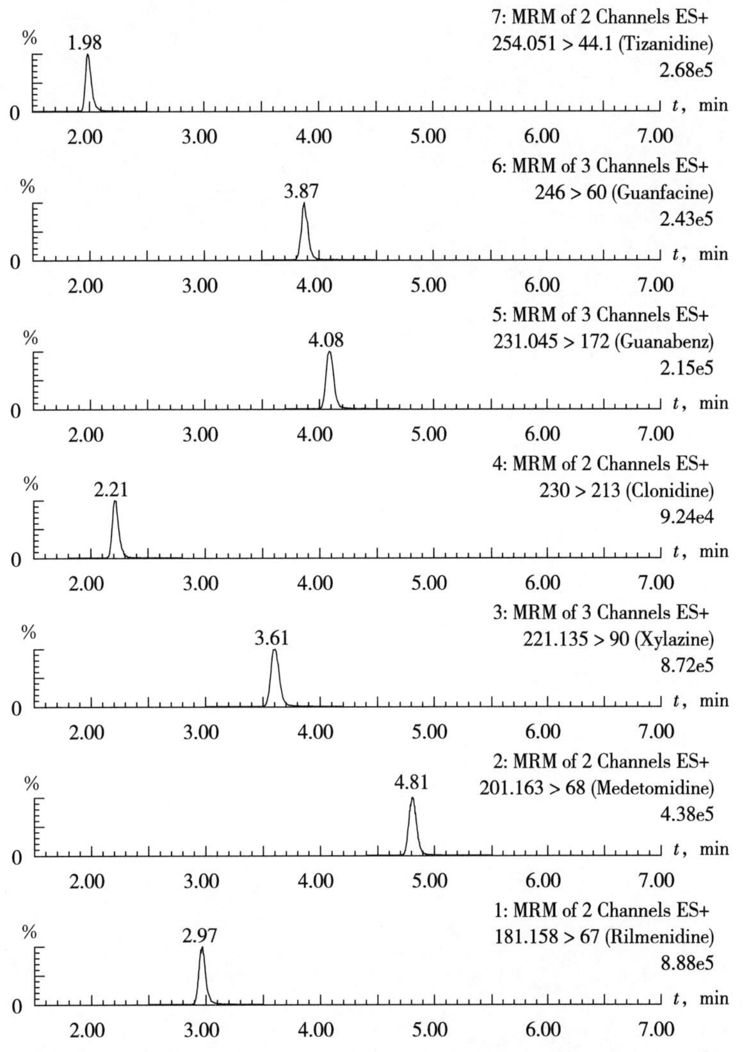

注： 自下而上依次为利美尼定（Rilmenidine）、美托咪啶（Medetomidine）、赛拉嗪（Xylazine）、可乐定（Clonidine）、胍那苄（Guanabenz）、胍法新（Guanfacine）、替扎尼定（Tizanidine）标准溶液的色谱图（浓度均为 50 μg/L）。

图 A.1　7 种 α-受体激动剂标准溶液的色谱图

ICS 65.120
B 46

中华人民共和国国家标准

农业农村部公告第197号—6—2019

饲料中利巴韦林等7种抗病毒类药物的测定　液相色谱-串联质谱法

Determination of 7 antivirotics including ribavirin in feeds—Liquid chromatography-tandem mass spectrometry

2019-08-01 发布　　2020-01-01 实施

中华人民共和国农业农村部　发布

前　言

本标准按照 GB/T 1.1—2009 给出的规则起草。

请注意本文件的某些内容可能涉及专利。本文件的发布机构不承担识别这些专利的责任。

本标准由农业农村部畜牧兽医局提出。

本标准由全国饲料工业标准化技术委员会(SAC/TC 76)归口。

本标准起草单位:上海市兽药饲料检测所。

本标准主要起草人:黄士新、吴剑平、潘娟、张婧、严凤、商军、顾欣、姜芹、田恺、张亦菲、张浩然。

饲料中利巴韦林等 7 种抗病毒类药物的测定 液相色谱-串联质谱法

1 范围

本标准规定了饲料中金刚烷胺、吗啉胍、金刚乙胺、阿昔洛韦、利巴韦林、更昔洛韦和奥司他韦 7 种抗病毒类药物的液相色谱-串联质谱法。

本标准适用于配合饲料、浓缩饲料、精料补充料和添加剂预混合饲料中金刚烷胺、吗啉胍、金刚乙胺、阿昔洛韦、利巴韦林、更昔洛韦和奥司他韦 7 种抗病毒类药物的测定。

本标准方法的检出限为 20 μg/kg，定量限为 50 μg/kg。

2 规范性引用文件

下列文件对于本文件的应用是必不可少的。凡是注日期的引用文件，仅注日期的版本适用于本文件。凡是不注日期的引用文件，其最新版本(包括所有的修改单)适用于本文件。

GB/T 6682　分析实验室用水规格和试验方法

GB/T 14699.1　饲料采样

GB/T 20195　动物饲料　试样的制备

3 原理

用甲酸铵缓冲溶液和乙腈提取试样中的 7 种抗病毒类药物，再经分散固相萃取净化后，用亲水相互作用色谱-串联质谱法测定，以基质匹配标准外标法定量。

4 试剂或材料

除特殊注明外，本法所用试剂均为分析纯。

4.1　水：GB/T 6682 规定的一级水。

4.2　乙腈：色谱纯。

4.3　甲醇：色谱纯。

4.4　甲酸：色谱纯。

4.5　丙基乙二胺(Primary secondary amine，PSA)：60 目。

4.6　无水硫酸镁。

4.7　甲酸铵溶液(0.05 mol/L)：取 3.15 g 甲酸铵用水溶解后定容至 1 L，用甲酸(4.4)调 pH 至 4.3±0.1。

4.8　抗病毒类药物标准储备液(200 μg/mL)：分别准确称取金刚烷胺、吗啉胍、金刚乙胺、阿昔洛韦、利巴韦林、更昔洛韦和奥司他韦对照品(含量大于 97%)各 20 mg(精确至 0.01 mg)，置 100 mL 容量瓶中，用甲醇(4.3)溶解并定容至刻度，配制成浓度为 200 μg/mL 的标准储备液，−20℃以下保存，有效期为 3 个月。

4.9　抗病毒类药物混合标准中间溶液(1 μg/mL)：分别取 7 种抗病毒类药物标准储备液 1 mL 置 200 mL 容量瓶中，用乙腈稀释并定容至刻度，配制成浓度为 1 μg/mL 的混合标准中间溶液，−20℃以下保存，有效期为 1 个月。

4.10　尼龙滤膜：0.22 μm。

5 仪器设备

5.1　pH 计。

5.2　分析天平：感量 0.01 mg 和感量 1 mg。

5.3 涡旋混合器。

5.4 高速冷冻离心机:转速不低于 8 000 r/min。

5.5 振荡器。

5.6 台式离心机:转速不低于 14 000 r/min。

5.7 液相色谱-串联质谱仪:配电喷雾离子源。

6 样品

按 GB/T 14699.1 抽取有代表性的饲料样品,用四分法缩减取约 200 g,按照 GB/T 20195 的规定制备样品,粉碎后过 0.45 mm 孔径的分析筛,混匀,装入磨口瓶中,备用。

7 试验步骤

7.1 提取

平行做 2 份试验。准确称取 2.00 g 试样(精确至 1 mg)置于 50 mL 离心管中,加 5 mL 0.05 mol/L 甲酸铵溶液(4.7),涡旋振匀,8 000 r/min 离心 3 min,收集上清液;残渣加入 5 mL 乙腈振荡提取残渣 3 min,8 000 r/min 离心 3 min 后收集上清液。重复上述整个提取过程 1 次,合并上清液作为提取液备用。

7.2 净化

移取提取液(7.1)200 μL,加入乙腈 800 μL 稀释后,依次加入无水硫酸镁(4.6)100 mg、PSA 粉(4.5) 100 mg,涡旋 1 min 后 14 000 r/min 离心 3 min,取上清液,过 0.22 μm 尼龙滤膜(4.10)后作为试样溶液待测。

7.3 基质匹配标准系列溶液的制备

取空白试样,按 7.1 与 7.2 中前处理方法操作后获得 6 份空白基质溶液,分别取抗病毒类药物混合标准中间溶液(4.9)适量,以空白基质溶液进行稀释,配制成 0.5 ng/mL、2.0 ng/mL、5.0 ng/mL、10.0 ng/mL、50.0 ng/mL、100.0 ng/mL 基质匹配标准系列溶液待测。若需使用单点校准,则必须配制在此标准曲线进样浓度范围(0.5 ng/mL~100 ng/mL)内的与样品溶液峰面积最接近的基质匹配标准溶液进行校准。

7.4 测定

7.4.1 液相色谱参考条件

色谱柱:亲水相互作用(HILIC)色谱柱,柱长 100 mm,内径 2.1 mm,粒度 2.6 μm 或柱效相当者。

流动相 A:甲酸铵溶液(4.7);流动相 B: 乙腈,梯度洗脱,洗脱程序见表 1。

柱温:30℃。

进样量:10 μL。

表 1 梯度洗脱程序

时间,min	流速,mL/min	流动相 A,%	流动相 B,%
0	0.3	10	90
0.50	0.3	10	90
3.00	0.3	30	70
5.00	0.3	30	70
5.10	0.3	10	90
8.00	0.3	10	90

7.4.2 质谱参考条件

离子源:电喷雾离子源。

扫描方式:正离子扫描。

检测方式:选择反应监测(SRM)。

电离电压:3 900 V。

离子传输管温度：350℃。

雾化温度：400℃。

鞘气压力：344 kPa。

辅助气流速：5 L/min。

吹扫气流速：0.3 L/min。

碰撞气压力：0.2 Pa。

抗病毒类药物定性与定量离子对及保留时间、碰撞能量和透镜电压的参考值见表 2。

表 2　抗病毒类药物定性与定量离子对及保留时间、碰撞能量和透镜电压的参考值

化合物	保留时间 min	定性离子对 m/z	定量离子对 m/z	碰撞能量 eV	透镜电压 V
金刚烷胺	3.6	152.1>135.2	152.1>135.2	10	61
		152.1>79.2		32	
吗啉胍	4.4	172.2>113.2	172.2>113.2	21	75
		172.2>85.1		18	
金刚乙胺	3.1	180.1>163.2	180.1>107.2	15	79
		180.1>107.2		25	
阿昔洛韦	2.2	226.0>152.2	226.0>152.2	12	72
		226.0>135.1		29	
利巴韦林	1.5	245.0>113.1	245.0>113.1	10	48
		245.0>133.2		11	
更昔洛韦	2.8	256.2>152.1	256.2>152.1	13	62
		256.2>135.1		33	
奥司他韦	3.5	313.2>166.1	313.2>166.1	18	68
		313.2>225.0		10	

7.4.3　基质匹配标准系列溶液和试样溶液的测定

在仪器的最佳条件下，分别取基质匹配标准系列溶液(7.3)和试样溶液(7.2)上机测定，标准曲线的线性相关系数不低于 0.98。

7.4.4　定性

待测物选择 1 个母离子和 2 个子离子，在相同试验条件下，试样中待测物质的保留时间与基质匹配标准系列溶液中对应的保留时间相对偏差在±2.5%之内，且试样中目标化合物 2 个子离子的相对丰度与浓度接近的基质匹配标准系列溶液中对应离子的相对丰度进行比较，偏差不超过表 3 规定的范围，则可判定为试样中存在对应的待测物。

表 3　定性确证时相对离子丰度的最大允许偏差

单位为百分率

相对离子丰度	>50	20～50(含)	10～20(含)	≤10
允许的最大偏差	±20	±25	±30	±50

7.4.5　定量

试样溶液(7.2)和基质匹配标准溶液(7.3)上机分析所得色谱峰面积的响应值作单点或多点校准，用外标法定量。7 种抗病毒药物基质匹配标准溶液(10 ng/mL)的色谱图参见附录 A。

8　试验数据处理

试样中抗病毒类药物的含量按式(1)、式(2)和式(3)计算。

标准曲线校准：由 $A_s = aC_s + b$，求得 a 和 b，则

$$C = \frac{A - b}{a} \quad \cdots\cdots (1)$$

或单点校准：

$$C = \frac{C_s A}{A_s} \quad \cdots\cdots (2)$$

按式(3)计算试料中抗病毒类药物含量。

$$\omega = \frac{(800 + 200)CV}{200m} \quad \cdots\cdots (3)$$

式中:

C ——试样溶液中单种抗病毒类药物浓度,单位为纳克每毫升(ng/mL);

A ——试样溶液中单种抗病毒类药物峰面积;

C_s ——基质匹配标准系列溶液中单种抗病毒类药物浓度,单位为纳克每毫升(ng/mL);

A_s ——基质匹配标准系列溶液中单种抗病毒类药物峰面积;

ω ——试样中抗病毒类药物的含量,单位为微克每千克(μg/kg);

V ——提取液体积,单位为毫升(mL);

m ——试料的质量,单位为克(g)。

测定结果用平行测定的算术平均值表示,保留3位有效数字。

9 精密度

在重复性条件下,同一被测对象2次独立测试结果与其算术平均值的绝对差值,不大于该平均值的20%。

附 录 A
(资料性附录)
7 种抗病毒类药物基质匹配标准溶液(10 ng/mL)的色谱图

7 种抗病毒药物基质匹配标准溶液(10 ng/mL)的色谱图见图 A.1。

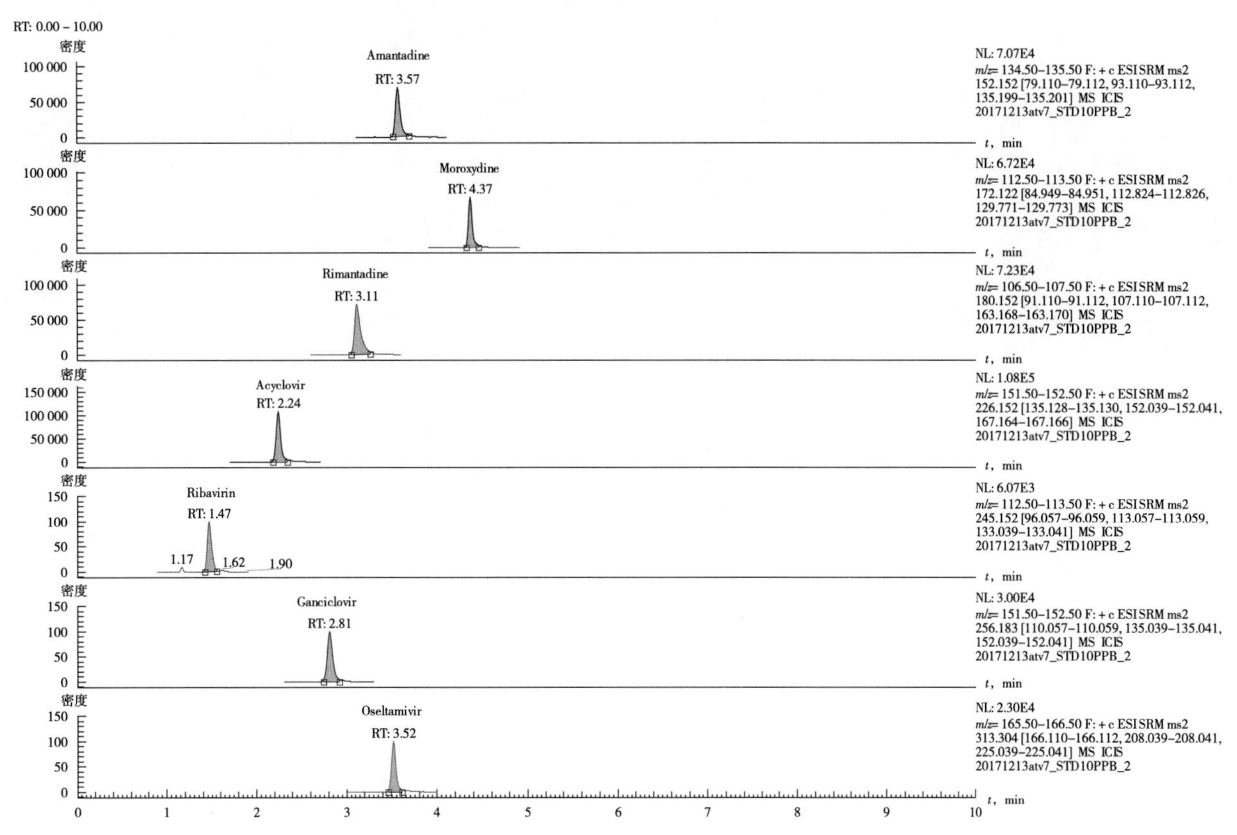

注:从上至下依次为金刚烷胺(Amantadine)、吗啉胍(Moroxydine)、金刚乙胺(Rimantadine)、阿昔洛韦(Acyclovir)、利巴韦林(Ribavirin)、更昔洛韦(Ganciclovir)、奥司他韦(Oseltamivir)。

图 A.1 7 种抗病毒药物基质匹配标准溶液(10 ng/mL)的色谱图

ICS 65.120
B 46

中华人民共和国国家标准

农业农村部公告第197号—7—2019

饲料中福莫特罗、阿福特罗的测定 液相色谱-串联质谱法

Determination of N-[2-Hydroxy-5-[1-hydroxy-2-[1-(4-methoxyphenyl) propan-2-ylamino]ethyl]phenyl]formamide in feeds—Liquid chromatography-tandem mass spectrometry

2019-08-01 发布　　2020-01-01 实施

中华人民共和国农业农村部 发布

前　言

本标准按照 GB/T 1.1—2009 给出的规则起草。

本标准由农业农村部畜牧兽医局提出。

本标准由全国饲料工业标准化技术委员会(SAC/TC 76)归口。

本标准起草单位:四川省饲料工作总站[农业农村部饲料质量监督检验测试中心(成都)]。

本标准主要起草人:赵立军、张静、文畅、魏敏、王宇萍、林顺全、程传民。

饲料中福莫特罗、阿福特罗的测定 液相色谱-串联质谱法

1 范围

本标准规定了饲料中福莫特罗、阿福特罗的液相色谱-串联质谱测定方法。

本标准适用于配合饲料、浓缩饲料、添加剂预混合饲料和精料补充料中福莫特罗、阿福特罗的测定。

本标准方法的检出限为 0.01 mg/kg,定量限为 0.05 mg/kg。

2 规范性引用文件

下列文件对于本文件的应用是必不可少的。凡是注日期的引用文件,仅注日期的版本适用于本文件。凡是不注日期的引用文件,其最新版本(包括所有的修改单)适用于本文件。

GB/T 6682 分析实验室用水规格和试验方法

GB/T 14699.1 饲料 采样

GB/T 20195 动物饲料 试样的制备

3 原理

试样中的福莫特罗、阿福特罗经盐酸甲醇混合液提取,混合型阳离子交换柱净化后用高效液相色谱-串联质谱仪测定,内标法定量。

4 试剂和材料

除特别注明外,所有试剂均为分析纯,水为符合 GB/T 6682 规定的一级水。

4.1 甲醇:色谱纯。

4.2 甲酸:色谱纯。

4.3 浓盐酸。

4.4 氨水:质量分数约为 25%。

4.5 醋酸铅。

4.6 0.1 mol/L 盐酸:量取 8.3 mL 浓盐酸,用水定容至 1 L。

4.7 盐酸-甲醇提取液:取 0.1 mol/L 盐酸 80 mL,加入甲醇 20 mL,混匀。

4.8 饱和醋酸铅溶液:在 50 mL 水中加入一定量的醋酸铅,超声 5 min,直至固体不再溶解。

4.9 5%氨水甲醇溶液:量取 5 mL 氨水,用甲醇稀释至 100 mL。

4.10 0.2%甲酸水溶液:取甲酸 1 mL,加水定容至 500 mL。

4.11 福莫特罗、阿福特罗标准品:纯度≥98%。

4.12 福莫特罗-D_6标准品:纯度≥98%。

4.13 福莫特罗、阿福特罗标准储备液:精密称取福莫特罗、阿福特罗标准品适量,用甲醇配制成浓度约为 1.00 mg/mL 的标准储备液,于 2℃～8℃冷藏保存,有效期为 6 个月。

4.14 福莫特罗-D_6内标储备液:精密称取福莫特罗-D_6内标标准品适量,用甲醇配制成浓度约为 1.00 mg/mL 的标准储备液,于 2℃～8℃冷藏保存,有效期为 6 个月。

4.15 福莫特罗、阿福特罗标准工作液:准确量取适量福莫特罗、阿福特罗标准储备液,用 0.2%甲酸水溶液稀释成浓度为 1.00 μg/mL 的标准工作液,于 2℃～8℃冷藏保存,有效期为 1 个月。

4.16 福莫特罗-D_6内标工作液:准确量取适量福莫特罗-D_6内标储备液,用 0.2%甲酸水溶液稀释成浓度

为 1.00 μg/mL 的内标工作液，于 2℃～8℃冷藏保存，有效期为 1 个月。

4.17 固相萃取小柱：混合型阳离子交换柱，3 mL/60 mg，或性能相当的萃取柱。

4.18 0.22 μm 水系微孔滤膜。

4.19 密封盖塑料离心管：50 mL。

5 仪器和设备

5.1 高效液相色谱-串联质谱仪(配电喷雾离子源)。

5.2 旋转蒸发仪或者氮吹仪。

5.3 离心机：转速大于 7 000 r/min。

5.4 粉碎机。

5.5 涡旋振荡器。

5.6 固相萃取装置(配备真空泵)。

5.7 分析天平：感量为 0.000 1 g 和 0.01 g 各一台。

6 采样和试样制备

按照 GB/T 14699.1 的规定，抽取有代表性的饲料样品，用四分法缩减取样。按 GB/T 20195 的规定制备试样，全部通过 0.28 mm 孔筛，充分混匀，装入密闭容器中，避光低温保存，备用。

7 测定步骤

7.1 提取

称取 2 g(精确至 0.01 g)试样于 50 mL 离心管中，分别准确加入福莫特罗-D_6内标工作液(4.16)100 μL、19 mL 盐酸甲醇提取液(4.7)和 1 mL 饱和醋酸铅溶液(4.8)，摇匀，充分振荡 20 min，于 7 000 r/min 离心 10 min，取上清液作为备用液。

7.2 净化

将固相萃取小柱依次用 3 mL 甲醇、3 mL 水活化，准确移取 5 mL 备用液(7.1)过柱，依次用 2 mL 水、2 mL 甲醇淋洗，真空抽干 2 min，用 5%氨水甲醇溶液(4.9)5 mL 洗脱，收集洗脱液，40℃条件下旋转蒸发至干或 50℃氮吹至干，用 1.0 mL 0.2%甲酸水溶液(4.10)溶解，过 0.22 μm 滤膜后上机测定。若试样液中含有的待测物浓度超出线性范围，进样前可用一定体积的 0.2%甲酸水溶液(4.10)稀释，使稀释后其浓度在线性范围内。

7.3 标准曲线的制备

精密量取适量福莫特罗、阿福特罗标准工作液(4.15)，用 0.2%甲酸水溶液(4.10)稀释定容，制得浓度分别为 2.00 ng/mL、5.00 ng/mL、10.0 ng/mL、20.0 ng/mL、50.0 ng/mL、100 ng/mL 各系列标准溶液(内标浓度均为 25.0 ng/mL)，供高效液相色谱-串联质谱测定。

7.4 测定

7.4.1 液相色谱参考条件

色谱柱：C_{18}柱，柱长 100 mm，内径 2.1 mm，填料粒径 2.4 μm，或性能相当的分析柱。

流动相：A 相：甲醇；B 相：0.2%甲酸水溶液，梯度洗脱条件见表 1。

流速：0.3 mL/min。

柱温：30℃。

进样量：4 μL。

表 1 流动相梯度洗脱参考条件

时间，min	A 相，%	B 相，%	流速，mL/min
0	20.0	80.0	0.30

表 1(续)

时间,min	A 相,%	B 相,%	流速,mL/min
3.00	80.0	20.0	0.30
5.50	80.0	20.0	0.30
5.60	20.0	80.0	0.30
10.00	20.0	80.0	0.30

7.4.2 质谱参考条件

离子源:电喷雾离子源。

扫描方式:正离子扫描。

检测方式:多反应监测。

毛细管电压、碰撞能量等参数应优化至最佳灵敏度。

定性离子对、定量离子对等参数见表 2。

表 2 福莫特罗、阿福特罗的定性、定量离子对及碰撞能量参考值

名称	定性离子对,m/z	定量离子对,m/z	碰撞能量,V
福莫特罗、阿福特罗	345.2/148.9	345.2/148.9	20
	345.2/327.1		12
福莫特罗-D_6	351.2/155.0	351.2/155.0	17

7.4.3 定性测定

在相同试验条件下,试样中待测物的保留时间与标准工作液的保留时间偏差在±2.5%以内,且试样谱图中各组分定性离子的相对离子丰度与浓度接近的标准工作溶液中对应的定性离子相对离子丰度进行比较,若偏差不超过表 3 规定的范围,则可判定为试样中存在对应的待测物。

表 3 定性确证时相对离子丰度的最大允许偏差

单位为百分率

相对离子丰度	>50	20~50(含)	10~20(含)	≤10
允许的最大偏差	±20	±25	±30	±50

7.4.4 定量测定

在仪器最佳工作条件下,依次测定标准溶液和试样溶液,以标准溶液中被测组分的峰面积与内标物峰面积的比值为纵坐标、标准溶液中被测组分的浓度为横坐标,做单点或多点校准,计算试样中的待测物含量。标准溶液及试样溶液中福莫特罗及内标物福莫特罗-D_6的峰面积均应在仪器检测的线性范围之内。当待测物浓度超出线性范围时,应适当调整稀释倍数后测定。在上述色谱和质谱条件下,标准溶液特征离子色谱图见附录 A 中图 A.1。

8 试验数据处理

单点校准:

$$C_i = \frac{A_i A'_{is} C_s C_{is}}{A_{is} A_s C'_{is}} \quad \cdots\cdots (1)$$

式中:

C_i ——试样溶液中相应福莫特罗、阿福特罗的浓度,单位为纳克每毫升(ng/mL);

C_{is} ——试样溶液中相应福莫特罗内标的浓度,单位为纳克每毫升(ng/mL);

C_s ——标准溶液中相应福莫特罗、阿福特罗的浓度,单位为纳克每毫升(ng/mL);

C'_{is}——标准溶液中相应福莫特罗内标的浓度,单位为纳克每毫升(ng/mL);

A_i ——试样溶液中相应福莫特罗、阿福特罗的峰面积;

A_{is}——试样溶液中相应福莫特罗内标的峰面积；

A_s——标准溶液中相应福莫特罗、阿福特罗的峰面积；

A'_{is}——标准溶液中相应福莫特罗内标的峰面积。

或标准曲线校准：则

$$\frac{A_s}{A'_{is}}=a\frac{C_s}{C'_{is}}+b \quad \cdots\cdots (2)$$

求得 a 和 b，则：

$$C_i=\frac{C_{is}}{a}\left(\frac{A_i}{A_{is}}-b\right) \quad \cdots\cdots (3)$$

按式(4)计算试样中福莫特罗、阿福特罗残留量：

$$X=\frac{C_i \times V' \times n}{m \times 1000} \quad \cdots\cdots (4)$$

式中：

X——试样中相应福莫特罗、阿福特罗的残留量，单位为毫克每千克(mg/kg)；

V'——溶解残余物所得试样溶液体积，单位为毫升(mL)；

n——试样稀释因子；

m——试样的质量，单位为克(g)。

测定结果用平行测定的算数平均值表示，结果保留 3 位有效数字。

9 重复性

在重复性条件下获得的 2 次独立测定结果的绝对差值不大于算术平均值的 20%。

附　录　A
（资料性附录）
福莫特罗、阿福特罗标准溶液（20.0 ng/mL）特征离子色谱图

福莫特罗、阿福特罗标准溶液（20.0 ng/mL）特征离子色谱图见图 A.1。

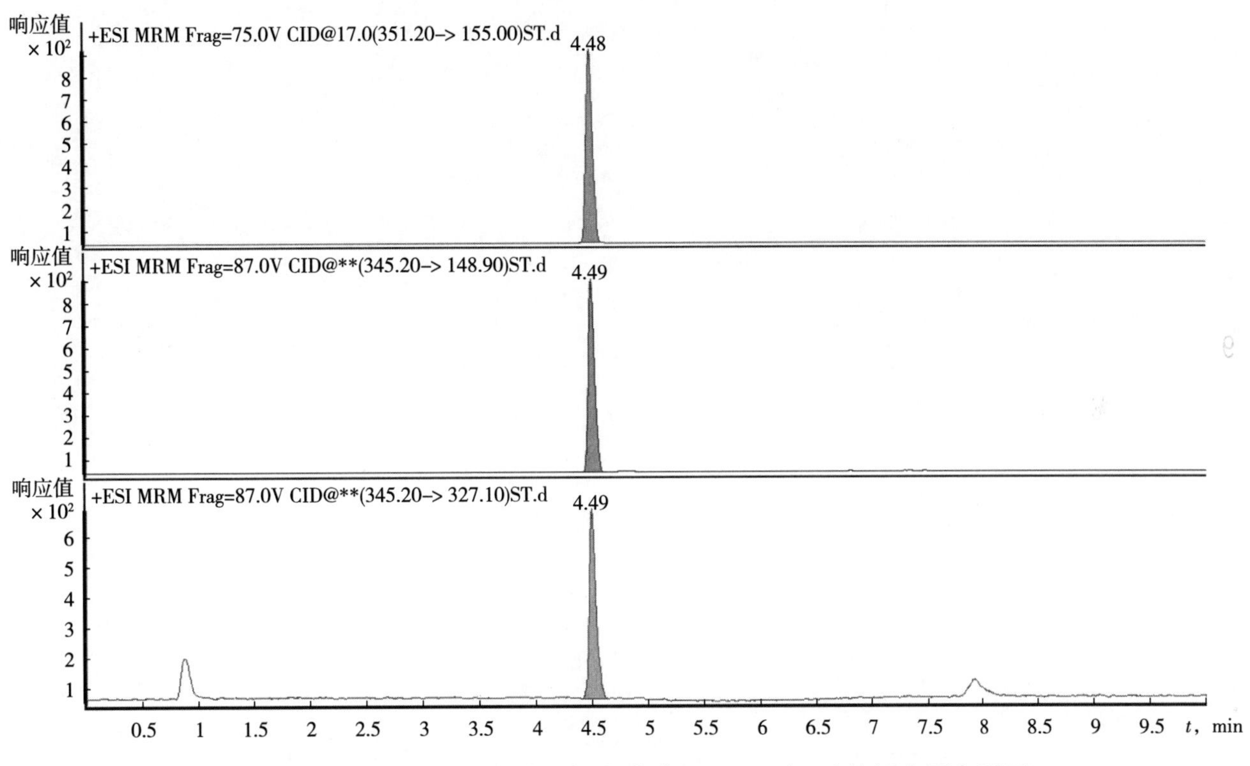

图 A.1　福莫特罗、阿福特罗标准溶液（20.0 ng/mL）特征离子色谱图

ICS 65.120
B 46

中华人民共和国农业行业标准

NY/T 123—2019
代替 NY/T 123—1989

饲料原料　米糠饼

Feed raw material—Rice bran expeller

2019-08-01 发布　　　　2019-11-01 实施

中华人民共和国农业农村部 发布

前　言

本标准按照 GB/T 1.1—2009 给出的规则起草。

请注意本文件的某些内容可能涉及专利。本文件的发布机构不承担识别这些专利的责任。

本标准代替 NY/T 123—1989《饲料用米糠饼》。与 NY/T 123—1989 相比，除编辑性修改外主要内容变化如下：

——标准名称由《饲料用米糠饼》修改为《饲料原料　米糠饼》；

——扩充了标准的适用范围(见 1,1989 年版的 1)；

——要求中将感官要求和其他要求合并为外观与性状(见 3.1,1989 年版的 3 和 5)；

——修改了水分条款，与技术指标合并(见 3.2,1989 年版的 4)；

——删除了原标准“各项质量指标均以 88%干物质为基础计算”的规定(1989 年版的 6.2)；

——删除了等外品的规定(1989 年版的 6.4)；

——增加了粗脂肪限定值≤10%(见 3.2)；

——完善了试验方法并增加感官检验(见 5.1,1989 年版的 7)；

——增加了检验规则(见 6)；

——增加了标签，修改了包装、运输和储存(见 7,1989 年版的 9)。

本标准由农业农村部畜牧兽医局提出。

本标准由全国饲料工业标准化技术委员会(SAC/TC 76)归口。

本标准起草单位：国粮武汉科学研究设计院有限公司[国家饲料质量监督检验中心(武汉)]、湖北天星粮油股份有限公司。

本标准主要起草人：高俊峰、王思思、姚行权、王俊、黄婷、杨林。

饲料原料　米糠饼

1　范围

本标准规定了饲料原料米糠饼的技术要求、取样、试验方法、检验规则及标签、包装、运输和储存。

本标准适用于米糠经压榨取油后的副产品。

2　规范性引用文件

下列文件对于本文件的应用是必不可少的。凡是注日期的引用文件，仅注日期的版本适用于本文件。凡是不注日期的引用文件，其最新版本(包括所有的修改单)适用于本文件。

GB/T 6432　饲料中粗蛋白质的测定

GB/T 6433　饲料中粗脂肪的测定

GB/T 6434　饲料中粗纤维的含量测定　过滤法

GB/T 6435　饲料中水分的测定

GB/T 6438　饲料中粗灰分的测定

GB/T 8170　数值修约规则与极限数值的表示和判定

GB 10648　饲料标签

GB 13078　饲料卫生标准

GB/T 14699.1　饲料　采样

GB/T 18823　饲料检测结果判定的允许误差

3　技术要求

3.1　外观与性状

本品呈淡黄褐色的片状或圆饼状，色泽新鲜一致，无发酵、霉变、结块及异嗅。

3.2　理化指标

应符合表1的要求。

表1　理化指标

单位为百分率

指标项目	等级		
	一级	二级	三级
粗蛋白质	≥14.0	≥13.0	≥12.0
粗纤维	≤8.0	≤10.0	≤12.0
粗灰分	≤9.0	≤10.0	≤12.0
粗脂肪	≤10.0		
水分	≤12.0		

3.3　卫生指标

应符合 GB 13078 的要求。

4 取样

按 GB/T 14699.1 的规定执行。

5 试验方法

5.1 感官检验

称取适量样品，置于洁净白瓷盘内，在正常光照、通风良好、无异味的环境下，通过目视、鼻嗅、触摸等进行感官检验。

5.2 粗蛋白质

按 GB/T 6432 的规定执行。

5.3 粗纤维

按 GB/T 6434 的规定执行。

5.4 粗脂肪

按 GB/T 6433 的规定执行。

5.5 水分

按 GB/T 6435 中直接干燥法的规定执行。

5.6 粗灰分

按 GB/T 6438 的规定执行。

6 检验规则

6.1 组批

以相同的原料、相同的设备、相同的生产工艺，一个连续生产的班次为一组批。

6.2 出厂检验

出厂检验项目：外观与性状、粗蛋白质、粗纤维、粗脂肪和水分。

6.3 型式检验

型式检验项目为第 3 章的全部要求。产品正常生产时，每半年至少进行一次型式检验，但有下列情况之一时，应进行型式检验：

a） 新产品投产时；

b） 原料、设备、加工工艺有较大改变时；

c） 产品停产 3 个月以上，恢复生产时；

d） 出厂检验结果与上次型式检验结果有较大差异时；

e） 饲料行政管理部门提出检验要求时。

6.4 判定规则

6.4.1 所检项目检测结果均与本标准规定指标一致判定为合格产品。

6.4.2 检验结果中有任何指标不符合本标准规定时，可自同批产品中重新加倍取样进行复检，复验结果有一项指标不符合本标准规定，即判定该批产品不合格。微生物指标不得复检。

6.4.3 各项目指标的极限数值判定按 GB/T 8170 中全数值比较法的规定执行。

6.4.4 理化指标检验结果判定的允许误差按 GB/T 18823 的规定执行。

7 标签、包装、运输和储存

7.1 标签

按 GB 10648 的规定执行，若加入抗氧化剂、防霉剂等添加剂时，应对添加品种和添加量在原料组成中做相应说明。

7.2 包装

包装材料应清洁、卫生,并能防污染、防潮湿、防泄漏。

7.3 运输

运输工具应清洁卫生、能防暴晒和雨淋,不应与有毒有害的物质混装混储。

7.4 储存

应储存于通风,干燥,能防暴晒和雨淋,有防虫、防鼠设施处,不得与有毒有害物质混储。

ICS 65.120
B 46

中华人民共和国农业行业标准

NY/T 124—2019
代替 NY/T 124—1989

饲料原料　米糠粕

Feed raw material—Rice bran meal

2019-08-01 发布　　2019-11-01 实施

中华人民共和国农业农村部 发布

前　　言

本标准按照 GB/T 1.1—2009 给出的规则起草。

请注意本文件的某些内容可能涉及专利。本文件的发布机构不承担识别这些专利的责任。

本标准代替 NY/T 124—1989《饲料用米糠粕》。与 NY/T 124—1989 相比，除编辑性修改外主要内容变化如下：

——标准名称由《饲料用米糠粕》修改为《饲料原料　米糠粕》；

——扩充了标准的适用范围(见 1,1989 年版的 1)；

——要求中将感官要求和其他要求合并为外观与性状(见 3.1,1989 年版的 3 和 5)；

——修改了水分条款，与技术指标合并(见 3.2,1989 年版的 4)；

——修改了粗蛋白质、粗纤维、粗灰分的技术指标(见 3.2,1989 年版的 6.1)；

——删除原标准中各项质量指标含量均以 87%干物质为基础计算的规定(1989 年版的 6.2)；

——删除等外品的规定(1989 年版的 6.4)；

——完善了试验方法并增加感官检验(见 5.1,1989 年版的 7)；

——增加了检验规则(见 6)；

——增加了标签，修改了包装、运输和储存(见 7,1989 年版的 9)。

本标准由农业农村部畜牧兽医局提出。

本标准由全国饲料工业标准化技术委员会(SAC/TC 76)归口。

本标准起草单位：国粮武汉科学研究设计院有限公司[国家饲料质量监督检验中心(武汉)]、湖北天星粮油股份有限公司。

本标准主要起草人：高俊峰、杨林、姚行权、王思思、王俊、黄婷。

饲料原料　米糠粕

1　范围

本标准规定了饲料原料米糠粕的技术要求，取样，试验方法，检验规则，标签、包装、运输和储存。

本标准适用于米糠或米糠饼经浸提取油后的副产品。

2　规范性引用文件

下列文件对于本文件的应用是必不可少的。凡是注日期的引用文件，仅注日期的版本适用于本文件。凡是不注日期的引用文件，其最新版本(包括所有的修改单)适用于本文件。

GB/T 6432　饲料中粗蛋白质测定方法

GB/T 6434　饲料中粗纤维的含量测定　过滤法

GB/T 6435　饲料中水分的测定

GB/T 6438　饲料中粗灰分的测定

GB/T 8170　数值修约规则与极限数值的表示和判定

GB 10648　饲料标签

GB 13078　饲料卫生标准

GB/T 14699.1　饲料　采样

GB/T 18823　饲料检测结果判定的允许误差

3　技术要求

3.1　外观与性状

淡灰黄色或黄褐色的粉状或颗粒状，色泽新鲜一致，无发酵、霉变、虫蛀、结块及异嗅。

3.2　理化指标

应符合表1的要求。

表1　理化指标

单位为百分率

指标项目	等级		
	一级	二级	三级
粗蛋白质	≥16.0	≥15.0	≥13.0
粗纤维	≤8.0	≤10.0	≤11.0
粗灰分	≤9.0	≤10.0	≤11.5
水分	≤12.5		

3.3　卫生指标

应符合 GB 13078 的要求。

4　取样

按 GB/T 14699.1 的规定执行。

5　试验方法

5.1　感官检验

称取适量样品，置于洁净白瓷盘内，在正常光照、通风良好、无异味的环境下，通过目视、鼻嗅、触摸等进行感官检验。

5.2 粗蛋白质

按 GB/T 6432 的规定执行。

5.3 粗纤维

按 GB/T 6434 的规定执行。

5.4 水分

按 GB/T 6435 中直接干燥法的规定执行。

5.5 粗灰分

按 GB/T 6438 的规定执行。

6 检验规则

6.1 组批

以相同的原料、相同的设备、相同的生产工艺，一个连续生产的班次为一组批。

6.2 出厂检验

出厂检验项目：外观与性状、粗蛋白质、粗灰分和水分。

6.3 型式检验

型式检验项目为第 3 章中的全部内容。产品正常生产时，每半年至少进行 1 次型式检验，但有下列情况之一时，应进行型式检验：

a) 新产品投产时；

b) 原料、配方、加工工艺有较大改变时；

c) 产品停产 3 个月以上，重新恢复生产时；

d) 出厂检验结果与上次型式检验结果有较大差异时；

e) 饲料行政管理部门提出检验要求时。

6.4 判定规则

6.4.1 所检项目检测结果均与本标准规定指标一致判定为合格产品。

6.4.2 检验结果中有任何一项指标不符合本标准规定时，可自同批产品中重新加倍取样进行复检，复检结果有一项指标不符合本标准规定，即判定该批产品不合格。微生物指标不得复检。

6.4.3 各项目指标的极限数值判定按 GB/T 8170 中全数值比较法的规定执行。

6.4.4 理化指标检验结果判定的允许误差按 GB/T 18823 的规定执行。

7 标签、包装、运输和储存

7.1 标签

按 GB 10648 的规定执行，若加入抗氧化剂、防霉剂等添加剂时，应在原料组成中对加入的品种、数量做相应的说明。

7.2 包装

包装材料应清洁、卫生，并能防污染、防潮湿、防泄漏。

7.3 运输

运输工具应清洁卫生，能防暴晒和雨淋，不应与有毒有害的物质混装混运。

7.4 储存

应储存于通风，干燥，能防暴晒和雨淋，有防虫、防鼠设施，不得与有毒有害物质混储。

ICS 65.120
B 46

中华人民共和国农业行业标准

NY/T 132—2019
代替 NY/T 132—1989

饲料原料　花生饼

Feed raw material—Peanut expeller

2019-08-01 发布　　2019-11-01 实施

中华人民共和国农业农村部　发布

前　言

本标准按照 GB/T 1.1—2009 给出的规则起草。

请注意本文件的某些内容可能涉及专利。本文件的发布机构不承担识别这些专利的责任。

本标准代替 NY/T 10381—1989《饲料用花生饼》。与 NY/T 10381—1989 相比，除编辑性修改外主要内容变化如下：

——标准名称由《饲料用花生饼》修改为《饲料原料　花生饼》；

——修改了标准的范围(见 1,1989 年版的 1)；

——修改了规范性引用文件(见 2,1989 年版的 2)；

——外观与性状更改为“黄褐色，色泽新鲜一致”，无发酵改为无酸败，嗅改为臭，删除了结块(见 4.1，1989 年版的 3)；

——修改了技术指标，增加了粗脂肪和赖氨酸指标(见 4.2,1989 年版的 6)；

——修改了试验方法，增加了感官检验方法、卫生指标检验方法、氨基酸检测方法(见 6,1989 年版的 7)；

——增加了检验规则(见 7)；

——修改了标签、包装、运输、储存(见 8,1989 年版的 9)。

本标准由农业农村部畜牧兽医局提出。

本标准由全国饲料工业标准化技术委员会(SAC/TC 76)归口。

本标准起草单位：国家粮食和物资储备局科学研究院。

本标准主要起草人：王丽、李爱科、王薇薇、王永伟。

饲料原料　花生饼

1　范围

本标准规定了饲料原料花生饼产品的术语和定义,技术要求,取样,试验方法,检验规则,标签、包装、运输和储存。

本标准适用于以脱壳或部分脱壳花生经压榨取油后的副产物,花生饼又名花生仁饼。

2　规范性引用文件

下列文件对于本文件的应用是必不可少的。凡是注日期的引用文件,仅注日期的版本适用于本文件。凡是不注日期的引用文件,其最新版本(包括所有的修改单)适用于本文件。

GB/T 6432　饲料中粗蛋白质测定方法

GB/T 6433　饲料中粗脂肪的测定

GB/T 6434　饲料中粗纤维的含量测定　过滤法

GB/T 6438　饲料中粗灰分的测定

GB/T 8170　数值修约规则与极限数值的表示和判定

GB/T 10358　油料饼粕　水分及挥发物含量的测定

GB 10648　饲料标签

GB 13078　饲料卫生标准

GB/T 14699.1　饲料　采样

GB/T 18246　饲料中氨基酸的测定

GB/T 18823　饲料检测结果判定的允许误差

3　术语和定义

下列术语和定义适用于本文件。

3.1

花生饼　peanut expeller

脱壳或部分脱壳花生经压榨取油后的副产物。

4　技术要求

4.1　外观与性状

小瓦片状或圆扁块状,黄褐色,色泽新鲜一致,无酸败、霉变、虫蛀及异臭。

4.2　理化指标

理论指标应符合表1的要求。

表1　理化指标

单位为百分率

项　　目	等　　级		
	一级	二级	三级
粗蛋白质	≥48.0	≥40.0	≥36.0
粗纤维	≤7.0	≤9.0	≤11.0
粗灰分	≤6.0	≤7.0	≤8.0
粗脂肪	≥3.0		
赖氨酸	≥1.2		
水分	≤11.0		
注:各项理化指标数值均以88%干物质为基础计算。			

4.3 卫生指标

应符合 GB 13078 的有关要求。

5 取样

按 GB/T 14699.1 的规定执行。

6 试验方法

6.1 感官检验

称取适量样品，置于洁净白瓷盘内，在正常光照、通风良好、无异味的环境下，通过目视、鼻嗅、触摸等感官检验方法检测。

6.2 粗蛋白质

按 GB/T 6432 的规定执行。

6.3 粗脂肪

按 GB/T 6433 的规定执行。

6.4 粗纤维

按 GB/T 6434 的规定执行。

6.5 粗灰分

按 GB/T 6438 的规定执行。

6.6 水分

按 GB/T 10358 的规定执行。

6.7 卫生指标

按 GB 13078 的规定执行。

6.8 赖氨酸

按 GB/T 18246 的规定执行。

7 检验规则

7.1 组批

以相同原料、相同生产工艺、连续生产或同一班次生产的同一规格的产品为一批，但每批产品不得超过 60 t。

7.2 出厂检验

出厂检验项目为：外观与性状、粗蛋白质、粗脂肪、粗纤维和水分。

7.3 型式检验

型式检验项目为第 4 章规定的所有项目。在正常生产情况下，每半年至少进行 1 次型式检验。有下列情况之一时，应进行型式检验：

a） 产品定型投产时；

b） 生产工艺、配方或主要原料来源有较大改变，可能影响产品质量时；

c） 停产 3 个月以上，重新恢复生产时；

d） 出厂检验结果与上次型式检验结果有较大差异时；

e） 饲料行政管理部门提出检验要求时。

7.4 判定规则

7.4.1 所验项目全部合格，判定为该批次产品合格。

7.4.2 检验结果中有任何指标不符合本标准规定时，可自同批产品中重新加倍取样进行复检。复检结果有一项不符合本标准规定，即判定该批产品不合格。微生物指标不得复检。

7.4.3 各项目指标的极限数值判定按 GB/T 8170 中全数值比较法的规定执行。

7.4.4 检验结果判定的允许误差按 GB/T 18823 的规定执行。

8 标签、包装、运输和储存

8.1 标签

按 GB 10648 的规定执行。

8.2 包装

包装材料应无毒、无害、防潮。

8.3 运输

运输中防止包装破损、日晒、雨淋,禁止与有毒有害物质混运。

8.4 储存

储存时防止日晒、雨淋,禁止与有毒有害物质混储。

ICS 65.120
B 46

中华人民共和国农业行业标准

NY/T 3473—2019

饲料中纽甜、阿力甜、阿斯巴甜、甜蜜素、安赛蜜、糖精钠的测定　液相色谱-串联质谱法

Determination of neotame, alitame, aspartame, sodium cyclamate, acesulfame and sodium saccharin in feeds—Liquid chromatography-tandem mass spectrometry

2019-08-01 发布　　2019-11-01 实施

中华人民共和国农业农村部　发布

前　　言

本标准按照 GB/T 1.1—2009 给出的规则起草。

请注意本文件的某些内容可能涉及专利。本文件的发布机构不承担识别这些专利的责任。

本标准由农业农村部畜牧兽医局提出。

本标准由全国饲料工业标准化技术委员会(SAC/TC 76)归口。

本标准起草单位:辽宁省兽药饲料畜产品质量安全检测中心。

本标准主要起草人:于家丰、田晓玲、郝立忠、陈玉艳、张天姝、杨慧杰、吕晓惠、李晶、纪源、孙玉飞。

饲料中纽甜、阿力甜、阿斯巴甜、甜蜜素、安赛蜜、糖精钠的测定　液相色谱-串联质谱法

1　范围

本标准规定了饲料中纽甜、阿力甜、阿斯巴甜、甜蜜素、安赛蜜、糖精钠的液相色谱-串联质谱测定方法。

本标准适用于配合饲料、浓缩饲料、预混合饲料及精料补充料中纽甜、阿力甜、阿斯巴甜、甜蜜素、安赛蜜、糖精钠的测定。

本标准方法纽甜、阿力甜、阿斯巴甜、甜蜜素、安赛蜜的检出限为0.5 mg/kg,定量限为1.0 mg/kg;糖精钠的检出限为2.5 mg/kg,定量限为5.0 mg/kg。

2　规范性引用文件

下列文件对于本文件的应用是必不可少的。凡是注日期的引用文件,仅注日期的版本适用于本文件。凡是不注日期的引用文件,其最新版本(包括所有的修改单)适用于本文件。

GB/T 6682　分析实验室用水规格和试验方法

GB/T 20195　动物饲料　试样的制备

3　原理

试样经提取后,醋酸铅沉淀蛋白,经HLB固相萃取小柱净化后,供液相色谱-串联质谱仪测定,基质匹配标准曲线,外标法定量。

4　试剂或材料

除非另有规定,本方法仅用分析纯试剂。

4.1　水:GB/T 6682,一级。

4.2　乙腈:色谱纯。

4.3　饱和醋酸铅溶液:在100 mL水中不断加入醋酸铅,超声溶解,直至固体不再溶解。

4.4　0.2%甲酸溶液:准确移取甲酸1.0 mL,加水定容至500 mL,混匀。

4.5　0.1%甲酸溶液:准确移取甲酸1.0 mL,加水定容至1 000 mL,混匀。

4.6　0.1%甲酸乙腈溶液:准确移取甲酸1.0 mL,加乙腈定容至1 000 mL,混匀。

4.7　纽甜(CAS号:165450-17-9)、阿力甜(CAS号:80863-62-3)、阿斯巴甜(CAS号:22839-47-0)、甜蜜素(CAS号:68476-78-8)、安赛蜜(CAS号:33665-90-6)、糖精钠(CAS号:128-44-9):纯度均不少于99.0%。

4.8　标准储备溶液(1 mg/mL):准确称取对照品纽甜、阿力甜、阿斯巴甜、甜蜜素、安赛蜜、糖精钠各50 mg(精确至0.01 mg)分别置于50 mL容量瓶中,用0.2 %甲酸溶液(4.4)溶解定容。2℃～8℃保存,有效期6个月。

4.9　标准中间溶液Ⅰ(10 mg/L):移取纽甜、阿力甜、阿斯巴甜、甜蜜素、安赛蜜储备溶液(4.8)100 μL置于10 mL容量瓶中,用0.2%甲酸溶液(4.4)定容,摇匀。2℃～8℃冷藏保存,有效期为3个月。

4.10　标准中间溶液Ⅱ(50 mg/L):移取糖精钠储备溶液(4.8)500 μL置于10 mL容量瓶中,用0.2%甲酸溶液(4.4)定容,摇匀。2℃～8℃冷藏保存,有效期为3个月。

4.11　HLB固相萃取小柱:3 mL/60 mg,亲水亲脂平衡性的固相小柱或其他性能相当者。

4.12　滤膜:0.22 μm,水系。

5 仪器设备

5.1 液相色谱-串联质谱仪:配有电喷雾电离源。

5.2 旋转蒸发仪。

5.3 氮吹仪。

5.4 离心机:转速不低于 7 000 r/min。

5.5 涡旋振荡器。

5.6 超声波清洗机。

5.7 天平:感量为 0.000 01 g 和感量为 0.001 g。

6 样品

按 GB/T 20195 制备试样,全部通过 0.42 mm 试验筛,混匀,装入密闭容器中,备用。

7 试验步骤

7.1 提取

平行做两份试验。称取 2 g(精确至 0.001 g)试样于 50 mL 离心管中,准确加入 0.2%甲酸溶液(4.4) 19 mL 和饱和醋酸铅溶液(4.3)1 mL,充分振荡 15 min,超声提取 15 min,然后于 7 000 r/min 离心 10 min,上清液备用。

7.2 净化

固相萃取小柱依次用 3 mL 乙腈、3 mL 0.2%甲酸溶液(4.4)活化。准确吸取 3 mL 上清液(7.1)加到小柱上,用 3 mL 0.2%甲酸溶液(4.4)淋洗,减压抽干 2 min,用 6 mL 乙腈洗脱,收集洗脱液,于 50℃下旋转蒸发或氮吹至干,准确加入 0.2%甲酸溶液(4.4) 3 mL 溶解,过 0.22 μm 滤膜后,上机测定。

7.3 基质匹配标准曲线系列溶液的制备

取基质相近的空白试样,按照 7.1 与 7.2 的规定制备空白基质溶液,用标准中间溶液Ⅰ和标准中间溶液Ⅱ适量,制备基质匹配标准系列。其中,糖精钠浓度为 0.5 mg/L、1 mg/L、2.5 mg/L、5 mg/L、25 mg/L、50 mg/L;其他浓度均为 0.1 mg/L、0.2 mg/L、0.5 mg/L、1 mg/L、5 mg/L、10 mg/L。

7.4 测定

7.4.1 液相色谱参考条件

色谱柱:C_{18} 柱,柱长 100 mm,内径 2.1 mm,粒度 1.7 μm,或其他性能相当者。

柱温:40℃。

进样量:5 μL。

流速:0.3 mL/min。

流动相:A 为 0.1%甲酸溶液,B 为 0.1%甲酸的乙腈溶液,梯度洗脱程序见表 1。

表 1 流动相梯度条件

时间,min	A,%	B,%
0	95	5
1.0	95	5
7.0	5	95
7.1	95	5
10	95	5

7.4.2 质谱参考条件

离子源:电喷雾离子源。

扫描方式:负离子模式。

监测方式：多反应监测(MRM)。

毛细管电压、锥孔电压、碰撞能量等电压值应优化至最佳灵敏度。

定性离子对、定量离子对及对应的保留时间和碰撞能量见表 2。

表 2　纽甜、阿力甜、阿斯巴甜、甜蜜素、安赛蜜、糖精钠的定性离子对、定量离子对及保留时间、碰撞电压的参考值

被测物名称	保留时间,min	定性离子对,m/z	定量离子对,m/z	碰撞能量,eV
阿斯巴甜	4.18	293.2>200.2	293.2>200.2	17
		293.2>261.2		10
安赛蜜	1.51	162.1>82.0	162.1>82.0	13
		162.1>77.9		20
甜蜜素	3.16	178.1>79.9	178.1>79.9	20
		178.1>96.0		10
糖精钠	2.48	182.1>42.0	182.1>42.0	23
		182.1>106.0		20
阿力甜	4.47	330.3>312.3	330.3>312.3	12
		330.3>167.2		20
纽甜	5.53	377.4>200.1	377.4>200.1	20
		377.4>345.4		10

7.4.3　定性

每种被测组分选择 1 个母离子、2 个子离子，在相同试验条件下，样品中待测物质的保留时间与标准溶液中对应的保留时间偏差在± 2.5%之内，且待测各组分定性离子的相对离子丰度与浓度接近的标准溶液中对应的定性离子的相对离子丰度进行比较，若偏差不超过表 3 规定的范围，可判定为样品中存在对应的待测物。

表 3　定性确证时相对离子丰度的最大允许误差

单位为百分率

相对离子丰度	>50	20～50(含)	10～20(含)	≤10
允许的最大偏差	±20	±25	±30	±50

7.4.4　定量

依次测定基质匹配标准曲线系列溶液(7.3)和试样溶液，得到色谱峰面积响应值，以基质匹配标准曲线系列溶液中被测组分峰面积为纵坐标、被测组分的浓度为横坐标，绘制工作曲线，曲线相关系数不小于 0.99。试样溶液中待测物的响应值均应在标准曲线的线性范围内，当待测物浓度不在线性范围内时，基质匹配标准曲线与样品做相应倍数稀释，稀释倍数为 n。上述条件下，纽甜、阿力甜、阿斯巴甜、甜蜜素、安赛蜜、糖精钠标准溶液的质量色谱图参见附录 A。

8　试验数据处理

试样中纽甜、阿力甜、阿斯巴甜、甜蜜素、安赛蜜、糖精钠的含量以质量分数(w_i)计，数值以毫克每千克(mg/kg)表示，单点校准按式(1)计算，工作曲线校准按式(2)和式(3)计算。

$$w_i = \frac{A_i \times C_s \times V_1 \times V_2}{A_{si} \times m \times V_3} \times n \quad \cdots\cdots (1)$$

式中：

A_i ——试样溶液中待测物的峰面积值；

A_{si}——标准溶液中待测物的峰面积值；

C_s ——标准溶液中待测物的浓度，单位为微克每毫升(μg/ mL)；

V_1 ——试样中加入试样提取溶液的体积，单位为毫升(mL)；

V_2 ——上机前试样稀释溶液的体积,单位为毫升(mL);
V_3 ——提取液加入固相萃取小柱的体积,单位为毫升(mL);
m ——试样的质量,单位为克(g);
n ——试样稀释倍数。

工作曲线校准:由 $A_s = aC + b$,求得 a 和 b,则 $C = \frac{A - b}{a}$ ……………………………………………… (2)

$$w_i = \frac{C \times V_1 \times V_2}{m \times V_3} \times n \quad \text{(3)}$$

式中:
C ——试样中待测物的含量,单位为微克每毫升(μg/ mL);
V_1 ——试样中加入试样提取溶液的体积,单位为毫升(mL);
V_2 ——上机前试样稀释溶液的体积,单位为毫升(mL);
V_3 ——提取液加入固相萃取小柱的体积,单位为毫升(mL);
m ——试样的质量,单位为克(g);
n ——试样稀释倍数。
平行测定结果用算术平均值表示,结果保留 3 位有效数字。

9 精密度

在重复性条件下,2 次独立测试结果与其算数平均值的绝对差值不大于该平均值的 20%。

附 录 A
(资料性附录)
安赛蜜、糖精钠、甜蜜素、阿斯巴甜、阿力甜、纽甜混合标准溶液的质量色谱图

安赛蜜、糖精钠、甜蜜素、阿斯巴甜、阿力甜、纽甜混合标准溶液的质量色谱图见图 A.1。

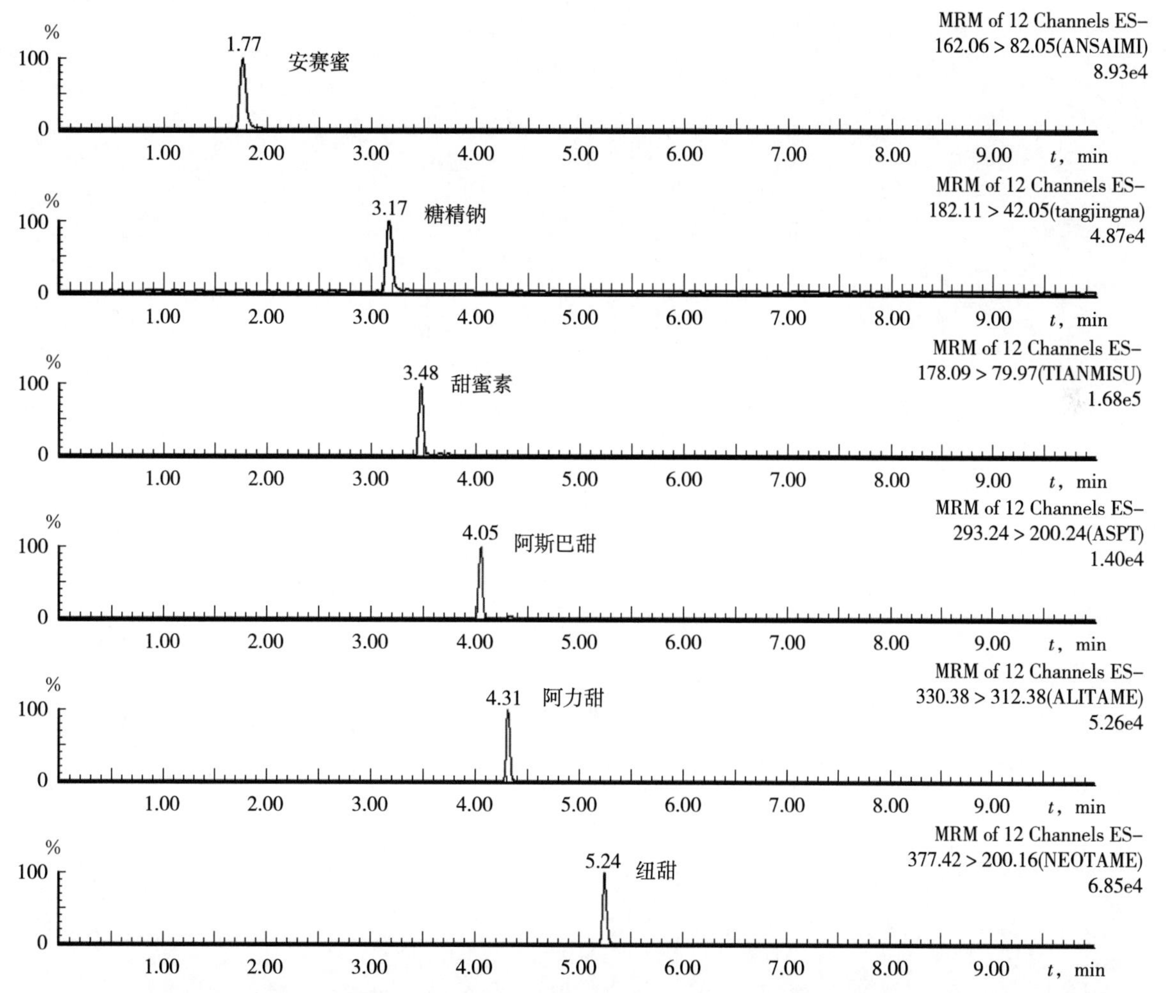

图 A.1 安赛蜜、糖精钠、甜蜜素、阿斯巴甜、阿力甜、纽甜混合标准溶液的质量色谱图(安赛蜜、甜蜜素、阿斯巴甜、阿力甜、纽甜浓度均为 0.1 mg/L,糖精钠浓度为 0.5 mg/L)

附 录 A

（资料性附录）

ICS 65.120
B 46

中华人民共和国农业行业标准

NY/T 3474—2019

卵形鲳鲹配合饲料

Formula feed for pompano (*Trachinotus ovatus*, Linnaeus)

2019-08-01 发布 2019-11-01 实施

中华人民共和国农业农村部 发布

前　　言

本标准按照 GB/T 1.1—2009 给出的规则起草。

请注意本文件的某些内容可能涉及专利。本文件的发布机构不承担识别这些专利的责任。

本标准由农业农村部畜牧兽医局提出。

本标准由全国饲料工业标准化技术委员会(SAC/TC 76)归口。

本标准起草单位:福建天马科技集团股份有限公司、厦门大学。

本标准主要起草人:艾春香、陈庆堂、张蕉南、胡兵、陈加成、李惠、张蕉霖、杨欢、解文丽。

卵形鲳鲹配合饲料

1 范围

本标准规定了卵形鲳鲹配合饲料的产品分类、技术要求、取样、试验方法、检验规则、标签、包装、运输、储存和保质期。

本标准适用于卵形鲳鲹膨化配合饲料。

2 规范性引用文件

下列文件对于本文件的应用是必不可少的。凡是注日期的引用文件,仅注日期的版本适用于本文件。凡是不注日期的引用文件,其最新版本(包括所有的修改单)适用于本文件。

GB/T 5918 饲料产品混合均匀度的测定

GB/T 6432 饲料中粗蛋白测定方法

GB/T 6433—2006 饲料中粗脂肪的测定

GB/T 6434 饲料中粗纤维的含量测定 过滤法

GB/T 6435 饲料中水分的测定

GB/T 6437 饲料中总磷的测定 分光光度法

GB/T 6438 饲料中粗灰分的测定

GB/T 8170 数值修约规则与极限数值的表示和判定

GB/T 10647 饲料工业术语

GB 10648 饲料标签

GB 13078 饲料卫生标准

GB/T 14699.1 饲料 采样

GB/T 18246 饲料中氨基酸的测定

GB/T 18823 饲料检测结果判定的允许误差

SC/T 1077—2004 渔用配合饲料通用技术要求

3 术语和定义

GB/T 10647 界定的以及下列术语和定义适用于本文件。

3.1

膨化饲料 extruded feed

经调质、增压挤出模孔和骤然降压过程制成的规则蓬松颗粒饲料。

注:膨化饲料同膨化颗粒饲料。

4 产品分类

根据卵形鲳鲹不同生长阶段的体重大小,将卵形鲳鲹配合饲料产品分为鱼种配合饲料、中鱼配合饲料和成鱼配合饲料 3 种。产品分类与饲喂阶段见表 1。

表 1 产品分类与饲喂阶段

产品分类	鱼种配合饲料	中鱼配合饲料	成鱼配合饲料
饲喂阶段,g/尾	<50.0	50.0~<250.0	≥250.0
注:饲喂阶段以适宜饲喂对象的体重表示。			

5 技术要求

5.1 外观与性状

颗粒应色泽一致、大小均匀;无霉变、结块、异味和虫类滋生。

5.2 加工质量指标

加工质量指标应符合表 2 的要求。

表 2 加工质量指标

单位为百分率

项　　目	指标
混合均匀度(变异系数)	≤7.0
水中稳定性(溶失率,水中浸泡 20 min)	≤10.0
水分	≤11.0

5.3 理化指标

理化指标应符合表 3 的要求。

表 3 理化指标

单位为百分率

<table>
<tr><th>项　　目</th><th>鱼种配合饲料</th><th>中鱼配合饲料</th><th>成鱼配合饲料</th></tr>
<tr><td>粗蛋白质</td><td>40.0～50.0</td><td>38.0～45.0</td><td>36.0～43.0</td></tr>
<tr><td>粗脂肪</td><td>≥8.0</td><td colspan="2">≥9.0</td></tr>
<tr><td>粗纤维</td><td colspan="3">≤5.0</td></tr>
<tr><td>总磷</td><td>0.8～1.8</td><td colspan="2">0.8～1.6</td></tr>
<tr><td>粗灰分</td><td>≤15.0</td><td colspan="2">≤13.0</td></tr>
<tr><td>赖氨酸</td><td>≥2.5</td><td>≥2.3</td><td>≥2.1</td></tr>
<tr><td>赖氨酸/粗蛋白质</td><td colspan="3">≥5.0</td></tr>
</table>

5.4 卫生指标

卫生指标应符合 GB 13078 的规定。

6 取样

取样按 GB/T 14699.1 的规定执行。

7 试验方法

7.1 感官检验

取适量样品置于清洁、干燥的白瓷盘中,在正常光照、通风良好、无异味的环境下,通过感官进行评定。

7.2 混合均匀度

混合均匀度测定按 GB/T 5918 的规定执行。

7.3 水中稳定性(溶失率)

水中稳定性测定按 SC/T 1077—2004 中附录 A 水中稳定性(溶失率)的测定方法的规定执行。

7.4 水分

水分测定按 GB/T 6435 的规定执行。

7.5 粗蛋白质

粗蛋白质测定按 GB/T 6432 的规定执行。

7.6 粗脂肪

用石油醚预提,后用酸水解法测定,具体操作按 GB/T 6433—2006 的规定执行。

7.7 粗纤维

粗纤维测定按 GB/T 6434 的规定执行。

7.8 总磷

总磷测定按 GB/T 6437 的规定执行。

7.9 粗灰分

粗灰分测定按 GB/T 6438 的规定执行。

7.10 赖氨酸

赖氨酸测定按 GB/T 18246 的规定执行。

8 检验规则

8.1 组批

以相同原料、相同的生产配方、相同的生产工艺和生产条件，连续生产或同一班次生产的同一规格的产品为一批，每批产品不超过 100 t。

8.2 出厂检验

出厂检验项目为外观与性状、水分和粗蛋白质。

8.3 型式检验

型式检验项目为第 5 章规定的所有项目；在正常生产情况下，每年至少进行一次型式检验。在有下列情况之一时，亦应进行型式检验：

a) 产品定型投产时；

b) 生产工艺、配方或主要原料来源有较大改变，可能影响产品质量时；

c) 停产 3 个月或以上，恢复生产时；

d) 出厂检验结果与上次型式检验结果有较大差异时；

e) 饲料行政管理部门提出检验要求时。

8.4 判定规则

8.4.1 所检项目全部合格，判定为该批次产品合格。

8.4.2 检验项目中有任何指标不符合本标准规定时，可自同批产品中重新加倍取样进行复检。复检结果有一项指标不符合本标准规定，即判定该批产品为不合格。微生物指标不得复检。

8.4.3 各项目指标的极限数值判定按 GB/T 8170 中的全数值比较法执行。

8.4.4 理化指标检验结果判定的允许误差按 GB/T 18823 的规定执行。

9 标签、包装、运输、储存和保质期

9.1 标签

标签按 GB 10648 的规定执行。

9.2 包装

包装材料应无毒、无害、防潮。

9.3 运输

运输工具应清洁、干燥，不得与有毒有害物品混装混运。运输过程中应注意防潮、防日晒雨淋。

9.4 储存

储存时防止日晒、雨淋，不得与有毒有害物质混储。

9.5 保质期

未开启包装的产品，在规定的包装、运输、储存条件下，产品保质期与标签中标明的保质期一致。

ICS 65.120
B 46

中华人民共和国农业行业标准

NY/T 3475—2019

饲料中貂、狐、貉源性成分的定性检测 实时荧光PCR法

Identification of martes, fox and *Nyctereutes procyonoides*-originated ingredients in feeds—Real time PCR method

2019-08-01 发布　　　　2019-11-01 实施

中华人民共和国农业农村部　发布

前　言

本标准按照 GB/T 1.1—2009 给出的规则起草。

请注意本文件的某些内容可能涉及专利。本文件的发布机构不承担识别这些专利的责任。

本标准由农业农村部畜牧兽医局提出。

本标准由全国饲料工业标准化技术委员会(SAC/TC 76)归口。

本标准起草单位:山东省饲料质量检验所。

本标准主要起草人:冯鑫磊、李会荣、宫玲玲、李祥明、李俊玲、杨智国、朱良智。

饲料中貂、狐、貉源性成分的定性检测 实时荧光 PCR 法

1 范围

本标准规定了饲料中貂、狐和貉源性成分的实时荧光 PCR 法定性检测。

本标准适用于配合饲料、浓缩饲料、精料补充料和动物源性饲料原料(动物油脂除外)中貂、狐和貉源性成分的定性检测。

本标准的检出限为 0.5%。

2 规范性引用文件

下列文件对于本文件的应用是必不可少的。凡是注日期的引用文件,仅注日期的版本适用于本文件。凡是不注日期的引用文件,其最新版本(包括所有的修改单)适用于本文件。

GB/T 6682 分析实验室用水规格和试验方法

GB/T 14699.1 饲料采样

GB/T 20195 动物饲料试样的制备

GB/T 27403 实验室质量控制规范食品分子生物学检测

3 术语和定义

下列术语和定义适用于本文件。

3.1

***Ct* 值 循环阈值 cycle threshold**

每个反应管内的荧光信号达到设定的阈值时所经历的循环数。

4 缩略语

下列缩略语适用于本文件。

DNA:脱氧核糖核酸(deoxyribonuleic acid)

RNA:核糖核酸(ribonuleic acid)

dNTP:脱氧核苷酸三磷酸(deoxytibonucleoside triphosphate)

dATP:脱氧腺苷三磷酸(deoxyadenosine triphosphate)

dCTP:脱氧胞苷三磷酸(deoxycytidine triphosphate)

dGTP:脱氧鸟苷三磷酸(deoxyguanosine triphosphate)

dTTP:脱氧胸苷三磷酸(deoxythymidine triphosphate)

Tris:三(羟甲基)氨基甲烷[tris(hydroxymethyl)aminomethane]

CTAB:十六烷基三甲基溴化铵(hexadecyltrimethyl ammonium bromide)

EDTA:乙二胺四乙酸(ethylene diamine tetraacetic acid)

Taq:水生栖热菌(*thermus aquaticu*)

FAM:羧基荧光素(carboxyfluorescein)

TAMRA:羧基四甲基罗丹明(carboxy-tetramethyl-rhodamine)

ROX:6-羧基-X-罗丹明(6-carboxyl-X-rhodamine)

BHQ2:black hole quencher 2

JOE:2,7-二甲基-4,5-二氯-6-羧基荧光素(6-carboxy-4',5'-dichloro-2',7'-dimethoxyfluorescein, succinimidyl ester)

5 原理

用裂解液裂解试样中的细胞,用三氯甲烷去除蛋白等杂质,再用异丙醇沉淀得到 DNA,进一步用乙醇溶液纯化 DNA。用特异性检测引物和探针对 DNA 进行实时荧光 PCR 扩增,根据扩增曲线与 *Ct* 值对试样中貂、狐、貉源性成分进行定性检测。

6 试剂或材料

除非另有说明,在分析中仅使用确认为分析纯的试剂。所有试剂溶液均用无 DNA 酶和 RNA 酶污染的容器分装。

6.1 水:符合 GB/T 6682 规定的一级水。

6.2 异丙醇。

6.3 蛋白酶 K(20 mg/mL)。

6.4 *Taq* DNA 聚合酶(5 U/μL)。

6.5 dNTP 溶液(含 dATP、dCTP、dGTP、dTTP 各 2.5 mmol/L)。

6.6 $MgCl_2$溶液(25 mmol/L)。

6.7 10× PCR 缓冲溶液。

6.8 Tris-HCl 溶液(1 mol/L):称取 121.1 g Tris,加 800 mL 水溶解,冷却至室温后,用浓盐酸调节溶液的 pH 至 8.0,加水定容至 1 L,121℃高压灭菌 20 min 备用。

6.9 EDTA 溶液(500 mmol/L):称取 186.1 g $EDTA\text{-}Na_2 \cdot 2H_2O$,加 800 mL 水溶解,用 10 mol/L 氢氧化钠溶液调节溶液的 pH 至 8.0,加水定容至 1 L,121℃高压灭菌 20 min 备用。

6.10 CTAB 裂解溶液:称取 10.02 g CTAB、40.91 g NaCl,加 800 mL 水溶解,加入 50 mL Tris-HCl 溶液(6.8)和 20 mL EDTA 溶液(6.9),用水定容至 1 L,121℃高压灭菌 20 min 备用。

6.11 TE 缓冲溶液:在 800 mL 水中,依次加入 10 mL Tris-HCl 溶液(6.8)和 2 mL EDTA 溶液(6.9),用水定容至 1 L,121℃高压灭菌 20 min 备用。

6.12 检测用引物和探针序列见附录 A。

6.13 乙醇溶液:无水乙醇+水=7+3。

6.14 三氯甲烷和异戊醇混合溶液:三氯甲烷+异戊醇=24+1。

6.15 基因组 DNA 提取试剂盒。

7 仪器设备

7.1 实时荧光 PCR 仪。

7.2 核酸蛋白分析仪或紫外分光光度计:波长(260±1) nm,(280±1) nm。

7.3 分析天平:感量 0.1 mg。

7.4 台式离心机:转速不低于 12 000 r/min。

7.5 恒温水浴锅:65℃,精度为±1℃。

7.6 高压灭菌锅。

7.7 涡旋振荡器。

8 样品

8.1 试样的制备

按 GB/T 14699.1 的规定,抽取有代表性的饲料样品,用四分法缩减取样。按 GB/T 20195 的规定制备试样,过 0.15 mm 孔径筛后充分混匀,装入磨口瓶中备用。

8.2 对照样品的选择

以已知含有貂、狐、貉成分的样品(纯肉粉或含相应源性成分≥0.5%的饲料)为阳性对照。以已知不含有貂、狐、貉成分的样品为阴性对照。

9 试验步骤

9.1 DNA 提取

平行做 2 份试验。称取 50 mg 试样(精确至 0.1 mg)于 1.5 mL 离心管中,加入 600 μL～800 μL CTAB 裂解溶液(6.10)和 20 μL 蛋白酶 K(6.3),涡旋混匀;在(65±1)℃下水浴 30 min,期间每隔 10 min 颠倒混匀 1 次;12 000 r/min 离心 5 min,吸取全部上清液至另一 1.5 mL 离心管中,加入 400 μL 三氯甲烷和异戊醇混合溶液(6.14),充分混匀。

9.2 DNA 纯化

将按 9.1 操作所得溶液 12 000 r/min 离心 5 min,吸取全部上层水溶液至另一 1.5 mL 离心管中,加入上层水溶液 0.6 倍体积的异丙醇,室温下沉淀 15 min～30 min;12 000 r/min 离心 10 min,弃上清液;加入 1 mL 乙醇溶液(6.13)轻缓颠倒混匀,12 000 r/min 离心 5 min,弃上清液,除去残余的乙醇;待沉淀干燥后,加入 80 μL TE 缓冲溶液(6.11),溶解沉淀,获得试样 DNA 溶液,置于−20℃保存备用。

注:可用等效的基因组 DNA 提取试剂盒(6.15)替代 9.1 和 9.2。

9.3 对照样品处理

称取阳性对照样品和阴性对照样品各 50 mg(精确至 0.1 mg)分别置于 1.5 mL 离心管中,按 9.1～9.2 步骤同步提取 DNA。

9.4 DNA 浓度的测定

准确移取 5 μL 试样 DNA 溶液(9.2)加水稀释至 1 mL,用核酸蛋白分析仪或紫外分光光度计,在 260 nm和 280 nm 波长处测定吸光值 A_{260} 和 A_{280}。

A_{260}/A_{280} 比值在 1.7～1.9,适宜于实时荧光 PCR 扩增。

试样 DNA 溶液中 DNA 的浓度 ω 以质量分数计,单位为微克每微升(μg/μL),按式(1)计算。

$$\omega = \frac{A_{260} \times N \times 50}{1000} \qquad (1)$$

式中:

A_{260} ——260 nm 处的吸光值;

N ——试样 DNA 稀释倍数;

50/1 000——A_{260} 为 1 时对应的双链 DNA 浓度,单位为微克每微升(μg/μL)。

在进行实时荧光 PCR 扩增时,需要根据所用仪器对模板 DNA 浓度的要求,对试样 DNA 溶液用水进行稀释。

9.5 检测

9.5.1 参考 PCR 反应体系

实时荧光 PCR 反应参考体系见表 1。

表 1 实时荧光 PCR 反应参考体系

试剂名称	添加量,μL	终浓度
10×PCR 缓冲溶液	2.5	1×
上游引物(10 μmol/L,貂或狐或貉)	0.5	0.2 μmol/L
下游引物(10 μmol/L,貂或狐或貉)	0.5	0.2 μmol/L
探针(10 μmol/L,貂或狐或貉)	0.5	0.2 μmol/L
dNTP 溶液(含 dATP、dCTP、dGTP、dTTP 各 2.5 mmol/L)	2.0	0.2 mmol/L
Taq DNA 聚合酶(5 U/μL)	0.3	0.06 U/μL
$MgCl_2$ 溶液(25 mmol/L)	1.2	1.2 mmol/L
H_2O	补水至 25	—

表 1(续)

试剂名称	添加量,μL	终浓度
模板 DNA	2	—
注:真核生物 18S 内参照的反应体系同上,仅以 18S 内参照引物和探针替换上述引物和探针。		

9.5.2 参考 PCR 扩增条件

95℃预变性 10 min;95℃变性 10 s,58℃退火 35 s,45 个循环。

9.5.3 试验对照

试验过程中,同步测定貂、狐、貉的阳性对照和阴性对照,以水为空白对照。

10 质量控制

10.1 PCR 的有效性判定

10.1.1 空白对照:无貂、狐、貉、18S 荧光信号。

10.1.2 阴性对照:无貂、狐、貉荧光信号,有 18S 荧光信号,且呈 S 形对数曲线,*Ct* 值≤35.0。

10.1.3 阳性对照:有对应貂、狐、貉目的基因荧光信号、有 18S 荧光信号,且呈 S 形对数曲线,*Ct* 值≤35.0。

PCR 扩增结果应同时满足以上条件,否则判定 PCR 无效。

10.2 DNA 提取的有效性判定

在同时进行的空白对照、阴性对照、阳性对照结果正常的情况下,被检测样品应有 18S 内参照基因荧光信号检出,且呈 S 形对数曲线,*Ct* 值≤35.0。

11 试验数据处理

11.1 结果判定

在符合第 10 章的情况下:

a) 如 *Ct* 值≤35.0,则判定被检样品阳性;

b) 如 *Ct* 值≥40.0,则判定被检样品阴性;

c) 如 35.0<*Ct* 值<40.0,则进行重复测定,再次扩增后,如 *Ct* 值仍为<40.0,则判定被检样品阳性;如 *Ct* 值≥40.0,则判定被检样品阴性。

注:如有进一步确认要求,可对 PCR 产物进行测定,PCR 产物序列参见附录 B。

11.2 结果表述

结果为阳性者,表述为"检出貂(或狐或貉)源性成分"。

结果为阴性者,表述为"未检出貂(或狐或貉)源性成分"。

12 防止交叉污染措施

检测过程中,防止交叉污染的措施按照 GB/T 27403 的规定执行。

附　录　A
（规范性附录）
检测用引物和探针序列

检测用引物和探针序列见表 A. 1。

表 A. 1　检测用引物和探针序列

名　　称	序列（5′-3′）
18S 内参照 5′端引物 18S 内参照 3′端引物 18S 内参照探针	TCTGCCCTATCAACTTTCGATGGTA AATTTGCGCGCCTGCTGCCTTCCTT FAM-CCGTTTCTCAGGCTCCCTCTCCGGAATCGAACC-Eclipse
貂 5′端引物 貂 3′端引物 貂探针	TCCATCAAACATTTCCGCA CGTAGTTGACGTCTCGGCA ROX-CCATACACTACACATCAGACACAGCTACAGCC-BHQ2
狐 5′端引物 狐 3′端引物 狐探针	TGGAGCATCAGTAGACCTTACAATTT GGCGGGAGGTTTTATATTGATAATAG FAM-CCCTGCACCTGGCCGGAGTC-TAMRA
貉 5′端引物 貉 3′端引物 貉探针	CTTCCCGTGAAGAGGCGGGAATAC TCCGAGGTCACCCCAACCTAAA JOE-CTTTAATTACTTAACCCAAATTTATGGCCAA-BHQ2
注：荧光标记物可根据实际需求自行调整。	

附　录　B
（资料性附录）
基因扩增靶标参考序列

B.1　貂成分基因扩增靶标参考序列

TCCATCAAACATTTCCGCATGATGAAACTTCGGGTCCCTACTCGGAATCTGCCTAATTCT TCAAATTCTTACAGGCTTATTCTTAGCCATACACTACACATCAGACACAGCTACAGCCTTTT CATCAGTCACTCATATTTGCCGAGACGTCAACTACG

B.2　狐成分基因扩增靶标参考序列

TGGAGCATCAGTAGACCTTACAATTTTCTCCCTGCACCTGGCCGGAGTCTCTTCAATTTT AGGAGCTATTAATTTCATCACTACTATTATCAATATAAAACCTCCCGCC

B.3　貉成分基因扩增靶标参考序列

GAAGAGGCGGGAATACCACAATAAGACGAGAAGACCCTATGGAGCTTTAATTACTTAAC CCAAATTTATGGCCAACACCCACCTACCAGGCATAAAATACTACCATTATTATGGGTTAAC

ICS 65.120
B 46

中华人民共和国农业行业标准

NY/T 3476—2019

饲料原料　甘蔗糖蜜

Feed raw material—Cane molasses

2019-08-01 发布　　2019-11-01 实施

中华人民共和国农业农村部　发布

前　言

本标准按照GB/T 1.1—2009给出的规则起草。

请注意本文件的某些内容可能涉及专利。本文件的发布机构不承担识别这些专利的责任。

本标准由农业农村部畜牧兽医局提出。

本标准由全国饲料工业标准化技术委员会(SAC/TC 76)归口。

本标准起草单位:安琪酵母股份有限公司。

本标准起草人:王黎文、陈晖、刘健、周小辉、朱杰、薛刚。

饲料原料 甘蔗糖蜜

1 范围

本标准规定了饲料原料甘蔗糖蜜的术语和定义、技术要求、取样、试验方法、检验规则、标签、包装、运输、储存。

本标准适用于甘蔗（*Saccharum officinarum* L.）经制糖工艺提取糖后获得的黏稠液体或甘蔗糖蜜精炼提取糖后获得的液体副产品，作为饲料原料。

2 规范性引用文件

下列文件对于本文件的应用是必不可少的。凡是注日期的引用文件，仅注日期的版本适用于本文件。凡是不注日期的引用文件，其最新版本（包括所有的修改单）适用于本文件。

GB/T 6435 饲料中水分的测定
GB/T 6438 饲料中粗灰分的测定
GB/T 6682 分析实验室用水规格和试验方法
GB/T 8170 数值修约规则与极限数值的表示和判定
GB 10648 饲料标签
GB 13078 饲料卫生标准
GB 13093 饲料中细菌总数的测定
GB/T 14699.1 饲料 采样
GB/T 18823 饲料检测结果判定的允许误差
QB/T 2684—2005 甘蔗糖蜜

3 术语和定义

下列术语和定义适用于本文件。

3.1

折射锤度 refractometer brix

甘蔗糖蜜经稀释一定倍数后，在20℃时用折射仪测得的读数，表示糖蜜溶液中可溶性固体物质的质量分数。

3.2

纯度 purity

甘蔗糖蜜的总糖分和折射锤度的比值。

4 技术要求

4.1 外观与性状

棕红色至棕褐色浓稠状液体，糖蜜特有的气味，无酒味，无异味，无发酵现象，无金属、砂砾、塑料等异物。

4.2 理化指标

应符合表1的要求。

表1 甘蔗糖蜜的理化指标

单位为百分率

项　目	指　标
水分	≤30.0

表 1(续)

项　目	指　标
折射锤度	≥80.0
总糖分(蔗糖＋还原糖)	≥48.0
蔗糖	≥30.0
粗灰分	≤12.0
纯度	≥60

4.3 卫生指标

应符合表 2 的要求。

表 2 甘蔗糖蜜的卫生指标

项　目	指　标
细菌总数,CFU/g	$\leq 5.0 \times 10^{5}$
其他卫生指标	符合 GB 13078 的规定

5 取样

按 GB/T 14699.1 的规定执行。

6 试验方法

除非另有说明,在分析中仅使用确认为分析纯的试剂,水为 GB/T 6682 中的三级水。

6.1 感官检验

取适量样品置于玻璃烧杯内,观察其色泽、形态、有无杂质,嗅其气味。

6.2 水分

按 GB/T 6435 中直接干燥法的规定执行。

6.3 折射锤度

按 QB/T 2684—2005 中 4.2.1 的规定执行。

6.4 总糖分

按 QB/T 2684—2005 中 4.1 的规定执行。

6.5 蔗糖

按 QB/T 2684—2005 中 4.1.1 的规定执行。

6.6 粗灰分

按 GB/T 6438 的规定执行。

6.7 纯度

纯度 X,数值以%表示,按式(1)计算。

$$X = \frac{S}{B} \times 100 \qquad (1)$$

式中:

X——甘蔗糖蜜的纯度,单位为百分率(%);

S——总糖,单位为百分率(%);

B——折射锤度,单位为百分率(%)。

6.8 细菌总数

按 GB 13093 的规定执行。

6.9 其他卫生指标

按 GB 13078 的规定执行。

7 检验规则

7.1 组批

以相同原料、相同的生产工艺，经连续生产、储存于同一储罐为一批，但每批产品不得不超过 100 t。

7.2 出厂检验

外观与性状、水分、总糖分、蔗糖、折射锤度、粗灰分为出厂检验项目。

7.3 型式检验

型式检验项目为第 4 章规定的所有项目。在正常生产情况下，每半年至少进行一次型式检验。有下列情况之一时，亦应进行型式检验：

a） 产品定型投产时；

b） 生产工艺、配方或主要原料来源有较大改变，可能影响产品质量时；

c） 停产 3 个月以上，重新恢复生产时；

d） 出厂检验结果与上次型式检验结果有较大差异时；

e） 饲料行政管理部门提出检验要求时。

7.4 判定规则

7.4.1 所验项目全部合格，判定为该批次产品合格。

7.4.2 检验结果中有任何指标不符合本标准规定时，可自同批产品中重新加倍取样进行复检。复检结果即使有一项指标不符合本标准规定，则判定该批产品不合格。微生物指标不得复检。

7.4.3 检验结果判定的允许误差按 GB/T 18823 的规定执行（卫生指标除外）。

7.4.4 各项目指标的极限数值判定按 GB/T 8170 中全数值比较法的规定执行。

8 标签、包装、运输和储存

8.1 标签

按 GB 10648 的规定执行。

8.2 包装

包装材料应清洁卫生，密封，无泄漏。

8.3 运输

运输工具要清洁卫生，避免交叉污染，防止泄露。

8.4 储存

室温储存，仓库应通风、干燥、防暴晒，有防虫、防鼠设施，不得与有毒有害的物质混储。

ICS 65.120
B 46

中华人民共和国农业行业标准

NY/T 3477—2019

饲料原料　酿酒酵母细胞壁

Feed material—Yeast cell wall from *Saccharomyces cerevisiae*

2019-08-01 发布　　2019-11-01 实施

中华人民共和国农业农村部　发布

前　　言

本标准按照 GB/T 1.1—2009 给出的规则起草。

请注意本文件的某些内容可能涉及专利。本文件的发布机构不承担识别这些专利的责任。

本标准由农业农村部畜牧兽医局提出。

本标准由全国饲料工业标准化技术委员会(SAC/TC 76)归口。

本标准起草单位:安琪酵母股份有限公司。

本标准起草人:陈蓉、胡骏鹏、罗必英、邓娟娟、曾雨雷。

饲料原料　酿酒酵母细胞壁

1　范围

本标准规定了饲料原料酿酒酵母细胞壁的技术要求、取样、试验方法、检验规则、标签、包装、运输、储存。

本标准适用于酿酒酵母(*Saccharomyces cerevisiae*)经液体发酵后得到的菌体,再经自溶或外源酶催化水解,分离获得的细胞壁经浓缩、干燥得到的产品。

2　规范性引用文件

下列文件对于本文件的应用是必不可少的。凡是注日期的引用文件,仅注日期的版本适用于本文件。凡是不注日期的引用文件,其最新版本(包括所有的修改单)适用于本文件。

GB/T 6432　饲料中粗蛋白的测定

GB/T 6435—2014　饲料中水分的测定

GB/T 6438　饲料中粗灰分的测定

GB/T 6682　分析实验室用水规格和试验方法

GB/T 8170　数值修约规则与极限数值的表示和判定

GB 10648　饲料标签

GB 13078　饲料卫生标准

GB/T 14699.1　饲料　采样

GB/T 18823　饲料检测结果判定的允许误差

3　技术要求

3.1　外观与性状

浅黄色至深灰色的均匀粉末,具有酿酒酵母特有的气味,无异味,无结块,无金属、砂砾等异物。

3.2　理化指标

应符合表1的要求。

表1　理化指标

单位为百分率

项　　目	指　　标
β-葡聚糖	≥18.0
甘露聚糖	≥18.0
水分	≤8.0
粗灰分	≤6.0
粗蛋白质	≤40.0

3.3　卫生指标

应符合 GB 13078 的要求。

4　取样

按 GB/T 14699.1 的规定执行。

5　试验方法

5.1　外观与性状

取适量试样置于玻璃烧杯内,在自然光下观察其色泽、形态、有无杂质,嗅其气味。

5.2 β-葡聚糖和甘露聚糖

5.2.1 原理

根据葡萄糖和甘露糖在流动相和液相色谱柱的固定相之间具有不同的分配系数，将水解后的试样注入液相色谱，用稀硫酸作流动相，糖类分子流出后，经示差检测器检测，用外标法定量。

5.2.2 试剂或材料

除非另有说明，在分析中仅使用确认为分析纯以上的试剂，水为 GB/T 6682 中的一级水。

5.2.2.1 盐酸：36%～38%。

5.2.2.2 氢氧化钠溶液（300 g/L）：称取氢氧化钠 300.0 g，用水溶解定容至 1 000 mL。

5.2.2.3 氢氧化钠溶液（40 g/L）：称取氢氧化钠 40.0 g，用水溶解定容至 1 000 mL。

5.2.2.4 葡萄糖和甘露糖混合标液（2 g/L）：分别称取经过 98℃～100℃ 干燥 2 h 的无水葡萄糖（纯度≥98%）和甘露糖（纯度≥98%）各 0.200 0 g，加水溶解并定容至 100 mL。

5.2.3 仪器设备

5.2.3.1 水浴锅。

5.2.3.2 涡旋混合器。

5.2.3.3 压力蒸汽灭菌锅。

5.2.3.4 分析天平（精度：0.000 1 g）。

5.2.3.5 恒温干燥箱。

5.2.3.6 高效液相色谱仪（带示差折光检测器）。

5.2.3.7 水解瓶：耐高温带盖玻璃瓶，250 mL。

5.2.4 试验步骤

5.2.4.1 样品水解

准确称取 400 mg（精确至 0.1 mg）试样于 20 mL 具塞玻璃管中，准确加入 6 mL 盐酸（5.2.2.1），将玻璃管塞紧后用涡旋混合器混合，得到均一的悬浮液。将其放入 30℃ 水浴中恒温 45 min，每 15 min 用涡旋混合器振荡混合一次。然后将悬浮物转移到 250 mL 水解瓶中，用 100 mL～120 mL 的水，分多次洗涤 20 mL 具塞玻璃管，洗涤液并入水解瓶中。将水解瓶放入压力蒸汽灭菌锅，在温度升高到 121℃ 后继续处理 60 min。在压力蒸汽灭菌锅温度降到 100℃ 以下后，取出冷却至室温，加入 9 mL 300 g/L 的氢氧化钠溶液（5.2.2.2），再用 40 g/L 氢氧化钠溶液（5.2.2.3）将溶液调 pH 到 6～7，转移至 200 mL 容量瓶，加水定容至刻度。使用 0.45 μm 孔径的乙酸纤维素膜过滤备用。

5.2.4.2 色谱条件

色谱柱：Aminex HPX-87H ion Exclusion（7.8 mm×300 mm BIO-RAD [1]）。

流动相：0.005 mol/L 硫酸溶液。用 1 mL 刻度吸管吸取 0.55 mL 浓硫酸至 5 L 的烧杯中，加入 2 L 的水，搅拌均匀。

流速：0.6 mL/min。

柱温：65℃。

进样量：20 μL。

5.2.4.3 标准曲线的绘制

分别吸取葡萄糖和甘露糖混合标液（5.2.2.4）1 mL、2 mL、3 mL、4 mL、5 mL 到 10 mL 容量瓶中，用水定容到刻度，得到葡萄糖、甘露糖各为 200 mg/L、400 mg/L、600 mg/L、800 mg/L、1 000 mg/L 的混合标样。在上述色谱条件下准确进样 20 μL，得到色谱峰面积和标准物质量浓度之间的回归方程，绘制标准曲线。

1） BIO-RAD 为 BIO-RAD Laboratonies，inc 公司产品的商品名。给出这一信息是为方便本标准的使用者，并不表示对该产品的认可。如果其他等效产品具有相同的效果，则可以使用这些等效的产品。

5.2.4.4 测定

在同样的色谱条件下,使用外标法定量。

5.2.5 试验数据处理

β-葡聚糖或甘露聚糖的含量 ω,以质量分数计,数值以%表示,按式(1)计算。

$$\omega=\frac{A\times 0.2\times 100}{m\times 1000}\times 0.9 \quad (1)$$

式中:

ω ——试样中β-葡聚糖或甘露聚糖的含量,单位为百分率(%);

A ——根据试样溶液的峰面积,在标准曲线上查得的试样溶液的葡萄糖或甘露糖的含量,单位为毫克每升(mg/L);

m ——称取试样的质量,单位为毫克(mg);

0.2——试样处理后定容的体积,单位为升(L);

0.9——将葡萄糖或甘露糖换算成β-葡聚糖或甘露聚糖的系数。

5.2.6 精密度

在重复性条件下获得的2次独立测定结果与其算术平均值的绝对差值不大于这个算术平均值的10%。

5.3 水分

按GB/T 6435—2014中8.1的规定执行。

5.4 粗灰分

按GB/T 6438的规定执行。

5.5 粗蛋白质

按GB/T 6432的规定执行。

5.6 卫生指标

按GB 13078的规定执行。

6 检验规则

6.1 组批

以相同原料、相同的生产工艺,经连续生产或同一班次生产的均匀一致的产品为一批,但每批产品不得超过100 t。

6.2 出厂检验

外观与性状、β-葡聚糖、甘露聚糖、水分为出厂检验项目。

6.3 型式检验

型式检验项目为第3章规定的所有项目。在正常生产情况下,每半年至少进行一次型式检验。有下列情况之一时,亦应进行型式检验:

a) 产品定型投产时;

b) 生产工艺、配方或主要原料来源有较大改变,可能影响产品质量时;

c) 停产3个月以上,重新恢复生产时;

d) 出厂检验结果与上次型式检验结果有较大差异时;

e) 饲料行政管理部门提出检验要求时。

6.4 判定规则

6.4.1 所验项目全部合格,判定为该批次产品合格。

6.4.2 检验结果中有任何指标不符合本标准规定时,可自同批产品中重新加倍取样进行复检。复检结果即使有一项指标不符合本标准规定,则判定该批产品不合格。微生物指标不得复检。

6.4.3 检验结果判定的允许误差按 GB/T 18823 的规定执行(卫生指标除外)。

6.4.4 各项目指标的极限数值判定按 GB/T 8170 中全数值比较法的规定执行。

7 标签、包装、运输、储存

7.1 标签

按 GB 10648 的规定执行。

7.2 包装

包装材料应清洁卫生,并能防污染、防潮湿、防泄漏。

7.3 运输

运输工具应清洁卫生、能防暴晒、防雨淋,不得与有毒有害的物品混装。

7.4 储存

室温储存,仓库应通风、干燥、能防暴晒、防雨淋,有防虫、防鼠设施,不得与有毒有害的物质混储。

ICS 65.120
B 46

中华人民共和国农业行业标准

NY/T 3478—2019

饲料中尿素的测定

Determination of urea in feed

2019-08-01 发布　　　　2019-11-01 实施

中华人民共和国农业农村部 发布

前　言

本标准按照 GB/T 1.1—2009 给出的规则起草。

本标准由农业农村部农产品质量安全监管司提出。

本标准由全国饲料工业标准化技术委员会(SAC/TC 76)归口。

本标准起草单位:新疆农业科学院农业质量标准与检测技术研究所、农业农村部农产品质量监督检验测试中心(乌鲁木齐)。

本标准主要起草人:朱靖蓉、王成、马磊、李静、尼罗帕尔、王星、张继军。

饲料中尿素的测定

1 范围

本标准规定了饲料中尿素的测定方法。

本标准适用于饲料原料、配合饲料、浓缩饲料和精料补充料中尿素的测定。方法检出限为0.39 mg/L。

2 规范性引用文件

下列文件对于本文件的应用是必不可少的。凡是注日期的引用文件,仅注日期的版本适用于本文件。凡是不注日期的引用文件,其最新版本(包括所有的修改单)适用于本文件。

GB/T 6682 分析实验室用水规格和试验方法

GB/T 14699.1 饲料 采样

GB/T 20195 动物饲料 试样的制备

3 原理

在乙醇和酸性条件下,尿素与对二甲胺基苯甲醛(DMAB)反应,生成的黄色复合物在420 nm波长处有最大吸收,且吸光度与尿素浓度呈线性关系,通过标准曲线计算试样中尿素的含量。

4 试剂和溶液

除另有说明外,本法所用试剂均为分析纯,水符合GB/T 6682二级水的规定。

4.1 无水乙醇。

4.2 盐酸。

4.3 活性炭。

4.4 对二甲胺基苯甲醛(DMAB)溶液:称取16.00 g DMAB溶解于1 000 mL无水乙醇中,加100 mL盐酸(4.2)。储存在棕色试剂瓶中,常温下有效期1个月。

4.5 乙酸锌溶液:称取22.00 g乙酸锌[$Zn(CH_3CO)_2 \cdot 2H_2O$]用水溶解,加入3 mL冰乙酸,并定容至100 mL。

4.6 亚铁氰化钾溶液:称取10.60 g亚铁氰化钾[$K_4Fe(CN)_6 \cdot 3H_2O$]用水溶解,并定容至100 mL,需临用新配。

4.7 磷酸盐缓冲液(pH= 7.0):称取3.403 g无水磷酸二氢钾(KH_2PO_4)和4.355 g无水磷酸氢二钾(K_2HPO_4),分别溶于约100 mL无二氧化碳水中,将上述2种溶液转移至1 000 mL容量瓶中,加水定容至刻度。

4.8 尿素标准溶液

4.8.1 尿素标准储备液(10 mg/mL):称取5 g尿素(优级纯,精确至0.1 mg)溶解于水中,转移至500 mL容量瓶中,加水定容至刻度。该储备液于4℃保存2个月。

4.8.2 尿素标准工作液Ⅰ(1.0 mg/mL):临用前吸取10.00 mL尿素储备液,置于100 mL容量瓶中,加水定容至刻度。

4.8.3 尿素标准工作液Ⅱ(0.1 mg/mL):临用前吸取10.00 mL尿素标准工作液Ⅰ,置于100 mL容量瓶中,加水定容至刻度。

4.9 滤纸:中速。

5 仪器和设备

5.1 分析天平:感量0.1 mg。

5.2 分光光度计或紫外-可见分光光度计：配备10 mm、30 mm比色皿。

5.3 振荡器。

5.4 涡旋混合器。

5.5 样品粉碎机。

5.6 分样筛：孔径0.45 mm。

6 样品的采集与制备

6.1 采样

按GB/T 14699.1的规定采取具有代表性的饲料样品1 000 g。

6.2 试样的制备

按GB/T 20195的规定用四分法将饲料样品缩分至250 g，粉碎，过0.45 mm孔径筛，充分混匀；装入密闭容器中备用。

7 分析步骤

7.1 试样提取

称取约1.0 g样品(精确至1.0 mg)置于100 mL容量瓶中，加入0.5 g活性炭，加水约70 mL，摇匀，放置10 min，再分别加入5 mL乙酸锌溶液(4.5)和5 mL亚铁氰化钾溶液(4.6)，振荡提取30 min。用水定容至刻度，摇匀，静置10 min。用中速滤纸过滤，弃去初滤液，收集续滤液作为试样溶液。同时做试剂空白。

7.2 标准曲线的绘制

7.2.1 高含量尿素标准曲线

准确吸取浓度为1.0 mg/mL的尿素标准工作液Ⅰ(4.8.2)0 mL、0.50 mL、1.0 mL、2.0 mL、3.0 mL、5.0 mL、10.0 mL(相当于含0 mg、0.50 mg、1.0 mg、2.0 mg、3.0 mg、5.0 mg、10.0 mg尿素)分别置于25 mL比色管中，加入5.0 mL磷酸盐缓冲液(4.7)，立即加入5.0 mL对二甲胺基苯甲醛(DMAB)溶液(4.4)，加水至刻度，摇匀，放置20 min。用10 mm比色皿，以0 mL标准工作液的溶液为参比，于420 nm波长处测定吸光度。以尿素含量为横坐标、吸光度为纵坐标绘制标准曲线。尿素含量在1.0%以上的试样，适用高含量标准曲线进行计算。

7.2.2 低含量尿素标准曲线

尿素含量在1.0%以下的试样，需制备低含量标准曲线进行计算。吸取浓度为0.1 mg/mL的尿素标准工作液Ⅱ(4.8.3)0 mL、2.0 mL、4.0 mL、6.0 mL、8.0 mL、10 mL(相当于0 mg、0.20 mg、0.40 mg、0.60 mg、0.80 mg、1.00 mg尿素)分别置于25 mL比色管中，同7.2.1加入试剂溶液。放置20 min，用30 mm比色皿，以0 mL标准工作液的溶液为参比，于420 nm波长处测定吸光度。以尿素含量为横坐标、吸光度为纵坐标绘制标准曲线。

7.3 试样测定

准确吸取试样溶液(7.1)5 mL～10 mL置于25 mL比色管中，同7.2.1加入试剂溶液，以试剂空白为参比，进行显色和比色测定。测得试样的吸光度，在标准曲线上由吸光度查得尿素浓度，通过计算，即得试样的尿素含量。

8 结果计算及表示

8.1 结果计算

试样中的尿素含量X以质量百分数(%)表示，按式(1)计算。

$$X=\frac{C_1-C_2}{m\times\frac{V_1}{V}}\times\frac{1}{1000}\times 100 \qquad (1)$$

式中：

X ——样品中尿素含量，单位为百分率(%)。

C_1 ——从标准曲线上查得的试样的尿素含量，单位为毫克(mg)；

C_2 ——从标准曲线上查得的试剂空白的尿素含量，单位为毫克(mg)；

m ——试样质量，单位为克(g)；

V ——试样溶液定容体积，单位为毫升(mL)；

V_1 ——测定试样溶液体积，单位为毫升(mL)。

8.2 结果表示

以2次平行测定结果的算术平均值作为测定结果，保留3位有效数字。

9 精密度

尿素含量在1%以下时，在重复性条件下获得的2次独立测定结果的绝对差值不得超过算术平均值的10%。

尿素含量在1%以上时，在重复性条件下获得的2次独立测定结果的绝对差值不得超过算术平均值的5%。

ICS 65.120
B 46

中华人民共和国农业行业标准

NY/T 3479—2019

饲料中氢溴酸常山酮的测定 液相色谱-串联质谱法

Determination of halofuginone hydrobromide in feeds—Liquid chromatography-tandem mass spectrometry

2019-08-01 发布

2019-11-01 实施

中华人民共和国农业农村部 发布

前　言

本标准按照 GB/T 1.1—2009 给出的规则起草。

请注意本文件的某些内容可能涉及专利。本文件的发布机构不承担识别这些专利的责任。

本标准由农业农村部畜牧兽医局提出。

本标准由全国饲料工业标准化技术委员会(SAC/TC 76)归口。

本标准起草单位:辽宁省兽药饲料畜产品质量安全检测中心。

本标准主要起草人:王丽娜、田晓玲、刘凯、张明、张秀芹、李欣南、李永才、刘笑、陈玉艳、张天姝。

饲料中氢溴酸常山酮的测定 液相色谱-串联质谱法

1 范围

本标准规定了饲料中氢溴酸常山酮含量测定的液相色谱-串联质谱法。

本标准适用于配合饲料、浓缩饲料、精料补充料和添加剂预混合饲料中氢溴酸常山酮的测定。

本标准的检出限为 25 μg/kg,定量限为 50 μg/kg。

2 规范性引用文件

下列文件对于本文件的应用是必不可少的。凡是注明日期的引用文件,仅注日期的版本适用于本文件。凡是不注日期的引用文件,其最新版本(包括所有的修改单)适用于本文件。

GB/T 6682　分析实验室用水规格和试验方法

GB/T 20195　动物饲料　试样的制备

3 原理

试样用乙腈提取,经过除脂净化后用液相色谱-串联质谱法测定,内标法定量。

4 试剂或材料

除非另有规定,本方法仅用分析纯试剂。

4.1　水:GB/T 6682,一级。

4.2　乙腈:色谱纯。

4.3　甲醇:色谱纯。

4.4　正己烷。

4.5　50%甲醇溶液:量取甲醇 50 mL 加水至 100 mL,混匀。

4.6　0.1%甲酸溶液:量取甲酸 1 mL 加入 999 mL 水,混匀。

4.7　氢溴酸常山酮储备溶液(200 μg/mL):准确称取氢溴酸常山酮标准品(CAS 号:64924-67-0,纯度≥99.0%)10 mg(精确至 0.000 01 g)至 50 mL 容量瓶中,用 50%甲醇溶液溶解并定容至刻度,摇匀。2℃～8℃下保存,有效期为 3 个月。

4.8　氢溴酸常山酮-$^{13}C_6$内标储备溶液(200 μg/mL):准确称取氢溴酸常山酮-$^{13}C_6$内标标准品 10 mg(精确至 0.000 01 g),至 50 mL 容量瓶中,用 50%甲醇溶液溶解并定容至刻度,摇匀。2℃～8℃下保存,有效期为 3 个月。

4.9　氢溴酸常山酮标准中间溶液(10 μg/mL):准确吸取 5 mL 的标准储备溶液(4.7),至 100 mL 容量瓶中,用 50%甲醇溶液稀释并定容至刻度,摇匀。临用现配。

4.10　氢溴酸常山酮-$^{13}C_6$内标中间溶液(1 000 ng/mL):准确吸取 250 μL 氢溴酸常山酮-$^{13}C_6$内标储备溶液(4.8),至 50 mL 容量瓶中,用 50%甲醇溶液稀释并定容至刻度,摇匀。临用现配。

4.11　标准曲线的配制:准确吸取氢溴酸常山酮标准中间溶液(4.9)和内标中间溶液(4.10)适量,用 50%甲醇溶液(4.5)稀释配制成氢溴酸常山酮浓度为 20 ng/mL、50 ng/mL、100 ng/mL、200 ng/mL、300 ng/mL 的标准工作溶液,内标浓度均为 50 ng/mL。临用现配。

4.12　微孔滤膜:孔径 0.22 μm,有机相。

5 仪器设备

5.1　液相色谱-串联质谱仪:配电喷雾离子源。

5.2　天平：感量 0.000 01 g 和感量 0.001 g。

5.3　离心机：转速不低于 10 000 r/min。

5.4　涡旋仪。

5.5　氮吹仪。

6　样品

按照 GB/T 20195 的规定制备样品，粉碎后过 0.42 mm 孔径的样品筛，混匀，装入磨口瓶中，备用。

7　试验步骤

7.1　提取

平行做 2 份试验。称取试样 2 g(准确至 0.001 g)于 50 mL 离心管中，准确加入内标中间溶液(4.10) 100 μL，加入乙腈(4.2)20 mL，涡旋 60 s，于 10 000 r/min 离心 5 min，将全部上清液转移至另一离心管中，加入 5 mL 正己烷(4.4)，涡旋 30 s，于 10 000 r/min 离心 5 min。弃去上层溶液，将下层溶液 50℃氮气吹干，准确加入 50%甲醇(4.5)溶液 2 mL 溶解后，再加入 5 mL 正己烷(4.4)，涡旋 30 s，10 000 r/min 离心 5 min。弃去上层溶液，取下层溶液过 0.22 μm 滤膜过滤，上机测定。

7.2　测定

7.2.1　液相色谱参考条件

色谱柱：C_{18}，柱长 100 mm，内径 2.1 mm，粒径 1.7 μm，或其他性能相当者。

柱温：40℃。

进样量：10 μL。

流速：0.3 mL/min。

流动相：A 为甲醇(4.3)；B 为 0.1%甲酸水溶液(4.6)，梯度洗脱程序见表 1。

表 1　梯度洗脱程序

时间，min	A，%	B，%
0	5	95
1.00	5	95
3.00	95	5
3.50	95	5
5.00	5	95

7.2.2　质谱参考条件

离子源：电喷雾离子源。

监测方式：多反应监测。

扫描方式：正离子扫描。

电离电压：3.2 kV。

离子源温度：120℃。

雾化气温度：350℃。

锥孔气流速：50 L/h。

雾化气流速：650 L/h。

药物定性定量离子对、碰撞能量见表 2。

表 2　定性定量离子对、碰撞能量

被测物名称	定性离子对，m/z	定量离子对，m/z	碰撞能量，eV
氢溴酸常山酮	414.0>119.5	414.0>138.2	20
	414.0>138.2		20
氢溴酸常山酮-$^{13}C_6$内标	420.0>138.2	420.0>138.2	20

7.3 定性测定

在相同的试验条件下，试样中待测物的保留时间与标准工作溶液的保留时间偏差在±2.5%之内，且试样谱图中各组分定性离子的相对离子丰度与浓度接近的标准工作溶液中对应的定性离子相对离子丰度进行比较，若偏差不超过表3规定的范围，则可判定为试样中存在对应的待测物。

表3 定性确证时相对离子丰度的最大允许误差

单位为百分率

相对离子丰度	>50	20～50(含)	10～20(含)	≤10
允许最大偏差	±20	±25	±30	±50

7.4 定量测定

取试样溶液(7.1)和相应浓度的标准工作溶液(4.11)上机测定，得到色谱峰面积响应值。以氢溴酸常山酮峰面积与内标峰面积的比值为纵坐标、浓度比为横坐标，绘制标准曲线。曲线相关系数不低于0.99。做单点或多点校准，以色谱峰面积比值定量。当待测物浓度高于线性范围内时，重新称取样品加入适量内标，处理，稀释后测定。氢溴酸常山酮标准品及内标物质量色谱图参见附录A。

8 试验数据处理

饲料中氢溴酸常山酮含量以质量分数 w 计，数值以微克每千克(μg/kg)表示，按式(1)计算。

$$w=\frac{A\times A'_{is}\times C_s\times C_{is}\times V}{A_{is}\times A_s\times C'_{is}\times m} \quad\cdots\cdots\cdots(1)$$

式中：

A ——试样溶液中氢溴酸常山酮峰面积；
A'_{is}——标准工作溶液中氢溴酸常山酮内标物峰面积；
C_s ——标准工作溶液中氢溴酸常山酮浓度，单位为纳克每毫升(ng /mL)；
C_{is} ——试样中内标物浓度，单位为纳克每毫升(ng /mL)；
V ——溶解残余物所用溶液体积，单位为毫升(mL)；
A_{is} ——试样溶液中内标物峰面积；
A_s ——标准工作溶液中氢溴酸常山酮峰面积；
C'_{is}——标准工作溶液中内标物的浓度，单位为纳克每毫升(ng /mL)；
m ——试样的质量，单位为克(g)。

测定结果用平行测定的算术平均值表示，保留3位有效数字。

9 精密度

在重复性条件下获得的2次独立测定结果与其算术平均值的绝对差值不得超过其算术平均值的20%。

附 录 A
(资料性附录)
氢溴酸常山酮标准品及内标物质量色谱图

氢溴酸常山酮标准品及内标物质量色谱图分别见图 A. 1、图 A. 2、图 A. 3。

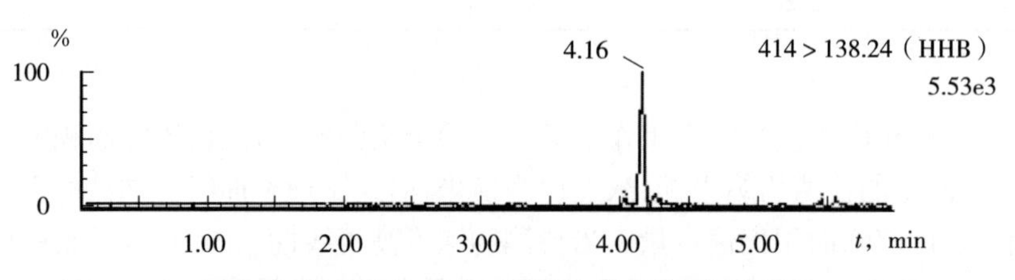

图 A. 1 氢溴酸常山酮标准品定量离子质量色谱图(50 μg/L)

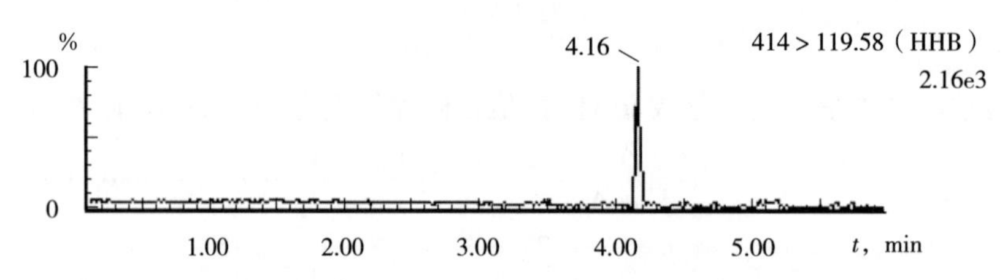

图 A. 2 氢溴酸常山酮标准品定性离子质量色谱图(50 μg/L)

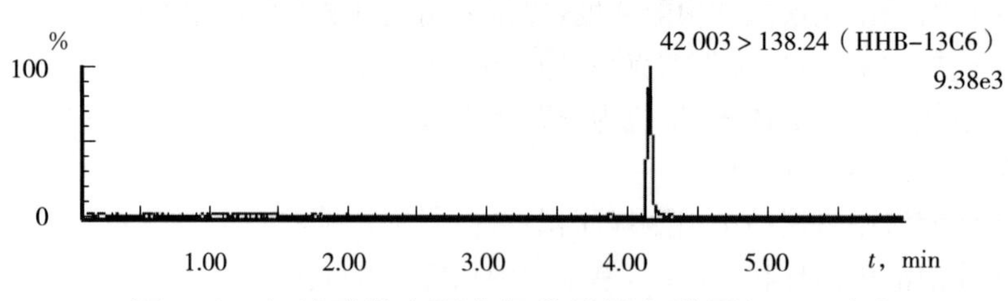

图 A. 3 氢溴酸常山酮内标物质量色谱图(50 μg/L)

ICS 65.120
B 46

中华人民共和国农业行业标准

NY/T 3480—2019

饲料中那西肽的测定 高效液相色谱法

Determination of nosiheptide in feeds—
High performance liquid chromatography

2019-08-01 发布　　　　2019-11-01 实施

中华人民共和国农业农村部　发布

前　　言

本标准按照 GB/T 1.1—2009 给出的规则起草。

本标准由农业农村部畜牧兽医局提出。

本标准由全国饲料工业标准化技术委员会(SAC/TC 76)归口。

本标准起草单位:浙江省兽药饲料监察所、浙江汇能生物股份有限公司。

本标准主要起草人:陆春波、林仙军、陈慧华、罗成江、周芷锦、包爱情、周志强、陈贵才、王贤玉。

饲料中那西肽的测定　高效液相色谱法

1　范围

本标准规定了饲料中那西肽组分A的高效液相色谱测定法。

本标准适用于配合饲料、浓缩饲料和添加剂预混合饲料中那西肽组分A的测定。

本标准方法的检出限为0.2 mg/kg,定量限为0.5 mg/kg。

2　规范性引用文件

下列文件对于本文件的应用是必不可少的。凡是注日期的引用文件,仅注日期的版本适用于本文件。凡是不注日期的引用文件,其最新版本(包括所有的修改单)适用于本文件。

GB/T 603　化学试剂试验方法中所用制剂及制品的制备

GB/T 6682　分析实验室用水规格和试验方法

GB/T 14699.1　饲料　采样

GB/T 20195　动物饲料　试样的制备

3　原理

试样中的那西肽组分A用乙二胺四乙酸二钠溶液和N,N-二甲基甲酰胺提取,离心后采用高效液相色谱仪-荧光检测器进行测定,并用外标法定量。

4　试剂或材料

除特殊注明外,所用试剂均为分析纯,水应符合GB/T 6682中一级水的规定;溶液按照GB/T 603的规定配制。

4.1　乙腈:色谱纯。

4.2　N,N-二甲基甲酰胺。

4.3　那西肽标准品(以那西肽组分A计,含量≥88.6%)。

4.4　磷酸溶液:量取磷酸0.25 mL加水至1 000 mL,摇匀。

4.5　乙二胺四乙酸二钠溶液(0.2 mol/L):取乙二胺四乙酸二钠7.44 g,加水溶解并稀释至100 mL。

4.6　流动相:取磷酸溶液(4.4)570 mL,加乙腈(4.1)430 mL,摇匀。

4.7　标准储备液:称取那西肽标准品(4.3)约25 mg(精确至0.01 mg),置25 mL棕色量瓶中,用N,N-二甲基甲酰胺配成浓度为1 mg/mL的标准储备液,置−20℃保存,有效期为6个月。

4.8　标准工作液:准确移取1 mL标准储备液(4.7)于100 mL棕色量瓶中,用N,N-二甲基甲酰胺(4.2)稀释至刻度,摇匀。该溶液浓度为10 μg/mL,置4℃保存,有效期为7 d。

4.9　标准系列溶液:分别吸取一定量的标准工作液(4.8),用N,N-二甲基甲酰胺(4.2)稀释成浓度为0.02 μg/mL、0.05 μg/mL、0.1 μg/mL、0.5 μg/mL、2.5 μg/mL、5.0 μg/mL、10.0 μg/mL的标准系列工作溶液。现用现配。

4.10　有机滤膜:0.45 μm。

5　仪器设备

5.1　高效液相色谱仪:配有荧光检测器。

5.2　离心机:转速≥8 000 r/min。

5.3　分析天平:感量0.01 mg、1 mg。

5.4 超声波清洗器。

6 样品

按 GB/T 14699.1 的规定抽取有代表性的饲料样品，用四分法缩减取样。按照 GB/T 20195 的规定将饲料样品粉碎，过 0.45 mm 孔径试验筛，混匀后装入密闭容器中，避光保存，备用。

7 试验步骤

警示：整个实验过程中，避免强光直接照射，试样提取和进样检测应在 12 h 内完成。

7.1 提取

称取 2 g 试样(精确至 1 mg)，置于 50 mL 离心管中，加入乙二胺四乙酸二钠溶液(4.5) 1.0 mL，再加入 N,N-二甲基甲酰胺(4.2) 19.0 mL，振摇，使样品完全分散、浸湿，置超声波清洗器中超声提取 5 min，中间摇匀 3 次；取出，于 8 000 r/min 离心 5 min，取上清液过 0.45 μm 有机滤膜(4.10)，测定。

7.2 液相色谱参考条件

色谱柱：C_{18}柱，柱长 250 mm，内径 4.6 mm，粒径 5 μm，或性能相当者。
流动相：见 4.6。
柱温：30℃。
进样量：20 μL。
流速：1.0 mL/min。
荧光检测器条件：激发波长 327 nm；发射波长 521 nm。

7.3 定性、定量测定

分别取标准系列溶液(4.9)及试样溶液(7.1)测定，以色谱峰保留时间定性，以色谱峰面积响应值做单点或多点校准定量。当试样的上机液浓度超过线性范围时，需用 N,N-二甲基甲酰胺(4.2)稀释后重新测定，直至上机液浓度在标准曲线的线性范围内。那西肽组分 A 标准溶液色谱图参见附录 A。

8 试验数据处理

试样中那西肽组分 A 的含量以质量分数 X 计，数值以毫克每千克(mg/kg)表示，按式(1)计算。

$$X = c_s \times \frac{A}{A_s} \times \frac{V}{m} \times f \quad \cdots\cdots (1)$$

式中：

c_s ——标准溶液中那西肽组分 A 的浓度，单位为微克每毫升(μg/mL)；
A ——试样溶液中那西肽组分 A 峰的峰面积；
A_s——标准溶液中那西肽组分 A 峰的峰面积；
m ——试样质量，单位为克(g)；
V ——试样定容体积，单位为毫升(mL)；
f ——稀释倍数。

平行测定结果用算术平均值表示，保留 3 位有效数字。

9 精密度

在同一实验室，由同一操作者使用相同设备，按相同的测试方法，并在短时间内对同一被测对象相互独立进行测试获得的 2 次独立测试结果的绝对差值不大于这 2 个测定值的算术平均值的 15%，以大于 15%的情况不超过 5%为前提。

附　录　A
（资料性附录）
那西肽组分 A 标准溶液（0.1 μg/mL）液相色谱图

那西肽组分 A 标准溶液（0.1 μg/mL）液相色谱图见图 A.1。

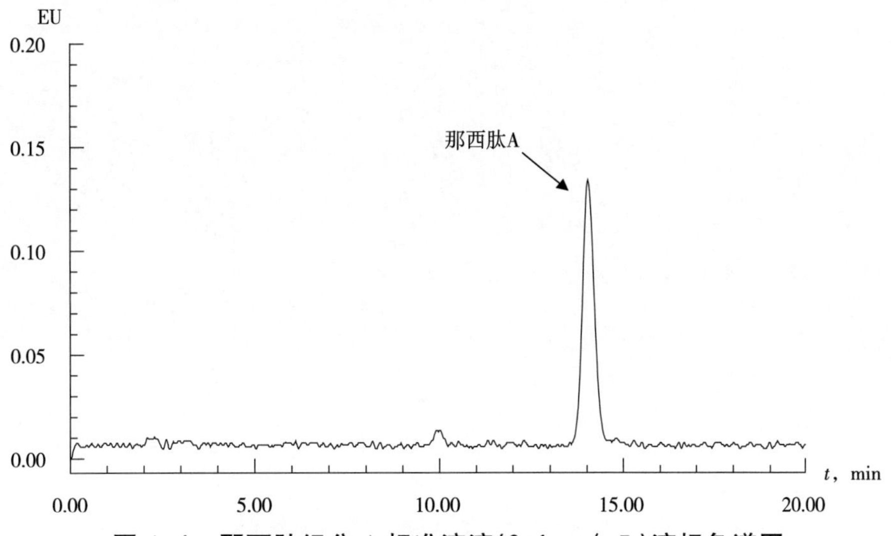

图 A.1　那西肽组分 A 标准溶液（0.1 μg/mL）液相色谱图

第四部分

屠宰类标准

ICS 67.020
X 99

中华人民共和国农业行业标准

NY/T 3363—2019
代替 NY/T 3363—2018(SB/T 10493—2008)

畜禽屠宰加工设备　猪剥皮机

Livestock and poultry slaughtering and processing equipment—
Pig skinning machine

2019-08-01 发布　　2019-11-01 实施

中华人民共和国农业农村部　发布

前　言

本标准按照GB/T 1.1—2009给出的规则起草。

本标准代替NY/T 3363—2018(SB/T 10493—2008)《畜禽屠宰加工设备　猪剥皮机》。与NY/T 3363—2018(SB/T 10493—2008)相比,除编辑性修改外主要技术变化如下:

——增加了部分规范性引用文件(见第2章);

——删除了部分规范性引用文件(见2008年版的第2章);

——修改了部分术语和定义(见第3章,2008年版的第3章);

——将型式和基本参数修改为基本参数(见第4章,2008年版的第4章);

——修改了表1(见表1,2008年版的表1);

——增加了立式剥皮机的基本参数要求(见表1);

——增加了技术要求中的一般要求、主要零部件、装配要求、外观与涂漆(见第5章);

——修改了设备安全卫生修改为安全防护(见5.5,2008年版的5.5);

——删除了技术要求中的传动、焊接、动作(见2008年版的5.6～5.8);

——增加了空载试验、负载试验(见第6章);

——修改了出厂检验、型式检验(见第7章);

——将标志、包装、运输修改为标志和随行文件、包装、运输和储存(见第8章和第9章,2008年版的第8章);

——增加了附录A(见附录A)。

本标准由农业农村部畜牧兽医局提出。

本标准由全国屠宰加工标准化技术委员会(SAC/TC 516)归口。

本标准起草单位:济宁兴隆食品机械制造有限公司、中国动物疫病预防控制中心(农业农村部屠宰技术中心)、北京诺恩冷链科技有限公司、农业农村部规划设计研究院、北京中瑞电子系统工程设计院。

本标准主要起草人:周伟生、赵秀兰、刘春来、吴丽娟、王向宏、朱增元、徐开春、高胜普、张朝明。

本标准所代替标准的历次版本发布情况为:

——NY/T 3363－2018(SB/T 10493—2008)。

畜禽屠宰加工设备　猪剥皮机

1　范围

本标准规定了猪剥皮机的术语和定义、基本参数、技术要求、试验方法、检验规则、标志和随行文件、包装、运输和储存的要求。

本标准适用于滚筒式猪剥皮机的设计、制造及应用。

2　规范性引用文件

下列文件对于本文件的应用是必不可少的。凡是注日期的引用文件，仅注日期的版本适用于本文件。凡是不注日期的引用文件，其最新版本(包括所有的修改单)适用于本文件。

GB/T 191　包装储运图示标志

GB/T 1184　形状和位置公差　未注公差值

GB 2894　安全标志及其使用导则

GB/T 3768　声学　声压法测定噪声源声功率级和声能量级　反射面上方采用包络测量面的简易法

GB 4806.1　食品安全国家标准　食品接触材料及制品通用安全要求

GB/T 5226.1　机械电气安全　机械电气设备　第1部分:通用技术条件

GB/T 8196　机械安全　防护装置　固定式和活动式防护装置设计与制造一般要求

GB/T 9439　灰铸铁件

GB/T 13306　标牌

GB 16798　食品机械安全卫生

GB/T 27519　畜禽屠宰加工设备通用要求

SB/T 223　食品机械通用技术条件　机械加工技术要求

SB/T 224　食品机械通用技术条件　装配技术要求

SB/T 226　食品机械通用技术条件　焊接、铆接件技术要求

SB/T 227　食品机械通用技术条件　电气装置技术要求

SB/T 228　食品机械通用技术条件　表面涂漆

3　术语和定义

下列术语和定义适用于本文件。

3.1

皮张破损　skin breakage

在剥下来的猪皮中，由于机械原因造成的猪皮撕裂、伤口或直径大于10 mm孔洞的损伤。

3.2

皮张破损率　skin breakage rate

破损张数占总张数的百分比。

3.3

皮张平均带脂量　residual fat quantity

附着在皮张上的平均脂肪重量。

注:脂肪指皮张内侧残留的所有皮下组织，包括肥膘、油脂等。

4　基本参数

猪剥皮机的基本参数包括滚筒长度、滚筒直径、加工能力、总功率、皮张破损率和皮张平均带脂量，应

符合表 1 的要求。

表 1　基本参数

项　　目	卧式滚筒剥皮机	立式滚筒剥皮机
滚筒长度,cm	180～200	180～200
滚筒直径,mm	650～750	650～750
加工能力,张/h	≥180	≥120
总功率,kW	≥7	≥5.5
皮张破损率,%	≤5	≤5
皮张平均带脂量,kg/张	≤0.5	≤1

5　技术要求

5.1　一般要求

5.1.1　猪剥皮机设计、制造等的基本技术要求应符合 GB/T 27519 的规定。

5.1.2　与胴体接触或间接接触部分的材料应符合 GB 4806.1 的相关要求。

5.1.3　电气线路、管路应排列整齐,紧固可靠,在运行中不应出现松动、碰撞与摩擦。

5.1.4　轴承在运转时,温度不应有骤升现象;空载时,温升应不超过 30℃;负载时,温升应不超过 35℃。减速箱润滑油(脂)的最高温度应不超过 65℃。

5.1.5　设备及各传动部件应运转灵活,无卡滞现象。空载时,噪声不应大于 85 dB(A)。

5.1.6　滚筒与刀片间隙调整应方便可靠,调节范围应符合产品设计要求。

5.1.7　进退刀装置应操作方便,准确到位,性能可靠。

5.1.8　刹车间隙调整应方便可靠,调节范围应符合产品的使用要求。

5.2　主要零部件

5.2.1　主要零部件的结构及加工应符合 GB/T 1184、GB/T 9439、GB/T 27519、SB/T 223、SB/T 226 的相关规定。

5.2.2　铸件不应有裂纹、疏松等影响性能的缺陷。

5.2.3　滚筒表面和轴孔表面不应出现冷隔、夹渣等现象。

5.3　装配要求

5.3.1　装配前,应对零件进行清洗。所有零部件必须检验合格,外购件、协作件应有合格证明文件并经检验合格后方可进行装配。零部件的装配应符合 SB/T 224 的规定。

5.3.2　滚筒与轴等零件组装后,应做静平衡试验。

5.4　外观与涂漆

5.4.1　表面不应有明显的凸起、凹陷、粗糙不平和损伤等缺陷。滚筒表面应便于清洗,不得存在死角。

5.4.2　涂层采用喷漆方法,色泽应均匀,平整光滑。直接或间接接触肉品的部位不得涂漆。

5.4.3　漆膜附着力应达到 SB/T 228 的相关规定。

5.5　安全防护

5.5.1　应在醒目部位固定安全警示标志,安全警示标志应符合 GB 2894 的要求。

5.5.2　产品使用说明书中应有安全操作注意事项和维护保养方面的安全内容。

5.5.3　外露转动部件应装有安全防护装置,且应符合 GB/T 8196 和 GB 16798 的规定。

5.6　电气安全

5.6.1　电气安全应符合 GB/T 5226.1、SB/T 227 的规定,并有安全合格证。

5.6.2　应有可靠的接地保护装置,接地电阻应不大于 0.1 Ω。

5.6.3　应有可靠绝缘,绝缘电阻不应小于 1 MΩ。

5.6.4 使用2倍的电气设备额定电源电压值或1 000 V两者中的较大值，作用于动力电路导线和保护联结电路之间约1 s后，不应出现击穿、放电现象。

6 试验方法

6.1 空载试验

空载试验应在零部件装配完成和总装检验合格后进行，在额定转速下连续运转不应少于1 h，试验项目、方法和要求见表2。

表2 空载试验项目、方法和要求

序号	试验项目	试验方法	标准要求
1	运转平稳性	目测	应符合5.1.5的规定
2	操作和控制装置	目测	应符合5.1.3、5.1.6、5.1.7、5.1.8的规定
3	轴承减速箱温升	测温仪器	应符合5.1.4的规定
4	减速箱和油封处渗漏	目测	应无渗漏
5	空载噪声	按GB/T 3768的规定	应符合5.1.5的规定
6	电气安全	目测/测量	应符合5.6的规定

6.2 负载试验

在空载试验合格后，对猪剥皮机进行全面清洗、润滑后做负载试验。在额定转速及满负荷条件下，连续运转不应少于1 h，试验项目、方法和要求见表3。

表3 负载试验项目、方法和要求

序号	试验项目	试验方法	标准要求
1	运转平稳性及噪声	目测、感官	应符合5.1.5的规定
2	线路管路	目测	应符合5.1.3的规定
3	轴承温升和减速箱油温	测温仪器	应符合5.1.4的规定
4	减速箱和油封处渗漏	目测	减速箱和油封处应无渗漏
5	电气安全	目测/测量	应符合5.6的规定
6	皮张破损率、皮张平均带脂量	按附录A的规定	应符合表1的规定
7	加工能力	按附录A的规定	应符合表1的规定

7 检验规则

7.1 出厂检验

7.1.1 产品需经检验合格并签发“产品合格证”后方可出厂。

7.1.2 产品出厂应实行全检，并做好产品出厂档案记录。

7.1.3 出厂检验项目应满足：

a) 装配质量符合5.3的规定；

b) 外观质量符合5.4的规定；

c) 安全防护符合5.5的规定；

d) 电气安全符合5.6的规定；

e) 空载试验符合6.1的规定。

7.1.4 用户有要求时，应进行负载试验，负载试验可在用户单位进行。负载试验应符合6.2的规定。

7.2 型式检验

7.2.1 有下列情况之一时，应对产品进行型式检验：

a) 新产品或老产品转厂生产时；

b) 正式生产后，结构、材料、工艺等有较大改变，可能影响产品性能时；

c) 正常生产时，定期或周期性抽查检验时；

d） 产品长期停产后恢复生产时；

e） 出厂检验结果与上次型式检验有较大差异时；

f） 国家有关主管部门提出进行型式检验要求时。

7.2.2 样本应在12个月内生产的产品中随机抽取。抽样检查批量应不少于3台，样本大小为1台。

7.2.3 型式检验项目为本标准要求的全部项目，全部项目合格则判定型式检验合格。如有不合格项，应加倍抽样，对不合格项进行复检。如复检不合格，则判定型式检验不合格。安全性能不允许复检。

8 标志和随行文件

8.1 标志

产品应在明显部位固定标牌，标牌应符合GB/T 191和GB/T 13306的规定。标牌上应包括产品名称、型号、主要参数、制造商名称、地址、商标、出厂编号、出厂日期等内容。

8.2 随行文件

每台产品应提供下列随行文件：

a） 产品使用说明书；

b） 产品合格证；

c） 装箱单(包括附件及随机工具清单)。

9 包装、运输和储存

9.1 包装

9.1.1 产品在包装前，应在机件的外露加工面上涂防锈油(与猪体接触部位涂符合国家食品卫生标准要求的油品)防腐。在正常运输和保管情况下，防锈的有效期自出厂之日起不应少于6个月。

9.1.2 产品整体装箱，零件、部件、工具和备件应固定在箱内。

9.1.3 包装箱应符合运输和装载要求，箱内应铺防水材料。包装箱外应标明收货单位及地址、产品名称及型号、制造厂名称及地址、包装箱尺寸(长×宽×高)、毛重等，还应有“不得倒置”“向上”“小心轻放”“防潮”“吊索位置”等标志。

9.2 运输和储存

9.2.1 产品在运输过程中，应保证整机和零部件及随机备件、工具不受损坏。

9.2.2 产品应储存在干燥、通风的仓库内，应注意防潮，避免与酸、碱及农药等有毒有害有腐蚀性物质混放，在室外临时存放时应有遮篷。

附　录　A
（规范性附录）
性能指标的测定

A.1　加工能力测定

在剥皮机额定转速及满负荷条件下测定加工能力，测定 3 次后，按式（A.1）计算加工能力。每次作用时间不少于 1 h，精确至 1 张/h，时间精确至 1 min。

$$E=\frac{N_a}{T} \qquad (A.1)$$

式中：

E ——加工能力，单位为张每小时（张/h）；

N_a ——剥皮张数，单位为张；

T ——工作时间，单位为小时（h）。

A.2　皮张破损率测定

在测定加工能力时，测定剥皮张数和皮张破损张数，测定 3 次后，按式（A.2）计算皮张破损率。每次作用时间不少于 1 h，精确至 1%。

$$D=\frac{P}{N_a}\times 100 \qquad (A.2)$$

式中：

D ——皮张破损率，单位为百分率（%）；

P ——皮张破损张数，单位为张；

N_a ——剥皮张数，单位为张。

A.3　皮张平均带脂量测定

在测定加工能力时，测定剥皮总张数和皮张带脂总重量，测定 3 次后，按式（A.3）计算皮张平均带脂量。每次作用时间不少于 1 h，皮张带脂总重量精确至 0.01 kg。

$$G=\frac{N_p}{N_e} \qquad (A.3)$$

式中：

G ——皮张平均带脂量，单位为千克每张（kg/张）；

N_p ——皮张带脂总重量，单位为千克（kg）；

N_e ——剥皮总张数，单位为张。

ICS 67.020
X 99

中华人民共和国农业行业标准

NY/T 3364—2019

代替 NY/T 3364—2018(SB/T 10494—2008)

畜禽屠宰加工设备　猪胴体劈半锯

**Livestock and poultry slaughtering and processing equipment—
Pig carcass splitting saw**

2019-08-01 发布　　　　2019-11-01 实施

中华人民共和国农业农村部　发布

前　言

本标准按照 GB/T 1.1—2009 给出的规则起草。

本标准代替 NY/T 3364—2018(SB/T 10494—2008)《畜禽屠宰加工设备　猪胴体劈半锯》。与 NY/T 3364—2018(SB/T 10494—2008)相比,除编辑性修改外主要技术变化如下:

——增加了部分规范性引用文件(见第 2 章);

——删除了部分规范性引用文件(见 2008 年版的第 2 章);

——增加了部分术语和定义(见第 3 章);

——修改了部分术语和定义(见第 3 章,2008 年版的第 3 章);

——将型式和基本参数修改为基本参数(见第 4 章,2008 年版的第 4 章);

——修改了表 1(见表 1,2008 年版的表 1);

——增加了往复式劈半锯的基本参数要求(见表 1);

——增加了技术要求中的一般要求、主要零部件、装配要求、安全防护(见第 5 章,2008 年版的第 5 章);

——将设备安全卫生修改为安全防护(见 5.5,2008 年版的 5.5);

——删除了技术要求中的传动、焊接(见 2008 年版的 5.6、5.7);

——增加了空载试验、负载试验(见第 6 章,2008 年版的第 6 章);

——修改了出厂检验、型式检验(见第 7 章,2008 年版的第 7 章);

——将标志、包装、运输修改为标志和随行文件、包装、运输和储存(见第 8 章和第 9 章,2008 年版的第 8 章)。

本标准由农业农村部畜牧兽医局提出。

本标准由全国屠宰加工标准化技术委员会(SAC/TC 516)归口。

本标准起草单位:济宁兴隆食品机械制造有限公司、中国动物疫病预防控制中心(农业农村部屠宰技术中心)、北京诺恩冷链科技有限公司、农业农村部规划设计研究院、北京中瑞电子系统工程设计院。

本标准主要起草人:周伟生、赵秀兰、刘春来、吴丽娟、王向宏、朱增元、徐开春、高胜普、张朝明。

本标准所代替标准的历次版本发布情况为:

——NY/T 3364—2018(SB/T 10494—2008)。

畜禽屠宰加工设备　猪胴体劈半锯

1　范围

本标准规定了猪胴体劈半锯的术语和定义、基本参数、技术要求、试验方法、检验规则、标志和随行文件、包装、运输和储存的要求。

本标准适用于猪胴体劈半锯的设计、制造及应用。

2　规范性引用文件

下列文件对于本文件的应用是必不可少的。凡是注日期的引用文件，仅注日期的版本适用于本文件。凡是不注日期的引用文件，其最新版本(包括所有的修改单)适用于本文件。

GB/T 191　包装储运图示标志

GB/T 699　优质碳素结构钢

GB/T 1184　形状和位置公差　未注公差值

GB 2894　安全标志及其使用导则

GB/T 3768　声学　声压法测定噪声源声功率级和声能量级　采用反射面上方包络测量面的简易法

GB 4806.1　食品安全国家标准　食品接触材料及制品通用安全要求

GB/T 5226.1　机械电气安全　机械电气设备　第1部分:通用技术条件

GB/T 8196　机械安全　防护装置　固定式和活动式防护装置设计与制造一般要求

GB/T 9439　灰铸铁件

GB/T 13306　标牌

GB/T 15115　压铸铝合金

GB 16798　食品机械安全卫生

GB/T 27519　畜禽屠宰加工设备通用要求

SB/T 224　食品机械通用技术条件　装配技术要求

SB/T 228　食品机械通用技术条件　表面涂漆

3　术语和定义

下列术语和定义适用于本文件。

3.1

劈半损耗　meat lost during splitting

正常工作状态下劈半作业产生的骨肉损耗量。

3.2

劈半深度　depth of the splitting

劈半锯锯条露在机架外部的长度，即劈半时锯条接触猪胴体的长度。

4　基本参数

猪胴体劈半锯的基本参数包括劈半深度、锯条往复行程、锯条往复频率、锯条线速度、功率、劈半损耗和锯条平均使用寿命，应符合表1的要求。

表1 基本参数

项　　目	往复锯	带锯
劈半深度,mm	≥380	≥430
锯条往复行程,mm	60～70	—
锯条往复频率,次/s	≤23	—
锯条线速度,m/s	—	7.0～7.5
功率,kW	≥2.2	≥2.2
劈半损耗,g/头	≤400	≤200
锯条平均使用寿命,头/条	≥5 000	≥800

5 技术要求

5.1 一般要求

5.1.1 猪胴体劈半锯设计、制造等的基本技术要求应符合 GB/T 27519 的规定。

5.1.2 与胴体接触或间接接触部分的材料应符合 GB 4806.1 的相关要求。

5.1.3 电气线路、管路应排列整齐,紧固可靠,在运行中不应出现松动、碰撞与摩擦现象。

5.1.4 轴承在运转时,温度不应有骤升现象;空载时,温升应不超过 30℃;负载时,温升应不超过 40℃。减速箱润滑油(脂)的最高温度应不超过 65℃。

5.1.5 设备及各转动部件应运转平稳、灵活,无卡滞、抖动现象。空载时,噪声不应大于 85 dB(A)。

5.1.6 锯条应方便更换、调整,调节范围应符合产品的使用要求。

5.2 主要零部件

5.2.1 主要零部件的结构及加工应符合 GB/T 699、GB/T 1184、GB/T 9439、GB/T 15115、GB/T 27519 的相关规定。

5.2.2 铸件不应有裂纹、疏松等影响使用性能的缺陷。

5.2.3 带轮轴孔表面和轮缘处不应出现冷隔、夹渣等现象。

5.2.4 带轮与轴等零件组装后,应做平衡试验。

5.2.5 使用时,宜配置平衡器。

5.3 装配要求

5.3.1 装配前,应对零件进行清洗。所有零部件必须检验合格,外购件、协作件应有合格证明文件并经检验合格后方可进行装配。零部件的装配应符合 SB/T 224 的规定。

5.3.2 减速箱和油封处应无渗漏。

5.4 外观

5.4.1 表面不应有明显的凸起、凹陷、粗糙不平和损伤等缺陷,与胴体直接或间接接触的部位应便于清洗,不得存在死角。

5.4.2 涂层应色泽均匀,平整光滑。直接或间接接触肉品的部位不得涂漆。

5.4.3 漆膜附着力应符合 SB/T 228 的相关规定。

5.5 安全防护

5.5.1 应在醒目部位固定安全警示标志,安全警示标志应符合 GB 2894 的要求。

5.5.2 产品使用说明书中应有安全操作注意事项和维护保养方面的内容。

5.5.3 外露转动部件应设有安全防护装置,应符合 GB/T 8196 和 GB 16798 的规定。

5.6 电气安全

5.6.1 电气安全应符合 GB/T 5226.1 的规定,并有安全合格证。

5.6.2 应有可靠的接地保护装置,接地电阻应不大于 0.1 Ω。

5.6.3 应有可靠绝缘，绝缘电阻应不小于 1 MΩ。

5.6.4 使用 2 倍的电气设备额定电源电压值或 1 000 V 两者中的较大值，作用于动力电路导线和保护联结电路之间约 1 s 后，不应出现击穿、放电现象。

6 试验方法

6.1 空载试验

空载试验应在总装检验合格后进行，在额定转速下连续运转应不少于 1 h，试验项目、方法和要求见表 2。

表 2 空载试验项目、方法和要求

序号	试验项目	试验方法	标准要求
1	运转平稳性	目测	应符合 5.1.5 的规定
2	电气装置	目测	应符合 5.1.3 的规定
3	轴承、减速箱温升	测温仪器	应符合 5.1.4 的规定
4	减速箱和油封处渗漏	目测	应符合 5.3.2 的规定
5	空载噪声	按 GB/T 3768 的规定	应符合 5.1.5 的规定

6.2 负载试验

在空载试验合格后，对猪胴体劈半锯进行全面清洗、润滑后做负载试验，在额定转速及满负荷条件下，连续运转应不少于 1 h，试验项目、方法和要求见表 3。

表 3 负载试验项目、方法和要求

序号	试验项目	试验方法	标准要求
1	运转平稳性和噪声	目测、感官	应符合 5.1.5 的规定
2	线路管路和控制装置	目测	应符合 5.1.3、5.6 的规定
3	轴承温升和减速箱油温	测温仪器	应符合 5.1.4 的规定
4	减速箱和油封处渗漏	目测	应符合 5.3.2 的规定
5	劈半损耗	计量	应符合表 1 的规定

7 检验规则

7.1 出厂检验

7.1.1 产品需经检验合格并签发“产品合格证”后方可出厂。

7.1.2 产品出厂应实行全检，并做好产品出厂档案记录。

7.1.3 出厂检验项目应满足：

a) 装配质量符合 5.3 的规定；

b) 外观质量符合 5.4 的规定；

c) 安全防护符合 5.5 的规定；

d) 电气安全符合 5.6 的规定；

e) 空载试验符合 6.1 的规定。

7.1.4 用户有要求时，应进行负载试验，负载试验可在用户单位进行。负载试验应符合 6.2 的规定。

7.2 型式检验

7.2.1 有下列情况之一时，应对产品进行型式检验：

a) 新产品或老产品转厂生产时；

b) 正式生产后，结构、材料、工艺等有较大改变，可能影响产品性能时；

c) 正常生产时，定期或周期性抽查检验时；

d) 产品长期停产后恢复生产时；

e） 出厂检验结果与上次型式检验有较大差异时；

f） 国家有关主管部门提出进行型式检验要求时。

7.2.2 样本应在12个月内生产的产品中随机抽取。抽样检查批量应不少于4台，样本数量不少于2台。

7.2.3 型式检验项目为本标准要求的全部项目，全部项目合格则判定型式检验合格。如有不合格项，应加倍抽样，对不合格项进行复检。如复检不合格，则判定型式检验不合格。安全性能不允许复检。

8 标志和随行文件

8.1 标志

产品应在明显部位固定标牌，标牌应符合GB/T 191和GB/T 13306的规定。标牌上应包括产品名称、型号、主要参数、制造商名称、商标、出厂编号、出厂日期等内容。

8.2 随行文件

每台产品应提供下列随行文件：

a） 产品使用说明书；

b） 产品合格证；

c） 装箱单(包括附件及随机工具清单)。

9 包装、运输和储存

9.1 包装

9.1.1 产品在包装前应进行防潮、防锈处理。在正常运输和保管情况下，防锈的有效期自出厂之日起不应少于6个月。

9.1.2 产品随机配件、工具应固定在箱内。

9.1.3 包装箱应符合运输和装载要求。包装箱外应标明收货单位及地址、产品名称及型号、制造厂名称及地址、包装箱尺寸(长×宽×高)、毛重等，还应有“不得倒置”“向上”“小心轻放”“防潮”“吊索位置”等标志。

9.2 运输和储存

9.2.1 产品在运输过程中，应保证整机和零部件及随机备件、工具不受损坏。

9.2.2 产品应储存在干燥、通风的仓库内，应注意防潮，避免与酸、碱及农药等有毒有害有腐蚀性物质混放，在室外临时存放时应有遮篷。

ICS 67.120.10
X 22

中华人民共和国农业行业标准

NY/T 3469—2019

畜禽屠宰操作规程　羊

Operating procedures of livestock and poultry slaughtering—Sheep and goat

2019-08-01 发布　　2019-11-01 实施

中华人民共和国农业农村部　发布

前　言

本标准按照 GB/T 1.1—2009 给出的规则起草。

本标准由农业农村部畜牧兽医局提出。

本标准由全国屠宰加工标准化技术委员会(SAC/TC 516)归口。

本标准起草单位:中国动物疫病预防控制中心(农业农村部屠宰技术中心)、蒙羊牧业股份有限公司、中国农业科学院农产品加工研究所、吉林省畜禽定点屠宰管理办公室、中国肉类食品综合研究中心、内蒙古自治区动物卫生监督所、中国农业大学。

本标准起草人:高胜普、张朝明、胡兰英、许大伟、张德权、臧明伍、侯绪森、冯凯、李丹、罗海玲、吴晗、张新玲、尤华、张杰、张宁宁、李鹏。

畜禽屠宰操作规程　羊

1　范围

本标准规定了羊屠宰的术语和定义、宰前要求、屠宰操作程序和要求、冷却、分割、冻结、包装、标签、标志和储存及其他要求。

本标准适用于羊屠宰厂(场)的屠宰操作。

2　规范性引用文件

下列文件对于本文件的应用是必不可少的。凡是注日期的引用文件,仅注日期的版本适用于本文件。凡是不注日期的引用文件,其最新版本(包括所有的修改单)适用于本文件。

GB/T 191　包装储运图示标志

GB/T 5737　食品塑料周转箱

GB/T 9961　鲜、冻胴体羊肉

GB 12694　食品安全国家标准　畜禽屠宰加工卫生规范

GB 18393　牛羊屠宰产品品质检验规程

GB/T 19480　肉与肉制品术语

NY/T 1564　羊肉分割技术规范

NY/T 3224　畜禽屠宰术语

农业部令第 70 号　农产品包装和标识管理办法

农医发〔2010〕27 号　附件 4　羊屠宰检疫规程

农医发〔2017〕25 号　病死及病害动物无害化处理技术规范

3　术语和定义

GB 12694、GB/T 19480 和 NY/T 3224 界定的以及下列术语和定义适用于本文件。

3.1

羊屠体　sheep and goat body

羊宰杀放血后的躯体。

3.2

羊胴体　sheep and goat carcass

羊经宰杀放血后去皮或者不去皮(去除毛),去头、蹄、内脏等的躯体。

3.3

白内脏　white viscera

白脏

羊的胃、肠、脾等。

3.4

红内脏　red viscera

红脏

羊的心、肝、肺等。

3.5

同步检验　synchronous inspection

与屠宰操作相对应,将畜禽的头、蹄(爪)、内脏与胴体生产线同步运行,由检验人员对照检验和综合判断的一种检验方法。

4 宰前要求

4.1 待宰羊应健康良好,并附有产地动物卫生监督机构出具的动物检疫合格证明。

4.2 宰前应停食静养 12 h～24 h,并充分给水,宰前 3 h 停止饮水。待宰时间超过 24 h 的,宜适量喂食。

4.3 屠宰前应向所在地动物卫生监督机构申报检疫,按照农医发〔2010〕27 号 附件 4 和 GB 18393 等实施检疫和检验,合格后方可屠宰。

4.4 宜按"先入栏先屠宰"的原则分栏送宰,按户进行编号。送宰羊通过屠宰通道时,按顺序赶送,不得采用硬器击打。

5 屠宰操作程序和要求

5.1 致昏

5.1.1 宰杀前应对羊致昏,宜采用电致昏的方法。羊致昏后,应心脏跳动,呈昏迷状态,不应致死或反复致昏。

5.1.2 采用电致昏时,应根据羊品种和规格适当调整电压、电流和致昏时间等参数,保持良好的电接触。

5.1.3 致昏设备的控制参数应适时监控,并保存相关记录。

5.2 吊挂

5.2.1 将羊的后蹄挂在轨道链钩上,匀速提升至宰杀轨道。

5.2.2 从致昏挂羊到宰杀放血的间隔时间不超过 1.5 min。

5.3 宰杀放血

5.3.1 宜从羊喉部下刀,横向切断三管(食管、气管和血管)。

5.3.2 宰杀放血刀每次使用后,应使用不低于 82℃的热水消毒。

5.3.3 沥血时间不应少于 5 min。沥血后,可采用剥皮(5.4)或者烫毛、脱毛(5.5)工艺进行后序操作。

5.4 剥皮

5.4.1 预剥皮

5.4.1.1 挑裆、剥后腿皮

环切跗关节皮肤,使后蹄皮和后腿皮上下分离,沿后腿内侧横向划开皮肤并将后腿皮剥离开,同时将裆部生殖器皮剥离。

5.4.1.2 划腹胸线

从裆部沿腹部中线将皮划开至剑状软骨处,初步剥离腹部皮肤,然后握住羊胸部中间位置皮毛,用刀沿胸部正中线划至羊脖下方。

5.4.1.3 剥腹胸部

将腹部、胸部两侧皮剥离,剥至肩胛位置。

5.4.1.4 剥前腿皮

沿羊前腿趾关节中线处将皮挑开,从左右两侧将前腿外侧皮剥至肩胛骨位置,刀不应伤及屠体。

5.4.1.5 剥羊脖

沿羊脖喉部中线将皮向两侧剥离开。

5.4.1.6 剥尾部皮

将羊尾内侧皮沿中线划开,从左右两侧剥离羊尾皮。

5.4.1.7 捶皮

手工或使用机械方式用力快速捶击肩部或臀部的皮与屠体之间部位,使皮与屠体分离。

5.4.2 扯皮

采用人工或机械方式扯皮。扯下的皮张应完整、无破裂、不带膘肉。屠体不带碎皮，肌膜完整。扯皮方法如下：

a) 人工扯皮：从背部将羊皮扯掉，扯下的羊皮送至皮张存储间。

b) 机械扯皮：预剥皮后的羊胴体输送到扯皮设备，由扯皮机匀速拽下羊皮，扯下的羊皮送至皮张存储间。

5.5 烫毛、脱毛

5.5.1 烫毛

沥血后的羊屠体宜用65℃～70℃的热水浸烫1.5 min～2.5 min。

5.5.2 脱毛

烫毛后，应立即送入脱毛设备脱毛，不应损伤屠体。脱毛后迅速冷却至常温，去除屠体上的残毛。

5.6 去头、蹄

5.6.1 去头

固定羊头，从寰椎处将羊头割下，挂（放）在指定的地方。剥皮羊的去头工序在5.4.1.7后进行。

5.6.2 去蹄

从腕关节切下前蹄，从跗关节处切下后蹄，挂（放）在指定的地方。

5.7 取内脏

5.7.1 结扎食管

划开食管和颈部肌肉相连部位，将食管和气管分开。把胸腔前口的气管剥离后，手工或使用结扎器结扎食管，避免食管内容物污染屠体。

5.7.2 切肛

刀刺入肛门外围，沿肛门四周与其周围组织割开并剥离，分开直肠头垂直放入骨盆内；或用开肛设备对准羊的肛门，将探头深入肛门，启动开关，利用环形刀将直肠与羊体分离。肛门周围应少带肉，肠头脱离括约肌，不应割破直肠。

5.7.3 开腔

从肷部下刀，沿腹中线划开腹壁膜至剑状软骨处。下刀时，不应损伤脏器。

5.7.4 取白脏

采用以下人工或机械方式取白脏：

a) 人工方式：用一只手扯出直肠，另一只手伸入腹腔，按压胃部同时抓住食管将白脏取出，放在指定位置。保持脏器完好。

b) 机械方式：使用吸附设备把白脏从羊的腹腔取出。

5.7.5 取红脏

采用以下人工或机械方式取红脏：

a) 人工方式：持刀紧贴胸腔内壁切开膈肌，拉出气管，取出心、肺、肝，放在指定的位置。保持脏器完好。

b) 机械方式：使用吸附设备把红脏从羊的胸腔取出。

5.8 检验检疫

同步检验按照GB 18393的规定执行，同步检疫按照农医发〔2010〕27号　附件4的规定执行。

5.9 胴体修整

修去胴体表面的淤血、残留腺体、皮角、浮毛等污物。

5.10 计量

逐只称量胴体并记录。

5.11 清洁

用水洗、燎烫等方式清除胴体内外的浮毛、血迹等污物。

5.12 副产品整理

5.12.1 副产品整理过程中不应落地。

5.12.2 去除副产品表面污物，清洗干净。

5.12.3 红脏与白脏、头、蹄等加工时应严格分开。

6 冷却

6.1 根据工艺需要对羊胴体或副产品冷却。冷却时，按屠宰顺序将羊胴体送入冷却间，胴体应排列整齐，胴体间距不少于 3 cm。

6.2 羊胴体冷却间设定温度 0℃～4℃，相对湿度保持在 85%～90%，冷却时间不应少于 12 h。冷却后的胴体中心温度应保持在 7℃以下。

6.3 副产品冷却后，产品中心温度应保持在 3℃以下。

6.4 冷却后检查胴体深层温度，符合要求的方可进入下一步操作。

7 分割

分割加工按 NY/T 1564 的要求进行。

8 冻结

冻结间温度为－28℃以下。待产品中心温度降至－15℃以下时转入冷藏间储存。

9 包装、标签、标志和储存

9.1 产品包装、标签、标志应符合 GB/T 191、GB/T 5737、GB 12694 和农业部令第 70 号等的相关要求。

9.2 分割肉宜采用低温冷藏。储存环境与设施、库温和储存时间应符合 GB/T 9961、GB 12694 等相关标准要求。

10 其他要求

10.1 屠宰供应少数民族食用的羊产品，应尊重少数民族风俗习惯，按照国家有关规定执行。

10.2 经检验检疫不合格的肉品及副产品，应按 GB 12694 的要求和农医发〔2017〕25 号的规定执行。

10.3 产品追溯与召回应符合 GB 12694 的要求。

10.4 记录和文件应符合 GB 12694 的要求。

ICS 67.120.10
X 22

中华人民共和国农业行业标准

NY/T 3470—2019

畜禽屠宰操作规程　兔

Operating procedures of livestock and poultry slaughtering—Rabbit

2019-08-01 发布　　2019-11-01 实施

中华人民共和国农业农村部　发布

前　言

本标准按照 GB/T 1.1—2009 给出的规则起草。

本标准由农业农村部畜牧兽医局提出。

本标准由全国屠宰加工标准化技术委员会(SAC/TC 516)归口。

本标准主要起草单位:山东省肉类协会、中国动物疫病预防控制中心(农业农村部屠宰技术中心)、青岛海关检验检疫技术中心、黄岛海关、青岛康大食品有限公司、沂源县畜牧兽医局、山东海达食品有限公司、菏泽富仕达食品有限公司。

本标准主要起草人:李琳、赵丽青、唐斌、卢恕波、王树峰、李俊华、史晓丽、薛在军、李明勇、赵远征、杨海莹、薛秀海、刘美玲、王楠、刘曼、高胜普、张朝明。

畜禽屠宰操作规程　兔

1　范围

本标准规定了兔屠宰的术语和定义、宰前要求、屠宰操作程序和要求、冷却、分割、冻结、包装、标签、标志和储存以及其他要求。

本标准适用于兔屠宰加工厂(场)的屠宰操作。

2　规范性引用文件

下列文件对于本文件的应用是必不可少的。凡是注日期的引用文件,仅注日期的版本适用于本文件。凡是不注日期的引用文件,其最新版本(包括所有的修改单)适用于本文件。

GB/T 191　包装储运图示标志

GB 12694　食品安全国家标准　畜禽屠宰加工卫生规范

GB/T 19480　肉与肉制品术语

NY 467　畜禽屠宰卫生检疫规范

农医发〔2017〕25 号　病死及病害动物无害化处理技术规范

农医发〔2018〕9 号　兔屠宰检疫规程

3　术语和定义

GB 12694、GB/T 19480 界定的以及下列术语和定义适用于本文件。

3.1

兔屠体　rabbit body

兔宰杀、放血后的躯体。

3.2

兔胴体　rabbit carcass

去爪、去头(或不去头)、剥皮、去除内脏后的兔躯体。

3.3

同步检验　synchronous inspection

与屠宰操作相对应,将畜禽的头、蹄(爪)、内脏与胴体生产线同步运行,由检验人员对照检验和综合判断的一种检验方法。

4　宰前要求

4.1　待宰兔应健康良好,并附有产地动物卫生监督机构出具的动物检疫合格证明。

4.2　兔宰前应停食静养,并充分给水。待宰时间超过 12 h 的,宜适量喂食。

4.3　屠宰前应向所在地动物卫生监督机构申报,按照农医发〔2018〕9 号和 GB 12694 等进行宰前检查,合格后方可屠宰。

5　屠宰操作程序和要求

5.1　致昏

5.1.1　宰杀前应对兔致昏,宜采用电致昏的方法,使兔在宰杀、沥血直到死亡时处于无意识状态,对睫毛反射刺激不敏感。

5.1.2　采用电致昏时,应根据兔的品种和规格大小适当调整电压或电流参数、致昏时间,保持良好的电接触。

5.1.3　致昏设备的控制参数应适时监控并保存相关记录，应有备用的致昏设备。

5.2　宰杀放血

5.2.1　兔致昏后应立即宰杀。将兔右后肢挂到链钩上，沿兔耳根部下颌骨割断颈动脉。

5.2.2　放血刀每次使用后应冲洗，经不低于 82℃的热水消毒后轮换使用。

5.2.3　沥血时间应不少于 4 min。

5.3　去头

固定兔头，持刀沿兔寰椎（耳根部第一颈椎）处将兔头割下。

5.4　剥皮

5.4.1　挑裆

用刀尖从兔左后肢跗关节处挑划后肢内侧皮，继续沿裆部划至右后肢跗关节处。

5.4.2　去左后爪

从兔左后肢跗关节上方处剪断或割断左后爪。

5.4.3　挑腿皮

用刀尖从兔右后肢跗关节处挑断腿皮，将右后腿皮剥至尾根部。

5.4.4　割尾

从兔尾根部内侧将尾骨切开，保持兔尾外侧的皮连接在兔皮上。

5.4.5　割腹肌膜

用刀尖将兔皮与腹部之间的肌膜分离，不得划破腹腔。

5.4.6　去前爪

从前肢腕关节处剪断或割断左、右前爪。

5.4.7　扯皮

握住兔后肢皮两侧边缘，拉至上肢腋下处，采用机械或人工扯下兔皮。

5.5　去内脏

5.5.1　开膛

割开耻骨联合部位，沿腹部正中线划至剑状软骨处，不得划破内脏。

5.5.2　掏膛

固定脊背，掏出内脏，保持内脏连接在兔屠体上。

5.5.3　净膛

将心、肝、肺、胃、肾、肠、膀胱、输尿管等内脏摘除。

5.6　检验检疫

同步检验按照 NY 467 的要求执行，检疫按照农医发〔2018〕9 号的要求执行。

5.7　修整

5.7.1　修去生殖器及周围的腺体、淤血、污物等。

5.7.2　从兔右后肢跗关节处剪断或割断右后爪。

5.7.3　对后腿部残余皮毛进行清理。

5.8　挂胴体

将需要冷却的兔胴体悬挂在预冷链条的挂钩上。

5.9　喷淋冲洗

对胴体进行喷淋冲洗，清除胴体上残余的毛、血和污物等。

5.10　胴体检查

检查有无粪便、胆汁、兔毛、其他异物等污染。应将污染的胴体摘离生产线，轻微污染的，对污染部位进行修整、剔除;严重污染的,收集后做无害化处理。

5.11 副产品整理

5.11.1 副产品在整理过程中不应落地。

5.11.2 副产品应去除污物,清洗干净。

5.11.3 内脏、兔头等加工时应分区。

5.12 冷却

5.12.1 冷却设定温度为 0℃～4℃,冷却时间不少于 45 min。

5.12.2 冷却后的胴体中心温度应保持在 7℃以下。

5.12.3 冷却后副产品中心温度应保持在 3℃以下。

5.12.4 冷却后检查胴体深层温度,符合要求的方可进入下一步操作。

5.13 分割

5.13.1 根据生产需要,可将兔胴体按照部位分割成以下产品形式:

a) 兔前腿:从兔前肢腋下部切割下的前肢部分;

b) 兔后腿:沿髋骨上端垂直脊柱整体割下,再沿脊柱中线切割到耻骨联合中线,分成左右两半的后肢部分;

c) 去骨兔肉:沿肋骨外缘剔下肋骨和脊柱骨上的肌肉;

d) 兔排:去除前、后腿和躯干肌肉的骨骼部分。

5.13.2 分割车间的温度应控制在 12℃以下。

5.14 冻结

冻结间的温度为－28℃以下,待产品中心温度降至－15℃以下转入冷藏间储存。

6 包装、标签、标志和储存

6.1 产品包装、标签、标志应符合 GB/T 191、GB 12694 等相关标准要求。

6.2 储存环境与设施、库温和储存时间应符合 GB 12694 等相关标准要求。

7 其他要求

7.1 屠宰过程中落地或被粪便、胆汁污染的肉品及副产品应另行处理。

7.2 经检验检疫不合格的胴体、肉品及副产品,应按 GB 12694 的要求和农医发〔2017〕25 号的规定处理。

7.3 产品追溯与召回应符合 GB 12694 的要求。

7.4 记录和文件应符合 GB 12694 的要求。

ICS 67.040
X 01

中华人民共和国农业行业标准

NY/T 3471—2019

畜禽血液收集技术规范

Technical specification for livestock and poultry blood collection

2019-08-01 发布　　2019-11-01 实施

中华人民共和国农业农村部　发布

前　言

本标准按照 GB/T 1.1—2009 给出的规则起草。

本标准由农业农村部畜牧兽医局提出。

本标准由全国屠宰加工标准化技术委员会(SAC/TC 516)归口。

本标准起草单位:中国农业科学院农产品加工研究所、中国肉类食品综合研究中心、蒙羊牧业股份有限公司、内蒙古农业大学、厦门银祥集团有限公司、内蒙古小肥羊餐饮连锁有限公司、中国动物疫病预防控制中心(农业农村部屠宰技术中心)。

本标准主要起草人:张德权、侯成立、王守伟、张春晖、格日勒图、张志刚、胡兰英、王振宇、李欣、陈丽、潘腾、王欢、郑晓春、惠腾、高胜普、张朝明。

畜禽血液收集技术规范

1 范围

本标准规定了畜禽血液收集的术语和定义、基本要求、收集要求、检验检疫要求、储藏要求、运输要求、产品追溯和召回、记录和文件管理。

本标准适用于食用血制品原料的畜禽血液收集。

2 规范性引用文件

下列文件对于本文件的应用是必不可少的。凡是注日期的引用文件，仅注日期的版本适用于本文件。凡是不注日期的引用文件，其最新版本(包括所有的修改单)适用于本文件。

GB 2760 食品安全国家标准 食品添加剂使用标准

GB 4806.1 食品安全国家标准 食品接触材料及制品通用安全要求

GB 5749 生活饮用水卫生标准

GB 12694 食品安全国家标准 畜禽屠宰加工卫生规范

GB 14881 食品安全国家标准 食品生产通用卫生规范

GB 14930.1 食品安全国家标准 洗涤剂

GB 14930.2 食品安全国家标准 消毒剂

GB/T 17236 畜禽屠宰操作规程 生猪

GB/T 19477 畜禽屠宰操作规程 牛

GB/T 19478 畜禽屠宰操作规程 鸡

GB 50317 猪屠宰与分割车间设计规范

GB 51219 禽类屠宰与分割车间设计规范

GB 51225 牛羊屠宰与分割车间设计规范

NY/T 3224—2018 畜禽屠宰术语

农医发〔2017〕25号 病死及病害动物无害化处理技术规范

3 术语和定义

NY/T 3224—2018界定的以及下列术语和定义适用于本文件。为了便于使用，以下重复列出了NY/T 3224—2018中的某些术语和定义。

3.1

刺杀放血 sticking

采用不同方式割断畜禽颈部动静脉的宰杀方法。

[NY/T 3224—2018，定义5.3.1]

3.2

空心刀放血 hollow-tube knife bleeding

利用中空采血装置完成放血和血液收集的宰杀方法，一般用于畜屠宰。

[NY/T 3224—2018，定义5.3.3]

3.3

血液收集单元 blood collection unit

按照生产需要收集到同一设备、容器中的一定数量畜禽的血液。

4 基本要求

4.1 屠宰车间

屠宰车间设计应符合 GB 50317、GB 51219、GB 51225 的相关规定。

4.2 屠宰

畜禽宰前管理、宰前检查、屠宰操作、卫生要求应符合 GB 12694、GB/T 17236、GB/T 19477、GB/T 19478 的相关规定。

4.3 收集、储藏设备

收集、储藏设备的血液接触面材料应符合 GB 4806.1、GB 12694 和 GB 14881 的相关规定。

4.4 食品添加剂

血液收集过程使用的食品添加剂应符合 GB 2760 的相关规定。

4.5 水

生产过程用水应符合 GB 5749 的相关规定。

4.6 洗涤剂、消毒剂

生产过程使用的洗涤剂、消毒剂应符合 GB 14930.1 和 GB 14930.2 的相关规定。

5 收集要求

5.1 收集单元确定

5.1.1 按照生产需要以一定数量畜禽的血液为一个收集单元。

5.1.2 每个收集单元的血液在畜禽检验检疫未结束前，应单独存放。

5.2 收集过程管理

5.2.1 血液离体后不得与畜禽屠体、肠道内容物接触，水、毛羽、食糜等不得进入收集的血液。

5.2.2 宜采用空心刀放血、刺杀放血方式收集血液。

5.2.3 应对收集容器进行同步编号，一个收集容器对应一个收集单元。

5.3 清洗消毒

5.3.1 每头家畜、每个收集单元的家禽放血后，刀具应使用 82℃以上的热水进行消毒。

5.3.2 每个收集单元的收集容器使用前后，应清洗消毒方可使用。

5.3.3 收集设施设备血液接触面的清洗消毒应符合 GB 12694 的相关规定。

6 检验检疫要求

6.1 畜禽屠宰检验检疫应符合 GB 12694 和对应检验检疫规程的相关规定。

6.2 收集的血液应待所对应的畜禽屠宰检验检疫合格后，方可作为食用血制品原料。

6.3 畜禽屠宰检验检疫不合格的，对应的收集单元的血液，不得作为食用血制品原料，应按照农医发〔2017〕25 号的规定执行。

7 储藏要求

7.1 收集的血液应储存于 0℃～4℃条件下，暂不加工的血液应在 4 h 内由离体温度降至 0℃～8℃，血液从收集到加工不应超过 72 h。

7.2 不同种类畜禽的血液不得混储在同一容器中。

7.3 储藏容器使用前后应进行清洗消毒。

8 运输要求

8.1 血液应温度降至 4℃以下方可运输。

8.2 应采用冷链运输，运输罐、车厢内温度应保持在0℃～4℃。

8.3 运输血液的容器应防漏、防渗、防冻、相对密封。

8.4 运输血液的容器使用前后应进行清洗消毒。

9 产品追溯和召回

应符合GB 14881的相关规定。

10 记录和文件管理

10.1 应做好畜禽屠宰检验检疫及血液处理记录。

10.2 应详细记录畜禽血液的来源、品种、储藏时间、数量、储藏温度等信息。

10.3 应做好消毒记录，记录和文件管理应符合GB 12694的相关规定。

ICS 67.260
X 99

中华人民共和国农业行业标准

NY/T 3472—2019

畜禽屠宰加工设备　家禽自动掏膛生产线技术条件

Livestock and poultry slaughtering and processing equipment—Technical specification for poultry automatic evisceration line

2019-08-01 发布　　2019-11-01 实施

中华人民共和国农业农村部 发布

前　言

本标准按照 GB/T 1.1—2009 给出的规则起草。

本标准由农业农村部畜牧兽医局提出。

本标准由全国屠宰加工标准化技术委员会(SAC/TC 516)归口。

本标准主要起草单位:吉林省艾斯克机电股份有限公司、中国动物疫病预防控制中心(农业农村部屠宰技术中心)、中国农业机械化科学研究院、诸城外贸有限责任公司、北票市宏发食品有限公司、河南双汇投资发展股份有限公司。

本标准主要起草人:张奎彪、邢东杰、郭峰、孟翠翠、叶金鹏、窦立功、李培森、未海艳、李贵勇、高胜普、张朝明、孟庆阳。

畜禽屠宰加工设备　家禽自动掏膛生产线技术条件

1　范围

本标准规定了家禽自动掏膛生产线的术语和定义、技术要求、试验方法、检验规则及标志、包装、运输和储存的要求。

本标准适用于家禽自动掏膛生产线的设计、制造及应用。

2　规范性引用文件

下列文件对于本文件的应用是必不可少的。凡是注日期的引用文件，仅注日期的版本适用于本文件。凡是不注日期的引用文件，其最新版本(包括所有的修改单)适用于本文件。

GB/T 191　包装储运图示标志

GB 2894　安全标志及其使用导则

GB/T 3768　声学　声压法测定噪声源声功率级　反射面上方采用包络测量表面的简易法

GB 5226.1　机械安全　机械电气设备第一部分:通用技术条件

GB 5749　生活饮用水卫生标准

GB/T 13306　标牌

GB/T 13384　机电产品包装通用技术条件

GB 22747　食品加工机械　基本概念　卫生要求

GB/T 27519　畜禽屠宰加工设备通用要求

GB 50168　电气装置安装工程电缆线路施工及验收规范

GB 51219　禽类屠宰与分割车间设计规范

3　术语和定义

下列术语和定义适用于本文件。

3.1

家禽自动掏膛生产线　poultry automatic evisceration line

脱毛后的禽体悬挂在输送线上，完成切肛、开膛、掏膛及同步检验等工序，将内脏与胴体分离的成套自动加工设备。

3.2

禽体转挂率　body re-hanging rate

在规定的工艺条件下，(切爪)转挂机将禽体双腿(爪)从宰杀输送线上准确转挂到掏膛输送线上的禽体数量与禽体总数的比值。

3.3

切肛率　vent cutting rate

在规定的工艺条件下，禽体肛门被完整切除并拉出挂在禽体背部的数量与通过切肛机禽体总数量的比值。

3.4

开膛率　abdominal opening rate

在规定的工艺条件下，被开膛的禽体数量与通过开膛机禽体总数的比值。

3.5

操作单元　operating unit

对单个禽体实施操作的工作机构。

3.6

内脏包　viscera-pack

掏膛机操作单元从禽体腔内取出的内脏集合。

3.7

内脏包转挂率　viscera-pack re-hanging rate

在规定的工艺条件下，从掏膛机转挂到内脏输送线上的内脏包数量与内脏包总数的比值。

3.8

内脏残留率　viscera residual rate

在规定的工艺条件下，掏膛后，禽体腔内遗留有完整单个内脏器官(不包括肺)的禽体数量与通过掏膛机禽体总数量的比值。

3.9

肝脏破损　liver damage

在掏膛过程中，肝脏损坏面积大于1/2或碎块长度大于20 mm。

3.10

肝脏破损率　liver damaged rate

在规定的工艺条件下，禽体在掏膛过程中，肝脏破损的数量与肝脏总数量的比值。

3.11

肠道破损率　intestine damaged rate

在规定的工艺条件下，掏膛过程中，肠道破损内容物溢出的禽体数量与禽体总数量的比值。

3.12

嗉囊残留率　crop residual rate

在规定的工艺条件下，未完全去除嗉囊的禽体数量与禽体总数的比值(不包含脖根处的嗉皮)。

3.13

气管残留率　trachea residual rate

在规定的工艺条件下，未完全去除气管的禽体数量与禽体总数的比值。

3.14

食管残留率　esophagus residual rate

在规定的工艺条件下，未完全去除食管的禽体数量与禽体总数的比值。

3.15

肺残留率　lung residual rate

在规定的工艺条件下，未完全去除肺的禽体数量与禽体总数的比值。

3.16

胴体清洗洁净率　carcass cleaning rate

用清水冲洗胴体后，无可见污物的胴体数量与胴体总数的比值。

4 技术要求

4.1 掏膛车间

4.1.1 掏膛车间水质应符合GB 5749的相关要求，供水应充足，应在适当位置设置冷热水系统，冲洗禽体用水的压力应不小于0.3 MPa，并设置过滤装置。

4.1.2 车间净高应符合GB 51219的相关规定。

4.2 禽体

在进入家禽自动掏膛生产线之前，禽体应割断气管和食管。

4.3 工序

家禽自动掏膛生产线工序为:(切爪)转挂→切肛→开膛→掏膛→同步检验→(去嗉囊)→(吸肺)→(胴体内外清洗)→卸载,根据自动掏膛生产线的加工能力设置适宜的操作工位。

4.4 家禽自动掏膛生产线设备配置

4.4.1 家禽自动掏膛生产线应配置下列设备:

a) 切肛机;

b) 开膛机;

c) 掏膛机;

d) 操作单元在线清洗系统;

e) 同步检验装置;

f) 内脏包输送线;

g) 真空系统。

4.4.2 家禽自动掏膛生产线宜配置下列设备:

a) 预切爪机;

b) (切爪)转挂机;

c) 腹油去除机;

d) 颈皮去除机;

e) 去嗉囊机;

f) 吸肺机;

g) 胴体内外清洗机;

h) 高压水清洗系统。

4.5 家禽自动掏膛生产线设备要求

4.5.1 一般要求

4.5.1.1 家禽自动掏膛生产线设备的材料应符合 GB 5226.1、GB/T 27519 和 GB 50168 的相关规定。

4.5.1.2 家禽自动掏膛生产线设备零部件结构与性能、电气、气路、水路、液压、润滑系统等应符合 GB/T 27519 的相关规定。

4.5.2 安全卫生要求

4.5.2.1 家禽自动掏膛生产线设备表面、与家禽胴体接触的零部件应符合 GB 22747 和 GB/T 27519 的相关要求。

4.5.2.2 电气设备应符合 GB 5226.1 和 GB 50168 的相关规定。

4.5.2.3 悬挂输送线、(切爪)转挂机、掏膛机及同步检验装置的适宜位置应设置人员容易接触到的紧急停机装置。

4.5.2.4 悬挂输送线应设有自动故障停机装置。

4.5.2.5 应在切肛机、开膛机和掏膛机操作单元与家禽胴体接触部分设有清洗装置。

4.5.3 功能要求

4.5.3.1 切肛机、开膛机、掏膛机应有在线调节功能。

4.5.3.2 掏膛机操作单元应具有内脏包自动夹取、转挂至内脏输送线功能。

4.5.3.3 掏膛和内脏输送线的吊钩、滑架等器具宜采用多种颜色,颜色数量参照表 1 的规定执行。

表 1 输送胴体和内脏包器具颜色数量

项 目	加工能力,只/h			
	≤4 000	4 001~8 000	8 001~10 000	10 001~13 500
器具颜色数量,个	1~2	2~3	≥3	≥4

4.5.4 家禽自动掏膛生产线加工能力

根据家禽自动掏膛生产线的加工能力范围选择设备的操作单元数量，具体参照表2的规定执行。

表2 设备操作单元数量

项　目	加工能力，只/h				
	≤4 000	4 001～6 000	6 001～8 000	8 001～10 000	10 001～13 500
切肛机操作单元数量，个	8～12	≥14	≥16	≥20	≥20
开膛机操作单元数量，个	9～12	≥16	≥16	≥16	≥16
掏膛机操作单元数量，个	9～18	≥18	≥20	≥24	≥28

4.5.5 家禽自动掏膛生产线工作性能指标

4.5.5.1 白羽肉鸡自动掏膛生产线工作性能指标应满足不同加工能力的要求，具体应达到表3的要求。

表3 白羽肉鸡自动掏膛生产线工作性能指标

项　目	加工能力，只/h		
	4 000～8 000	8 001～10 000	10 001～13 500
禽体转挂率，%	≥99	≥99	≥99
切肛率，%	≥95	≥95	≥95
开膛率，%	≥95	≥95	≥95
内脏包转挂率，%	≥90	≥90	≥90
肝脏破损率，%	≤8	≤10	≤12
内脏残留率，%	≤5	≤5	≤5
肠道破损率，%	≤5	≤5	≤5
嗉囊残留率，%	≤10	≤15	≤15
气管残留率，%	≤10	≤15	≤18
食管残留率，%	≤5	≤12	≤15
肺残留率，%	≤1	≤1	≤1
胴体清洗洁净率，%	≥99	≥99	≥99
注：胴体重量范围应符合工艺条件。			

4.5.5.2 土杂鸡自动掏膛生产线工作性能指标应满足不同加工能力的要求，具体应达到表4的要求。

表4 土杂鸡自动掏膛生产线工作性能指标

项　目	加工能力，只/h			
	4 000～8 000		8 001～10 000	
	母鸡	公鸡	母鸡	公鸡
切肛率，%	≥92	≥90	≥92	≥90
开膛率，%	≥95	≥94	≥96	≥95
肝脏破损率，%	≤10	≤12	≤14	≤18
内脏残留率，%	≤3	≤5	≤2	≤3
肠道破损率，%	≤5	≤5	≤5	≤5
胴体清洗洁净率，%	≥99	≥99	≥98	≥98

4.5.5.3 鸭鹅自动掏膛生产线工作性能指标应满足不同加工能力的要求，具体应达到表5的要求。

表5 鸭鹅自动掏膛生产线工作性能指标

项　目	加工能力，只/h			
	2 000～3 000		3 001～4 000	
	樱桃谷鸭（母番鸭）	公番鸭（鹅）	樱桃谷鸭（母番鸭）	公番鸭（鹅）
切肛率，%	≥92	≥90	≥92	≥90
开膛率，%	≥95	≥94	≥96	≥95
肝脏破损率，%	≤12	≤16	≤16	≤20
内脏残留率，%	≤3	≤5	≤2	≤3
肠道破损率，%	≤5	≤5	≤5	≤5
胴体清洗洁净率，%	≥99	≥99	≥98	≥98

4.5.6 噪声

家禽自动掏膛生产线工作噪声不应大于 85 dB(A)。

4.6 家禽自动掏膛生产线的布置

4.6.1 悬挂输送线布置要求

4.6.1.1 应确定悬挂输送线吊钩间距、链条长度、驱动装置数量、单台驱动功率及张紧装置数量，具体按表 6 的要求进行布置。

表 6 悬挂输送线吊钩挂距、轨道长度、驱动装置数量及功率

名 称	项 目		加工能力，只/h			
			4 000～6 000	6 001～8 000	8 001～10 000	10 001～13 500
掏膛悬挂输送线	吊钩间距	mm	152～203	152～203	152	152
		in	6～8	6～8	6	6
	链条长度，m		100～150	180～200	200～230	230～260
	驱动装置数量，个		2～3	3	4	4
	单台驱动功率，kW		1.5	1.5	2.2	2.2
	张紧装置数量，个		≥1	≥2	≥2	≥2
内脏包悬挂输送线	吊钩间距	mm	203	152～203	152	152
		in	6～8	6～8	6	6
	链条长度，m		30～50	40～50	50～65	65～80
	驱动装置数量，个		1	1	1	1～2
	单台驱动功率，kW		1.5	1.5	2.2	2.2
	张紧装置数量，个		≥1	≥1	≥1	≥1

4.6.1.2 悬挂输送线交叉时，上层的输送线应设置接水装置。

4.6.1.3 悬挂输送线转弯处，宜设置禽体缓冲导向装置。

4.6.1.4 采用(切爪)转挂机时，宰杀悬挂输送线与掏膛悬挂输送线应具有独立运行功能和应急禽体卸载装置。

4.6.1.5 对于悬挂输送线的驱动装置布置，应符合以下要求：

a) 掏膛悬挂输送线的各驱动装置负荷应均匀匹配；

b) 驱动装置宜布置在标高较高的位置；

c) 宜选择 180°形式的驱动装置；

d) 驱动装置宜设置在掏膛机出口处；

e) 采用(切爪)转挂机时，宜在(切爪)转挂机的出端就近布置驱动装置。

4.6.2 主要设备布置要求

4.6.2.1 (切爪)转挂机宜布置在掏膛间。

4.6.2.2 切肛机、开膛机宜并列布置在转挂机之后。

4.6.2.3 去嗉囊机、吸肺机、胴体内外清洗机宜并列布置在掏膛机之后。

4.6.2.4 掏膛机宜靠近副产品处理间布置。

4.6.2.5 各设备间距、与墙或柱的间距参照表 7 的规定执行。

表 7 各设备间距、与墙或柱的间距

设备名称	与相邻设备间距，m				与墙体间距，m	与柱子间距，m
	前	后	左	右		
预切爪机	≥3.0	≥1.0	≥1.0	≥1.0	≥0.5	≥0.5
(切爪)转挂机	≥3.0	≥2.0	≥2.0	≥1.0	≥0.5	≥0.5
切肛机	≥3.0	≥1.5	≥1.2	≥1.2	≥1.5	≥0.5
开膛机	≥3.0	≥1.5	≥1.2	≥1.2	≥1.5	≥0.5
掏膛机	≥3.0	≥2.0	≥2.0	≥2.0	≥1.5	≥1.0

表7(续)

设备名称	与相邻设备间距,m				与墙体间距,m	与柱子间距,m
	前	后	左	右		
去嗉囊机	≥3.0	≥1.5	≥1.2	≥1.2	≥1.0	≥1.0
吸肺机	≥3.0	≥1.5	≥1.2	≥1.2	≥1.5	≥0.5
胴体内外清洗机	≥3.0	≥1.5	≥1.2	≥1.2	≥1.5	≥1.0

4.6.2.6 各设备悬挂输送线入口轨道长度参照表8的规定执行。

表8 各设备悬挂输送线入口轨道长度

设备名称	轨道长度,m	
	加工能力<8 000只/h	加工能力≥8 000只/h
预切爪机	≥2.5	≥3.0
转挂机	≥2.5	≥3.0
切肛机	≥2.0	≥2.3
开膛机	≥2.0	≥2.3
掏膛机	≥2.5	≥2.3
去嗉囊机	≥2.0	≥2.3
吸肺机	≥2.0	≥2.3
胴体内外清洗机	≥2.0	≥2.3

4.6.3 同步检验装置布置要求

4.6.3.1 应在掏膛机后设置同步检验装置,区段长度应符合表9的要求。

表9 同步检验装置区段长度

项　　目	加工能力,只/h				
	≤4 000	4 001～6 000	6 001～8 000	8 001～10 000	10 001～13 500
区段长度,m	≥1.0	≥2.0	≥2.5	≥3.0	≥4.0

4.6.3.2 同步检验装置布置后,应保持掏膛悬挂输送线与内脏输送线同步运行。

4.6.3.3 同步检验装置布置后,应保证悬挂胴体和内脏包全方位展现在检验人员适宜的视觉范围内。

4.6.3.4 同步检验装置的下方应设置与悬挂输送线同步运行的内脏包输送机。

4.7 首次空载运行

4.7.1 家禽自动掏膛生产线机械性能应符合GB/T 27519的相关规定。

4.7.2 在符合空载运行的条件下,悬挂输送线在无联机设备情况下单独正常运行不少于2 h。

4.7.3 在符合空载运行的条件下,各单机设备应逐一空载,正常运行不少于30 min。

4.7.4 在符合空载运行的条件下,各单机设备应联机空载,正常运行不少于4 h。

4.8 首次负载运行

4.8.1 家禽自动掏膛生产线各单机设备应逐一负载运行,在符合工艺要求的条件下,达到4.5、4.6、4.7的要求。

4.8.2 家禽自动掏膛生产线各设备应联机负载运行,在符合工艺要求的条件下,达到4.6、4.7、4.8.1的要求。

4.9 记录

建立家禽自动掏膛生产线运行、设备管理制度,做好运行和管理的记录。

5 试验方法

5.1 家禽自动掏膛生产线的试验方法按GB/T 27519的规定执行。

5.2 家禽自动掏膛生产线工作噪声按GB/T 3768规定的方法进行测量,其噪声值应符合4.5.6的规定。

6 检验规则

6.1 出厂检验

家禽自动掏膛生产线出厂检验应按照 GB/T 27519 的相关规定执行。

6.2 型式检验

有下列情况之一时，家禽自动掏膛生产线应进行型式检验，按 4.5、4.6、4.7、4.8 的规定项目进行检验：

——正式生产后，如结构、材料、工艺有较大改变，可能影响产品性能时；

——停产一年以上再投产时；

——新产品或老产品转厂生产的试制、定型鉴定时；

——国家有关主管部门提出进行型式检验的要求时；

——出厂检验结果与上次型式检验有较大差异时。

7 标志、包装、运输和储存

7.1 家禽自动掏膛生产线的标牌应符合 GB/T 13306 的规定。

7.2 家禽自动掏膛生产线的安全标志和包装标志应符合 GB 2894、GB/T 191 的相关规定。

7.3 家禽自动掏膛生产线的包装、产品随机文件应符合 GB/T 13384 的规定。

7.4 家禽自动掏膛生产线的各单机适用于公路、铁路运输，装运时应符合 GB/T 13384 的规定，保证在正常运输中不损伤零件。

7.5 各单机产品应储存在干燥、通风的仓库内，应注意防潮，避免与酸、碱及农药等有毒有害有腐蚀性物质混放，在室外临时存放时应有防雨、防晒措施。

附录

中华人民共和国农业农村部公告
第 127 号

《苹果腐烂病抗性鉴定技术规程》等 41 项标准业经专家审定通过，现批准发布为中华人民共和国农业行业标准，自 2019 年 9 月 1 日起实施。

特此公告。

附件:《苹果腐烂病抗性鉴定技术规程》等 41 项农业行业标准目录

农业农村部

2019 年 1 月 17 日

附件：

《苹果腐烂病抗性鉴定技术规程》等41项农业行业标准目录

序号	标准号	标准名称	代替标准号
1	NY/T 3344—2019	苹果腐烂病抗性鉴定技术规程	
2	NY/T 3345—2019	梨黑星病抗性鉴定技术规程	
3	NY/T 3346—2019	马铃薯抗青枯病鉴定技术规程	
4	NY/T 3347—2019	玉米籽粒生理成熟后自然脱水速率鉴定技术规程	
5	NY/T 3413—2019	葡萄病虫害防治技术规程	
6	NY/T 3414—2019	日晒高温覆膜法防治韭蛆技术规程	
7	NY/T 3415—2019	香菇菌棒工厂化生产技术规范	
8	NY/T 3416—2019	茭白储运技术规范	
9	NY/T 3417—2019	苹果树主要害虫调查方法	
10	NY/T 3418—2019	杏鲍菇等级规格	
11	NY/T 3419—2019	茶树高温热害等级	
12	NY/T 3420—2019	土壤有效硒的测定　氢化物发生原子荧光光谱法	
13	NY/T 3421—2019	家蚕核型多角体病毒检测　荧光定量PCR法	
14	NY/T 3422—2019	肥料和土壤调理剂　氟含量的测定	
15	NY/T 3423—2019	肥料增效剂　3,4-二甲基吡唑磷酸盐(DMPP)含量的测定	
16	NY/T 3424—2019	水溶肥料　无机砷和有机砷含量的测定	
17	NY/T 3425—2019	水溶肥料　总铬、三价铬和六价铬含量的测定	
18	NY/T 3426—2019	玉米细胞质雄性不育杂交种生产技术规程	
19	NY/T 3427—2019	棉花品种枯萎病抗性鉴定技术规程	
20	NY/T 3428—2019	大豆品种大豆花叶病毒病抗性鉴定技术规程	
21	NY/T 3429—2019	芝麻品种资源耐湿性鉴定技术规程	
22	NY/T 3430—2019	甜菜种子活力测定　高温处理法	
23	NY/T 3431—2019	植物品种特异性、一致性和稳定性测试指南　补血草属	
24	NY/T 3432—2019	植物品种特异性、一致性和稳定性测试指南　万寿菊属	
25	NY/T 3433—2019	植物品种特异性、一致性和稳定性测试指南　枇杷属	
26	NY/T 3434—2019	植物品种特异性、一致性和稳定性测试指南　柱花草属	
27	NY/T 3435—2019	植物品种特异性、一致性和稳定性测试指南　芥蓝	
28	NY/T 3436—2019	柑橘属品种鉴定　SSR分子标记法	
29	NY/T 3437—2019	沼气工程安全管理规范	
30	NY/T 1220.1—2019	沼气工程技术规范　第1部分:工程设计	NY/T 1220.1—2006
31	NY/T 1220.2—2019	沼气工程技术规范　第2部分:输配系统设计	NY/T 1220.2—2006
32	NY/T 1220.3—2019	沼气工程技术规范　第3部分:施工及验收	NY/T 1220.3—2006
33	NY/T 1220.4—2019	沼气工程技术规范　第4部分:运行管理	NY/T 1220.4—2006
34	NY/T 1220.5—2019	沼气工程技术规范　第5部分:质量评价	NY/T 1220.5—2006
35	NY/T 3438.1—2019	村级沼气集中供气站技术规范　第1部分:设计	

（续）

序号	标准号	标准名称	代替标准号
36	NY/T 3438.2—2019	村级沼气集中供气站技术规范　第2部分:施工与验收	
37	NY/T 3438.3—2019	村级沼气集中供气站技术规范　第3部分:运行管理	
38	NY/T 3439—2019	沼气工程钢制焊接发酵罐技术条件	
39	NY/T 3440—2019	生活污水净化沼气池质量验收规范	
40	NY/T 3441—2019	蔬菜废弃物高温堆肥无害化处理技术规程	
41	NY/T 3442—2019	畜禽粪便堆肥技术规范	

中华人民共和国农业农村部公告
第196号

《耕地质量监测技术规程》等123项标准业经专家审定通过，现批准发布为中华人民共和国农业行业标准，自2019年11月1日起实施。

特此公告。

附件：《耕地质量监测技术规程》等123项农业行业标准目录

农业农村部
2019年8月1日

附件：

《耕地质量监测技术规程》等123项农业行业标准目录

序号	标准号	标准名称	代替标准号
1	NY/T 1119—2019	耕地质量监测技术规程	NY/T 1119—2012
2	NY/T 3443—2019	石灰质改良酸化土壤技术规范	
3	NY/T 3444—2019	牦牛冷冻精液生产技术规程	
4	NY/T 3445—2019	畜禽养殖场档案规范	
5	NY/T 3446—2019	奶牛短脊椎畸形综合征检测 PCR 法	
6	NY/T 3447—2019	金川牦牛	
7	NY/T 3448—2019	天然打草场退化分级	
8	NY/T 821—2019	猪肉品质测定技术规程	NY/T 821—2004
9	NY/T 3449—2019	河曲马	
10	NY/T 3450—2019	家畜遗传资源保种场保种技术规范　第1部分：总则	
11	NY/T 3451—2019	家畜遗传资源保种场保种技术规范　第2部分：猪	
12	NY/T 3452—2019	家畜遗传资源保种场保种技术规范　第3部分：牛	
13	NY/T 3453—2019	家畜遗传资源保种场保种技术规范　第4部分：绵羊、山羊	
14	NY/T 3454—2019	家畜遗传资源保种场保种技术规范　第5部分：马、驴	
15	NY/T 3455—2019	家畜遗传资源保种场保种技术规范　第6部分：骆驼	
16	NY/T 3456—2019	家畜遗传资源保种场保种技术规范　第7部分：家兔	
17	NY/T 3457—2019	牦牛舍饲半舍饲生产技术规范	
18	NY/T 3458—2019	种鸡人工授精技术规程	
19	NY/T 822—2019	种猪生产性能测定规程	NY/T 822—2004
20	NY/T 3459—2019	种猪遗传评估技术规范	
21	NY/T 3460—2019	家畜遗传资源保护区保种技术规范	
22	NY/T 3461—2019	草原建设经济生态效益评价技术规程	
23	NY/T 3462—2019	全株玉米青贮霉菌毒素控制技术规范	
24	NY/T 566—2019	猪丹毒诊断技术	NY/T 566—2002
25	NY/T 3463—2019	禽组织滴虫病诊断技术	
26	NY/T 3464—2019	牛泰勒虫病诊断技术	
27	NY/T 3465—2019	山羊关节炎脑炎诊断技术	
28	NY/T 1187—2019	鸡传染性贫血诊断技术	NY/T 681—2003， NY/T 1187—2006
29	NY/T 3466—2019	实验用猪微生物学等级及监测	
30	NY/T 575—2019	牛传染性鼻气管炎诊断技术	NY/T 575—2002
31	NY/T 3467—2019	牛羊饲养场兽医卫生规范	
32	NY/T 3468—2019	猪轮状病毒间接 ELISA 抗体检测方法	
33	NY/T 3363—2019	畜禽屠宰加工设备　猪剥皮机	NY/T 3363—2018 (SB/T 10493—2008)
34	NY/T 3364—2019	畜禽屠宰加工设备　猪胴体劈半锯	NY/T 3364—2018 (SB/T 10494—2008)
35	NY/T 3469—2019	畜禽屠宰操作规程　羊	
36	NY/T 3470—2019	畜禽屠宰操作规程　兔	
37	NY/T 3471—2019	畜禽血液收集技术规范	

（续）

序号	标准号	标准名称	代替标准号
38	NY/T 3472—2019	畜禽屠宰加工设备　家禽自动掏膛生产线技术条件	
39	NY/T 3473—2019	饲料中纽甜、阿力甜、阿斯巴甜、甜蜜素、安赛蜜、糖精钠的测定　液相色谱-串联质谱法	
40	NY/T 3474—2019	卵形鲳鲹配合饲料	
41	NY/T 3475—2019	饲料中貂、狐、貉源性成分的定性检测　实时荧光 PCR 法	
42	NY/T 3476—2019	饲料原料　甘蔗糖蜜	
43	NY/T 3477—2019	饲料原料　酿酒酵母细胞壁	
44	NY/T 3478—2019	饲料中尿素的测定	
45	NY/T 132—2019	饲料原料　花生饼	NY/T 132—1989
46	NY/T 123—2019	饲料原料　米糠饼	NY/T 123—1989
47	NY/T 124—2019	饲料原料　米糠粕	NY/T 124—1989
48	NY/T 3479—2019	饲料中氢溴酸常山酮的测定　液相色谱-串联质谱法	
49	NY/T 3480—2019	饲料中那西肽的测定　高效液相色谱法	
50	SC/T 7228—2019	传染性肌坏死病诊断规程	
51	SC/T 7230—2019	贝类包纳米虫病诊断规程	
52	SC/T 7231—2019	贝类折光马尔太虫病诊断规程	
53	SC/T 4047—2019	海水养殖用扇贝笼通用技术要求	
54	SC/T 4046—2019	渔用超高分子量聚乙烯网线通用技术条件	
55	SC/T 6093—2019	工厂化循环水养殖车间设计规范	
56	SC/T 7002.15—2019	渔船用电子设备环境试验条件和方法　温度冲击	
57	SC/T 6017—2019	水车式增氧机	SC/T 6017—1999
58	SC/T 3110—2019	冻虾仁	SC/T 3110—1996
59	SC/T 3124—2019	鲜、冻养殖河豚鱼	
60	SC/T 5108—2019	锦鲤售卖场条件	
61	SC/T 5709—2019	金鱼分级　水泡眼	
62	SC/T 7016.13—2019	鱼类细胞系　第 13 部分：鲫细胞系(CAR)	
63	SC/T 7016.14—2019	鱼类细胞系　第 14 部分：锦鲤吻端细胞系(KS)	
64	SC/T 7229—2019	鲤浮肿病诊断规程	
65	SC/T 2092—2019	脊尾白虾　亲虾	
66	SC/T 2097—2019	刺参人工繁育技术规范	
67	SC/T 4050.1—2019	拖网渔具通用技术要求　第 1 部分：网衣	
68	SC/T 4050.2—2019	拖网渔具通用技术要求　第 2 部分：浮子	
69	SC/T 9433—2019	水产种质资源描述通用要求	
70	SC/T 1143—2019	淡水珍珠蚌鱼混养技术规范	
71	SC/T 2093—2019	大泷六线鱼　亲鱼和苗种	
72	SC/T 4049—2019	超高分子量聚乙烯网片　绞捻型	
73	SC/T 9434—2019	水生生物增殖放流技术规范　金乌贼	
74	SC/T 1142—2019	水产新品种生长性能测试　鱼类	
75	SC/T 4048.1—2019	深水网箱通用技术要求　第 1 部分：框架系统	
76	SC/T 9429—2019	淡水渔业资源调查规范　河流	
77	SC/T 2095—2019	大型藻类养殖容量评估技术规范　营养盐供需平衡法	
78	SC/T 3211—2019	盐渍裙带菜	SC/T 3211—2002
79	SC/T 3213—2019	干裙带菜叶	SC/T 3213—2002
80	SC/T 2096—2019	三疣梭子蟹人工繁育技术规范	

（续）

序号	标准号	标准名称	代替标准号
81	SC/T 9430—2019	水生生物增殖放流技术规范　鳜	
82	SC/T 1137—2019	淡水养殖水质调节用微生物制剂　质量与使用原则	
83	SC/T 9431—2019	水生生物增殖放流技术规范　拟穴青蟹	
84	SC/T 9432—2019	水生生物增殖放流技术规范　海蜇	
85	SC/T 1140—2019	莫桑比克罗非鱼	
86	SC/T 2098—2019	裙带菜人工繁育技术规范	
87	SC/T 6137—2019	养殖渔情信息采集规范	
88	SC/T 2099—2019	牙鲆人工繁育技术规范	
89	SC/T 3053—2019	水产品及其制品中虾青素含量的测定　高效液相色谱法	
90	SC/T 1139—2019	细鳞鲴	
91	SC/T 9435—2019	水产养殖环境(水体、底泥)中孔雀石绿的测定　高效液相色谱法	
92	SC/T 1141—2019	尖吻鲈	
93	NY/T 1766—2019	农业机械化统计基础指标	NY/T 1766—2009
94	NY/T 985—2019	根茬粉碎还田机　作业质量	NY/T 985—2006
95	NY/T 1227—2019	残地膜回收机　作业质量	NY/T 1227—2006
96	NY/T 3481—2019	根茎类中药材收获机　质量评价技术规范	
97	NY/T 3482—2019	谷物干燥机质量调查技术规范	
98	NY/T 1830—2019	拖拉机和联合收割机安全技术检验规范	NY/T 1830—2009
99	NY/T 2207—2019	轮式拖拉机能效等级评价	NY/T 2207—2012
100	NY/T 1629—2019	拖拉机排气烟度限值	NY/T 1629—2008
101	NY/T 3483—2019	马铃薯全程机械化生产技术规范	
102	NY/T 3484—2019	黄淮海地区保护性耕作机械化作业技术规范	
103	NY/T 3485—2019	西北内陆棉区棉花全程机械化生产技术规范	
104	NY/T 3486—2019	蔬菜移栽机　作业质量	
105	NY/T 1828—2019	机动插秧机　质量评价技术规范	NY/T 1828—2009
106	NY/T 3487—2019	厢式果蔬烘干机　质量评价技术规范	
107	NY/T 1534—2019	水稻工厂化育秧技术规程	NY/T 1534—2007
108	NY/T 209—2019	农业轮式拖拉机　质量评价技术规范	NY/T 209—2006
109	NY/T 3488—2019	农业机械重点检查技术规范	
110	NY/T 364—2019	种子拌药机　质量评价技术规范	NY/T 364—1999
111	NY/T 3489—2019	农业机械化水平评价　第2部分:畜牧养殖	
112	NY/T 3490—2019	农业机械化水平评价　第3部分:水产养殖	
113	NY/T 3491—2019	玉米免耕播种机适用性评价方法	
114	NY/T 3492—2019	农业生物质原料　样品制备	
115	NY/T 3493—2019	农业生物质原料　粗蛋白测定	
116	NY/T 3494—2019	农业生物质原料　纤维素、半纤维素、木质素测定	
117	NY/T 3495—2019	农业生物质原料热重分析法　通则	
118	NY/T 3496—2019	农业生物质原料热重分析法　热裂解动力学参数	
119	NY/T 3497—2019	农业生物质原料热重分析法　工业分析	
120	NY/T 3498—2019	农业生物质原料成分测定　元素分析仪法	
121	NY/T 3499—2019	受污染耕地治理与修复导则	
122	NY/T 3500—2019	农业信息基础共享元数据	
123	NY/T 3501—2019	农业数据共享技术规范	

中华人民共和国农业农村部公告
第 197 号

《饲料中硝基咪唑类药物的测定　液相色谱-质谱法》等 10 项标准业经专家审定通过，现批准发布为中华人民共和国农业行业标准，自 2020 年 1 月 1 日起实施。

特此公告。

附件:《饲料中硝基咪唑类药物的测定　液相色谱-质谱法》等 10 项国家标准目录

农业农村部

2019 年 8 月 1 日

附件：

《饲料中硝基咪唑类药物的测定　液相色谱-质谱法》等 10 项国家标准目录

序号	标准号	标准名称	代替标准号
1	农业农村部公告第 197 号—1—2019	饲料中硝基咪唑类药物的测定　液相色谱-质谱法	农业部 1486 号公告—4—2010
2	农业农村部公告第 197 号—2—2019	饲料中盐酸沃尼妙林和泰妙菌素的测定　液相色谱-串联质谱法	
3	农业农村部公告第 197 号—3—2019	饲料中硫酸新霉素的测定　液相色谱-串联质谱法	
4	农业农村部公告第 197 号—4—2019	饲料中海南霉素的测定　液相色谱-串联质谱法	
5	农业农村部公告第 197 号—5—2019	饲料中可乐定等 7 种 α-受体激动剂的测定　液相色谱-串联质谱法	
6	农业农村部公告第 197 号—6—2019	饲料中利巴韦林等 7 种抗病毒类药物的测定　液相色谱-串联质谱法	
7	农业农村部公告第 197 号—7—2019	饲料中福莫特罗、阿福特罗的测定　液相色谱-串联质谱法	
8	农业农村部公告第 197 号—8—2019	动物毛发中赛庚啶残留量的测定　液相色谱-串联质谱法	
9	农业农村部公告第 197 号—9—2019	畜禽血液和尿液中 150 种兽药及其他化合物鉴别和确认　液相色谱-高分辨串联质谱法	
10	农业农村部公告第 197 号—10—2019	畜禽血液和尿液中 160 种兽药及其他化合物的测定　液相色谱-串联质谱法	

国家卫生健康委员会
农 业 农 村 部
国家市场监督管理总局
公 告
2019年 第5号

根据《中华人民共和国食品安全法》规定，经食品安全国家标准审评委员会审查通过，现发布《食品安全国家标准　食品中农药最大残留限量》(GB 2763—2019，代替GB 2763—2016和GB 2763.1—2018)等3项食品安全国家标准。其编号和名称如下：

GB 2763—2019　食品安全国家标准　食品中农药最大残留限量

GB 23200.116—2019　食品安全国家标准　植物源性食品中90种有机磷类农药及其代谢物残留量的测定　气相色谱法

GB 23200.117—2019　食品安全国家标准　植物源性食品中喹啉铜残留量的测定　高效液相色谱法

以上标准自发布之日起6个月正式实施。标准文本可在中国农产品质量安全网(http://www.aqsc.org)查阅下载。标准文本内容由农业农村部负责解释。

特此公告。

国家卫生健康委员会
农业农村部
国家市场监督管理总局
2019年8月15日

农业农村部
国家卫生健康委员会
国家市场监督管理总局
公告
第114号

根据《中华人民共和国食品安全法》规定，经食品安全国家标准审评委员会审查通过，现发布《食品安全国家标准　食品中兽药最大残留限量》(GB 31650—2019，代替农业部公告第235号中的相应部分)及9项兽药残留检测方法食品安全国家标准，其编号和名称如下：

GB 31650—2019　食品安全国家标准　食品中兽药最大残留限量

GB 31660.1—2019　食品安全国家标准　水产品中大环内酯类药物残留量的测定　液相色谱-串联质谱法

GB 31660.2—2019　食品安全国家标准　水产品中辛基酚、壬基酚、双酚A、己烯雌酚、雌酮、17α-乙炔雌二醇、17β-雌二醇、雌三醇残留量的测定　气相色谱-质谱法

GB 31660.3—2019　食品安全国家标准　水产品中氟乐灵残留量的测定　气相色谱法

GB 31660.4—2019　食品安全国家标准　动物性食品中醋酸甲地孕酮和醋酸甲羟孕酮残留量的测定　液相色谱-串联质谱法

GB 31660.5—2019　食品安全国家标准　动物性食品中金刚烷胺残留量的测定　液相色谱-串联质谱法

GB 31660.6—2019　食品安全国家标准　动物性食品中5种α_2-受体激动剂残留量的测定　液相色谱-串联质谱法

GB 31660.7—2019　食品安全国家标准　猪组织和尿液中赛庚啶及可乐定残留量的测定　液相色谱-串联质谱法

GB 31660.8—2019　食品安全国家标准　牛可食性组织及牛奶中氮氨菲啶残留量的测定　液相色谱-串联质谱法

GB 31660.9—2019　食品安全国家标准　家禽可食性组织中乙氧酰胺苯甲酯残留量的测定　高效液相色谱法

以上标准自2020年4月1日起实施。标准文本可在中国农产品质量安全网(http://www.aqsc.org)查阅下载。

农业农村部
国家卫生健康委员会
国家市场监督管理总局
2019年9月6日

中华人民共和国农业农村部公告
第 251 号

《肥料　包膜材料使用风险控制准则》等 39 项标准业经专家审定通过，现批准发布为中华人民共和国农业行业标准，自 2020 年 4 月 1 日起实施。

特此公告。

附件：《肥料　包膜材料使用风险控制准则》等 39 项农业行业标准目录

农业农村部

2019 年 12 月 27 日

附件：

《肥料　包膜材料使用风险控制准则》等39项农业行业标准目录

序号	标准号	标准名称	代替标准号
1	NY/T 3502—2019	肥料　包膜材料使用风险控制准则	
2	NY/T 3503—2019	肥料　着色材料使用风险控制准则	
3	NY/T 3504—2019	肥料增效剂　硝化抑制剂及使用规程	
4	NY/T 3505—2019	肥料增效剂　脲酶抑制剂及使用规程	
5	NY/T 3506—2019	植物品种特异性、一致性和稳定性测试指南　玉簪属	
6	NY/T 3507—2019	植物品种特异性、一致性和稳定性测试指南　蕹菜	
7	NY/T 3508—2019	植物品种特异性、一致性和稳定性测试指南　朱顶红属	
8	NY/T 3509—2019	植物品种特异性、一致性和稳定性测试指南　菠菜	
9	NY/T 3510—2019	植物品种特异性、一致性和稳定性测试指南　鹤望兰	
10	NY/T 3511—2019	植物品种特异性(可区别性)、一致性和稳定性测试指南编写规则	
11	NY/T 3512—2019	肉中蛋白无损检测法　近红外法	
12	NY/T 3513—2019	生乳中硫氰酸根的测定　离子色谱法	
13	NY/T 251—2019	剑麻织物　单位面积质量的测定	NY/T 251—1995
14	NY/T 926—2019	天然橡胶初加工机械　撕粒机	NY/T 926—2004
15	NY/T 927—2019	天然橡胶初加工机械　碎胶机	NY/T 927—2004
16	NY/T 2668.13—2019	热带作物品种试验技术规程　第13部分:木菠萝	
17	NY/T 2668.14—2019	热带作物品种试验技术规程　第14部分:剑麻	
18	NY/T 385—2019	天然生胶　技术分级橡胶(TSR)浅色胶生产技术规程	NY/T 385—1999
19	NY/T 2667.13—2019	热带作物品种审定规范　第13部分:木菠萝	
20	NY/T 3514—2019	咖啡中绿原酸类化合物的测定　高效液相色谱法	
21	NY/T 3515—2019	热带作物病虫害防治技术规程　椰子织蛾	
22	NY/T 3516—2019	热带作物种质资源描述规范　毛叶枣	
23	NY/T 3517—2019	热带作物种质资源描述规范　火龙果	
24	NY/T 3518—2019	热带作物病虫害监测技术规程　橡胶树炭疽病	
25	NY/T 3519—2019	油棕种苗繁育技术规程	
26	NY/T 3520—2019	菠萝种苗繁育技术规程	
27	NY/T 3521—2019	马铃薯面条加工技术规范	
28	NY/T 3522—2019	发芽糙米加工技术规范	
29	NY/T 3523—2019	马铃薯主食复配粉加工技术规范	
30	NY/T 3524—2019	冷冻肉解冻技术规范	
31	NY/T 3525—2019	农业环境类长期定位监测站通用技术要求	
32	NY/T 3526—2019	农情监测遥感数据预处理技术规范	
33	NY/T 3527—2019	农作物种植面积遥感监测规范	
34	NY/T 3528—2019	耕地土壤墒情遥感监测规范	
35	NY/T 3529—2019	水稻插秧机报废技术条件	
36	NY/T 3530—2019	铡草机报废技术条件	
37	NY/T 3531—2019	饲料粉碎机报废技术条件	
38	NY/T 3532—2019	机动脱粒机报废技术条件	
39	NY/T 2454—2019	机动植保机械报废技术条件	NY/T 2454—2013